高等职业教育机电类专业“互联网+”创新教材

SolidWorks建模与工程图应用

主　编　李奉香
副主编　高会鲜　韩　郑　付娟娟
参　编　谢桂芬　冯倩文　汤　斌
　　　　毕　艳　夏　彬　袁　琪
　　　　王　伟　周　川
主　审　任新民

机 械 工 业 出 版 社

本书主要介绍了从简单零件建模到复杂零件建模的方法，简单介绍了工程图和装配图的建模方法。本书共分 9 个项目，分别为零件建模体验，板类零件的三维建模，棱柱、棱台和回转体的建模，编辑模型，创建基准面和设置零件的材质，典型零件的建模，含有变化截面模型的建模，创建工程图，装配体的建模。全书语言通俗易懂，采用双色印刷，图形多且清晰，实例丰富，步骤详细。大量实例配有讲解视频，扫描二维码可以观看。

本书可作为高等职业院校机械类专业学生学习 SolidWorks 软件的教材，也可作为相关专业技术人员的参考用书。

本书配有电子课件，凡使用本书作为教材的教师可登录机械工业出版社教育服务网 www.cmpedu.com 注册后免费下载。咨询电话：010-88379375。

图书在版编目（CIP）数据

SolidWorks建模与工程图应用 / 李奉香主编. —北京：机械工业出版社，2022. 8（2024. 6重印）

高等职业教育机电类专业“互联网+”创新教材

ISBN 978-7-111-70898-8

Ⅰ. ①S… Ⅱ. ①李… Ⅲ. ①机械设计－计算机辅助设计－应用软件－高等职业教育－教材 Ⅳ. ①TH122

中国版本图书馆CIP数据核字（2022）第094979号

机械工业出版社（北京市百万庄大街22号 邮政编码100037）

策划编辑：刘良超　　　　责任编辑：刘良超

责任校对：张　征　李　婷　封面设计：马精明

责任印制：郜　敏

中煤（北京）印务有限公司印刷

2024 年 6 月第 1 版第 3 次印刷

184mm × 260mm · 18.25 印张 · 449 千字

标准书号：ISBN 978-7-111-70898-8

定价：55.00 元

电话服务　　　　　　　　网络服务

客服电话：010-88361066　机　工　官　网：www.cmpbook.com

　　　　　010-88379833　机　工　官　博：weibo.com/cmp1952

　　　　　010-68326294　金　书　网：www.golden-book.com

　机工教育服务网：www.cmpedu.com

前 言

随着技术进步，使用三维软件进行建模已成为工程专业技术人员的一项基本技能。SolidWorks 是一款基于 Windows 系统开发的软件，该软件以参数化特征造型为基础，具有功能强大、易学易用和技术创新等特点，被广泛应用于航空航天、船舶、机械、模具、工业设备、汽车、家电、建筑等行业。

本书在编写过程中以学生的学习习惯为依据，采用建模体验、任务驱动、知识介绍、实例讲解的结构，以由浅入深、螺旋式推进的顺序介绍，建模体验就是一个简单模型的实例，但重点在于让读者了解操作思路，与各过程界面“初相识”，从而增加成就感，培养进一步学习的兴趣。这样的结构既解决了知识体系结构存在学习知识时枯燥的弊端，又弥补了任务式结构存在知识不系统的不足。本书在形式上采用图解方式，借助大量清晰的图片进行介绍，图片上标注有步骤序号和所选位置；在内容安排上，通过大量的实例对软件中的概念、功能和命令操作方法进行详细介绍，步骤清晰，语言通俗易懂。本书配有二维码，链接有演示与讲解视频，扫码即可观看；有配套电子课件；采用双色印刷，关键信息明显标识。

全书共分 9 个项目，每个项目中编有任务，在任务中介绍了建模思路和详细的操作方法。9 个项目分别为零件建模体验，板类零件的三维建模，棱柱、棱台和回转体的建模，编辑模型，创建基准面和设置零件的材质，典型零件的建模，含有变化截面模型的建模，创建工程图，装配体的建模。书中还设计了包含中国风元素的拓展训练题，对简牍、榫卯结构、算盘、长城、赵州桥等模型进行建模，既可以加强学生的建模技能，又让学生了解中国古代的光辉成就，加强民族自豪感。

本书由武汉船舶职业技术学院李奉香教授任主编，武汉船舶职业技术学院高会鲜、武汉博哲科技有限公司总工程师韩郑、武汉软件工程职业学院付娟娟任副主编，参编人员有威海职业学院谢桂芬副教授，武汉船舶职业技术学院冯倩文、汤斌、王伟、周川，文华学院毕艳副教授，武汉铁路职业技术学院夏彬副教授，湖北职业技术学院袁琪副教授。具体编写分工为：项目 1 由李奉香、毕艳、夏彬与袁琪编写，项目 2 由李奉香、谢桂芬、王伟与周川编写，项目 3、项目 4、项目 6 由李奉香编写，项目 5 由李奉香与汤斌编写，项目 7 由李奉香与冯倩文编写，项目 8 由高会鲜编写，项目 9 由高会鲜、韩郑与付娟娟编写。全书由李奉香统稿。

本书二维码中植入的演示与讲解视频由李奉香、高会鲜、冯倩文、汤斌与韩郑录制，配套 PPT 课件由李奉香、高会鲜、冯倩文、汤斌制作。

本书由招商工业集团友联船厂（蛇口）有限公司任新民高级工程师主审。

由于编者水平有限，疏漏和错误之处在所难免，敬请读者批评指正。

编　者

二维码索引

（续）

名称	二维码	页码	名称	二维码	页码
实例 3-3		100	实例 4-6		125
实例 3-4		105	实例 4-7		127
实例 3-5		111	实例 4-8		128
实例 4-1		117	实例 4-9		130
实例 4-2		118	实例 4-10		131
实例 4-3		120	实例 4-11		133
实例 4-4		120	实例 4-12		134
实例 4-5		124	实例 4-13		135

（续）

名称	二维码	页码	名称	二维码	页码
实例 4-14		137	实例 5-2		155
实例 4-15		137	实例 5-3		156
实例 4-16		139	实例 5-4		156
实例 4-17		140	实例 6-1		159
实例 4-18		141	实例 6-2		163
实例 4-19		142	实例 6-3		169
实例 4-20		144	实例 6-4		174
实例 5-1		148	实例 6-5		180

（续）

（续）

名称	二维码	页码	名称	二维码	页码
实例 8-1		235	实例 8-5		257
实例 8-2		237	实例 9-1		262
实例 8-3		251	实例 9-2		272
实例 8-4		253			

目　录

项目 1

零件建模体验

任务 1　用 SolidWorks 软件建立一个简单零件三维模型

任务目标：掌握零件三维建模的基本操作过程。

1.1　简单零件三维建模体验

通过实例了解零件建模思路和参数化设计理念。零件建模思路是先在某平面上绘制二维截面草图，再通过特征命令创建三维零件模型，详细步骤可分为“选择基准平面、绘制大致形状、定形状和位置、标尺寸调大小、造特征制零件”。

【实例 1-1】 通过拉伸特征命令绘制图 1-1 所示的棱柱体模型。

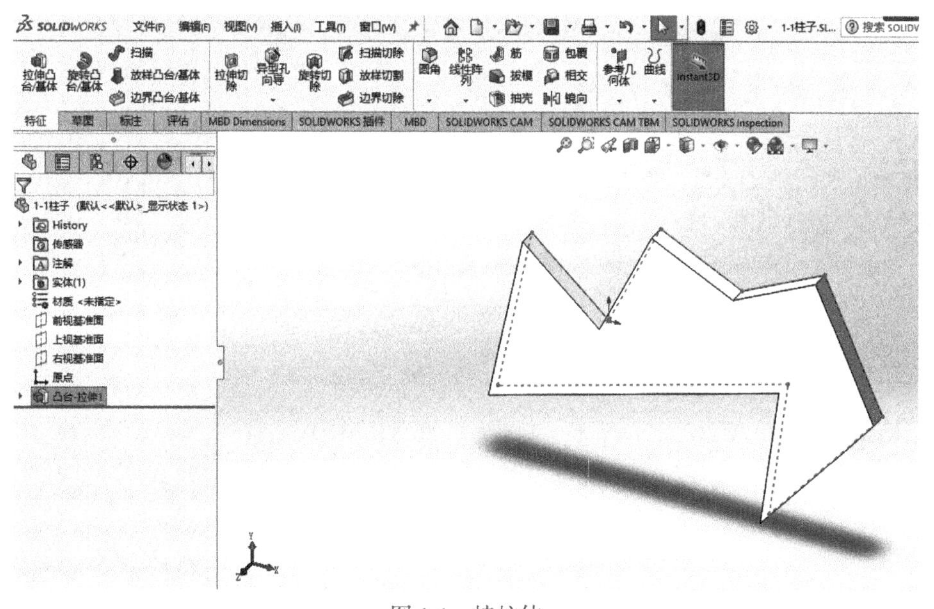

图 1-1　棱柱体

实例 1-1

操作步骤：

第 1 步：新建零件文件。

1）单击界面上方标准工具栏中的 （新建）按钮，弹出“新建 SolidWorks 文件”窗口。

2）单击“零件”图标，单击下方确定按钮，进入零件绘制界面。

第 2 步：换名保存文件。

每次新建一个文件，系统会显示一个默认名称。若创建的是零件类型，默认名称格式是“零件”后加序号，如零件 1、零件 2，再新建一个零件，序号自动再加 1。但最好自己取文件名保存，方便辨认。

操作方法：选择下拉菜单“文件”→“另存为”，弹出“另存为”窗口；选择保存路径（如 D：），输入文件名“1-1 柱子”，单击保存(S)按钮，又回到零件绘制界面，可看到零件的名称显示在左边，如图 1-2 所示。

第 3 步：选定草图基准面。移动光标单击**前视基准面**，即选择前视基准面作为绘制截面草图的基准面；单击草图换成草图按钮，如图 1-3 所示；单击草图绘制换成草图绘制界面，界面左边还增加草图的名称“草图 1”，如图 1-4 所示。每绘制一个草图，系统会自动增加草图名称的序号，依次为“草图 1”“草图 2”“草图 3”等。

图 1-2　新建与保存文件

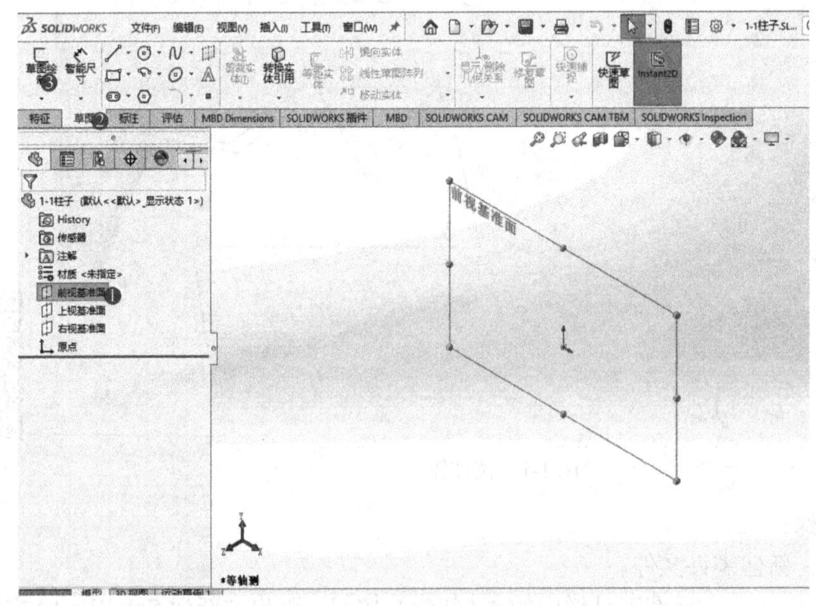

图 1-3　草图绘制按钮

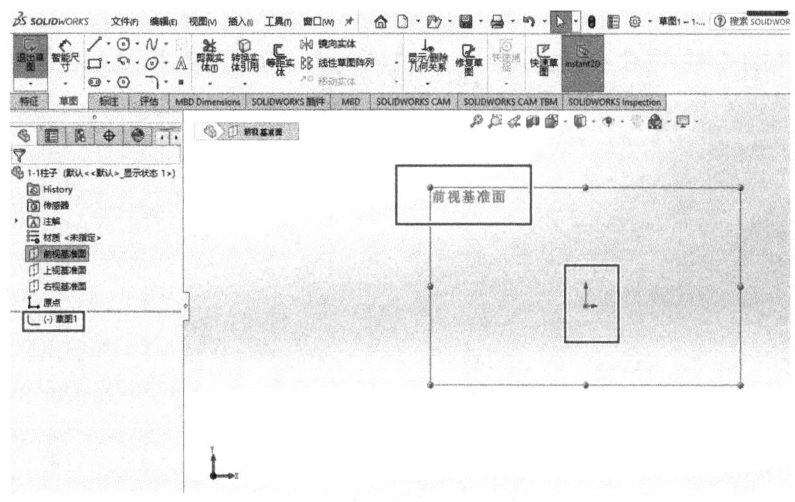

图 1-4 草图绘制界面

第 4 步：绘制横断面的二维草图。

1）单击草图控制面板上的（直线）按钮，移动光标，在绘图区坐标原点处单击，如图 1-5 所示；再移动光标再单击，重复该操作绘制图 1-6 所示草图。最后在第一点处单击形成闭合图形，完成图 1-7 所示草图，不要有重复线。

2）退出二维草图。单击绘图区右上角（确定）按钮（图 1-7）退出草图，或者单击左上角按钮退出草图。

第 5 步：执行拉伸特征命令。单击左边 (-) 草图1，单击左上方 特征 选项，如图 1-8 所示；再单击特征控制面板上的（拉伸凸台 / 基体）按钮，弹出定义拉伸参数的对话窗口，如图 1-9 所示。

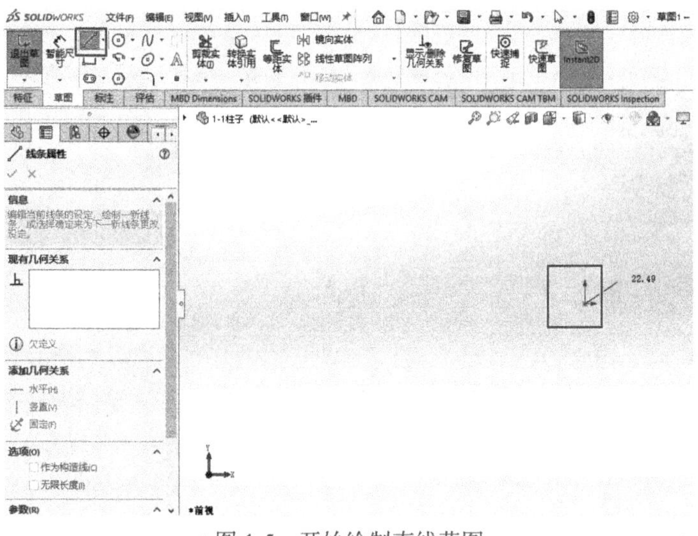

图 1-5 开始绘制直线草图

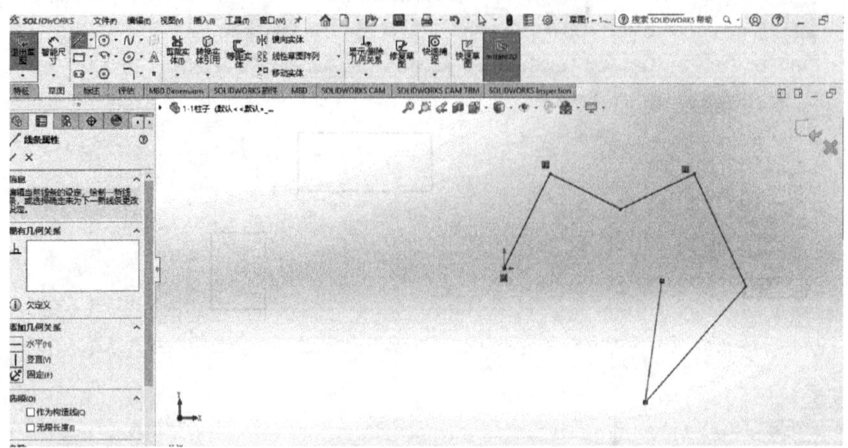

图 1-6 绘制直线草图

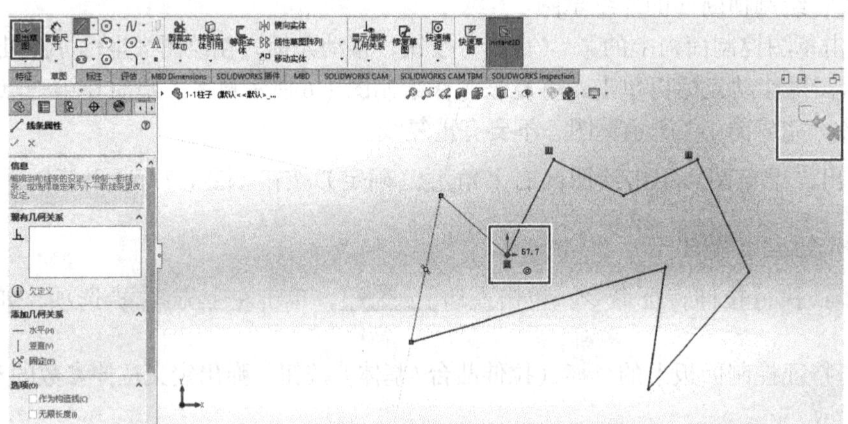

图 1-7 完成草图绘制

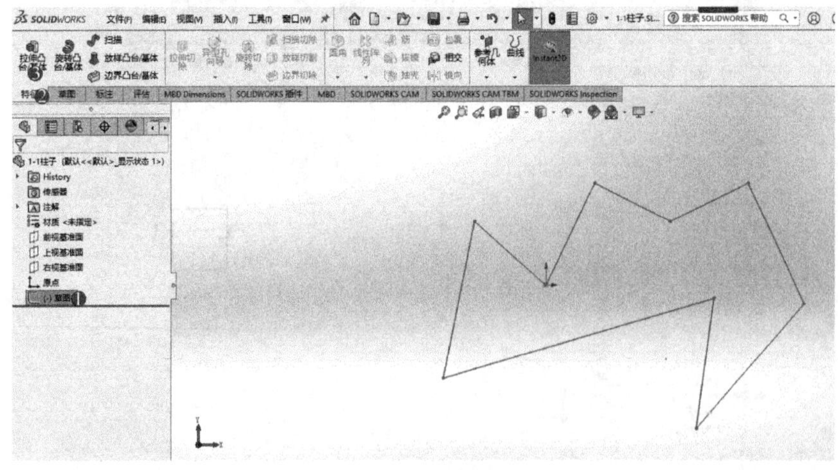

图 1-8 执行拉伸特征命令

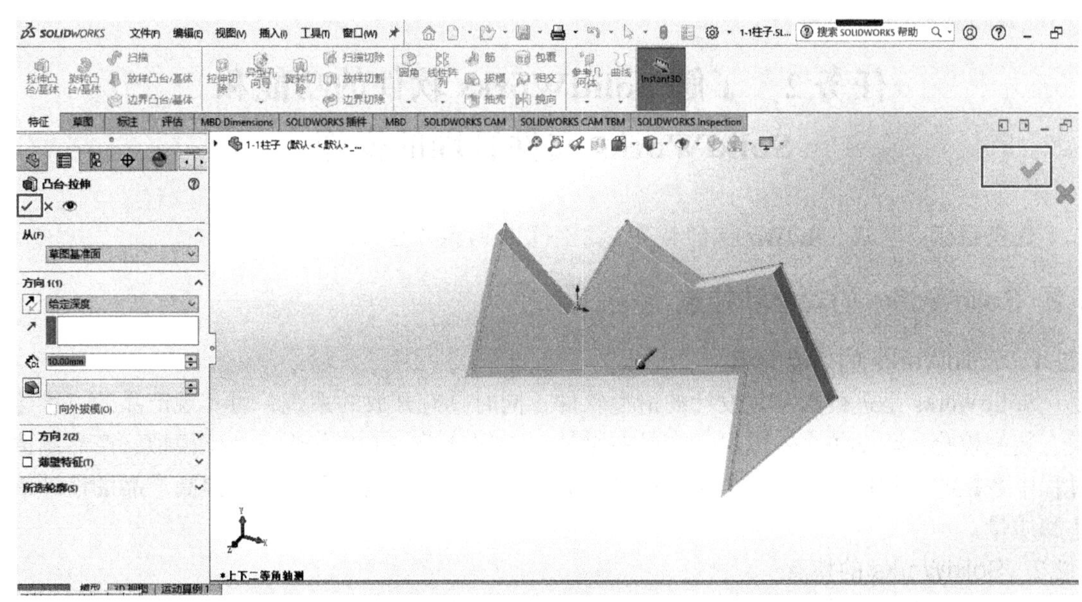

图 1-9 拉伸特征界面

第 6 步：定义拉伸参数。全部取默认值不做修改，默认拉伸厚度为 10。

第 7 步：完成创建。单击“拉伸”窗口上的✔（确定）按钮，如图 1-9 所示，完成特征的创建。创建的模型如图 1-1 所示。将光标放在绘图区，按住鼠标中键并拖动鼠标，便可旋转模型，改变观察角度，如图 1-10 所示。

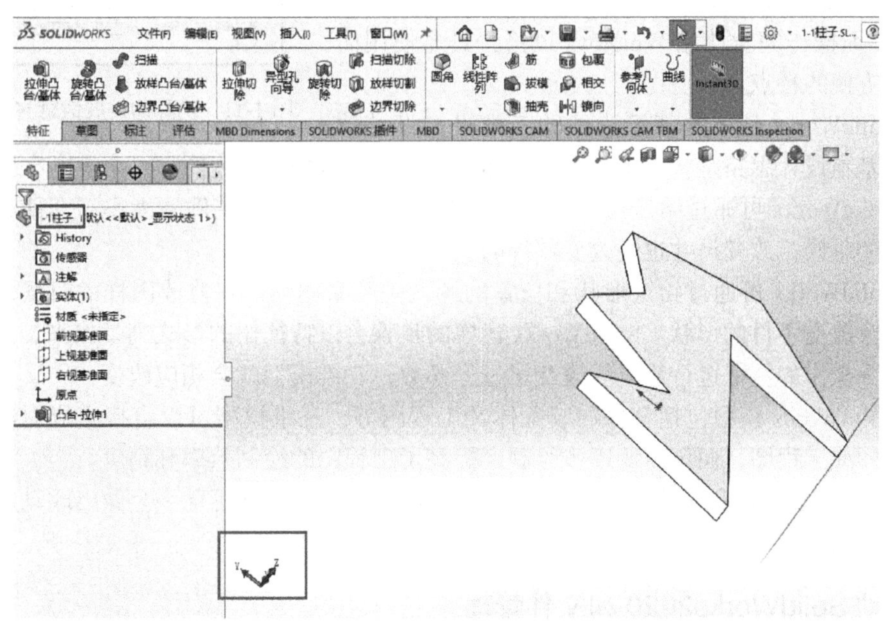

图 1-10 旋转后的模型

第 8 步：保存并关闭文件。单击标准工具栏中的“保存”按钮；单击界面右上角“关闭”按钮。

任务 2　了解 SolidWorks 软件的功能和 SolidWorks 文件管理的操作

任务目标： 掌握 SolidWorks 的特点、文件管理的操作方法。

1.2　SolidWorks 的功能和特点

1.2.1　SolidWorks 的功能介绍

SolidWorks 是进行数字化设计的造型软件，同时具有开放的系统，可实现产品的三维建模、装配校验、运动仿真，以保证产品在设计、工程分析、工艺分析、加工模拟、产品制造过程中数据的一致性，从而真正实现产品的数字化设计和制造，并大幅度提高产品的设计效率和质量。

1.2.2　SolidWorks 的特点

市场上三维软件较多，除了 SolidWorks，还有 UG、CATIA 等，但 SolidWorks 是一款适合初学者学习的软件，特别是 SolidWorks2020，光标停留在工具栏中的按钮上 1~2s 后，不仅会出现工具的扩展信息，用文字介绍工具的名称、功能，一些增强的工具按钮还会提供包括图像或动画的操作演示（图 1-11），让学习更加容易。

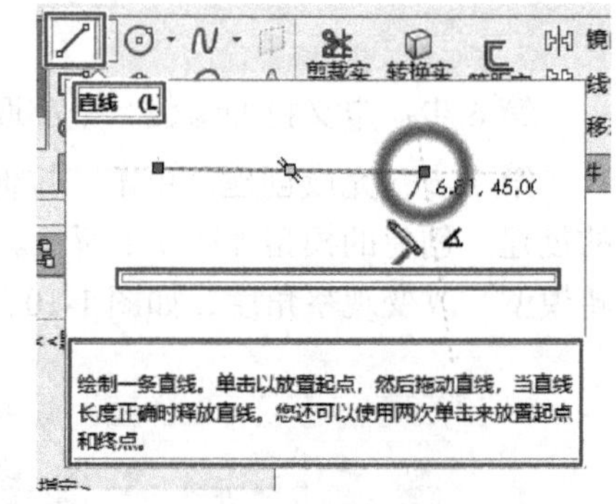

图 1-11　工具的扩展信息与动画演示

SolidWorks 的特点如下：

1）界面操作完全使用 Windows 风格，具备使用简单、操作方便的特点。

2）SolidWorks 是一款基于造型的三维机械设计软件，它的基本设计思路是：二维草图→实体造型→虚拟装配→工程图。

3）SolidWorks 可通过给定尺寸来驱动，改变尺寸就会改变零件的大小，即使在保存后再修改图的时候，改变尺寸也会改变零件的大小。

4）SolidWorks 可通过给定形状和位置的约束关系来驱动，在修改图样的时候，改变几何关系就会改变零件的形状。SolidWorks 建模的步骤会以特征树的形式列举出来，可以很方便地对前面操作的特征进行修改。改变了过程参数，三维模型就会相应改变。

5）SolidWorks 模型包括零件、装配体及工程图等，三维模型可以直接生成对应的三视图、轴测图或工程图，而不需要逐步绘制，提高了工程图的绘制效率和精度。

6）零件、装配体和工程图是一个模型的不同表现形式，对任意一个做出改动都会使其他模型自动改变。

1.3　启动 SolidWorks2020 和文件管理

1.3.1　启动 SolidWorks2020

安装 SolidWorks 后，双击桌面上 SolidWorks 快捷图标即可启动，也可直接双击已保存的 SolidWorks 文件。图 1-12 所示为 SolidWorks 2020 开始启动和启动成功后的欢迎界面。关闭欢迎界面，系统进入开始界面，如图 1-13 所示。单击左上方的 按钮，可以隐藏或显示菜单，如图 1-14 所示；单击菜单右边的（显示）按钮，可以显示标准工具栏，单击（隐藏）按钮，可以隐藏标准工具栏，如图 1-15 所示。

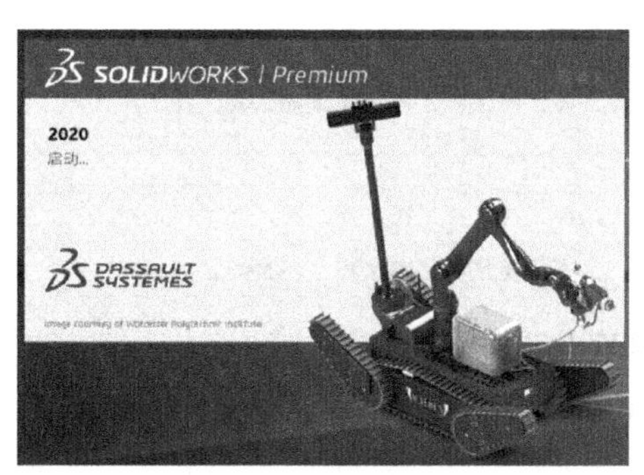

图 1-12 SolidWorks 2020 开始启动和启动成功后的欢迎界面

图 1-13 SolidWorks 2020 的开始界面

图 1-14 隐藏或显示菜单

图 1-15 隐藏或显示标准工具栏

1.3.2 新建 SolidWorks 文件

建立新模型前需要生成一个新文件。新建文件的操作步骤：

1）执行新建命令。启动 SolidWorks 后，单击上方标准工具栏中的（新建）按钮，或者选择下拉菜单“文件”→“新建”，弹出“新建 SolidWorks 文件”窗口，如图 1-16 所示，对话窗口中有 3 个图标，分别是零件、装配体、工程图，代表不同类型的文件。

2）选择文件类型。单击对话窗口中零件、装配体、工程图 3 个图标中的某一个。

3）单击下方“确定”按钮，就可以进入相应类型文件的创建界面了。

不同类型的文件，其工作界面和环境是不同的。图 1-17 所示为新建零件的工作界面，图 1-18 所示为新建装配体的工作界面，图 1-19 所示为新建工程图的工作界面。

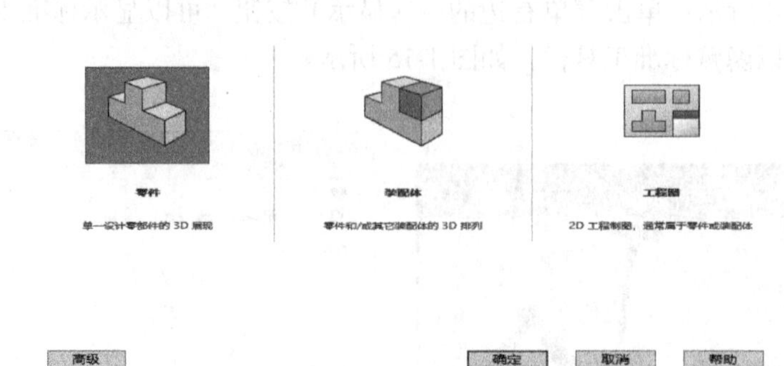

图 1-16 “新建 SolidWorks 文件”窗口

图 1-17 新建零件的工作界面

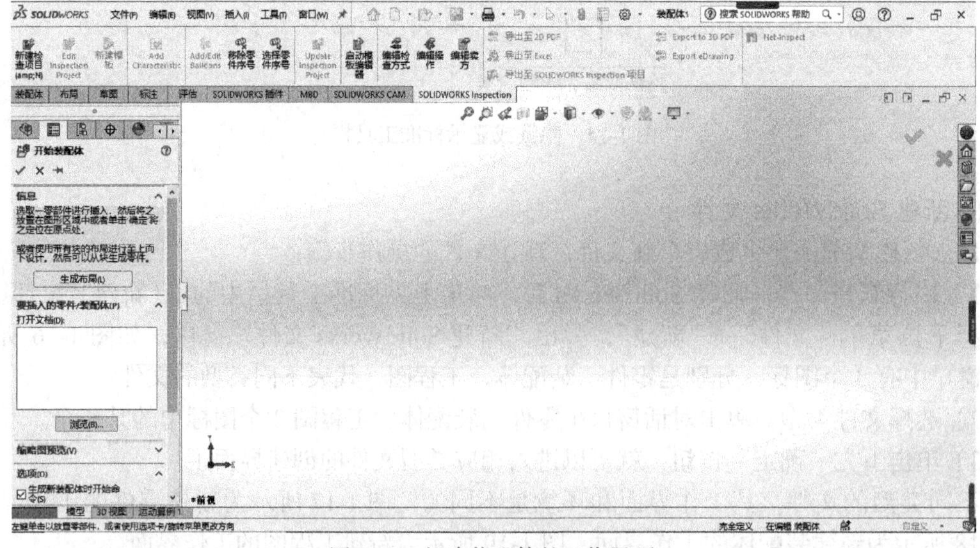

图 1-18 新建装配体的工作界面

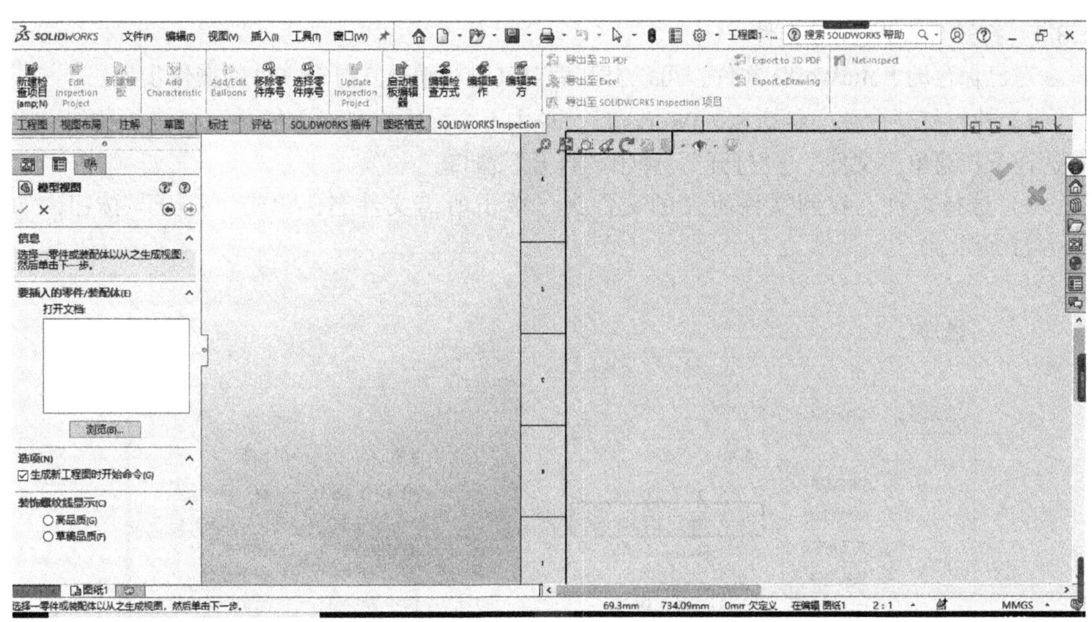

图 1-19 新建工程图的工作界面

1.3.3 保存 SolidWorks 文件

在编辑界面中保存文件的方式有换名保存和仅内容更新保存。换名保存是指内容更新保存到新的文件名中或需要文件保存到新存储路径中等；仅内容更新保存是指保存时文件名、存储路径不变，但内容会更新。

换名保存文件的操作步骤：选择下拉菜单“文件”→“另存为”；弹出“另存为”窗口，如图 1-20 所示，选择保存路径，输入文件名后，单击“保存”按钮，又回到编辑界面。

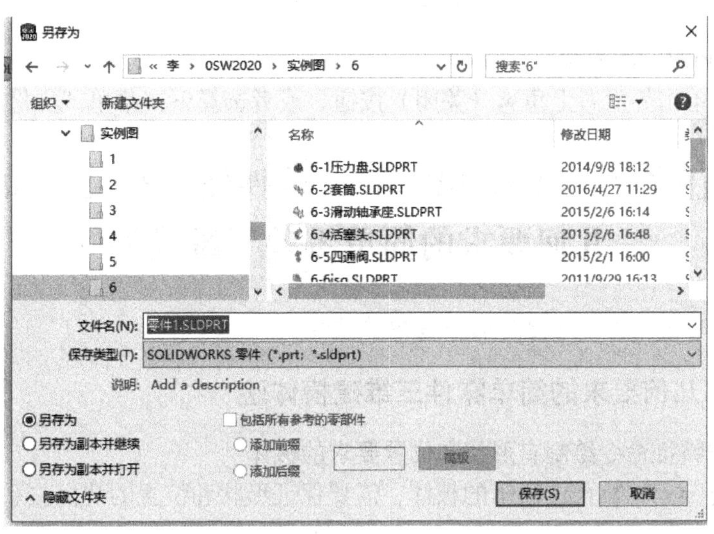

图 1-20 “另存为”窗口

仅更新内容保存文件的操作步骤：单击“标准”工具栏中的（保存）按钮，或者选择下拉菜单“文件”→“保存”。若文件是新文件，则系统自动启动“另存为”窗口。

1.3.4 打开 SolidWorks 文件

对已保存的 SolidWorks 文件，可以打开后对其进行编辑。打开文件的操作步骤：

1）执行打开命令。启动 SolidWorks 后，单击上方标准工具栏中的（打开）按钮，或者选择下拉菜单“文件”→“打开”，弹出“打开”窗口。

2）选择文件。找到文件所在的文件夹，单击所需文件名，单击“打开”按钮，如图 1-21 所示。

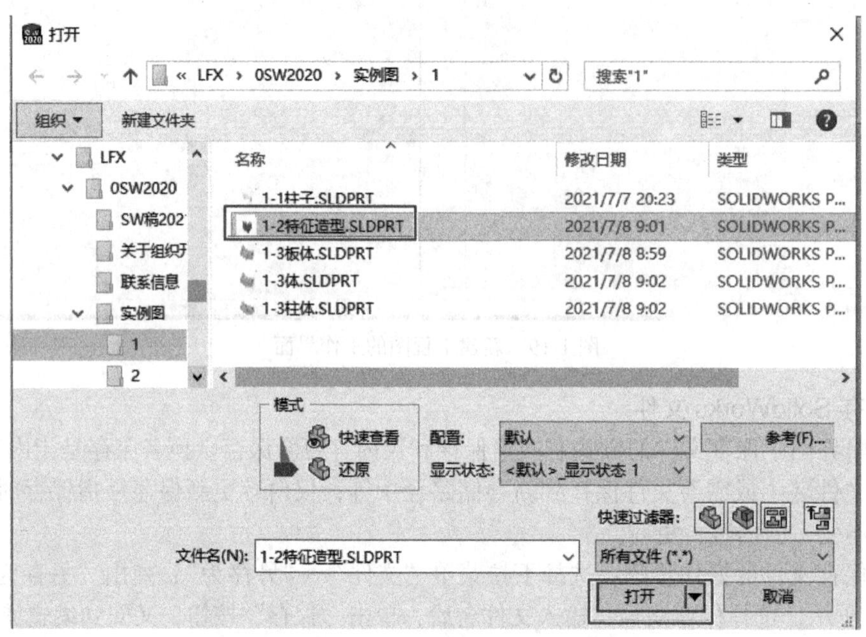

图 1-21 打开文件窗口

1.3.5 退出 SolidWorks 界面

操作步骤：单击界面右上角✕（关闭）按钮，或者选择下拉菜单“文件”→“关闭”。

任务 3 用 SolidWorks 软件建立有尺寸和几何要求的简单零件三维模型

任务目标：掌握零件三维建模的一般操作过程。

1.4 有尺寸和几何要求的简单零件三维建模体验

1.4.1 通过拉伸特征命令绘制有形状和位置要求的板体

【实例 1-2】 绘制图 1-22 所示的板体，需要保证形状和位置的几何关系，尺寸自定。

操作步骤：

第 1 步：新建零件文件。单击上方标准工具栏中的（新建）图标按钮，弹出“新建 SolidWorks 文件”窗口。选择“零件”类型，单击下方“确定”按钮，进入零件绘制界面。

第 2 步：换名保存文件。选择下拉菜单“文件”→“另存为”；选择保存路径（如 D:），输入文件名“1-2 板体”，单击“保存”按钮。

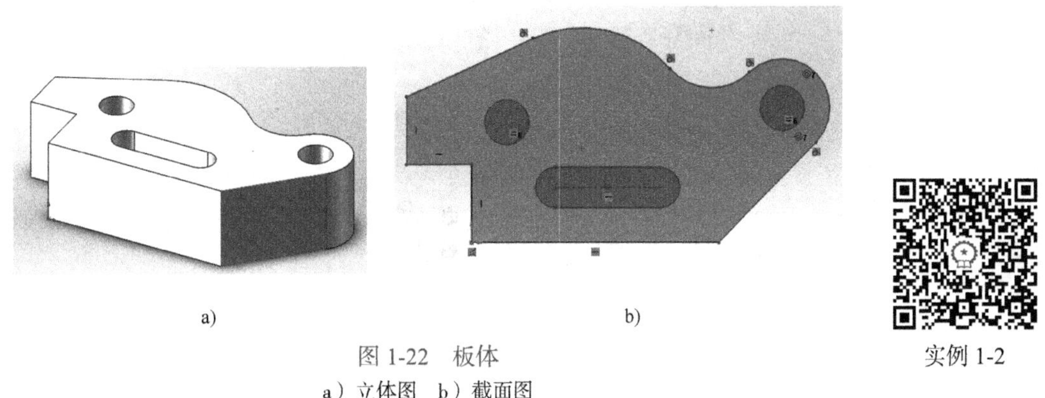

a)　　　　b)

图 1-22 板体

a）立体图 b）截面图

实例 1-2

第 3 步：选定草图基准面。移动光标单击上视基准面，即选择上视基准面作为绘制截面草图的基准面；单击草图换成草图按钮；单击草图绘制换成草图绘制界面，界面左边还增加草图的名称“草图 1”，如图 1-23 所示。

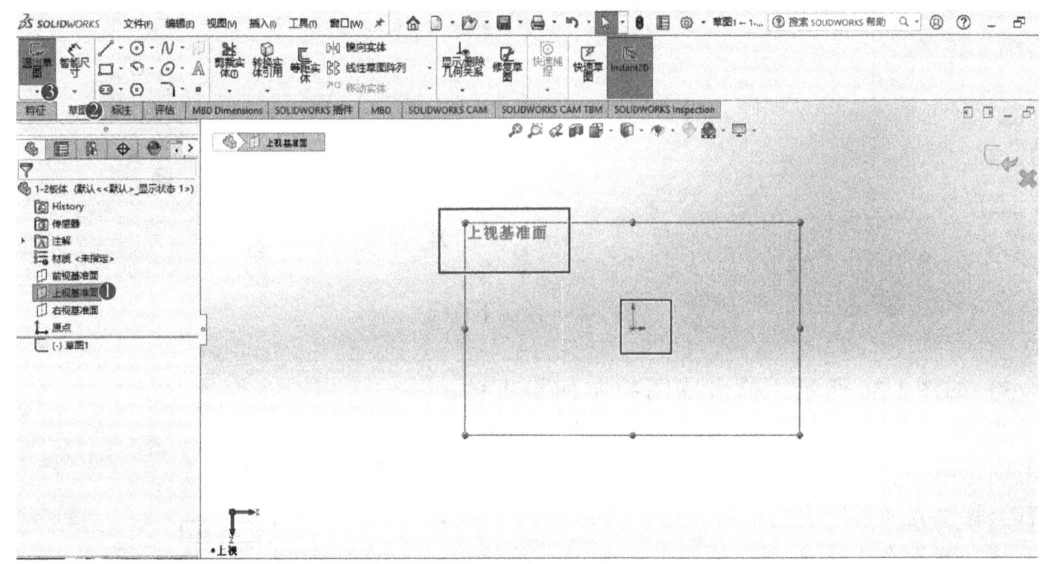

图 1-23 草图绘制界面

第 4 步：绘制二维草图图形。

1）单击草图控制面板上的（直线）按钮，移动光标在绘图区坐标原点处单击；向上移动光标（有丨符号出现），单击；向左移动光标（有 - 符号出现），单击；向上移动光标（有丨符号出现），单击；向右上移动光标，单击；按 Esc 键结束命令，如图 1-24 所示。

2）单击草图控制面板上的（直线）按钮，移动光标在绘图区坐标原点处单击；向左移动光标（有 - 符号出现），单击；向右上移动光标，单击；按 Esc 键结束命令，如图 1-25 所示。

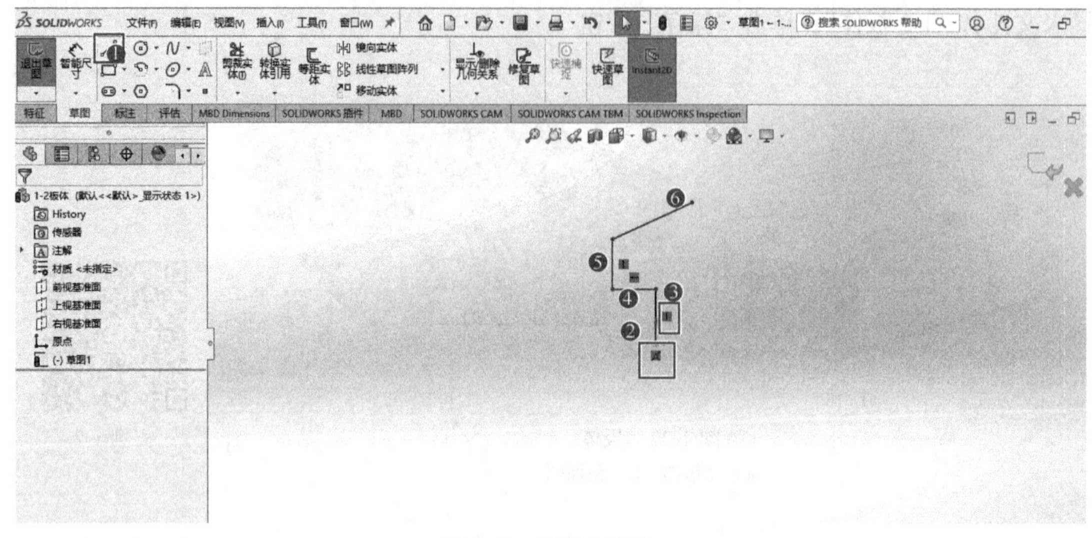

图 1-24　绘制上直线

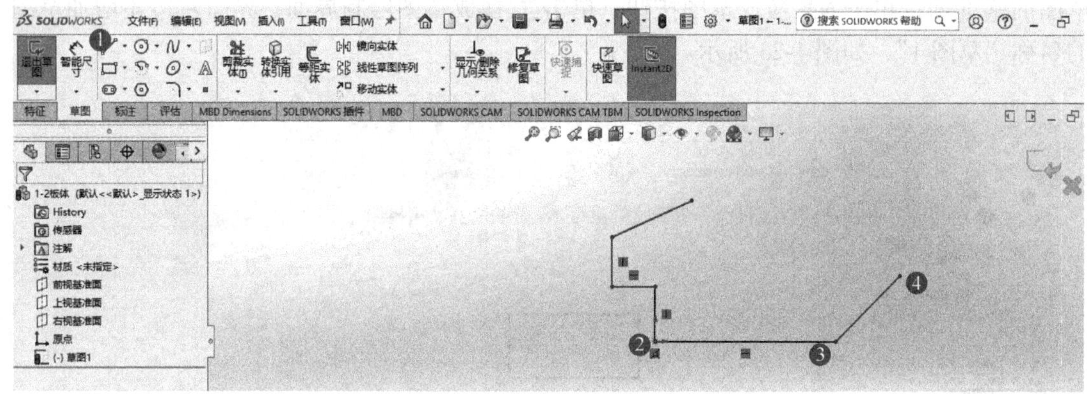

图 1-25　绘制下直线

3）如图 1-26 所示，单击草图控制面板上的（3 点圆弧）按钮，移动光标在绘图区上直线右端点处单击确定第一点，向右下移动光标再单击确定第二点，向右上移动光标再单击确定第三点，绘制完成上圆弧。向下移动光标在上圆弧下方某处单击确定下圆弧第一点，向下移动光标到下直线右端点处单击确定下圆弧第二点，向右上移动光标再单击确定第三点，绘制完成下圆弧。向上移动光标到上圆弧下方端点处单击确定中间圆弧第一点，移动光标在下圆弧上方端点处单击确定中间圆弧第二点，向左下移动光标再单击确定第三点，绘制完成中间圆弧，形成闭合图形。按 Esc 键结束命令，如图 1-27 所示。

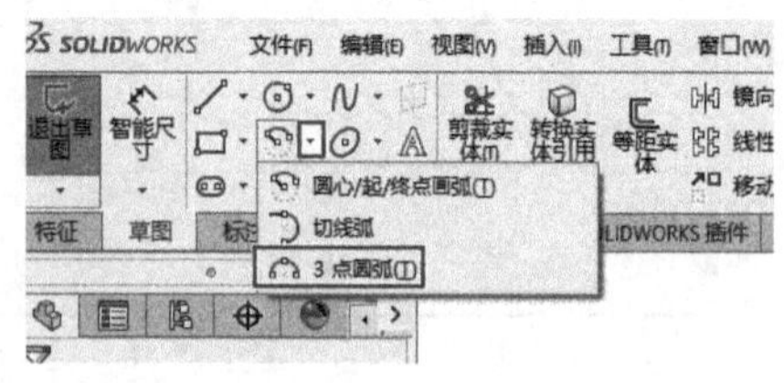

图 1-26　“3 点圆弧”按钮

4）单击草图控制面板上的（圆）按钮，移动光标在绘图区闭合图形中单击确定圆心，向外移动光标单击绘制圆。向右移动光标单击确定第二个的圆心，向外移动光标单击绘制圆。按 Esc 键结束命令，如图 1-28 所示。

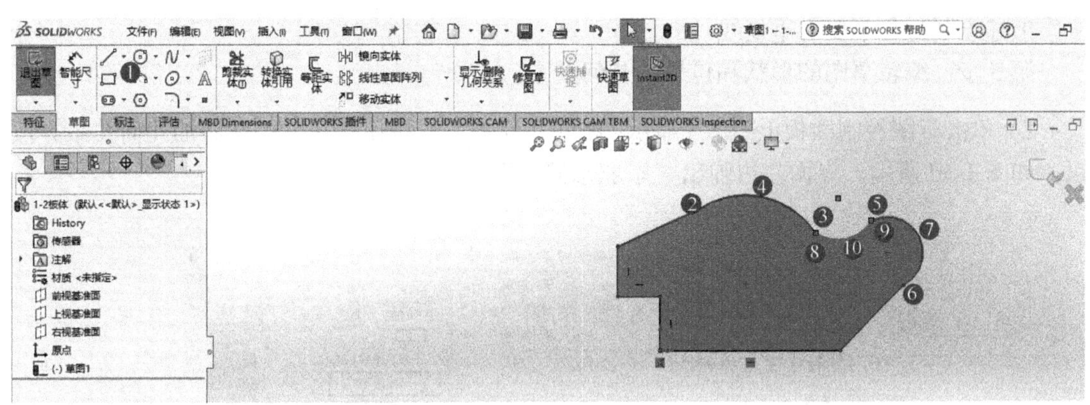

图 1-27 绘制圆弧

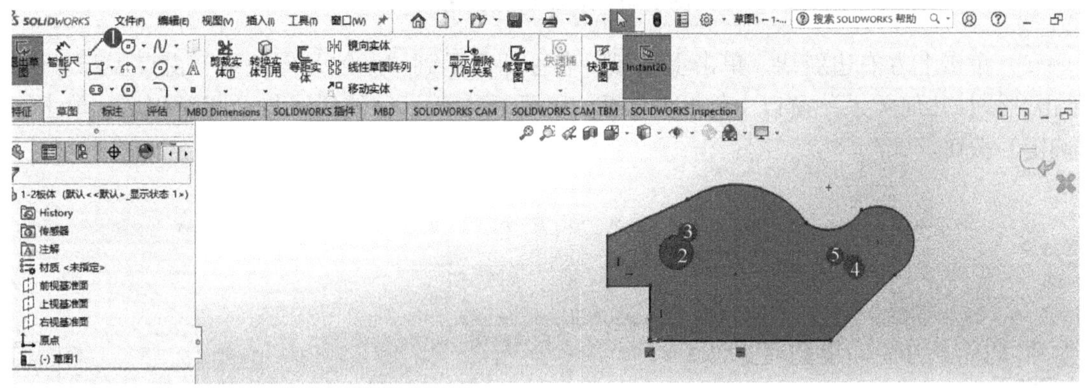

图 1-28 绘制圆

5）单击草图控制面板上的 (直槽口）按钮，移动光标在绘图区闭合图形中单击确定第一个圆心，向右移动光标单击确定第二个圆心，向外移动光标单击，如图 1-29 所示。在对话窗口中单击确定按钮或按 Esc 键结束命令。

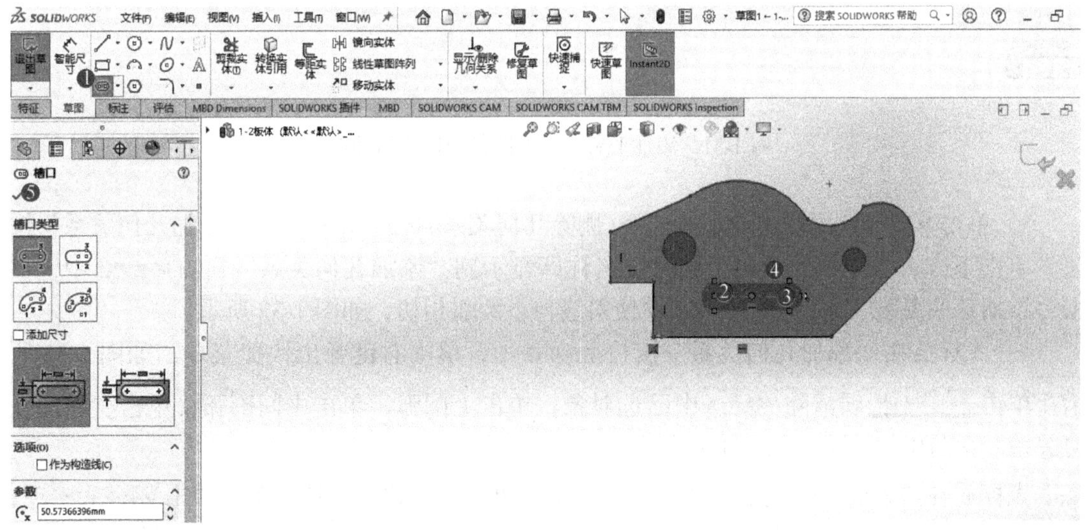

图 1-29 绘制直槽口

上述绘制过程不要有重复线。

第 5 步：编辑草图的形状和位置的几何关系。

1）单击草图控制面板上（显示 / 删除几何关系）按钮中的（添加几何关系）按钮，如图 1-30 所示。界面左边弹出“添加几何关系”窗口。

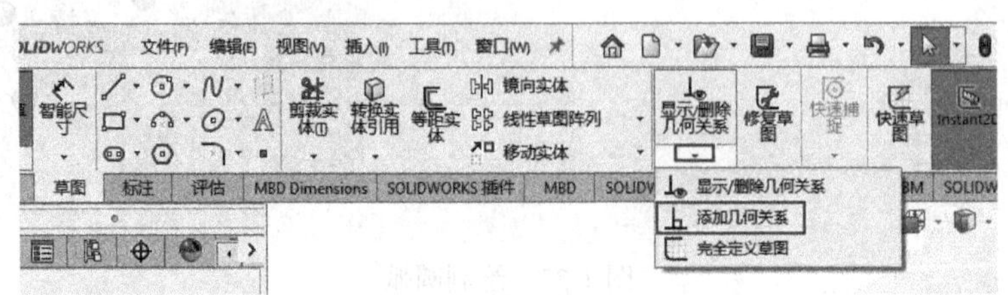

图 1-30　添加几何关系按钮

2）单击上方右边斜线，单击上圆弧，名称即显示到“添加几何关系”窗口**所选实体**中，单击“添加几何关系”窗口中的 相切(A) 项，如图 1-31 所示已使斜线与上圆弧相切，单击（确定）按钮。

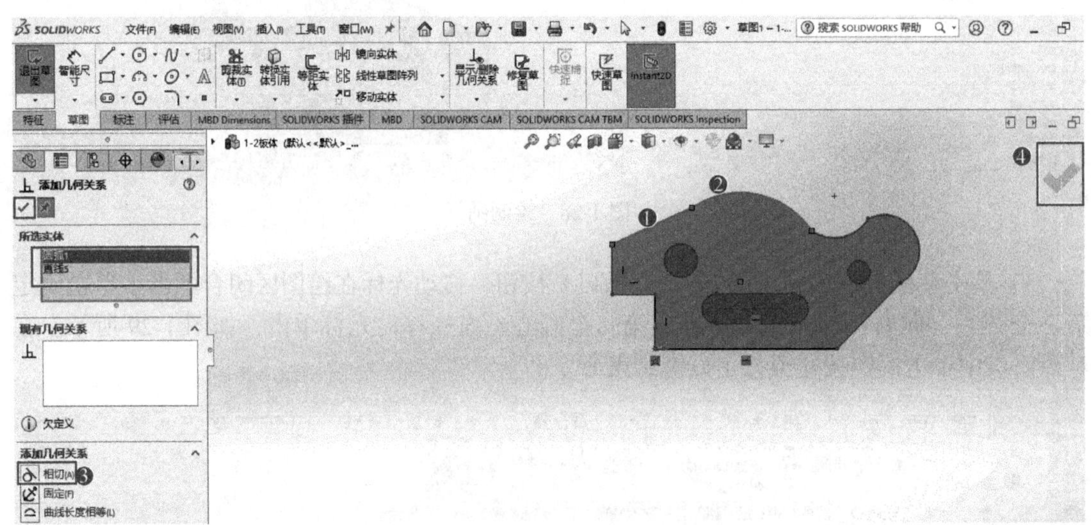

图 1-31　添加上斜线与上圆弧相切几何关系

3）单击草图控制面板上（显示 / 删除几何关系）按钮中的（添加几何关系）按钮。单击下方右边斜线，单击上圆弧，名称即显示到“添加几何关系”窗口**所选实体**中，单击“添加几何关系”窗口中的 相切(A) 项使斜线与下圆弧相切，如图 1-32 所示。

4）光标放在“添加几何关系”窗口**所选实体**中，单击右键弹出快捷菜单，如图 1-33 所示，单击 消除选择 (A) 项清除**所选实体**中已选对象；单击上圆弧，单击中间圆弧，单击“添加几何关系”窗口中的 相切(A) 项使两圆弧相切。

光标放在“添加几何关系”窗口**所选实体**中，单击右键弹出快捷菜单，单击 消除选择 (A) 项；单击下圆弧，单击中间圆弧，单击“添加几何关系”窗口中的 相切(A) 项使两圆弧相切。

图 1-32 添加下斜线与下圆弧相切几何关系

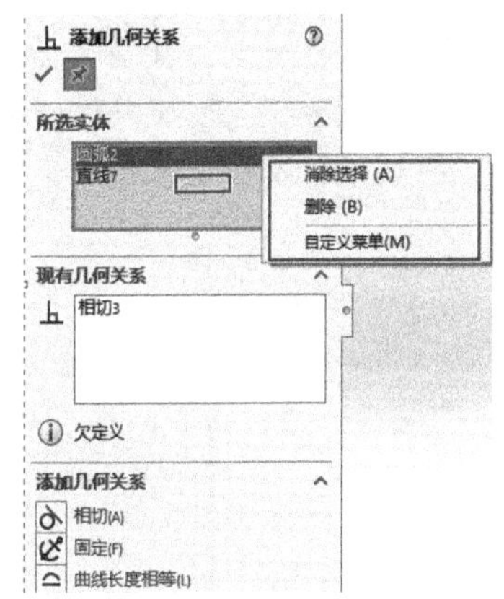

图 1-33 清除已选择对象

光标放在“添加几何关系”窗口 所选实体 中，单击右键弹出快捷菜单，单击 消除选择 (A) 项；单击一个圆，单击另一个圆，单击“添加几何关系”窗口中的 = 相等(Q) 项，使两圆直径相等，如图 1-34 所示。

5）光标放在“添加几何关系”窗口 所选实体 中，单击右键弹出快捷菜单，单击 消除选择 (A) 项；单击右边圆，单击下圆弧，单击“添加几何关系”窗口中的 同心(N) 项，使两圆的圆心重合，如图 1-35 所示。

6）单击“添加几何关系”窗口 （确定）按钮，完成形状和位置的编辑。

7）退出二维草图。单击绘图区右上角的 （确定）按钮退出草图，或者单击左上角 退出草图 按钮退出草图。草图 1 的图形如图 1-36 所示。

第 6 步：执行拉伸特征命令。单击左边 (-) 草图1 ，单击左上方 特征 选项；再单击特征控制面板上的 拉伸凸台/基体 （拉伸凸台 / 基体）按钮。执行命令后，系统弹出定义拉伸参数的对话窗口。

第 7 步：定义拉伸参数。在 方向 1 下 D1 右边文本框中单击激活，输入 40，其余取默认值不做修改，如图 1-37 所示。

第 8 步：完成创建。单击“拉伸”窗口上的 （确定）按钮，完成特征的创建。创建的模型如图 1-22 所示。将光标放在绘图区，按住鼠标中键并拖动鼠标，可旋转模型，改变观察角度，如图 1-38 所示。

第 9 步：同名保存并关闭文件。单击标准工具栏中的“保存”按钮；单击界面右上角“关闭”按钮。

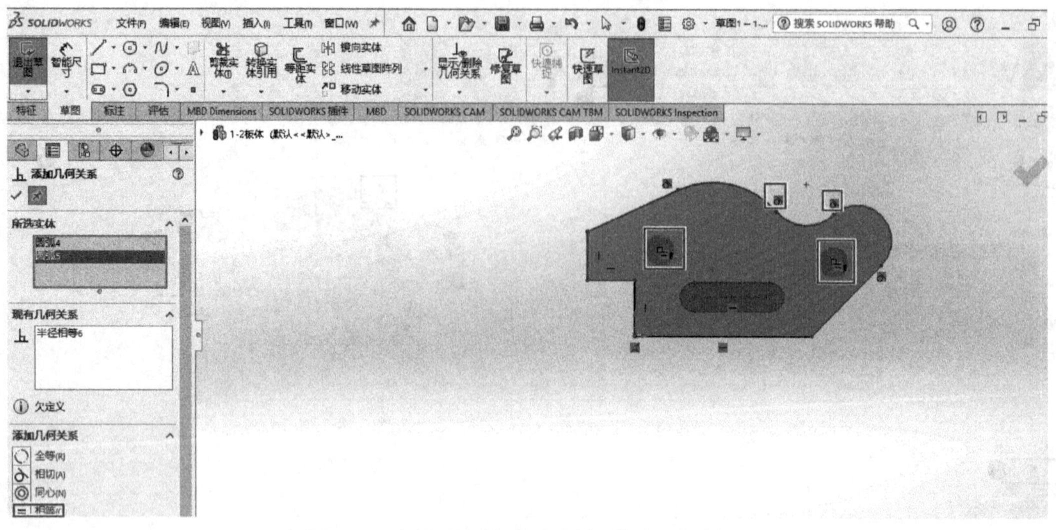

图 1-34　添加圆弧相切与圆相等的几何关系

图 1-35　添加圆弧与圆同心的几何关系

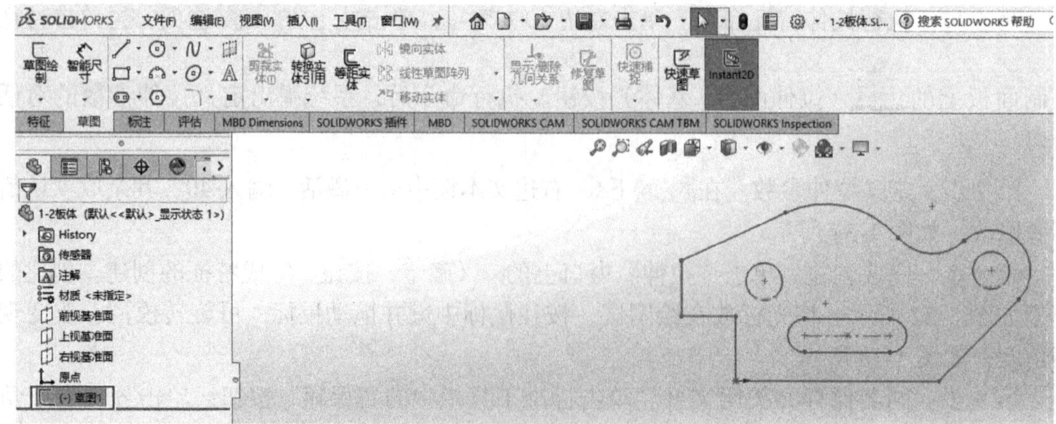

图 1-36　完成形状和位置编辑后的草图图形

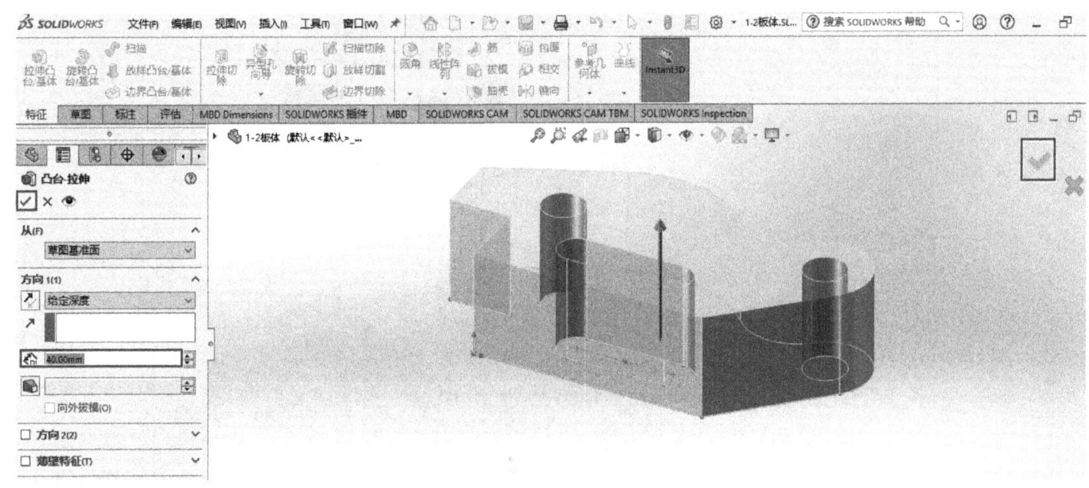

图 1-37 定义拉伸参数

图 1-38 旋转后的模型

1.4.2 通过拉伸按尺寸大小绘制有形状和位置要求的柱体

【实例 1-3】 绘制图 1-39 所示的孔柱体，需要满足几何关系和尺寸要求。

操作步骤：

第 1 步：新建零件文件。单击上方标准工具栏中的【新建】图标按钮，系统弹出“新建 SolidWorks 文件”窗口。选择“零件”类型，单击下方确定按钮进入零件绘制界面。

第 2 步：换名保存文件。选择下拉菜单“文件”→“另存为”；选择保存路径（如 D: ），输入文件名“1-3 孔柱体”，单击“保存”按钮。

第 3 步：选定草图基准面。移动光标单击上视基准面选择上视基准面作为绘制截面草图的基准面；单击草图，换成草图按钮；单击草图绘制换成草图绘制界面。

第 4 步：绘制横断面二维草图的近似图形。

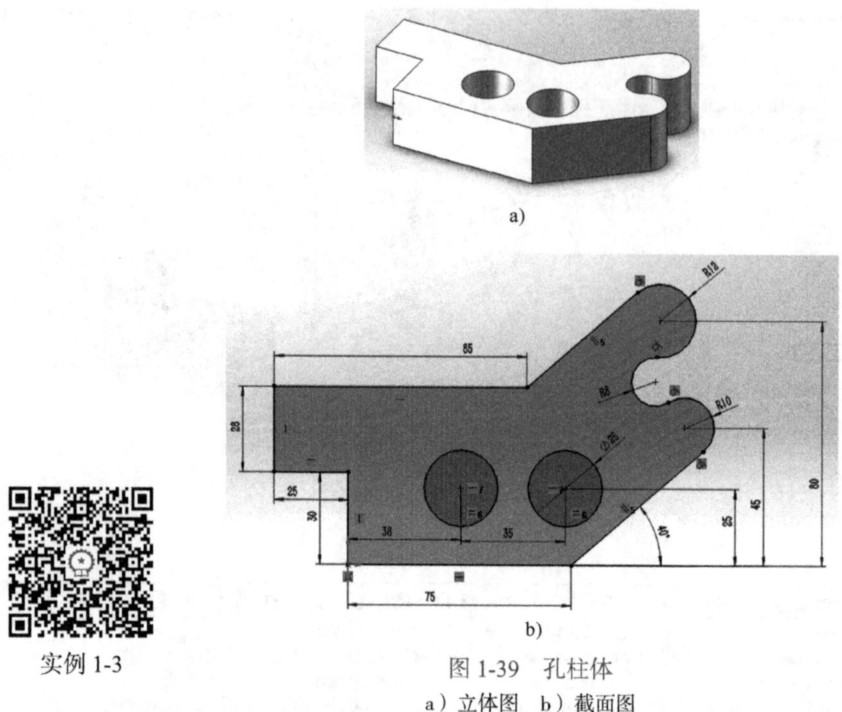

实例 1-3

图 1-39　孔柱体

a）立体图　b）截面图

1）单击草图控制面板上的 （直线）按钮，移动光标在绘图区坐标原点处单击；向上移动光标（有 符号出现），观察数值接近 30，单击，如图 1-40 所示；向左移动光标（有 符号出现），观察数值接近 25，单击；向上移动光标（有 符号出现），观察数值接近 28，单击；向右移动光标（有 符号出现），观察数值接近 85，单击；向右上移动光标，单击；按 Esc 键结束命令，如图 1-41 所示。

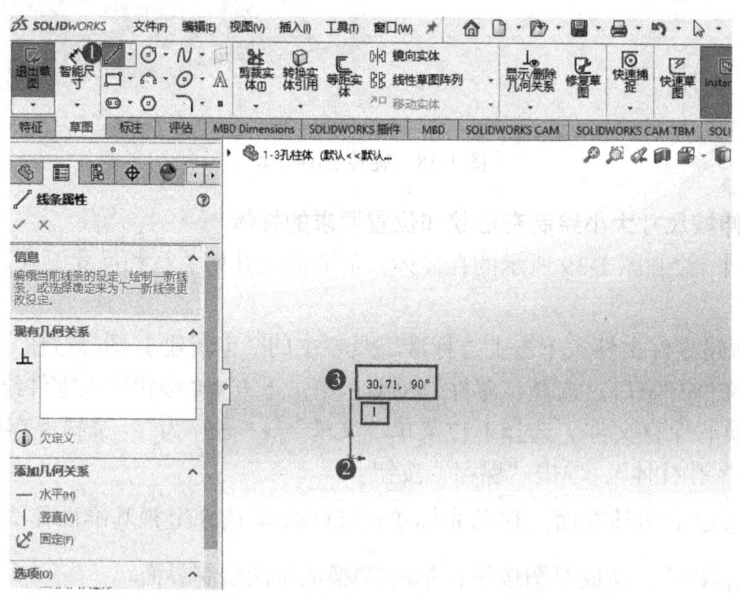

图 1-40　绘制长度约 30 的竖直直线

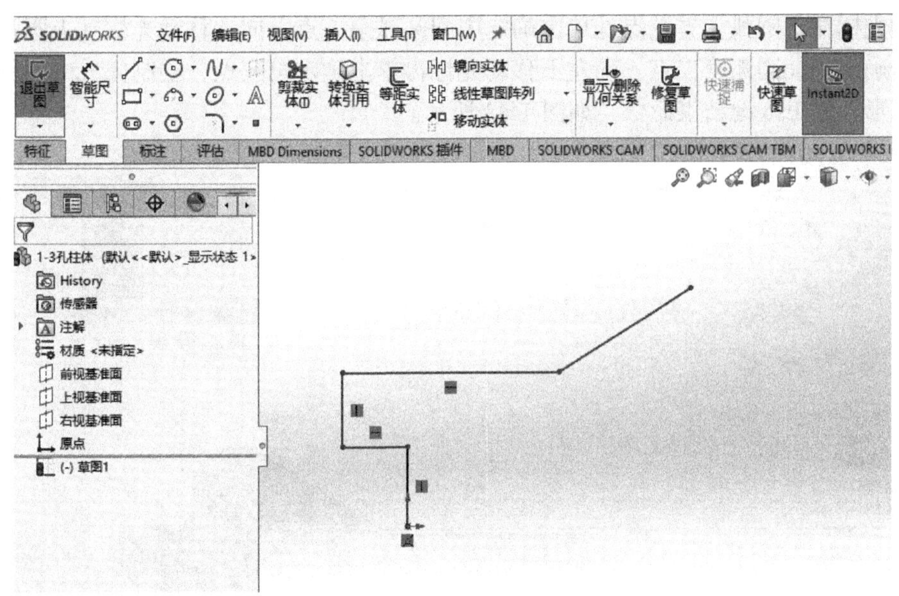

图 1-41 绘制上直线

2）单击草图控制面板上的 （直线）按钮，移动光标在绘图区坐标原点处单击；向左移动光标（有 - 符号出现），观察数值接近 75，单击；向右上移动光标，单击；按 Esc 键结束命令，如图 1-42 所示。

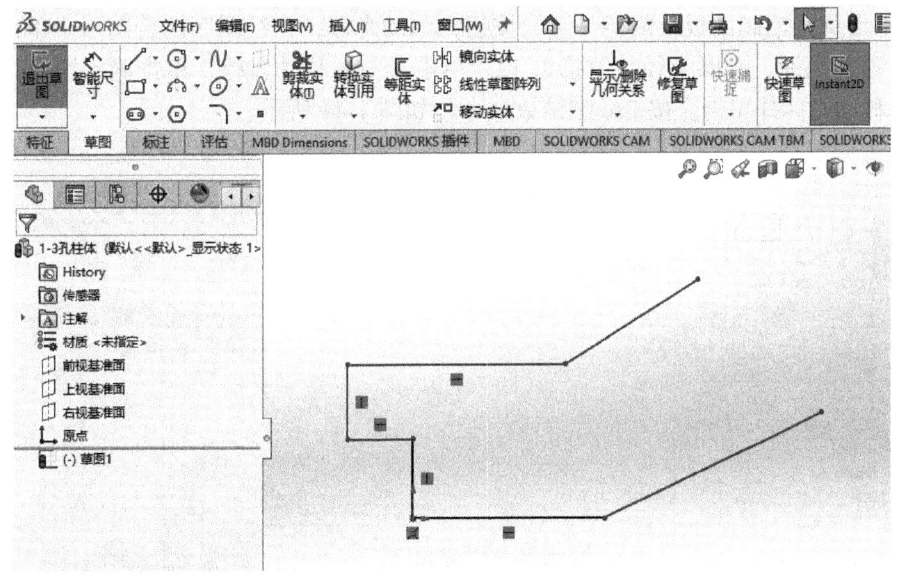

图 1-42 绘制下直线

3）单击草图控制面板上的 （3 点圆弧）按钮，移动光标在绘图区上直线右端点处单击确定第一点，向右下移动光标再单击确定第二点，向右上移动光标再单击确定第三点，绘制完成上圆弧。向下移动光标在上圆弧下方某处单击确定下圆弧第一点，向下移动光标到下直线右端点处单击确定下圆弧第二点，向右上移动光标再单击确定第三点，绘制完成下圆弧。移动光标在下圆弧上方端点处单击确定中间圆弧第一点，向上移动光标到上圆弧下方端点处单击确定中间圆弧第二点，向左下移动光标再单击确定第三点，绘制完成中间圆弧。形成闭合图形，按 Esc 键结束命令，如图 1-43 所示。

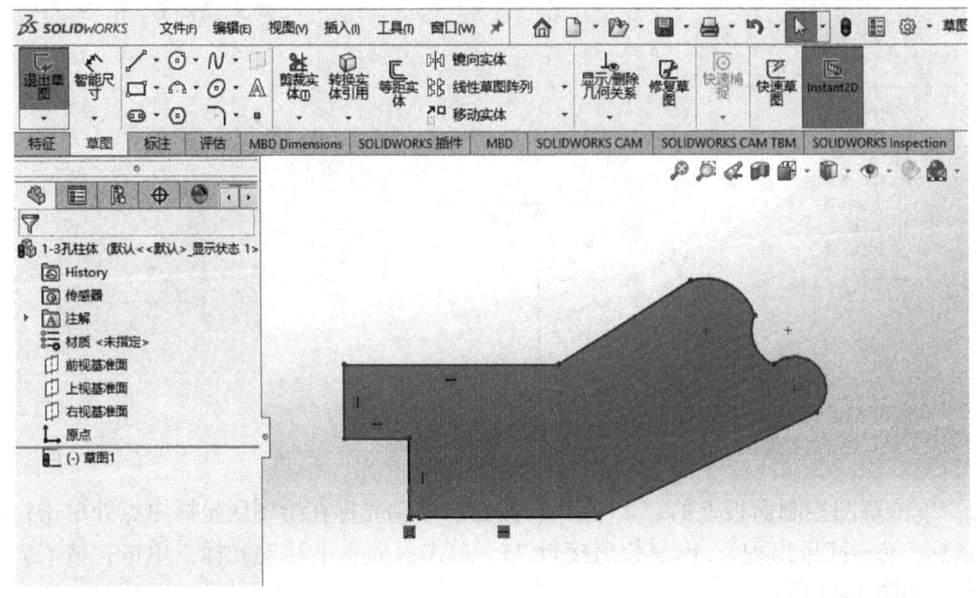

图 1-43　绘制圆弧

4）单击草图控制面板上的⊙（圆）按钮，移动光标，在绘图区闭合图形中单击确定圆心，向外移动光标，观察半径数值接近 12，单击。向右移动光标，单击确定第二个圆的圆心，向外移动光标并单击。按 Esc 键结束命令，如图 1-44 所示。

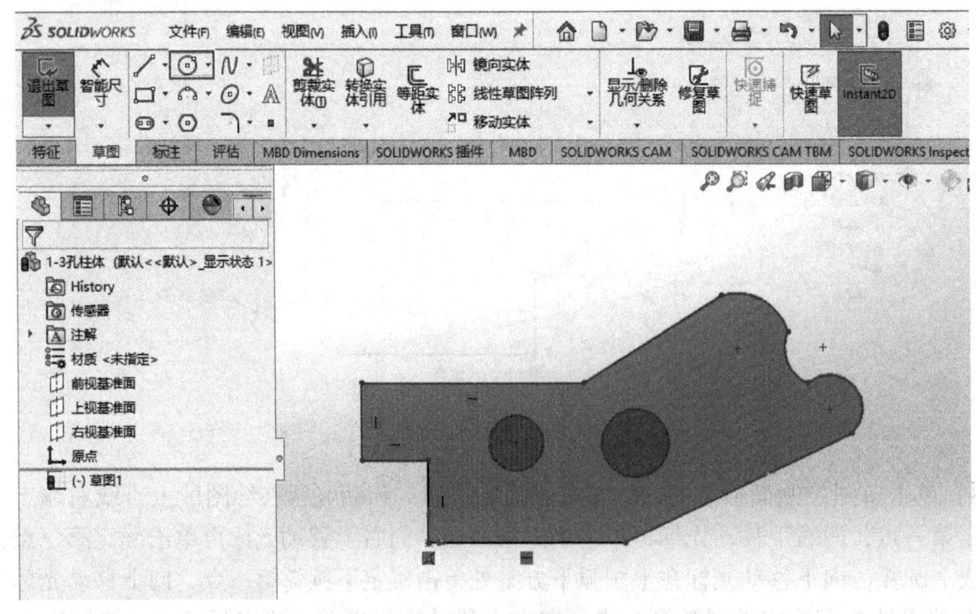

图 1-44　绘制圆

上述绘制过程，不要有重复线。

第 5 步：编辑草图的形状和位置的几何关系。

1）单击草图控制面板上显示/删除几何关系（显示 / 删除几何关系）按钮中的（添加几何关系）按钮，界面左边弹出“添加几何关系”窗口。

2）单击上方右边斜线，单击上圆弧，名称即显示到“添加几何关系”窗口所选实体中，单击“添加几何关系”窗口中的相切(A)项，如图 1-45 所示，使斜线与上圆弧相切。

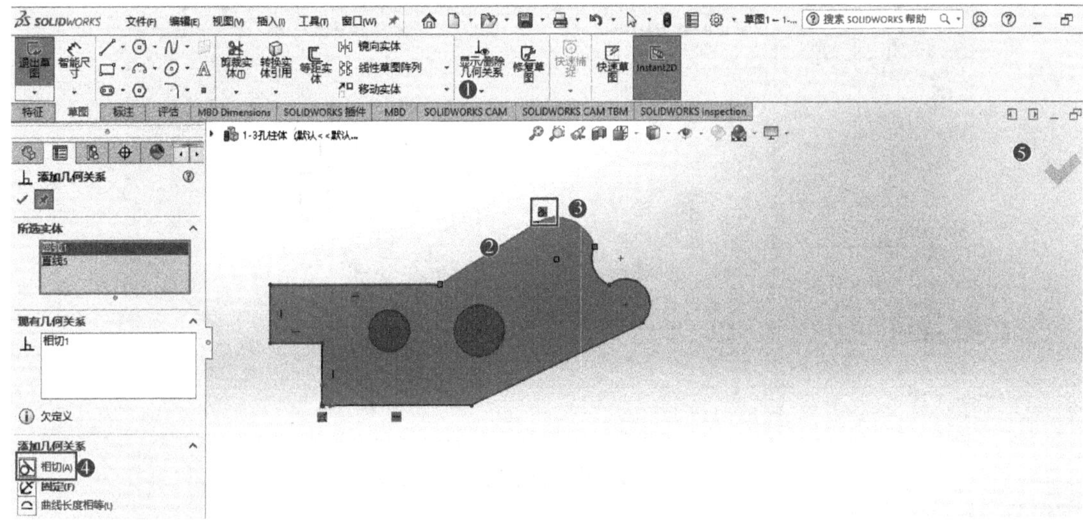

图 1-45 添加上斜线与上圆弧相切几何关系

3）光标放在“添加几何关系”窗口所选实体中，单击右键弹出快捷菜单，单击消除选择(A)项；单击下方右边斜线，单击上圆弧，名称即显示到“添加几何关系”窗口所选实体中，单击“添加几何关系”窗口中的相切(A)项，使斜线与下圆弧相切，如图 1-46 所示。

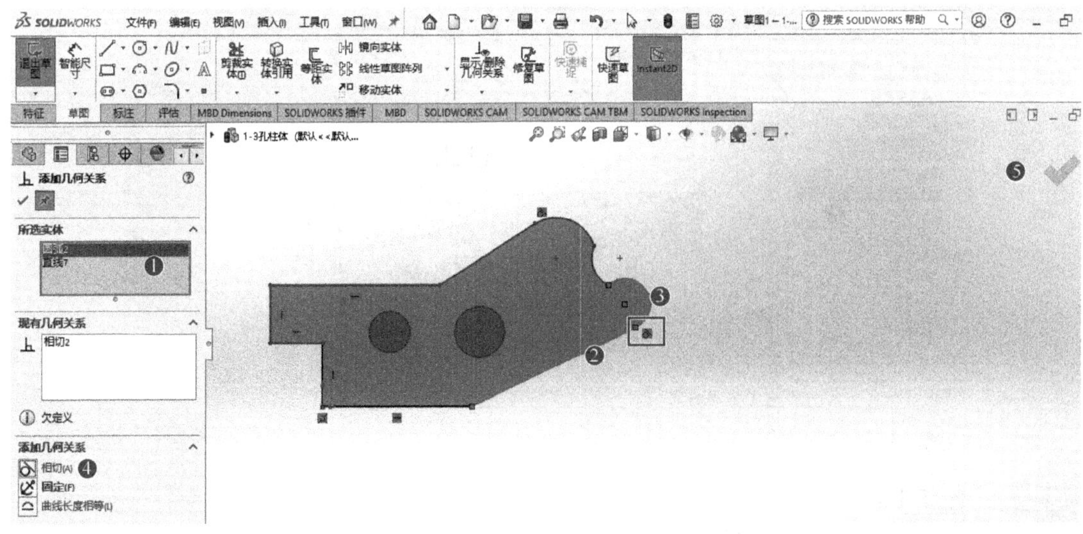

图 1-46 添加下斜线与下圆弧相切几何关系

4）光标放在“添加几何关系”窗口**所选实体**中，单击右键弹出快捷菜单，单击 消除选择(A) 项；单击上圆弧，单击中间圆弧，单击“添加几何关系”窗口中的 相切(A) 项，使两圆弧相切。光标放在“添加几何关系”窗口**所选实体**中，单击右键弹出快捷菜单，单击 消除选择(A) 项；单击下圆弧，单击中间圆弧，单击“添加几何关系”窗口中的 相切(A) 项，使两圆弧相切，如图 1-47 所示。

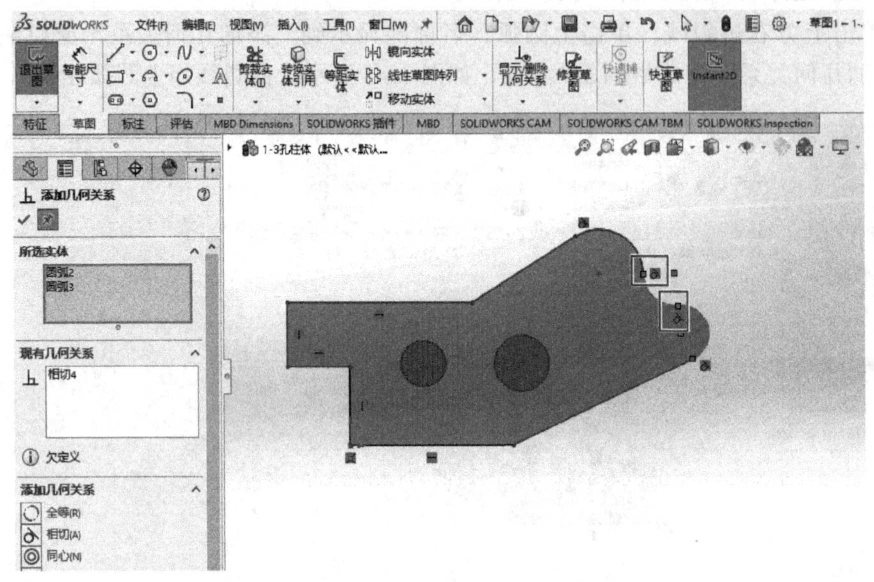

图 1-47　添加圆弧相切的几何关系

5）光标放在“添加几何关系”窗口**所选实体**中，单击右键弹出快捷菜单，单击 消除选择(A) 项；单击上方斜线，单击下方斜线，单击“添加几何关系”窗口中的 平行(E) 项，使两直线平行，如图 1-48 所示。

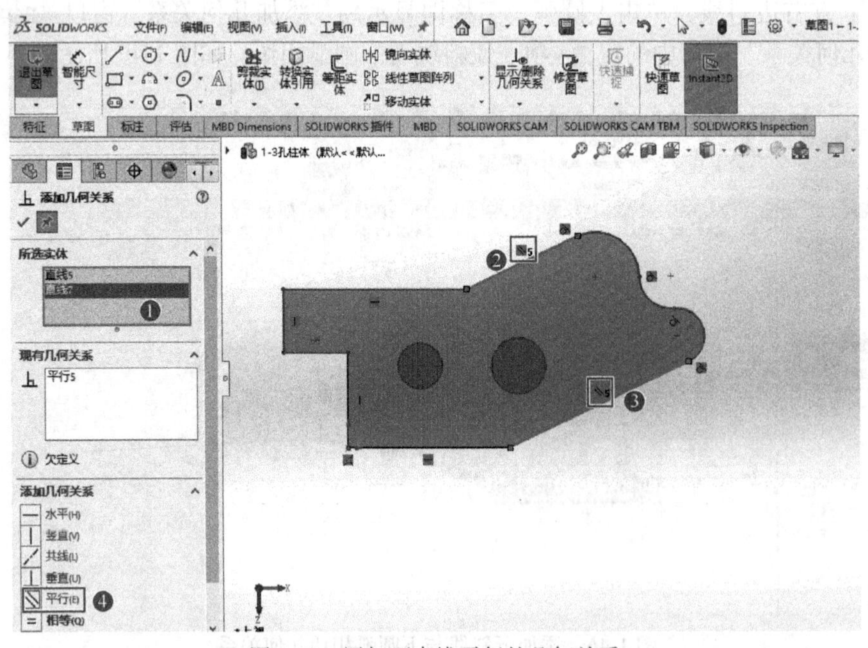

图 1-48　添加两直线平行的几何关系

6）光标放在“添加几何关系”窗口所选实体中，单击右键弹出快捷菜单，单击消除选择 (A)项；单击一个圆，再单击另一个圆，单击“添加几何关系”窗口中的 = 相等(Q)项，使两圆直径相等。光标放在“添加几何关系”窗口所选实体中，单击右键弹出快捷菜单，单击消除选择 (A)项；单击一个圆的圆心，单击另一个圆的圆心，单击“添加几何关系”窗口中的 — 水平(H)项，使两圆的圆心等高，如图 1-49 所示。

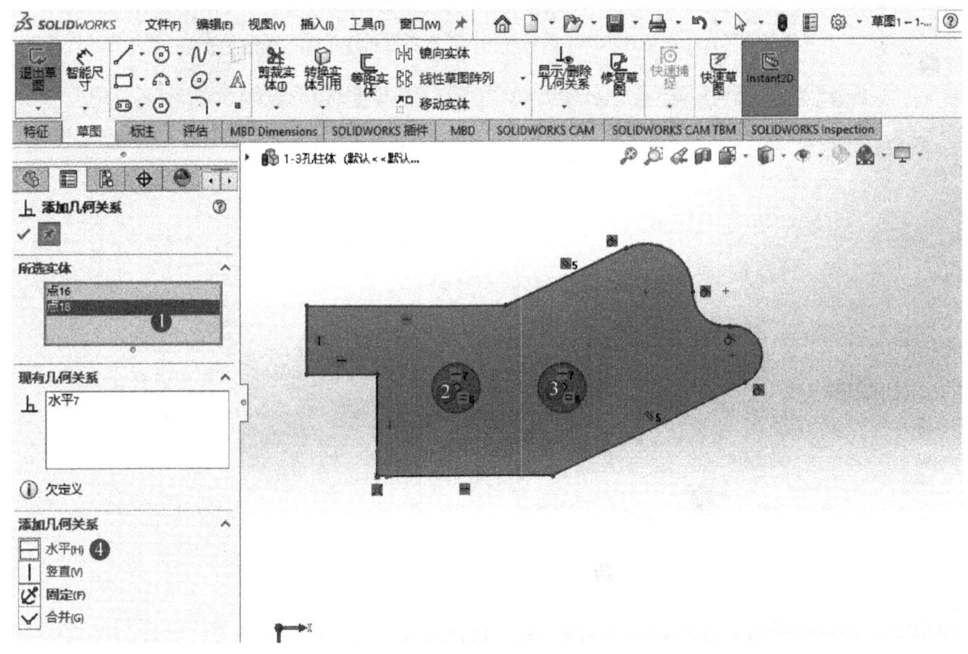

图 1-49 添加圆直径相等与圆心等高的几何关系

7）单击“添加几何关系”窗口的✓（确定）按钮，即完成形状和位置的编辑。草图 1 的图形如图 1-50 所示。

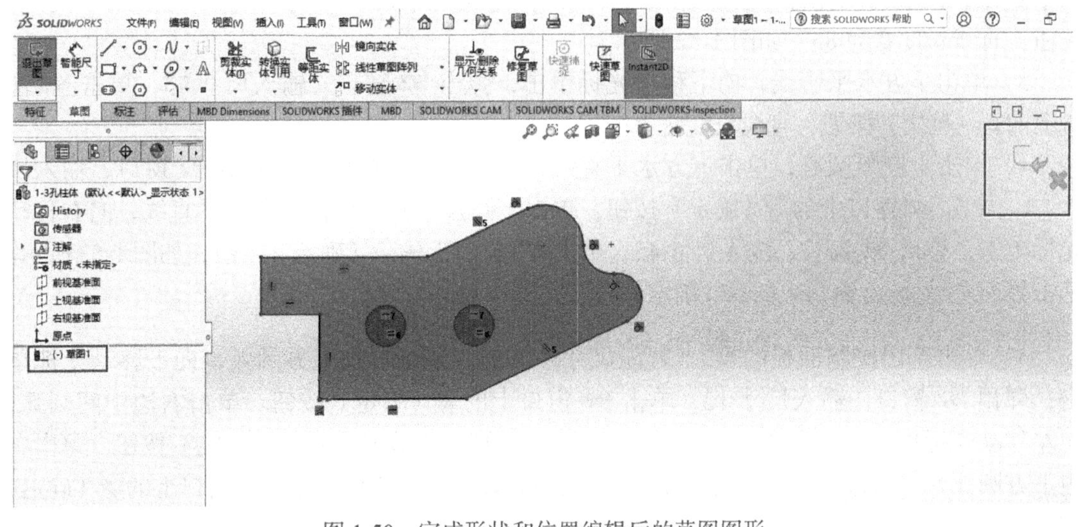

图 1-50 完成形状和位置编辑后的草图图形

第 6 步：编辑横断面二维草图的大小。

1）单击草图控制面板的智能尺寸（智能尺寸）按钮。单击坐标原点处的竖直线，向左移动光标单击，弹出修改窗口，如图 1-51 所示。输入尺寸 30，单击修改窗口上的（确定）按钮，直线长度变为 30。

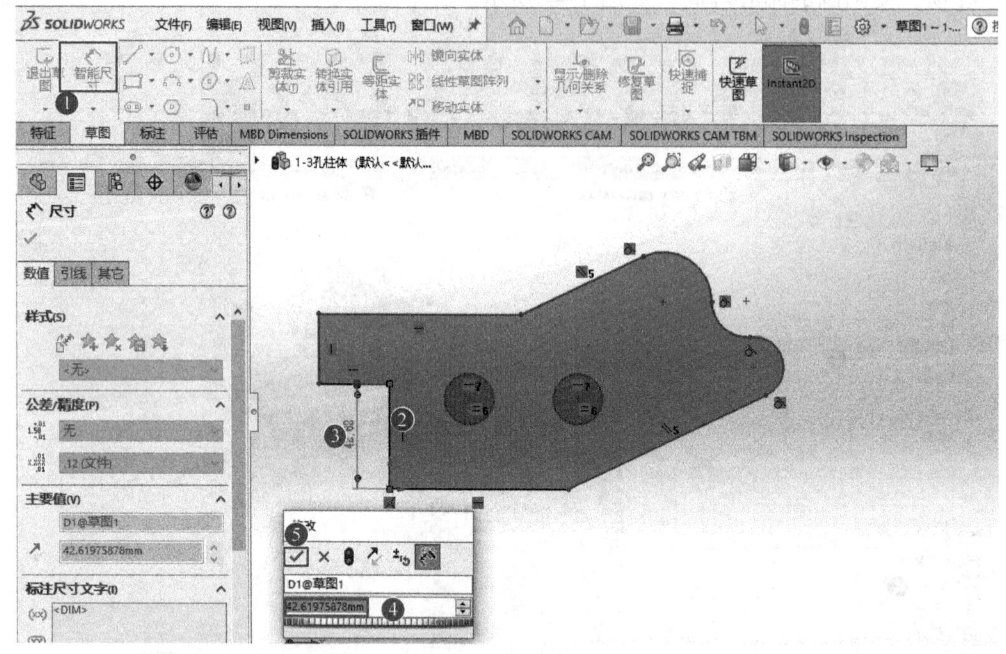

图 1-51 标注尺寸

2）单击左边水平直线，向下移动光标单击，弹出修改窗口，输入尺寸 25，单击修改窗口上的（确定）按钮，直线长度变为 25。单击左边上方竖直线，向左移动光标单击，弹出修改窗口，输入尺寸 28，单击修改窗口上的（确定）按钮，直线长度变为 28。单击上方水平直线，向上移动光标单击，弹出修改窗口，输入尺寸 85，单击修改窗口上的（确定）按钮，直线长度变为 85，如图 1-52 所示。

3）单击下方水平直线，向下移动光标单击，弹出修改窗口，输入尺寸 75，单击修改窗口上的（确定）按钮，直线长度变为 75。

4）单击上圆弧圆心，单击下方水平直线，向右移动光标单击，弹出修改窗口，输入尺寸 80，单击修改窗口上的（确定）按钮。单击下圆弧圆心，单击下方水平直线，向右移动光标单击，弹出修改窗口，输入尺寸 45，单击修改窗口上的（确定）按钮，如图 1-53 所示。单击界面左边尺寸窗口上的（确定）按钮，退出尺寸标注。

5）单击草图控制面板的智能尺寸（智能尺寸）按钮，单击右边上方圆弧，向上移动光标单击，弹出修改窗口，输入尺寸 12，单击修改窗口上的（确定）按钮。单击右边中间圆弧，向左移动光标单击，弹出修改窗口，输入尺寸 8，单击修改窗口上的（确定）按钮。单击右边下方圆弧，向右移动光标单击，弹出修改窗口，输入尺寸 10，单击修改窗口上的（确定）按钮。

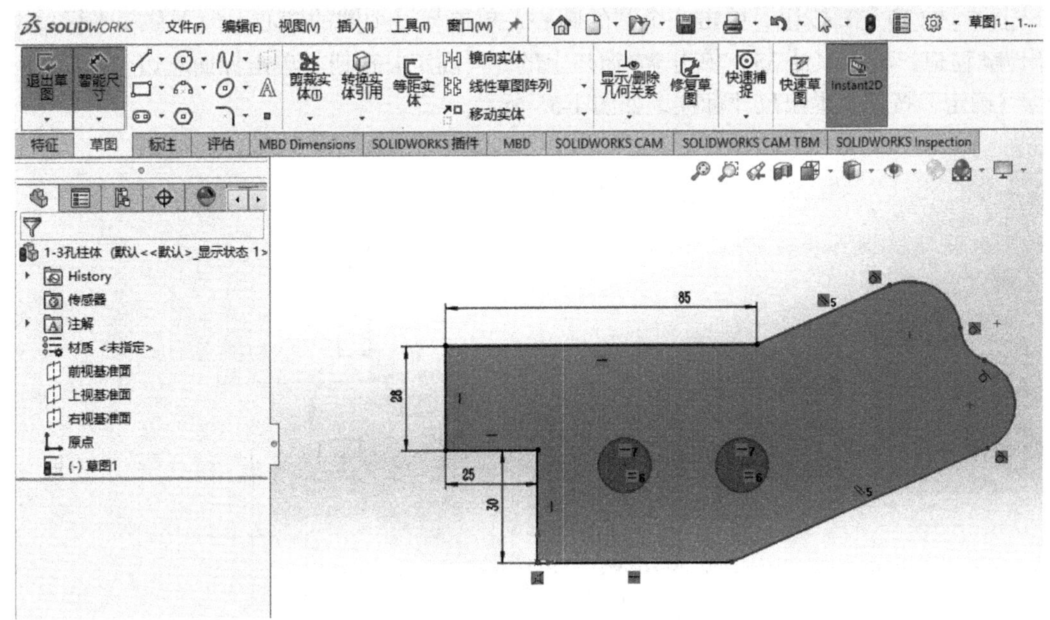

图 1-52　标注上方直线的尺寸

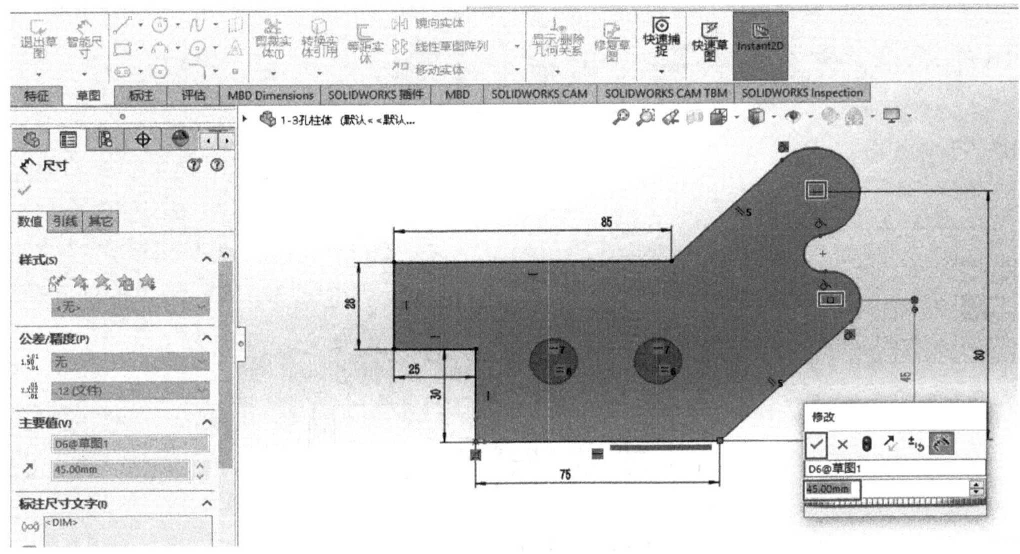

图 1-53　标注圆心的高度尺寸

6）单击右边圆，向上移动光标单击，弹出修改窗口，输入尺寸 25，单击修改窗口上的✔（确定）按钮。单击界面左边尺寸窗口上的✔（确定）按钮，退出尺寸标注，如图 1-54 所示。

7）单击草图控制面板的智能尺寸（智能尺寸）按钮，单击右边圆圆心，单击下方水平直线，向右移动光标单击，弹出修改窗口，输入尺寸 25，单击修改窗口上的✔（确定）按钮。单击左边圆圆心，单击左边竖直线，向下移动光标单击，弹出修改窗口，输入尺寸 38，单击修改窗口上的✔（确定）按钮。单击一个圆的圆心，单击另一个圆的圆心，向下移动光标单击，弹出修改窗口，输入尺寸 35，单击修改窗口上的✔（确定）按钮。单击界面左边尺寸窗口上的✔（确定）按钮，退出尺寸标注，如图 1-55 所示。

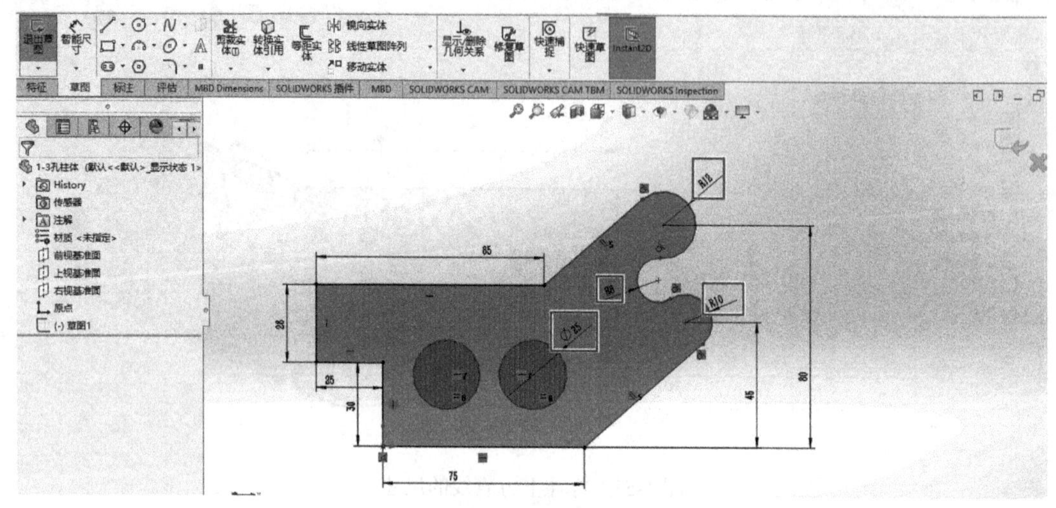

图 1-54　标注圆弧与圆大小尺寸

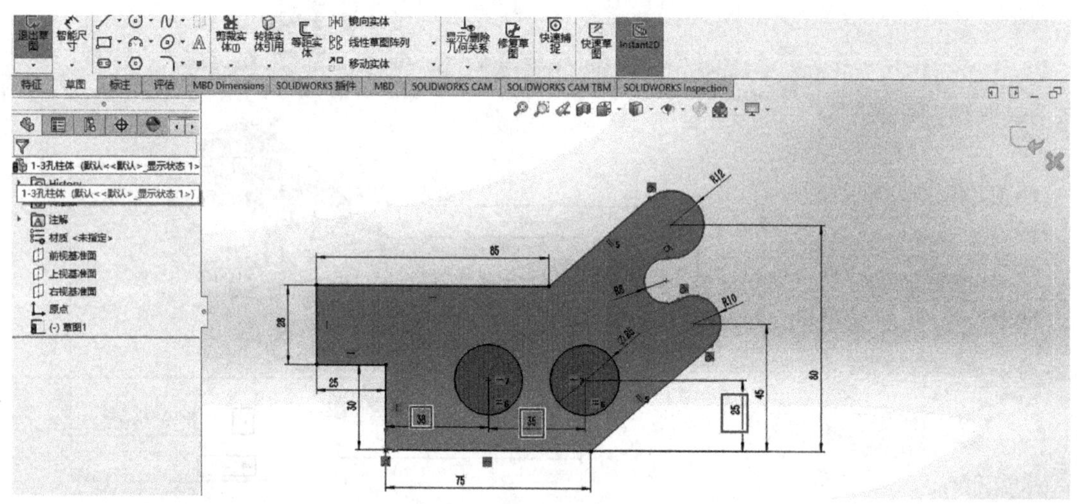

图 1-55　标注圆的圆心位置尺寸

8）单击草图控制面板上的（智能尺寸）按钮，单击下方右边斜线（此时有线段尺寸的显示信息，不用做任何处理），单击下方水平直线，向右移动光标单击，弹出修改窗口，如图 1-56 所示，输入角度尺寸 40，单击修改窗口上的✔（确定）按钮，两直线夹角变为 40°。单击界面左边尺寸窗口上的✔（确定）按钮，退出尺寸标注。

第 7 步：退出二维草图。单击绘图区右上角的（确定）按钮退出草图，或者单击左上角按钮退出草图。草图 1 的图形如图 1-39 所示。

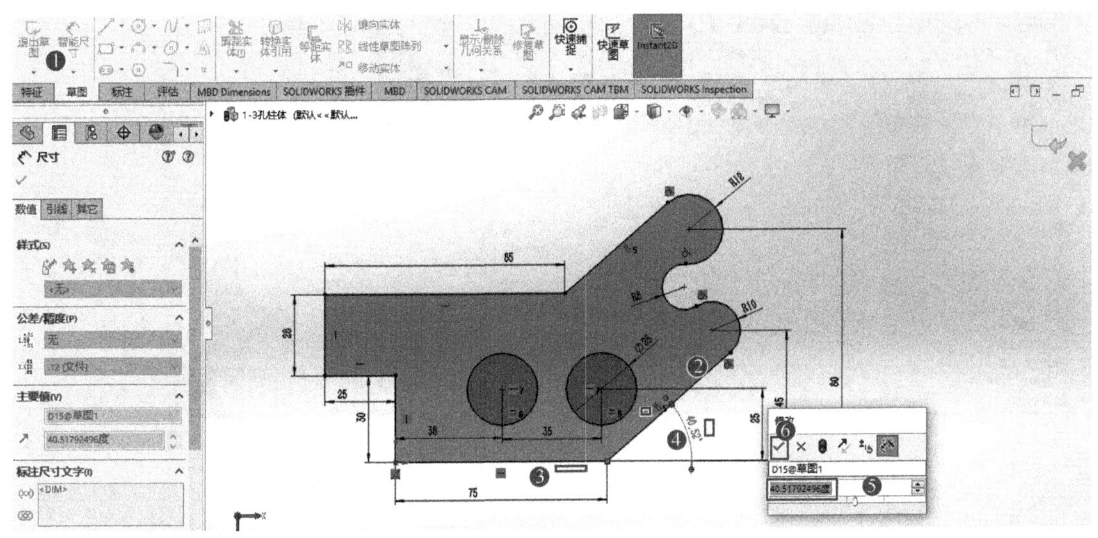
图 1-56 标注角度尺寸

第 8 步：执行拉伸特征命令。单击左边 (-) 草图1 ，单击左上方 特征 选项；再单击特征控制面板上的 拉伸凸台/基体（拉伸凸台 / 基体）按钮。执行命令后，系统弹出定义拉伸参数的对话窗口。

第 9 步：定义拉伸参数。在方向 1(1) 下，选择 两侧对称 ，如图 1-57a 所示；在方向 1(1) 下 右边文本框中单击激活，输入 30，如图 1-57b 所示；其余取默认值不做修改，即从基准面向两边各拉伸 15。

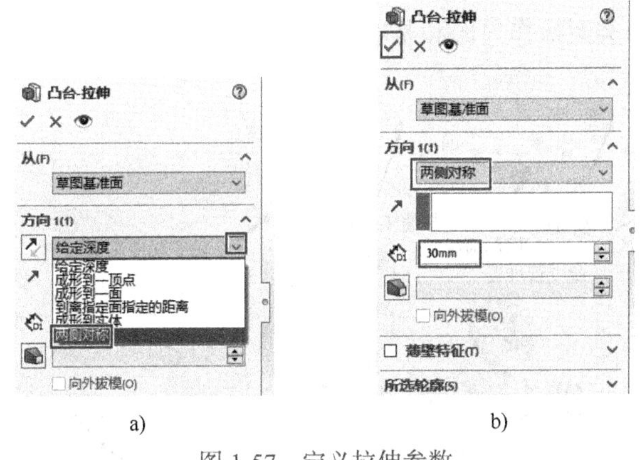

a) b)

图 1-57 定义拉伸参数

第 10 步：完成创建。单击“拉伸”窗口上的✔（确定）按钮，完成特征的创建。创建的模型如图 1-39 所示。将光标放在绘图区，按住鼠标中键并拖动鼠标，可旋转模型，改变观察角度，如图 1-58 所示。

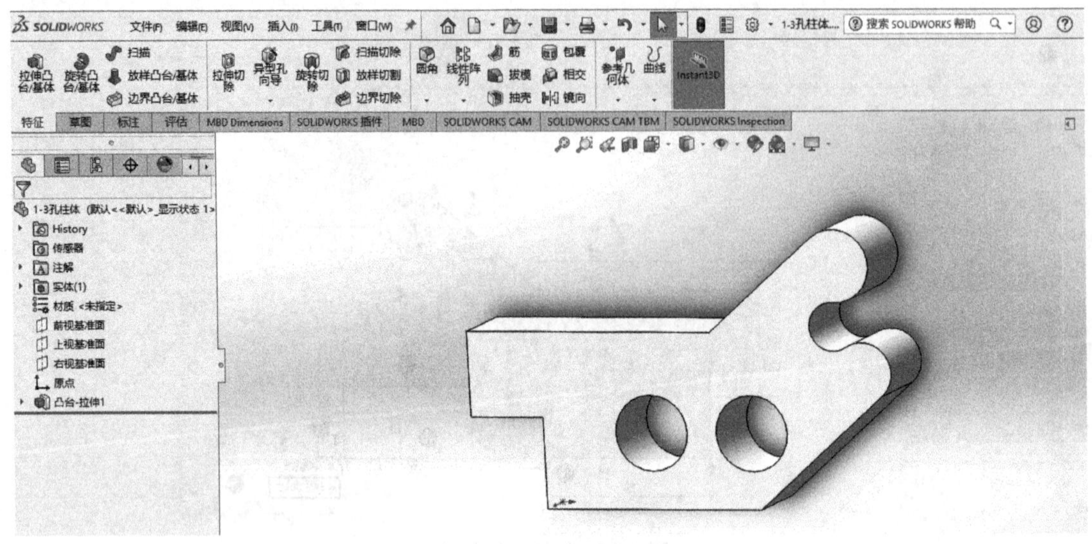

图 1-58　旋转后的模型

第 11 步：同名保存并关闭文件。

任务 4　熟悉 SolidWorks 软件的基本操作方法

任务目标： 掌握 SolidWorks 的工作界面、基本操作工具、显示和选择项目的操作方法。

1.5　SolidWorks2020 界面及操作

1.5.1　SolidWorks2020 界面简介

SolidWorks 软件是完全基于 Windows 环境下开发的，风格简单。在此处将着重介绍 SolidWorks 的“零件”类型操作界面和基本工具栏，如图 1-59 所示。

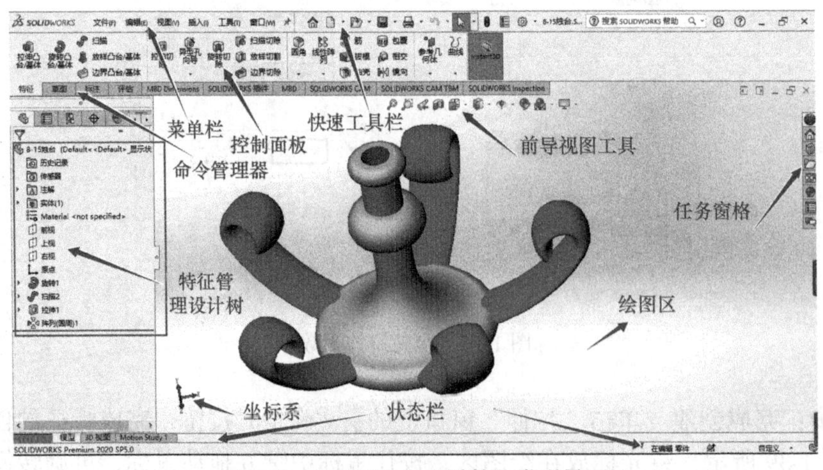

图 1-59　SolidWorks“零件”类型界面

界面上方第 1 行是菜单栏。界面上方第 2 行是控制面板，单击控制面板上的按钮可执行相应命令。界面上方第 3 行是命令管理器，相当于复合式工具栏，内含常用的草图绘制按钮和特征按钮等。单击“特征”或“草图”按钮，会显示相应的按钮菜单。

第 4 行左侧有 5 个标签，单击不同标签会有不同显示项目。项是特征管理设计树，用于记录零件设计的全过程，是模型编辑修改的重要依据。设计树与绘图区是动态链接的，使用中可以在两者窗格中选择特征、草图、工程图和构造几何线，设计树中对应名称和绘图区对应图形会同时高亮显示出来。设计树以名称来列举模型中的项目，可以通过在设计树中选择名称来选择特征、草图、基准面、基准轴，当在设计树中选择一个项目时，绘图区对应项目会高亮显示；当在绘图区中选择一个项目时，设计树中对应项目也会变色显示，如图 1-60 所示。

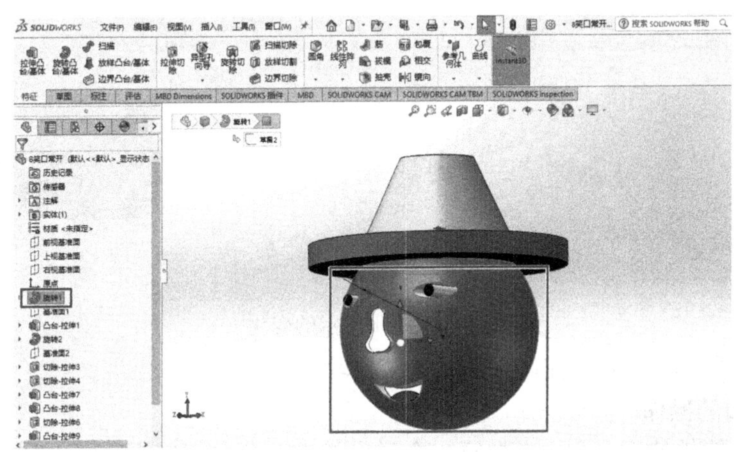

图 1-60　设计树与绘图区的动态链接

SolidWorks 设计树中的很多功能与 Windows 文件操作方法类似，比如在选择的同时按住 Shift 键，可以连续选择多个项目，在选择的同时按住 Ctrl 键，可以选取多个非连续项目。如果更改某名称，则在名称上间隔单击两次以选择原名称，然后输入新的名称后在文本框外单击即可。

界面中间较大的空白处是绘图区，绘图区左下角显示坐标系及方向，界面右侧为任务窗格。界面最下行是状态栏，起到提示操作的作用。

1.5.2　SolidWorks 鼠标操作

SolidWorks 软件以鼠标操作为主，用键盘输入数值。执行命令时，主要用鼠标单击按钮来完成，也可以用鼠标通过选择下拉菜单命令，或者用键盘输入命令单词来执行。

鼠标左键和右键功能与一般软件相同，包含执行命令、选择项目等。

在 SolidWorks 中使用鼠标中键，可以快速完成视图显示的相关操作，从而让绘图变得轻松方便。鼠标中键功能如下：

1）滚动鼠标中键滚轮来缩放图形。向前滚动鼠标中键可缩小显示图形，如图 1-61a、b 所示，向后滚动鼠标中键可放大显示图形。

2）按住鼠标中键并拖动鼠标，可旋转图形，如图 1-61c 所示。

3）先按住 Ctrl 键，再按住滚动鼠标中键，然后拖动鼠标，可使图形跟着鼠标移动，如图 1-61d 所示。

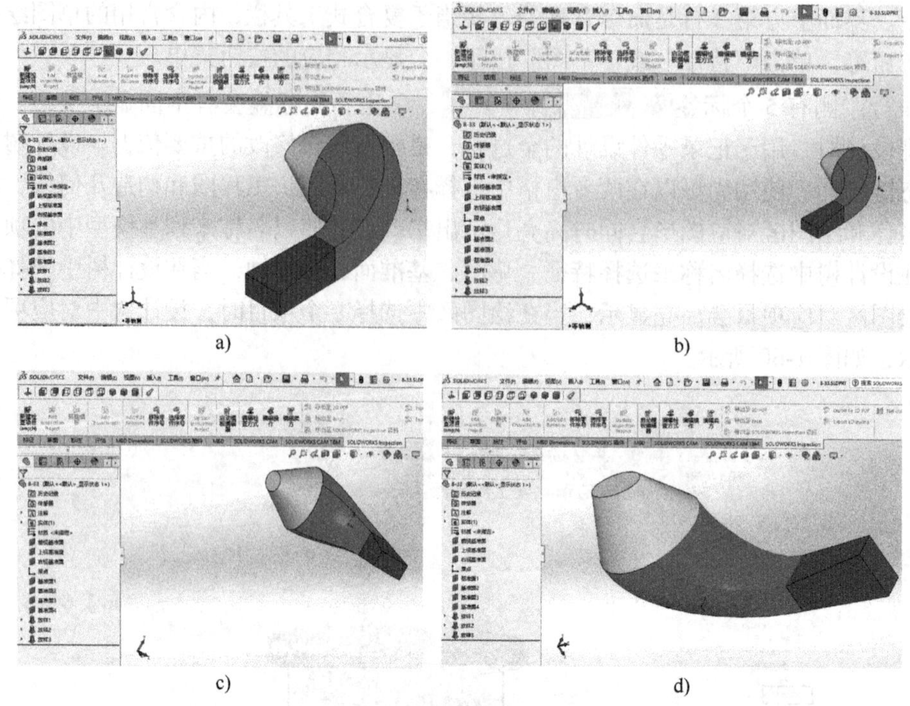

图 1-61 图形显示的变化

【举一反三 1-1】 打开前面保存的文件，练习鼠标的操作。

1.5.3 命令窗口的操作

SolidWorks 软件的许多命令在执行时会弹出相应的命令窗口，如图 1-62a 所示，如草图绘制时执行“移动”命令系统弹出的“移动”命令窗口。命令窗口中有图标、文本框、单选项、复选项、按钮等项目，光标放在“图标”上会显示此项目用途的提示信息；光标放在“文本框”中单击鼠标左键可激活此项目，再选择图形项目或输入数值会显示在此文本框中，表示已选中或输入；光标放在“复选项”前面方框中单击即选中此项，可同时选择几个同组项目；光标放在“单选项”前面圆圈中单击即选中此项，同组另外项目自动取消；光标放在“按钮”上单击即执行相应操作，如图 1-62b 所示。

【举一反三 1-2】 进入草图界面，绘制一个圆，执行“移动实体”命令，观察命令窗口，单击“取消”按钮退出命令窗口，退出草图界面；选择“草图 1”，执行“拉伸凸台 / 基体”命令，观察命令窗口，单击“确认”按钮退出命令窗口。

移动
要移动的实体(E)
保留几何关系(K)
参数(P)
从/到(F)
X/Y
起点:
重复(R)

a)

移动
图标
草图项目或注解
要移动的实体(E)
文本框
复选项
保留几何关系(K)
参数(P)
单选项
从/到(F)
X/Y
起点:
图标
基准点
文本框
按钮
重复(R)

b)

图 1-62 “命令”窗口的操作

1.5.4 工具栏的操作

1. 打开工具栏

SolidWorks 有很多可以按需要显示或隐藏的内置工具栏。在工具栏上或工具栏上空白处单击鼠标右键，会出现快捷菜单，单击“工具栏（B）”，将显示如图 1-63 所示工具栏菜单，在菜单名称项中上单击，如单击“标准视图”“视图”，就会出现浮动的“标准视图”“视图”

工具栏，如图 1-64 所示。将光标放置在左边▯，出现“十字”图标时，拖动鼠标就可以自由拖动工具栏将其放置在需要的位置上，如图 1-65 所示。

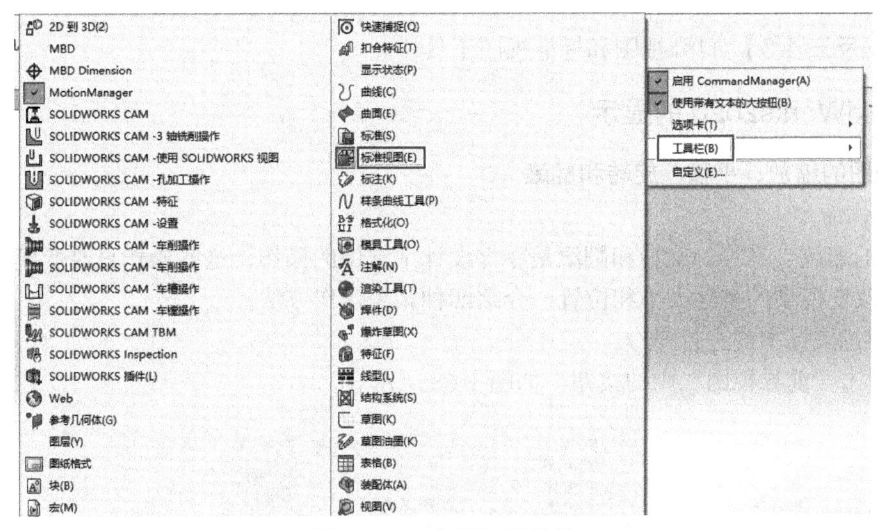

图 1-63 工具栏快捷菜单

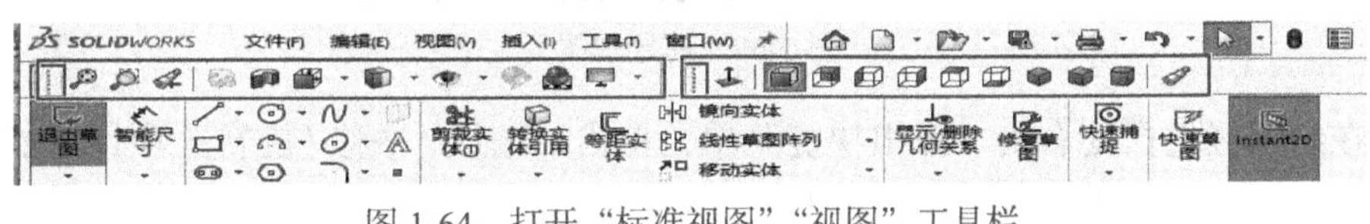

图 1-64 打开“标准视图”“视图”工具栏

图 1-65 移动“视图”工具栏

2. 增加工具栏按钮

在工具栏上或工具栏上空白处单击鼠标右键，会出现快捷菜单，单击“自定义（E）”命令即打开“自定义”窗口；在“自定义”窗口菜单项中单击“命令”项；在左边“类型”项中选择需要增加按钮的工具栏，如“视图”工具栏，此时会在右边“按钮”项显示该工具栏的所有按钮；在“按钮”项选择一个按钮，拖动鼠标到需要的工具栏位置上松开，如图 1-66 所示，单击“确定”按钮。增加按钮后的“视图”工具栏，如图 1-67 所示。

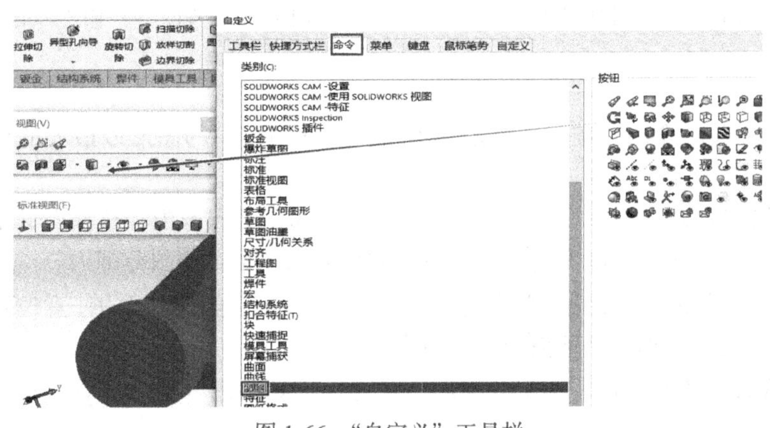

图 1-66 “自定义”工具栏

图 1-67　增加按钮后的“视图”工具栏

【举一反三 1-3】 打开视图和标准视图工具栏。

1.6　SolidWorks2020 的显示

1.6.1　视图的缩放、平移、旋转和翻滚

1. 操作命令

视图的缩放、平移、旋转和翻滚是零件设计中常用的操作，这些操作只改变模型的视图方位而不改变模型的实际大小和位置。介绍四种相关操作方法：

1）通过鼠标中键进行操作。

2）单击“前导视图”中的按钮，如图 1-68 所示。

图 1-68　前导视图

3）在绘图区空白处右击，弹出快捷菜单，单击“缩放 / 平移 / 旋转”项目，如图 1-69 所示，弹出更多快捷菜单，单击对应项目。

4）单击下拉菜单“视图”→“修改”中的子菜单，如图 1-70 所示。

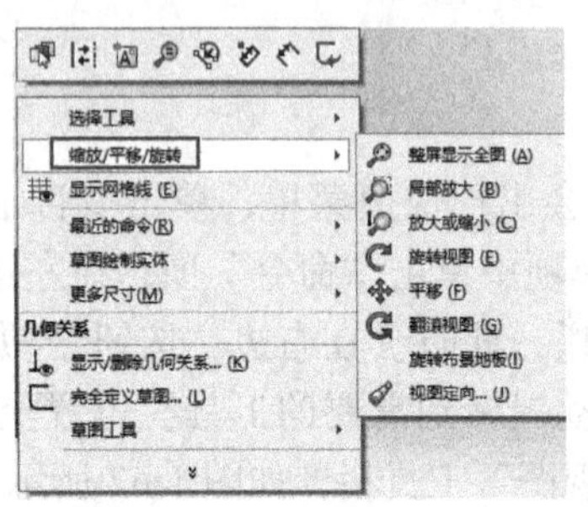

图 1-69　视图快捷菜单

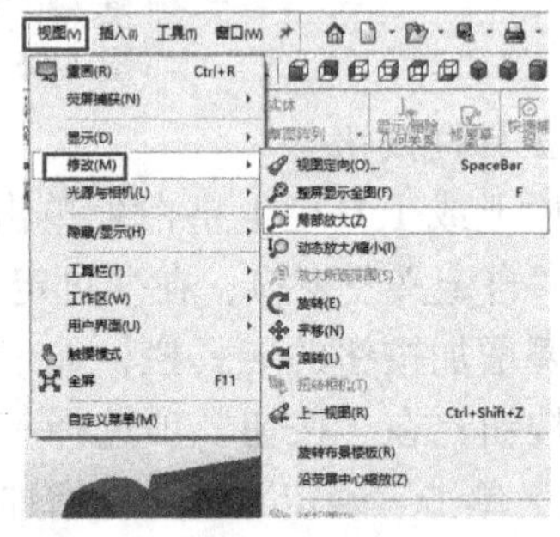

图 1-70　“视图”→“修改”菜单

2. 操作方法

1）（整屏显示全图）按钮。单击此项可将工作窗口中的图形以最大的显示比例全部纳入绘图区的图形显示区域内。

2）（局部放大）按钮。单击此项后，将光标移到绘图区内，按住左键不放，并拖动后松开，可将指定的矩形范围内的图文资料，放大显示在整个绘图范围内。

3）（放大或缩小）按钮。单击此项后，将光标移到绘图区里的任意位置，按住左键不放，向上拖动放大图形，向下拖动缩小图形。

4）（旋转视图）按钮。单击此项后，将光标移到绘图区里的任意位置，按住左键不

放并拖动，即可转动工作图里的图形。

5）（平移）按钮。单击此项后，将光标移动到绘图区里的任意位置，按住左键不放并拖动，即可移动工作图里的图文资料到想要的位置。

6）（上一视图）按钮。单击可以显示上一视图。

7）（翻滚视图）按钮。单击此项后，将光标移到绘图区里的任意位置，按住左键不放并拖动，即可看到模型会随着光标的移动而翻滚。

3. 退出上述操作

执行上述相关命令后，退出相应操作，则按 Esc 键，或绘图区空白处单击右键，从弹出的快捷菜单中单击“选择（A）”项。

1.6.2 模型的视图定向

在建模时，经常需要改变模型的视图方向，除了用视图“旋转”功能来任意改变视图方向外，还可以利用模型的视图定向功能将模型精确定向到某个视图。操作方法常采用标准视图工具栏，“标准视图”工具栏如图 1-71 所示。单击其中某一按钮，可观察到图形显示的变化。

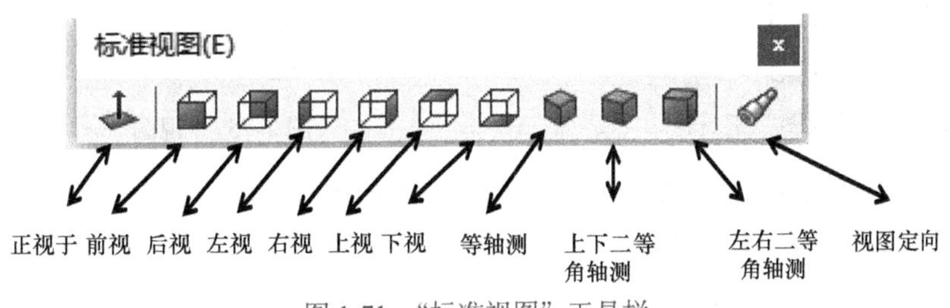

图 1-71 “标准视图”工具栏

单击（正视于）按钮，将图形旋转和缩放到与选定基准面、平面或特征平行的视图方向显示，在草图绘制时常用，因与基准面平行绘制截面图，可以看到相似图形，方便观察；单击前视、后视、左视、右视、上视、下视这六个按钮，将显示相应投影面的基本视图，如图 1-72 所示；单击等轴测、上下二等角轴测、左右二等角轴测这三个按钮，将显示相应轴测三维图，如图 1-73 所示；单击视图定向按钮，将显示对话窗口来选择标准或用户定义的视图方向来显示。

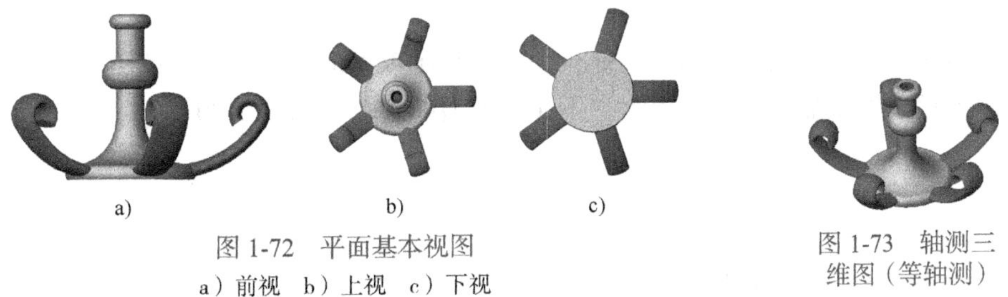

图 1-72 平面基本视图
a）前视 b）上视 c）下视

图 1-73 轴测三维图（等轴测）

1.6.3 模型的显示方式

系统提供了五种显示方式，可通过单击“前导视图”工具栏按钮（图 1-74）或者下拉菜单“视图”→“显示”（图 1-75）来操作。

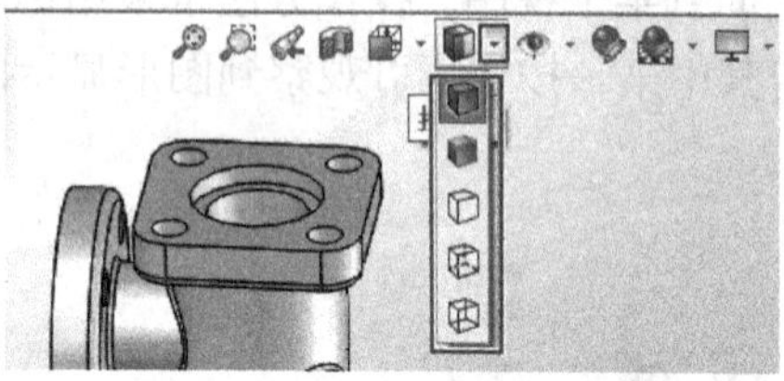

图 1-74 “前导视图”工具栏

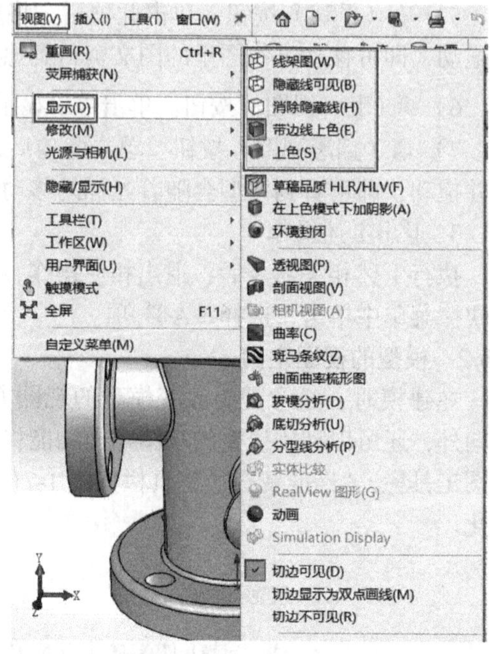

图 1-75 “视图”→“显示”

1）线架图。模型以线框形式显示，显示模型的所有边线，即模型图形的可见棱边以及不可见棱边线条，都同样以实线显示，如图 1-76 所示。

2）隐藏线可见。模型以线框形式显示，可见的边线显示为实线，不可见的边线显示为虚线，如图 1-77 所示。

3）消除隐藏线。模型以线框形式显示，仅显示可见的边线，如图 1-78 所示。

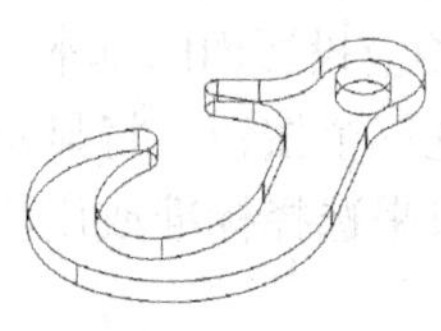

图 1-76 线架图

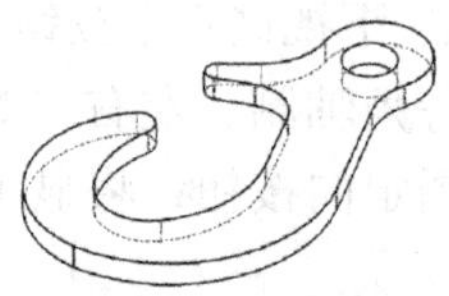

图 1-77 隐藏线可见

图 1-78 消除隐藏线

4）带边线上色。模型显示为实体视图，并显示模型的可见边线，如图 1-79 所示。

5）上色。模型显示为实体视图，不显示模型的边线，如图 1-80 所示。

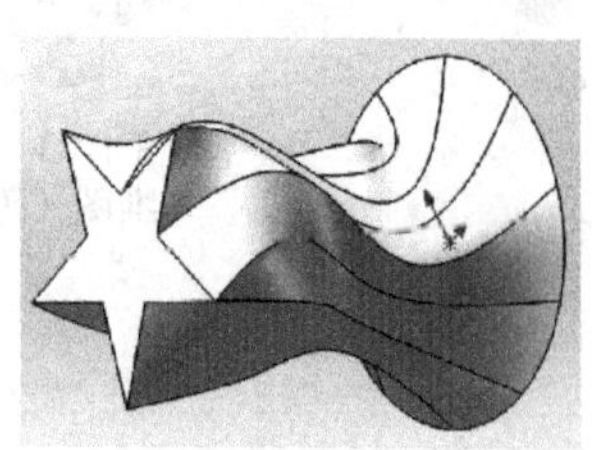

图 1-79 带边线上色

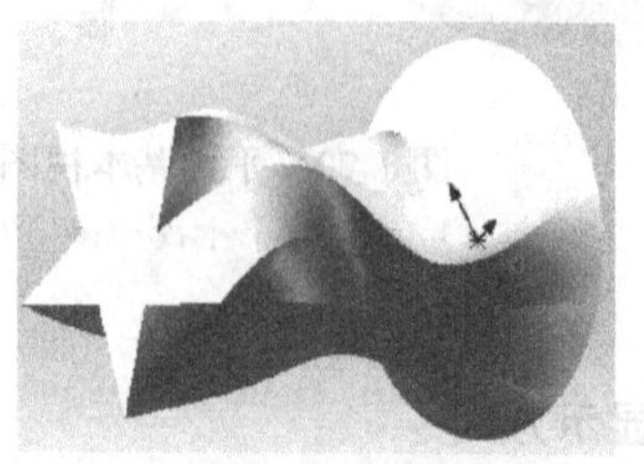

图 1-80 不带边线上色

1.6.4 设置背景

在 SolidWorks 工作界面中，可以更换绘图区的颜色和背景，操作方法：

1）单击下拉菜单“工具”→“选项”，如图 1-81 所示，弹出“系统选项 - 普通”对话窗口；单击“颜色”项，弹出“系统选项 - 颜色”对话窗口，如图 1-82 所示。

2）在“颜色方案设置”下方列表中单击“视区背景”项；单击“编辑”按钮，出现“颜色”对话窗口；单击选择一种颜色（如白色）后，单击“确定”按钮，回到“系统选项 - 颜色”对话窗口；在“背景外观”下方单击“素色（视区背景颜色在上）”项；单击“确定”按钮，完成更换，如图 1-83 所示。

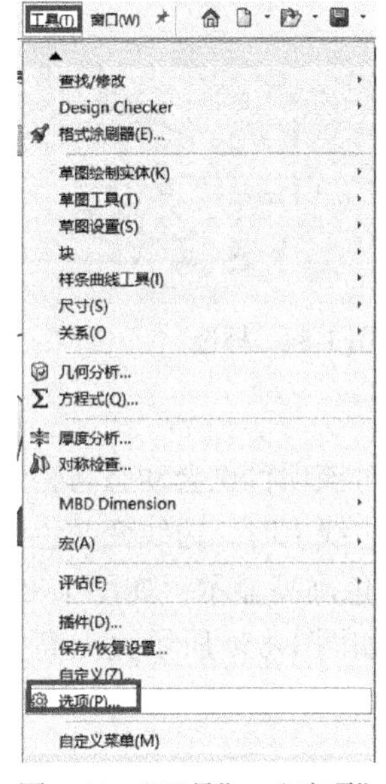

图 1-81 “工具”→“选项”

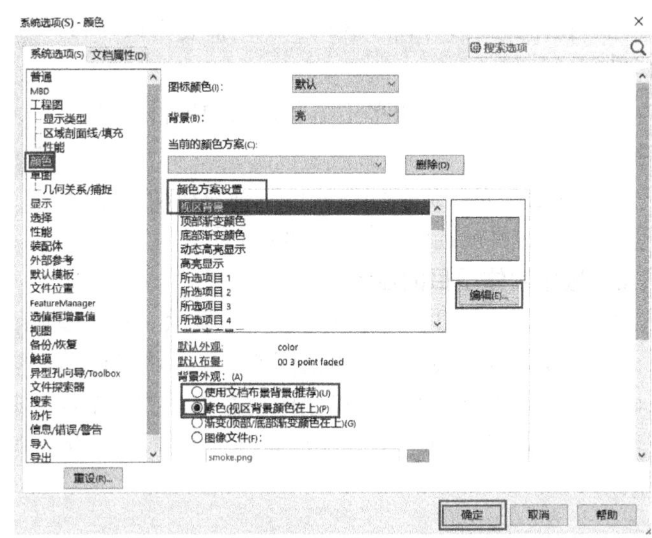

图 1-82 “系统选项 - 颜色”对话窗口

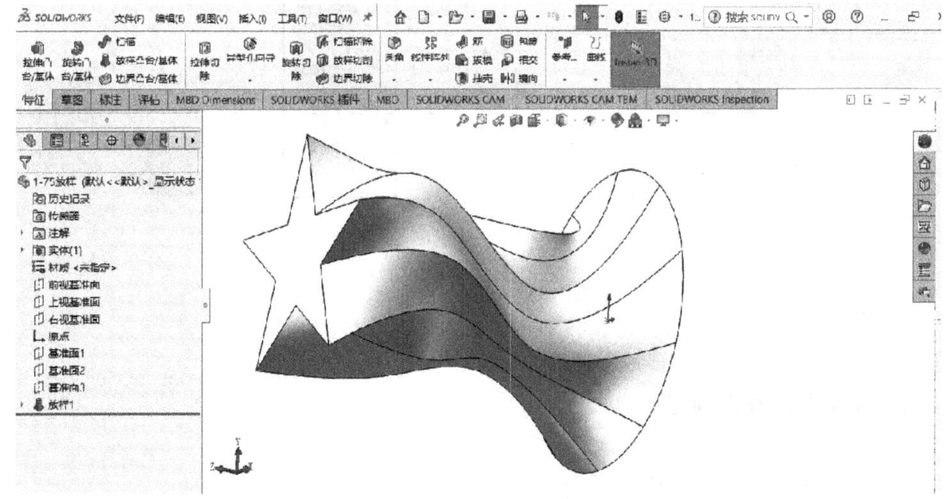

图 1-83 改变背景颜色后的效果

【举一反三 1-4】 打开前面保存的实例文件，练习显示的操作。

1.7 SolidWorks2020 选择项目

1.7.1 常用的选择方法

选择状态为界面不处于任何命令时的默认模式，光标图标为 。在大部分情况下，当退出命令时，系统会自动退回到选择状态模式。在 SolidWorks 工作界面中，选中的对象被加亮显示。选择对象时，在绘图区与在“设计树”区选择项目的作用是相同的，并且相互关联。

选择对象的方法如下：

1）在绘图区，直接单击需要选取的项目。

2）在左边“设计树”区中，单击需要选取项目的名称。

3）按住 Ctrl 键，再单击需要选取的项目，可以选择多个项目。

4）框选。光标从左到右或从右到左拖动，完全位于框内的项目被选中，如图 1-84 所示。

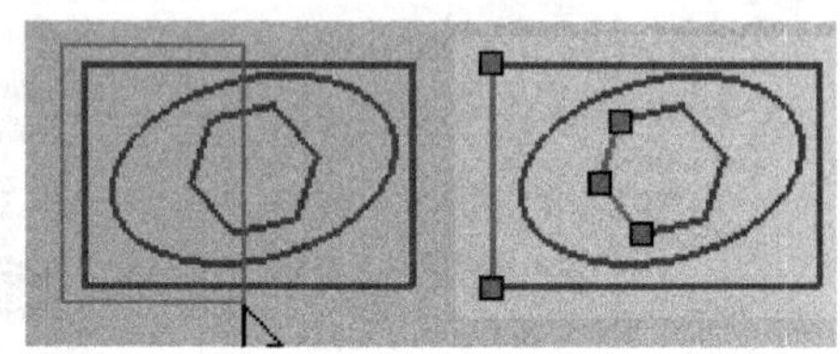

图 1-84 框选

1.7.2 选中实体项目的显示

图形区中的项目在被选取时会高亮显示。光标移到某项目上面时该项目也会动态高亮显示，说明该实体可供选择，单击即能选择。将光标动态移动到某个边线上时，边线变颜色高亮显示，如图 1-85a 所示；将光标动态移动到某个面上时，面变颜色高亮显示，如图 1-85b 所示。如端点及顶点之类的几何点在光标接近时也会高亮显示，如图 1-85c 所示交点高亮显示。

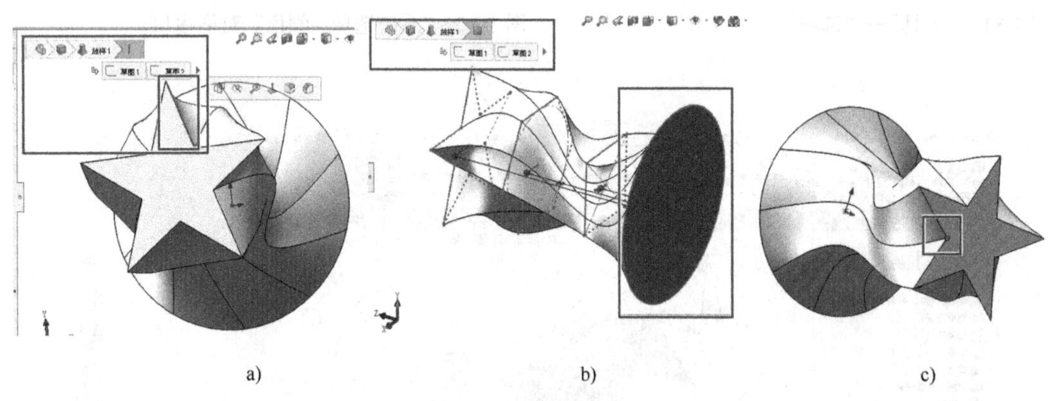

a) b) c)

图 1-85 动态高亮显示

a）边线高亮显示 b）面高亮显示 c）交点高亮显示

1.7.3 额外选择方法选择项目

1. 选择其他

在模型中选择被其他项隐藏的项目。

方法：在绘图形区域中右键单击模型，系统弹出快捷菜单如图 1-86a 所示，然后左键单击（选择其他）按钮，出现列表，移动光标会有一面高亮显示（黄色）如图 1-86b 所示，在需要的面高亮显示时单击即可选中此面。

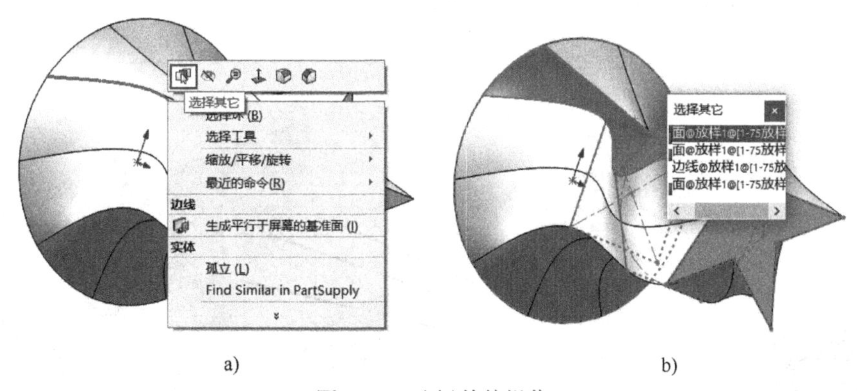

图 1-86 选择其他操作

a）选择其他快捷菜单 b）选择其他

2. 选择环

在零件中选择连接边线构成的整个环。

方法：在零件模型上右键单击一边线，系统弹出快捷菜单如图 1-87a 所示；然后单击选取选择环(D)，，一控标（黄色箭头）显示环的方向，如图 1-87b 所示；单击控标显示不同的环组，如图 1-87c 所示。

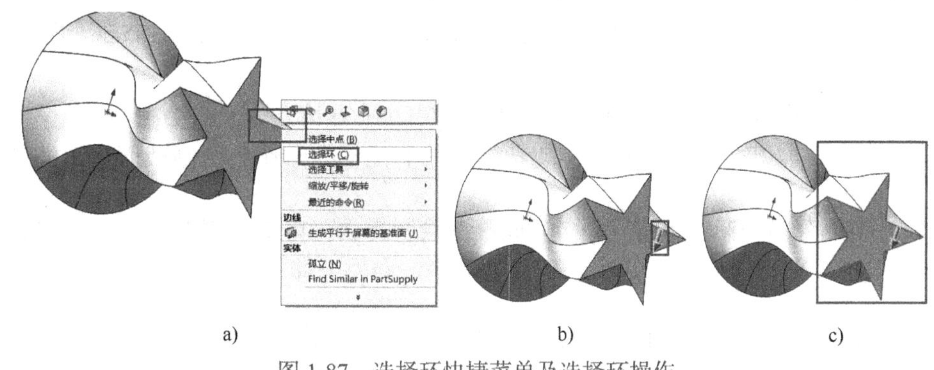

图 1-87 选择环快捷菜单及选择环操作

a）选择环快捷菜单 b）选择环操作 c）选择环操作结果

任务 5 用 SolidWorks 软件建立一个简单的组合零件模型

任务目标： 掌握 SolidWorks 的不同草图基准面、二维草图、特征的建模过程。

1.8 组合体的零件三维建模体验

零件建模思路是先在某平面上绘制二维截面草图，再通过特征命令创建三维零件模型。组合体建模就是将每一个部分都作为一个零件进行建模，各部分分别选择所需基准面。基准面可以是系统自带的“前视基准面”“上视基准面”“右视基准面”三个基准面中的一个，也可以是已建模型上的平面。

【实例 1-4】 绘制图 1-88 所示组合体的模型。

实例 1-4

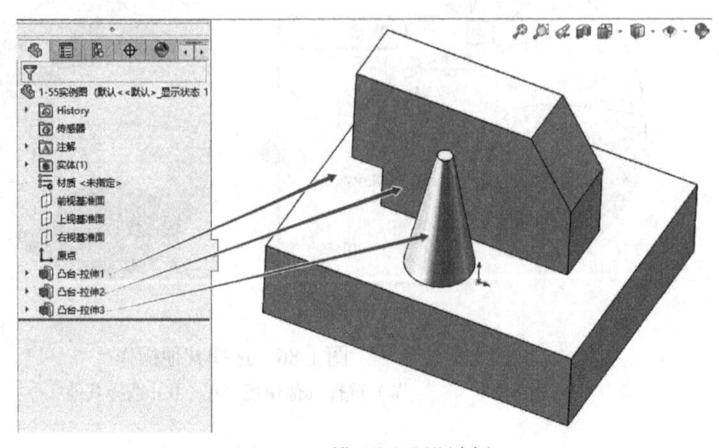

图 1-88　模型图及设计树

此组合体分为下方长方体、上方柱体、圆台三个部分，均用“拉伸凸台 / 基体”命令创建。

操作步骤：

第 1 步：新建零件文件和换名保存文件。单击上方标准工具栏中的（新建）按钮，弹出“新建 SolidWorks 文件”窗口；单击“零件”图标，单击下方确定按钮，进入零件绘制界面；选择下拉菜单“文件”→“另存为”，选择保存路径，输入文件名“1-55 实例图”，单击“保存”按钮。

第 2 步：在上视基准面上绘制草图，完成拉伸 1（下方长方体）的绘制。

1）绘制草图。如图 1-89 所示，移动光标单击上视基准面作为绘制截面草图的基准面；单击草图，换成草图按钮；单击草图绘制，换成草图绘制界面；单击草图控制面板上的（中心矩形）按钮，移动光标在绘图区坐标原点处单击。向右上移动光标，单击；单击绘图区右上角的（确定）按钮退出草图，或者单击左上角退出草图按钮退出草图。

2）拉伸特征。单击左边(-) 草图1，单击左上方特征选项；再单击特征控制面板上的拉伸凸台/基体（拉伸凸台 / 基体）按钮，系统弹出定义拉伸参数的对话窗口，如图 1-90 所示。在方向 1下右边文本框中单击激活，输入 20，其余取默认值不做修改，如图 1-91 所示。单击“拉伸”窗口上的（确定）按钮，完成特征的创建。

第 3 步：在前视基准面上绘制草图，完成拉伸 2（上方柱体）的绘制。

1）绘制草图。移动光标单击前视基准面作为绘制截面草图的基准面；单击草图，换成草图按钮；单击草图绘制，换成草图绘制界面；单击“标准视图”上（正视于）按钮，如图 1-92 所示。单击草图控制面板上的（直线）按钮，移动光标在绘图区拉伸 1 的上边线上

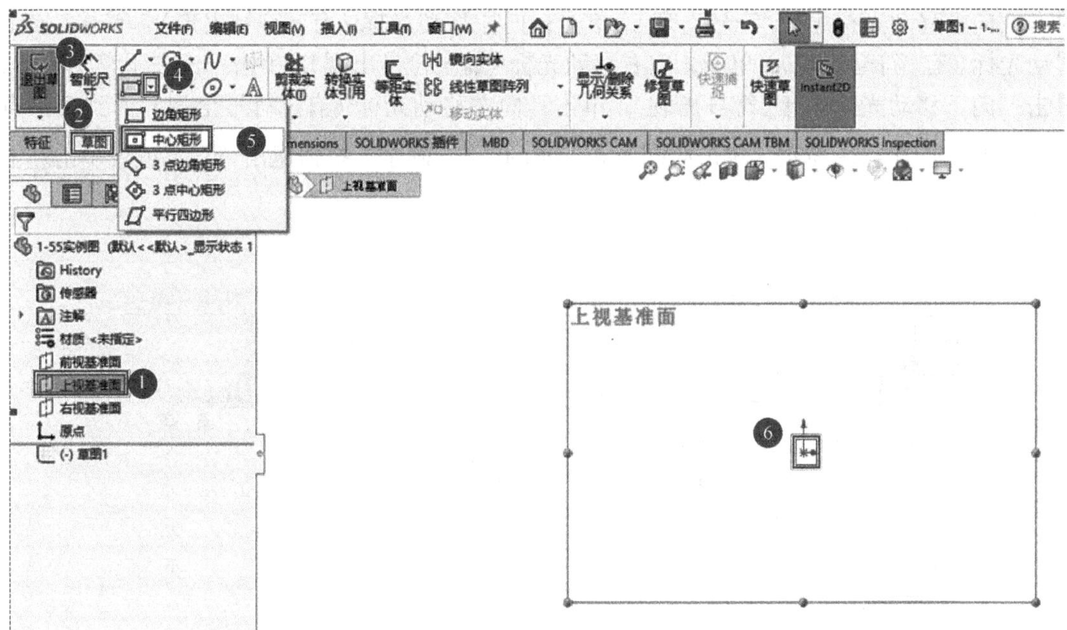

图 1-89 绘制拉伸 1 草图

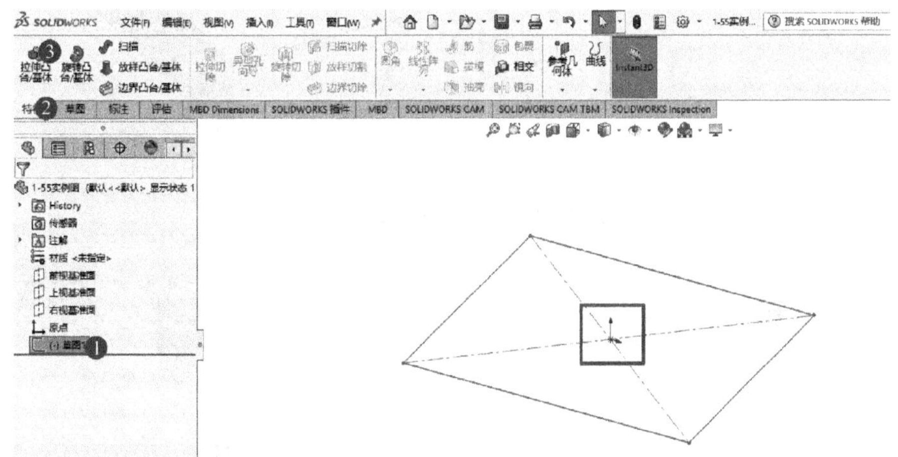

图 1-90 执行拉伸命令

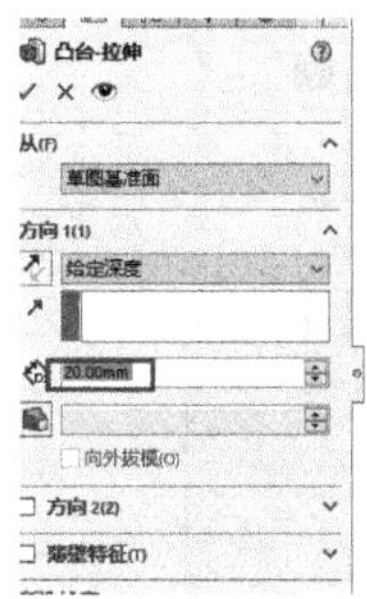

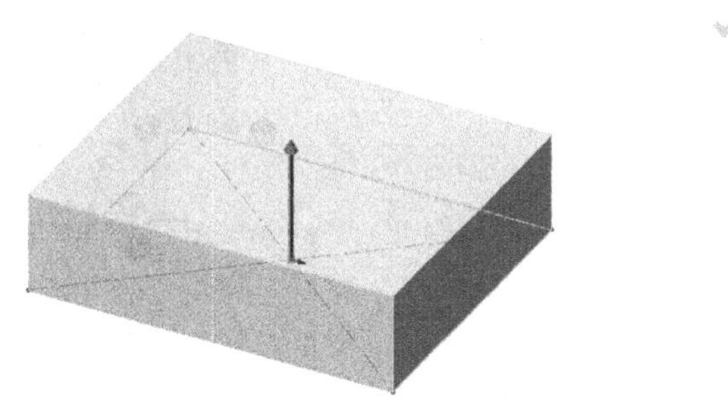

图 1-91 定义拉伸 1 参数

单击；向上移动光标（有丨符号出现），单击；向左移动光标（有一符号出现），单击；向上移动光标（有丨符号出现），单击；向右移动光标（有一符号出现），单击；向右下移动光标，单击；向下移动光标（有丨符号出现），单击；向左移动光标（有一符号出现）回到第一点处，单击，如图 1-93 所示。单击绘图区右上角的 （确定）按钮退出草图，或者单击左上角 按钮退出草图。

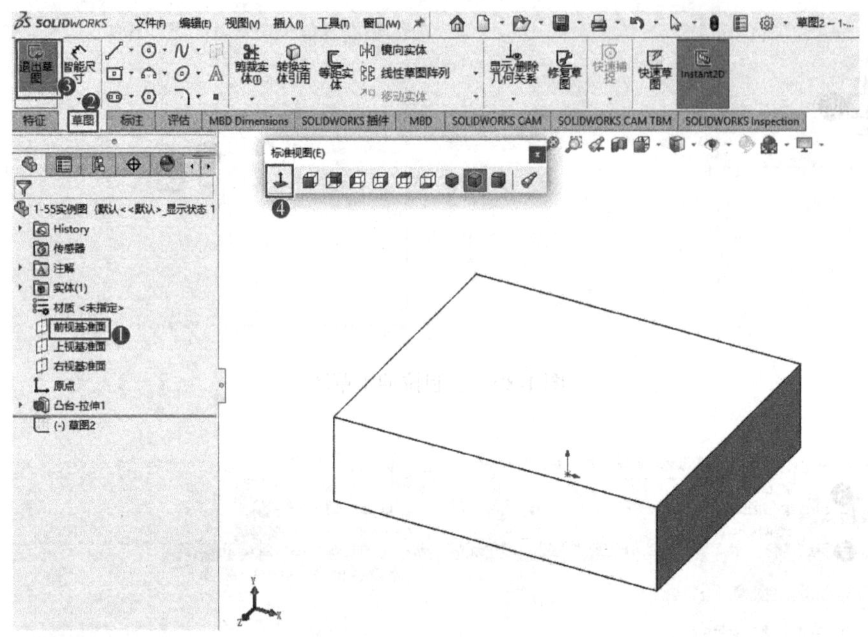

图 1-92　进入“草图 2”界面

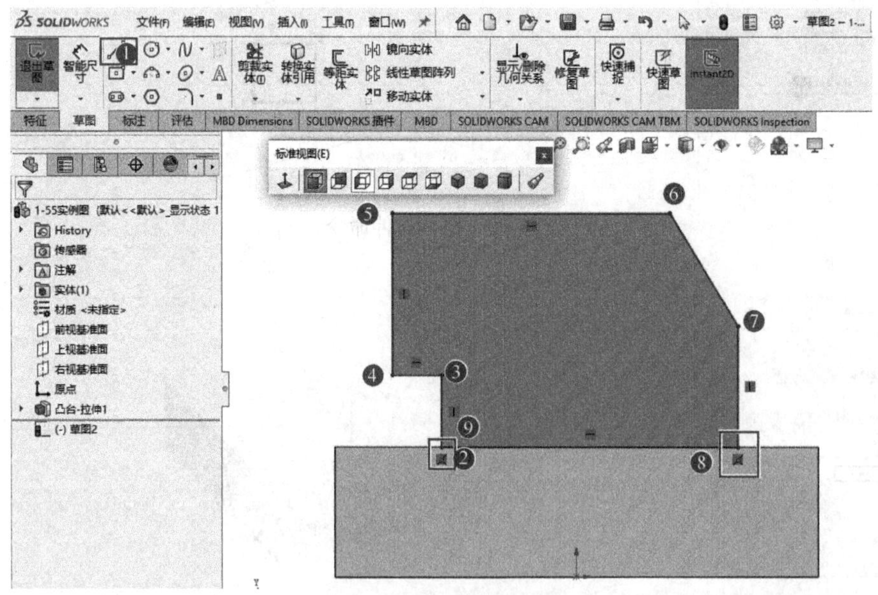

图 1-93　绘制“草图 2”

2）拉伸特征。单击左边 (-) 草图2，单击左上方 特征 选项；再单击特征控制面板上的 拉伸凸台/基体（拉伸凸台 / 基体）按钮，系统弹出定义拉伸参数的对话窗口。在 方向 1(1) 下，选择 两侧对称 ，在 方向 1 下 D1 右边文本框中单击激活，输入 16，其余取默认值不做修改，如图 1-94 所示。单击“拉伸”窗口上的 ✔（确定）按钮，完成特征的创建。旋转模型，如图 1-95 所示。

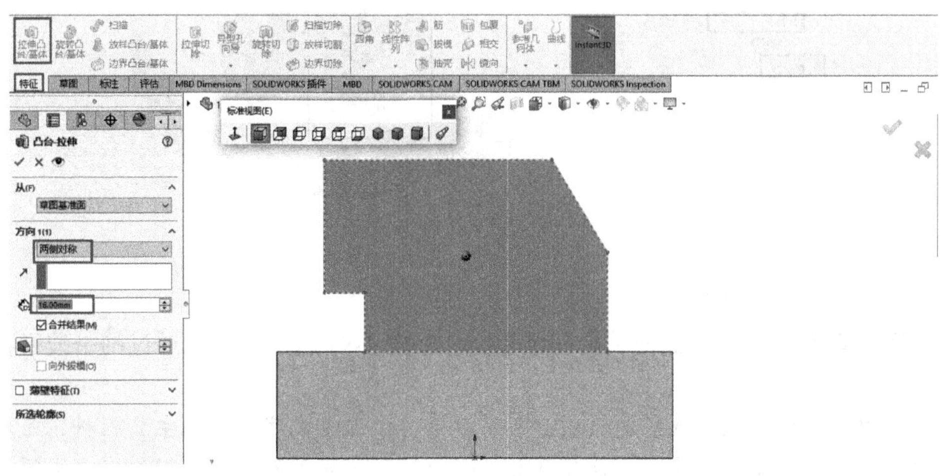

图 1-94 定义拉伸 2 参数

第 4 步：以拉伸 1 的上表面为基准面绘制草图（圆），完成拉伸 3（圆台）的绘制。

1）移动光标单击拉伸 1 的上表面作为绘制截面草图的基准面，如图 1-96 所示。

2）单击 草图，换成草图按钮；单击 草图绘制，换成草图绘制界面；单击“标准视图”上（正视于）按钮；单击草图控制面板上的（圆）按钮，移动光标在绘图区闭合图形中单击确定圆心，向外移动光标并单击，如图 1-97 所示。单击绘图区右上角的（确定）按钮退出草图。

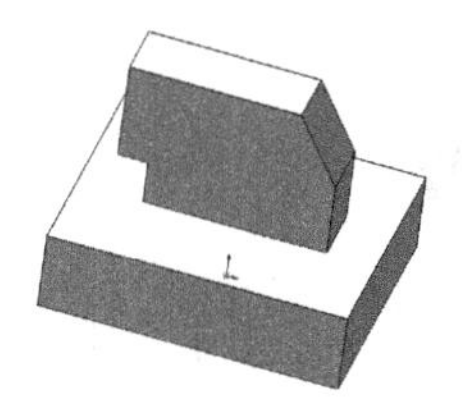

图 1-95 模型图

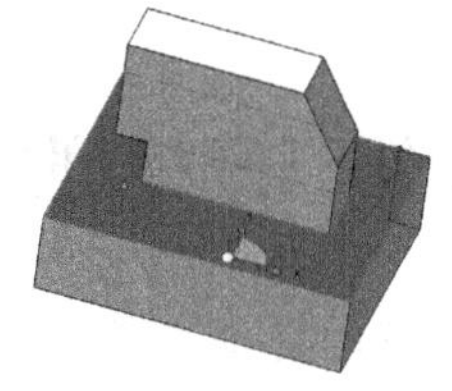

图 1-96 为拉伸 3 选择基准面

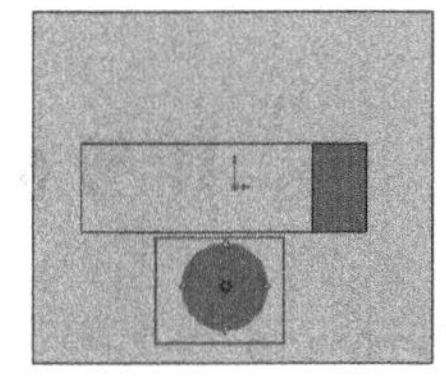

图 1-97 绘制拉伸 3 的草图（草图 3）

3）拉伸特征。单击左边 (-) 草图3，单击左上方 特征 选项；再单击特征控制面板上的 拉伸凸台/基体（拉伸凸台 / 基体）按钮，系统弹出定义拉伸参数的对话窗口。旋转模型，改变观察方向。在 方向 1 下 D1 右边文本框中单击激活，输入 32；单击（拔模开 / 关）按钮，激活“拔模角度”文本框，输入 11，如图 1-98 所示。其余取默认值不做修改，单击“拉伸”窗口上的（确定）按钮，完成特征的创建。

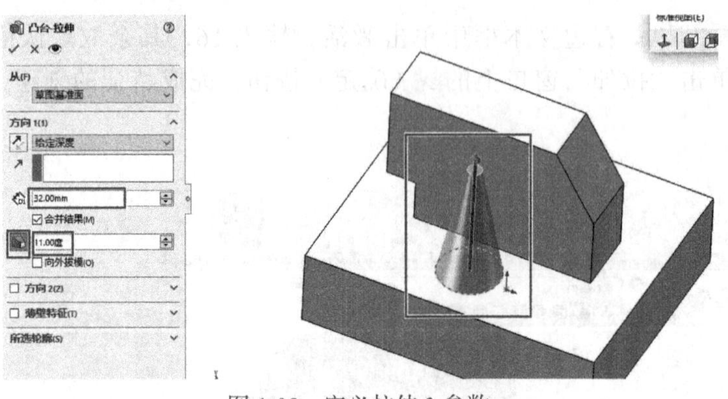

图 1-98　定义拉伸 3 参数

第 5 步：保存并关闭文件。

【再现中国风】 试着绘制简牍的三维模型，如图 1-99 所示。可以通过网络搜索，了解简牍的更多信息。

简牍是中国古代先民在纸张发明之前书写典籍、文书等文字载体的主要材料，是我国最古老的图书之一。简牍与甲骨文、敦煌遗书、明清档案一同被列为二十世纪东方文明的四大发现。

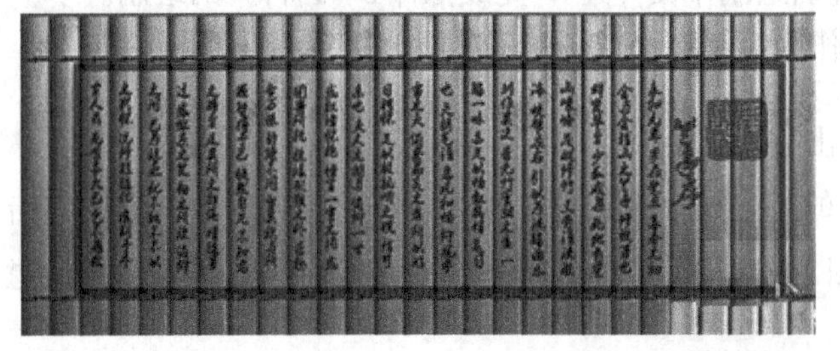
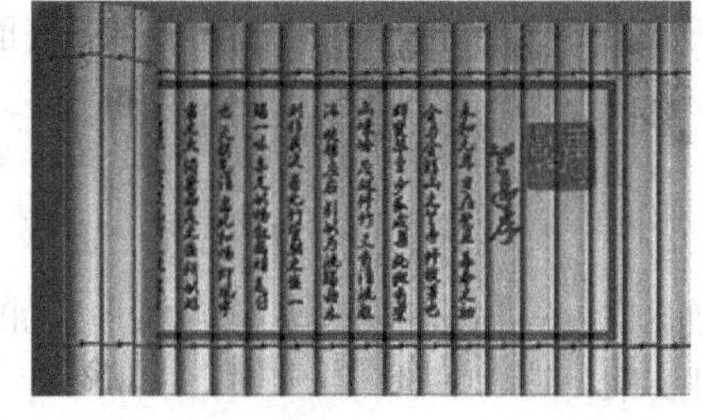

图 1-99　简牍示意图

任务 6　对已建零件三维模型进行修改

任务目标：掌握修改 SolidWorks 已有特征的特征参数、草图、草图平面的操作方法。

1.9　特征的重定义

当特征创建完毕后，如果需要重新定义特征的属性、横断面的形状或特征的深度选项，可以对特征进行“编辑定义”，也称为“重定义”。其方法是在设计树中右健单击需要修改的特征名称，从弹出的快捷菜单中选择相应的选项，系统将弹出修改窗口，在此窗口中修改后，再单击（确定）按钮，模型会重新建模并做相应调整。

1.9.1 重定义特征的属性

实例 1-5

【实例 1-5】 修改“1-55 实例图”文件中“拉伸 3”为上方大、下方小的圆台。

操作步骤：

第 1 步：打开“1-55 实例图”文件，另存为“1-55 实例图 2”文件。

第 2 步：在左边设计树中，右击拉伸 3 特征（特征名为“凸台 - 拉伸 3”），弹出快捷菜单如图 1-100 所示；在快捷菜单中，选择（编辑特征）项，此时“拉伸”窗口都将显示出来，以便进行编辑。

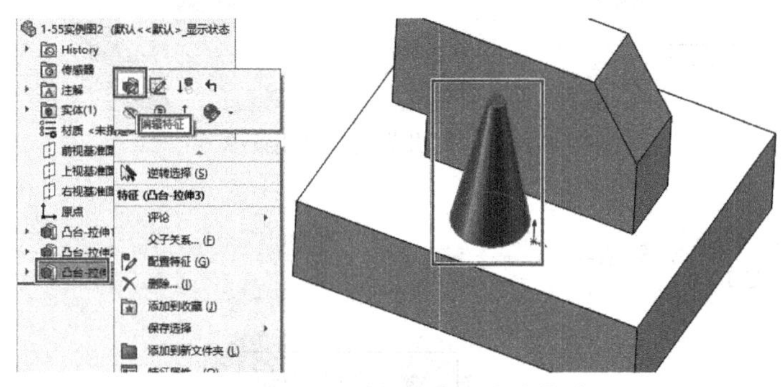

图 1-100 “编辑特征”快捷菜单

第 3 步：在窗口中重新设置特征的深度类型和深度值及拉伸方向等属性。此例修改 62.00mm 和 向外拔模(O)，如图 1-101 所示，模型发生相应变化。

第 4 步：单击窗口中的（确定）按钮，完成特征属性的修改，修改后的模型，如图 1-102 所示。

第 5 步：保存并关闭文件。

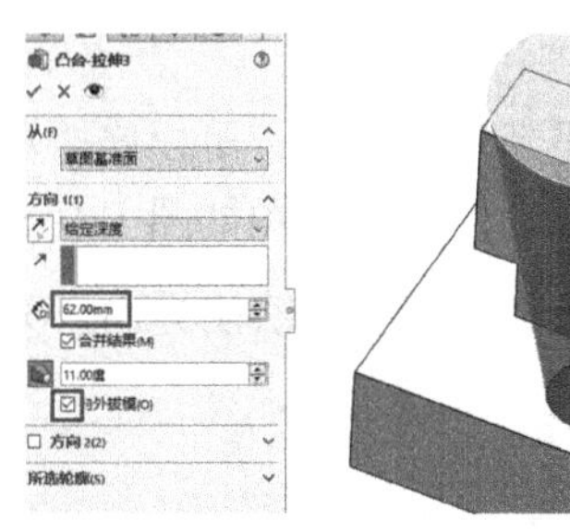

图 1-101 修改参数

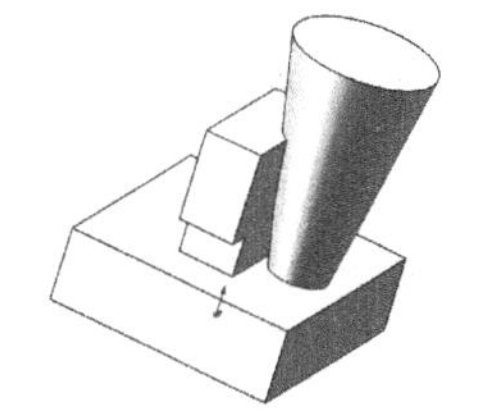

图 1-102 修改后的模型

1.9.2 重定义特征的横断面草图

实例 1-6

【实例 1-6】 修改“1-55 实例图”文件中“拉伸 2”的草图形状。

操作步骤：

第 1 步：打开“1-55 实例图”文件，另存为“1-55 实例图 3”文件。

第 2 步：在设计树中右键单击“拉伸 2”特征，弹出快捷菜单如图 1-103 所示，单击（编辑草图）项，进入草图界面；单击“标准视图”上（正视于）按钮；编辑草图（单击草图控制面板上的（直槽口）按钮，移动光标在绘图区闭合图形中单击确定第一个圆心，向右移动光标单击确定第二个圆心，向外移动光标并单击，如图 1-104 所示。

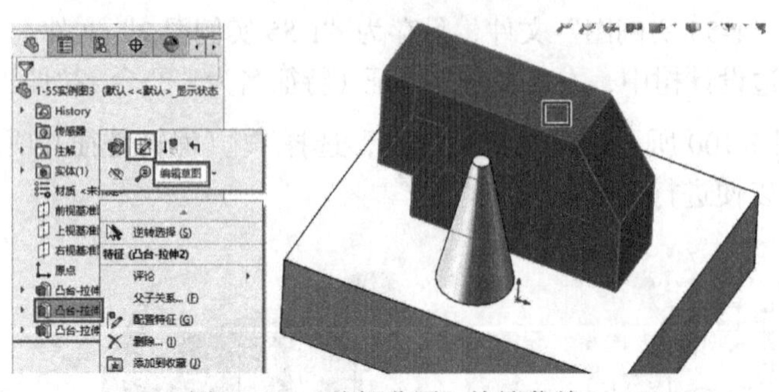

图 1-103 “编辑草图”快捷菜单

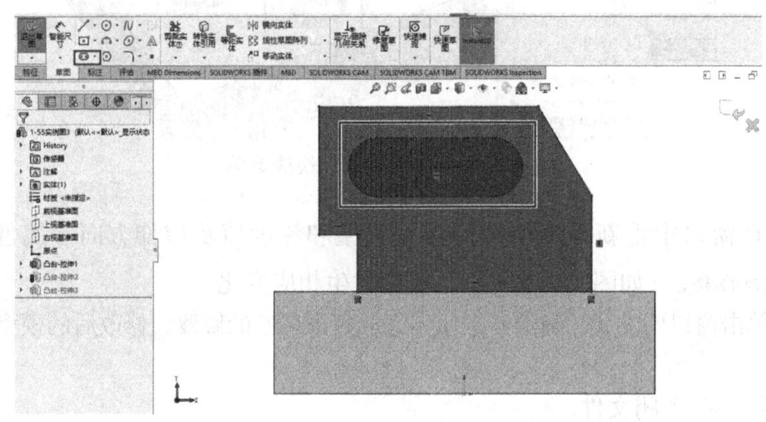

图 1-104 编辑草图界面

第 3 步：可以选择已绘制的线，用删除键删除；可以重新绘制直线；可以修改草图的尺寸、约束关系和形状等。图形必须是闭合的、不能有交叉线。修改的草图如图 1-105 所示。

第 4 步：单击草图界面右上角的（退出草图）按钮，退出草图绘制界面，完成特征的修改。修改后的模型，如图 1-106 所示。

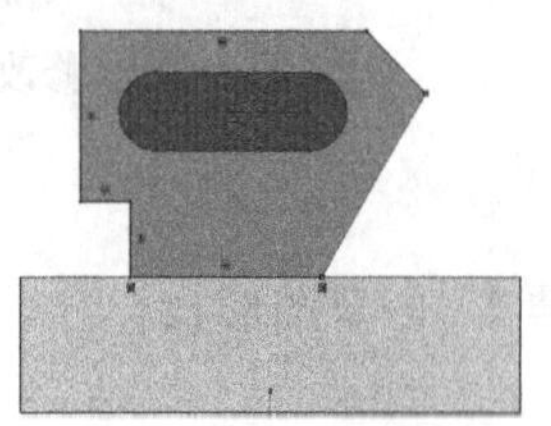

图 1-105 修改的草图

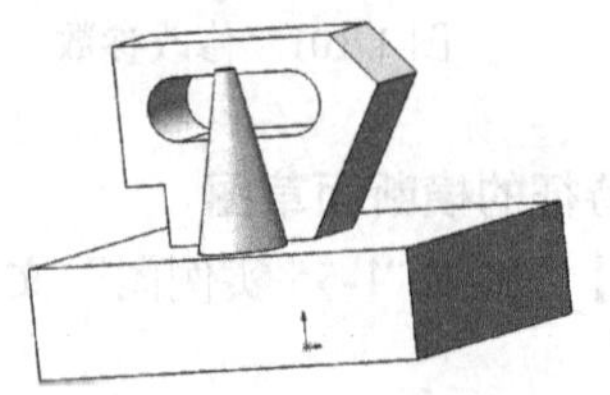

图 1-106 修改后的模型

第 5 步：保存并关闭文件。

1.9.3 重定义草图基准面

【实例 1-7】 修改“1-55 实例图”文件中“拉伸 2”的草图平面为拉伸 1 的后方平面。

实例 1-7

操作步骤：

第 1 步：打开“1-55 实例图”文件，另存为“1-55 实例图 4”文件。

第 2 步：在设计树中单击“凸台 - 拉伸 2”左边的▸，展开“草图 2”；在设计树中“草图 2”处右键单击，弹出如图 1-107 所示的快捷菜单；单击（编辑草图平面）项，系统将弹出图 1-108a 所示的“草图绘制平面”窗口。

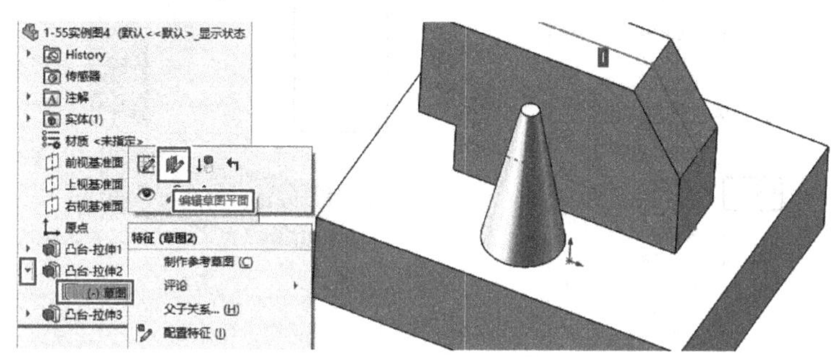

图 1-107 “编辑草图平面”快捷菜单

第 3 步：旋转模型，单击拉伸 1 的后方平面，图 1-108b 所示；再单击✓（确定）按钮，即可更改草图基准面，图 1-108c 所示。

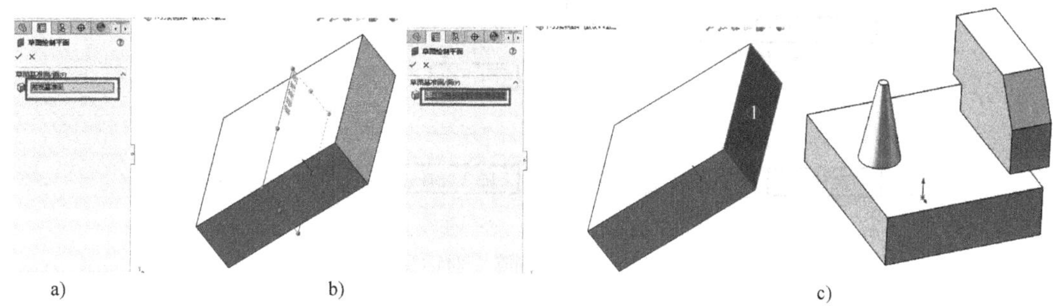

图 1-108 “草图绘制平面”窗口

第 4 步：保存并关闭文件。

1.10 删除特征

对于多余的特征可以删除。

【实例 1-8】 删除“1-55 实例图 4”模型中“拉伸 3”特征。

实例 1-8

操作步骤：

第 1 步：选择删除特征命令。在设计树中右键单击拉伸 3 特征（名为“凸台 - 拉伸 3”），弹出快捷菜单如图 1-109 所示；单击✕ 删除… (L)，弹出图 1-110 所示的“确认删除”对话窗口。

第 2 步：定义是否删除内含的特征。“内含的特征”即所选特征的子特征，如本例中所选特征的内含特征即为“草图 3”。在“确认删除”对话窗口中选择☑同时删除内含的特征(F)复选框，则执行删除命令时，同时删除特征和特征的草图；若取消“同时删除内含的特征”复选框，则执行删除命令时，只删除特征，而不删除草图。

第 3 步：单击对话窗口中的是(Y)按钮，完成“拉伸 3”特征的删除，如图 1-111 所示。

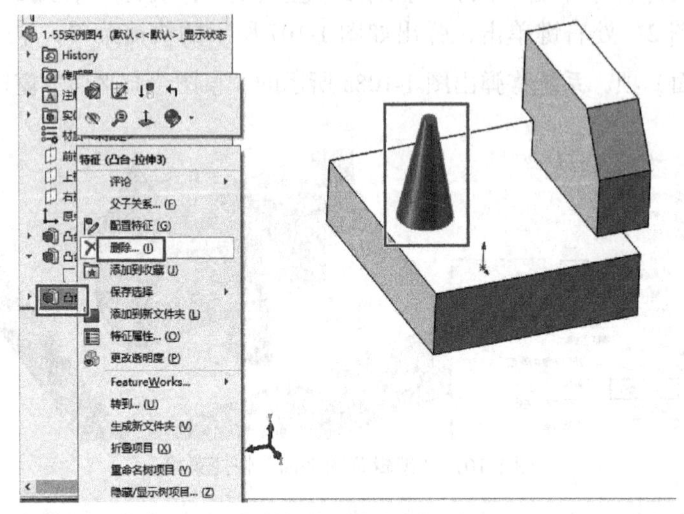

图 1-109 “删除”快捷菜单

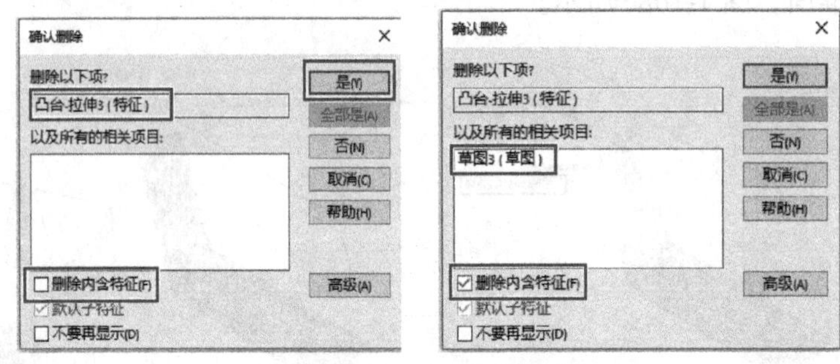

图 1-110 “确认删除”对话窗口

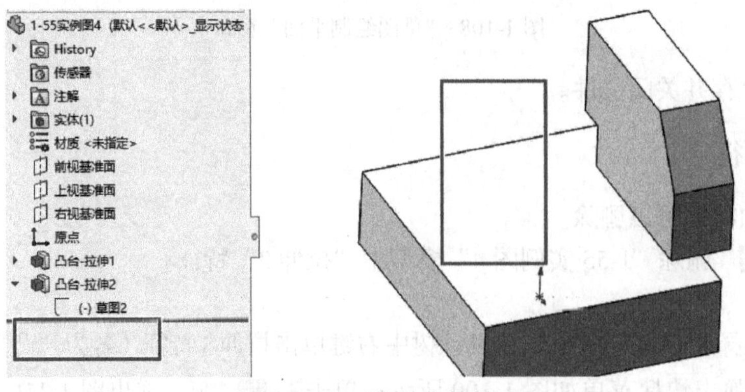

图 1-111 “删除”结果

项目 2

板类零件的三维建模

通过前面的建模体验，我们知道建模的关键是草图绘制，有了完整的草图，特征命令操作很简单。草图是三维设计的基础，必须熟练地掌握。草图是由点、直线、圆弧等基本几何元素构成的封闭或者不封闭的几何形状。草图中包括形状、几何关系和尺寸标注三方面信息。草图分为 2D 和 3D 两种，大部分 SolidWorks 的特征都是由 2D 草图绘制的。

任务 1　熟悉进入和退出绘制 2D 草图界面的基本方法

任务目标：掌握进入和退出 2D 草图界面的操作及 2D 草图的绘制步骤。

2.1　进入绘制草图界面与退出绘制草图界面

2.1.1　进入绘制草图界面

二维草图必须绘制在平面上，这个平面可以是系统提供的基准面，可以是已有模型上的平面，也可以是自己创建的基准面。绘制第一个草图时，由于没有已有模型，一般选定基准面作为草图平面。绘制二维草图，必须进入草图绘制界面，可以先选择草图绘制平面再绘图，也可以先选择草图绘制命令再选择草图平面。

1. 先选择草图基准面再绘图的操作步骤

第 1 步：进入零件绘制界面。启动 SolidWorks，单击上方标准控制面板上的（新建）图标按钮，弹出“新建 SolidWorks 文件”窗口。单击“零件”图标即选择“零件”类型，单击下方确定按钮，进入零件绘制界面。选择下拉菜单“文件”→“另存为”，保存文件。

第 2 步：选择草图基准面。在左边设计树中某基准面上单击选择基准面，可选择前视基准面、右视基准面或上视基准面中的一个。如单击选择前视基准面，如图 2-1 所示。

第 3 步：进入草图绘制界面。单击草图，换成草图按钮；单击草图绘制，换成草图绘制界面，界面左边还增加草图的名称“草图 1”，如图 2-2 所示，即进入草图绘制界面，可以绘制草图了。每进入一次草图界面，会自动生成草图名称，并显示在左边设计树中。

第 4 步：绘制草图。

第 5 步：退出草图。草图界面右上方有（退出）图标，是保存草图再退出草图界面，即为“确定”；✕是放弃草图再退出草图界面，即为“取消”。

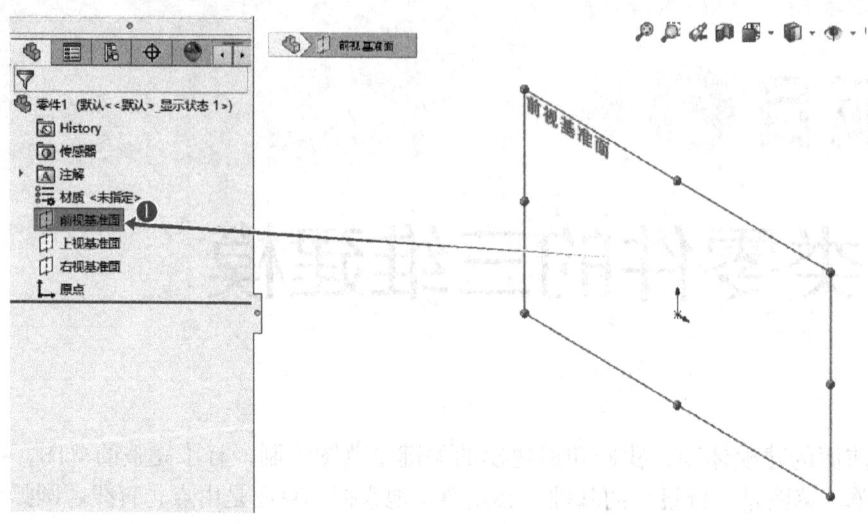

图 2-1　基准面

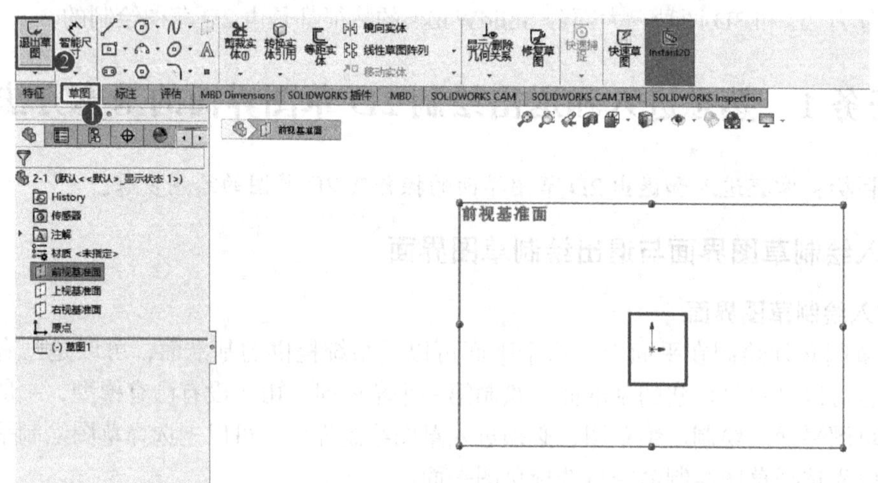

图 2-2　进入草图绘制界面

2. 先选择草图绘制命令再选择草图基准面操作步骤

第 1 步：进入零件绘制界面。启动 SolidWorks，单击上方标准控制面板上的（新建）按钮，弹出“新建 SolidWorks 文件”窗口，选择“零件”类型，单击下方确定按钮，进入零件绘制界面。选择下拉菜单“文件”→“另存为”，保存文件。

第 2 步：执行草图绘制命令。单击草图，换成草图按钮；单击草图绘制，换成草图绘制界面，系统出现默认基准面，同时出现提示信息“选择一基准面为实体生成草图”，如图 2-3 所示。当光标放在边框上时，会高亮显示，并出现基准面的名称，如图 2-4 所示。拖动鼠标中键旋转视图，三个基准面可明显显示，如图 2-5 所示。

第 3 步：选择草图基准面。将光标移动到某基准面上并出现基准面的名称时，单击即选定这一基准面，进入草图绘制界面。

第 4 步：绘制草图。

第 5 步：退出草图。

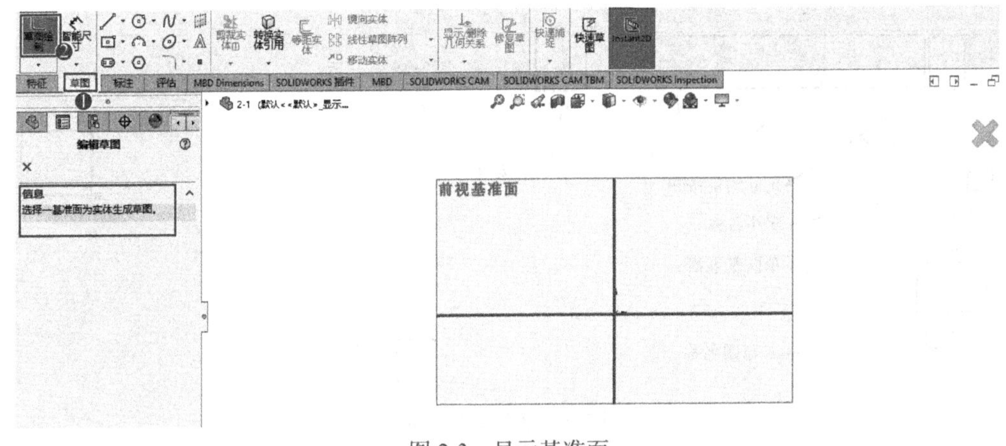

图 2-3　显示基准面

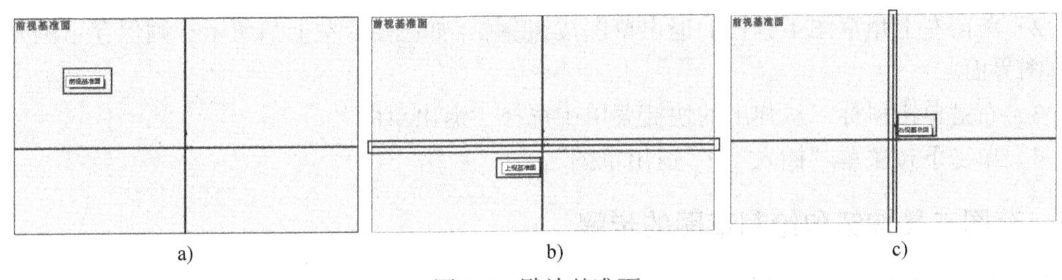

图 2-4　默认基准面

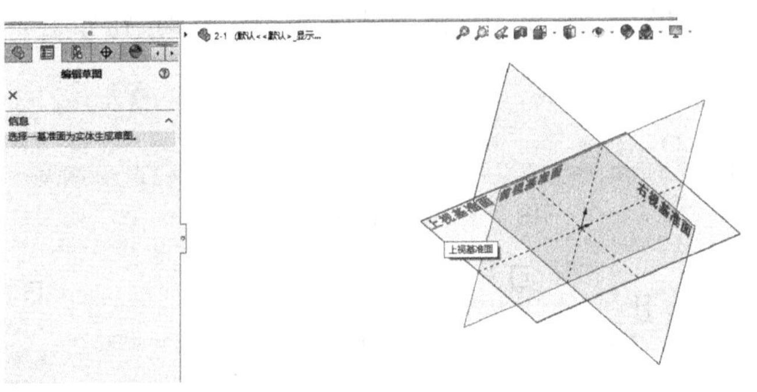

图 2-5　旋转后的基准面

2.1.2　草图绘制界面

草图界面中间区域是绘图区，其中有草图坐标，坐标图标显示在原点，它是三个基准面（前视基准面、右视基准面或上视基准面）的交点，绘制第一个草图时，合理放置草图与原点的位置，可方便后面草图基准面的选择，从而方便建模。

草图界面上方有草图绘制命令按钮，单击某按钮即可在绘图区绘制草图图形，还有“尺寸约束按钮”和“几何约束按钮”，分别用来标注尺寸和建立几何位置关系，如图 2-6 所示。

2.1.3　退出草图绘制界面

草图绘制完毕后，可以立即建立特征，也可以退出草图绘制后再建立特征。

退出草图绘制界面的操作方法：

1）单击草图绘图区右上角的退出草图图标。

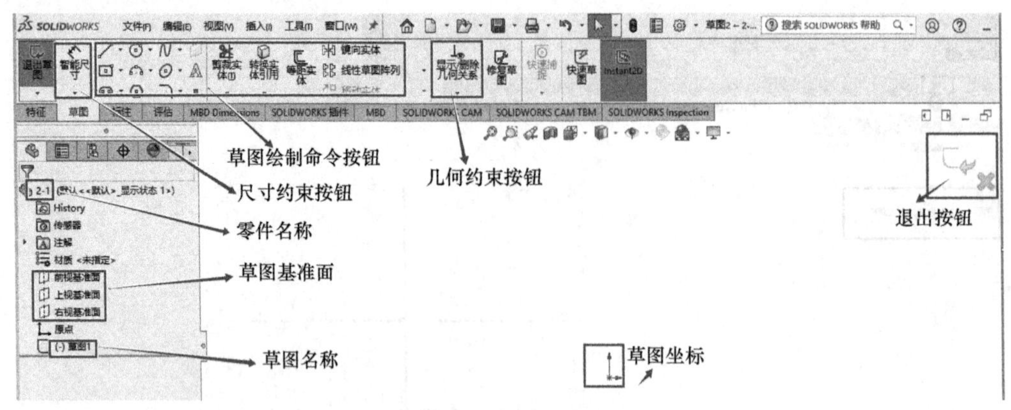

图 2-6　草图绘制界面

2）单击左上角草图工具栏的退出草图按钮，如图 2-6 左上角所示，则保存草图并退出草图界面。

3）右键单击鼠标，从弹出的快捷菜单中选择“退出草图”。

4）单击下拉菜单“插入”→“退出草图”。

2.2　草图工具按钮和绘制草图的步骤

2.2.1　绘制草图常用工具按钮

草图常用工具按钮如图 2-7 所示，草图工具各按钮的下弹按钮如图 2-8 所示。

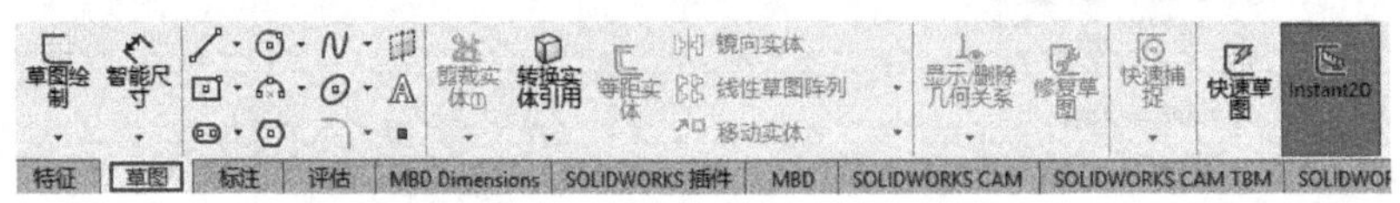

图 2-7　草图常用工具按钮

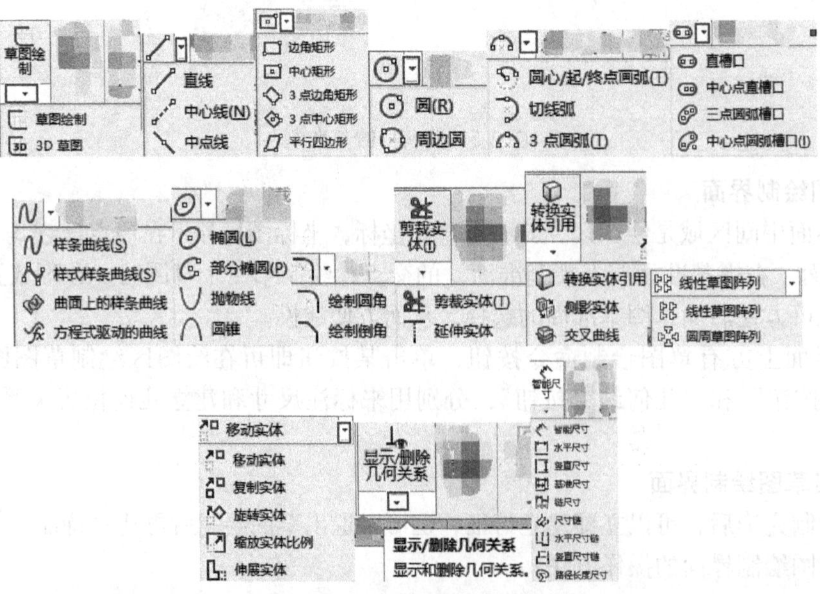

图 2-8　草图工具各按钮的下弹按钮

2.2.2 绘制草图的步骤

SolidWorks 的草图绘制非常方便，可以通过增加几何关系和尺寸约束来改变草图形状和大小，因此，开始绘制草图时，没必要很精确地绘制图形的几何形状、位置和大小，可只绘制出形状和尺寸接近的图形，再添加几何约束，然后标注所需的尺寸，就可以完成图形的精确设定。因此绘制草图的一般思路是：先绘制大致形状，再添加几何约束，然后添加尺寸约束。

绘制草图的基本步骤如下：

第 1 步：选择草图的基准面。SolidWorks 提供了一个初始的绘图参考体系，包括一个原点和三个基准面。新建零件时，这三个基准面中的任意一个都可以作为草图绘制的基准面。另外，已有模型的平面和创建的基准面也可以作为草图绘制基准面。

第 2 步：单击草图，换成草图按钮；单击，进入草图绘制界面。初始界面中的坐标原点在草图绘制环境下显示为红色，可作为草图绘制的定位点。进入草图绘制界面后，可以单击标准视图控制面板上的（正视于）按钮来调整草图观察方向，将草图绘制的平面调整到与屏幕平行，便于观察，也可以在任意视角下进行绘制。

第 3 步：绘制基本轮廓形状。SolidWorks 提供了非常实用的草图实体绘制工具和草图实体编辑工具，这些命令集中于“草图”控制面板上。绘制时可以单击“草图”控制面板上的按钮进行绘制，也可以单击下拉菜单“工具”→“草图绘制实体”下的子菜单，在子菜单中选择相应的草图工具进行绘制。

SolidWorks 为草图绘制过程提供了许多智能化、直观的反馈信息。如图 2-9 所示，用“圆”工具绘制一个圆，当光标移动到绘图区选取圆心点时，光标指针变成形状，提示正在进行圆绘制，在单击确定圆心点后，随着光标的拖动在光标指针旁边显示出圆的半径尺寸。

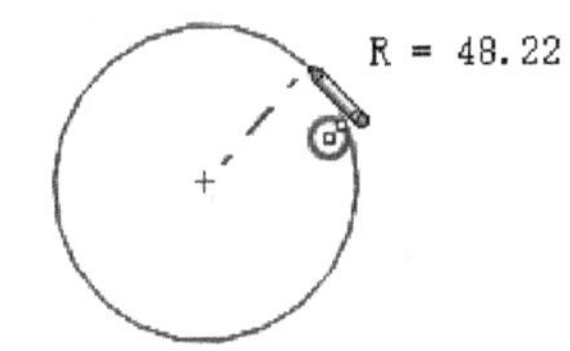

图 2-9 绘制圆时光标形状和半径尺寸显示

第 4 步：编辑草图。绘制好草图的基本轮廓后，利用“草图”控制面板上的各种编辑按钮对草图的几何形状做进一步的编辑，如裁剪、阵列、倒圆、镜像、移动、复制等。

第 5 步：添加几何约束。用“添加几何约束”按钮对草图实体进行必要的几何约束，草图实体之间可进行平行、垂直、共线、相切、同心、相等、对称等几何约束。图形会随着几何约束的添加而变化，从而满足几何约束的要求。

第 6 步：添加尺寸。在草图轮廓基本绘制完成后，可选择（智能尺寸）按钮为草图实体标注几何形状尺寸和位置尺寸来进行约束。图形会随着尺寸约束的添加而变化，从而满足尺寸约束的要求。

第 7 步：退出草图绘制。草图绘制完毕后，单击绘图区右上角的（确定）图标，或单击左上角退出草图按钮，如图 2-10 所示，则保存草图并退出草图绘制界面。若单击绘图区右上角的（取消）图标，则放弃当前草图并退出草图绘制界面。

2.2.3 绘图光标和锁点光标

在绘制草图实体或者编辑草图实体时，光标会根据所选择的命令，变成不同的有直观感的图标，以方便用户绘制或编辑相应类型的草图。SolidWorks 软件有自动判断绘图位置的功能。在执行绘图命令时，光标会在绘图区自动寻找端点、中心点、圆心、交点、中点及任意点，从而提高光标定位的准确性和快速性。

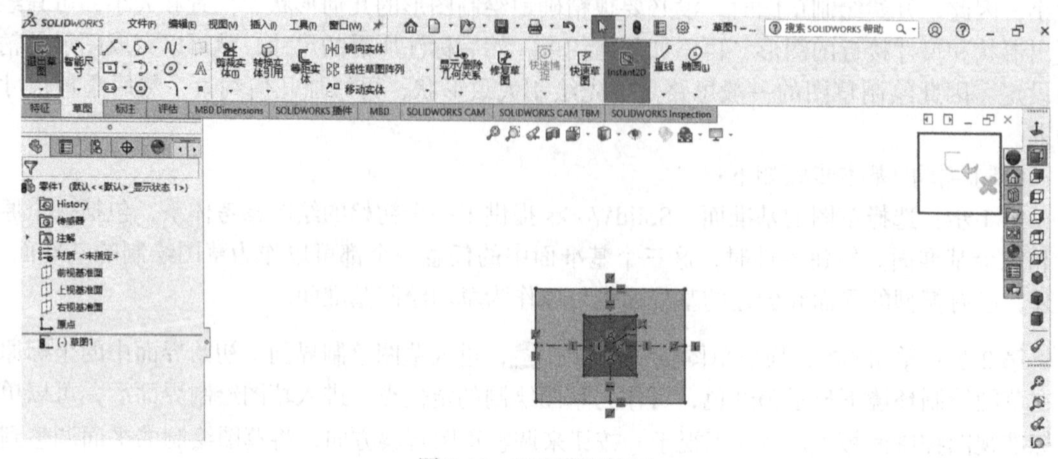

图 2-10 退出草图按钮

在执行绘图命令时，光标在点、线等项目的位置时，其光标会变成命令相应的图形，且出现有黄色底的图标，显示可能的几何关系，即成为锁点光标。锁点光标可以在草图实体上形成，也可以在特征实体上形成。熟练掌握锁点光标，可以提高绘制图形的效率。

2.2.4 由两个板体组成的模型绘制体验

【实例 2-1】 绘制如图 2-11 所示的模型。

实例 2-1

分析：需要在同一个文件中的两个不同基准面上各绘制一个草图。

要求：在上视基准面上绘制图 2-12 所示的草图 1；在前视基准面上绘制图 2-13 所示的草图 2；将草图拉伸为如图 2-11 所示的模型，即将草图 2 拉伸为高度为 30 的柱体，将草图 1 拉伸为高度为 25、锥度为 8 的圆台。

绘制草图时，要选定好坐标原点在草图上的位置。

操作步骤：

第 1 步：进入零件绘制界面。启动 SolidWorks，单击上方标准控制面板上的（新建）图标按钮，弹出“新建 SolidWorks 文件”窗口。单击“零件”图标，单击下方确定按钮，进入零件绘制界面。选择下拉菜单“文件”→“另存为”，保存文件为“例 2-1”。

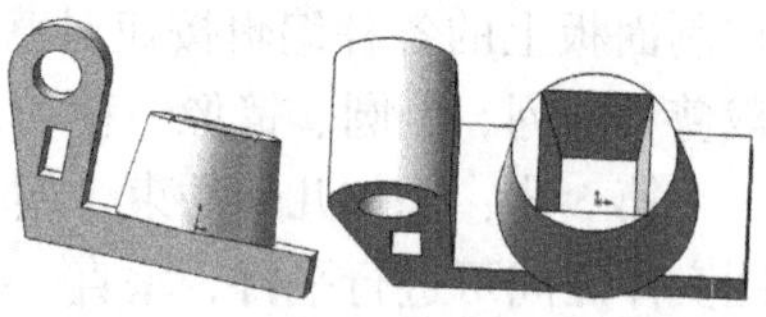

图 2-11 拉伸后的模型

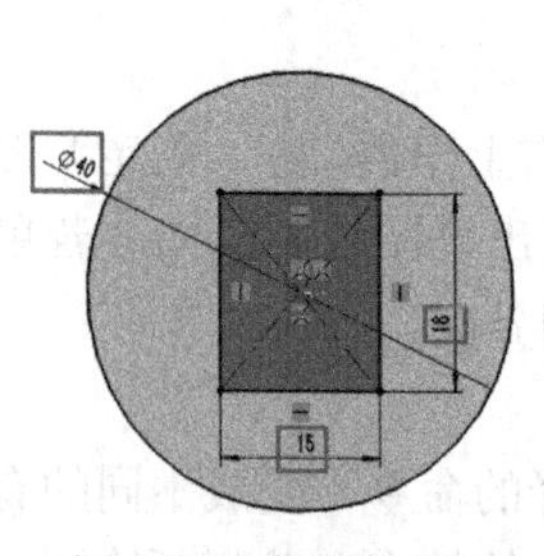

图 2-12 草图 1 图形

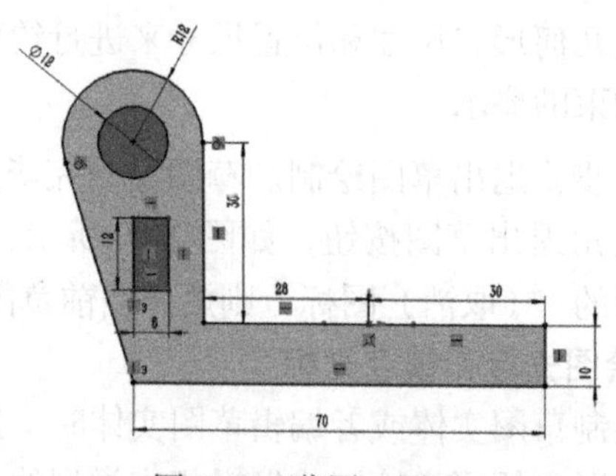

图 2-13 草图 2 图形

第 2 步：按先选择草图绘制平面再绘图的方法绘制草图 1。

1）在左边设计树中单击上视基准面。单击草图，单击换成草图绘制界面，界面左边增加草图的名称“草图 1”。

2）单击草图控制面板上的（圆）按钮；在绘图区坐标原点处单击圆心，如图 2-14 所示；向外移动光标，显示的半径值接近 20 时，如图 2-15 所示，单击；在“圆”窗口的（半径）右边文本框中输入 20，如图 2-16 所示；单击“圆”窗口（确定）按钮，结束圆的绘制。

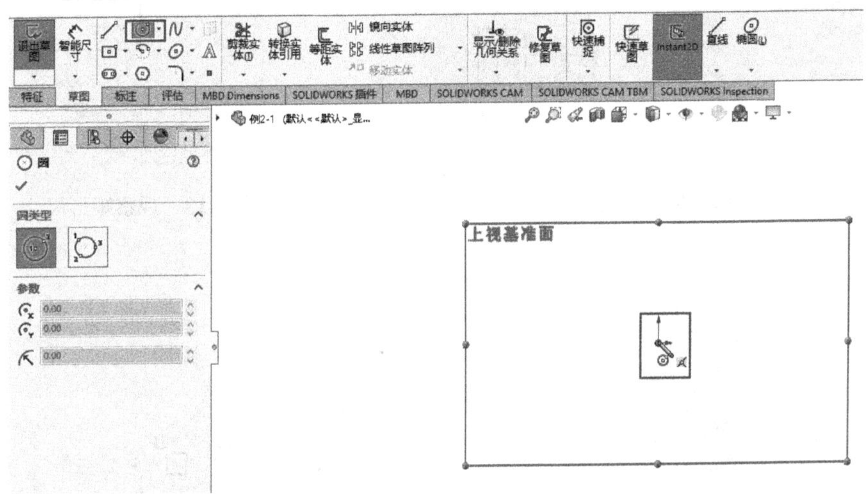

图 2-14 取坐标原点为圆心

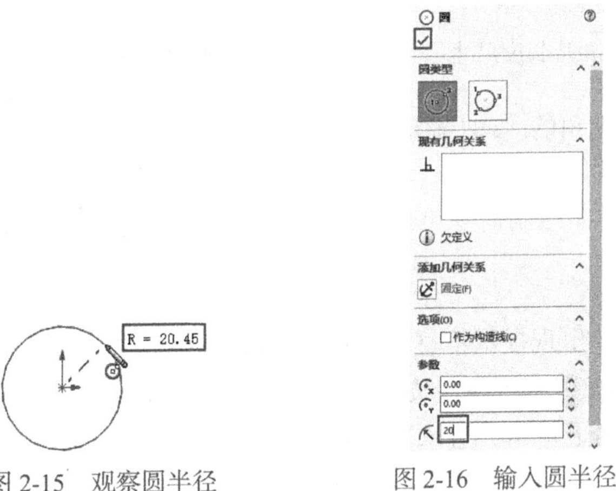

图 2-15 观察圆半径

图 2-16 输入圆半径

3）单击草图控制面板上的（边角矩形）按钮下的（中心矩形）；在绘图区坐标原点处单击作为矩形中心点，如图 2-17 所示；再向外移动光标，显示的尺寸值接近 15 时，如图 2-18 所示，单击。单击草图控制面板的（智能尺寸）按钮；单击矩形的一条水平线，向下移动光标单击，弹出修改窗口，输入尺寸 15，如图 2-19 所示，单击修改窗口上的（确定）按钮；单击矩形的一条竖直线，向右移动光标并单击，弹出修改窗口，输入尺寸 18，如

图 2-20 所示，单击 修改 窗口上的✔（确定）按钮。单击“尺寸”窗口中的✔（确定）按钮。

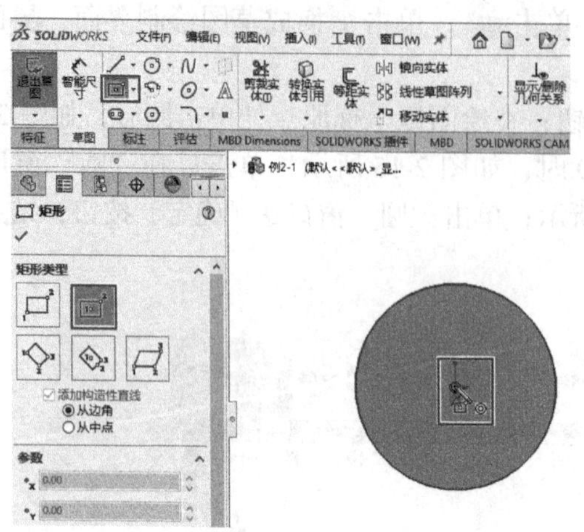

图 2-17　取坐标原点为矩形中心点

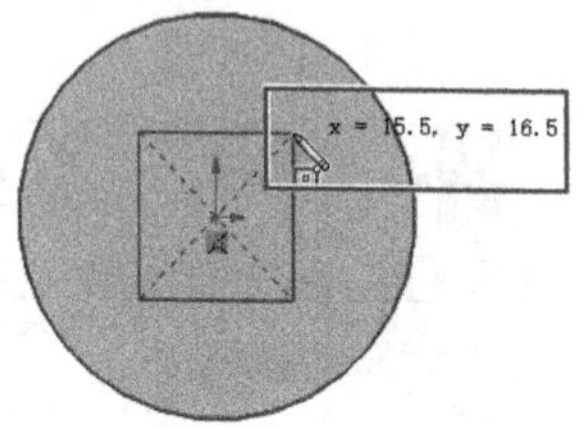

图 2-18　观察矩形尺寸

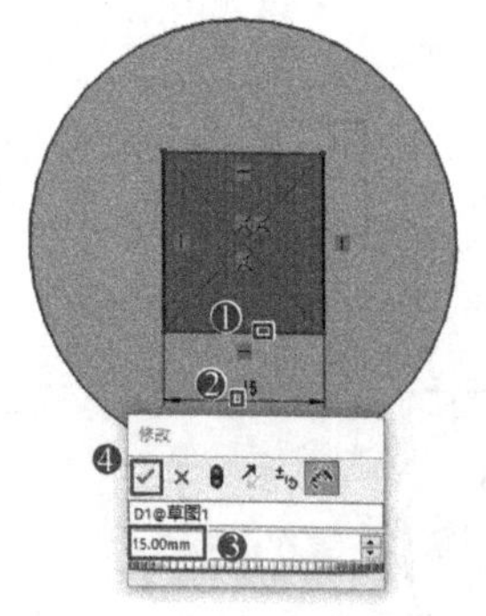

图 2-19　输入矩形长度尺寸

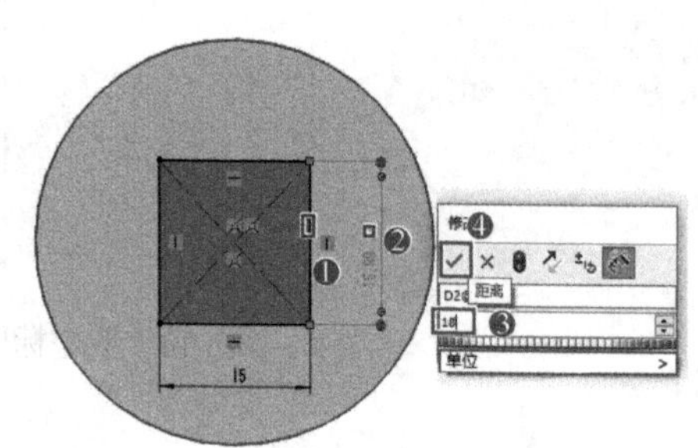

图 2-20　输入矩形高度尺寸

4）单击绘图区右上角的（确定）按钮退出草图。完成草图 1 的绘制。

第 3 步：先选择草图绘制命令再选择草图平面的方法绘制草图 2。

1）单击 草图绘制 按钮，出现提示信息“选择一基准面为实体生成草图”。单击展开符号▾，如图 2-21 所示；将光标移动到前视基准面上单击，进入草图绘制界面，设计树上增加了“草图 2”。单击“标准视图”控制面板上的（正视于）按钮，草图 1 所在平面变成一条直线，如图 2-22 所示。

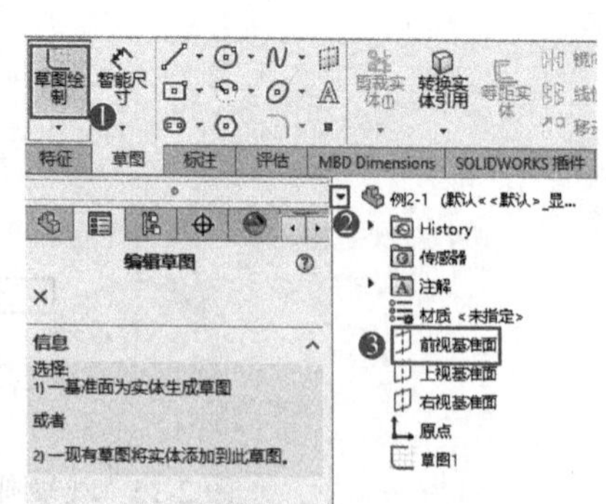

图 2-21　进入草绘界面

2）单击草图控制面板上的（直线）按钮，移动光标在绘图区坐标原点处单击；向右移动光标（有━符号出现），数值接近 30 时单击；向下移动光标（有┃符号出现），数值接近 10 时单击；向左移动光标（有━符号出现），数值接近 70 时单击，如图 2-23 所示，按 Esc 键结束命令。

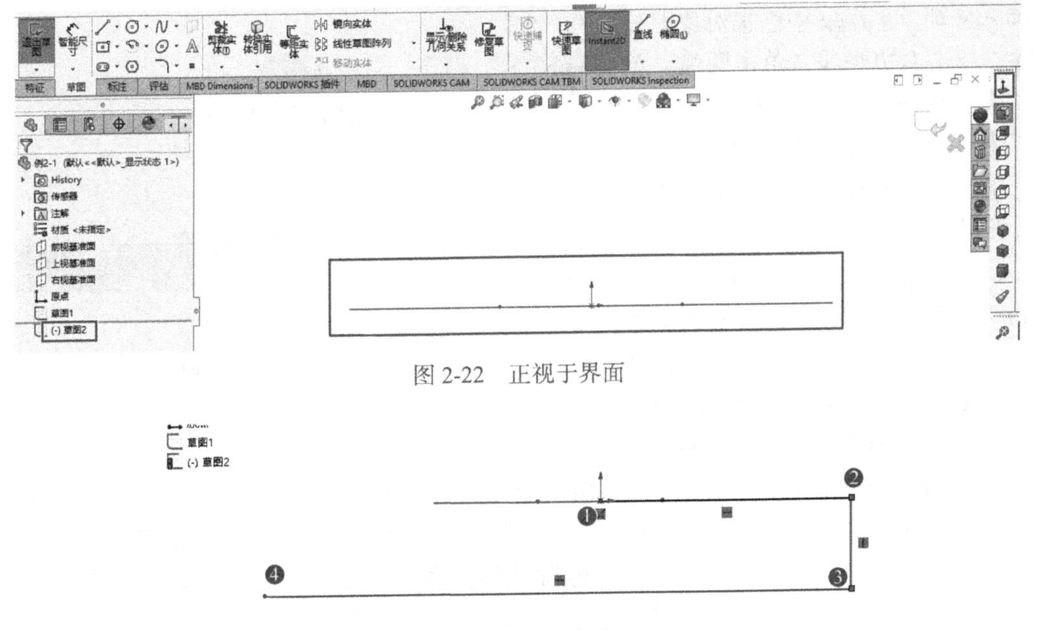

图 2-22　正视于界面

图 2-23　绘制直线

3）单击草图控制面板上的（直线）按钮，移动光标在绘图区坐标原点处单击；向左移动光标（有符号出现），数值接近 28 时单击；向上移动光标（有符号出现），数值接近 30 时单击，按 Esc 键结束命令。

4）单击草图控制面板上的（直线）按钮，移动光标在绘图区下方直线左端点处单击；向左上移动光标，观察位置与上方线接近等高时单击，如图 2-24 所示，按 Esc 键结束命令。

5）单击草图控制面板上的（三点圆弧）按钮，分别移动光标在绘图区一条直线的上端点单击确定第一点，移动光标另一条直线的上端点单击确定第二点，向上移动光标单击确定第三点，如图 2-25 所示，按 Esc 键结束命令。

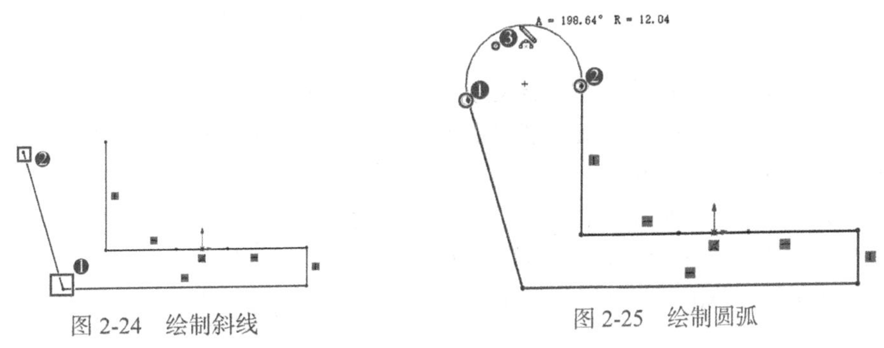

图 2-24　绘制斜线

图 2-25　绘制圆弧

6）单击草图控制面板上显示/删除几何关系（显示 / 删除几何关系）按钮中的（添加几何关系）按钮。单击左边斜线，单击圆弧，单击“添加几何关系”窗口中的相切(A)项，使斜线与上圆弧相切。光标放在“添加几何关系”窗口所选实体中，单击右键弹出快捷菜单，单击消除选择(A) 项，所选实体中已选对象即被清除。单击右边竖线，单击圆弧，单击“添加几何关系”窗口中的 相切(A) 项，使圆弧与竖线相切，如图 2-26 所示。单击“添加几何关系”窗口中的（确定）按钮。

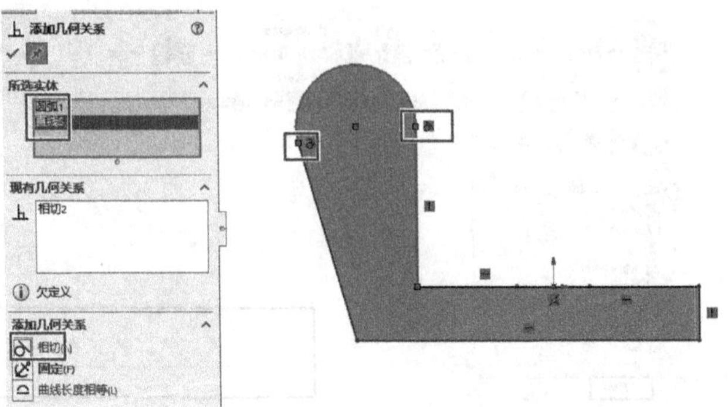

图 2-26　为圆弧添加几何关系

7）单击草图控制面板上的（圆）按钮，移动光标到圆弧的圆心处单击；向外移动光标，观察半径数值接近 6，单击绘制圆。单击“圆”窗口中的（确定）按钮结束命令。

8）单击草图控制面板上的（边角矩形）按钮；在左边封闭图形中的一个位置单击，移动光标再单击，如图 2-27 所示。单击“矩形”窗口中的（确定）按钮结束命令。

9）单击草图控制面板上（显示 / 删除几何关系）按钮中的（添加几何关系）按钮。单击左下方两直线的交点，单击矩形的左下角点，单击“添加几何关系”窗口中的“竖直”选项，使选取的两点在同一竖直方向，如图 2-28 所示。单击“添加几何关系”窗口中的（确定）按钮。

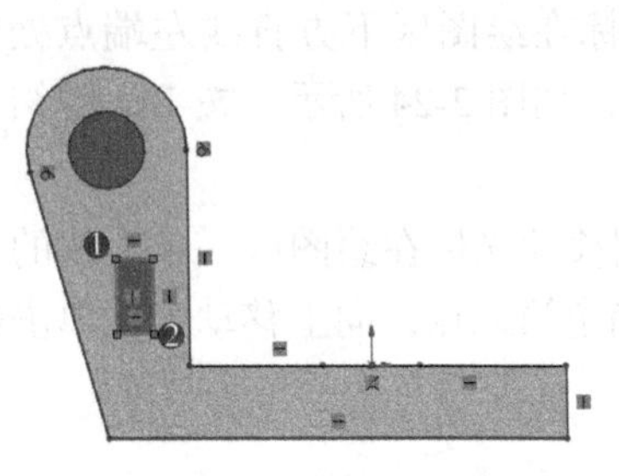

图 2-27　绘制圆

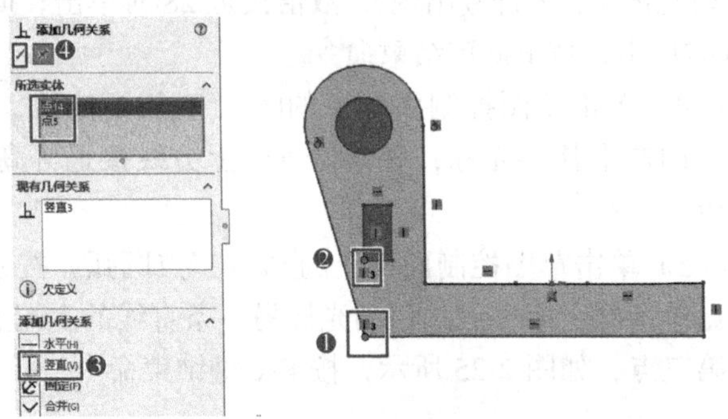

图 2-28　添加几何关系

10）单击草图控制面板的（智能尺寸）按钮；单击一直线，移动光标并单击，输入尺寸值，单击 修改 窗口上的（确定）按钮；重复操作完成各直线的尺寸标注，如图 2-29 所示。单击圆弧，移动光标并单击，输入尺寸值，单击 修改 窗口上的（确定）按钮；单击圆，移动光标并单击，输入尺寸值，单击 修改 窗口上的（确定）按钮，如图 2-30 所示。单击“尺寸”窗口中的（确定）按钮。

11）单击绘图区右上角的（确定）按钮退出草图。

第 4 步：将草图 2 拉伸为高度为 30 的柱体。

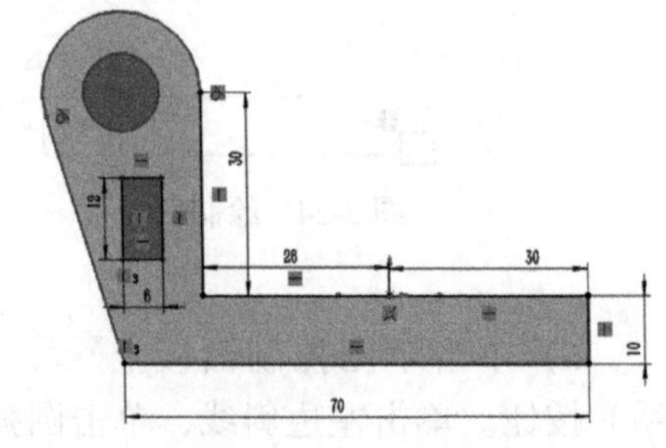

图 2-29　直线的尺寸标注

1）单击左边“草图 2”，单击左上方 特征 选项；再单击特征控制面板上的 拉伸凸台/基体（拉伸凸台 / 基体）按钮，如图 2-31 所示，弹出定义拉伸参数的对话窗口。

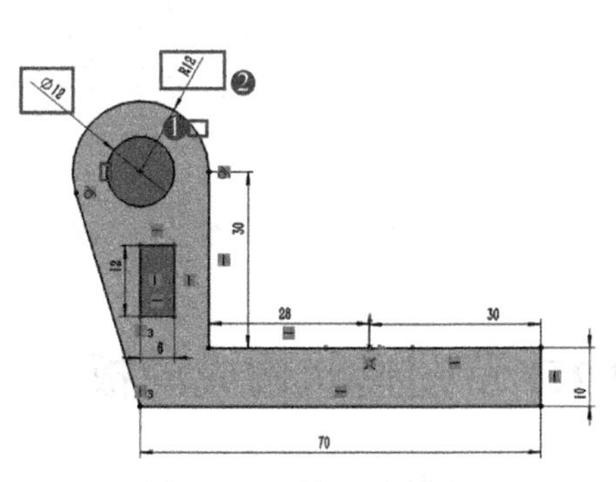

图 2-30　圆的尺寸标注

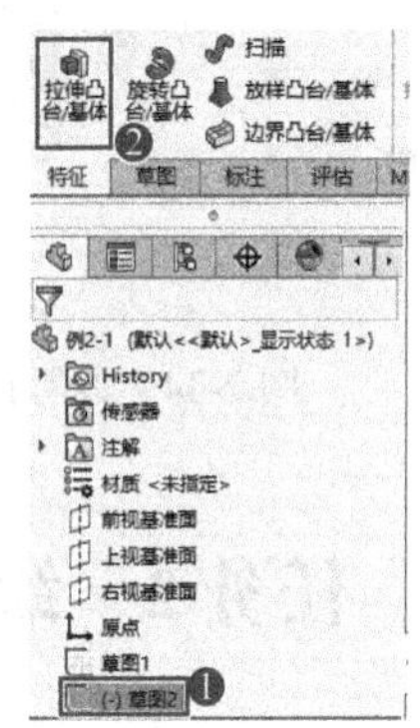

图 2-31　输入拉伸命令

2）在**方向 1(1)** 下，选择 两侧对称 ，在**方向 1(1)** 下 右边文本框中单击激活，输入 30，其余取默认值不做修改，如图 2-32 所示。

3）单击“拉伸”窗口上的（确定）按钮，完成特征的创建，如图 2-33 所示。

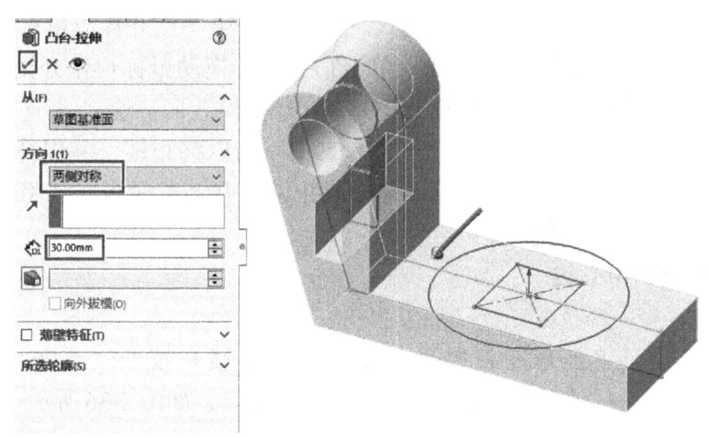

图 2-32　设置拉伸参数

第 5 步：将草图 1 拉伸为高度为 25、锥度为 8 的圆台。

1）单击左边“草图 1”；再单击特征控制面板上的 拉伸凸台/基体（拉伸凸台 / 基体）按钮，弹出定义拉伸参数的对话窗口。

2）在窗口中重新设置特征的深度类型、深度值及拉伸方向等属性，如图 2-34 所示。

3）单击“拉伸”窗口上的（确定）按钮，完成特征的创建，如图 2-35 所示。

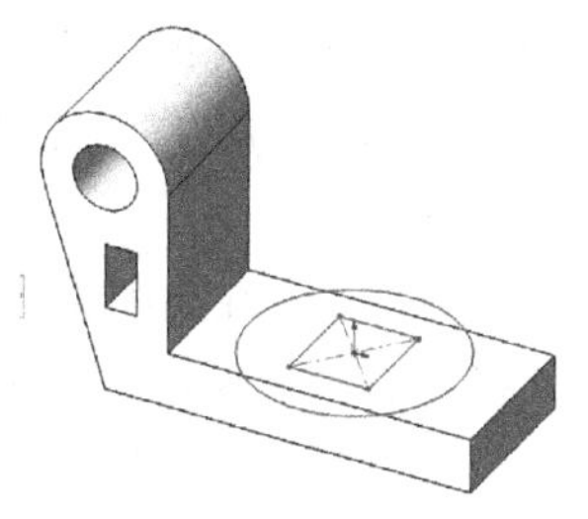

图 2-33　特征

第 6 步：同名保存并关闭文件。

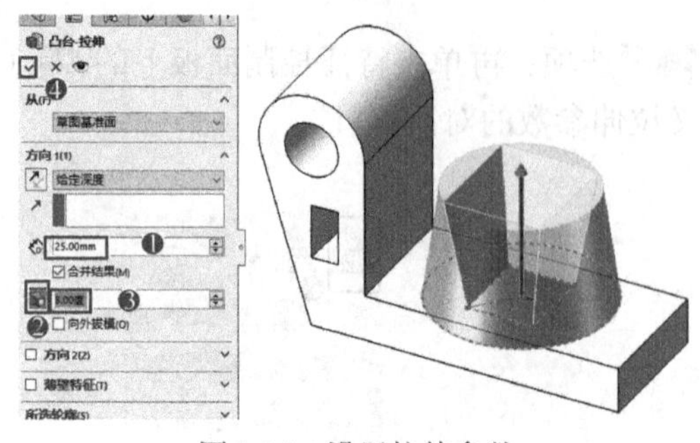

图 2-34　设置拉伸参数

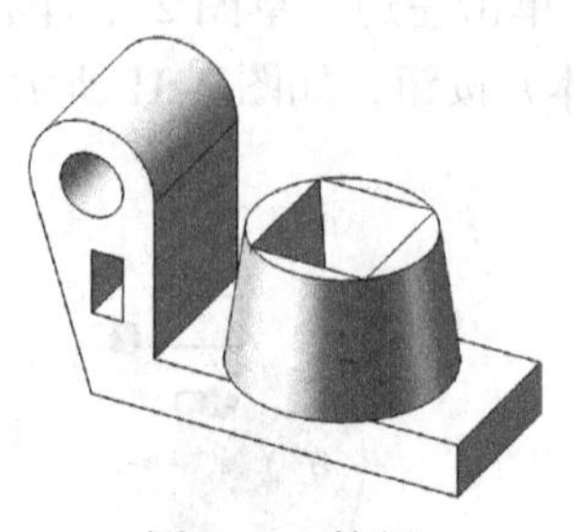

图 2-35　特征

任务 2　绘制各种 2D 草图形状构成的板

任务目标：掌握 2D 草图绘制工具和编辑工具的操作方法。

2.3　草图绘制工具

进入草绘界面后，单击草图控制面板上的按钮就可绘制相应图形，再次单击此按钮或按 Esc 键可以退出相应命令。

下述操作均是进入草绘界面后的操作方法。2D 草图绘制工具的操作方法有两种模式，即“单击 - 单击”模式和“单击 - 拖动”模式。如果单击第一点并释放鼠标，移动光标再单击第二点，即为“单击 - 单击”模式；如果单击第一点并拖动鼠标再松开则进入“单击 - 拖动”模式。当直线（或圆弧）命令处于“单击 - 单击”模式时，会产生连续的线段（称为“链”）。若要终止草图链，可执行如下操作之一：①双击以终止链，并保持命令（或单击鼠标右键并选择“结束链”命令）；②按 Esc 键来终止链，并结束命令；③将指针移到视图窗口外选择另一命令，也会终止链。

2.3.1　绘制直线和绘制中心线

1. 绘制直线

进入草绘界面后，单击草图控制面板上的 ⁄（直线）按钮，或选择下拉菜单“工具”→“草图绘制实体”→“直线”，弹出“插入线条”窗口，如图 2-36 所示；设置相关参数，再在绘图区单击确定起点，弹出“线条属性”窗口，如图 2-37 所示；移动光标在绘图区单击，设置相关参数，就可以完成直线的绘制，具体有两种操作方法。

方法 1：在绘图工作区的适当位置单击确定直线的起点后，释放鼠标，将光标移到直线的终点后单击，即可完成一条直线的绘制；此时，若将光标继续移到下一点单击，即可在第二次单击点与第三次单击点之间绘制一条线，重复操作，则可以连续绘制互相连接的多条直线。

方法 2：在绘图工作区的适当位置单击确定直线的起点后，拖动鼠标，将光标移到直线的终点后释放鼠标，即可完成一条直线的绘制。拖动鼠标，将光标移到直线的终点后释放鼠标，重复操作，可以连续绘制互相连接的多条直线。

绘制直线完成后，双击左键，可结束现有直线的绘制，但没有结束直线命令，移动光标在适当位置单击即确定另一条直线的起点，可继续绘制另一条直线。若单击“线条属性”窗口✔（确定）按钮，退出绘制直线命令。

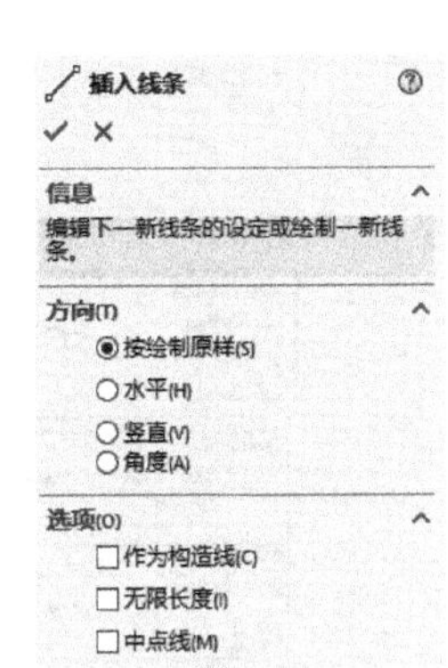

图 2-36 “插入线条”窗口

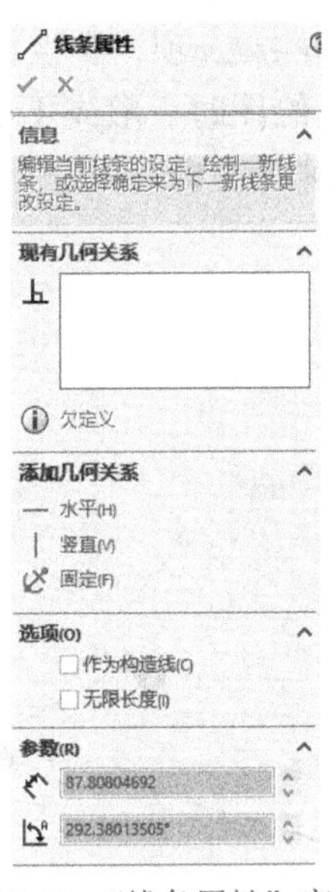

图 2-37 “线条属性”窗口

2. 绘制直线开始时进行控制

执行“直线”命令后，选择弹出“插入线条”窗口的选项，如图 2-38 所示，再单击时自动满足相应要求。绘制直线的第一个点之前，在“线条属性”窗口中可设置线条绘制的方向和线条的属性，选择“按绘制原样”单选钮可以随意绘制直线，选择“水平”“竖直”或“角度”单选按钮可以绘制某个方向上的直线；勾选“作为构造线”复选框，绘制的直线将以点画线方式显示，即绘制成中心线，只能起参考作用；勾选“无限长度”复选框，直线将是无限长的线。

若“方向”选择“角度”时，“插入线条”窗口的选项将有所变化，如图 2-39 所示，可以直接输入参数值，再单击就可以按尺寸完成直线绘制。若“选项”选择“中点线”时，则单击确定的第一点是直线中点位置，如图 2-40 所示。

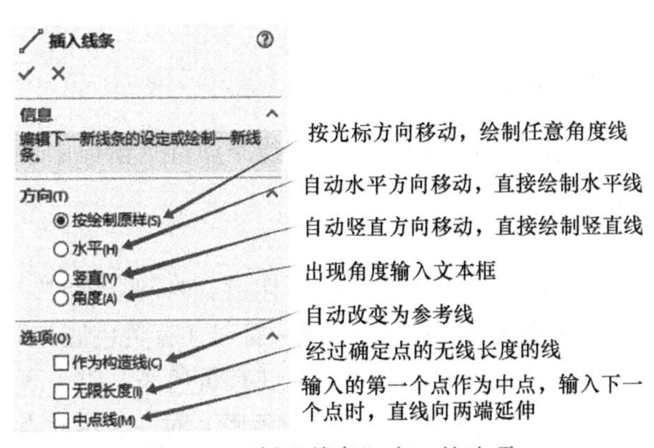

图 2-38 “插入线条”窗口的选项

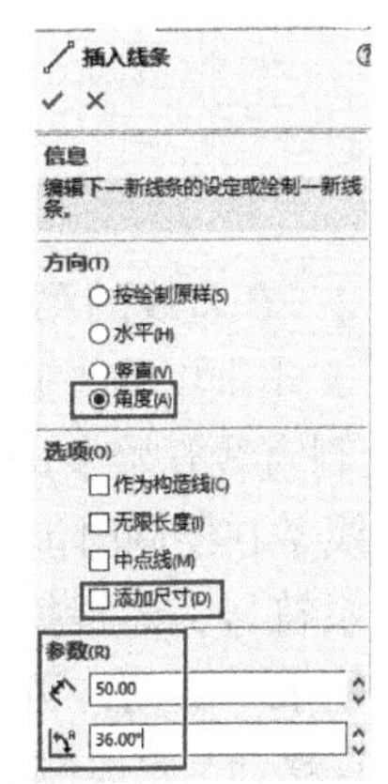

图 2-39 “方向”为“角度”选项

3. 绘制直线后进行控制

方法 1：选中已绘制的直线，在弹出的“线条属性”窗口中的选择选项进行改变，如图 2-41 所示。如单击[—]水平(H)项，则该直线变成水平，且几何约束关系符号显示在现有几何关系中，如图 2-42 所示。绘图时一般先不必考虑图形位置和尺寸是否精确，等绘制完成后进行几何约束和尺寸约束来调整即可。

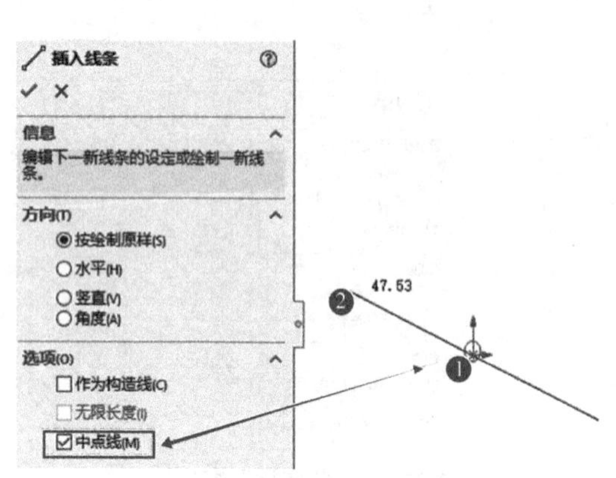

图 2-40 “选项”为“中点线”

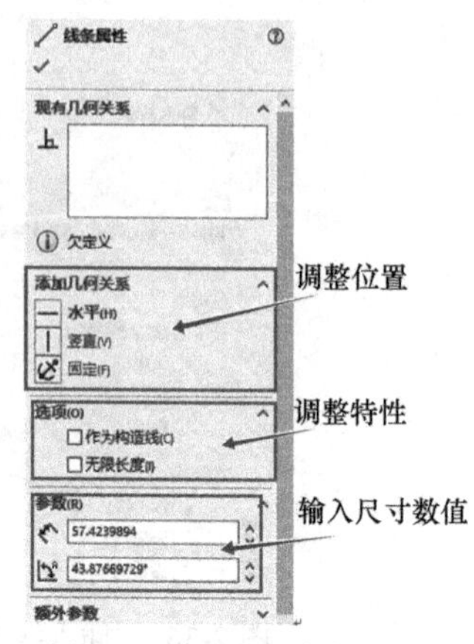

图 2-41 调整“线条属性”

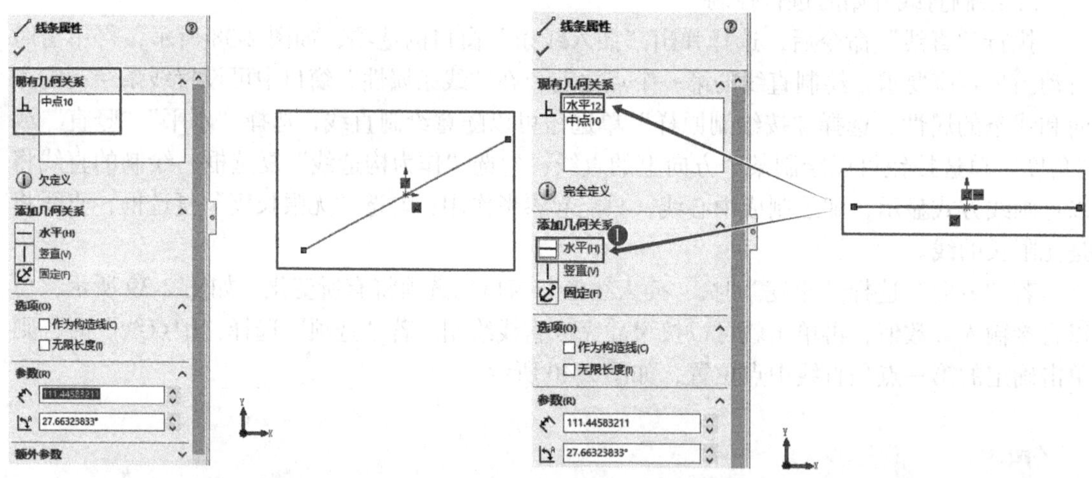

图 2-42 修改“线条属性”窗口选项

方法 2：在直线的第二个点绘制完成且没有移动光标前，可在“线条属性”窗口中下方参数(R)项下文本框中输入直线第二点的精确参数。

4. 绘制直线开始中进行控制

有些线条在绘制时能方便地定位而采用先定位，可减少约束的工作量。绘制直线时，利用几何关系符号，即根据提示符号绘制。如当光标指针右下角出现━符号（有黄色底）时，表示光标是水平移动，可绘制水平线；当光标指针右下角出现❙符号（有黄色底）时，表示光标是竖直移动，可绘制竖直线；当光标指针右下角出现❙符号（无黄色底）时，表示此点与另一点竖直对齐；当光标指针右下角出现◎符号时，表示此点与另一点重合，如图 2-43 所示。

5. 直线的修改

如果要改变直线的长度或角度，请选择一个端点并拖动此端点到另一个位置后松开，从而延长或缩短直线，如图 2-44a 所示。如果该直线具有竖直或水平几何关系，而要改变直线的角度，请在拖动到新的角度之前，删除“竖直”或“水平”几何关系。如果要移动直线，请选中该直线并将它拖动到另一个位置后松开，如图 2-44b 所示。删除“竖直”或“水平”几何关系的方法是：单击选中几何关系符号，再按“删除”键，如图 2-45 所示。

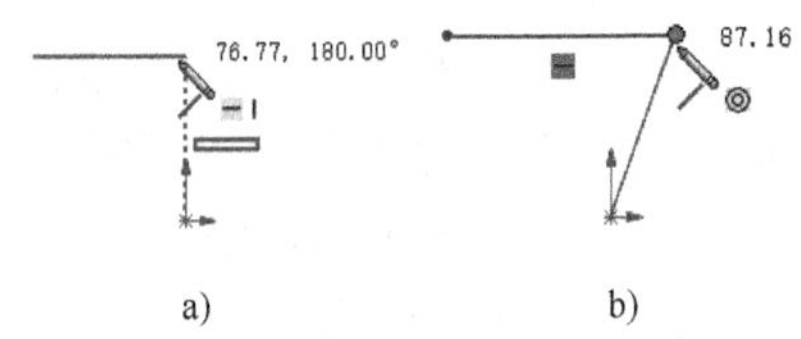

图 2-43　绘制直线时的光标提示符号
a）水平线右端点与原点对齐
b）直线上方点与水平线右端点重合

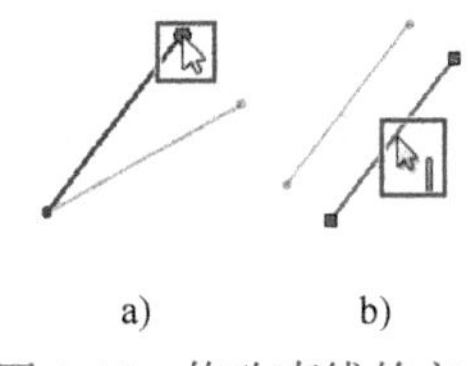

图 2-44　修改直线的方式
a）改变直线的长度和角度　b）移动直线

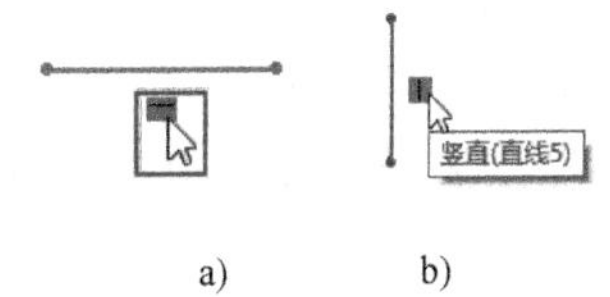

图 2-45　删除几何关系的方法
a）删除水平几何关系　b）删除竖直几何关系

6. 绘制中心线

1）中心线也称为构造线，主要起参考的作用，通常用于生成对称的草图特征或旋转特征。中心线通常显示为点画线。绘制方法有三种：

2）单击草图控制面板上的（中心线）按钮（在直线按钮右边下弹按钮中），如图 2-46a 所示，再按绘制直线的方法绘制。

3）在绘制直线时，选择直线属性，勾选“作为构造线”复选框后绘制直线，如图 2-46b 所示。

4）选择已绘制的直线，单击窗口“作为构造线”项，也可将直线转变为中心线，如图 2-46c 所示。

7. 中点线工具

单击草图控制面板上的（中点线）按钮，在直线按钮右边下弹按钮中，如图 2-47 所示，单击第一点为直线的中点，向外移动，直线向两端延伸，单击第二点。与“直线”窗口中勾选了“中点线”效果一样。当需要绘制向两个方向延伸的直线时，可以用此命令，即使第一点不是直线的中点也可以用此方式。

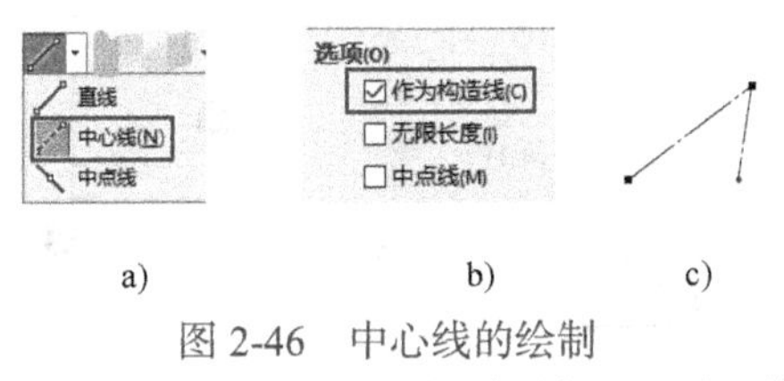

图 2-46　中心线的绘制
a）中心线命令　b）“作为构造线”复选框　c）中心线效果

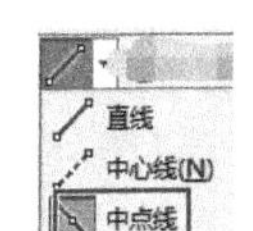

图 2-47　“中点线”工具

2.3.2 绘制矩形

1. 绘制矩形命令

进入草绘界面后，单击草图控制面板上的□·（矩形）按钮，或选择下拉菜单“工具”→“草图绘制实体”→“矩形”，弹出“矩形”窗口，如图 2-48 所示，“矩形类型”选项显示了五种，分别为边角矩形、中心矩形、3 点边角矩形、3 点中心矩形和平行四边形。

2. 绘制矩形的操作

（1）边角矩形 边角矩形是通过确定两个对角点绘制矩形的方式。单击草图控制面板上的□·（边角矩形）按钮，或在已有“矩形”窗口时，在“矩形”窗口的“矩形类型”选项中，单击□·（边角矩形）按钮。再在绘图区的不同位置单击两次即可完成，完成单击两次的位置分别是矩形的对角点位置，如图 2-49 所示。确定第二个角点位置有两种方法，一是单击第一次确定第一个角点的位置后，放开鼠标，移动光标到下一点，显示尺寸与所需尺寸接近时，再次单击以确定第二个角点的位置；二是单击第一次确定第一个角点的位置后，不放开鼠标，拖动光标到下一点，显示尺寸与所需尺寸接近时，松开鼠标以确定第二个角点的位置。另外类型矩形的操作也有这样的两种方法。

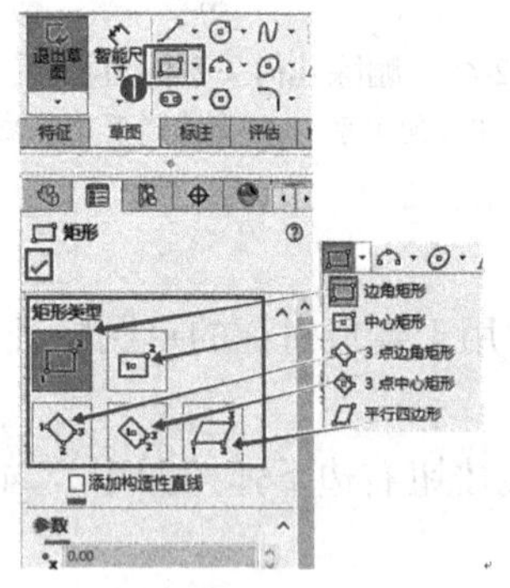

图 2-48 “矩形”窗口

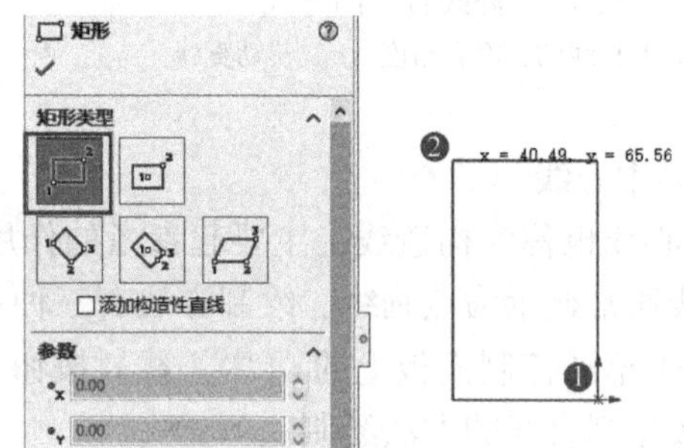

图 2-49 绘制边角矩形

（2）中心矩形 中心矩形是通过确定中心点和对角点绘制矩形的方式。在执行“中心矩形”命令，或在已有“矩形”窗口时，在“矩形类型”选项中单击▣（中心矩形）按钮；再在绘图区单击一点作为矩形中心点；然后向外移动光标，单击即可绘制矩形，如图 2-50 所示，不同选项可以自动添加不同的构造线。中心矩形关于中心对称，因此常用于绘制有对称要求的图形。

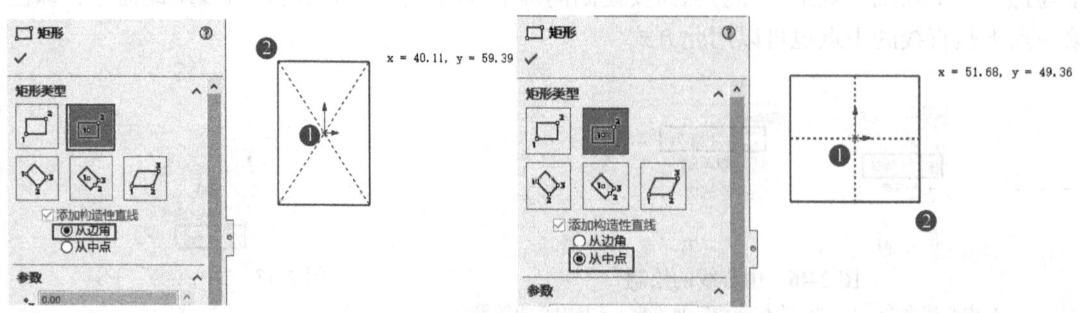

图 2-50 绘制中心矩形

（3）3 点中心矩形　3 点中心矩形是通过确定中心点、一条边线的中点和一个角点绘制矩形的方式。在执行“矩形”命令后，先在“矩形”窗口的“矩形类型”选项中单击（3 点中心矩形）按钮；再在绘图区单击一点确定中心点；然后移动光标，单击确定一条边线的中点；移动光标，单击确定一个角点，即绘制完成矩形，如图 2-51 所示。

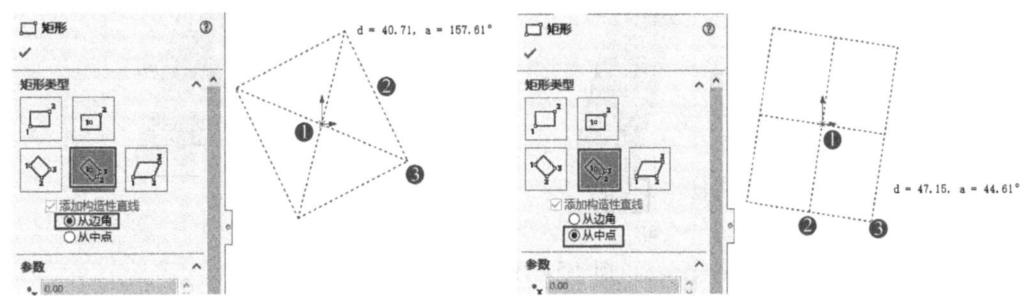

图 2-51　绘制 3 点中心矩形

（4）3 点边角矩形　3 点边角矩形是通过确定三个角点绘制矩形的方式。在执行“矩形”命令后，先在“矩形”窗口的“矩形类型”选项中单击（3 点边角矩形）按钮；再在绘图区单击一点确定第一角点；移动光标，显示数值接近所需尺寸时，单击确定第二角点；然后移动光标，光标沿前面两点连线的垂直方向移动，单击确定第三角点，即绘制完矩形，如图 2-52 所示。

（5）平行四边形　平行四边形是通过三个角点来确定。在“矩形”窗口的“矩形类型”选项中单击（平行四边形）按钮；在绘图区单击确定平行四边形起点的位置，移动光标从该点处产生一条跟踪线，该线指示平行四边形一条边的长度，尺寸合适时单击确定第 2 点，然后移动光标确定平行四边形第 3 点的位置，如图 2-53 所示。

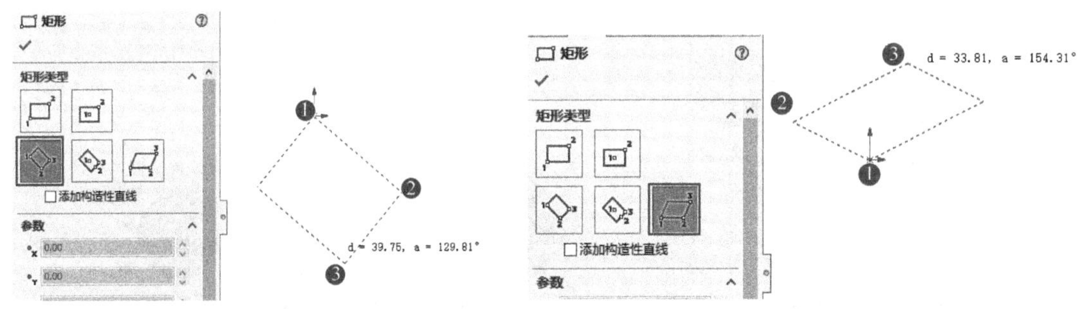

图 2-52　绘制 3 点边角矩形　　图 2-53　绘制平行四边形

通过上述操作绘制矩形后，弹出“矩形属性”窗口，可通过修改“参数”选项更改矩形每个角点的坐标值。使用中心矩形和 3 点中心矩形方式绘制的矩形还可更改中心点的坐标值。

3. 退出

单击“矩形”窗口中的（确定）按钮可关闭窗口并退出矩形绘制命令。

4. 矩形的修改

在退出矩形绘制命令后，还可以通过拖动矩形的一个角点或一条边来修改矩形的大小和形状，如图 2-54 所示。

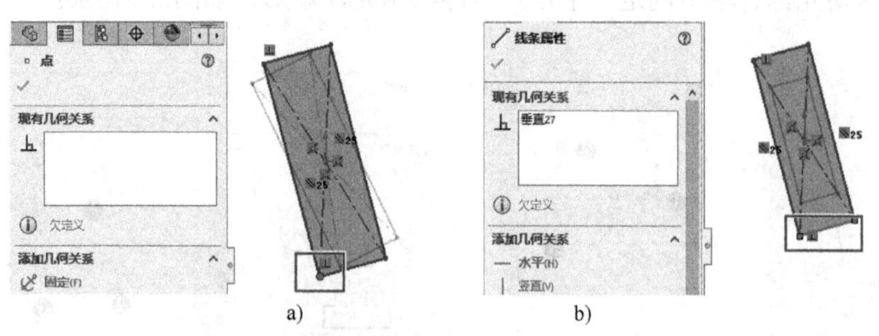

图 2-54　修改矩形

a）拖动矩形的一个角点　b）拖动矩形的一条边

2.3.3　绘制圆

进入草绘界面后，单击草图控制面板上的（圆）按钮，或选择下拉菜单“工具”→“草图绘制实体”→“圆”，弹出“圆”窗口，如图 2-55 所示。在“圆”窗口的“圆类型”选项中，有两种创建圆的方式，即“圆”和“周边圆”，下面分别介绍其操作。

1. 圆

通过确定圆心和圆周上的一点来绘制圆。单击草图控制面板上的（圆）按钮；再在绘图区单击指定一点作为圆心；移动光标，显示的半径值合适时，单击确定圆上一点，即绘制了一个圆；最后单击“圆”窗口中的（确定）按钮，结束圆的绘制操作。

在退出圆的绘制后，将光标放在圆的圆周线上向外（或向内）拖动光标可放大（或缩小）圆，将光标放在圆的圆心上拖动光标可移动圆，如图 2-56 所示。

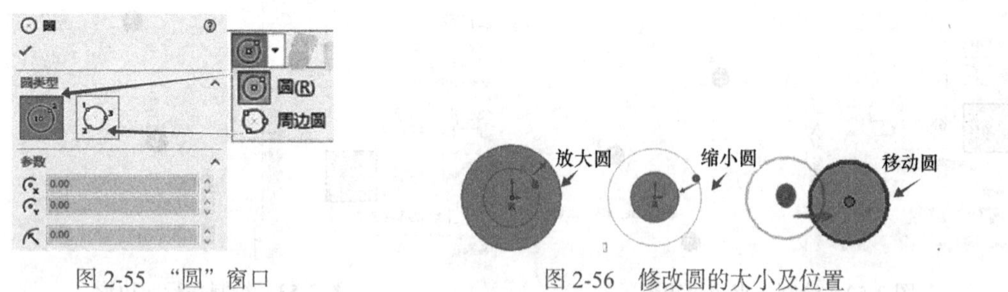

图 2-55　“圆”窗口

图 2-56　修改圆的大小及位置

2. 周边圆

通过确定圆周上的三个点来绘制圆。单击草图控制面板上的（周边圆）按钮，或在“圆类型”选项中，单击（周边圆），在绘图区中单击三个不共线的点，即可绘制一个圆，如图 2-57 所示。最后单击“圆”窗口中的（确定）按钮，结束周边圆的绘制操作。当在点附近单击时，圆会经过点，如图 2-58 所示；当在直线或圆弧附近单击时，圆会与直线或圆弧自动相切，如图 2-59 所示。

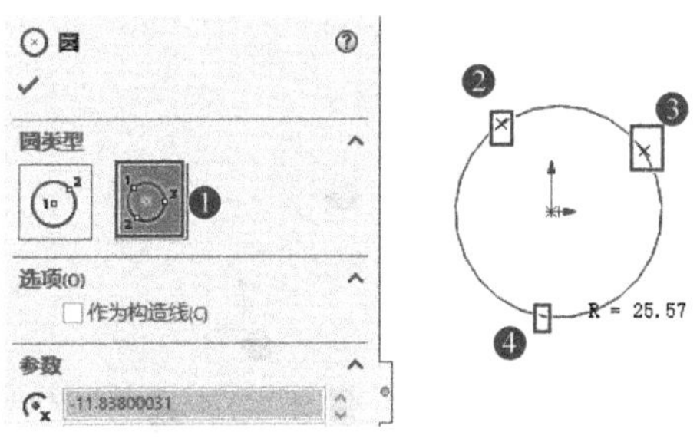

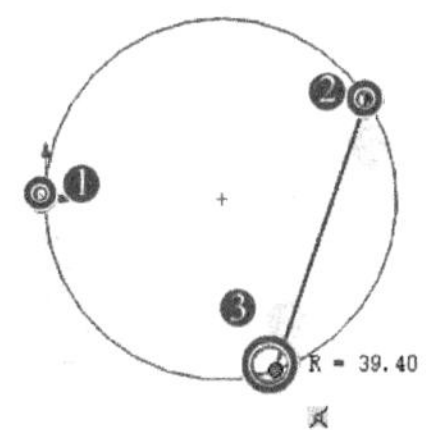

图 2-57　绘制周边圆的过程

图 2-58　绘制周边圆自动经过点

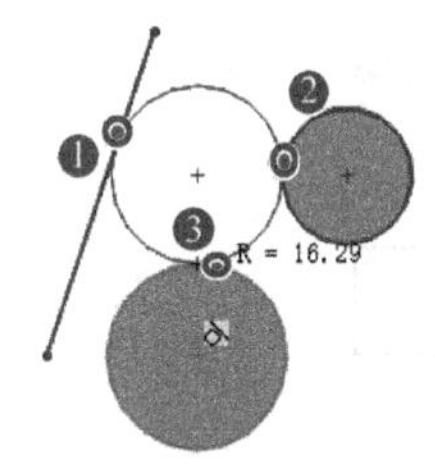

图 2-59　绘制周边圆自动相切

2.3.4　构造几何线的转换

“构造几何线”是一种线型转换工具，它既可以将草图的各种实线转换为只起参考作用的线，也可将构造几何线转换为实体线。操作方法两种：一是选取实线，出现属性窗口，勾选☑作为构造线(C) 选项；二是选取实线，出现快捷按钮，单击（构造几何线）按钮，即可将实线转变为构造几何线。中心圆一般采用这种方式绘制，如图 2-60 所示。若先选取构造几何线，再单击（构造几何线）按钮，则将构造几何线转变为实线。

2.3.5　绘制圆弧

绘制圆弧有圆心 / 起 / 终点圆弧、切线弧和 3 点圆弧三种方法，如图 2-61 所示。下面分别介绍其绘制过程。

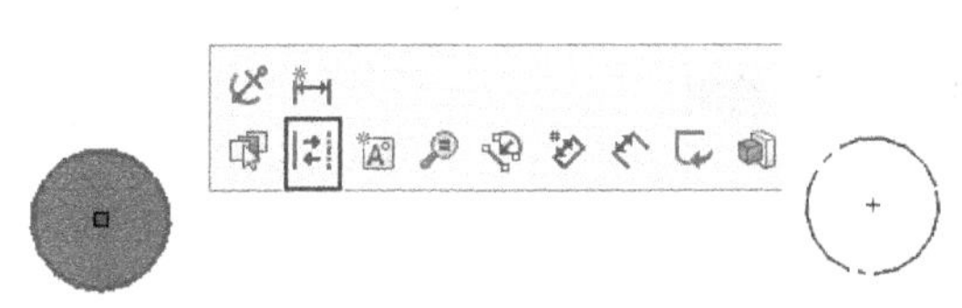

图 2-60　转换构造几何线的操作方式及效果

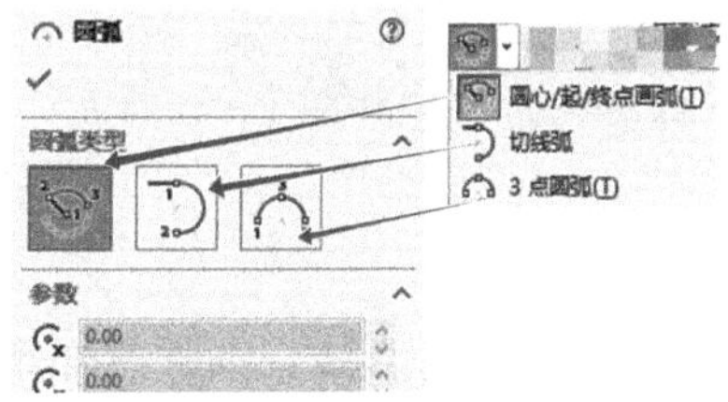

图 2-61　“圆弧”窗口

1. 圆心 / 起 / 终点圆弧

通过确定圆弧圆心、起点和终点来绘制圆弧。进入草绘界面后，单击草图控制面板上的（圆心 / 起 / 终点圆弧）按钮，或选择下拉菜单“工具”→“草图绘制实体”→“圆心 / 起 / 终点圆弧”；再在绘图区单击指定一点作为圆弧的圆心；移动光标，会有虚线圆出现，在虚线圆上的一个位置单击一次，确定圆弧的起点；移动光标，在虚线圆上的另一个位置单击一次，确定圆弧的终点，即绘制一段圆弧，如图 2-62 所示。最后单击“圆弧”窗口中的（确定）按钮，结束圆弧的绘制。绘制已知圆心的圆弧或同心圆弧一般用这种方式；若起点与终点均在水平或竖直点位置，可以方便绘制半圆，如图 2-63 所示。

2. 3 点圆弧

通过确定圆周上三个点来绘制圆弧。进入草绘界面后，单击草图控制面板上的（3 点圆弧）按钮，或选择下拉菜单“工具”→“草图绘制实体”→“3 点圆弧”；再在绘图区单击一次确定圆弧的一个端点，移动光标单击一次确定圆弧的另一个端点，此时会有虚线弧，移动光标，单击确定圆弧中间的一个点，如图 2-64 所示。最后单击“圆弧”窗口中的

（确定）按钮，结束圆弧的绘制。

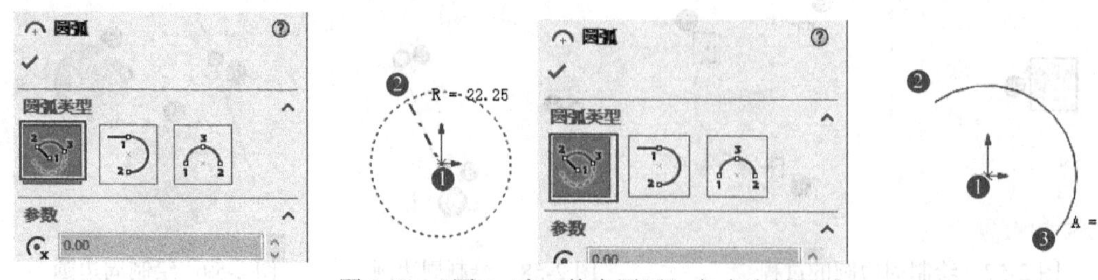

图 2-62 “圆心 / 起 / 终点圆弧”方式绘制圆弧

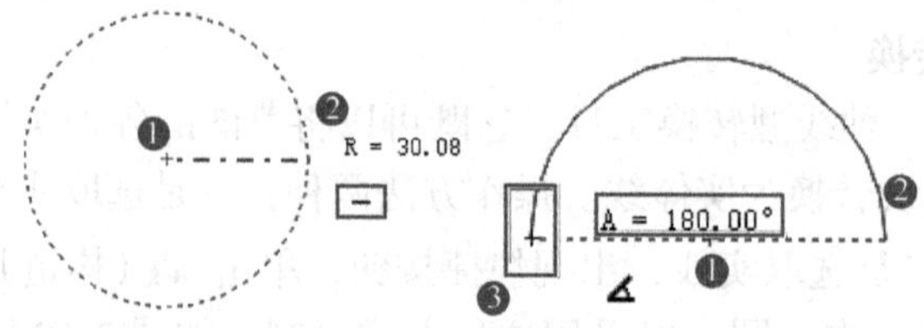

图 2-63 “圆心 / 起 / 终点圆弧”方式绘制半圆

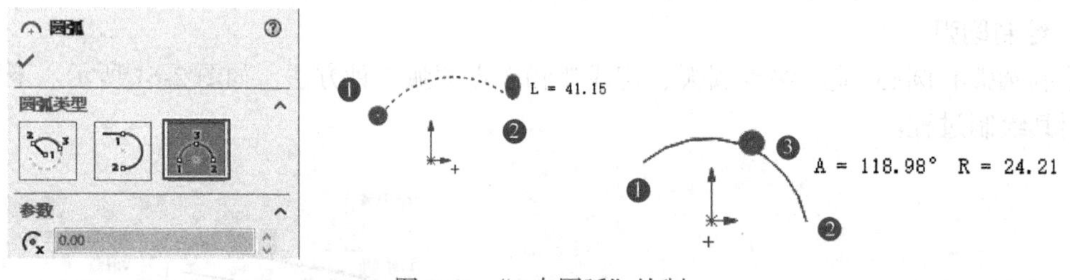

图 2-64 “3 点圆弧”绘制

3. 切线弧

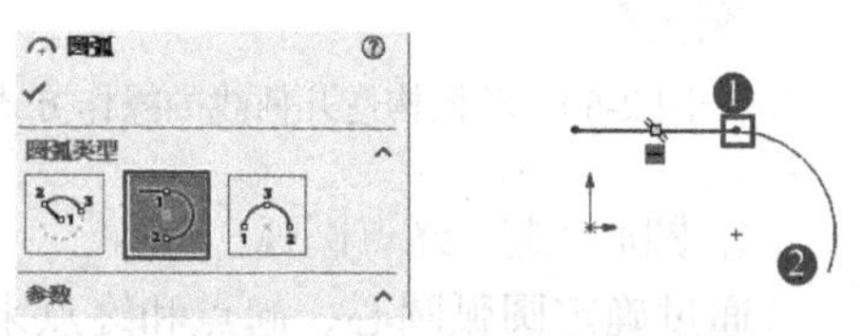

图 2-65 “切线弧”绘制的操作

如果绘图区有直线、圆弧或样条曲线存在，可以绘制一段在其端点处与其相切的圆弧。操作方法：进入草绘界面后，单击草图控制面板上的（切线弧）按钮，或选择下拉菜单“工具”→“草图绘制实体”→“切线弧”；在一直线或圆弧的一个端点处单击即确定圆弧的起点；沿选择线的方向移动光标即确定圆弧的方向；移动光标至适当的位置单击确定圆弧的终点，如图 2-65 所示。最后单击“圆弧”窗口中的（确定）按钮，结束圆弧的绘制。

沿选择线的不同方向移动光标可确定圆弧的方向，图 2-65 所示是在直线右端点处单击后，先向右移动光标，再向下移动光标单击的效果。在直线右端点处单击后，不同的选择，会得到不同的效果。先向右移动光标，再向上移动光标单击的效果如图 2-66a 所示；先向左移动光标，再向上移动光标单击的效果如图 2-66b 所示；先向左移动光标，再向下移动光标单击的效果如图 2-66c 所示。

执行“切线弧”命令并单击第一点后，移动光标观察光标移动方向，其方向不同，则生成的切线弧也不同。如若顺着直线的方向向直线外拖动一定距离后，再不顺着直线方向拖动，则生成外切圆弧，如图 2-66a 所示；如若顺着直线的方向向直线内拖动一定距离后，再不顺着直线方向拖动，则生成内切圆弧，如图 2-66b、c 所示。如若从直线端点开始，垂直于直线向外拖动一定距离后，再不顺着直线方向拖动，则生成圆弧起点处始终与直线垂直的圆弧。先向上移动光标，再向右移动光标单击的效果如图 2-67a 所示；先向上移动光标，再向左移动光标单击的效果如图 2-67b 所示；先向下移动光标，再向右移动光标单击的效果如图 2-67c 所示。

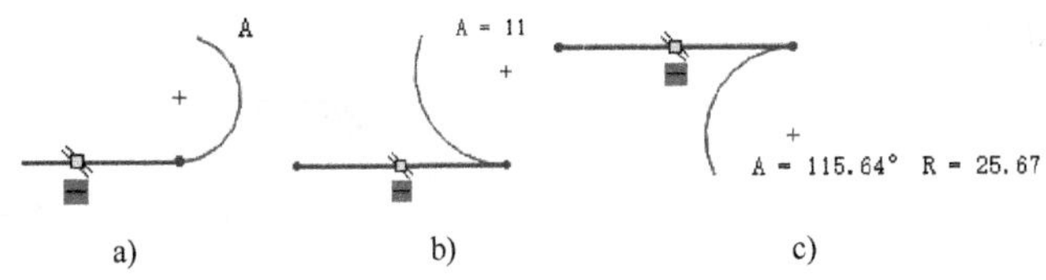

图 2-66 “切线弧”的方向 - 生成切圆弧

提示：退出草图绘制界面后若想修改草图，可以回到草图界面进行修改。其操作方法有两种，一是在绘图区直接双击草图，即进入草图绘制界面进行修改；二是单击左边设计树中草图的名称，系统显示快捷工具栏，如图 2-68 所示，单击（编辑草图）按钮，也可进入草图绘制界面进行修改。

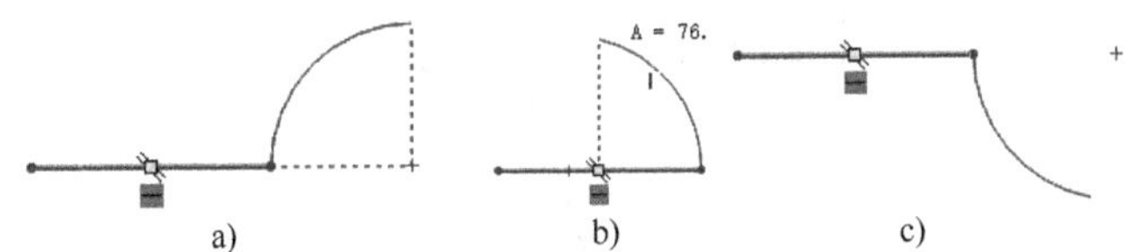

图 2-67 “切线弧”的方向 - 生成与直线垂直的圆弧

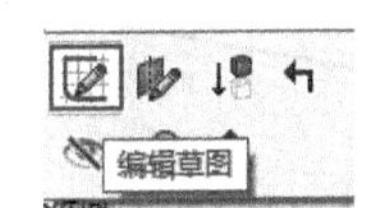

图 2-68 “编辑草图”工具

2.3.6 绘制槽口

SolidWorks 槽口类型有四种，分别是直槽口、中心点直槽口、三点圆弧槽口、中心点圆弧槽口。单击（槽口）按钮，如图 2-69 所示。

1. 绘制直槽口

通过确定两端半圆的圆心点和半圆周上一个点来绘制槽口。单击（直槽口）按钮，再确定三个点即完成。绘制点的顺序是：先单击确定一个半圆弧的圆心点，移动光标单击确定另一个半圆弧的圆心点，再向外移动光标单击确定一个点，即先放置起点，接着定义长度，然后定义槽口的宽度。设置好相关参数，输入尺寸数值，最后单击“槽口”对话窗口的（确定）按钮。直槽口的尺寸标注有不自动添加尺寸、自动添加圆心距离和宽度尺寸、自动添加圆弧两端距离和宽度尺寸三种模式，如图 2-70~ 图 2-72 所示。可以在确定之前输入尺寸，也可以在确定之后双击尺寸，进行修改，如图 2-73 所示。若勾选了☑作为构造线(C)，则图形自动变成参考线，如图 2-74 所示。

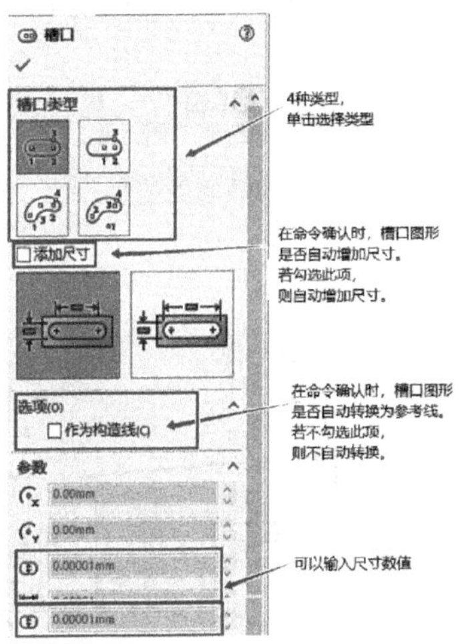

图 2-69 “槽口”窗口

2. 绘制中心点直槽口

通过确定两端半圆圆心连线的中点、半圆圆心点和半圆周上一个点来绘制槽口。单击

（中心直槽口）按钮，再确定三个点即完成。绘制点的顺序是：先单击确定槽口中心点，移动光标单击确定一个半圆弧的圆心点，再向外移动光标单击确定一个点，即先放置起点，接着定义长度，然后定义槽口的宽度。设置好相关参数，输入尺寸数值，最后单击“槽口”对话窗口的✔（确定）按钮，如图 2-75 所示。中心直槽口的尺寸标注也有不自动添加尺寸、自动添加圆心距离和宽度尺寸、自动添加圆弧两端距离和宽度尺寸三种模式。各项操作方法和含义与直槽口相同。

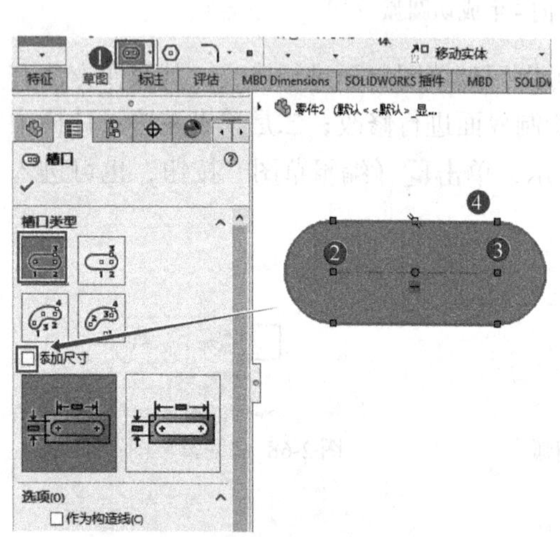

图 2-70　不自动添加尺寸

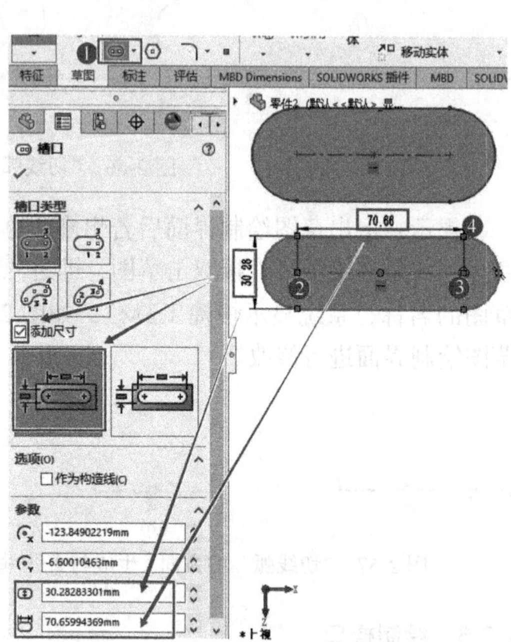

图 2-71　自动添加圆心距离和宽度尺寸

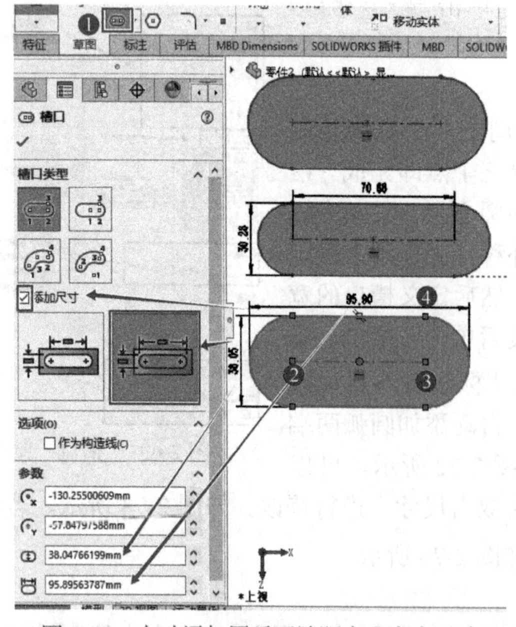

图 2-72　自动添加圆弧两端距离和宽度尺寸

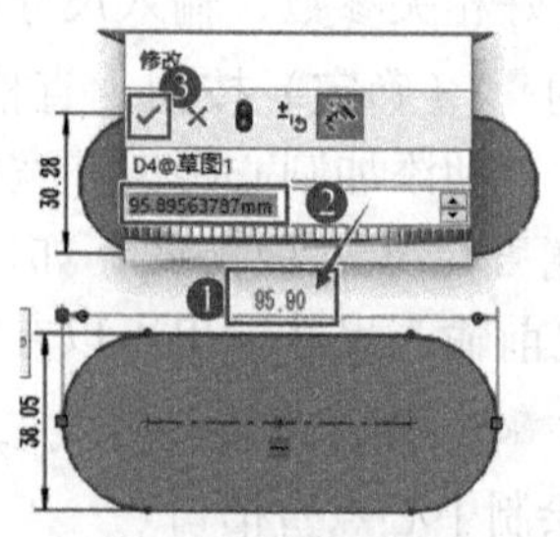

图 2-73　修改尺寸

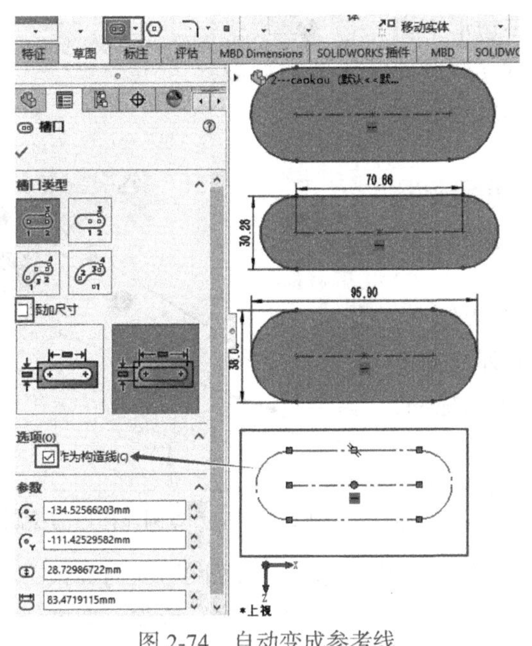

图 2-74 自动变成参考线

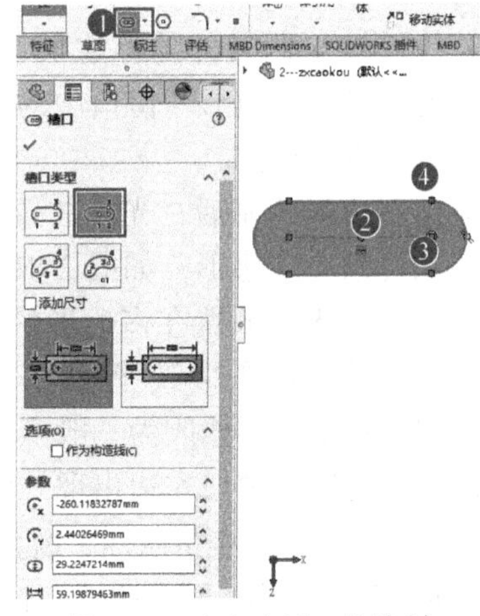

图 2-75 中心直槽口的绘制

3. 绘制 3 点圆弧槽口

通过确定两端半圆的圆心点、中心弧点和半圆周上一个点来绘制槽口。单击 (3 点圆弧槽口）按钮，再确定四个点即完成。绘制点的顺序是：先单击确定槽口圆弧起点，移动光标单击确定圆弧的终点，再向外移动光标单击圆弧一个中间点，向外移动光标单击，即第四次单击定义槽口的宽度。设置好相关参数，输入尺寸数值，最后单击“槽口”对话窗口的 （确定）按钮，如图 2-76 所示。

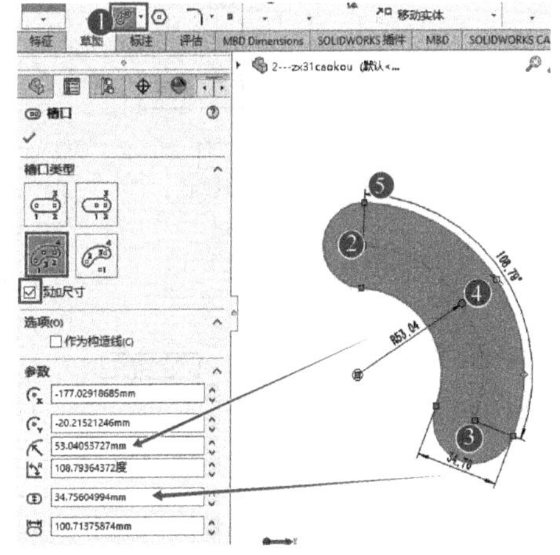

图 2-76 3 点圆弧槽口的绘制

4. 绘制中心点圆弧槽口

通过确定圆弧圆心、两端半圆的圆心点和半圆周上一个点来绘制槽口。单击 （中心点圆弧槽口）按钮，再确定四个点即完成。绘制点的顺序是：先单击确定槽口圆弧的圆点心，移动光标单击确定圆弧起点，移动光标单击确定圆弧的终点，再向外移动光标单击，即第四次单击定义槽口的宽度。设置好相关参数，输入尺寸数值，最后单击“槽口”对话窗口的 （确定）按钮，如图 2-77 所示。

提示：槽口绘制关键是确定点，必须按照一定的顺序绘制，否则绘制复杂图形时，会造成一定的麻烦。

2.3.7 绘制多边形

进入草绘界面后，单击草图控制面板上的 （多边形）按钮，或选择下拉菜单“工具”→“草图绘制实体”→“多边形”，弹出“多边形”窗口，如图 2-78 所示；再在绘图区的适当位置单击确定多边形中心点的位置，拖动光标，显示光标指针与中心点的距离和旋转角度，到合适的位置松开鼠标，再次弹出“多边形”窗口，如图 2-79 所示；可修改多边形的边数、内切圆或外接圆的直径、中心坐标以及角度等，更改后的多边形效果如图 2-80 所示。

若想继续绘制另外的多边形，可单击 新多边形(W) 按钮。若单击“多边形”窗口中的✔（确定）按钮，可结束多边形的绘制。

退出多边形绘制后，光标放置在外圆或者边线上，向内拖动可缩小多边形，如图 2-81a 所示；向外拖动可放大多边形。光标放置在多边形的中心点或角点拖动，可移动多边形，如图 2-81b 所示。

若想将正多边形修改为一般多边形，可先选中正多边形的一条边线，窗口左边出现“线条属性”窗口，如图 2-82a 所示；在“线条属性”窗口 现有几何关系 选项中，删除“阵列 0”几何关系；单击“线条属性”窗口中的✔（确定）按钮，结束多边形的绘制。再拖动边线或顶点即可任意改变多边形的形状了，如图 2-82b 所示。

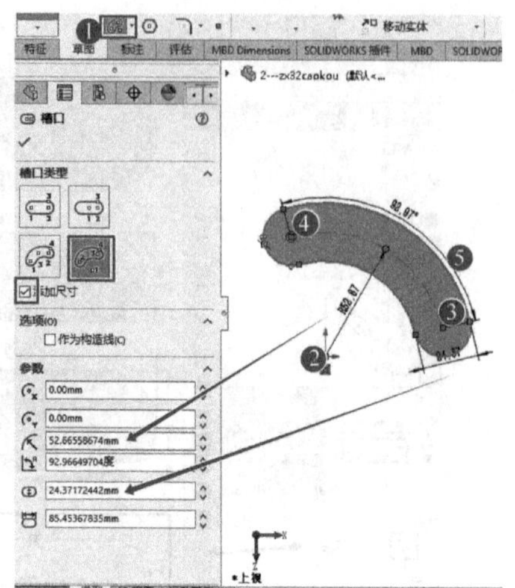

图 2-77　中心点圆弧槽口的绘制

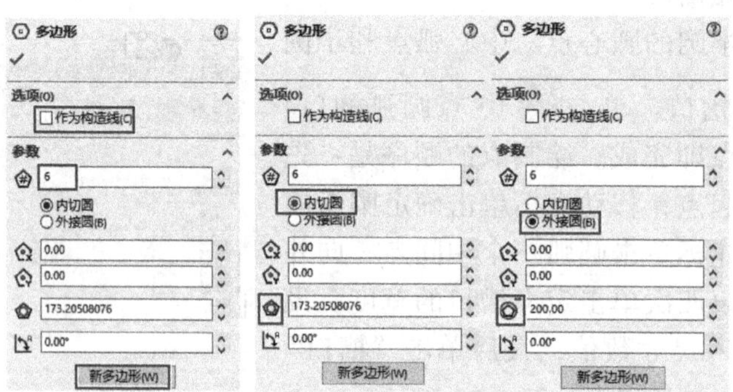

图 2-78　多边形的窗口

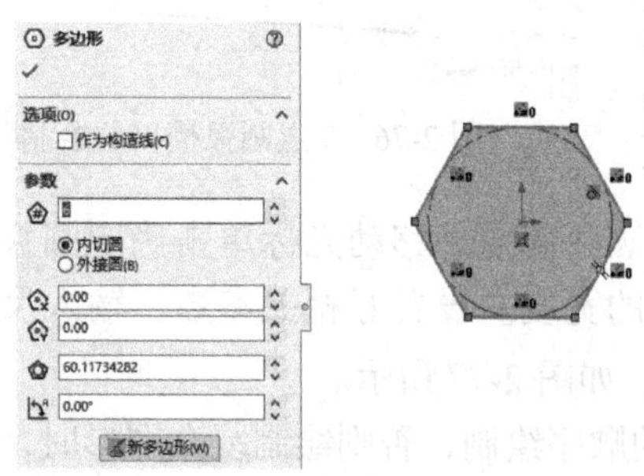

图 2-79　绘制正多边形

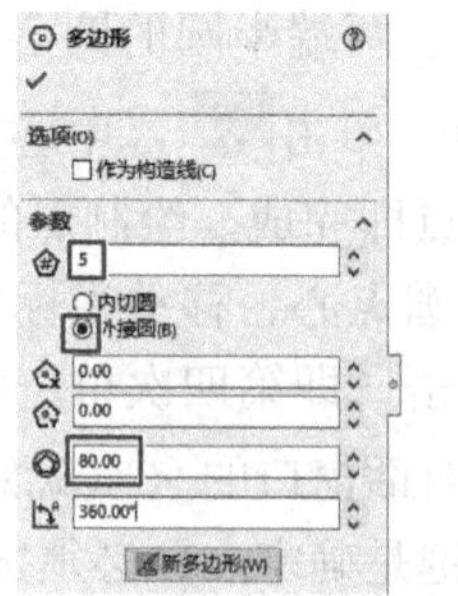

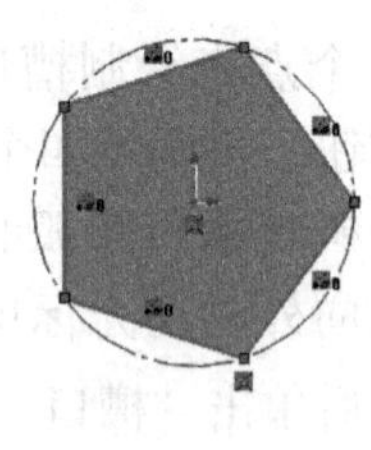

图 2-80　修改正多边形数值的效果

2.3.8　绘制样条曲线

“样条曲线”命令用来绘制曲线，单击点的位置即可完成。操作步骤如下：

先单击草图绘制控制面板上的 N（样条曲线）按钮，或单击菜单“工具”→“草图绘制实体”→“样条曲线”；在绘图区中单击确定第一点，之后有两种方法。方法一是移动光标再单击确定第二点，重复移动光标单击可确定多个点，最后双击鼠标左键即创建一条样条曲线。方法二是按住鼠标左键拖动出第一段线段，释放鼠标左键；单击第一段线段的终点并按住鼠标左键拖动出第二段线段，释放鼠标左键；重复操作直到完成样条曲线的绘制，如图 2-83 所示。单击“样条曲线”窗口中的✔（确定）按钮，结束样条曲线的绘制。

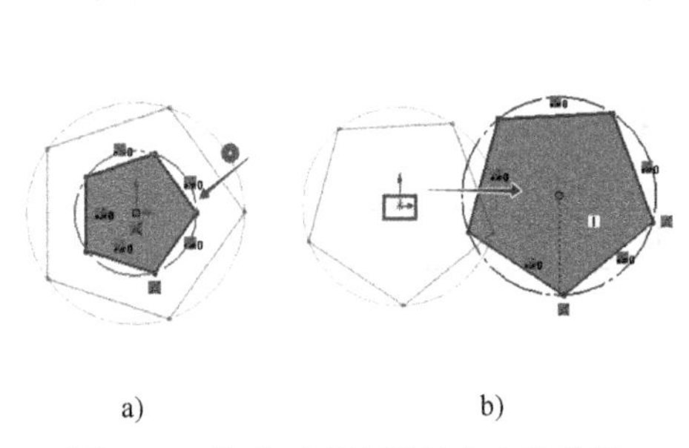

a)　　　　b)

图 2-81　修改正多边形的大小和位置

a）缩小多边形　b）移动多边形

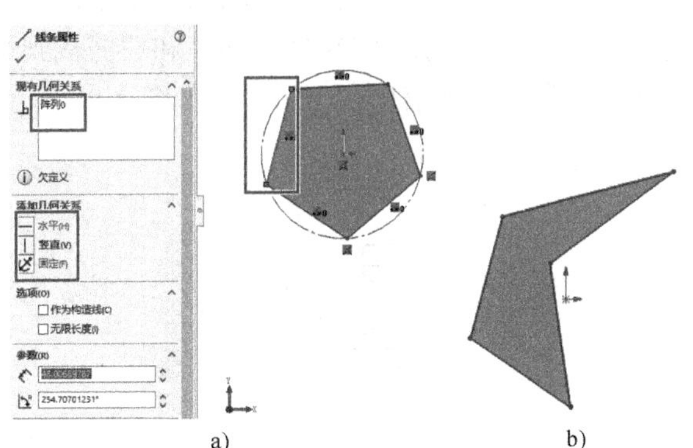

a)　　　　b)

图 2-82　修改正多边形为任意多边形

a）删除“阵列 0”几何关系　b）改变多边形的形状

2.3.9　绘制椭圆

1. 绘制椭圆的方法

进入草绘界面后，单击草图控制面板上的⊙（椭圆）按钮，或选择菜单“工具”→“草图绘制实体”→“椭圆（长短轴）”；再在绘图区的适当位置单击确定椭圆圆心的位置；拖动鼠标并单击确定椭圆一个半轴的长度，再次拖动鼠标并单击确定椭圆另一个半轴的长度，椭圆即绘制完成，如图 2-84 所示。可重复操作绘制多个椭圆。单击“椭圆”窗口中的✔（确定）按钮，结束椭圆的绘制。

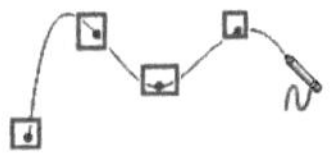

图 2-83　绘制样条曲线

2. 调整椭圆的方法

选中椭圆时，其上有四个星位，若在星位处按住鼠标左键并拖动，可让椭圆绕圆心旋转，或改变大小，如图 2-85 所示。若在圆心处按住鼠标左键并拖动，可让椭圆绕一个星位旋转，如图 2-86 所示。

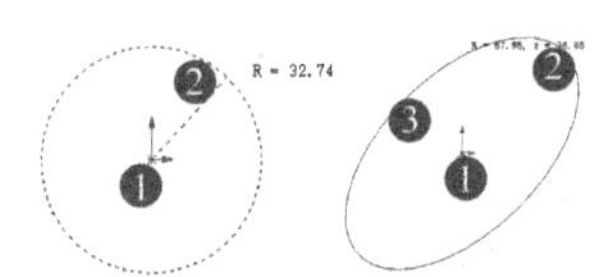

图 2-84　绘制椭圆图

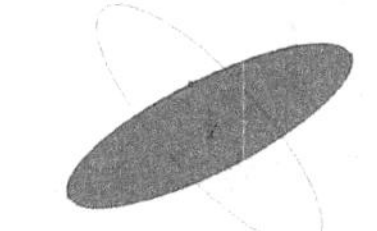

图 2-85　绕圆心旋转椭圆

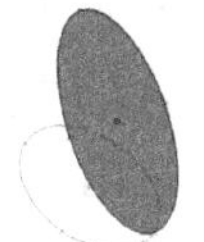

图 2-86　绕星位旋转椭圆

2.3.10　绘制点

“点”项目在草图绘制中起定位和参考的作用。单击草图控制面板上的 ▪（点）按钮；在绘图区中单击即可绘制一个点。重复移动光标单击，可绘制多个点。单击“点”窗口中的✔（确定）按钮，可结束点的绘制，或按 Esc 键退出点命令。

2.4 常用草图编辑工具

2.4.1 剪裁实体

使用“剪裁实体”工具，可以将直线、圆弧或曲线的多余部分剪掉。操作方法：

单击草图控制面板上的 （剪裁实体）按钮，或选择下拉菜单“工具”→“草图工具”→“剪裁”，打开“剪裁”窗口，如图 2-87 所示。有五种剪裁实体的方式，即“强劲剪裁”“边角”“在内剪除”“在外剪除”和“剪裁到最近端”。“信息”是对相应操作方法的描述，选择不同类型，则信息也不一样，如图 2-88 所示。下面分别介绍这五种剪裁实体的操作。

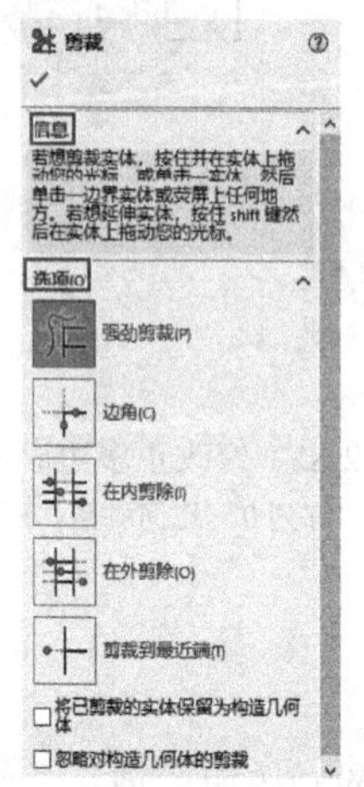

图 2-87 “剪裁”窗口 - 类型

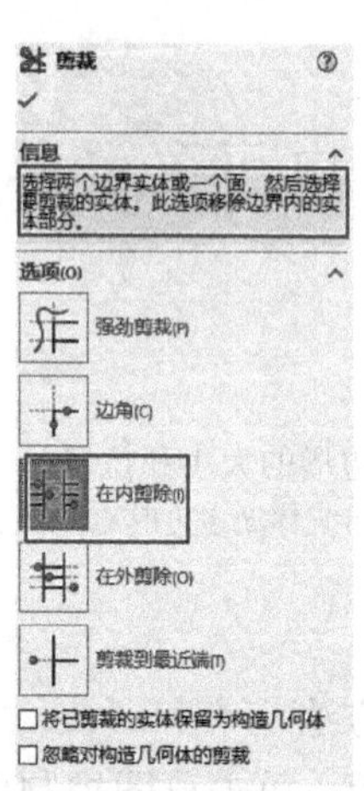

图 2-88 “剪裁”窗口 - 信息

（1）强劲剪裁 拖动鼠标经过草图实体就剪裁掉草图实体的部分。单击草图控制面板上的 （剪裁实体）按钮后，选择“强劲剪裁”选项，在绘图区空白处按下鼠标左键并拖动鼠标，让光标从需要去掉的线上经过，可看到光标经过的线被修剪掉了，如图 2-89 所示，松手即停止修剪；再次按下鼠标拖动，则重新开始修剪图形。单击“剪裁”窗口中的 （确定）按钮，结束剪裁。

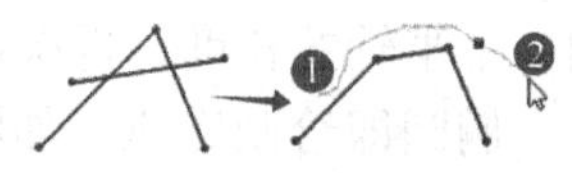
图 2-89 “强劲剪裁”方式

（2）边角 用于剪裁两个草图实体，直到它们在边角处相交。单击草图控制面板上的 （剪裁实体）按钮后，选择“边角”选项，依次单击相交的两个实体，则从交点分界，每个实体单击的那部分保留下来，另一部分则被剪掉，如图 2-90 所示，可以重复操作。单击“剪裁”窗口中的 （确定）按钮，结束剪裁。

（3）在内剪除 用于剪裁位于两个边界实体内的草图实体部分。单击草图控制面板上的 （剪裁实体）按钮后，选择“在内剪除”选项，依次单击两条边界线，再单击裁剪对象，则裁剪对象位于边界内的部分将被剪掉，如图 2-91 所示。

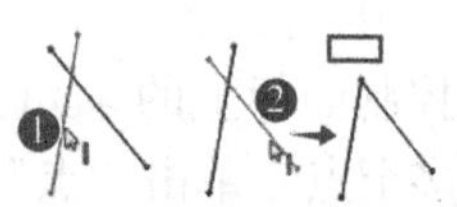
图 2-90 “边角”方式

图 2-91 “在内剪除”方式

（4）在外剪除 用于剪裁位于两个边界实体外的草图实体部分，如图 2-92 所示。单击草图控制面板上的 （剪裁实体）按钮后，选择“在外剪除”选项，依次单击两条边界线，再单击裁剪对象，裁剪对象位于边界外的部分将被剪掉。

（5）剪裁到最近端 自动判断剪裁边界。单击草图控制面板上的 （剪裁实体）按钮后，选择“剪裁到最近端”选项；单击一实体，该实体就被剪裁掉，无需做其他任何选择，如图 2-93 所示。重复单击实体可剪裁多个实体。

图 2-92 “在外剪除”方式

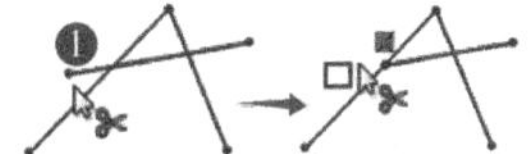

图 2-93 “剪裁到最近端”方式

2.4.2 延伸实体

使用“延伸实体”命令，可在保证实体原有趋势不变的情况下向外延伸，到与延长线方向的第一个实体相交。其操作方法：单击草图控制面板上的 （延伸实体）按钮，或选择下拉菜单“工具”→“草图工具”→“延伸”；单击要延伸的实体，如图 2-94 所示的倾斜直线。可重复单击其他线，延伸多条线。单击“延伸”窗口中的 （确定）按钮，结束延伸。

若想图线在保证实体原有趋势不变的情况下向内或向外延伸，也可使用“剪裁实体”命令中“强劲剪裁”选项。操作方法：单击草图控制面板上的 （剪裁实体）按钮，先选中“强劲剪裁”选项，再在绘图区的图线上按下鼠标左键并拖动鼠标或单击一端点并拖动鼠标，可看到图线在原有趋势不变的情况下延伸，向内拖动鼠标可看到图线在缩短，向外拖动鼠标则看到图线在延长，如图 2-95 所示。

图 2-94 “延伸实体”的操作

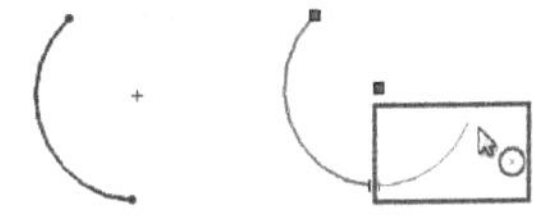

图 2-95 “强劲剪裁”延伸

2.4.3 镜像实体

镜像实体是指以某条直线（中心线）作为参考，复制出轴对称的图形。常用来创建具有对称的图形，思路是：进入草绘界面后，先绘制对称图形的一半，并以中心线绘制对称线，再镜像。

镜像实体操作步骤：单击草图控制面板上的 （镜像实体）按钮，或选择下拉菜单“插入”→“阵列 / 镜像”→“镜像”，弹出“镜像”窗口，如图 2-96 所示；指定镜像实体包括中心线（多个对象的选择可用框选方式），如图 2-97 所示；单击“镜像点”下的横条框；单击作为镜像参考的直线或中心线（可在绘图区单击选择，也可在设计树中单击选择），指定镜像轴，如图 2-98 所示；

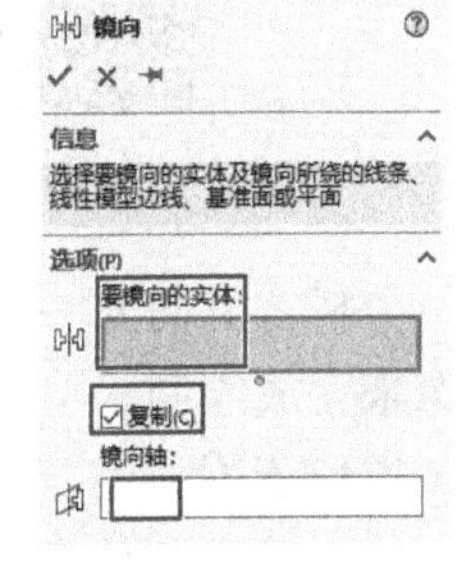

图 2-96 镜像实体窗口[㊀]

㊀ 软件中的“镜向”一词有误，本书统一采用“镜像”。

指定各参数，若勾选☑复制(C)项，则复制出对称的图形，如图 2-99 所示；单击“镜像”窗口中的✔（确定）按钮结束命令，如图 2-100 所示。

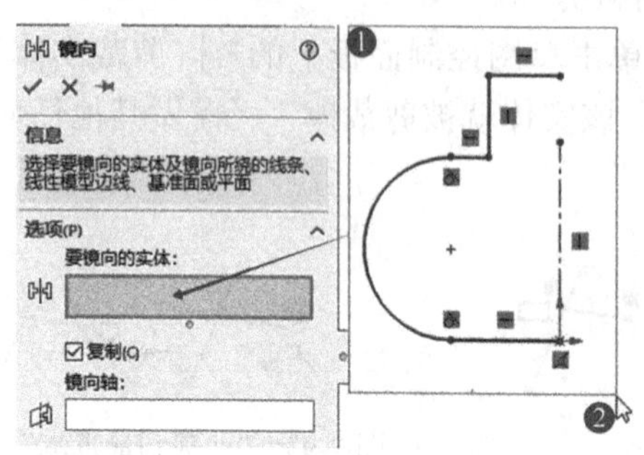

图 2-97　镜像实体的操作

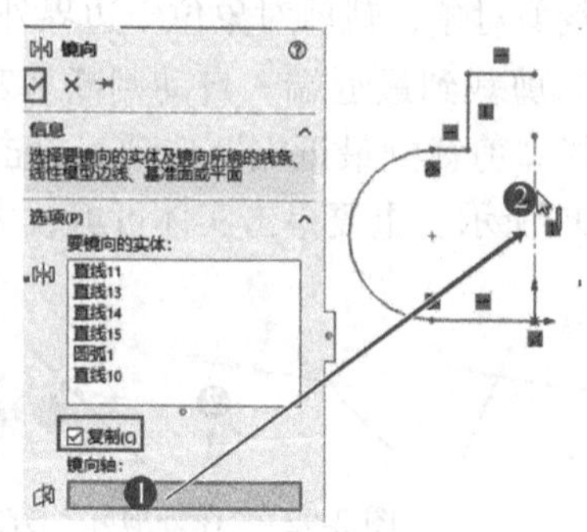

图 2-98　指定镜像轴

也可以先选择镜像实体，再执行镜像实体命令，若草图中只有一条中心线，则不会弹出对话窗口而直接生成对称图形。

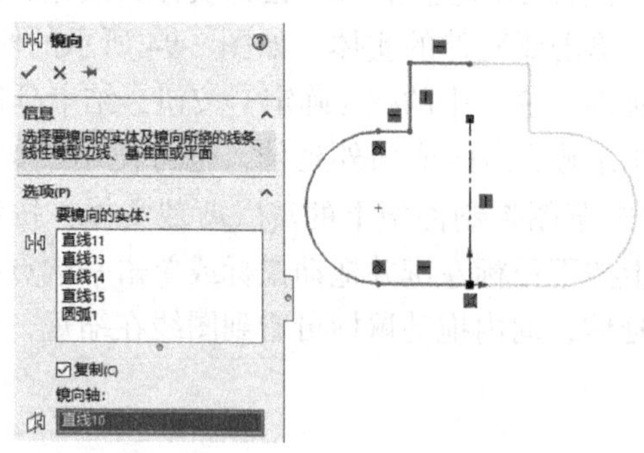

图 2-99　指定各参数

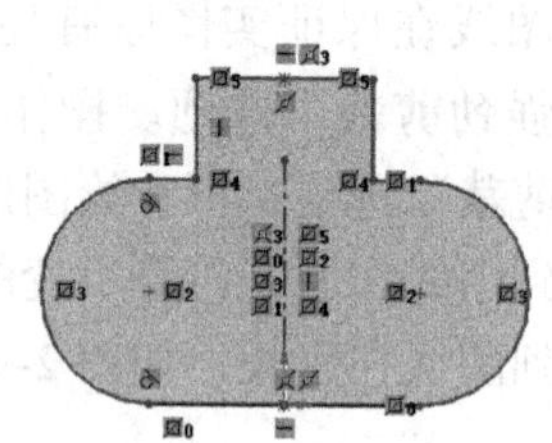

图 2-100　镜像效果

【实例 2-2】 底板的建模。

要求：如图 2-101 所示，在上视基准面上绘制草图，并拉伸成高度为 8 的柱体。

实例 2-2

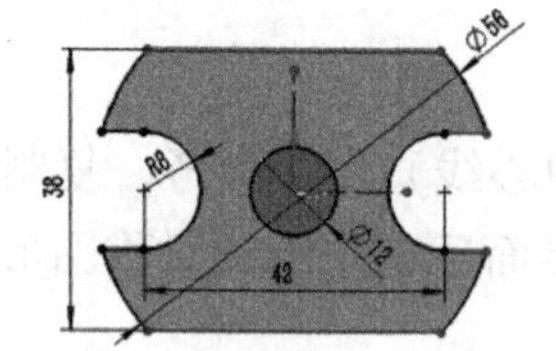

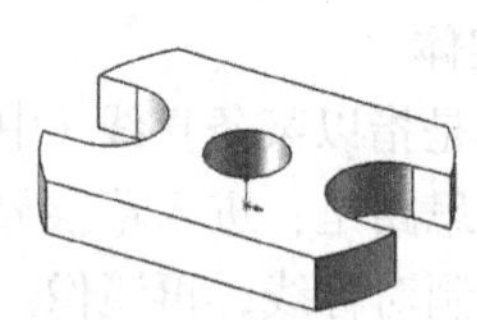

图 2-101　底板的草图和模型图

分析：只需要一个草图即可。草图上中间圆的圆心放在坐标原点。因图形对称，可以用镜像来完成绘制。

操作步骤：

第 1 步：新建文件和保存文件。单击（新建）按钮，选择“零件”按钮，单击“确定”按钮。单击下拉菜单“文件”→“另存为”，以“2- 底板”为文件名，单击“保存”按钮。

第 2 步：画底板的草图（草图 1）。

1）选择上视基准面作为基准面，单击草图换成草图按钮；单击（草图绘制）按钮，换成草图绘制界面。

2）单击草图控制面板上的（圆）按钮；移动光标在绘图区坐标原点处单击确定圆心，向右外移动光标，观察半径数值接近 28 时单击；移动光标在绘图区坐标原点处单击确定圆心，向右外移动光标，观察半径数值接近 6 时单击，绘制两个同心圆；单击（确定）按钮。单击草图控制面板上的（智能尺寸）按钮；单击中间圆，标注直径 $\phi 12$；单击大圆，标注直径 $\phi 56$；单击（确定）按钮，如图 2-102 所示。

3）单击草图控制面板上的（直线）按钮，移动光标在圆左上方处单击；向右移动光标（有—符号出现）单击；移动光标双击结束。移动光标在圆左上方处单击；向右移动光标（有—符号出现）单击；按 Esc 键结束命令。单击草图控制面板上的（中心线）按钮；在坐标原点处单击；向右移动光标（有—符号出现）单击，即从坐标原点绘制一条水平中心线；移动光标双击结束。在坐标原点处单击；向上移动光标（有丨符号出现）单击，即从坐标原点绘制一条竖直中心线；按 Esc 键结束命令，如图 2-103 所示。

4）按住 Ctrl 键，单击三条水平直线（两条实线和一条中心线）；单击草图控制面板上的（镜像实体）按钮，实线生成上下对称线，如图 2-104 所示图。

5）单击草图控制面板上的（3 点圆弧）按钮，依次移动光标在短直线右端点单击确定第一点、第二点，向右移动光标出现“180.00”时单击确定第三点，如图 2-105 所示，完成半圆弧的绘制，单击（确定）按钮。

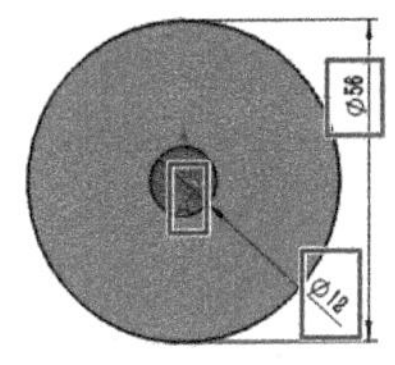

图 2-102 绘制圆

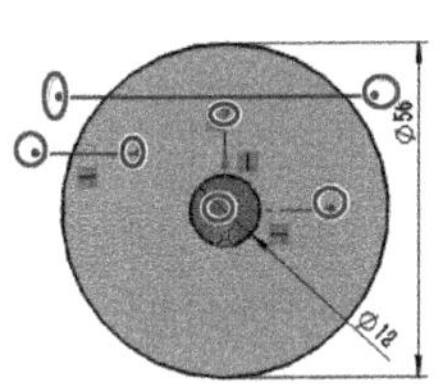

图 2-103 绘制直线

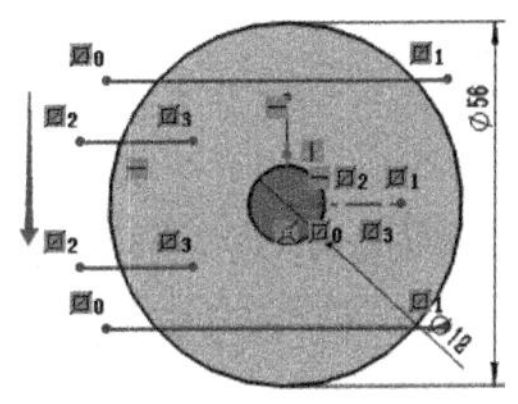

图 2-104 上下镜像

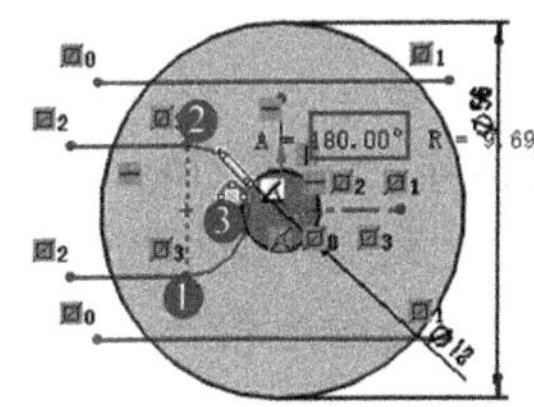

图 2-105 绘制半圆弧

6）单击草图控制面板上的（镜像实体）按钮；单击选择两条短直线、半圆弧；单击“镜像点”下的横条框；单击竖直中心线，如图 2-106 所示；单击（确定）按钮生成右边图形，如图 2-107 所示。

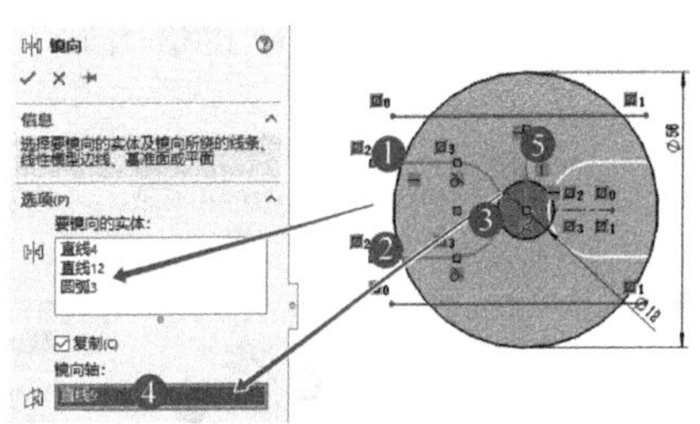

图 2-106 左右镜像

7）单击草图控制面板上的（智能尺寸）按钮；单击其中一个半圆，标注半径 *R*8；依次单击两个半圆的圆心，标注距离 42；单击上下两条直线，标注距离 38；单击（确定）按钮，如图 2-108 所示。

8）单击草图控制面板上的（剪裁实体）按钮；裁剪多余线段。拖动外圆直径尺寸，调整外圆直径尺寸的位置，如图 2-109 所示。

9）单击绘图区右上角的（确定）按钮退出草图。

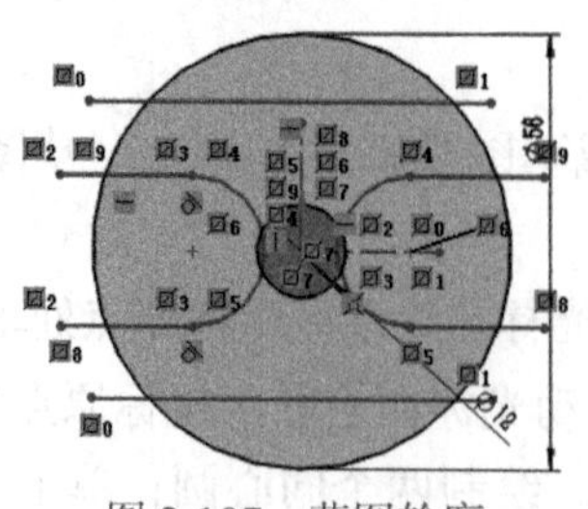
图 2-107　草图轮廓

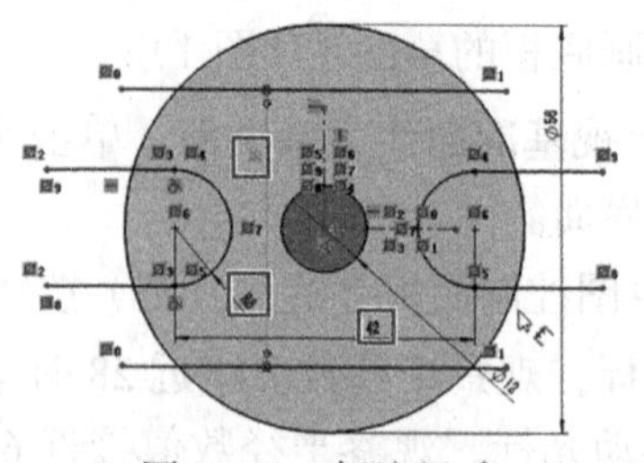
图 2-108　标注尺寸

第 3 步：单击左边 (-) 草图1 ，单击左上方 特征 选项；单击特征控制面板上的（拉伸凸台 / 基体）按钮，弹出拉伸窗口。在 方向 1(1) 下 右边文本框中输入 8，其余取默认值，如图 2-110 所示。单击（确定）按钮即生成实体。

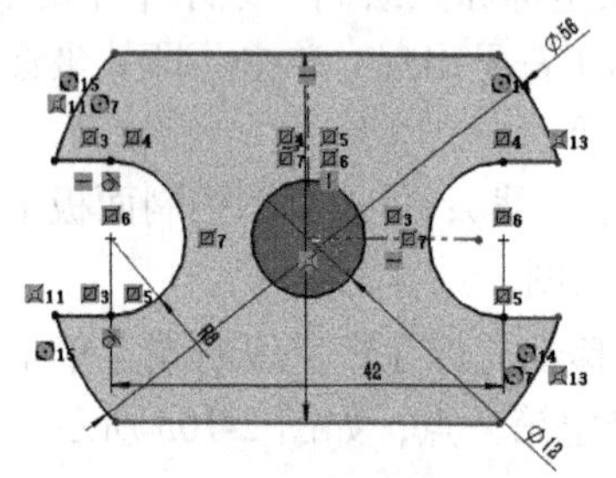
图 2-109　剪裁后的草图

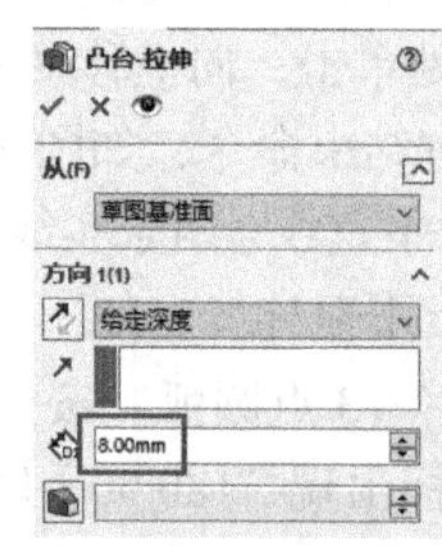

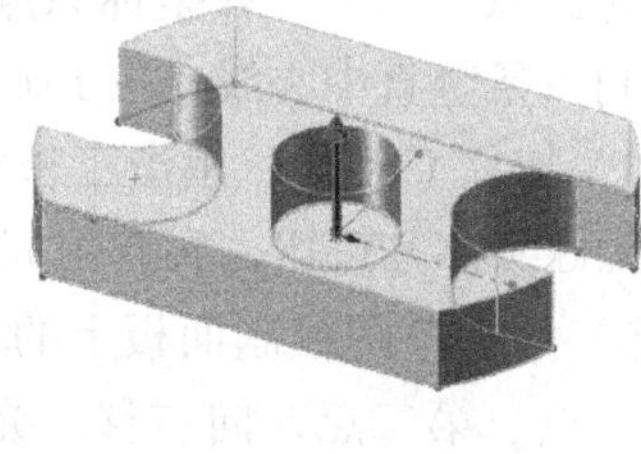
图 2-110　拉伸窗口和拉伸实体

第 4 步：保存并关闭文件。

2.4.4　绘制圆角

利用“绘制圆角”命令可以将草图中两相交图线进行圆角处理。

操作步骤：首先绘制两条不平行的直线，单击草图控制面板上的（圆角）按钮，或选择下拉菜单“工具”→“草图工具”→“圆角”，弹出“绘制圆角”窗口，如图 2-111 所示。在文本框中单击，并输入圆角半径，如 10；选中“保持拐角处约束条件”复选框。依次单击圆角过渡的两个实体，如两条线段，系统将生成圆角，如图 2-112 所示。单击窗口中的（确定）按钮，或按 Esc 键退出命令，如图 2-113 所示。

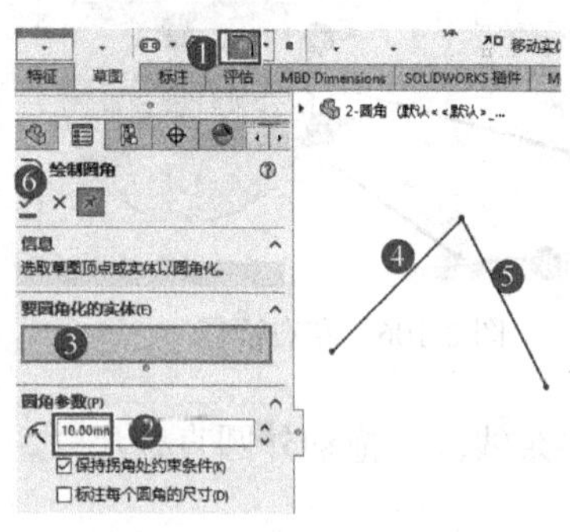

图 2-111　“绘制圆角”窗口

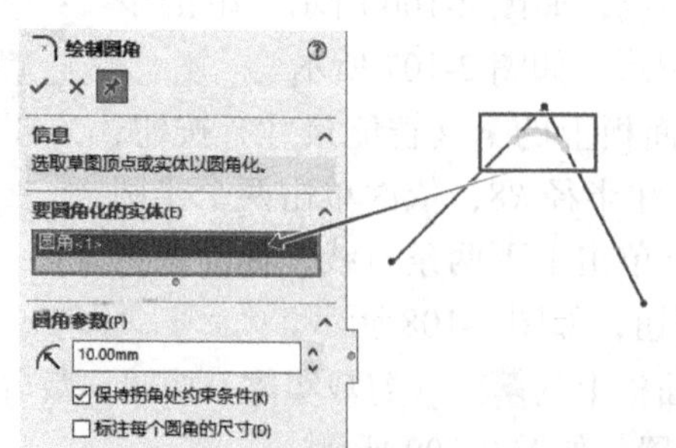

图 2-112　两条相交线段圆角

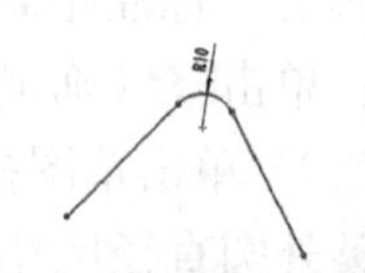
图 2-113　圆角创建完成

创建圆角时，所选取的两条线段可以相交，也可以不相交。若两条线段是不相交的，在创建圆角时，线段延伸生成圆角，如图 2-114 所示。圆角在其端点处与所选线段都是相切关系。若两条线段相交于一点，在创建圆角时，直接单击该交点即可生成圆角，如图 2-115 所示。

图 2-114　不相交的线圆角创建完成

图 2-115　直接单击交点绘制圆角

1）（保持可见）按钮的作用：在窗口中默认为（保持可见）形状，执行一个绘制圆角命令后，保留圆角命令窗口，可继续绘制圆角，直到单击窗口中的（确定）按钮，或按 Esc 键退出命令；当单击此按钮将其图标转变为（保持可见）形状时，执行一个绘制圆角命令后，自动退出圆角命令窗口。

2）撤销(U)按钮：单击一次则撤销上一个圆角。若多个圆角是通过一个圆角命令完成的，可重复单击“撤销”按钮，顺序撤销这些圆角。

2.4.5　绘制倒角

绘制倒角与绘制圆角类似，单击草图控制面板上的（绘制倒角）按钮，或选择菜单“工具”→“草图工具”→“倒角”，弹出“绘制倒角”窗口，然后设置倒角参数，再在绘图区选取倒角的两个实体，如图 2-116 所示。

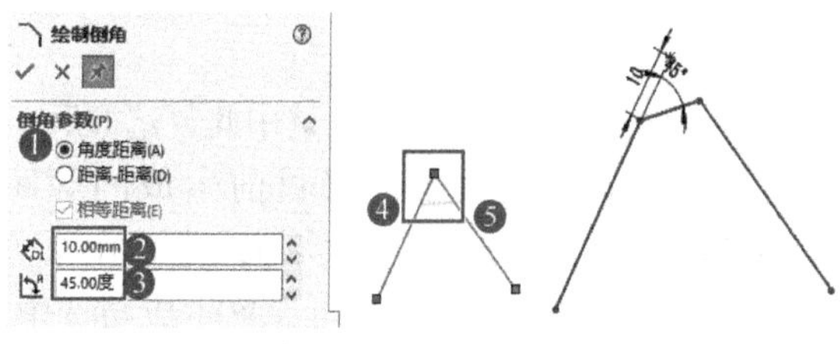

图 2-116　倒角的创建过程

说明：若两条线段是相交的，在创建倒角时，直接单击该交点即可生成倒角。另外，创建倒角时，所选取的两条线段可以相交，也可以不相交。

下面解释一下“绘制倒角”窗口中各选项的作用。

1）“角度 - 距离”单选钮：以角度和距离的形式来创建倒角。可在下方参数（距离 1）和（角度）文本框中设置距离值和角度值。图 2-116 所示即是使用此方法来创建倒角的，其中“距离”是所选择的第一条边与倒角线的交点至原来两线交点的距离，“角度”是选择的第一条边与倒角线的夹角。

2）“距离 - 距离”单选钮：窗口如图 2-117 所示，在（距离 1）和（距离 2）文本框中分别设置所选第一条线和第二条线上的不同距离生成倒角。若勾选“相等距离”复选框，可在（距离 1）文本框输入距离来创建等距离倒角，产生的倒角如图 2-118 所示。

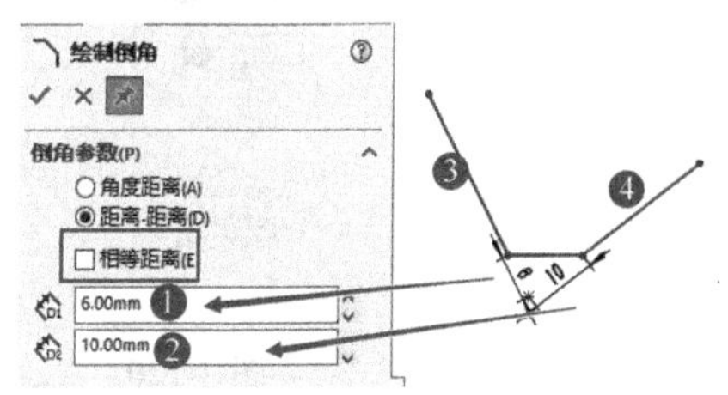

图 2-117　以距离 - 距离方式创建倒角

2.4.6　等距实体

在设置的方向、间隔一定的距离处复制出选定的实体。其具体操作为：单击草图控制面板上的（等

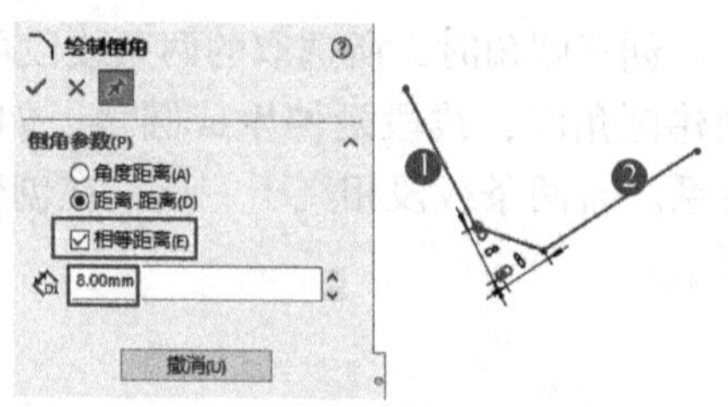

图 2-118　创建等距离倒角

距实体）按钮，或选择下拉菜单“工具”→“草图工具”→“等距实体”，弹出“等距实体”窗口，如图 2-119a 所示，然后设置等距距离等相关参数，再选中要进行等距处理的对象，如图 2-119b 所示，单击✔（确定）按钮。

“等距实体”窗口中各参数的作用：

1）（等距距离）。在右边文本框中设置原实体与等距实体之间的距离。

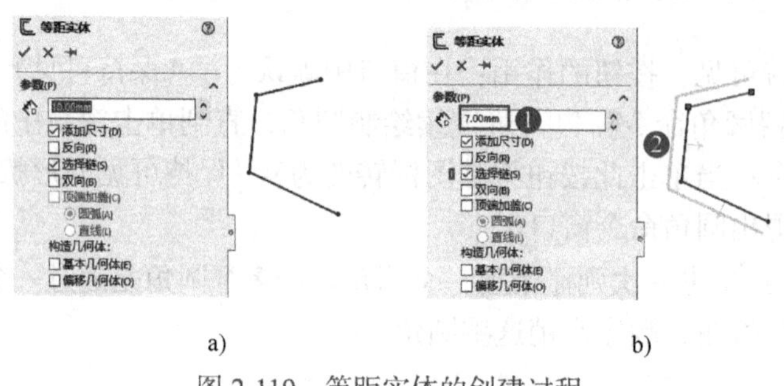

图 2-119　等距实体的创建过程

a）“等距实体”窗口　b）创建等距实体

2）“添加尺寸”复选框。选中此复选框后，自动添加原实体和等距实体之间的尺寸标注。

3）“反向”复选框。将目前生成的等距实体改变为相反的方向生成等距实体，如图 2-120a 所示，生成的等距实体线本来在原实体外部的，现在在原实体内部了。

4）“选择链”复选框。可设置生成与选中实体连接的所有连续实体的等距实体；如不勾选此复选框，将只生成选中实体的等距实体，如图 2-120b 所示。

5）“双向”复选框。在原实体内外两个方向上生成等距实体，如图 2-120c 所示。

6）“基本几何体”复选框。可以在生成草图实体后，将原草图实体转换为构造线，如图 2-121a 所示。

7）“顶端加盖”复选框。选中“双向”复选框后，此项才可用，用于添加一顶盖来延伸原有非相交草图实体，可在下方“圆弧”“直线”单选项前方单击选择生成圆弧或直线两种类型的延伸顶盖，如图 2-121b、c 所示。

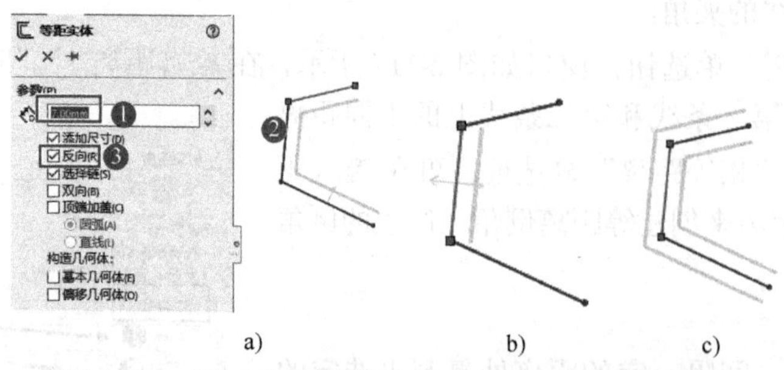

图 2-120　“反向”“选择链”和“双向”复选框的作用

a）反向生成等距实体　b）生成选中实体的等距实体　c）双向等距

2.4.7 移动实体

在草图中改变实体的位置。操作方法：

单击草图控制面板上的（移动实体）按钮，或选择下拉菜单“工具”→“草图工具”→“移动”，弹出窗口，如图 2-122a 所示；选中要移动的实体；单击“起点”下框；单击一点作为移动实体的定位点，如图 2-122b 所示；移动光标到目标点后单击；单击（确定）按钮，如图 2-122c 所示。

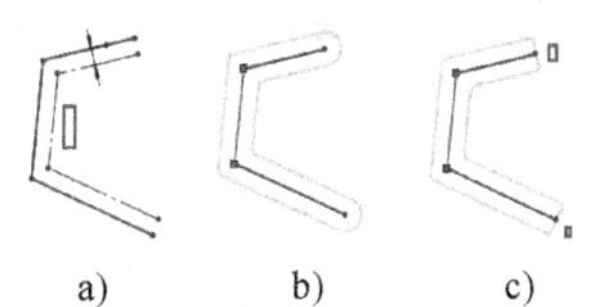

图 2-121 “基本几何体”和“顶端加盖”复选框的作用

a）原草图转为构造线 b）圆弧顶盖 c）直线顶盖

窗口的“参数”选项：

1）从/到(F)单选钮。通过指定起点和目标点，即选择两个定位点来移动实体。

2）X/Y 单选钮。通过设置 X 轴和 Y 轴上的移动量来移动实体。

3）重复(P)按钮。按相同距离（X 轴和 Y 轴上的移动量）来重复移动实体。

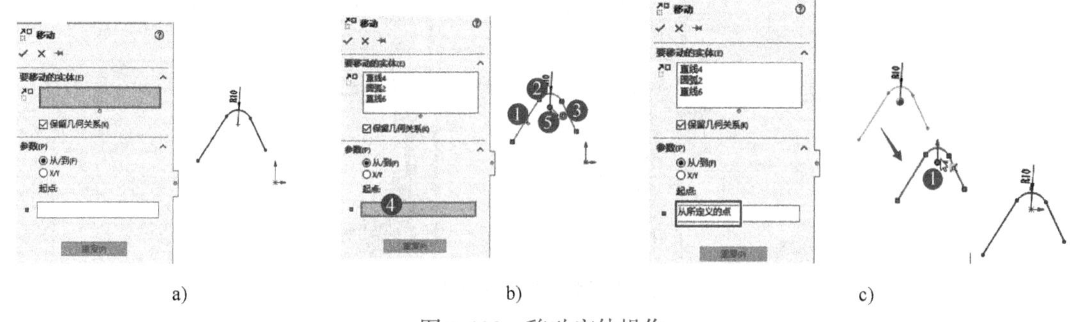

图 2-122 移动实体操作

提示：通过设置约束关系，也可以实现图形的精确移动。

2.4.8 复制实体

在指定位置生成选定实体一样的实体。在草图中选中要复制的实体，单击草图控制面板上的（复制实体）按钮，或选择下拉菜单“工具”→“草图工具”→“复制”，再单击一点作为复制实体的定位点，移动光标到目标点后单击，最后单击（确定）按钮即可复制实体，如图 2-123 所示。复制草图与移动草图操作步骤相同，只是命令不同，效果不同。

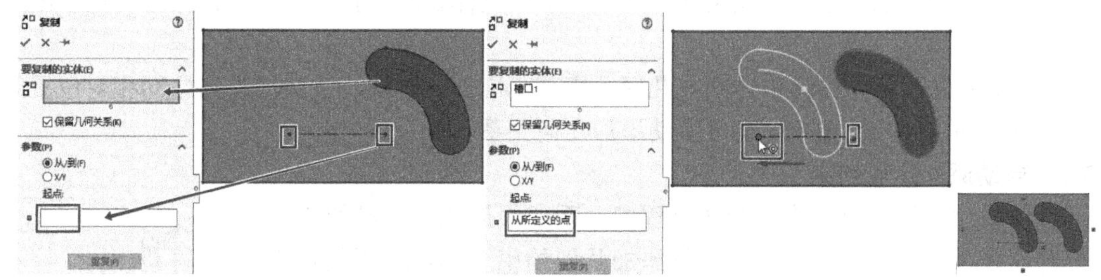

图 2-123 复制实体操作

【再现中国风】 试着绘制角框的三维模型，如图 2-124 所示。可以通过网络搜索，了解榫卯结构的更多信息。

榫卯结构是中国古代建筑、家具及其他木制器械的主要结构方式。榫卯是极为精巧的发明，这种构件连接方式，使得中国传统的木结构成为超越了当代建筑排架、框架或者钢架的特殊柔性结构体。

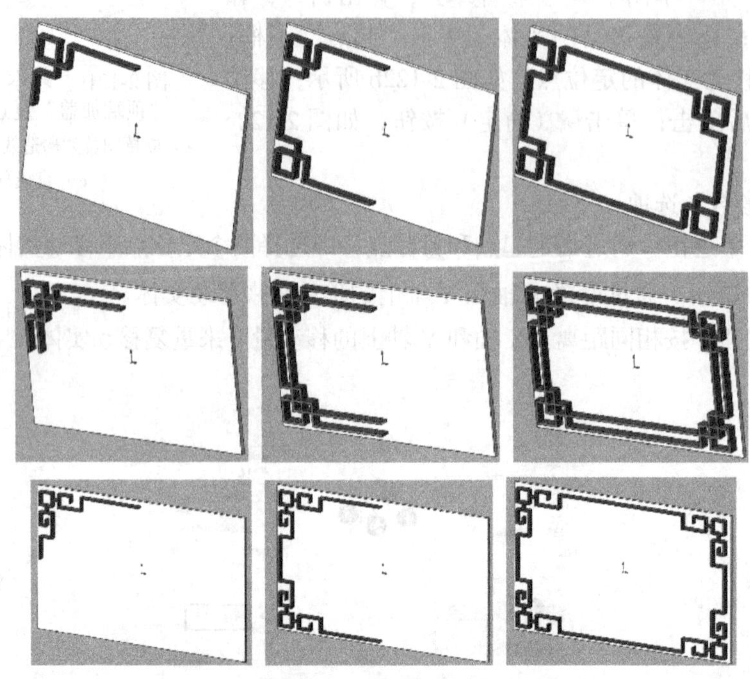

图 2-124　角框示意图

任务 3　按标注的尺寸和几何要求绘制板类零件

任务目标：掌握草图几何约束和尺寸约束的操作方法。

2.5　草图几何约束

前面绘制的草图，只确定了图形的大体轮廓，通过添加约束来确定图形间是否具有垂直、平行等几何关系，通过标注尺寸来确定图形的具体长度、弧度等，以达到精确定义图形的目的。

几何关系是指各几何元素之间或几何元素与基准面、轴线、边线或端点之间相对位置的关系，可自动添加几何关系，也可手动添加几何关系。

2.5.1　自动添加几何约束

自动添加几何约束是指在绘图过程中，系统根据几何元素的相对位置自动赋予其几何意义，不需另行添加几何约束。如在绘制竖直线时，系统自动添加 I（竖直）几何关系，如图 2-125 所示。并在“线条属性”窗口的“现有几何约束”列表中列出该几何约束，如图2-126 所示。

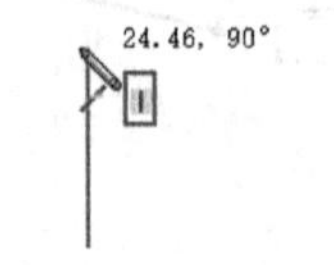

图 2-125　几何约束

是否自动添加几何约束是可以设置的，方法：选择下拉菜单“工具”→“选项”命令，弹出“系统选项”窗口，在其中选择“草图”→“几何关系 / 捕捉”选项，再在右侧选中或取消“自动几何关系”复选框，如图 2-127 所示。

2.5.2 手动添加几何约束

手动添加几何约束是通过输入命令来设置实体的几何约束。每添加一个几何约束，图形会根据添加的几何约束要求而自动改变。操作方法：

1）单击草图控制面板上的⊥（添加几何关系）按钮，或选择下拉菜单“工具”→“几何约束”→“添加”，弹出“添加几何关系”窗口，如图 2-128 所示。

2）单击图形实体，则选中图形实体的名称将显示在“添加几何关系”窗口的“所选实体”列表中。同时系统会根据所选中的实体提供相关的几何关系按钮，如水平、竖直、相等、共线、平行、相切、同心、中点、对称等，通过勾选它们可添加相应几何关系。

3）单击“添加几何关系”选项中的所需按钮，可看到图形在相应变化。

4）单击✓（确定）按钮，关闭“添加几何关系”窗口。

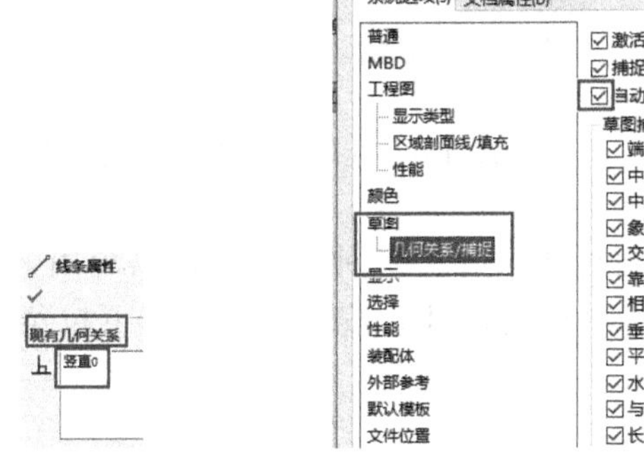

图 2-126 线条属性　　图 2-127 “系统选项”窗口　　图 2-128 “添加几何关系”窗口

几何关系按钮的意义如下：

1）— 水平(H)：让选取的实体调整为水平方向。若选取的实体是直线则变成水平线，若选取的实体是两点则变到同一水平方向位置。

2）| 竖直(V)：让选取的实体调整为竖直方向。若选取的实体是直线则变成竖直线，若选取的实体是两点则变到同一竖直方向位置。

3）= 相等(Q)：让选取的几个实体变成等长度或等直径。

4）/ 共线(L)：让选取的两条或两条以上的直线落在同一直线或其延长线上。

5）\\ 平行(E)：让选取的两条或两条以上的直线与一条直线或一个实体边缘线平行。

6）⊥ 垂直(U)：让选取的两条直线变成相互垂直。

7）相切(A)：让选取的两实体（直线、圆、圆弧、椭圆或实体边缘线）相切。

8）◎ 同心(N)：让选取的两圆或圆弧的圆心位置变成相同。

9）对称(S)：让选取的两个实体（两条线或两个点）变成与选取的中心线对称。选择实体时，必须包含一条中心线。

10）中点(M)：让选取的实体点（端点或圆心点）落于选取线段的中点处，如图 2-129 所示。

11）重合(D)：让选取的实体点（端点或圆心点）落于选取线段上，如图 2-130 所示。

12）合并(G)：让选取的几个点变成重合点。

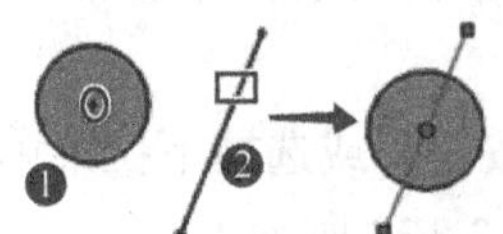

图 2-129　添加中点几何关系

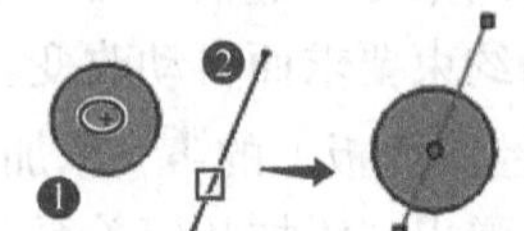

图 2-130　添加重合几何关系

2.5.3　几何约束符号的显示与隐藏

选择下拉菜单“视图”→“隐藏 / 显示”→“草图几何关系”，可显示或隐藏当前草图中几何约束符号，如图 2-131 所示。

2.5.4　删除添加的几何约束

单击添加的几何约束符号，再按删除键；或者单击选择几何关系符号图标，单击右键，在弹出的快捷菜单中选择“删除”。

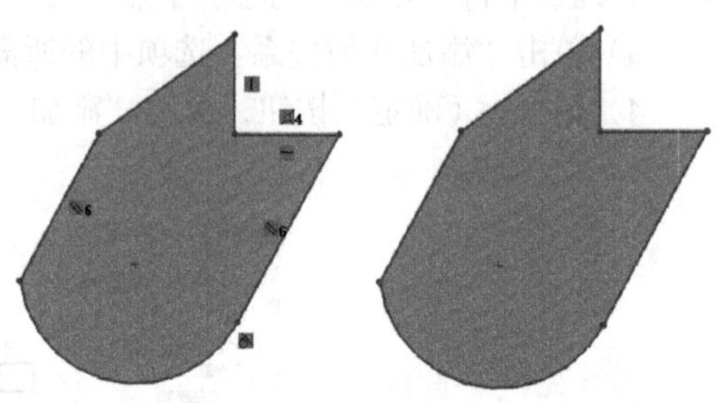

图 2-131　几何约束符号的显示与隐藏

2.6　草图尺寸约束

标注尺寸就是为实体标注长度、直径、弧度等尺寸，各种尺寸都可以利用（智能尺寸）工具来完成。单击草图控制面板上的（智能尺寸）按钮，或选择下拉菜单“工具”→“标注尺寸”→“智能尺寸”。

2.6.1　标注线性尺寸

线性尺寸分为水平尺寸、垂直尺寸和平行尺寸三种。执行（智能尺寸）命令并选择对象后，光标向不同方向移动可自动显示水平尺寸、垂直尺寸和平行尺寸。

（1）标注直线的尺寸　单击草图控制面板上的（智能尺寸）按钮；将光标指针移到需标注尺寸直线的附近，直线变色时单击；向上或向下移动光标可拖出水平尺寸，向左或向右拖动光标可拖出竖直尺寸，沿着垂直于直线的方向移动可拖出平行尺寸，如图 2-132 所示。

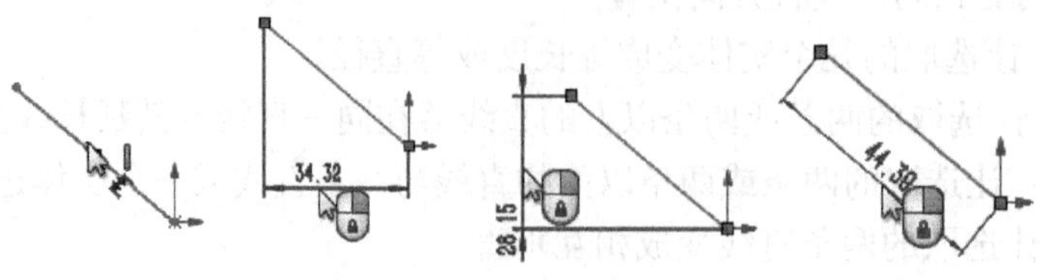

图 2-132　直线的尺寸标注

拖出尺寸标注后，在适当的位置单击，即确定所标注尺寸的放置位置，同时弹出“修改”窗口，如图 2-133 所示。在窗口中键入图形对象的新尺寸，单击窗口中的（确定）按钮。

知识点：在草图绘制界面下，双击某尺寸，会弹出“修改”窗口，可在此窗口中修改参数。修改完成后单击✔（确定）按钮，尺寸显示为新的尺寸，且图形会按新的尺寸变化。因此一般绘图时可先按自动测量大小标注尺寸，再进行修改。

（2）标注两点的尺寸　单击草图控制面板上的■（智能尺寸）按钮；将光标移到点附近，点变色时单击；再将光标移到另一点附近，点变色时单击；向上或向下移动光标可拖出水平尺寸，向右或向左拖动光标可拖出竖直尺寸，沿着倾斜方向移动可拖出平行尺寸，到合适位置单击，弹出“修改”窗口，在窗口中键入的新尺寸，单击窗口中的✔（确定）按钮。

（3）标注点到直线的尺寸　单击草图控制面板上的（智能尺寸）按钮；将光标移到一点附近，点变色时单击；将光标移到需标注尺寸的直线附近，直线变色时单击；移动光标显示点直线的垂直距离，如图 2-134 所示，到合适位置单击，弹出“修改”窗口，在窗口中键入的新尺寸，单击窗口中的✔（确定）按钮。

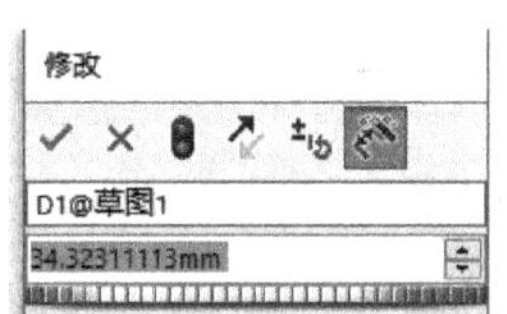

图 2-133　“修改”窗口

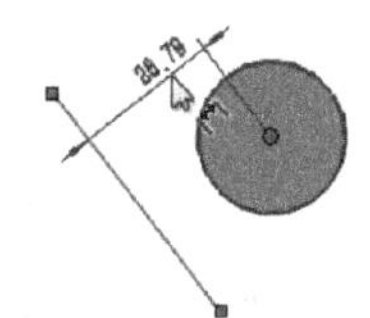
图 2-134　点到直线的尺寸

2.6.2　标注角度尺寸

单击草图控制面板上的（智能尺寸）按钮；将光标移到第一条直线附近，直线变色时单击；将光标移到第二条直线附近，直线变色时单击，如图 2-135 所示；移动光标并在适当位置单击，弹出“修改”窗口，如图 2-136 所示；在窗口中键入需标注角度的新值，单击窗口中的✔（确定）按钮。

注意：标注角度尺寸时，移动光标至不同位置，可得到不同的标注形式，如图 2-137 所示。

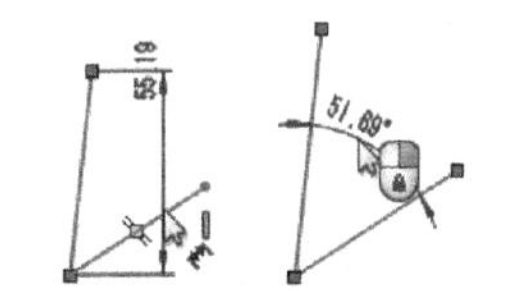
图 2-135　角度尺寸的标注过程

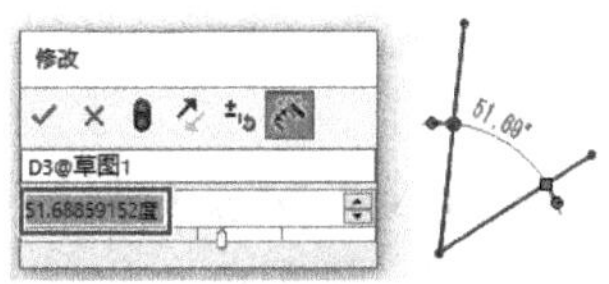

图 2-136　角度尺寸的标注

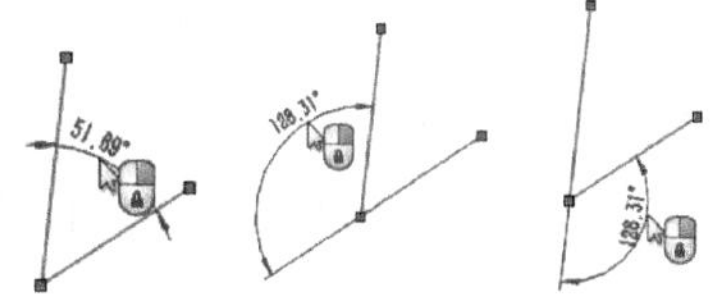
图 2-137　角度尺寸标注形式

2.6.3　标注圆的直径尺寸

单击草图控制面板上的（智能尺寸）按钮；将光标移到圆附近，圆变色时单击；移动光标拖出圆的直径尺寸，到尺寸合适放置位置处单击，弹出“修改”窗口，如图 2-138 所示，在窗口中键入需标注的新值，单击窗口中的✔（确定）按钮。

说明：在标注圆的直径时，单击的位置不同，圆的标注形式也有所不同。若在“尺寸”窗口“引线”选项中选择（半径）按钮，则标注圆的半径尺寸。

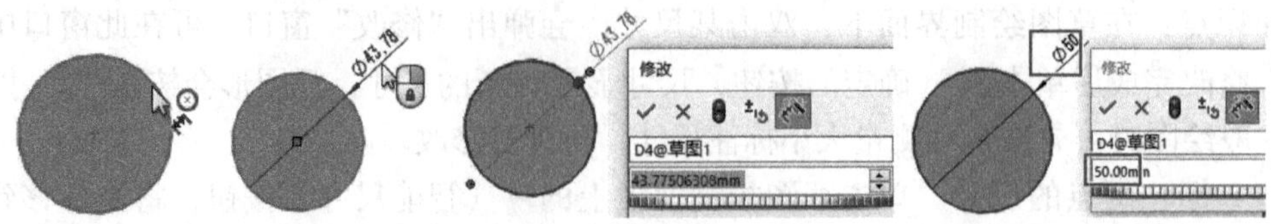

图 2-138　标注圆的直径尺寸

2.6.4　标注圆弧尺寸

可标注圆弧半径和圆弧弧长两种圆弧尺寸，下面分别介绍其操作。

标注圆弧半径：单击草图控制面板上的（智能尺寸）按钮，将光标移到圆弧附近，圆弧变色时单击；移动光标拖出半径尺寸，在尺寸的放置处单击，弹出“修改”窗口，如图 2-139 所示；在窗口中键入需标注的新值，单击窗口中的（确定）按钮。

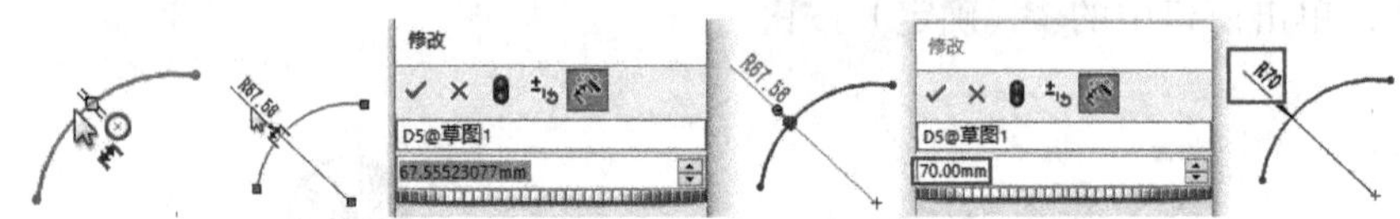

图 2-139　标注圆弧半径

标注圆弧弧长：单击草图控制面板上的（智能尺寸）按钮，分别单击圆弧的两个端点及圆弧，移动光标拖出圆弧的弧长尺寸，在尺寸的放置处单击，弹出“修改”窗口，如图 2-140 所示；键入需标注的新值，单击窗口中的（确定）按钮。

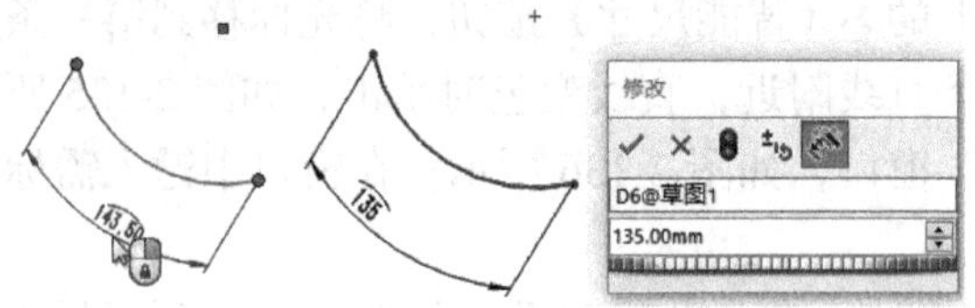

图 2-140　标注圆弧弧长

2.6.5　删除添加的尺寸约束

在绘图区中单击添加的尺寸，再按删除键；或者选择尺寸后单击右键，在弹出的快捷菜单中选择“删除”。

说明：草图通常存在 5 种状态：“过定义”状态（显红色）、“完全定义”状态（显黑色）、“欠定义”状态（显蓝色）、“无效解”状态（显黄色）和“无解”状态（显浅红色）。若草图以蓝色显示，说明草图线的位置尚未确定，需用尺寸来驱动定位。

【实例 2-3】 绘制弧形板。

要求：在上视基准面上绘制草图，左边圆的圆心在坐标原点，并拉伸成高度为 16 的柱体，如图 2-141 所示。

草图绘制的步骤为选择基准面及进入草图编辑状态、绘制草图图形、添加几何约束、标注草图尺寸、保存并退出草图编辑状态。在合适的位置画出几何图形时，定位某点在草图原点，以确认草图位置；不需要精确尺寸，但最好与尺寸接近。以上步骤并不是固定不变的，也可以一边绘图，一边添加几何约束和尺寸。

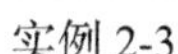

实例 2-3

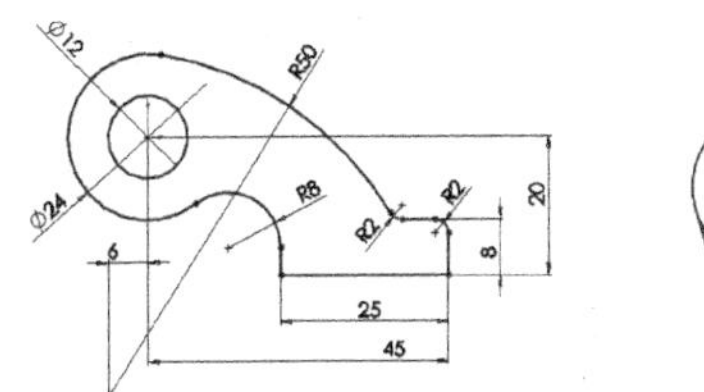
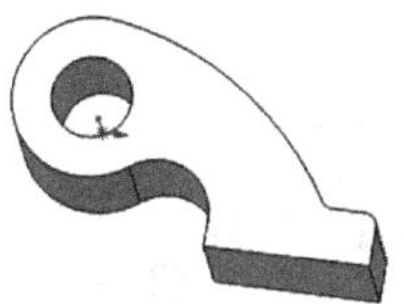

图 2-141 草图和模型图

操作步骤：

第 1 步：新建“零件”文件。启动 SolidWorks 后，单击“标准”工具栏上的【新建】，单击“零件”图标，单击确定按钮。

第 2 步：按需要的名称保存文件。单击下拉菜单“文件”→“另存为”；在“另存为”窗口中选择保存路径；在“文件名”右边文本框中输入“2- 弧形板”；单击“保存”按钮。

第 3 步：进入草图绘制界面。单击上视基准面，单击草图，换成草图按钮，单击（草图绘制）按钮，换成草图绘制界面，中间的红色坐标系交点代表原点。

第 4 步：绘制草图。

1）单击草图控制面板上的（圆）按钮；移动光标在绘图区坐标原点处单击确定圆心，向外移动光标，观察半径数值接近 6 时单击；移动光标在绘图区坐标原点处单击确定圆心，向外移动光标，观察半径数值接近 12 时单击；单击（确定）按钮。单击草图控制面板上的（智能尺寸）按钮；单击小圆，标注直径 $\phi12$；单击大圆，标注直径 $\phi24$；单击（确定）按钮。

2）单击草图控制面板上的（边角矩形）按钮；在圆右下位置处单击；向右下移动光标，观察数值接近长 25，高 8 时单击；单击（确定）按钮。单击草图控制面板上的（智能尺寸）按钮；单击坐标原点、单击矩形右边线，标注距离为 45；单击坐标原点、单击矩形下边线，标注距离为 20；单击矩形下边线，标注尺寸 25；单击矩形右边线，标注尺寸 8；单击（确定）按钮，如图 2-142 所示。

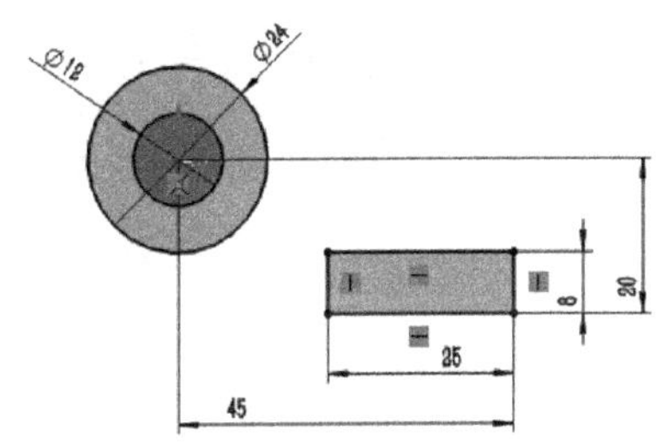

图 2-142 绘制圆和矩形

3）单击（周边圆）按钮，依次在大圆右下圆周上单击、向右上移动光标单击，在矩形左边线上单击，如图 2-143 所示，单击（确定）按钮。

4）单击（3 点圆弧）按钮，在上方圆右上圆周上单击、在矩形上方线上单击、向左上移动光标单击；单击（确定）按钮，如图 2-144 所示。

5）单击（添加几何关系）按钮，单击右上圆弧，单击上方外圆，添加相切(A)几何关系，单击（确定）按钮。单击（剪裁实体）按钮，剪裁不需要的部分，结果如图 2-145 所示。

6）完成圆弧尺寸。单击草图控制面板上的（智能尺寸）按钮；单击下方圆弧，标注半径 8；单击右边大圆弧，标注半径 50；单击坐标原点、单右边大圆弧的圆心，标注两圆心水平距离为 6；单击（确定）按钮。

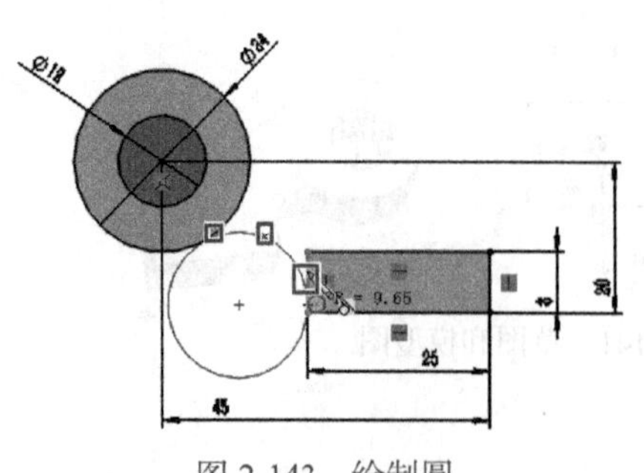

图 2-143 绘制圆

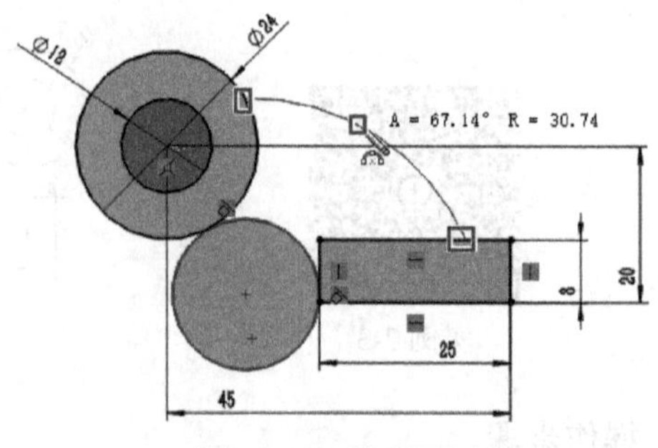

图 2-144 绘制圆弧

7）单击 （圆角）按钮，设置“半径”为 2，勾选“保持拐角处约束条件”，依次单击右边两个交点，单击 （确定）按钮，结果如图 2-146 所示。

8）单击右上角的 （确定）按钮结束草图绘制。

第 5 步：拉伸为柱体。

单击左边 (-) 草图1 ，单击左上方 特征 选项；单击特征控制面板上的 （拉伸凸台 / 基体）按钮，弹出拉伸窗口。在 **方向 1(1)** 下 右边文本框中输入 16，其余取默认值，如图 2-147 所示。单击 （确定）按钮即生成实体。

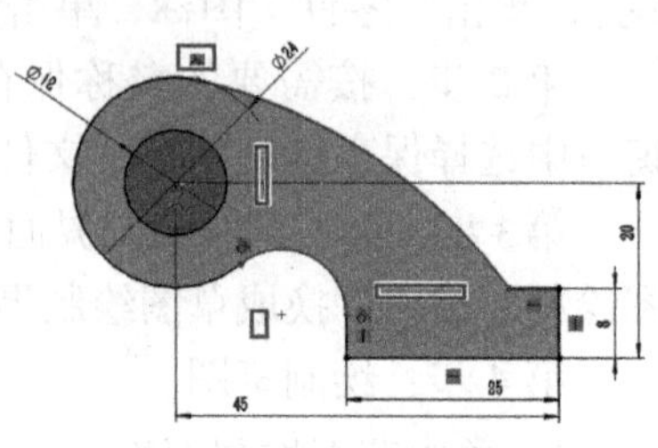

图 2-145 添加几何关系

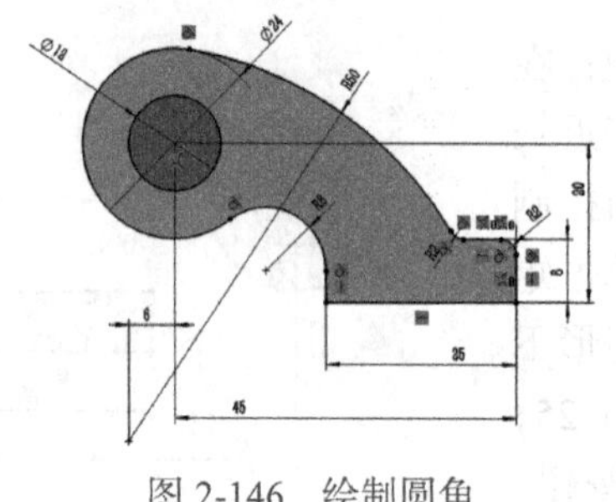

图 2-146 绘制圆角

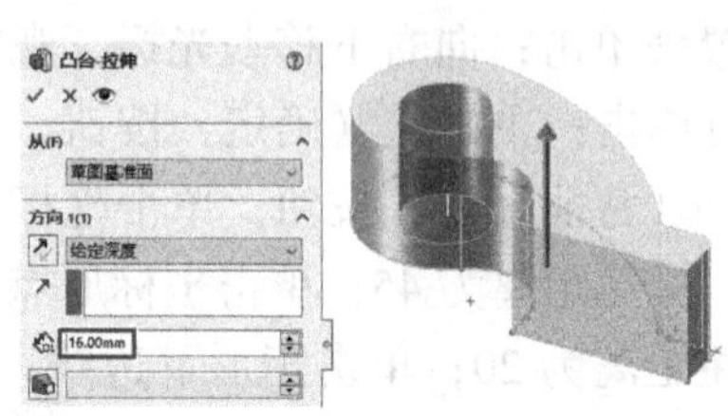

图 2-147 拉伸为柱体

第 6 步：保存并关闭文件。

【举一反三】

1. 在前视基准面上绘制图 2-148 所示草图，并拉伸成高度为 20 的柱体。

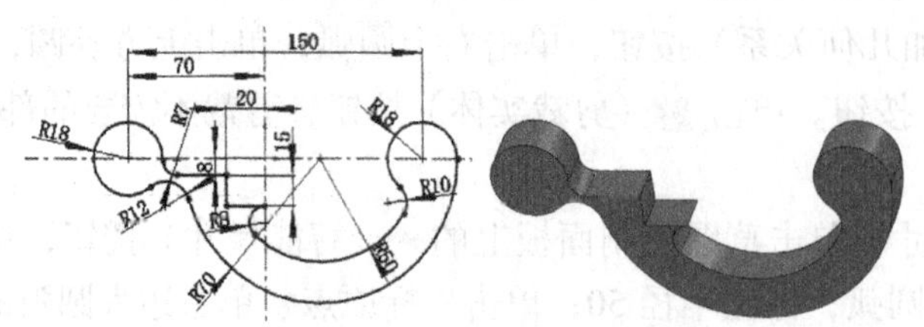

图 2-148 举一反三图

2. 在上视基准面上绘制图 2-149 所示草图，并拉伸成高度为 30 的柱体。

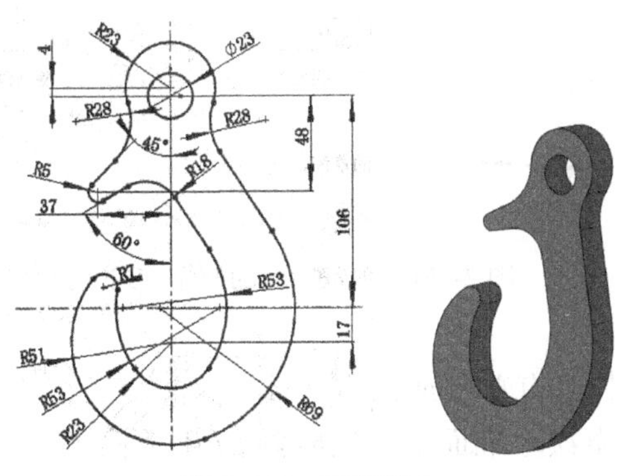

图 2-149 训练图 2

任务 4 通过编辑草图而编辑板的结构

任务目标：掌握旋转、缩放、阵列草图编辑工具的操作方法。

2.7 更多草图编辑工具

2.7.1 旋转实体

旋转实体工具可以改变实体的方向。操作方法为：在草图中选中需要旋转的实体；单击草图控制面板上的 (旋转实体）按钮，或选择菜单“工具”→“草图工具”→“旋转”，弹出“旋转”窗口；单击一点作为旋转中心，选择后将显示一坐标系；按住鼠标左键并拖动即可旋转实体，如图 2-150 所示；在“参数”下 （角度）右边文本框中输入角度值来确定精确的角度；单击 （确定）按钮。

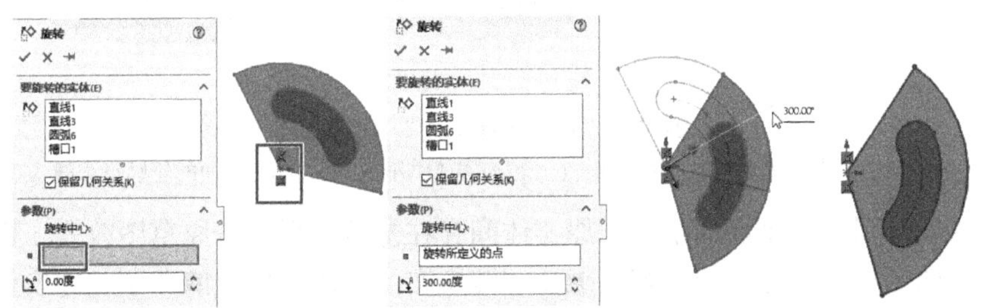

图 2-150 “旋转”窗口和旋转实体的操作方式

2.7.2 缩放实体

缩放实体工具可以改变实体的整体大小。操作方法为：在草图中选中需要缩放的实体；单击草图控制面板上的 （缩放实体）按钮，或选择菜单“工具”→“草图工具”→“缩放比例”，弹出“比例”窗口；单击一点设置为缩放基点；在 （比例因子）右边文本框中输入比例值；单击 （确定）按钮即可缩放实体，如图 2-151 所示。若勾选中☑复制(N)复选项，则在生成缩放实体时保留原实体，即同时实现复制的操作，如图 2-152 所示。

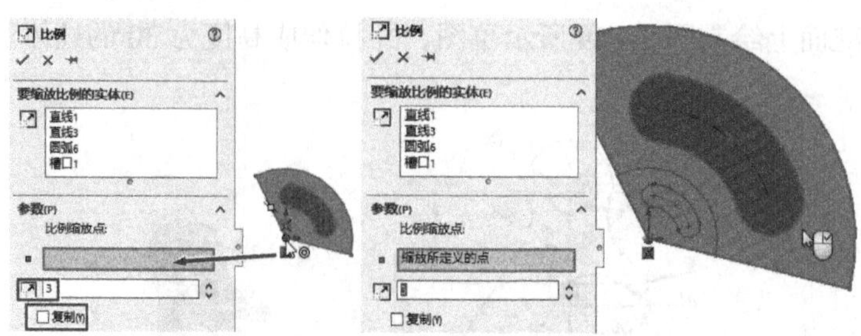

图 2-151　缩放实体的操作方式

2.7.3　转换实体引用

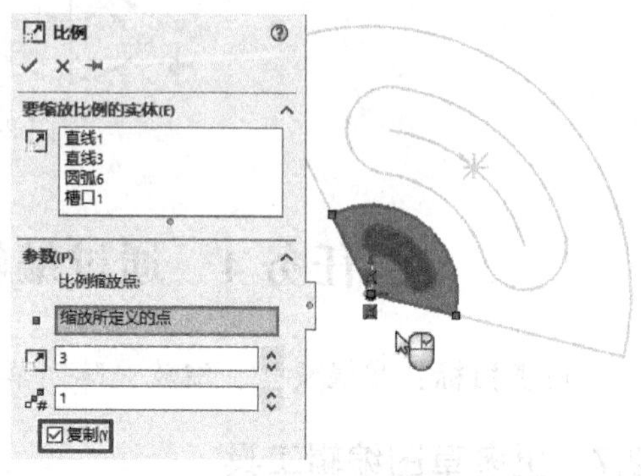

图 2-152　复制与缩放

“转换实体引用”可将已有草图或已有实体模型某表面的边线投影到草绘基准面上，生成新的草图实体。操作方法为：在草绘界面中选中要进行转换实体引用的面或线，若选择线则生成线，若选择面则生成面的轮廓线，如图 2-153a 所示；单击草图控制面板上的（转换实体引用）按钮，或选择下拉菜单“工具”→“草图工具”→“转换实体引用”，即可在基准面上生成线或所选面的投影草图边线，如图 2-153b 所示。图 2-153c 所示为选择面而生成面的轮廓投影线。

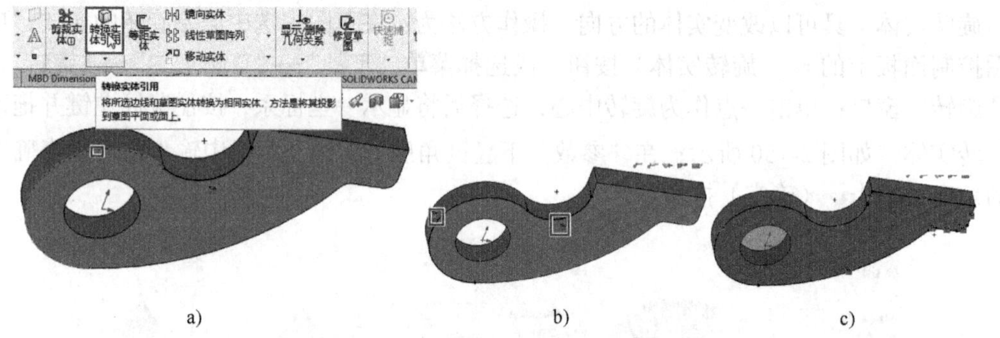

a)　　b)　　c)

图 2-153　“转换实体引用”操作界面

a）选中要进行转换实体引用的线　b）转换实体引用　c）生成所选面的轮廓投影线

用“转换实体引用”生成的草图与原实体间存在链接关系，若原草图改变，则“转换实体引用”生成的图形会随之改变。若不想让“转换实体引用”生成的草图与原实体间存在链接关系，则删除新草图上的“转换实体引用”符号，即解除“转换实体引用”的约束关系。

【实例 2-4】 绘制组合板。

分析：组合板由垫板和凸板共 3 个部分组成，分别绘制草图，共 3 个草图，再分别进行拉伸。首先在前视基准面上绘制如图 2-154 所示垫板草图，并拉伸成高度为 20 的柱体。完成垫板后，以垫板上的前面为基准面，分别绘制凸板的草图，再分别拉伸生成模型，如图 2-155 所示。利用“转换实体引用”与“等距实体”工具，可更方便地绘制凸板草图。

操作步骤：

第 1 步：新建一个“零件”文件，以“2- 组合板”为文件名保存。

第 2 步：进入草图绘制界面。选择前视基准面作为基准面，单击草图换成草图按钮；单击（草图绘制）按钮，换成草图绘制界面。窗口左边设计树上增加“草图 1”的名称；中间的红色坐标系交点代表原点。

第 3 步：绘制“垫板”草图 - 草图 1。

1）单击草图控制面板上的（中心线）按钮；在坐标原点处单击；向右移动光标（有━符号出现），观察长度数值接近 56 时单击，即从坐标原点绘制一条水平中心线；移动光标双击。在坐标原点处单击；向上移动光标（有❙符号出现），观察长度数值接近 118（=60+58）时单击，即从坐标原点绘制一条竖直中心线；单击（确定）按钮。单击草图控制面板上的（智能尺寸）按钮；单击水平中心线，标注长度为 56，即在“修改”框输入值 56 后单击（确定）按钮。单击竖直中心线，标注长度为 118，单击（确定）按钮，如图 2-156 所示。

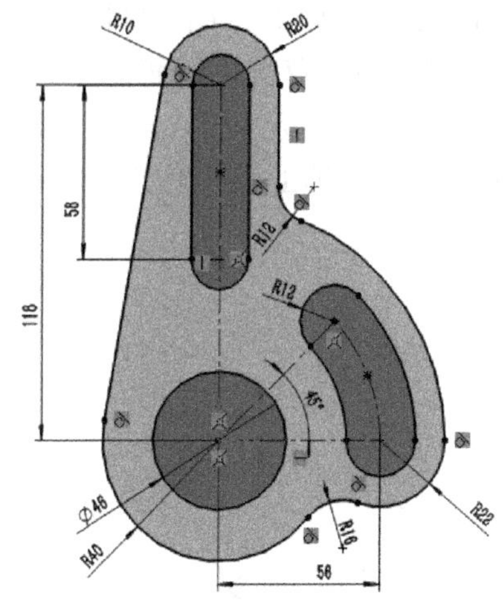

图 2-154 “垫板”的草图

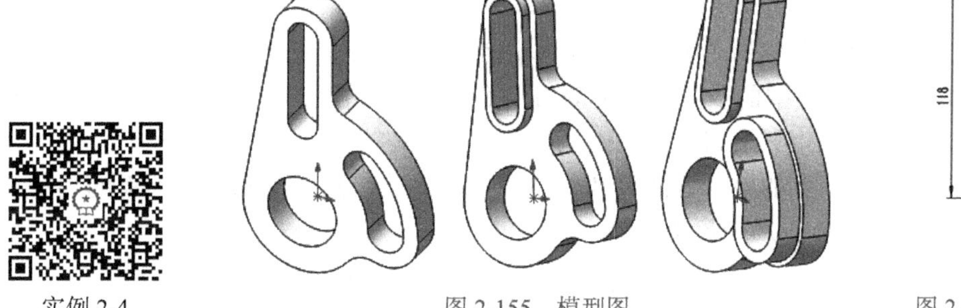

实例 2-4

图 2-155　模型图

图 2-156　绘制中心线

2）单击草图控制面板上的（圆）按钮；移动光标在绘图区坐标原点处单击确定圆心，向外移动光标，观察半径数值接近 23 时单击；单击（确定）按钮。单击草图控制面板上的（智能尺寸）按钮；单击圆，标注直径 ϕ46；单击（确定）按钮，如图 2-157 所示。

3）单击草图控制面板上的（圆心 / 起 / 终点圆弧）按钮；在坐标原点处单击指定圆弧的圆心；向左上移动光标，在虚线圆上的半径接近 40 位置处单击确定圆弧的起点；向右下移动光标，在虚线圆上的另一个位置单击确定圆弧的终点。在水平中心线右端点单击指定圆弧的圆心；向右下移动光标，在刚才圆弧的右端点单击确定圆弧的起点；向右下移动光标，在虚线圆上的另一个位置单击确定圆弧的终点。在坐标原点处单击指定圆弧的圆心；向右下移动光标，在第二个圆弧的右端点位置单击确定圆弧的起点；向上移动光标，在虚线圆上的另一个位置单击确定圆弧的终点。在竖直中心线上端点单击指定圆弧的圆心；向右移动光标半径接近 20 时单击，向左移动光标，在虚线圆上的另一个位置单击确定圆弧的终点，如图 2-158 所示。单击“圆弧”窗口中的 （确定）按钮，结束圆弧的绘制。

4）单击草图控制面板上的 （直线）按钮，向左移动光标，依次在两圆弧左端点处单击；移动光标双击。向右移动光标，在上圆弧右端点处单击；向下移动光标（有 符号出现）单击；单击 （确定）按钮，如图 2-159 所示。

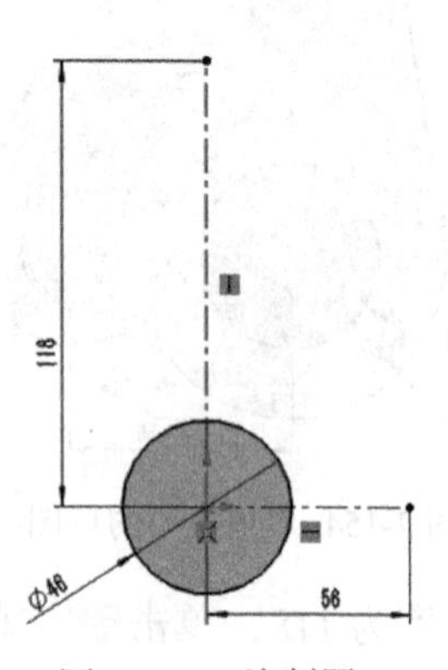

图 2-157　绘制圆

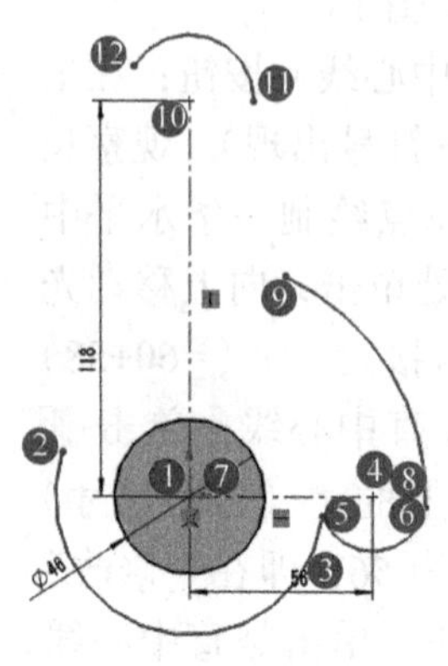

图 2-158　绘制圆弧

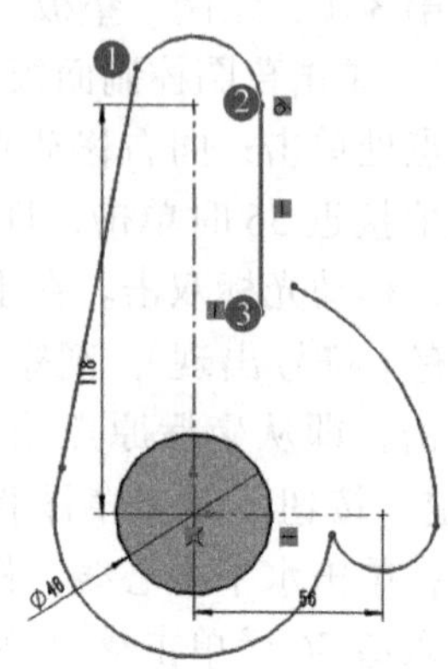

图 2-159　绘制直线

5）单击草图控制面板上的 （圆角）按钮，在窗口文本框中输入 12，依次单击右上圆角过渡的线段和圆弧，单击 （确定）按钮。在窗口文本框中输入 16，依次单击右下圆角过渡的两条圆弧；单击 （确定）按钮，如图 2-160 所示。

6）单击草图控制面板上的 （添加几何关系）按钮；每次单击外围相邻的两个实体，单击“添加几何关系”选项中的 （相切）按钮，使外围每相邻的两个实体均相切，如图 2-161 所示，单击 （确定）按钮。

7）单击草图控制面板上的 （智能尺寸）按钮；依次单击圆弧，标注各圆弧的半径；单击 （确定）按钮，如图 2-162 所示。

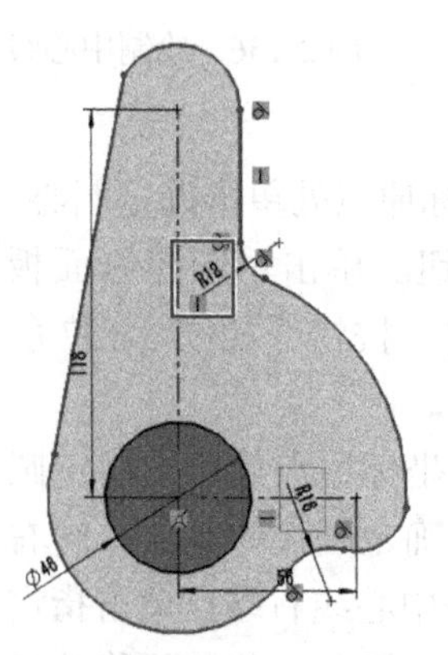

图 2-160　绘制圆角

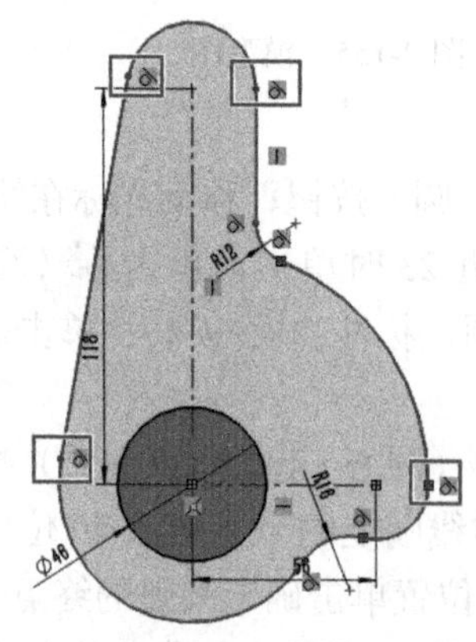

图 2-161　添加几何关系

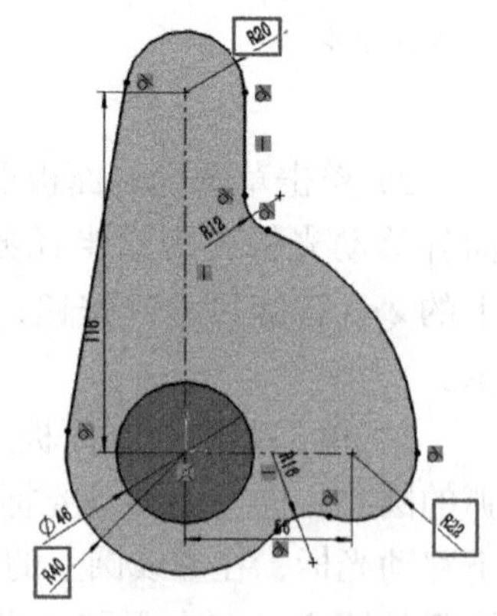

图 2-162　标尺寸

8）单击草图控制面板上的 （直槽口）按钮；在竖直中心线上端点处单击；向下移动光标有 符号出现），数值约为 58 时单击；再向外移动光标单击；单击“槽口”对话窗口的 （确定）按钮。单击 （中心点圆弧槽口）按钮；在坐标原点处单击；向右移动光标在水平中心线右端点处单击；向上移动光标角度接近45时单击；向外移动光标单击；单击“槽口”对话窗口的✓（确定）按钮，如图2-163所示。单击草图控制面板上的（中心线）按钮；在坐标原点处单击；向右上移动光标，在中心点圆弧槽口上方圆心处单击；单击（确定）按钮。

9）单击草图控制面板上的（智能尺寸）按钮，标注两个槽口的尺寸，单击（确定）按钮，如图2-164所示。

10）单击绘图区右上角的（确定）按钮退出草图。

第4步：单击左边 (-) 草图1 ，单击左上方 特征 选项；单击特征控制面板上的（拉伸凸台/基体）按钮，弹出拉伸窗口。在**方向1(1)**下右边文本框中输入20，其余取默认值，如图2-165所示，单击（确定）按钮即生成实体。

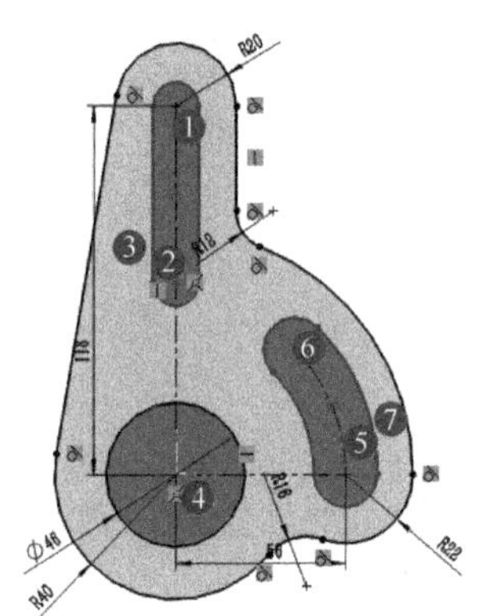

图2-163　绘制槽口

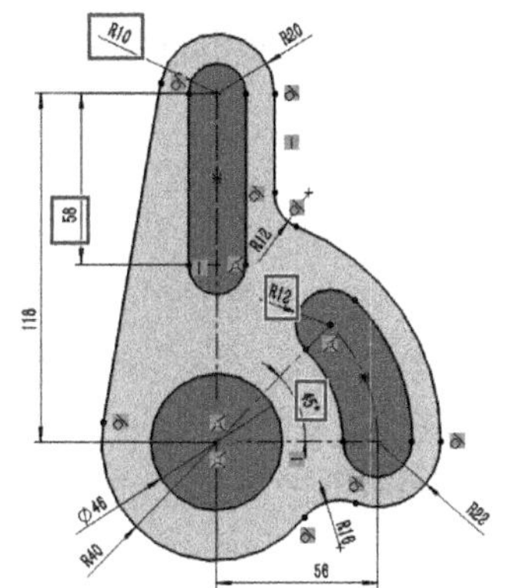

图2-164　标尺寸

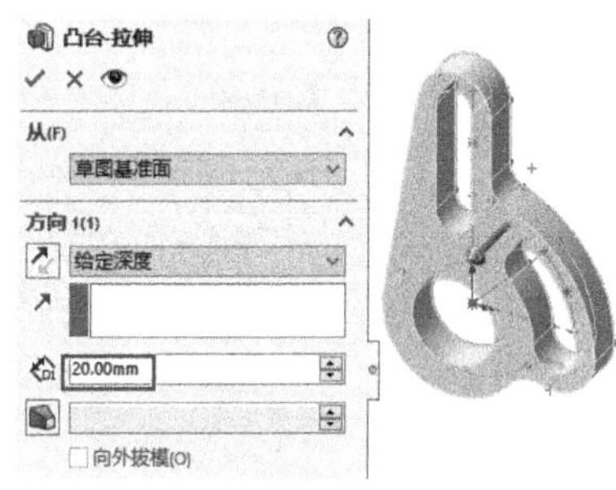

图2-165　拉伸窗口和拉伸实体

第5步：保存文件。

第6步：绘制凸板1草图2。

单击垫板前表面作为基准面，如图2-166所示，单击 草图 ，单击（草图绘制）按钮，单击“标准视图”控制面板上的（正视于）按钮。按住Ctrl键，选择上方直槽口边线，单击草图控制面板上的（转换实体引用）按钮，如图2-167所示。选中生成的槽口边线（可以框选），单击草图控制面板上的（等距实体）按钮，设置等距距离等相关参数，如图2-168所示，单击（确定）按钮。

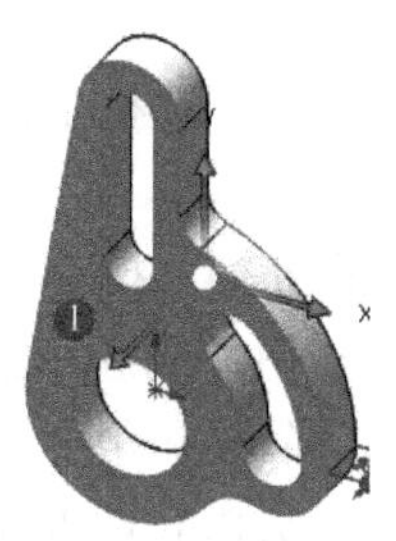
图2-166　选基准面

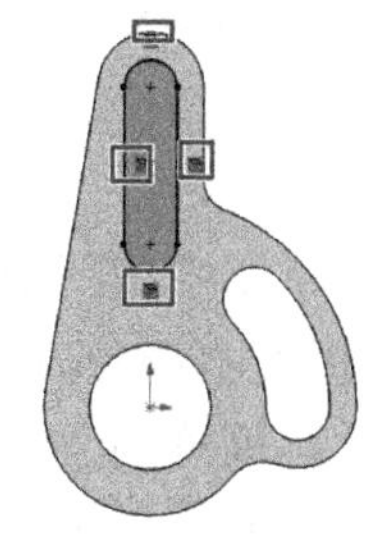
图2-167　转换实体引用

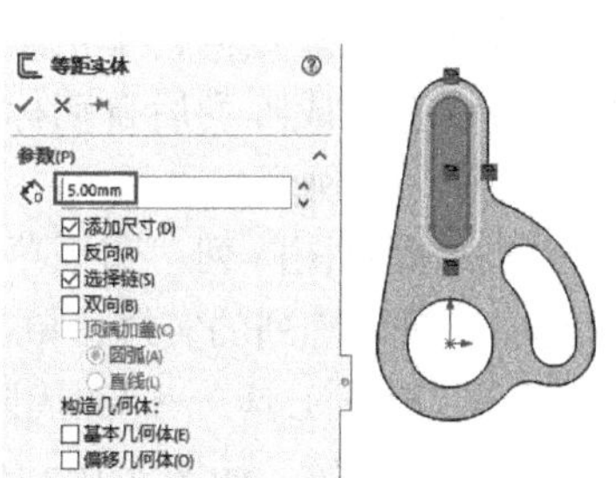

图2-168　等距实体

第 7 步：绘制凸板 1 特征。

单击左边“草图 2”，单击左上方 特征 选项，单击特征控制面板上的（拉伸凸台 / 基体）按钮，弹出拉伸窗口。在 方向 1(1) 下 右边文本框中输入 8，其余取默认值，单击（确定）按钮即生成实体。

第 8 步：绘制凸板 2 草图 3。

单击垫板前表面，单击 草图，单击（草图绘制）按钮，单击“标准视图”控制面板上的（正视于）按钮。按住 Ctrl 键，选择右槽口边线，单击草图控制面板上的（转换实体引用）按钮。选中生成的槽口边线（可以框选），单击草图控制面板上的（等距实体）按钮，设置等距距离等相关参数，如图 2-169 所示，单击（确定）按钮。

第 9 步：绘制凸板 2 特征。

单击左边“草图 3”，单击左上方 特征 选项；单击特征控制面板上的（拉伸凸台 / 基体）按钮，弹出拉伸窗口。在 方向 1(1) 下 右边文本框中输入 15，其余取默认值，单击（确定）按钮即生成实体，如图 2-170 所示。

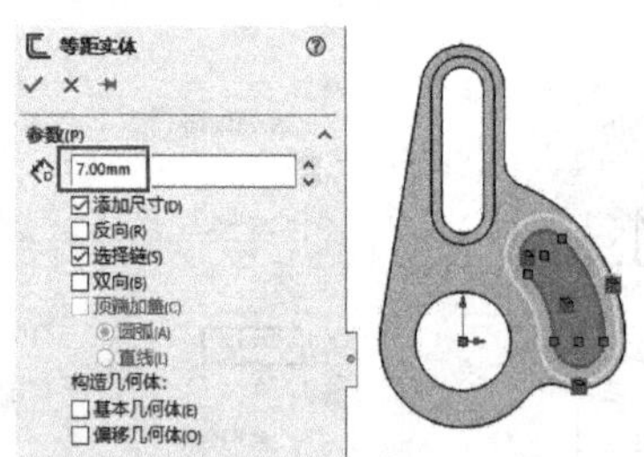

图 2-169 凸板 2 的草图

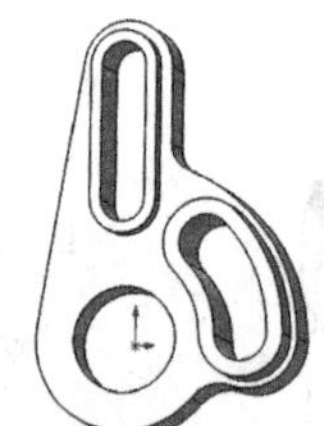

图 2-170 凸板 2 的特征

第 10 步：保存并关闭文件。

2.7.4 草图阵列实体

阵列实体包括线性草图阵列和圆周草图阵列。

（1）线性草图阵列 线性草图阵列就是在水平和竖直两个方向上阵列图形。操作方法为：选中要阵列的实体；单击草图控制面板上的（线性草图阵列）按钮，或选择菜单“工具”→“草图工具”→“线性阵列”，弹出“线性阵列”窗口；在“方向 1”选项中设置水平方向相应的间距、阵列个数和阵列方向与参考轴间的角度；在“方向 2”选项中设置竖直方向相应的间距、阵列个数和阵列方向与参考轴间的角度；单击方向下的（反向）按钮可以改变生成图的位置走向；单击（确定）按钮。如图 2-171 所示。若勾选 标注 X 间距(D) 等复选框，可以在完成阵列后自动标注尺寸。若单击 可跳过的实例(I) 下方列表框，可选择不需包括在阵列中的实例。

（2）圆周草图阵列 圆周草图阵列用于将草图中的图形以圆周的形式阵列。操作方法为：选中要进行阵列的实体；单击草图控制面板上的（圆周草图阵列）按钮，或选择菜单“工具”→“草图工具”→“圆周阵列”，弹出“圆周阵列”窗口，设置阵列个数和角度，单击（确定）按钮。如图 2-172 所示。单击参数下的（反向）按钮可以换为逆时针方向生成阵列。

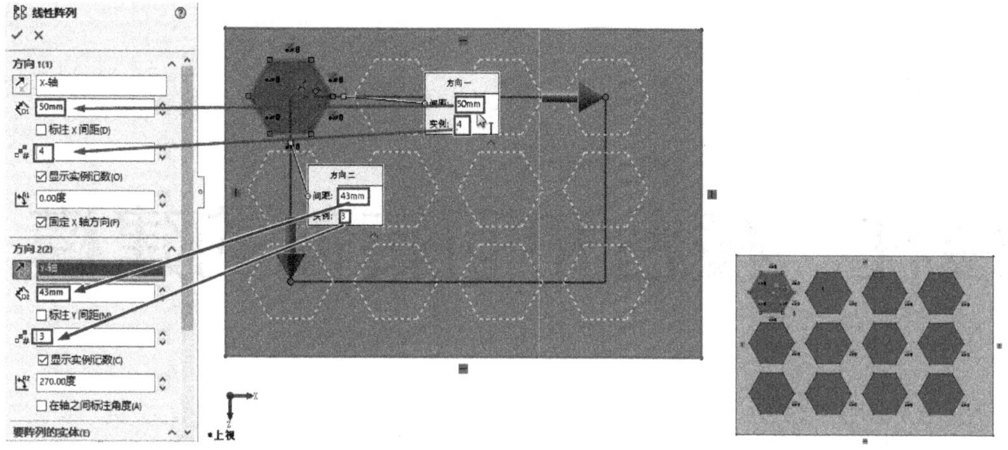

图 2-171 “线性阵列”窗口和操作方式

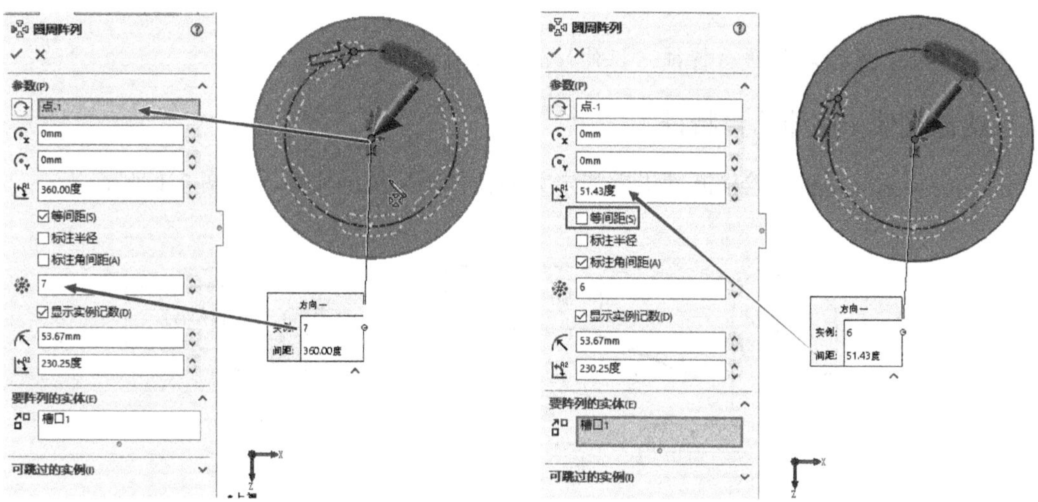

图 2-172 “圆周阵列”窗口和操作方式

项目 3

棱柱、棱台和回转体的建模

任务 1　完成棱柱、棱台等基本体的建模

任务目标：掌握拉伸凸台特征、拉伸切除特征的操作方法。

3.1　绘制柱体 - 拉伸凸台特征

拉伸特征是通过将草绘横断面沿着指定方向拉伸而形成的实体，如图 3-1 所示。

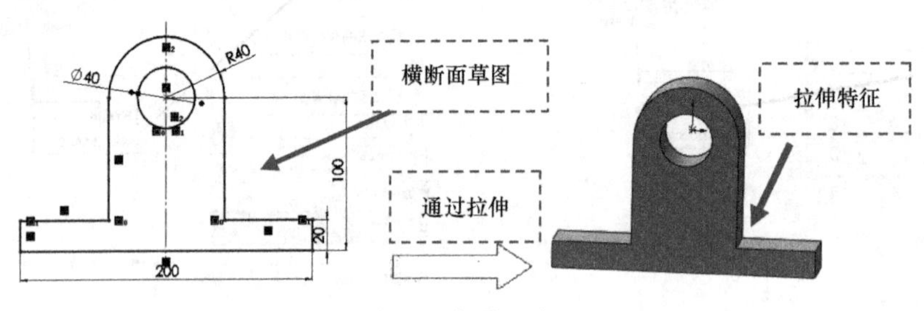

图 3-1　拉伸凸台

3.1.1　创建拉伸凸台特征的操作步骤

第 1 步：启动 SolidWorks 软件后新建“零件”文件。

第 2 步：选定草图基准面，单击 草图 换成草图按钮，单击（草图绘制）按钮，换成草图绘制界面。

第 3 步：绘制横断面的二维草图。草图完成之后，退出二维草图，单击绘图区右上角的（确定）按钮退出草图。

第 4 步：执行拉伸特征命令。单击左边草图名称，单击特征控制面板上的（拉伸凸台 / 基体）按钮。

第 5 步：定义拉伸参数。

第 6 步：单击“拉伸”窗口上的（确定）按钮完成创建。

3.1.2　拉伸凸台特征的草图

绘制实体拉伸特征横断面草图时有如下要求：横断面草图必须闭合，任何部位都不能有缺口；横断面草图任何部位都不能有多余的线头；横断面草图可以包含一个或多个封闭环，

生成特征后，外环以实体填充，内环则为孔；环与环之间不能有直线（或圆弧等）相连，如图 3-2 所示。

图 3-2 几种错误横断面

3.1.3 拉伸凸台特征参数

“拉伸”窗口如图 3-3 所示。

1. “拉伸”类型

利用“拉伸”窗口可以创建实体和薄壁两种类型的特征。创建实体类型时，实体特征的草绘横断面完全由材料填充。前面项目中的实例均为实体类型。若在“拉伸”窗口中勾选☑ 薄壁特征(T)，即可将特征定义为薄壁类型。在由草图横断面生成薄壁类型时，薄壁特征的草图横断面是由材料填充成均厚的环，环的内侧或外侧或中心轮廓边是草绘横断面，如图 3-4 所示。

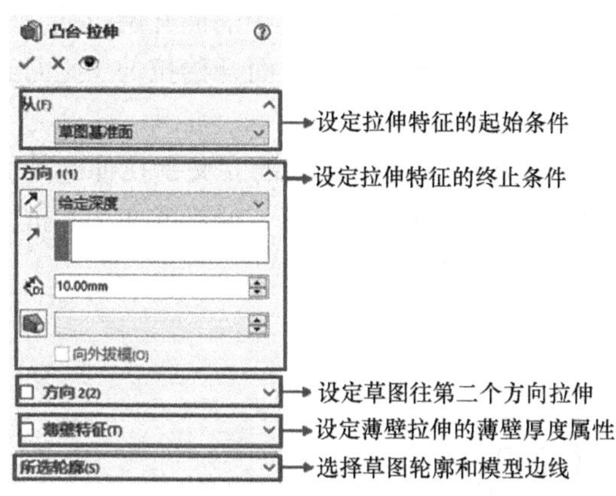

图 3-3 “拉伸”窗口

图 3-4 拉伸薄壁特征

2. “拉伸”方向

在模型上可看到一个箭头（即拖动手柄），该箭头表示特征拉伸深度的方向。若要改变拉伸的方向，可在“拉伸”窗口的方向 1(1)区域中单击↗（反向）按钮，箭头表示的拉伸深度方向即发生变化，如图 3-5 所示。将光标放在箭头上拖动鼠标可改变深度尺寸，“拉伸”窗口的尺寸也会同步变化，如图 3-6 所示。

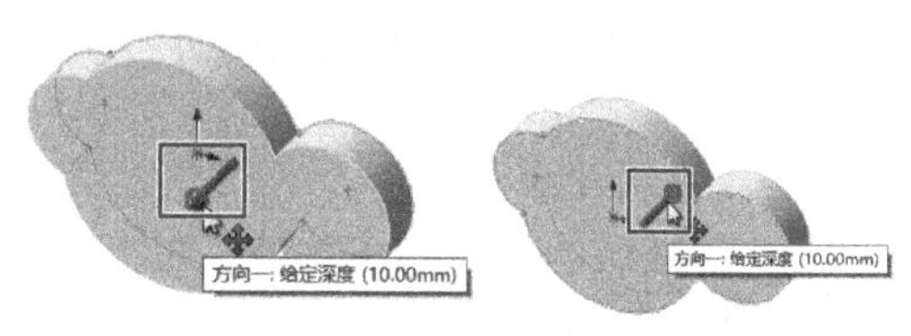

图 3-5 定义拉伸方向

利用“拉伸”窗口可以创建草图向一个方向拉伸，也可以向两个方向拉伸。若只填写方向 1(1)区域内的相关项，则创建草图向一个方向拉伸。若同时勾选☑ 方向 2(2)并填写其下相关选项，则可向草图的两侧分别使用不同的厚度值拉伸，模型上显示两个相反方向的箭头，如图 3-7 所示。按住鼠标的中键并移动鼠标，可旋转三维视图进行观察。

3. 定义拉伸特征的起始条件

图 3-8 所示的“拉伸”窗口从(F)区域下拉列表中表示的是拉伸的起始条件，说明如下：

1）草图基准面。表示特征从草图基准面开始拉伸，属于默认选项，前面各例都是选择此项。

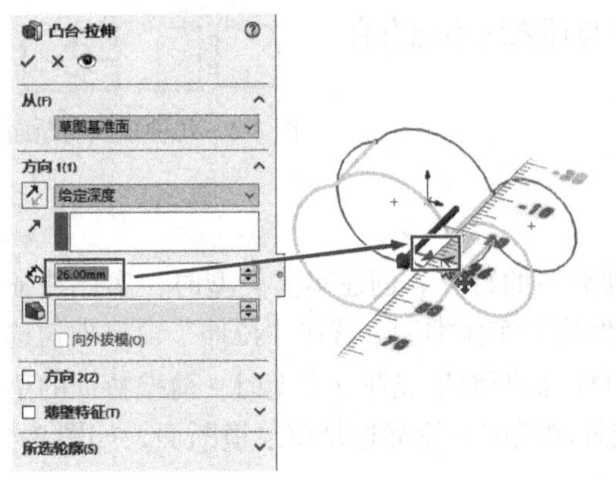

图 3-6 调整拉伸深度

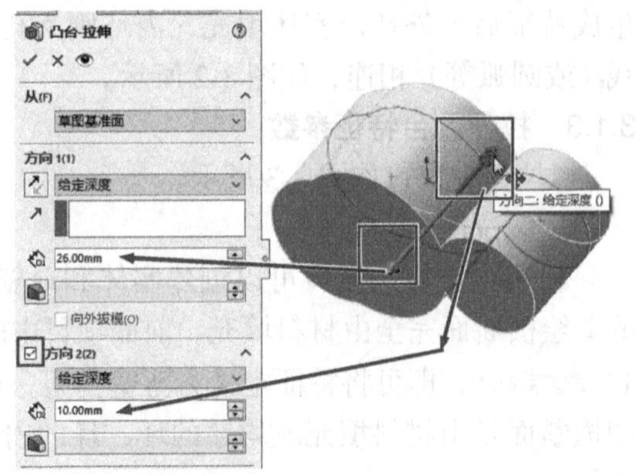

图 3-7 定义拉伸双方向

2）曲面 / 面 / 基准面。选取此项，需继续选择一个面，特征从选中的面开始拉伸。

3）顶点。选取此项，需继续选择一个顶点，特征从顶点所在的面开始拉伸（此面必须与草图基准面平行）。

4）等距。选取此项，需在文本框中输入一个数值，此数值代表的含义是拉伸起始面与草绘基准面的距离。若拉伸为反向时，可以单击左边（反向）按钮，但不能在文本框中输入负值，如图 3-9 所示。

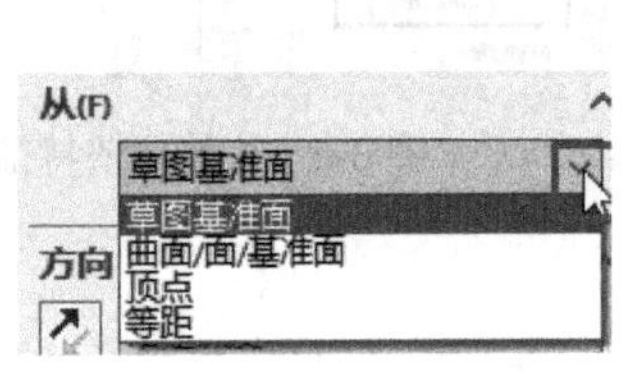

图 3-8 拉伸的起始条件

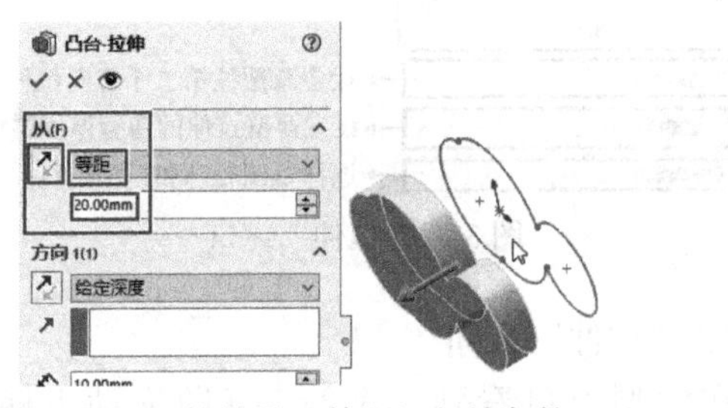

图 3-9 拉伸的“等距”起始条件

4. 定义终止条件

方向 1(1) 区域的下拉列表为特征的各拉伸深度终止选项，如图 3-10 所示，特征的深度选项含义如图 3-11 所示。说明如下：

1）给定深度：按照所输入的深度数值向特征创建的方向一侧进行拉伸，如图 3-11 中 *a* 所示。

2）完全贯穿：特征将与创建方向上所有的面相交，如图 3-11 中 *b* 所示。

3）成形到一顶点：选取此项，需继续选择一个顶点，特征在拉伸方向上延伸，直至与指定顶点所在的面相交（此面必须与草图基准面平行）。如图 3-11 中 *d* 所示，指定点为“3”指向点。

4）成形到一面：选取此项，需继续选择一个面，特征在拉伸方向上延伸，直到与指定面相交。如图 3-11 中 *e* 所示，指定点为“5”指向面。

5）到离指定面指定的距离：若选择此选项，需先选择一个面，并输入指定的距离，特征将从拉伸起始面开始到所选面指定距离处终止。如图 3-11 中 *f* 所示，指定点为“6”指向面。

6）成形到实体：选取此项，需继续选择一个实体，特征将从拉伸起始面沿拉伸方向延伸，直到与指定的实体相交。

7）两侧对称：此时特征将在拉伸起始面的两侧进行拉伸，输入的深度值是总深度值，起始面两边的深度值相等，常用来创建对称类型的特征（说明：当需向草图两方向拉伸一样厚度时，可选用此项；当需向草图两方向拉伸不一样厚度时，可勾选并填写☑ 方向 2(2)项）。

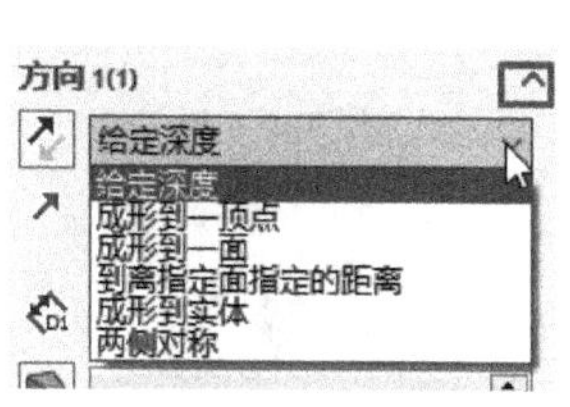

图 3-10 “拉伸”终止条件

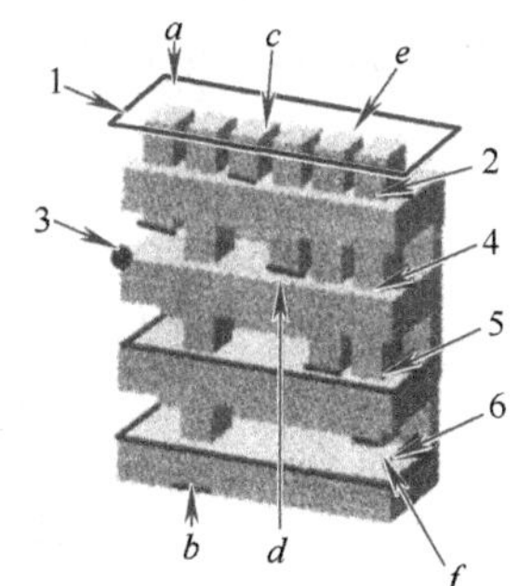

图 3-11 拉伸终止条件选项含义图

1—草绘基准面 2—下一个面 3—顶点

4~6—模型的其他面

a—给定深度 *b*—完全贯穿 *c*—成形到下一面

d—成形到一顶点 *e*—成形到一面 *f*—到离指定面指定的距离

5. 定义拔模角度值

若想拉伸为棱台，则在“拉伸”窗口的方向 1(1)区域中单击（拔模开关）按钮激活角度文本框，输入角度值。拔模方向分为内、外两种，由是否勾选☑ 向外拔模(O)选项决定，图 3-12 所示即为拉伸时的拔模操作。

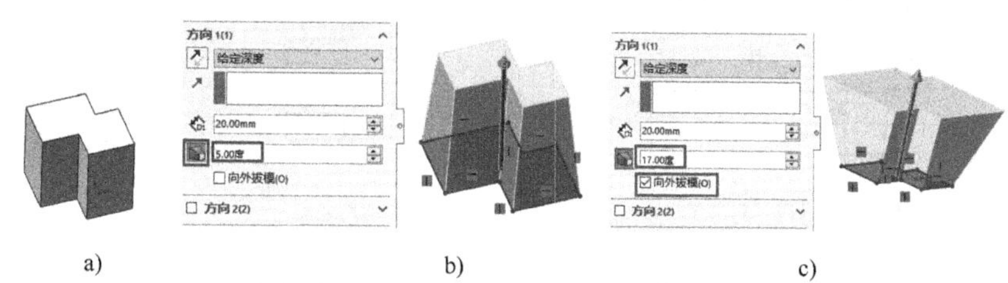

图 3-12 拉伸时的拔模操作

a）无拔模状态 b）向内拔模（5°） c）向外拔模（17°）

3.2 挖切柱体 - 拉伸切除特征

拉伸切除特征的创建方法与拉伸凸台特征基本一致，只不过拉伸凸台特征是增加实体，而拉伸切除特征则是减去实体。

3.2.1 拉伸切除建模体验

【实例 3-1】 绘制如图 3-13 所示的特征。

操作步骤：

实例 3-1

第 1 步：新建文件，文件名称为“3- 切除槽”。

第 2 步：拉伸图 3-14 所示特征。

1）单击前视基准面，单击草图，单击（草图绘制）。

2）绘制拉伸横断面草图 1。绘制如图 3-15 所示草图，单击草图控制面板上的（中心线）按钮，过坐标原点绘制一条水平中心线。单击草图控制面板上的（直线）按钮，绘制上方图形，坐标原点在右下角，添加几何约束关系；选择上方图形及中心线，单击镜向实体按钮，得到下方图形。单击草图控制面板上的（智能尺寸）按钮，标注尺寸。单击绘图区右上角的（确定）按钮退出草图。

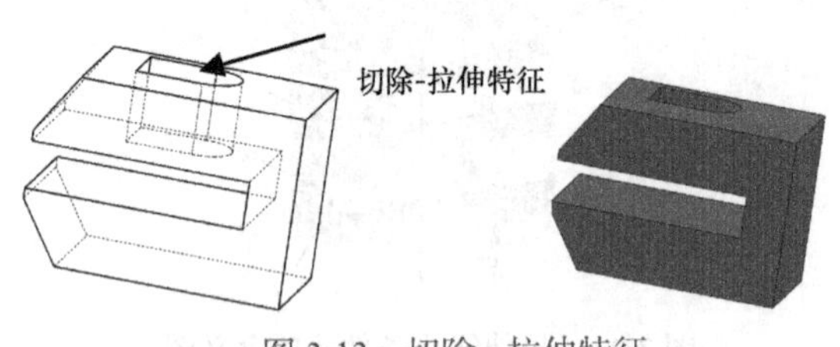

图 3-13　切除 - 拉伸特征

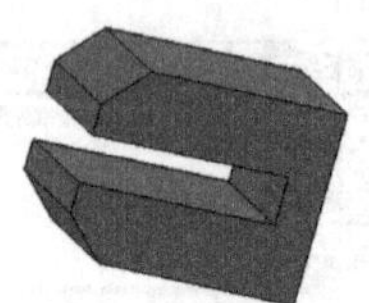

图 3-14　拉伸基础特征

3）将草图 1 拉伸为高度为 24 的柱体。单击左边“草图 1”，单击左上方特征选项；再单击特征控制面板上的（拉伸凸台 / 基体）按钮，弹出定义拉伸参数的对话窗口；在方向 1(1) 下，选择两侧对称，在方向 1(1) 下右边文本框中单击激活，输入 24，其余取默认值不做修改，如图 3-16 所示；单击“拉伸”窗口上的（确定）按钮，完成特征的创建，如图 3-14 所示。

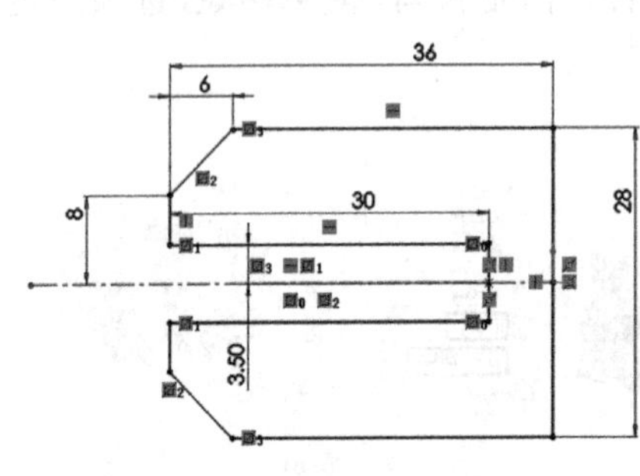

图 3-15　拉伸横断面草图 1

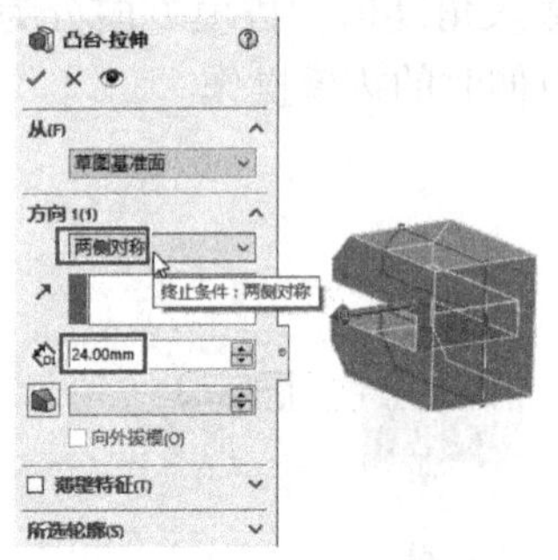

图 3-16　“拉伸”窗口

第 3 步：创建拉伸切除特征的横断面草图。

1）选取草图基准面。单击上视基准面作为草图基准面。单击草图，单击（草图绘制），单击“标准视图”控制面板上的（正视于）按钮，调整到正视于草图的方位。

2）绘制横断面草图 2，如图 3-17 所示。单击草图控制面板上的圆心/起/终点画弧(T)按钮，绘制半圆弧；单击草图控制面板上的（直线）按钮，画水平直线和竖直直线；添加几何约束。单击草图控制面板上的（智能尺寸）按钮，标注尺寸；完成草图绘制后，单击绘图区右上角的（确定）按钮退出草图。

第 4 步：创建拉伸切除特征。单击左边“草图 2”，单击左上方 特征 选项；再单击特征控制面板上的 （拉伸切除）按钮，弹出定义拉伸参数的对话窗口；在方向 1(1) 下，单击（反向）按钮；选择完全贯穿，其余取默认值不做修改，如图 3-18 所示；单击“拉伸”窗口上的（确定）按钮，完成特征的创建，如图 3-13 所示。

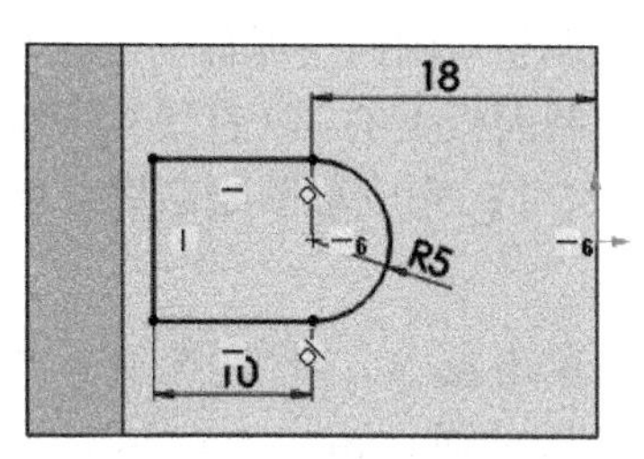

图 3-17　横断面草图 2

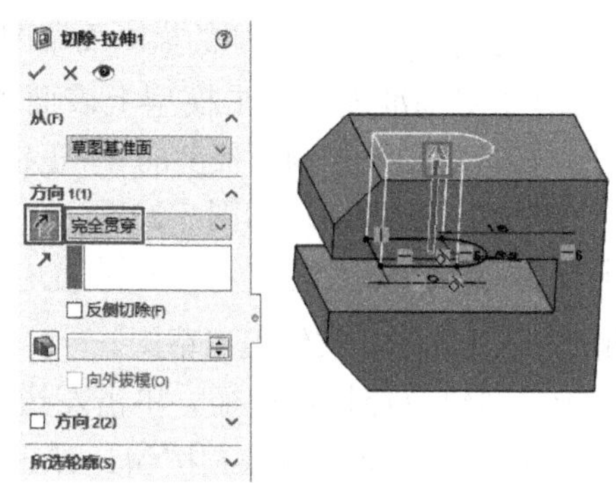

图 3-18　“拉伸”窗口的终止条件

第 5 步：保存并关闭文件

3.2.2　拉伸切除特征的操作和参数设置

1. 操作步骤

第 1 步：选择拉伸切除特征命令。单击特征控制面板上的 （拉伸切除）按钮，或选择下拉菜单“插入”→“切除”→“拉伸”，弹出“切除 - 拉伸”窗口，如图 3-19 所示。

第 2 步：定义拉伸切除参数。

第 3 步：单击窗口中的（确定）按钮，完成特征的创建。

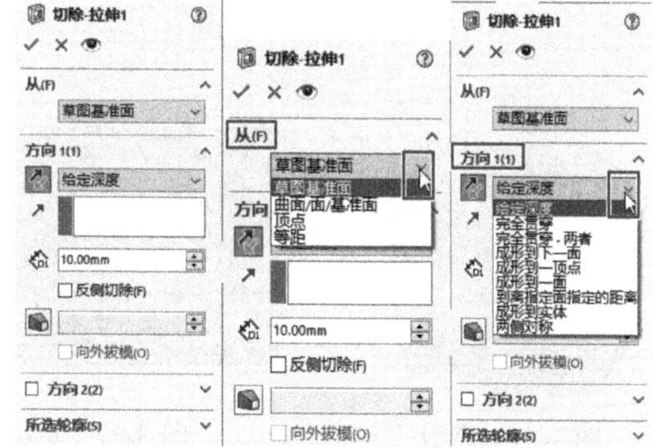

图 3-19　“切除 - 拉伸”窗口

2. 设置参数

1）选取拉伸切除范围。默认情况下，切除的是轮廓内的实体。方向 1(1) 区域中有一个☐反侧切除(F)复选框，若勾选此项，将移除草图外的实体，如图 3-20 所示。

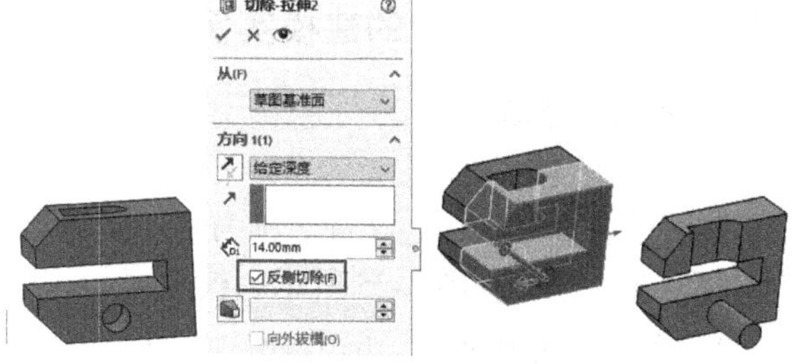

图 3-20　“反侧切除”含义

2）其他参数。方向 1(1) 下完全贯穿 - 两者项含义：向指定方向与指定方向反方向的两个方向拉伸切除。若勾选此项，自动勾选☑ 方向 2(2)，且终止条件为完全贯穿。其他参数与“凸台 - 拉伸”窗口的相同，不再赘述。

3.2.3　拉伸切除特征边角时的草图

若需要切除的部分在模型边上而不是在中间挖孔、槽，则截面草图可以不封闭。

【实例 3-2】创建如图 3-21 所示模型。

实例 3-2

建模步骤：

第 1 步：打开文件和保存文件。启动 SolidWorks，打开“3- 切除槽 .SLDPRT”文件。单击菜单中的“文件”→“另存为”，以“3- 切除槽 2”文件名保存。

第 2 步：创建拉伸切除特征的横断面草图。

1）选取草图基准面。单击模型上表面作为草图基准面。单击 草图，单击 （草图绘制），单击“标准视图”控制面板上的 （正视于）按钮，调整草图面与屏幕平行的方位。

2）绘制横断面草图 3，如图 3-22 所示。单击草图控制面板上的 （直线）按钮，画直线；单击草图控制面板上的 （智能尺寸）按钮，标注尺寸；完成草图绘制后，单击绘图区右上角的 （确定）按钮退出草图。

第 3 步：创建拉伸切除特征。单击左边“草图 3”，单击左上方 特征 选项；再单击特征控制面板上的 （拉伸切除）按钮，弹出定义拉伸参数的对话窗口；在 方向 1(1) 下选择 完全贯穿 - 两者，其余取默认值不做修改，如图 3-23 所示；单击窗口上的 （确定）按钮，完成特征的创建，如图 3-21 所示。

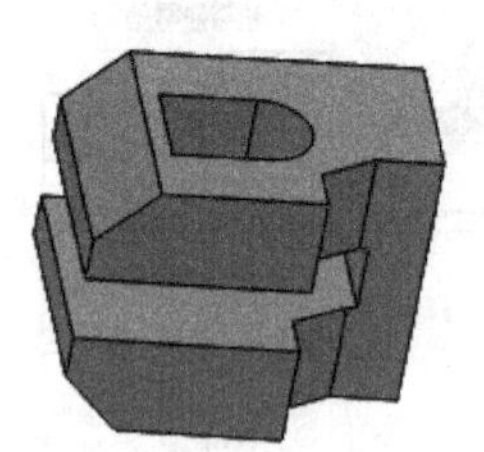

图 3-21　模型

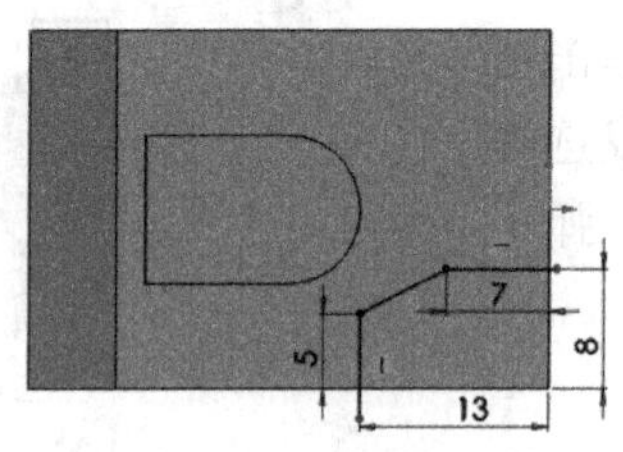

图 3-22　草图 3

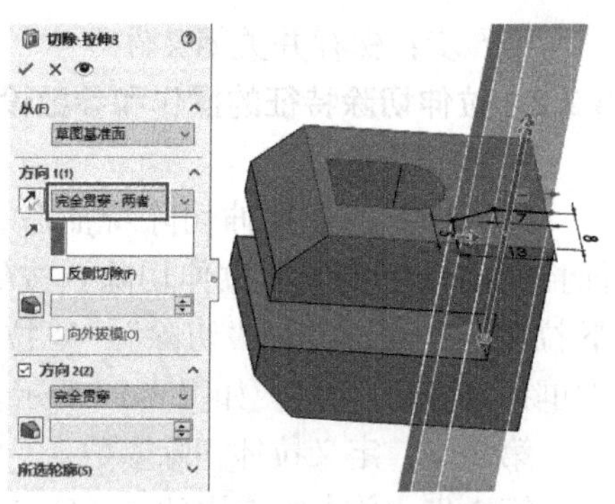

图 3-23　定义终止条件

第 4 步：保存并关闭文件。

3.3　拉伸与拉伸切除的建模实例

3.3.1　座体的建模

实例 3-3

座体如图 3-24 所示。

第 1 步：新建文件，文件名称为“3- 座体”。

第 2 步：拉伸如图 3-25 所示底板。

1）单击上视基准面，单击 草图，单击 （草图绘制）。

2）绘制如图 3-25 所示底板草图。单击草图控制面板上的 （中心线）按钮，过坐标原点绘制一条长接近 80 的水平中心线和一条长接近 38 的竖直中心线。单击草图控制面板上的 （直线）按钮，绘制直线，如图 3-26 所示，尺寸接近所需值；选择上方图形及水平中心线，单击 镜向实体按钮，得到下方图形，如图 3-27 所示。单击草图工具控制面板上的 （圆）按钮，在右边绘制半径接近 7 的圆；选择右方图形及竖直中心线，单击 镜向实体按钮，得到左边图形，如图 3-28 所示。单击草图工具控制面板上的 (圆) 按钮，绘制圆心放在坐标原点、过直线端点的圆；单击草图控制面板上的 (剪裁实体) 按钮，剪裁掉圆中间部分。单击草图控制面板上的 (智能尺寸) 按钮，标注尺寸，如图 3-25 所示。单击绘图区右上角的 (确定) 按钮退出草图。

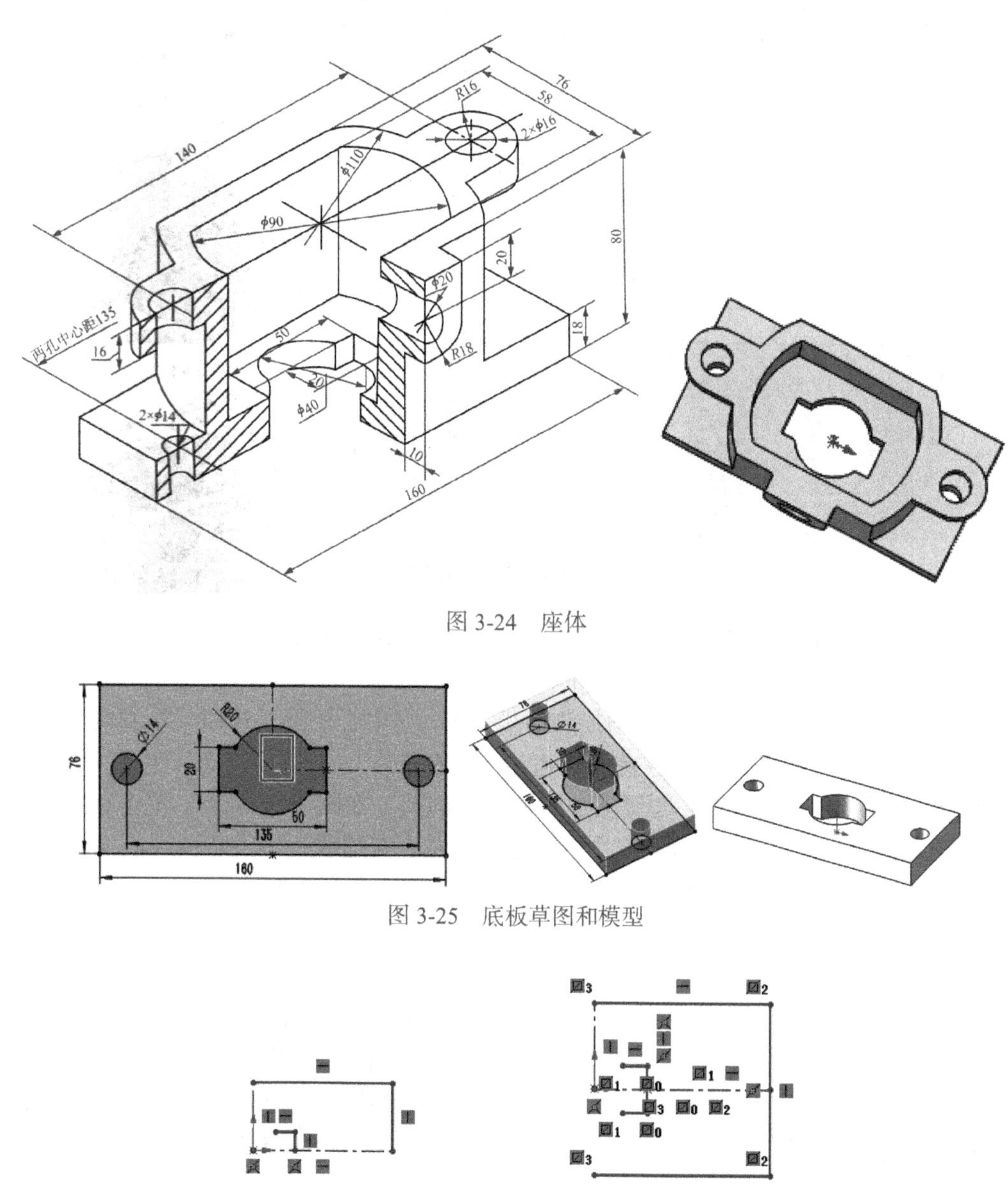

图 3-24 座体

图 3-25 底板草图和模型

图 3-26 直线草图

图 3-27 上下镜像图

3）将草图 1 拉伸为柱体。单击左边“草图 1”，单击左上方 特征 选项；再单击特征控制面板上的 (拉伸凸台 / 基体) 按钮，弹出定义拉伸参数的对话窗口；在 方向 1(1) 下 右边文本框中输入 18，其余取默认值；单击 (确定) 按钮即生成实体，如图 3-25 所示。

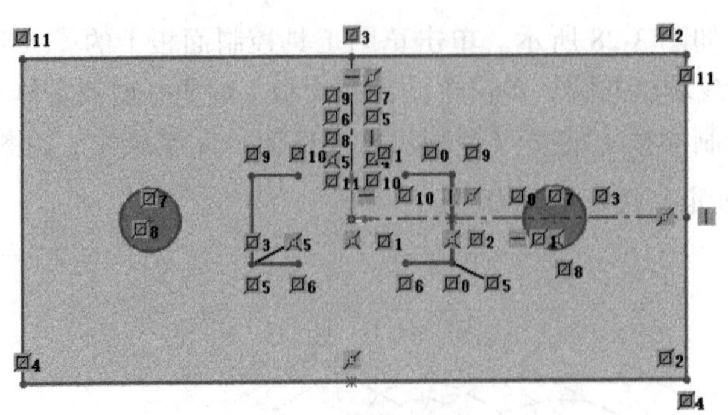

图 3-28　左右镜像图

第 3 步：拉伸如图 3-29 所示中间体。

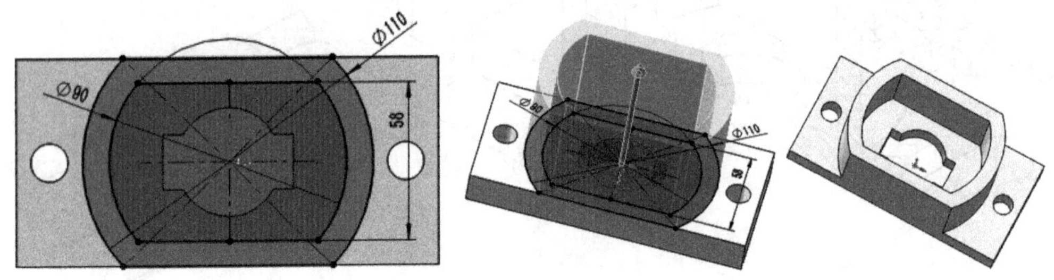

图 3-29　中间体的草图和模型

1）单击选中底板上表面作为基准面，如图 3-30 所示；单击草图，单击（草图绘制），单击（正视于）按钮。

2）绘制中间体的草图。单击草图控制面板上的（中心矩形）按钮，绘制两个中心在坐标原点的矩形，外矩形一个角点在底板边线上；单击草图工具控制面板上的（圆）按钮，绘制两个圆心在坐标原点、圆周点过矩形角点的圆，如图 3-31 所示。单击草图控制面板上的（智能尺寸）按钮，标注尺寸。删除矩形左、右边线；单击草图控制面板上的（剪裁实体）按钮修剪；单击草图控制面板上的（确定）退出草图。

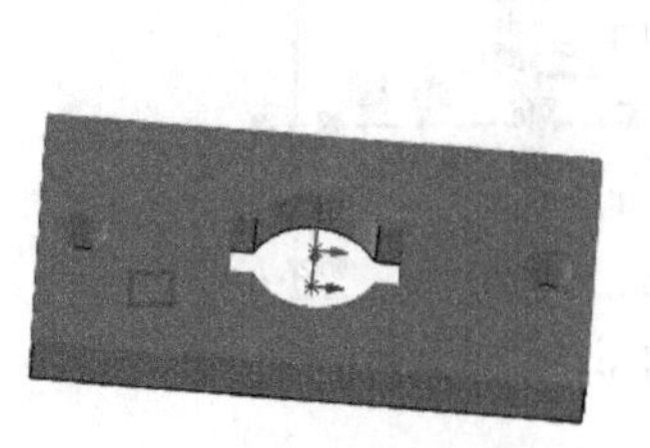

图 3-30　基准面

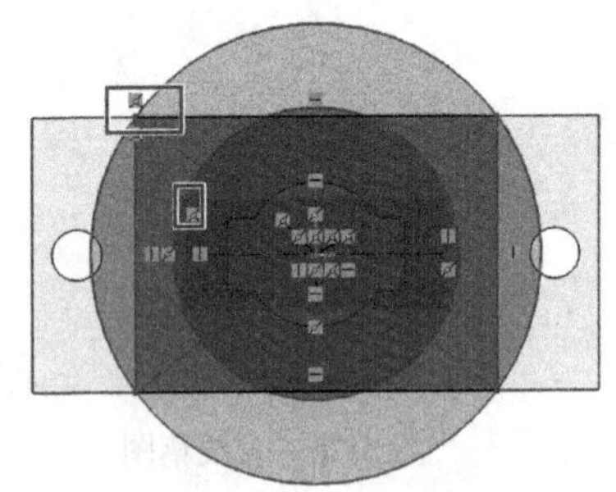

图 3-31　草图过程

3）将草图 2 拉伸为柱体。单击左边"草图 2"，单击左上方特征选项；再单击特征控制面板上的（拉伸凸台 / 基体）按钮，弹出定义拉伸参数的对话窗口；在方向 1(1) 下右边文本框中输入 62（62=80–18），其余取默认值；单击（确定）按钮即生成实体，如图 3-29 所示。

第 4 步：拉伸如图 3-32 所示耳板。

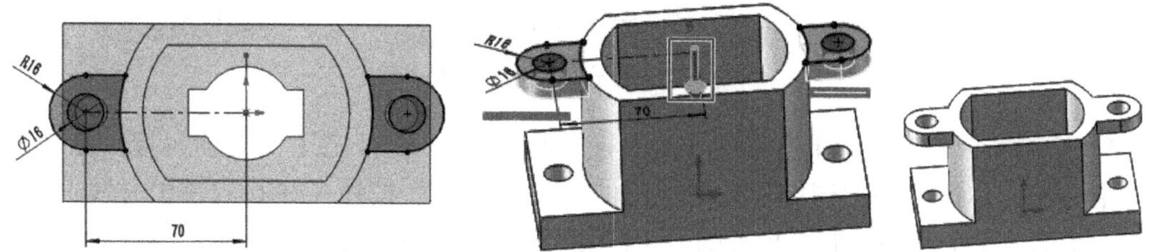

图 3-32 耳板的草图和模型

1）单击选中中间体上表面作为基准面，单击草图，单击（草图绘制），单击（正视于）按钮。

2）绘制中间体的草图。单击草图控制面板上的（中心线）按钮，过坐标原点绘制一条长接近 85 的水平中心线和一条竖直中心线（水平中心线长 70 与底板孔距离非常接近，容易误判，因此加大尺寸取 85）。单击草图控制面板上的 圆心/起/终点画弧(T) 按钮，圆心放在水平中心线左端点，绘制半径接近 16 的左半圆。单击草图控制面板上的（直线）按钮，绘制两条直线，左端点在半圆端点，右端点在大圆弧上。选择大圆弧左边线；单击草图控制面板上的（转换实体引用）按钮；单击草图工具控制面板上的（圆）按钮，在左边绘制同心圆，如图 3-33 所示。单击草图控制面板上的（剪裁实体）按钮，修剪大圆弧外的线。选择左边图形及竖直中心线，单击 镜向实体按钮，得到右边图形，如图 3-34 所示。单击草图控制面板上的（智能尺寸）按钮，标注尺寸。单击草图控制面板上的（确定）退出草图，如图 3-32 所示。

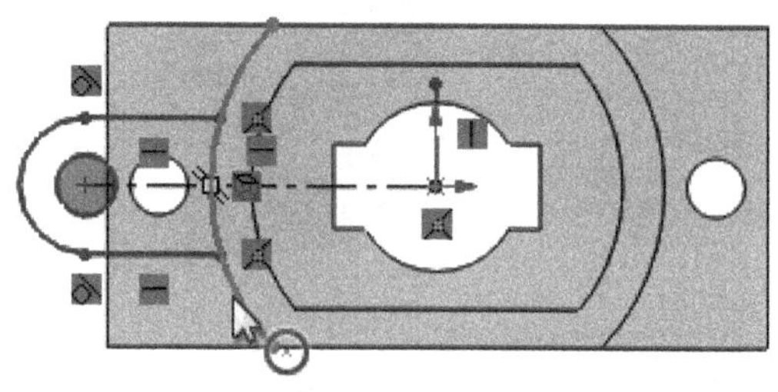

图 3-33 草图过程

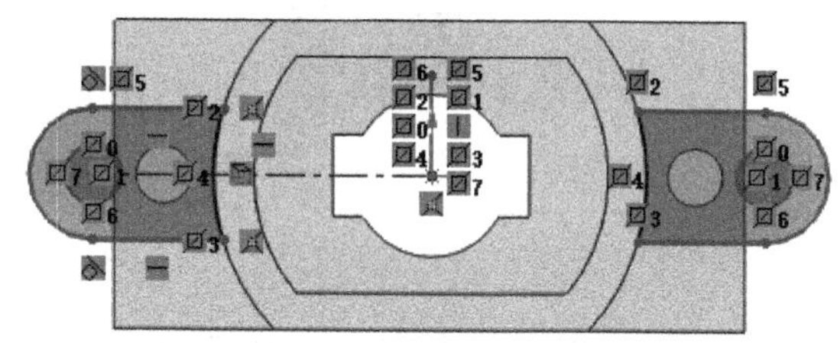

图 3-34 镜像图形

3）将草图 3 拉伸为柱体。单击左边“草图 3”，单击左上方 特征 选项；单击特征控制面板上的（拉伸凸台 / 基体）按钮，弹出定义拉伸参数的对话窗口；单击 方向 1(1) 下（反向）按钮；在 右边文本框中输入 16，其余取默认值；单击（确定）按钮即生成实体，如图 3-32 所示。

第 5 步：拉伸如图 3-35 所示凸台。

1）单击选中中间体前表面作为基准面，如图 3-36 所示。单击草图，单击（草图绘制），单击（正视于）按钮。

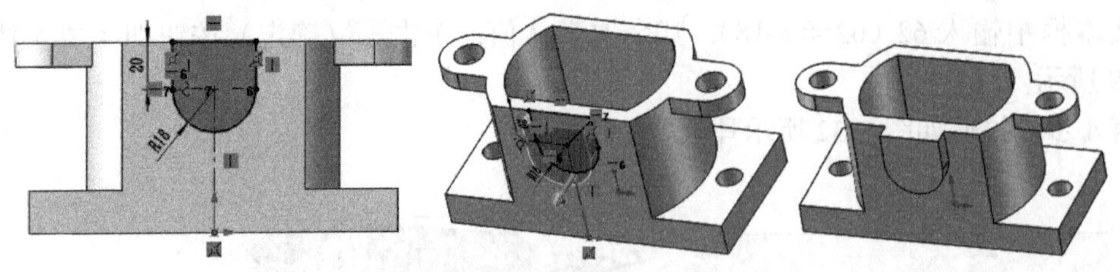

图 3-35　凸台的草图和模型

2）绘制凸台的草图。单击草图控制面板上的（中心线）按钮，过坐标原点绘制一条竖直中心线。单击草图控制面板上的 圆心/起/终点画弧(T) 按钮，圆心放在中心线上端点，绘制下半圆。单击草图控制面板上的（直线）按钮，绘制两条直线，下端点在半圆端点，上端点在中间体轮廓线上；绘制直线相连，如图 3-37 所示。单击草图控制面板上的（智能尺寸）按钮，标注尺寸。单击草图控制面板上的（确定）退出草图，如图 3-35 所示。

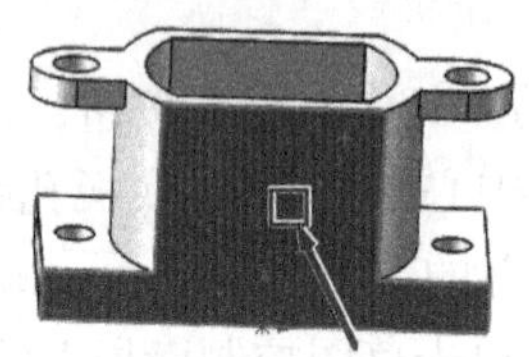

图 3-36　基准面

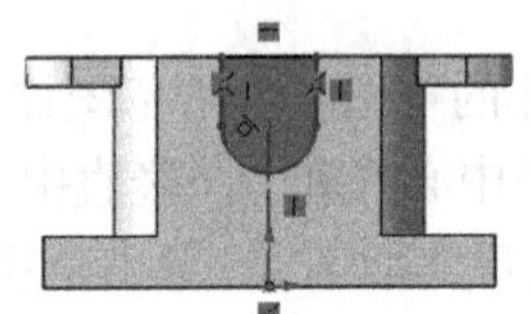

图 3-37　草图过程

3）将草图 4 拉伸为柱体。单击左边“草图 4”，单击左上方 特征 选项；再单击特征控制面板上的（拉伸凸台 / 基体）按钮，弹出定义拉伸参数的对话窗口；在 方向 1(1) 下 右边文本框中输入 10，其余取默认值；单击（确定）按钮即生成实体，如图 3-35 所示。

第 6 步：拉伸切除如图 3-38 所示的孔。

图 3-38　孔的草图和模型

1）单击凸台前表面作为基准面，单击 草图，单击（草图绘制），单击（正视于）按钮。

2）绘制孔的草图。单击草图工具控制面板上的（圆）按钮，过坐标原点绘制圆。单击草图控制面板上的（智能尺寸）按钮，标注直径 20。单击草图控制面板上的（确定）退出草图，如图 3-38 所示。

3）创建拉伸切除特征。单击左边“草图 5”，单击左上方 特征 选项；再单击特征控制面板上的（拉伸切除）按钮，弹出定义拉伸参数的对话窗口；在 方向 1(1) 下终止条件选择 成形到下一面，其余取默认值不做修改，如图 3-39 所示；单击窗口上的（确定）按钮，完成特征的创建，如图 3-38 所示。

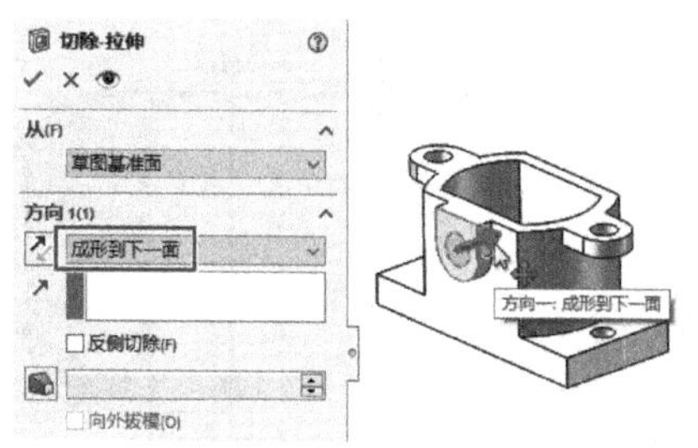

图 3-39 “切除 - 拉伸”窗口

实例 3-4

第 7 步：保存并关闭文件。

3.3.2 轴承板的建模

轴承板如图 3-40 所示。

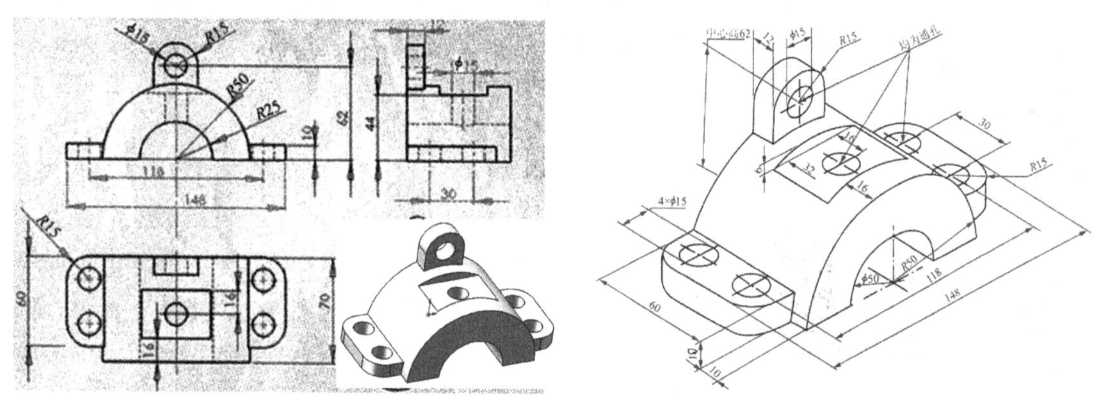

图 3-40 轴承板的草图和模型

第 1 步：新建零件文件。文件名称为“3- 轴承板”。

第 2 步：拉伸如图 3-41 所示半圆柱体。

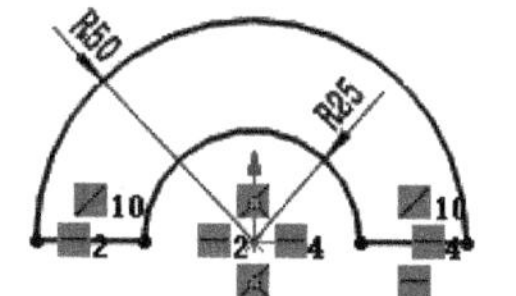

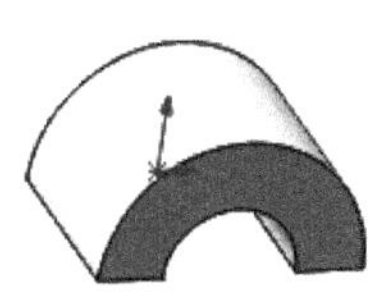

图 3-41 半圆柱体的草图和模型

1）绘制半圆柱体的草图。单击前视基准面，单击 草图，单击 （草图绘制)。单击草图工具控制面板上的 （圆）按钮，绘制圆心在坐标原点的两个同心圆；单击草图控制面板上的 中点线 按钮，过坐标原点绘制水平线。单击草图控制面板上的 （剪裁实体）按钮，修剪；单击草图控制面板上的 （智能尺寸）按钮，标注半径；单击绘图区右上角的 （确定）按钮退出草图。

2）将草图 1 拉伸为柱体。单击左边“草图 1”，单击左上方 特征 选项；再单击特征控制面板上的 （拉伸凸台 / 基体）按钮；在 方向 1(1) 下 右边文本框中单击激活，输入 70，其余取默认值不做修改，单击“拉伸”窗口上的 （确定）按钮，完成特征的创建，如图 3-41 所示。

第 3 步：拉伸如图 3-42 所示底板。

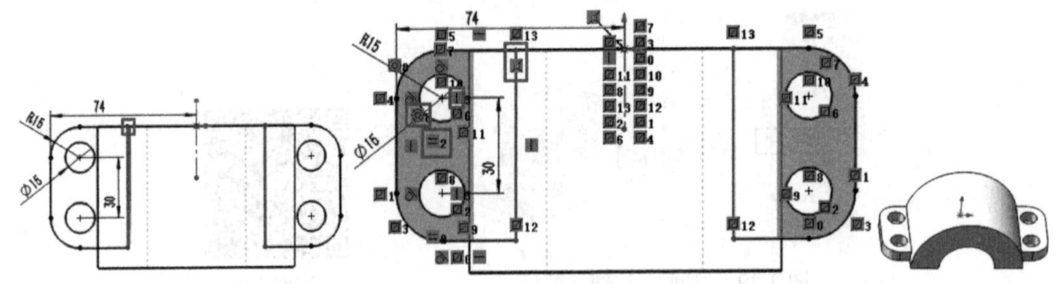

图 3-42　底板的草图和模型

1）单击上视基准面，单击草图，单击（草图绘制），单击视图中（隐藏线可见）模式。单击草图控制面板上的（中心线）按钮，过坐标原点绘制一条竖直线；单击草图控制面板上的（矩形）按钮，在左边绘制矩形，一个角点在上方轮廓线上，且靠近虚线；单击草图工具控制面板上的（圆）按钮，绘制圆心在同一竖直线上的两个圆；单击草图工具控制面板上的（圆角）按钮，进行圆角。添加几何约束（两个圆相等，圆的圆心与圆角圆心同心等）。单击草图控制面板上的（智能尺寸）按钮，标注尺寸；选择左边图形及中心线，单击镜向实体按钮，得到右边图形。单击绘图区右上角的（确定）按钮退出草图。

2）将草图 2 拉伸为柱体。单击左边“草图 2”，单击左上方特征选项；再单击特征控制面板上的（拉伸凸台 / 基体）按钮；在方向 1(1) 下右边文本框中单击激活，输入 10，其余取默认值不做修改，单击“拉伸”窗口上的（确定）按钮，完成特征的创建。单击视图中（带边线上色），如图 3-42 所示。

第 4 步：拉伸切除如图 3-43 所示上方切块。

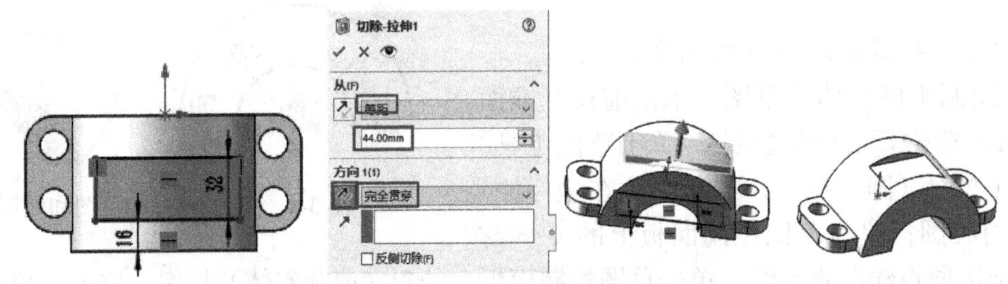

图 3-43　切块的草图和模型

1）单击上视基准面，单击草图，单击（草图绘制），单击（正视于）按钮。单击草图控制面板上的（矩形）按钮绘制矩形，长度尺寸大些即可；单击草图控制面板上的（智能尺寸）按钮，标注宽度尺寸 16 和 22；单击绘图区右上角的（确定）按钮退出草图。

2）创建拉伸切除特征。单击左边“草图 3”，单击左上方特征选项；再单击特征控制面板上的（拉伸切除）按钮，弹出定义拉伸参数的对话窗口；在方向 1(1) 下选择拉伸起始条件为等距，并输入44，即从距离上视基准面44处开始；在方向1(1)下单击（反向）按钮（即向上切除）终止条件选择完全贯穿，其余取默认值，如图3-43所示；单击窗口上的（确定）按钮，完成特征的创建，如图3-43所示。

第5步：拉伸切除如图3-44所示孔。

1）单击切块水平面，单击草图，单击（草图绘制），单击（正视于）按钮。单击草图工具控制面板上的（圆）按钮，绘制圆心与坐标原点同一竖直线方向上的圆。单击草图控制面板上的（智能尺寸）按钮，标注宽度尺寸16和直径15；单击绘图区右上角的（确定）按钮退出草图。

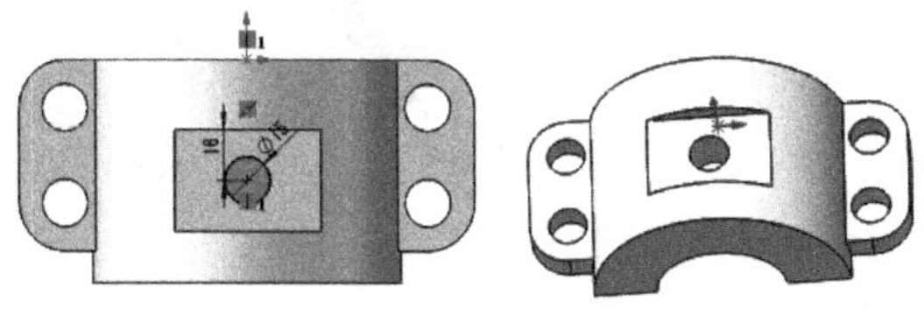
图3-44　拉伸切除孔的草图和模型

2）创建拉伸切除特征。单击左边“草图4”，单击左上方特征选项；再单击特征控制面板上的（拉伸切除）按钮，弹出定义拉伸参数的对话窗口；在方向1(1)下终止条件选择完全贯穿，其余取默认值；单击窗口上的（确定）按钮，完成特征的创建。

第6步：拉伸如图3-45所示耳板。

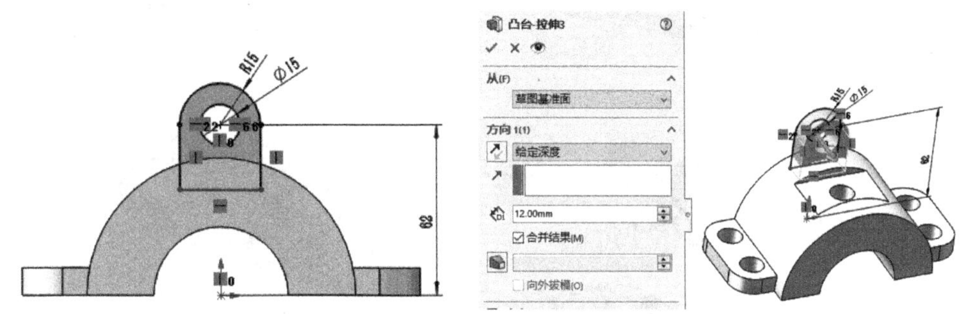

图3-45　拉伸耳板的草图和模型

1）单击选中前视基准面，单击草图，单击（草图绘制），单击（正视于）按钮。单击草图控制面板上的（中心线）按钮，过坐标原点绘制一条长约62的竖直中心线。单击草图控制面板上的圆心/起/终点画弧(T)按钮，绘制圆心在竖直中心线上端点、绘制半径接近15的上半圆。单击草图控制面板上的（直线）按钮，绘制上方直线，水平直线要进入半圆柱体轮廓线中。单击草图控制面板上的（智能尺寸）按钮，标注尺寸。单击绘图区右上角的（确定）按钮退出草图。

2）将草图5拉伸为柱体。单击左边“草图5”，单击左上方特征选项；再单击特征控制面板上的（拉伸凸台/基体）按钮；在方向1(1)下右边文本框中单击激活，输入12，其余取默认值不做修改，单击“拉伸”窗口上的（确定）按钮，完成特征的创建。

第7步：保存并关闭文件。

【举一反三3-1】 利用拉伸特征和拉伸切除特征建模，如图3-46所示。

【举一反三3-2】 利用拉伸特征和拉伸切除特征建模。

按图3-47所示尺寸建模（均为通孔）。

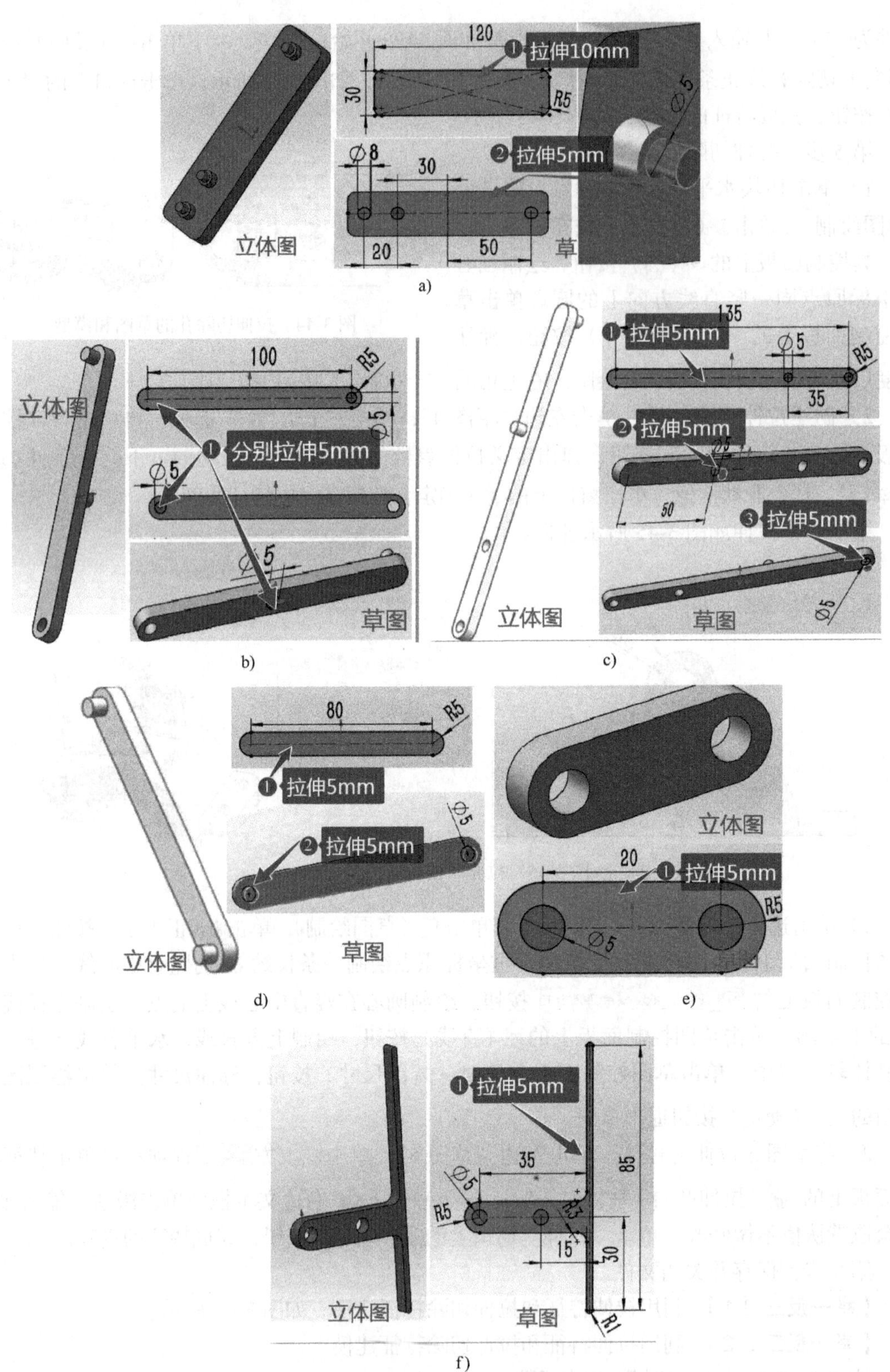

图 3-46　零件模型及草图

a）底座　b）连接杆 1　c）连接杆 2　d）连接杆 3　e）连接件　f）雨刷

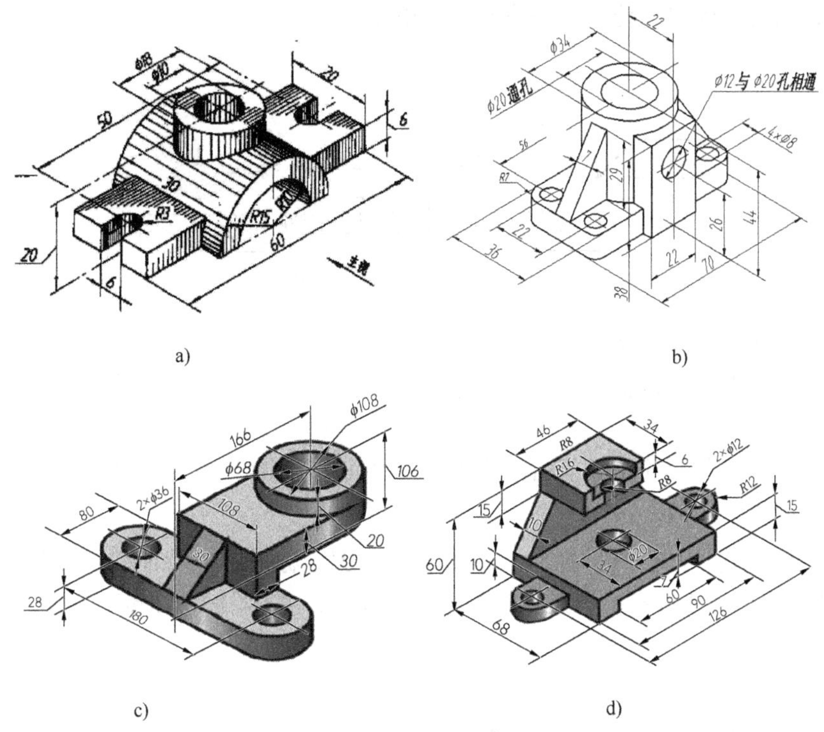

a) b)

c) d)

图 3-47 有尺寸的训练图

【举一反三 3-3】 利用拉伸特征和拉伸切除特征建模。

按图 3-48 所示建模（均为通孔，尺寸自定）。

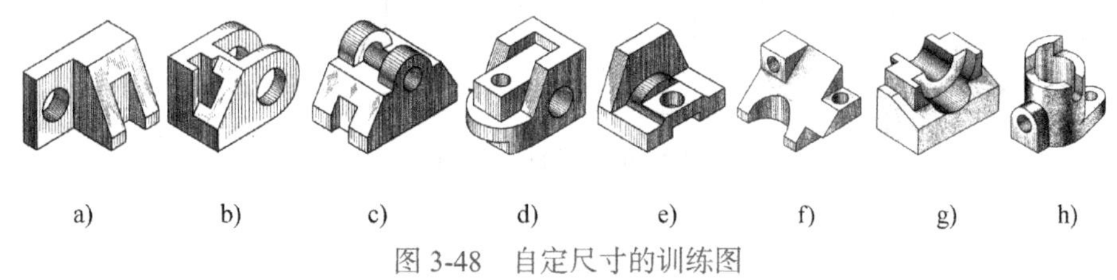

a) b) c) d) e) f) g) h)

图 3-48 自定尺寸的训练图

任务 2 完成回转体的建模

任务目标：掌握旋转凸台特征与旋转切除特征的操作方法。

3.4 回转体的建模 - 旋转凸台特征

3.4.1 旋转特征简述

旋转特征是将横断面草图绕着一条轴线旋转而形成实体。图 3-49 所示为旋转凸台特征。旋转凸台特征的横断面都必须封闭，旋转特征草图必须有一条可以绕其旋转的轴线。

3.4.2 旋转凸台特征的操作

要创建旋转体特征，可按下列操作顺序：定义草图基准面→绘制特征草图→旋转特征命令→确定旋转轴线→确定旋转方向→输入旋转角度。

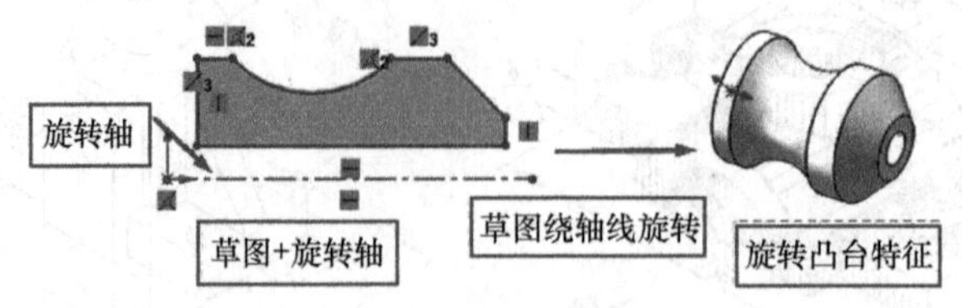

图 3-49　旋转特征示意图

第 1 步：新建“零件”文件。

第 2 步：选定草图基准面，单击草图换成草图按钮，单击（草图绘制）按钮，换成草图绘制界面。

第 3 步：绘制横断面的二维草图。草图完成之后，退出二维草图，单击绘图区右上角的（确定）按钮退出草图。

第 4 步：执行旋转凸台特征命令。单击左边草图名称，单击特征控制面板上的（旋转凸台/基体）按钮；或选择下拉菜单“插入”→“凸台/基体”→“旋转”命令，弹出图 3-50 所示的“旋转”窗口。

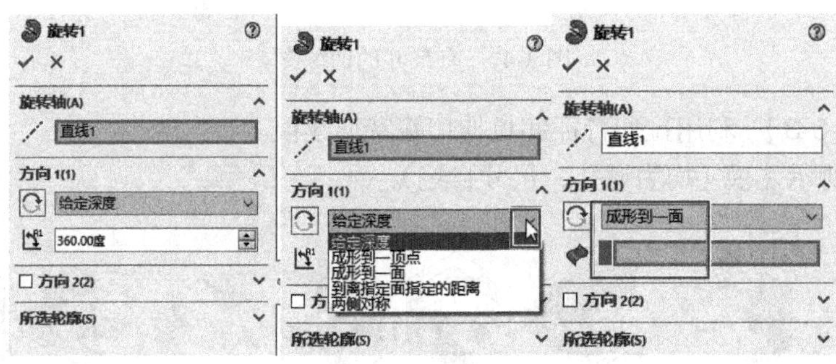

图 3-50　“旋转”窗口

第 5 步：定义旋转参数。

1）指定旋转轴。在“旋转”窗口中单击（旋转轴）右边框，在绘图区中单击需要的旋转轴线。

2）定义旋转方向。在“旋转”窗口的方向 1(1)区域的下拉列表中选择所需选项，如给定深度，选项含义与“拉伸”窗口选项含义相同，为反向按钮。

3）定义旋转角度。在方向 1(1)区域的文本框中输入角度数值，如 360。

第 6 步：单击“旋转”窗口上的（确定）按钮完成创建。

创建旋转体特征时，有以下几点注意事项。

1）旋转特征必须有一条轴线，围绕轴线旋转的草图只能在该轴线的一侧，最近距离只能与轴线重合，不能超过轴线，如图 3-51 所示。也不要直接用其完整的断面图作为草图，半个断面图中的线一般都要去掉，如图 3-52 所示，草图超过了轴线、草图中间有线、草图没有封闭都是错误的。

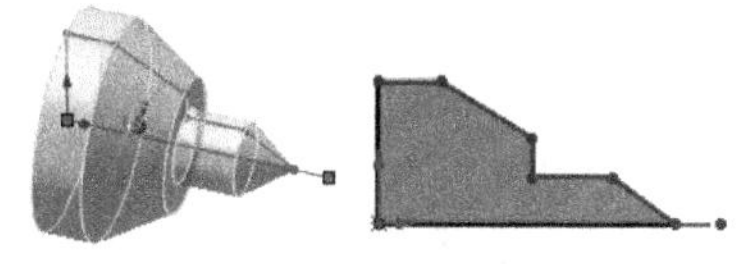

图 3-51 正确的草图

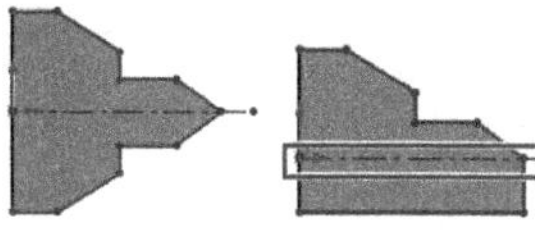
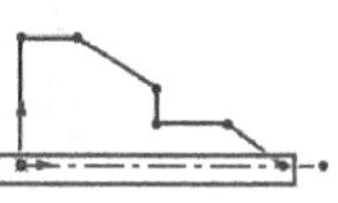

图 3-52 错误的草图

2）旋转轴线一般用（中心线）绘制中心线，也可以是选用（直线）绘制的实线，还可以是草图轮廓的一条直线边。

3）若选择的横断面草图中只有一条用中心线绘制的线，执行旋转特征命令时，系统会自动识别此中心线为旋转轴线，可以不用再次选择旋转轴线。

3.4.3 旋转特征实例

绘制如图 3-53 所示手柄。

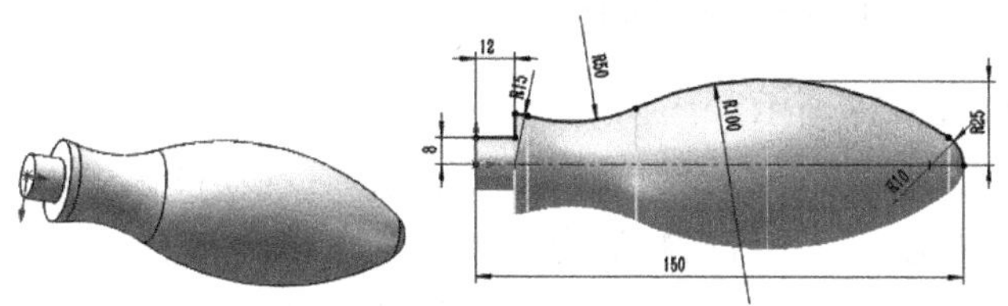

图 3-53 手柄实体和手柄视图

实例 3-5

分析：手柄为回转体结构，用旋转特征绘制。

作图步骤：

第 1 步：新建“零件”文件，文件名称为“3- 手柄”。

第 2 步：绘制如图 3-54 所示草图（草图 1）。

1）单击前视基准面，单击草图，单击（草图绘制）。

2）绘制草图图形。单击草图控制面板上的（中心线）按钮，过坐标原点绘制长约 150 的一条水平中心线。单击草图控制面板上的（直线）按钮，过坐标原点向上绘制长约 8 的竖直线及绘制上方直线。单击圆心/起/终点画弧(T)，绘制圆心在中心线与右边直线相交处、起点达右边直线上端点的圆弧，如图 3-54 所示。单击切线弧向右绘制三段圆弧，如图 3-55 所示。单击添加几何关系按钮，添加让右边圆弧圆心点在中心线上“重合(D)”的几何约束关系；单击草图控制面板上的（智能尺寸）按钮，标注尺寸，如图 3-56 所示。单击草图控制面板上的（直线）按钮，连接下方的左、右两点成直线（中心线位置绘制实线），形成封闭图形，如图 3-57 所示。单击绘图区右上角的（确定）按钮退出草图。

图 3-54 草图过程 - 第一段圆弧

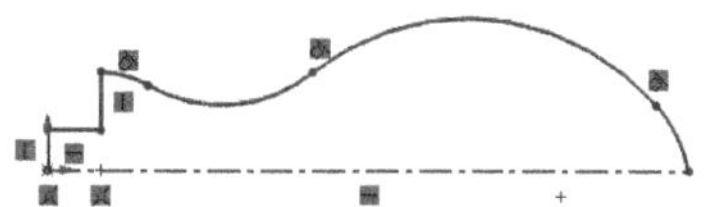

图 3-55 草图过程 - 右边圆弧

第 3 步：单击草图 1。单击特征控制面板上的（旋转凸台 / 基体）按钮，弹出“旋转”窗口。

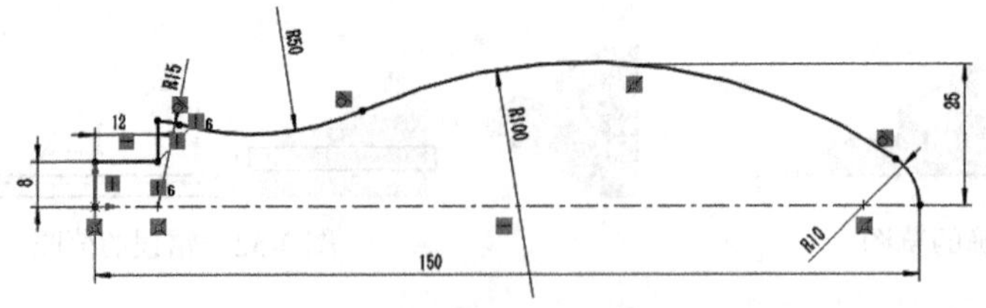

图 3-56 旋转草图尺寸

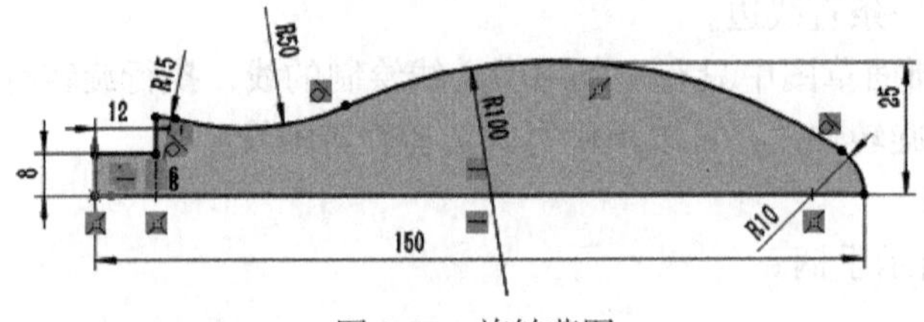

图 3-57 旋转草图

第 4 步：定义旋转参数，如图 3-58 所示。

1）指定旋转轴。在“旋转”窗口中单击（旋转轴）右边框，在绘图区中单击中心线作为旋转轴线。此例中只有一条中心线，系统已默认为旋转轴，可以不修改。

2）定义旋转方向。在“旋转”窗口的**方向 1(1)** 区域的下拉列表中选择 给定深度。此项为系统默认项，可以不修改。

3）定义旋转角度。在**方向 1(1)** 区域的文本框中输入角度数值“360”。此项为系统默认项，可以不修改。

第 5 步：单击“旋转”窗口上的（确定）按钮完成创建。

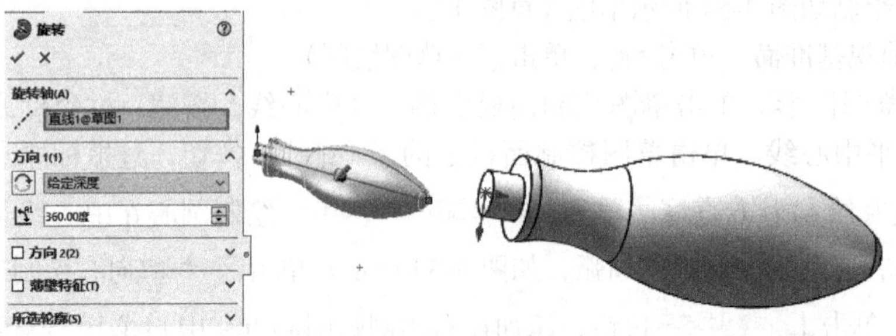

图 3-58 旋转特征

第 6 步：保存并关闭文件。

【举一反三 3-4】 绘制如图 3-59 所示模型（均为通孔，尺寸自定）。

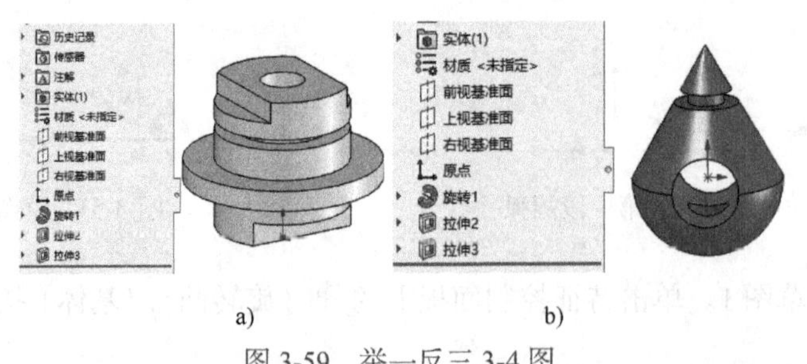

图 3-59 举一反三 3-4 图

【再现中国风】 尝试建立灯笼的三维模型，如图 3-60 所示。

灯笼是一种笼状灯具，供照明、装饰或玩赏，中国的灯笼是一种古老的传统工艺品，综合了绘画艺术、剪纸、纸扎、刺缝等工艺。

图 3-60 灯笼示意图

3.5 挖切回转体 - 旋转切除特征

旋转切除特征的创建方法与旋转凸台特征基本一致，只不过旋转凸台特征是增加实体，而旋转切除特征则是减去实体。创建旋转切除特征的操作步骤为：

第 1 步：新建“零件”文件并创建一个立方体模型。

第 2 步：选定草图基准面，单击草图换成草图按钮，单击（草图绘制）按钮，换成草图绘制界面。

第 3 步：绘制横断面的二维封闭草图，必须有轴线。草图完成之后，退出二维草图，单击绘图区右上角的（确定）按钮退出草图。

第 4 步：执行旋转切除特征命令。单击左边草图名称，单击特征控制面板上的（旋转切除）按钮；或选择下拉菜单“插入”→“切除”→“旋转”，弹出图 3-61 所示的“切除 - 旋转”窗口。

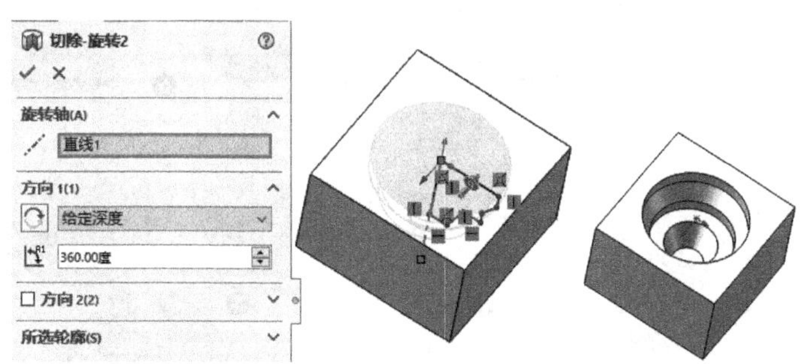

图 3-61 “切除 - 旋转”窗口

第 5 步：定义旋转参数。与“旋转”窗口操作一样。

第 6 步：单击“切除 - 旋转”窗口上的（确定）按钮完成创建。

【举一反三 3-5】 根据图 3-62 所示立体图和草图，对零件进行三维建模。

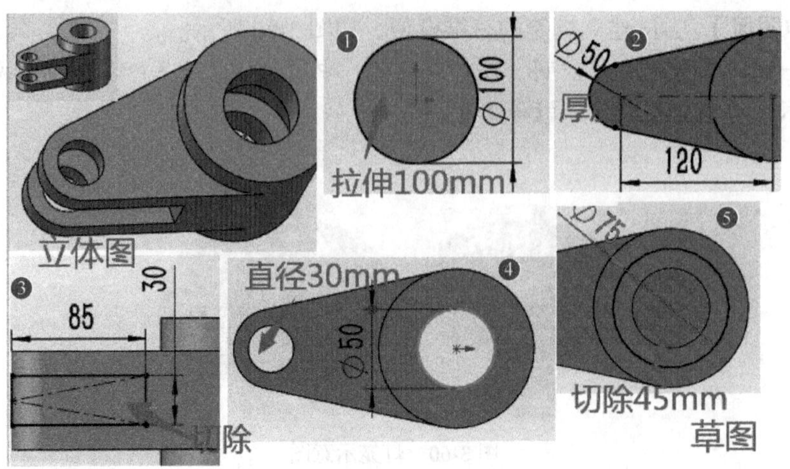

a)

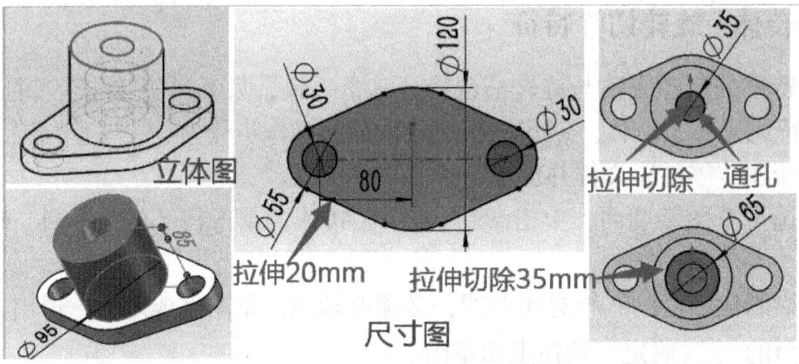

b)

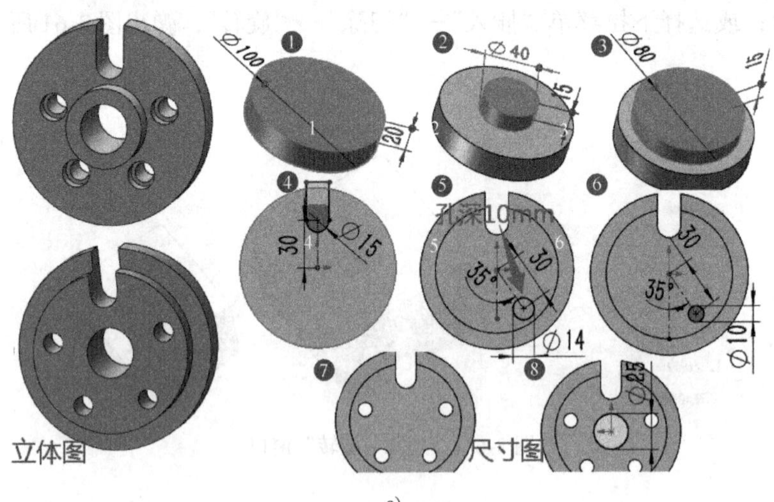

c)

图 3-62　举一反三 3-5 图

a）连杆　b）底座　c）轮盘

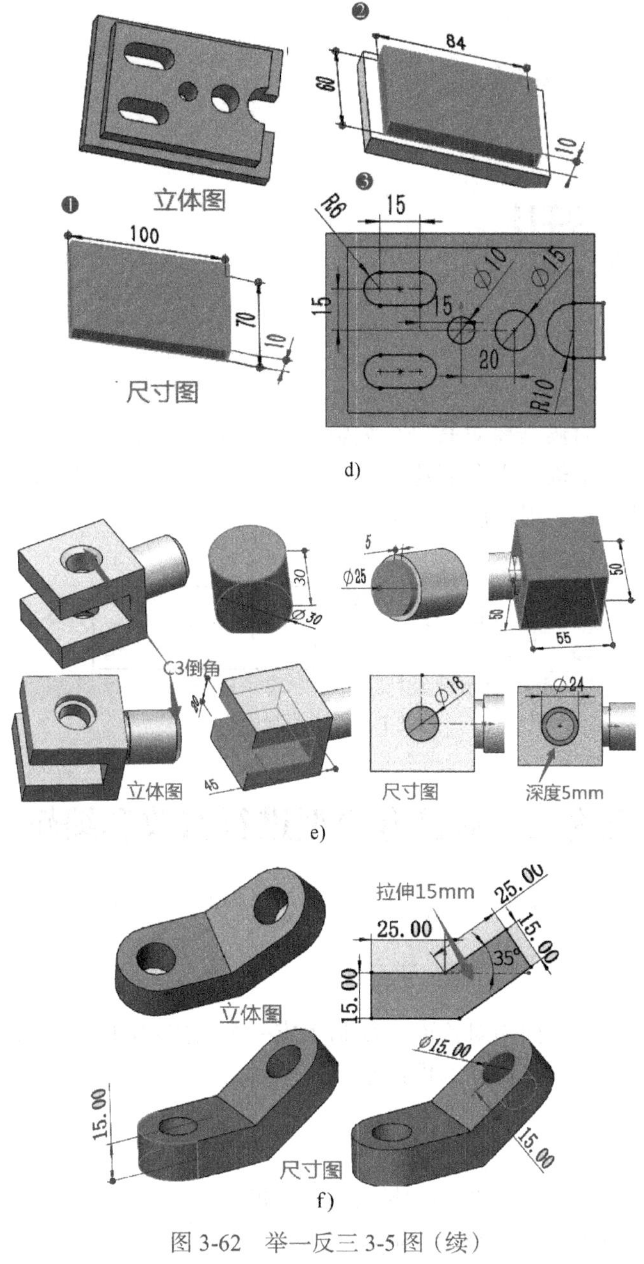

图 3-62 举一反三 3-5 图（续）
d）底板 e）柱头连杆 f）斜板

项目 4

编辑模型

在特征生成后，有时候需要对其进行编辑修改，特征控制面板如图 4-1 所示。如果零件中有很多相同或对称的结构，则在创建这些零件的过程中，可以使用镜像、阵列等特征的操作方法，免去重复性工作，提高设计效率。

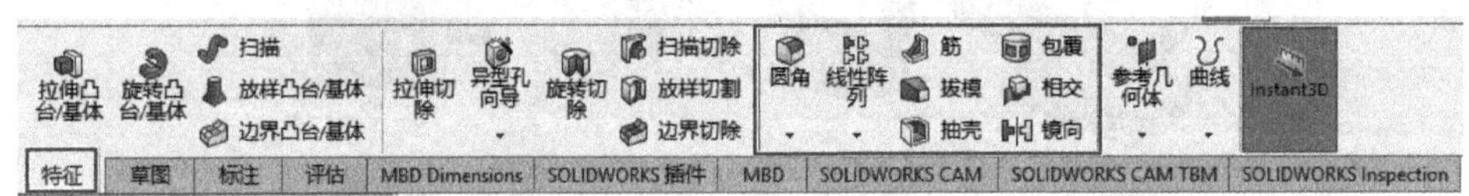

图 4-1　特征控制面板

任务 1　对已有模型进行修改和编辑

任务目标：掌握镜像、圆角、孔、筋、抽壳、阵列等编辑特征工具的操作方法。

4.1　镜像特征

镜像就是以平面或基准面为对称面，复制生成一个与选定的特征、面、实体对称摆放的新特征、面、实体。生成镜像特征的操作步骤：

第 1 步：输入镜像命令。单击特征控制面板上的镜向按钮，或单击菜单“插入”→“阵列 / 镜像”→“镜像”，弹出“镜像”窗口，如图 4-2 所示。

第 2 步：选择镜像基准面。先在“镜像面 / 基准面”下方右边框中单击，再在绘图区域中选择一个基准面或模型上的平面作为镜像面，如选取前视基准面作为镜像基准面，右边框中会显示已选择的镜像基准面。

第 3 步：选择要镜像的特征、面、实体。先在“要镜像的特征”下方右边框中单击，再在设计树或绘图区单击选择要镜像的特征、面、实体，如选取“凸台 - 拉伸 2”特征作为要镜像的特征，右边框会显示已选择的要镜像的特征，如图 4-3 所示。

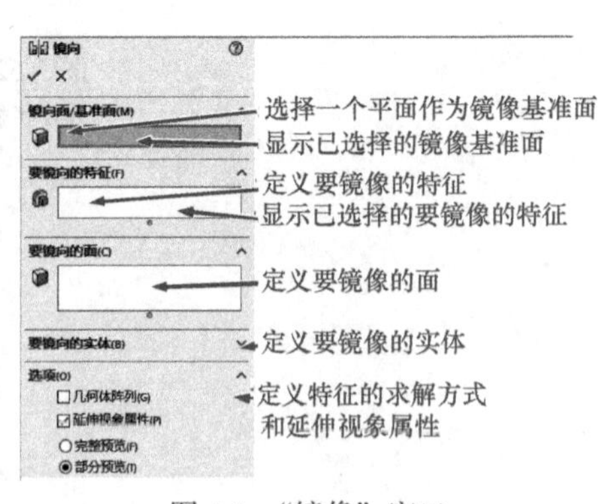

图 4-2　“镜像”窗口

第 4 步：单击✓（确定）按钮，生成镜像特征。

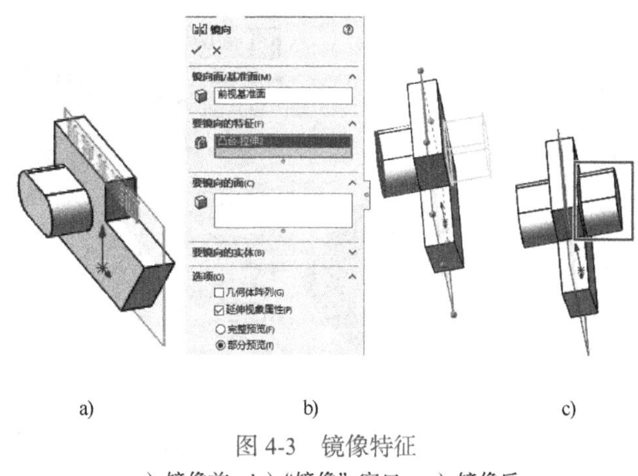

a) b) c)

图 4-3 镜像特征

a）镜像前 b）“镜像”窗口 c）镜像后

4.2 圆角特征和倒角特征

4.2.1 圆角特征

创建与选定边线相连的两个面均相切的圆弧面。有四种圆角的方法，可以根据不同情况进行圆角操作。操作步骤：

第 1 步：新建“零件”文件，如拉伸一个五棱柱（取边长大于 30，高度大于 25），并以“五棱柱”保存。

第 2 步：选择圆角命令。单击特征控制面板上的（圆角）按钮，或选择下拉菜单“插入”→“特征”→“圆角”，弹出“圆角”窗口，如图 4-4 所示。

第 3 步：选定圆角类型。选定要圆角化的项目，定义圆角参数。

第 4 步：单击窗口中的✓（确定）按钮，完成圆角特征的定义。

第 5 步：保存并关闭当前文件。

1. 恒定大小圆角

生成具有等半径的圆角。

实例 4-1

【实例 4-1】 给如图 4-5 所示模型的一边创建等半径的圆角特征。

操作步骤：

第 1 步：打开“五棱柱”文件，再“另存为”文件名“4- 恒定大小圆角”。

第 2 步：选择圆角命令。单击特征控制面板上的（圆角）按钮，或选择下拉菜单“插入”→“特征”→“圆角”，弹出“圆角”窗口。

第 3 步：定义圆角类型。在“圆角”窗口的手工选项卡的圆角类型(Y)选项组中单击（恒定大小圆角）选项。

第 4 步：选取要圆角化的项目。在“要圆角化的项目”下方右边框中单击，再单击图 4-5 所示的边线为要圆角的项目。

第 5 步：定义圆角参数。在圆角参数区域下的文本框中输入数值 10。

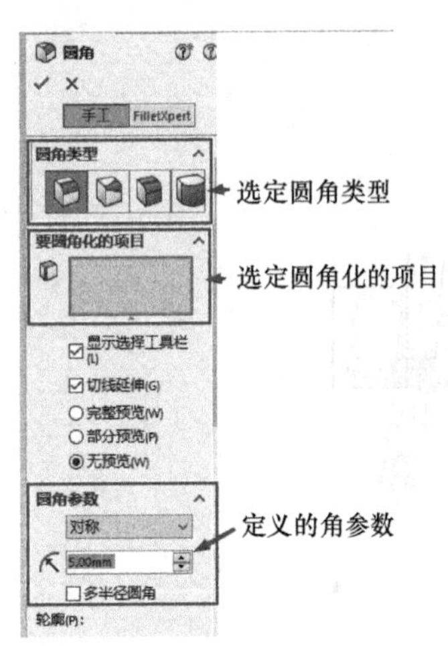

图 4-4 “圆角”窗口

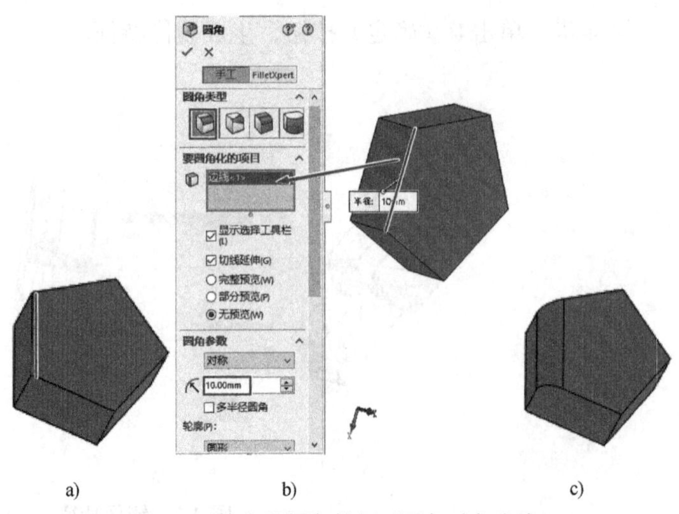

图 4-5 等半径圆角特征（圆角对象为线）
a）圆角前 b）“圆角”窗口 c）圆角后

第 6 步：单击窗口中的✓（确定）按钮，完成圆角特征的定义。

第 7 步：保存并关闭当前文件。

注意：用于恒定大小圆角化特征的项目也可以是面或环等元素，如选取图 4-6 所示的模型表面 1 为圆角化项目时，则可创建构成面所有周边线的圆角特征。

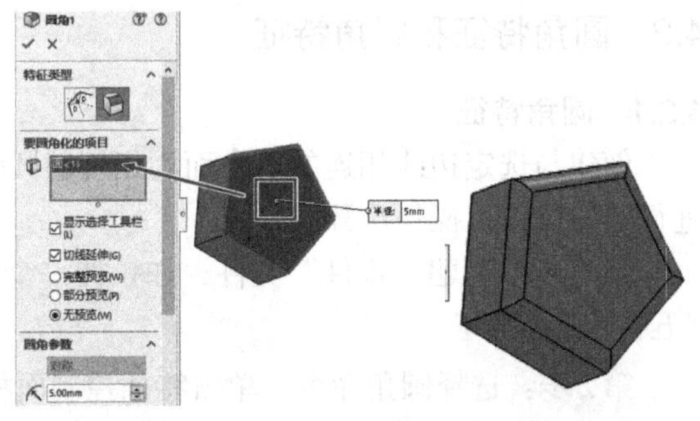

图 4-6 恒定大小圆角特征（圆角对象为面）

2. 变量大小圆角

生成变化半径的圆角，使用控制点定义不同位置的圆角半径值。

【实例 4-2】 给如图 4-7 所示模型的一边创建变半径的圆角特征。

实例 4-2

操作步骤：

第 1 步：打开“五棱柱”文件，再“另存为”文件名“变量大小圆角”。

第 2 步：单击特征控制面板上的（圆角）按钮，或选择下拉菜单“插入”→“特征”→“圆角”，弹出“圆角”窗口。

第 3 步：定义圆角类型。在“圆角”窗口的 手工 选项卡的 圆角类型(Y) 选项组中选择（变量大小圆角）选项。

第 4 步：选取要圆角化的项目。选取图 4-7a 所示的边线为要圆角化的项目。

第 5 步：定义圆角参数。

1）定义实例数。在“圆角”窗口下部分 轮廓(P): 组的右边文本框中输入 2。

说明：实例数即所选边线上需要设置半径值的点的数目（除起点和端点外）。

2）定义起点与端点半径。光标上移，在 变半径参数(P) 区域的（附加的半径）列表中单击“V1”，再在文本框中输入数值 3（即设置右端点的半径），按 Enter 键确认；在（附加的半径）列表中选择“V2”，再在文本框中输入数值 10，按 Enter 键确认。

3）在绘图区选定的线上，单击图 4-7b 所示的点 1（此时点 1 被加入列表中），再在列表中单击点 1 的表示项“P1”，在文本框中输入数值 8。在绘图区单击图 4-7b 所示的点 2（此时点 2 被加入列表中），再在列表中单击点 2 的表示项“P2”，在文本框中输入数值 5，如图 4-7b 所示。

第 6 步：单击窗口中的（确定）按钮，完成变半径圆角特征的定义，如图 4-7c 所示。

第 7 步：保存并关闭当前文件。

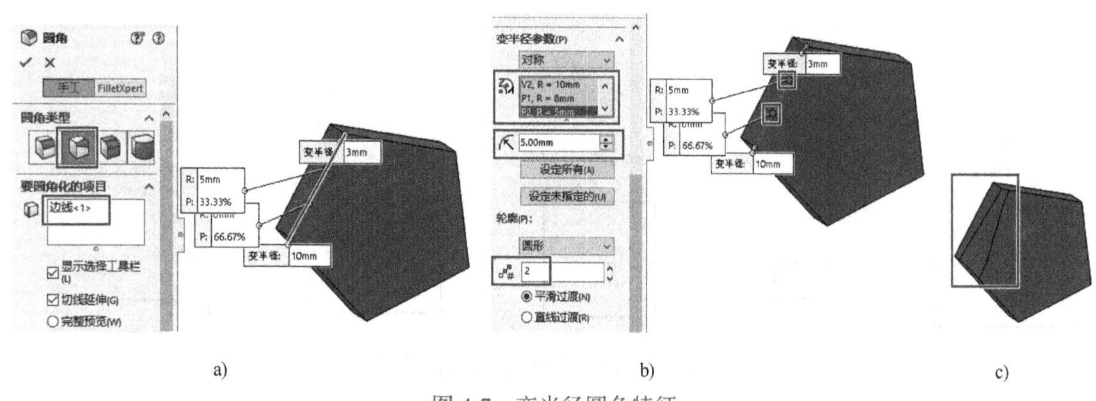

a) b) c)

图 4-7 变半径圆角特征

a）指定要圆角的项目 b）设置“圆角”参数 c）圆角后

注意：在“圆角”窗口中选择完整预览(W)、部分预览(P)或无预览(N)单选项，可以定义圆角的预览模式。

4.2.2 倒角特征

倒角特征是在两个相交面的交线上建立斜面的特征。执行“倒角”命令的方法是：单击特征控制面板上的（倒角）按钮，或选择下拉菜单“插入”→“特征”→“倒角”，弹出图 4-8 所示的“倒角”窗口。依次选定倒角类型、选定要倒角化的项目、定义倒角参数、单击窗口中的（确定）按钮即可。倒角有五种类型，选定不同类型时，倒角参数不一样，如图 4-9 所示。

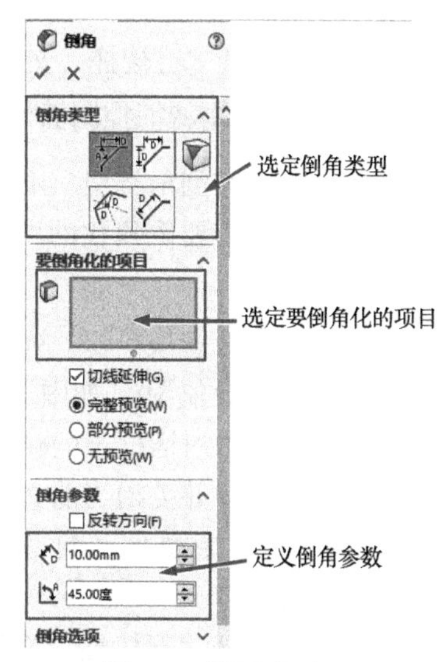

图 4-8 “倒角”窗口

说明：

1）若选择（角度距离）项，可以在（距离）和（角度）文本框中输入距离和角度值来定义倒角特征。

2）选择（距离距离）项时，若在“倒角参数”下选择“对称”，再在（距离）文本框中输入距离值，则定义两边距离相等的倒角特征；若在“倒角参数”下选择“不对称”，可以在和文本框中分别输入距离值（可以不相同），定义两边距离不相等的倒角特征。

3）若选择（顶点）项，然后选取所需倒角的顶点，需要分别在、和文本框中输入三个方向的距离值来创建顶点倒角特征。

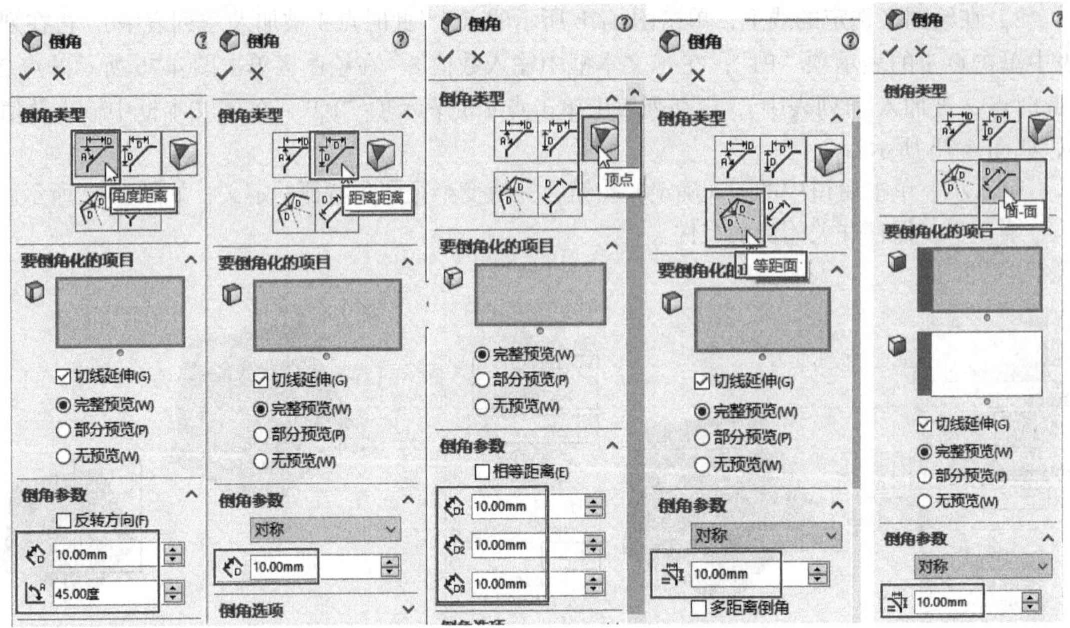

图 4-9 “倒角”窗口的“倒角参数”

【实例 4-3】 在如图 4-10 所示模型一棱线处创建已知距离的斜面特征。

实例 4-3

操作步骤：

第 1 步：打开“五棱柱”文件，再“另存为”文件名“距离倒角”。选择“倒角”命令，单击特征控制面板上的（倒角）按钮，弹出“倒角”窗口。

第 2 步：选定倒角类型。单击（距离距离）选项。

第 3 步：选定要倒角化的项目。在绘图区单击图 4-10a 所示的边线（1）作为倒角项目。

第 4 步：定义倒角参数。在窗口中选择“非对称”；然后在文本框中输入数值 30，在文本框中输入数值 10，如图 4-10b 所示。

第 5 步：单击对话框中的（确定）按钮，完成倒角特征的定义，如图 4-10c 所示。

第 6 步：保存并关闭当前文件。

【实例 4-4】 在如图 4-11 所示模型的一顶点处创建斜面特征。

实例 4-4

操作步骤：

第 1 步：打开“五棱柱”文件，再“另存为”文件名“顶点倒角”。选择“倒角”命令，单击特征控制面板上的（倒角）按钮，弹出“倒角”窗口。

第 2 步：选定倒角类型。单击（顶点）选项。

第 3 步：选定要倒角化的项目。在绘图区单击图 4-11a 所示的点作为倒角项目。

第 4 步：定义倒角参数。在文本框中输入数值 20，在文本框中输入数值 15，在文本框中输入数值 10，如图 4-11b 所示。

第 5 步：单击对话框中的✔（确定）按钮，完成倒角特征的定义，如图 4-11c 所示。
第 6 步：保存并关闭当前文件。

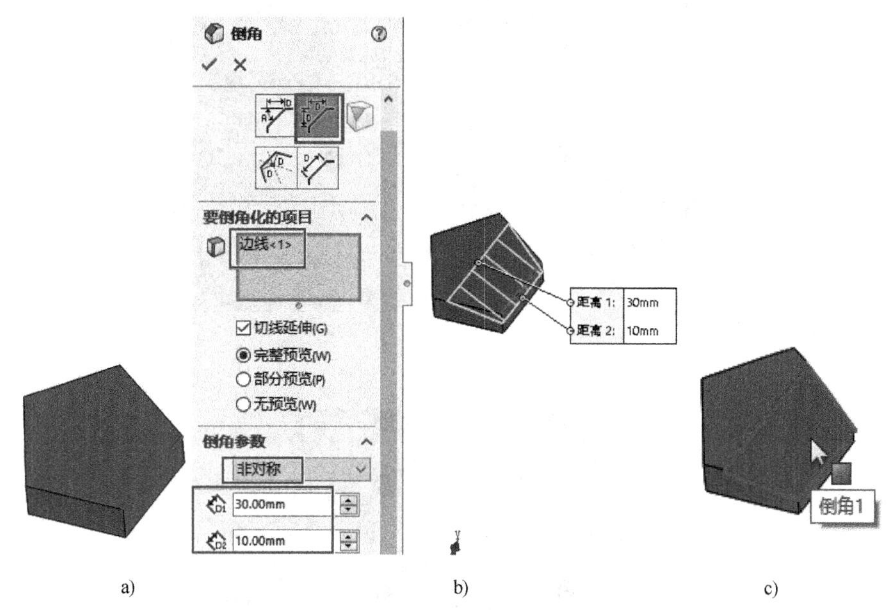

a) b) c)

图 4-10 倒角特征（一）
a）倒角前 b）倒角窗口 c）倒角后

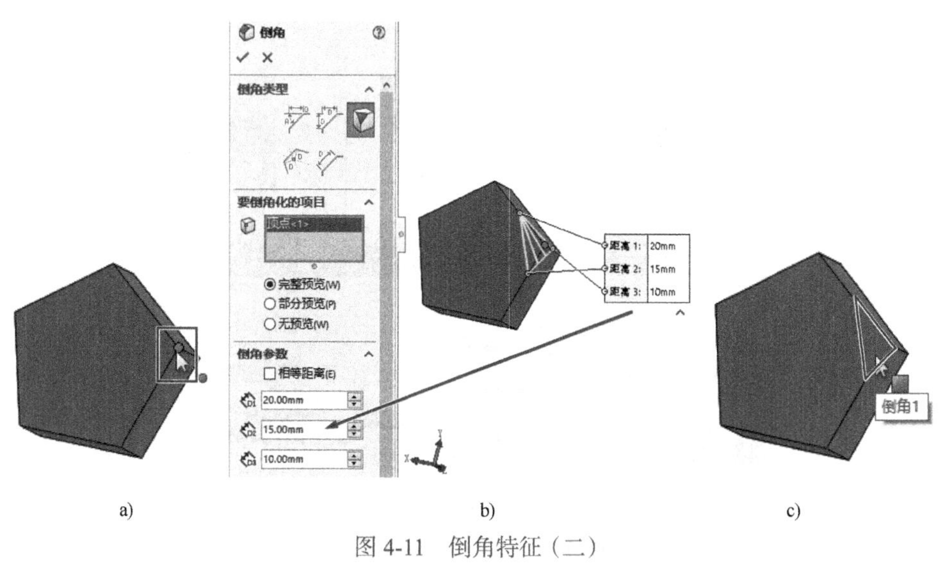

a) b) c)

图 4-11 倒角特征（二）
a）倒角前 b）倒角窗口 c）倒角后

【举一反三 4-1】 根据图 4-12 所示立体图和草图，对零件进行三维建模。

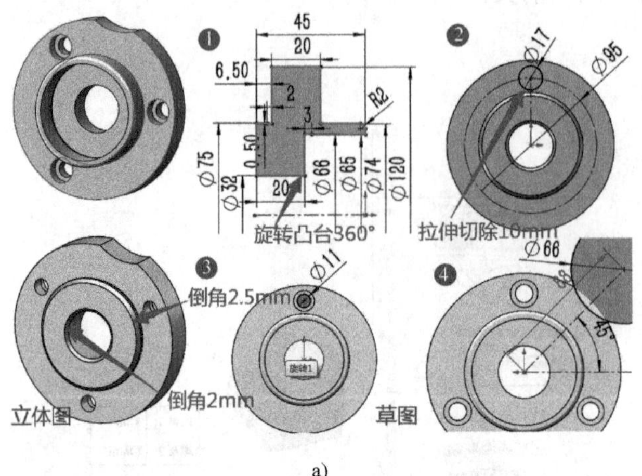

a)

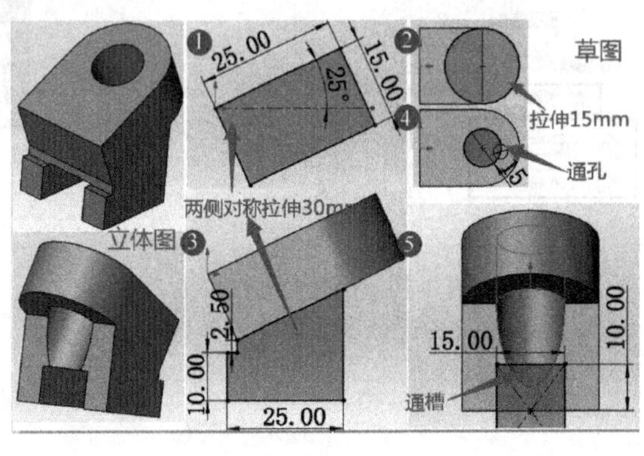

b)

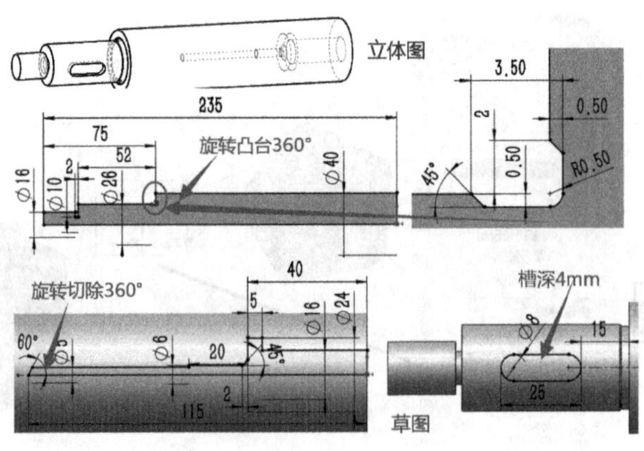

c)

图 4-12 举一反三 4-1 图

a）法兰盘 b）斜体 c）主轴

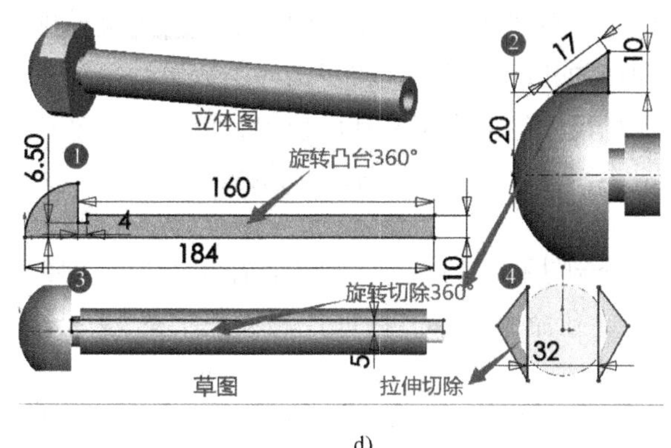

d)

图 4-12 举一反三 4-1 图（续）

d）顶杆

4.3 创建异形向导孔

异形向导孔是具有基本形状的螺孔，或带有不同的末端形状的标准沉头孔和埋头孔。创建异形向导孔步骤：

第 1 步：新建文件，绘制钻孔前的模型。

第 2 步：选择异形向导孔命令。单击特征控制面板上的（异形向导孔）按钮，或选择下拉菜单“插入”→“特征”→“孔向导”，弹出“孔规格”窗口。有“类型”“位置”两个菜单，可以通过拖动右边滚动条向下移动，窗口较长，如图 4-13 所示。

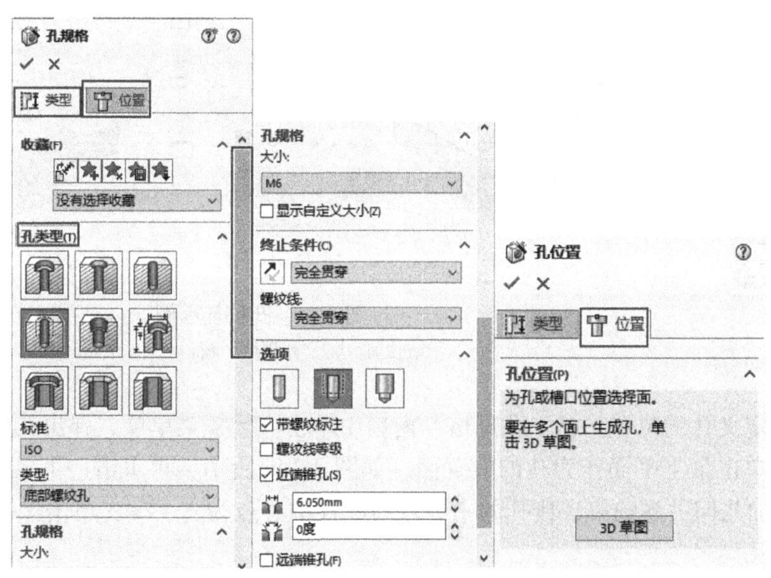

图 4-13 孔特征窗口

第 3 步：定义孔的参数。在“孔规格”窗口 类型 菜单项中，选择“类型”，拖动右边滚动条向下移动，分别选定“标准”“类型”“大小”“终止条件”等。

第 4 步：定义孔的位置。在“孔规格”窗口中单击 位置 菜单项，弹出孔位置窗口。在绘图区模型上单击一个面作为孔的放置面，再单击一下放置孔；还可以同草图绘制一样，通过添加几何关系约束或添加尺寸约束来定义孔的位置，单击✔（确定）按钮。

【实例 4-5】 在如图 4-14a 所示模型上创建沉孔特征。

操作步骤：

第 1 步：新建文件，绘制钻孔前的模型（圆柱直径大于 20），保存为“异形孔”文件。

第 2 步：选择异形向导孔命令。单击特征控制面板上的（异形向导孔）按钮，弹出“孔规格”窗口。

第 3 步：定义孔的参数。在“孔规格”窗口 类型 菜单项中，选择“类型”为（柱形沉头孔），拖动右边滚动条向下移动，分别选定“标准”为 GB、“类型”为 六角头螺栓 C 级 GB/T5780-2000 、“大小”为 M8 、“配合”为 正常 、“终止条件”为 完全贯穿，其余默认，如图 4-14b 所示。

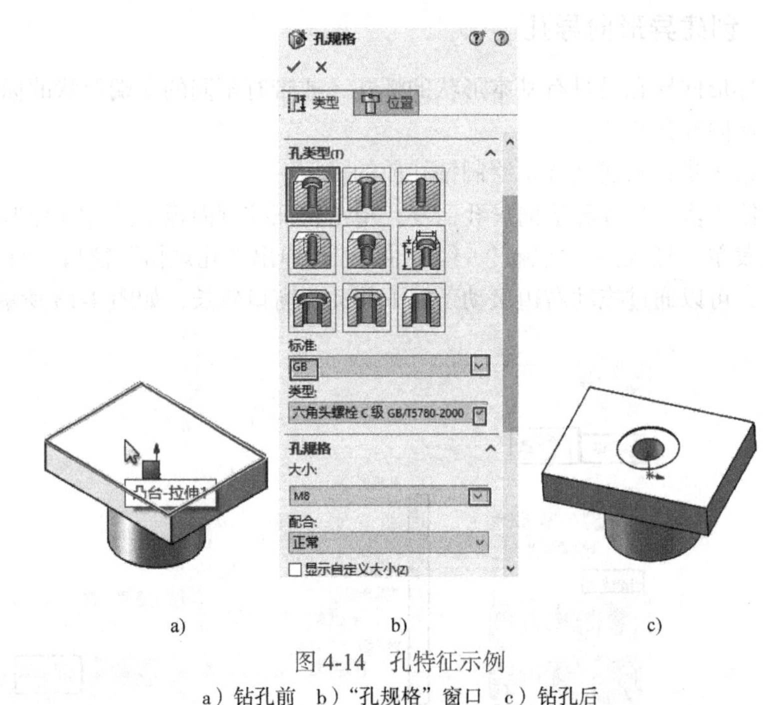

实例 4-5

a)　　b)　　c)

图 4-14　孔特征示例

a）钻孔前　b）“孔规格”窗口　c）钻孔后

第 4 步：定义孔的位置。在“孔规格”窗口中单击 位置 菜单项，弹出孔位置窗口。在绘图区模型上单击最上平面作为孔的放置面，如图 4-14a 所示，再单击一下放置孔；单击（正视于），添加几何关系约束，让孔的中心点与圆柱中心点为 重合(D)。单击✔（确定）按钮，如图 4-14c 所示。

第 5 步：保存并关闭当前文件。

4.4　筋特征

筋特征的创建过程与拉伸特征基本相似，不同的是筋特征的截面草图是不封闭的，例如

图 4-15 所示筋特征，其截面只是一条直线，但必须注意，截面草图两端必须与接触面对齐。

【实例 4-6】 给如图 4-16 所示模型增加筋板。

操作步骤：

第 1 步：新建文件，准备图 4-17 所示模型。在前视基准面上绘制圆心在坐标原点、直径为 36 的圆并拉伸成圆柱体；在上视基准面上绘制圆心在坐标原点、直径为 45 的圆并向上下两个方向拉伸成圆柱体，并以“4- 筋柱”保存。

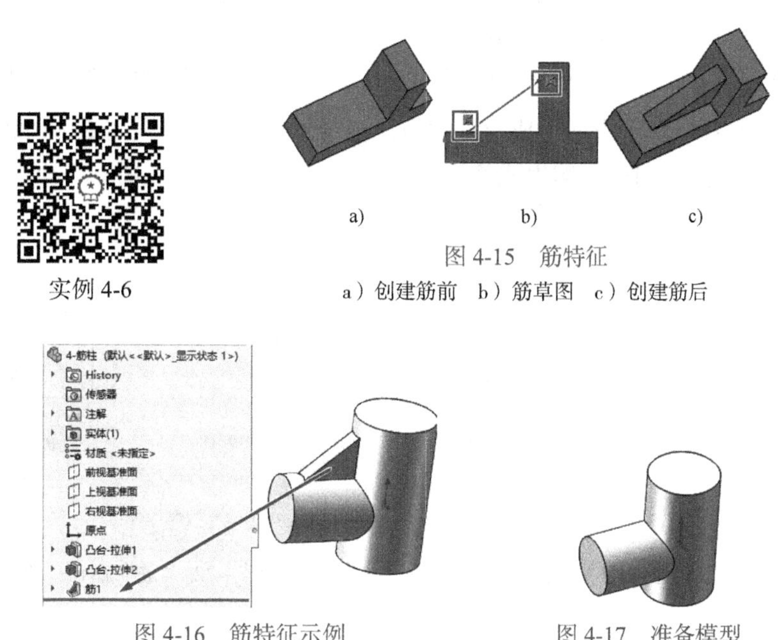

实例 4-6

a)　　b)　　c)

图 4-15　筋特征

a）创建筋前　b）筋草图　c）创建筋后

图 4-16　筋特征示例

图 4-17　准备模型

第 2 步：绘制筋特征的横断面草图（草图 3）。

1）选择草图基准面。单击右视基准面作为筋的草图基准面，如图 4-18 所示。单击草图换成草图按钮，单击（草图绘制），换成草图绘制界面，单击（正视于）。

2）绘制截面的几何图形。草图不需要封闭，两端必须与面接触，如图 4-19 所示的直线。

3）建立几何约束和尺寸约束，并将尺寸修改为设计要求的尺寸，如图 4-19 所示。

4）单击（退出草图）按钮，退出草图绘制环境。

第 3 步：单击草图（草图 3），选择筋特征命令。单击特征控制面板上的（筋特征）按钮，或选择下拉菜单“插入”→“特征”→“筋”，弹出图 4-20 所示的“筋”窗口。

第 4 步：定义筋特征的参数。此例均取默认值。

第 5 步：单击窗口中的（确定）按钮，完成筋特征的创建。

第 6 步：保存并关闭当前文件。

筋特征的参数包括厚度和拉伸方向。

（1）筋的厚度　在**参数(P)**区域中有三个选项和一个参数设置文本框。

1）（第一边）：向一侧生成筋，如图 4-21 所示。

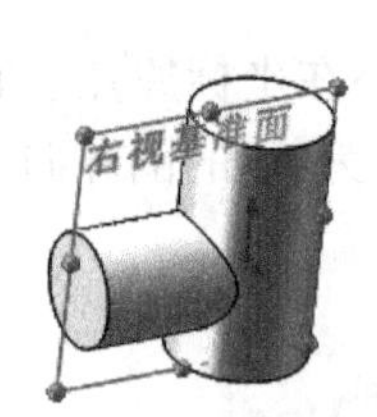

图 4-18　草图基准面

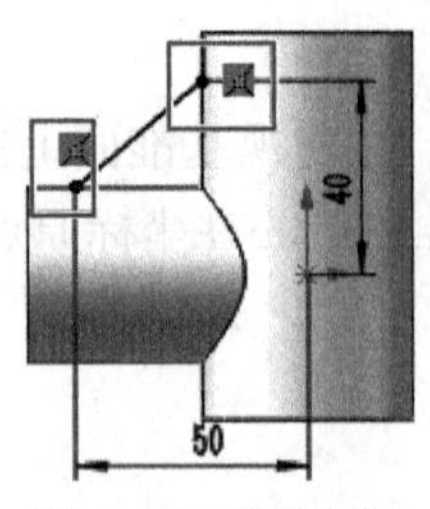

图 4-19　截面草图

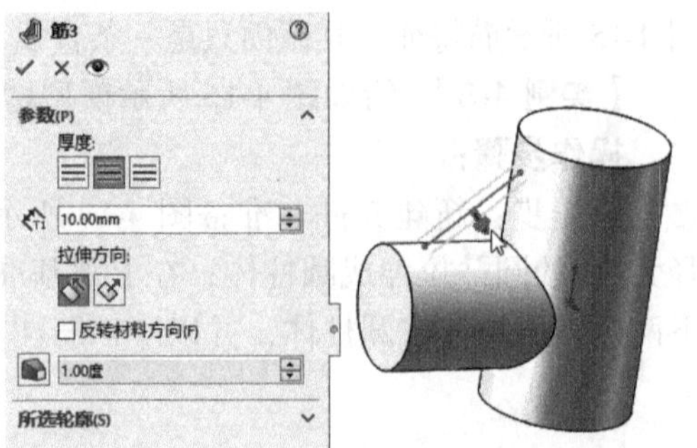

图 4-20　“筋”窗口

2）（两侧）：向两个方向生成对称的筋，相当于“两侧对称”，如图 4-22 所示。

3）（第二边）：向另一侧生成筋。

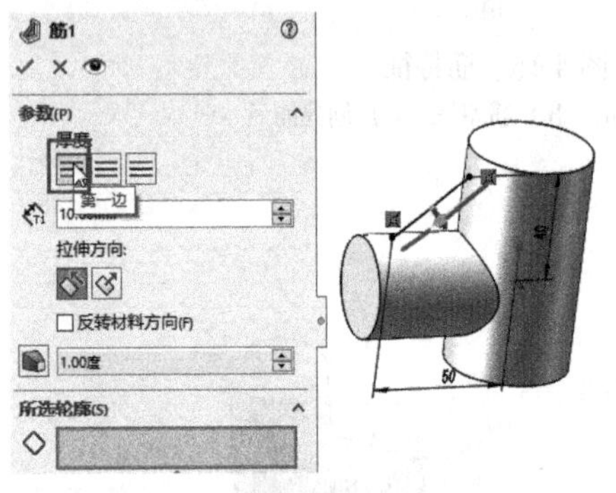

图 4-21　“筋”窗口（第一边）

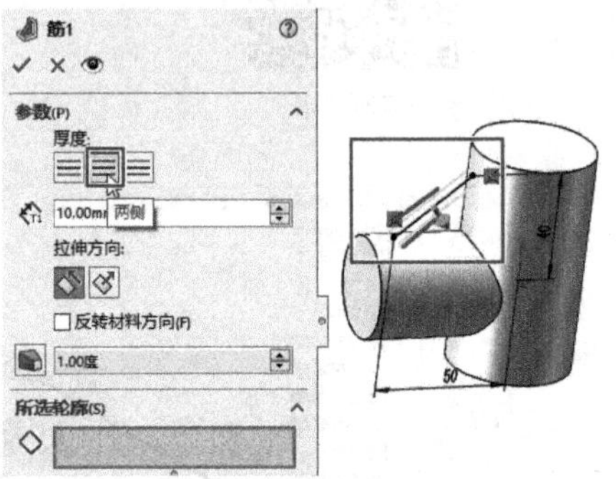

图 4-22　“筋”窗口（两侧）

4）（筋厚度）文本框：输入筋板厚度的数值。

（2）筋的拉伸方向

1）（平行于草图）：沿平行于草图方向拉伸。

2）（垂直于草图）：沿草图法向方向拉伸。

3）□反转材料方向(F)：拉伸方向与现有方向反向。

各选项含义用表 4-1 说明。

表 4-1　筋特征的拉伸方向图例说明

拉伸方向	预览	结果
草图与草图平面		筋草图的基准面是上视基准面
参数(P) 厚度: 4.00mm 拉伸方向: 反转 垂直于草图		

（续）

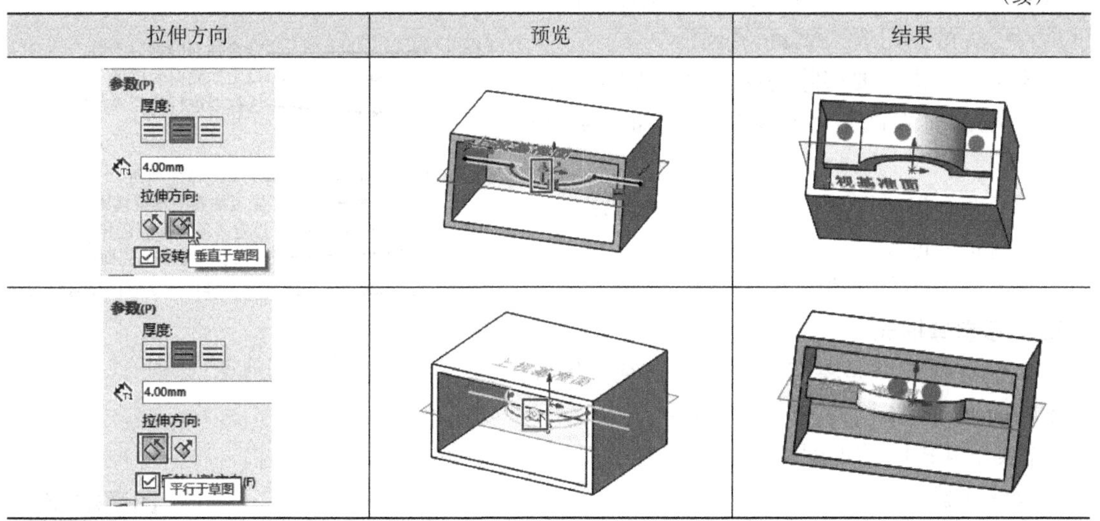

4.5 抽壳特征

抽壳特征是将实体的内部掏空，留下一定壁厚（等壁厚或多壁厚）的空腔，该空腔可以是封闭的，也可以是开放的。在使用该命令时，要注意各特征的创建次序。

4.5.1 等壁厚抽壳

实例 4-7

等壁厚抽壳就是将实体的内部掏空，生成在不同面上具有相同壁厚的空腔特征。

【实例 4-7】 将如图 4-23 所示模型改变成等壁厚的空腔特征。

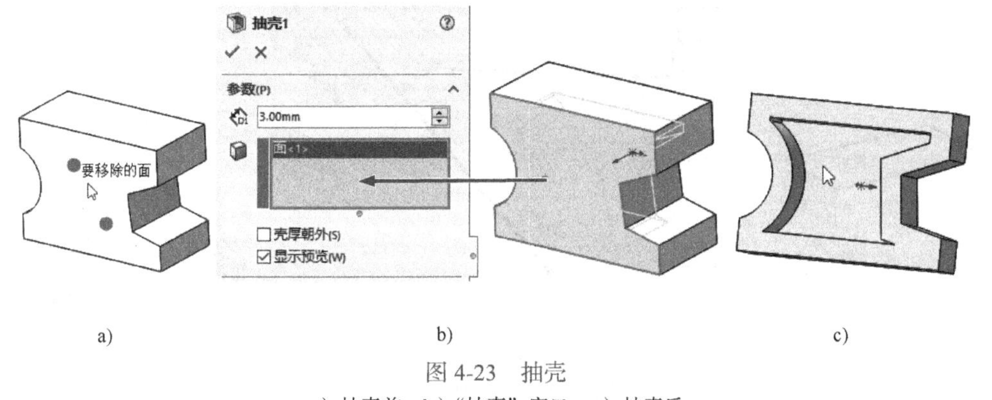

a)　　b)　　c)

图 4-23　抽壳

a）抽壳前　b）“抽壳”窗口　c）抽壳后

操作步骤：

第 1 步：新建文件，拉伸一个柱体（总长、总宽、总高均大于 15），并以“抽壳柱模型”保存，再“另存为”文件名“4- 等壁厚抽壳”。

第 2 步：选择抽壳命令。单击特征控制面板上的（抽壳）按钮，或选择下拉菜单“插入”→“特征”→“抽壳”，弹出图 4-24 所示抽壳窗口。

第 3 步：定义抽壳厚度。在“抽壳”窗口参数(P)区域的（厚度）右边文本框中输入厚度数值，如 3。如果想用抽壳特征来增加零件的外部尺寸，可以勾选 壳厚朝外 复选框。

第 4 步：指定要移除的面。单击如图 4-23a 所示模型的前表面为要移除的面，如图 4-23b 所示。

第 5 步：单击窗口中的✔（确定）按钮，完成抽壳特征的创建。

第 6 步：保存并关闭当前文件。

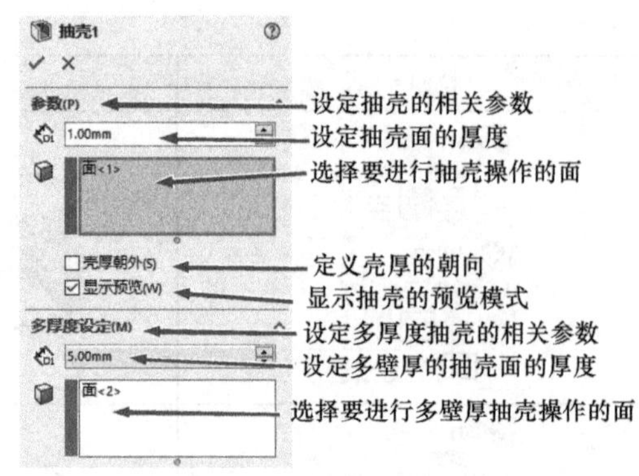

图 4-24 “抽壳 1” 窗口

4.5.2 多壁厚抽壳

多壁厚抽壳就是将实体的内部掏空，生成在不同面上具有不同壁厚的空腔特征。

【实例 4-8】 将如图 4-25 所示模型改变为不同壁厚的空腔特征。

操作步骤：

实例 4-8

第 1 步：打开 “抽壳柱模型” 文件，再 “另存为” 文件名 “4- 多壁厚抽壳”。

第 2 步：选择抽壳命令。单击特征控制面板上的（抽壳）按钮，或选择下拉菜单 “插入”→“特征”→“抽壳”，弹出 “抽壳” 窗口。

第 3 步：定义抽壳厚度。在 “抽壳” 窗口 参数(P) 区域的（厚度）右边文本框中输入厚度数值，如 1。

第 4 步：指定要移除的面。单击如图 4-25a 所示模型的前表面为要移除的面。

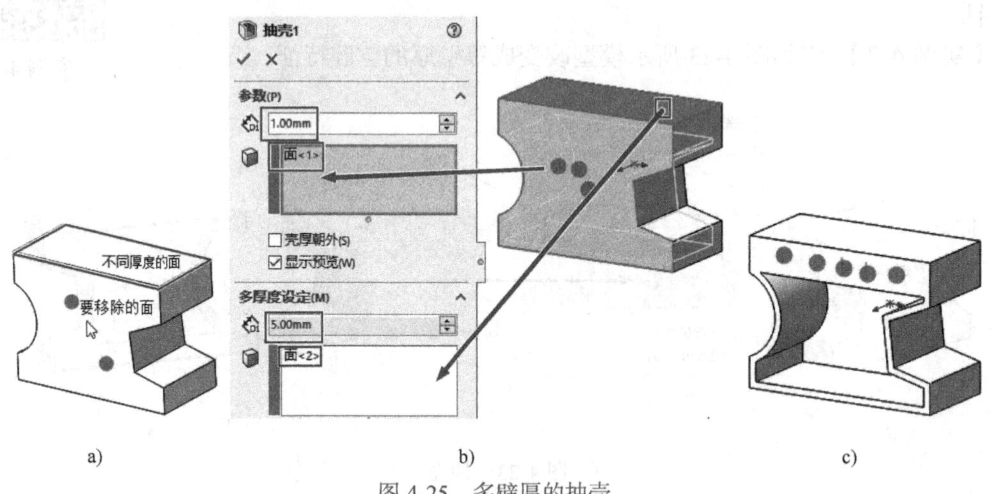

图 4-25 多壁厚的抽壳

a）抽壳前 b）“抽壳 1” 窗口 c）抽壳后

第 5 步：定义 “多厚度设定” 项。

1）定义多厚度面的厚度值（此面的厚度将取下面设定的值，而不同于其他面）。在 多厚度设定(M) 下方（多厚度）右边文本框中输入厚度数值，如 5。

2）指定 “多厚度面”。单击 多厚度设定(M) 下方（多厚度面）右边框激活，单击如图 4-25a 所示模型的上表面，即为指定厚度的面，如图 4-25b 所示。

第 6 步：单击窗口中的✔（确定）按钮，完成抽壳特征的创建。

第 7 步：保存并关闭当前文件。

【举一反三 4-2】 绘制图 4-26 所示模型。

参考步骤如下：

第 1 步：新建零件文件，并以“4- 筋练习模型”保存。

第 2 步：拉伸凸台。草图如图 4-27 所示，草图基准面为上视基准面，拉伸实体如图 4-28 所示，拉伸高度为 20。

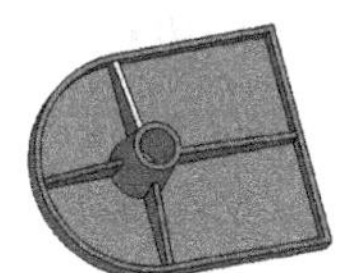
图 4-26　筋模型

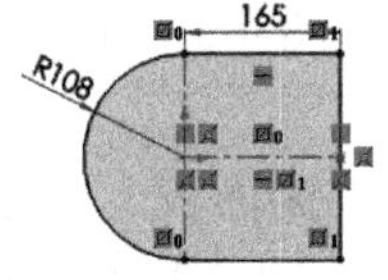

图 4-27　草图

图 4-28　拉伸实体

第 3 步：抽壳。壁厚度为 6，移出上表面，如图 4-29 所示。

第 4 步：旋转实体。草图如图 4-30 所示（有中心线），草图基准面为前视基准面，旋转实体如图 4-31 所示。

图 4-29　抽壳

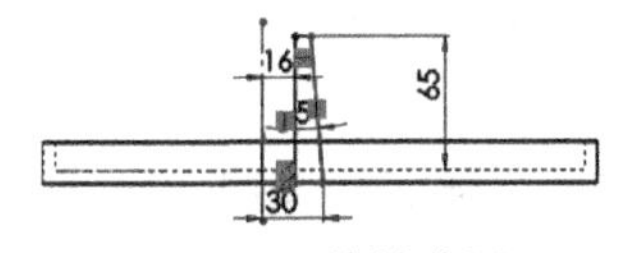

图 4-30　旋转草图

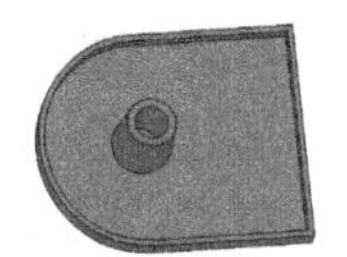
图 4-31　旋转实体

第 5 步：筋特征 1。草图和实体如图 4-32 所示，草图基准面为前视基准面。

第 6 步：筋特征 2。筋特征 2 草图基准面同筋特征 1 基准面，实体如图 4-33 所示。

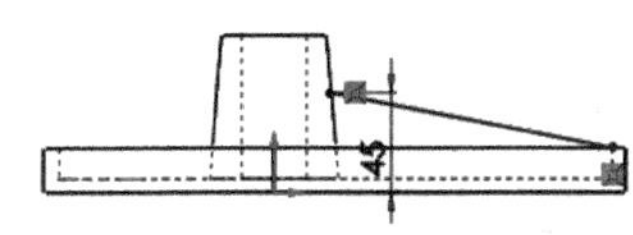

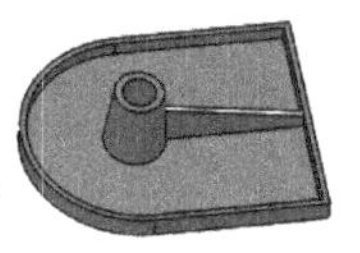

图 4-32　筋特征 1 实体

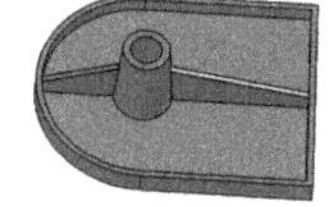
图 4-33　筋特征 2 实体

第 7 步：筋特征 3。草图和实体如图 4-34 所示，草图基准面为右视基准面。

第 8 步：筋特征 4。筋特征 4 草图基准面同筋特征 3 基准面，实体如图 4-35 所示。

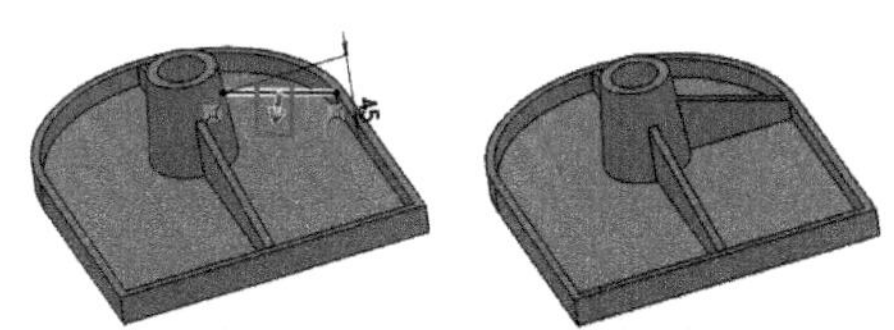

图 4-34　筋特征 3 草图和实体

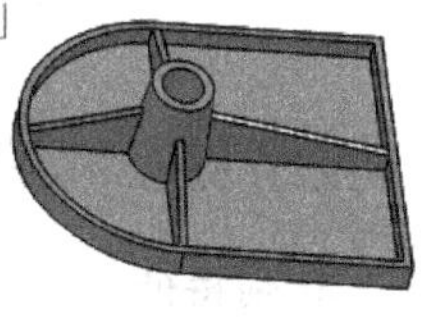

图 4-35　筋特征 4 实体

第 9 步：保存并关闭文件。

4.6 拔模特征

注塑件和铸件往往需要一个脱模斜度，拔模特征就是用来创建模型的脱模斜度。拔模特征共有三种：中性面拔模、分型线拔模和阶梯拔模。下面将介绍建模中最常用的中性面拔模。中性面拔模特征是通过指定拔模面、中性面和拔模方向等参数生成以中性面大小不变、指定角度切削面或增加面的特征。

【实例 4-9】 将如图 4-36 所示模型的一面改变为倾斜面特征。

实例 4-9

操作步骤：

第 1 步：新建零件文件，拉伸一个图 4-36 所示柱体，并以“4- 拔模”保存。

第 2 步：选择拔模命令。单击特征控制面板上的 拔模 按钮，或选择下拉菜单“插入”→“特征”→“拔模”，弹出图 4-37 所示的“拔模”窗口。

第 3 步：定义拔模类型。在“拔模”窗口拔模类型(T)区域的下拉列表中选择◉中性面(E)选项。

第 4 步：定义拔模角度。在拔模角度(G)下的（拔模角度）右边文本框中输入角度值，如 10。

第 5 步：定义中性面。单击中性面(N)下的框，单击模型中间水平面作为中性面。

第 6 步：定义拔模面。单击拔模面(F)下的框，单击模型前表面作为拔模面。

第 7 步：定义拔模方向。可观看箭头，在定义拔模的中性面后，模型表面上会出现一个指示箭头，箭头表明的是拔模方向（即所选拔模中性面的法向），可单击中性面(N)区域中的（反向）按钮，改变拔模方向为相反的方向。

第 8 步：单击“拔模”窗口中的（确定）按钮，完成中性面拔模特征的定义。

第 9 步：保存并关闭当前文件。

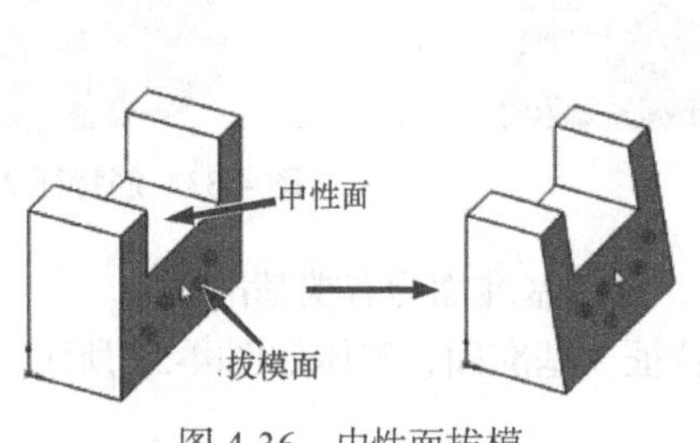

图 4-36 中性面拔模

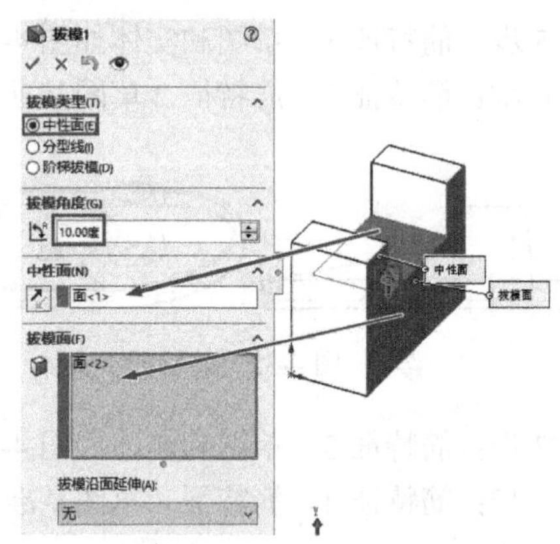

图 4-37 “拔模”窗口

4.7 复制特征和移动特征

4.7.1 复制特征

复制特征是创建一个与选定特征一样的特征。操作步骤：单击菜单“插入”→“特征”→“移动 / 复制”，弹出“移动 / 复制实体”对话窗口，如图 4-38 所示；填写参数，单击窗口中的（确定）按钮，结束操作。

【实例 4-10】 复制如图 4-39 所示模型上已有的特征生成新特征。

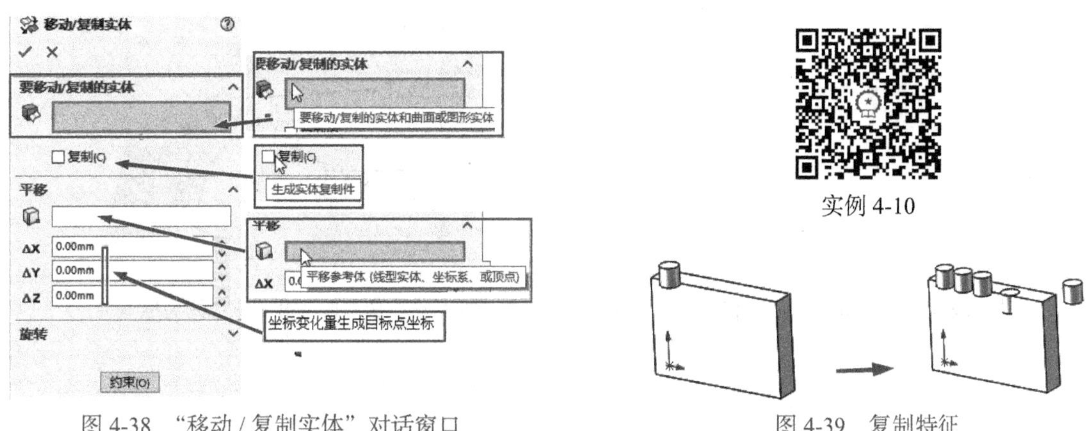

图 4-38 “移动 / 复制实体”对话窗口　　图 4-39 复制特征

操作步骤：

第 1 步：新建文件，拉伸一个高度为 10 的长方体（长方体草图如图 4-40 所示）；再拉伸一个直径为 6、高度为 11 的圆柱，圆柱不勾选“合并结果”，如图 4-41 所示，并以“4- 复制示例”保存。

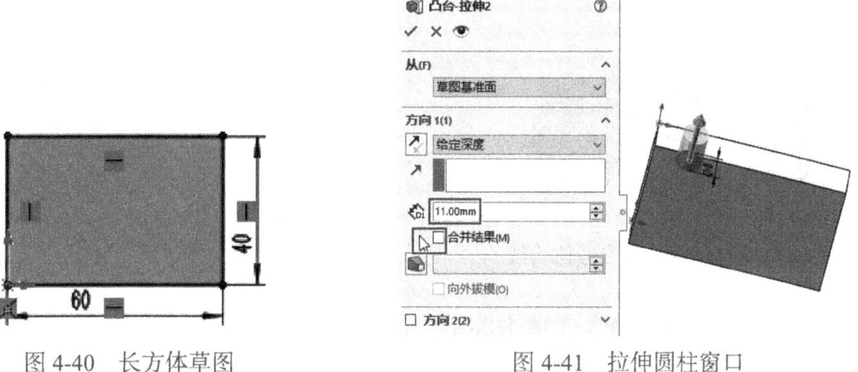

图 4-40 长方体草图　　图 4-41 拉伸圆柱窗口

第 2 步：选择复制特征命令。单击菜单“插入”→“特征”→“移动 / 复制”，弹出“移动 / 复制实体”对话窗口，如图 4-42 所示。

第 3 步：填写参数。单击圆柱（拉伸 2）作为要复制的实体；勾选“复制”；在（平移参考体）右边框中单击，即确定参考体，不输入其他实体时，默认为坐标原点，如图 4-43 所示；在 ΔX 、ΔY、ΔZ 右边文本框中分别输入新特征的目标点坐标，如图 4-44 所示。也可以把光标放到坐标处，拖动鼠标到目标点。单击“移动 / 复制实体”窗口中的（确定）按钮，结束操作，如图 4-45 所示。

第 4 步：执行复制特征命令。单击菜单“插入”→“特征”→“移动 / 复制”，弹出“移动 / 复制实体”对话窗口。在（平移参考体）右边文本框中单击后，可以选择线或顶点作为参考体。选择线时，如图 4-46 所示；输入新特征的目标点数值，如图 4-47 所示。单击

“移动 / 复制实体”窗口中的✔（确定）按钮，结束操作。

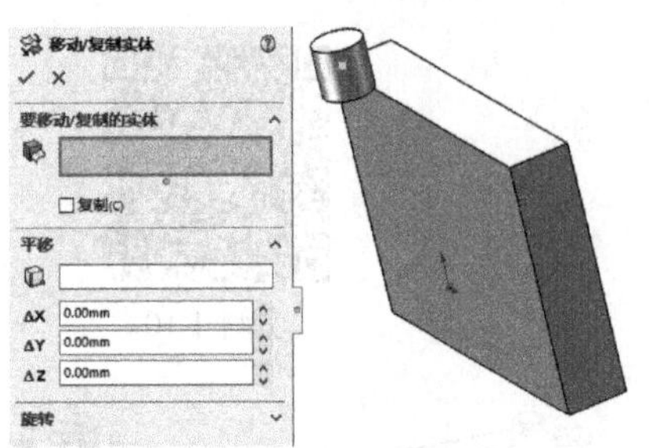

图 4-42 “移动 / 复制实体”对话窗口

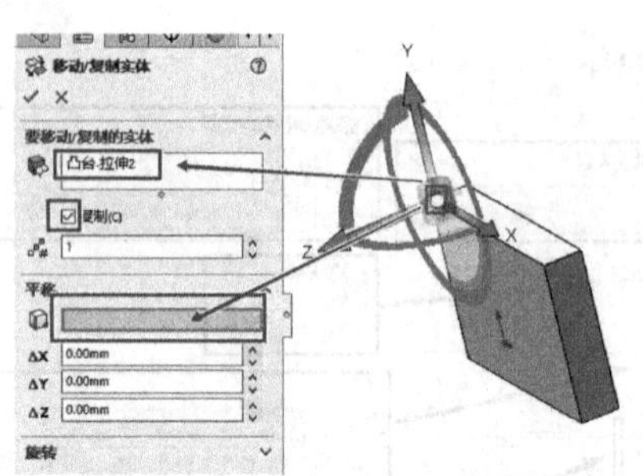

图 4-43 填写参数 1（参考体为原点）

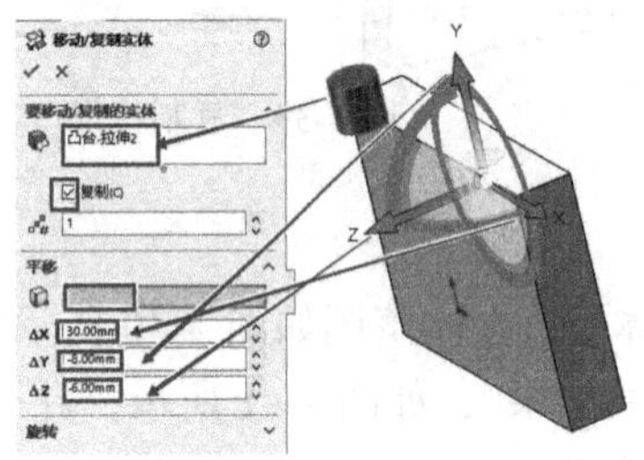

图 4-44 填写参数 2

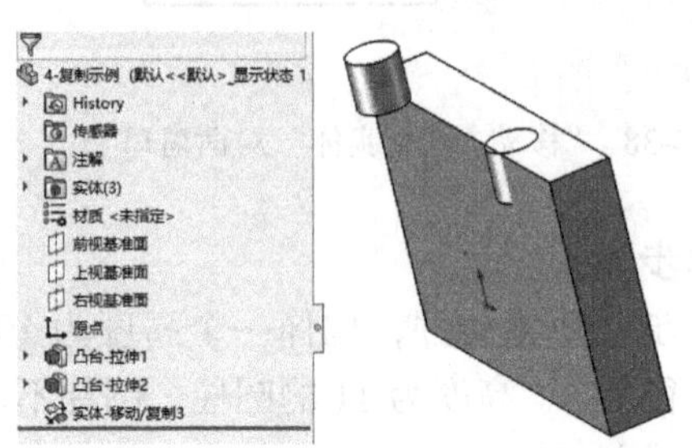

图 4-45 复制实体结果（第 1 个）

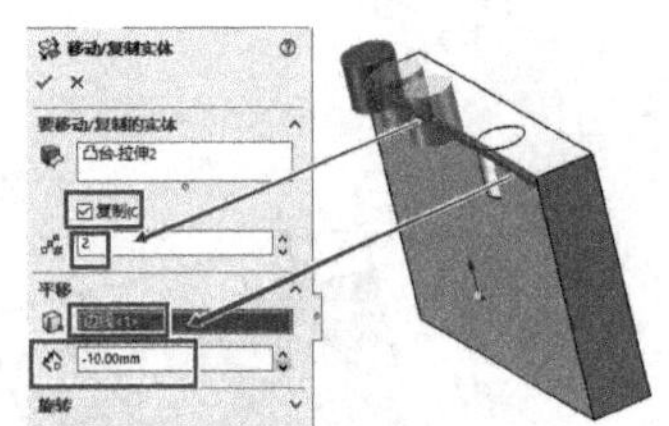

图 4-46 填写参数 3（参考体为线）

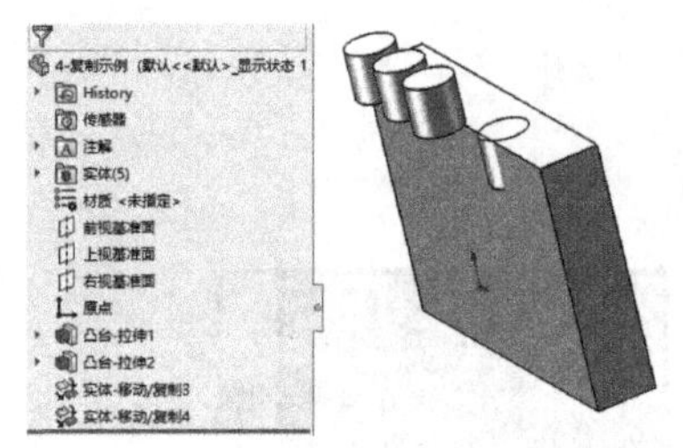

图 4-47 复制实体结果（第 2、3 个）

第 5 步：选择复制特征命令。单击菜单“插入”→“特征”→“移动 / 复制”，弹出“移动 / 复制实体”对话窗口。在（平移参考体）右边文本框中单击后，可以选择线或顶点作为参考体。选择点时，如图 4-48 所示；输入新特征的目标点位置，如图 4-49 所示。单击“移动 / 复制实体”窗口中的✔（确定）按钮，结束操作。

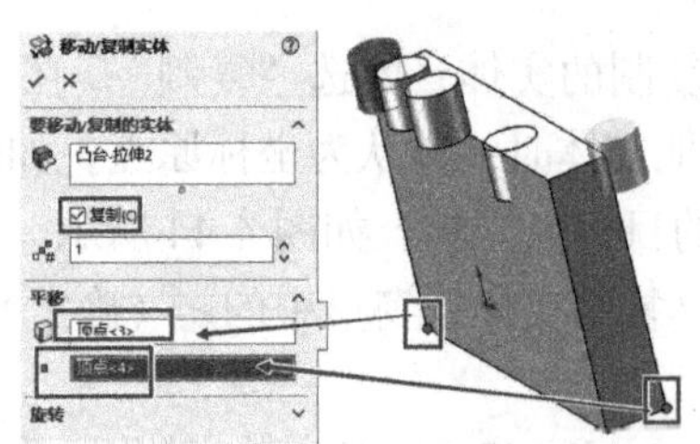

图 4-48 填写参数 4（参考体为顶点）

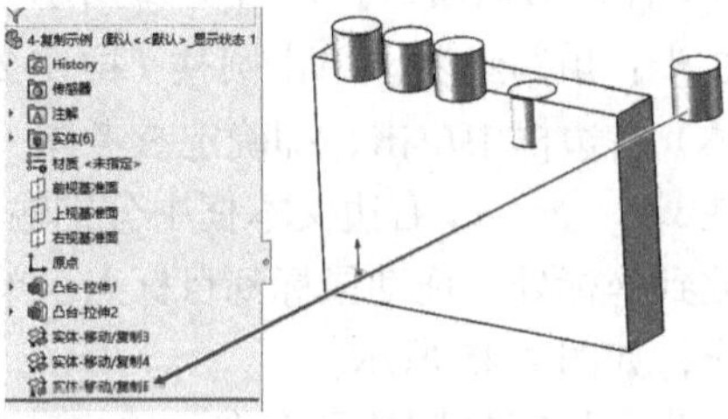

图 4-49 复制实体结果（第 4 个）

第 6 步：同名保存并关闭文件。

4.7.2 移动特征

移动特征就是改变选定特征的位置。操作步骤与复制特征相同，只是填写参数时，不要勾选“复制”项。操作步骤：单击菜单“插入”→“特征”→“移动 / 复制”，弹出“移动 / 复制实体”对话窗口，如图 4-48 所示；填写参数，不要勾选“复制”项；单击窗口中的✓（确定）按钮，结束操作。

实例 4-11

【实例 4-11】 移动如图 4-50 所示特征的位置。

操作步骤：

第 1 步：打开“4- 复制示例”文件，再以“4- 移动示例”保存。

第 2 步：执行移动特征命令。单击菜单“插入”→“特征”→“移动 / 复制”，弹出“移动 / 复制实体”对话窗口。

第 3 步：填写参数。单击独立的那个圆柱（移动 / 复制 5），不要勾选“复制”，参数输入方法与“复制特征”相同，如图 4-51 所示。在（平移参考体）右边框中单击确定参考体，取默认的坐标原点；光标放到坐标原点处，拖动光标到目标点处（下方顶点）松开，如图 4-52 所示。单击“移动 / 复制实体”窗口中的✓（确定）按钮，结束操作，如图 4-53 所示。

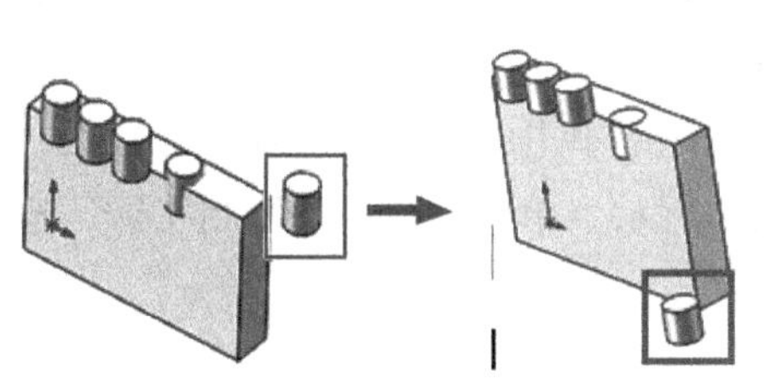

图 4-50 移动特征示例

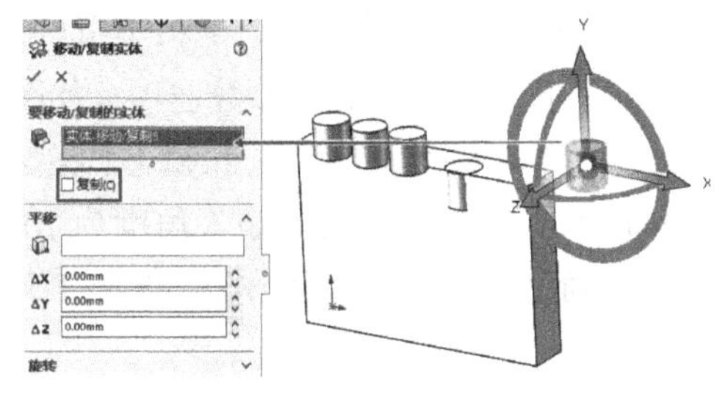

图 4-51 指定移动特征实体

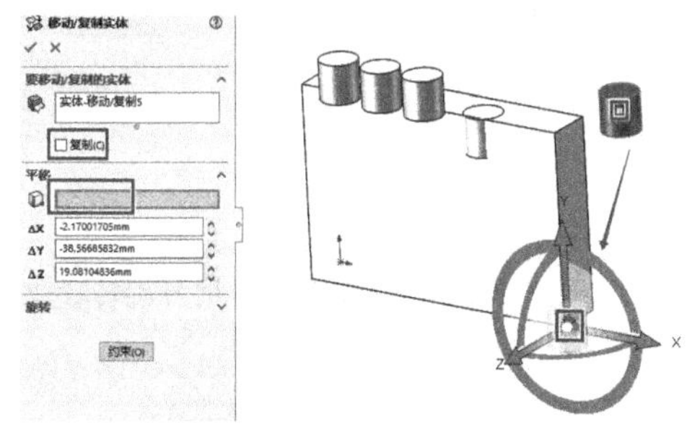

图 4-52 移动特征参数

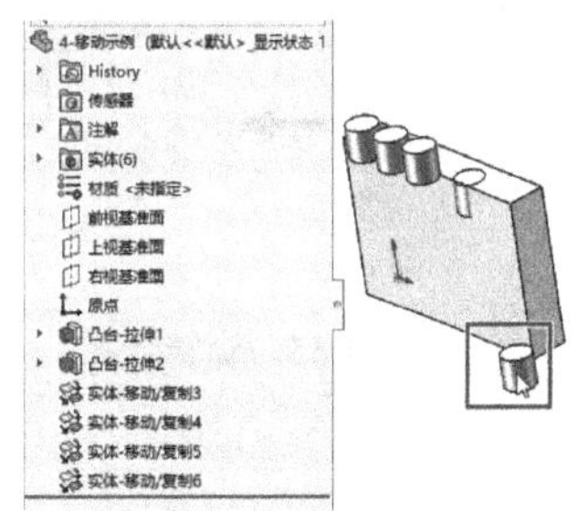

图 4-53 移动特征结果

第 4 步：同名保存并关闭文件。

4.7.3 旋转特征

旋转特征就是改变选定特征的现有方位。操作步骤：单击菜单“插入”→“特征”→“移动 / 复制”，弹出“移动 / 复制实体”对话窗口；单击旋转右边的按钮，展开旋转参数选项，如图 4-54 所示；填写“旋转”下的参数；单击窗口中的✓（确定）按钮，结束操作。

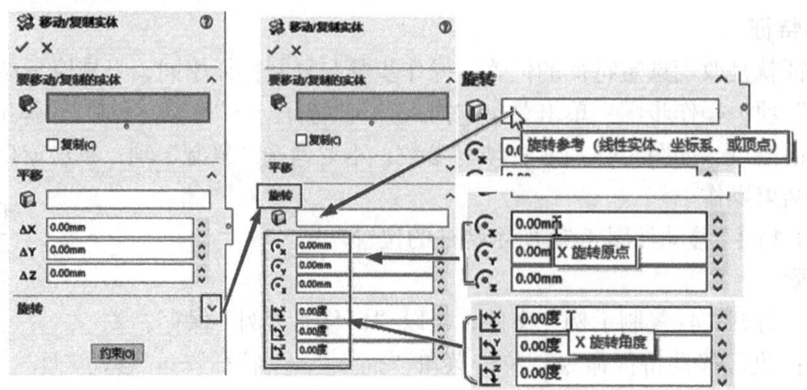

图 4-54 旋转窗口

实例 4-12

【实例 4-12】 旋转如图 4-55 所示的特征。

操作步骤：

第 1 步：打开“4- 移动示例”文件。再以“4- 旋转示例”保存。

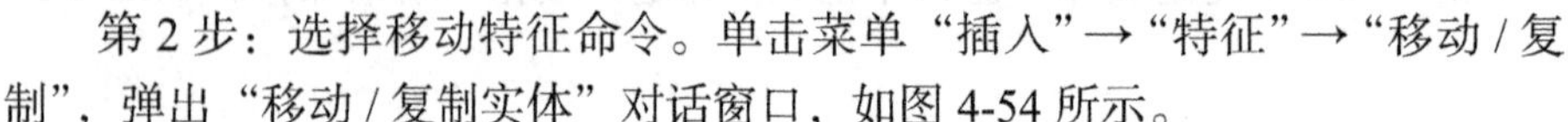

第 2 步：选择移动特征命令。单击菜单“插入”→“特征”→“移动 / 复制”，弹出“移动 / 复制实体”对话窗口，如图 4-54 所示。

第 3 步：指定旋转实体。单击下沉圆柱（移动 / 复制 3），不要勾选“复制”，单击旋转右边的 ⌄ 按钮，展开旋转参数选项，如图 4-56 所示。

第 4 步：填写旋转参数。在（平移参考体）右边框中单击；选择长方体上方边线；在（角度）右边框中单击；输入角度为 70，如图 4-57 所示。单击“移动 / 复制实体”窗口中的（确定）按钮，结束操作，如图 4-58 所示。

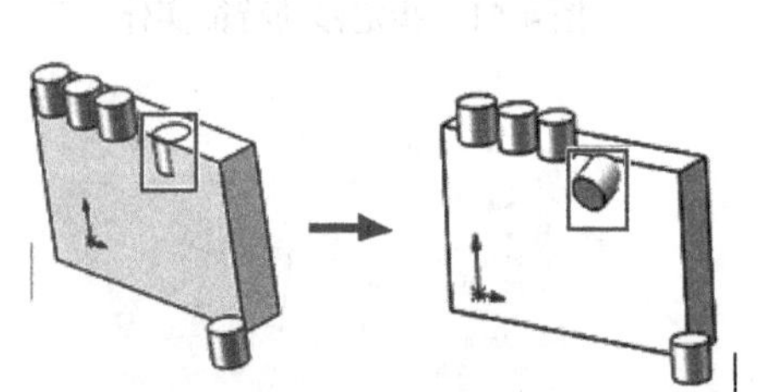

图 4-55 旋转特征

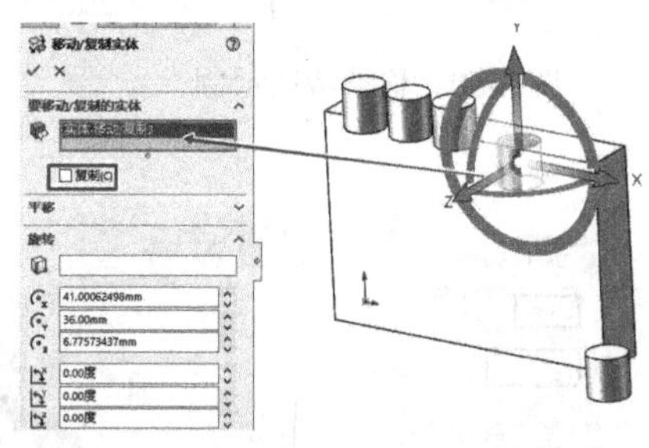

图 4-56 旋转窗口 - 展开旋转参数

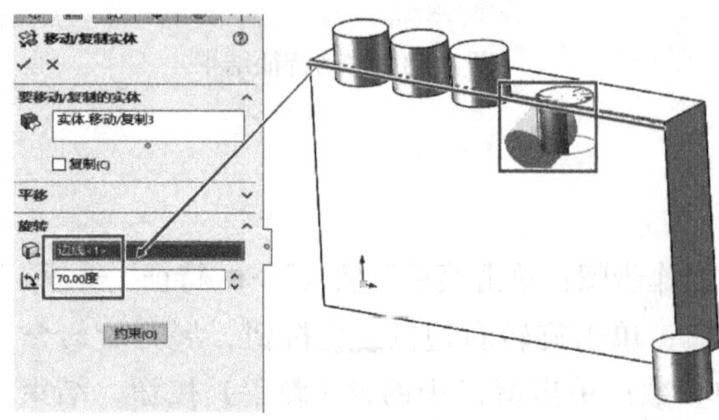

图 4-57 旋转参数

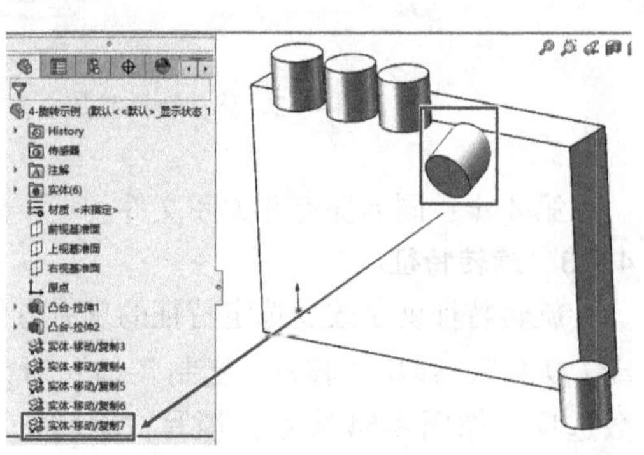

图 4-58 旋转结果

第 5 步：同名保存并关闭文件。

4.8 阵列特征

阵列特征是根据指定特征再生成一个或多个相同的特征，并按一定规律位置排列。

4.8.1 线性阵列特征

将选中的特征，然后沿一个方向或两个方向进行复制。步骤：单击特征控制面板上的（线性阵列）按钮，或单击菜单“插入”→“阵列 / 镜像”→“线性阵列”，弹出“线性阵列”窗口，如图 4-59 所示；填写相关参数，若只需沿一个方向复制多个，则不在“方向 2”下方框中单击，不输入“方向 2”的参数；单击窗口中的（确定）按钮，结束操作。

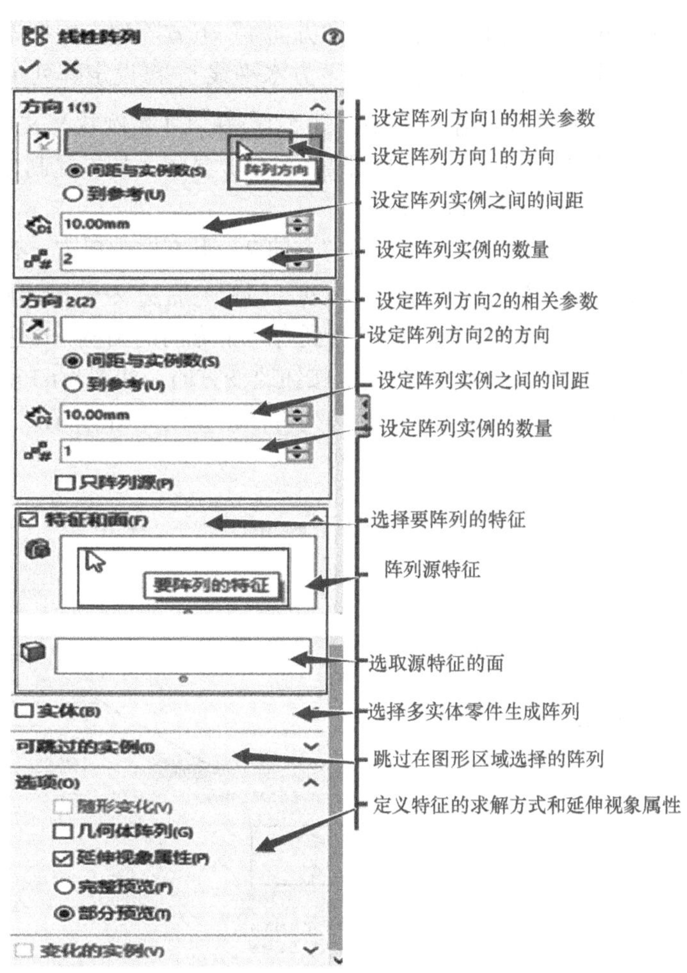

图 4-59 “线性阵列”窗口

【实例 4-13】 绘制如图 4-60 所示多个相同特征按行列摆放的模型。

操作步骤：

第 1 步：新建“零件”文件；拉伸一个长方体，再拉伸一个小圆柱，如图 4-61 所示，并以“4- 线性阵列”为文件名保存。

实例 4-13

第 2 步：执行线性阵列命令。单击特征控制面板上的（线性阵列）按钮，或单击菜单“插入”→“阵列 / 镜像”→“线性阵列”，弹出“线性阵列”窗口。

第 3 步：指定要阵列的特征。单击☑特征和面(F)下方（要阵列的特征）右边的框，单击图 4-61 所示的圆柱（拉伸 2）。

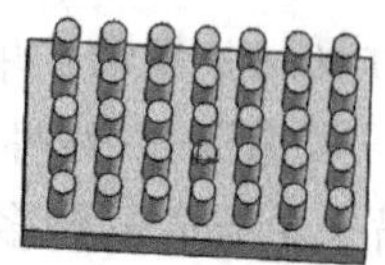

图 4-60　线性阵列

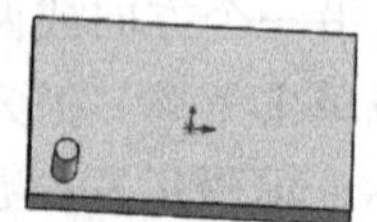

图 4-61　准备阵列圆柱

第 4 步：设定阵列方向 1 的相关参数。在“方向 1”下方阵列方向框中单击；在绘图区选择长方体的一条边线作为方向 1 的方向（如下方水平线）。再设定阵列示例之间的间距和数量。在（间距）右边文本框中输入间距，如 5.2；在（实例数）文本框中输入个数，如 7。如图 4-62 所示，可看到有一个方向的图例（黄色）显示。如果复制方向不正确，可以单击“方向 1”下方（反向）按钮改变方向。

第 5 步：设定阵列方向 2 的相关参数。在“方向 2”下方框中单击；在绘图区选择另一条边线（如左边竖直线）作为方向 2 的方向；在（间距）右边文本框中输入间距，如 4.5；在（实例数）文本框中输入个数，如 5。可看到有两个方向的图例（黄色）显示。发现复制方向不正确，单击“方向 2”下方（反向）按钮改变方向，如图 4-63 所示。

第 6 步：单击（确定）按钮，生成线性阵列特征，如图 4-61 所示。

第 7 步：保存并关闭当前文件。

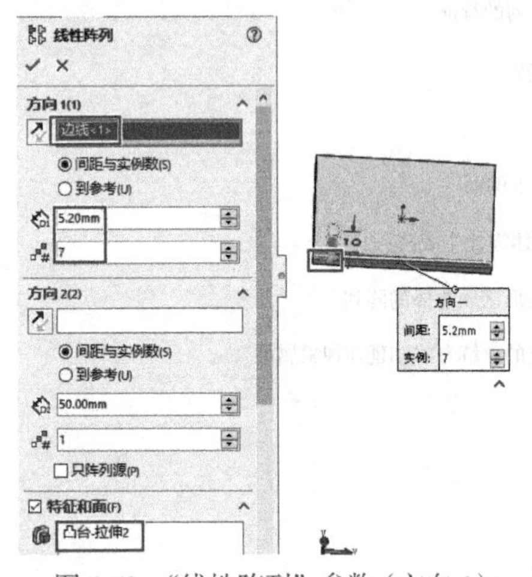

图 4-62　“线性阵列”参数（方向 1）

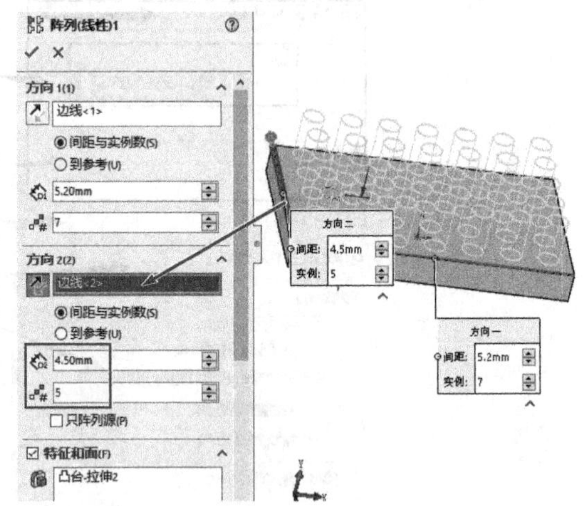

图 4-63　“线性阵列”参数（方向 2）

4.8.2　圆周阵列特征

圆周阵列特征是将指定的特征进行复制，并以周向排列方式摆放。操作方法和“线性阵列”相似。步骤：单击特征控制面板上的（圆周阵列）按钮，或单击菜单“插入”→“阵列 / 镜像”→“圆周阵列”，弹出“圆周阵列”窗口，如图 4-64 所示；填写相关参数，当单击◉实例间距时，（角度）是相邻两个之间的角度；当单击◉等间距时，（角度）是各个的总角度；单击窗口中的（确定）按钮，结束操作。

【实例 4-14】 绘制如图 4-65 所示多个相同特征按圆周排列的模型。

实例 4-14

操作步骤：

第 1 步：新建“零件”文件，拉伸一个大圆柱（圆心在坐标原点），拉伸一个小圆柱；再切除拉伸切口，如图 4-66 所示，并以“4- 圆周阵列”保存。

第 2 步：为定义阵列轴做准备。单击下拉菜单“视图”→“显示 / 隐藏”→“临时轴”，即显示临时轴。如图 4-67 所示。

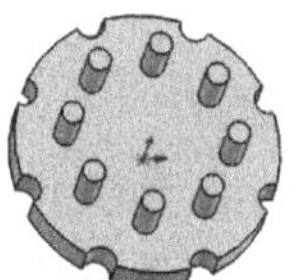

图 4-65 模型图

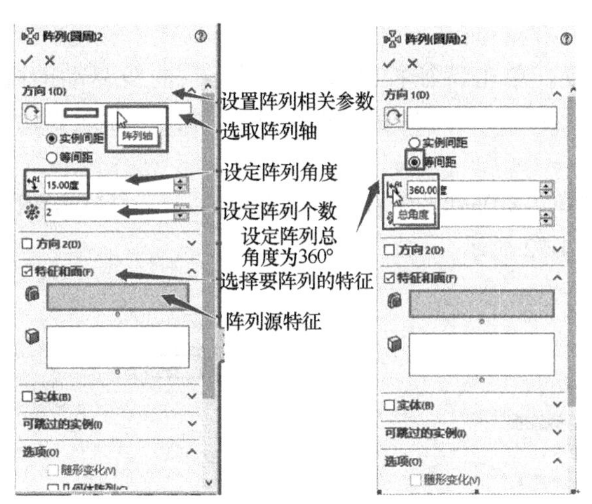

图 4-64 “圆周阵列”窗口

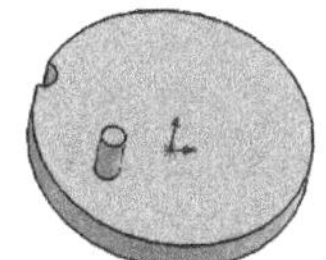

图 4-66 准备

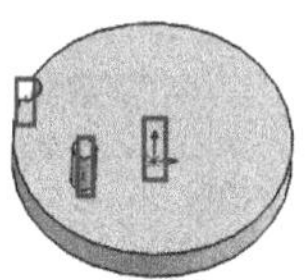

图 4-67 显示临时轴

第 3 步：执行圆周阵列命令。单击特征控制面板上的（圆周阵列）（在“线性阵列”右边下弹按钮中），或单击下拉菜单“插入”→“阵列 / 镜像”→“圆周阵列”，弹出“圆周阵列”窗口。

第 4 步：指定要阵列的特征。在（要阵列的特征）右边框中单击，再单击要阵列的特征，如图 4-66 所示的小圆柱和切口。

第 5 步：定义阵列轴。在“方向 1”下阵列轴文本框中单击；在绘图区单击中间基准轴作为圆周阵列的轴线，如图 4-68 所示。

第 6 步：指定阵列间距和阵列数。在（角度）文本框输入角度，如 360；在（实例数）文本框输入个数，如 8，如图 4-68 所示。

第 7 步：单击（确定）按钮，生成圆周阵列特征，如图 4-69 所示。

4.8.3 曲线驱动的阵列

曲线驱动的阵列是生成沿平面曲线的相同特征。

【实例 4-15】 绘制如图 4-70 所示多个相同特征按指定曲线方向排列的模型。

实例 4-15

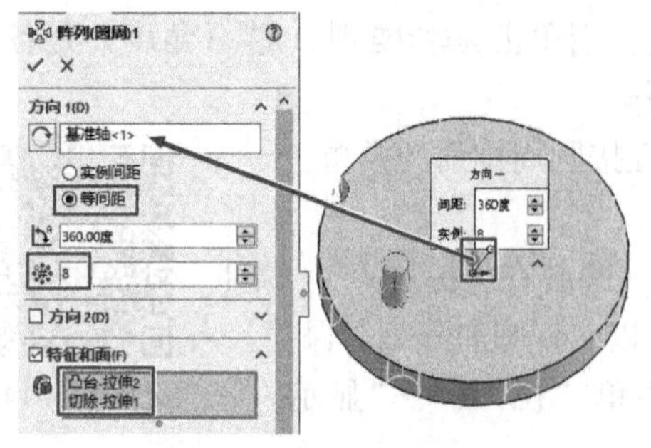

图 4-68 “圆周阵列”窗口

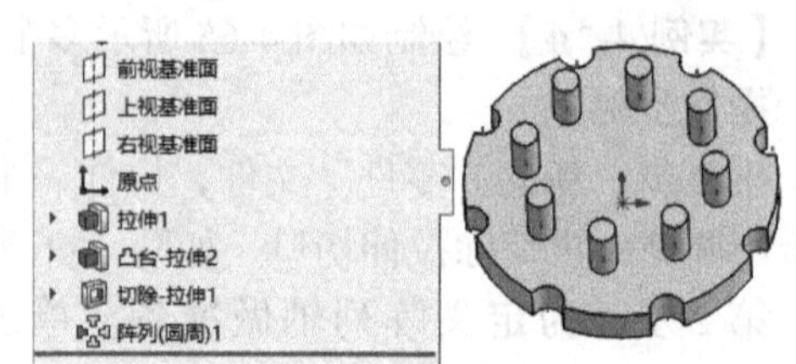

图 4-69 阵列特征

操作步骤：

第 1 步：新建文件，拉伸一个弧线板柱，拉伸切除一个圆柱孔，并圆角，如图 4-71 所示，并以“4- 曲线驱动的阵列”保存。

第 2 步：执行曲线驱动阵列命令。单击特征控制面板上的（曲线驱动的阵列）按钮，或单击菜单“插入”→“阵列 / 镜像”→“曲线驱动的阵列”，弹出“曲线驱动的阵列”窗口。

第 3 步：指定要阵列的特征。在（要阵列的特征）右边框中单击，再单击要阵列的特征。此例在绘图区单击圆柱孔，如图 4-72 所示。

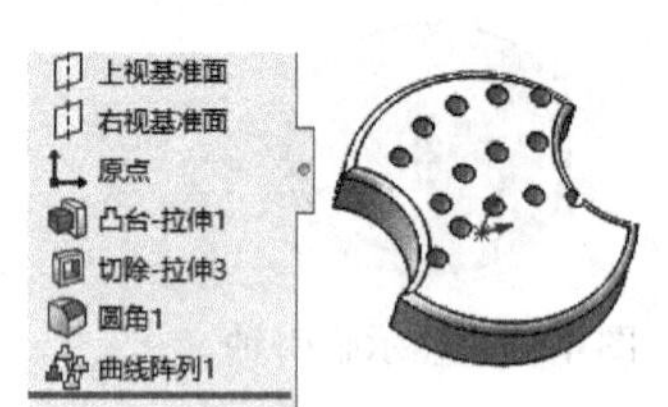

图 4-70 曲线驱动的阵列

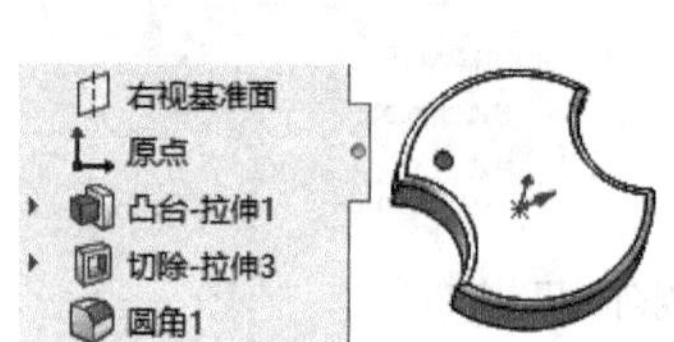

图 4-71 曲线驱动阵列的孔

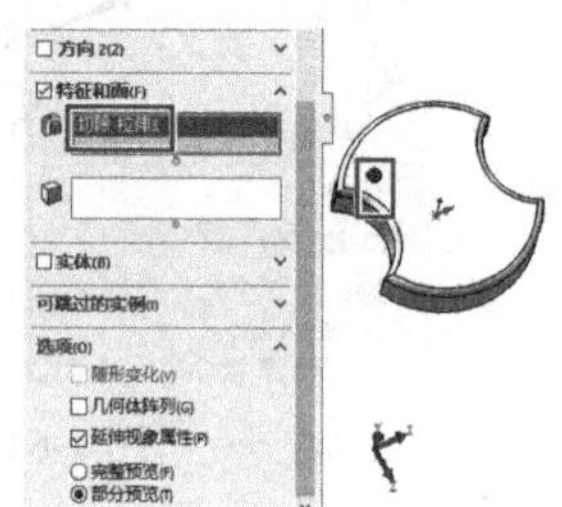

图 4-72 指定“要阵列的特征”

第 4 步：设置“方向 1”的参数。在“方向 1”下方“阵列方向”框中单击；在绘图区单击一条边线作为方向 1 的方向，如大圆弧线；在（实例数）文本框中输入个数，如 5；在（间距）文本框中输入间距，如 15，可看到有一个方向的图例（黄色）显示。若观察方向不正确，可单击（反向）按钮改变方向，如图 4-73 所示。

第 5 步：设置“方向 2”的参数。勾选☑方向2(2)；在“方向 2”下方“阵列方向”框中单击；在绘图区单击另一条边线作为方向 2 的方向，如小圆弧线，在（实例数）文本框中输入个数，如 3；在（间距）文本框中输入间距，如 22，可看到有两个方向图例（黄色）显示，若观察方向不正确，可单击（反向）按钮改变方向，如图 4-74 所示。若只需沿一个方向复制多个，则跳过此步骤，即不勾选“方向 2”。

第 6 步：单击（确定）按钮，生成阵列特征，如图 4-70 所示。

4.8.4 草图驱动的阵列

草图驱动的阵列就是根据草图中点的位置来生成新特征。执行“草图驱动的阵列”命令前，要建立模型、在模型上生成阵列的源特征及作为新特征所在位置的草图。

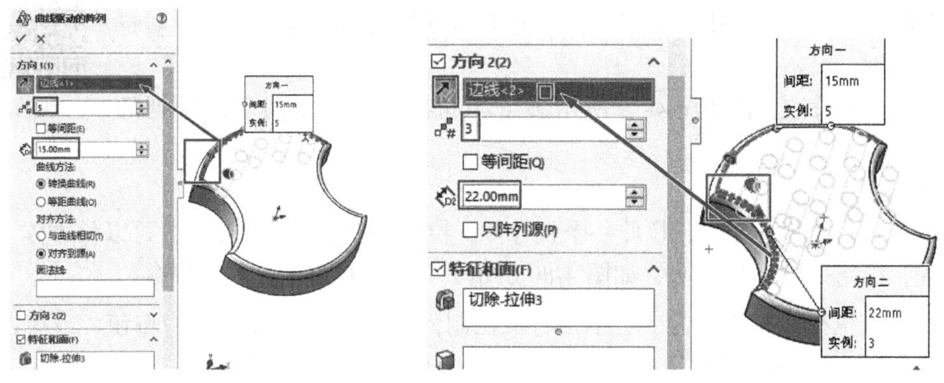

图 4-73　设置方向 1　　　　图 4-74　设置方向 2

【实例 4-16】 绘制如图 4-75 所示多个相同特征按指定点排列的模型。

实例 4-16

操作步骤：

第 1 步：新建“零件”文件，拉伸一个长方体，拉伸一个圆锥，如图 4-76 所示，并以“4- 草图驱动阵列”保存。

第 2 步：绘制草图。方法：选择长方体上表面为基准面；单击“草图绘制”按钮；单击草图控制面板上的■（点）按钮，或单击下拉菜单“工具”→“草图实体”→“点”，再在绘图区单击，移动光标单击，添加多个草图点，如图 4-77 所示，然后“确定”退出草图。

第 3 步：执行草图驱动阵列命令。单击特征控制面板上的（草图驱动阵列）按钮，或者单击下拉菜单“插入”→“阵列 / 镜像”→“由草图驱动的阵列”，弹出“由草图驱动的阵列”窗口。

第 4 步：指定要阵列的特征。在（要阵列的特征）右边框中单击，再单击要阵列的特征。此例在绘图区单击圆锥，如图 4-78 所示。

第 5 步：指定阵列的参考草图。在（参考草图）右边框中单击，再单击用于作为位置点的草图。此例在绘图区单击由点组成的“草图 3”，如图 4-78 所示。

第 6 步：单击（确定）按钮，生成阵列特征，如图 4-75 所示。

第 7 步：保存并关闭当前文件。

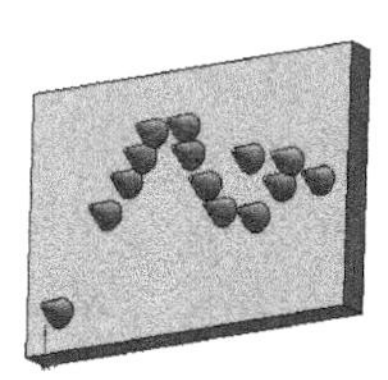

图 4-75　阵列示例

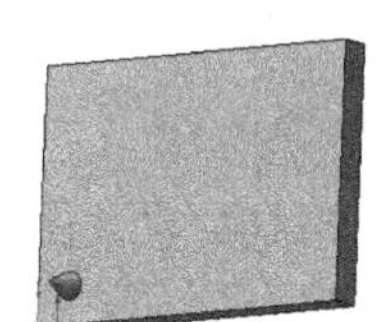

图 4-76　要阵列的特征

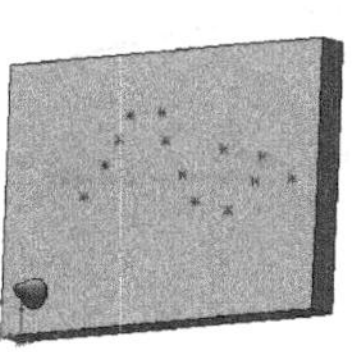

图 4-77　草图

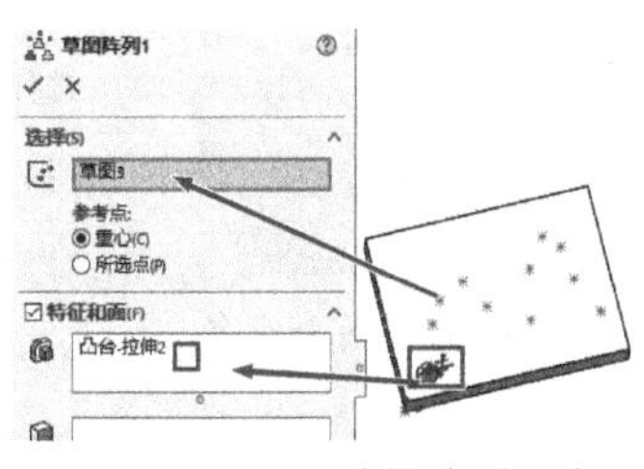

图 4-78　“草图驱动的阵列”窗口

4.8.5 填充阵列

实例 4-17

填充阵列就是将源特征，复制后填充到指定的一片草图区域内。执行“填充阵列”命令前，要建立模型、在模型上生成阵列的源特征及放置新特征范围的草图。

【实例 4-17】 绘制如图 4-79 所示多个相同特征按指定图范围排列的模型。

操作步骤：

第 1 步：新建零件文件，拉伸一个长方体，拉伸 - 切除一个圆柱孔，再以长方体上表面为基准面，绘制一个草图（圆），如图 4-80 所示，并以“4- 填充阵列”保存。

第 2 步：执行填充阵列命令。单击特征控制面板上（填充阵列）按钮，或单击下拉菜单“插入”→“阵列 / 镜像”→“填充阵列”，弹出“填充阵列”窗口。

第 3 步：指定要阵列的特征。在（要阵列的特征）右边框中单击，再单击要阵列的特征。此例在绘图区单击圆柱孔。

第 4 步：定义阵列的填充边界。在填充边界(L)下右边框中单击，再选择作为填充边界的草图，此例选择“圆”（草图 3）为填充边界。

第 5 步：定义阵列布局。如图 4-81 所示。

1）定义阵列方式。在阵列布局(O)区域中单击（穿孔）按钮。

2）定义阵列方向。在（阵列方向）按钮右边框中单击，单击一条边线作为阵列方向。

3）定义阵列尺寸。在（实例间距）按钮右边框中输入数值，如 4，在（交错断续角度）按钮右边框中输入数值，如 60，在（边距）按钮右边框中输入数值，如 1。

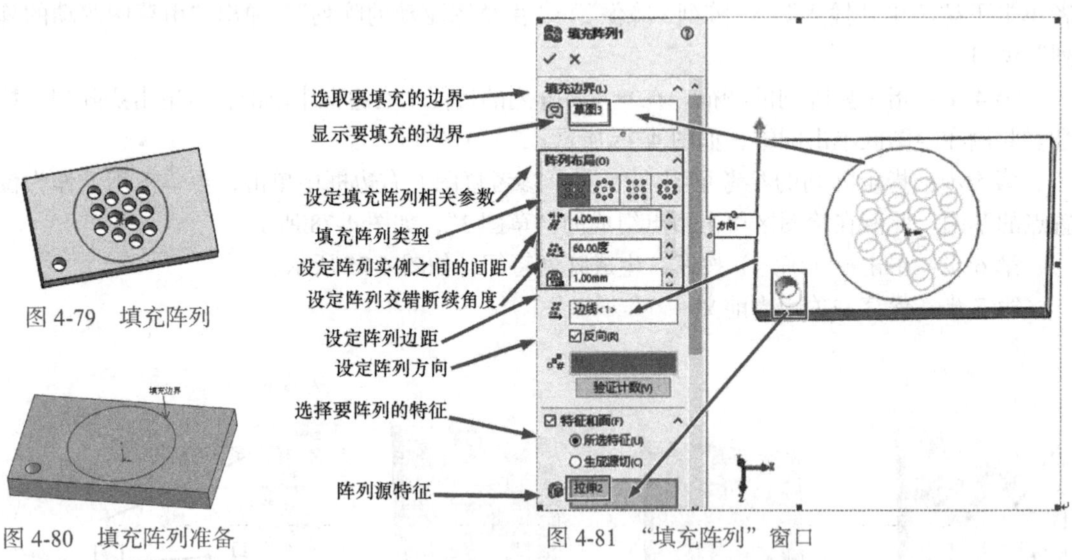

图 4-79 填充阵列

图 4-80 填充阵列准备

图 4-81 “填充阵列”窗口

第 6 步：单击窗口中的（确定）按钮，完成填充阵列创建。

第 7 步：保存并关闭当前文件。

【再现中国风】 试着绘制算盘的三维模型，如图 4-82 所示。可以通过网络搜索，了解算盘的更多信息。

算盘是一种手动操作的计算辅助工具，它起源于中国，迄今已有 2600 多年的历史，是中国古代的一项重要发明。

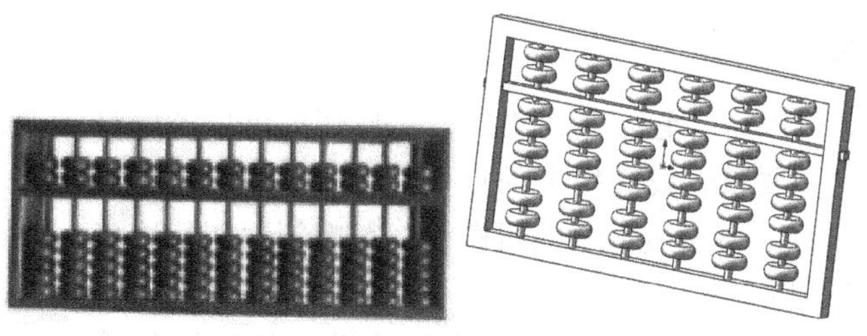

图 4-82 算盘示意图

4.9 圆顶特征

圆顶是指将模型平面拉伸成一个曲面，曲面可以是椭圆面、圆面等。圆顶特征如同在一个物体顶部加一个球形的盖子，如图 4-83 所示。

【实例 4-18】 绘制如图 4-83 所示有曲面项的模型。

分析：先绘制如图 4-84 所示准备模型，再圆顶。

操作步骤：

第 1 步：新建“零件”文件，如图 4-84 所示，拉伸长方体，拉伸圆柱体。

实例 4-18

第 2 步：单击下拉菜单“插入”→“特征”→“圆顶”，弹出“圆顶”窗口；如图 4-85 所示，选择圆柱上表面，在“距离”文本框中输入 16，单击✔（确定）按钮。

第 3 步：单击下拉菜单“插入”→“特征”→“圆顶”，弹出“圆顶”窗口；如图 4-86 所示，选择长方体前表面，在“距离”文本框中输入 33，单击✔（确定）按钮。

第 4 步：保存并关闭当前文件。

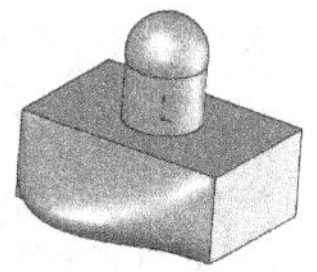

图 4-83 圆顶

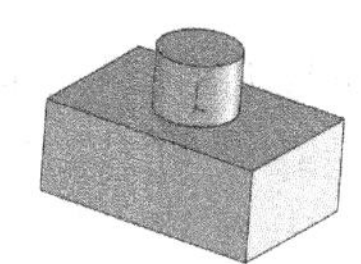

图 4-84 准备模型

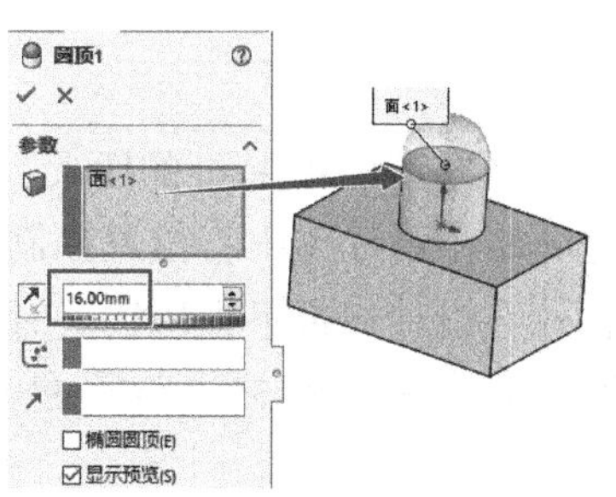

图 4-85 圆顶窗口（圆柱面）

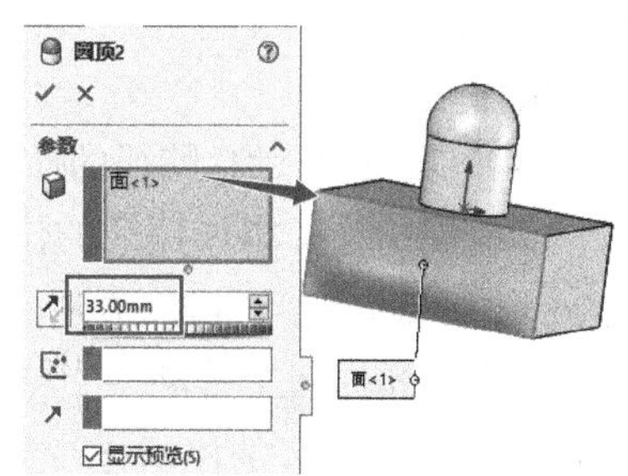

图 4-86 圆顶窗口（长方体面）

任务 2　在已有特征过程中增加特征和改变已有特征的建模顺序

任务目标： 掌握插入特征、对特征重新排序的操作方法。

4.10　特征的插入

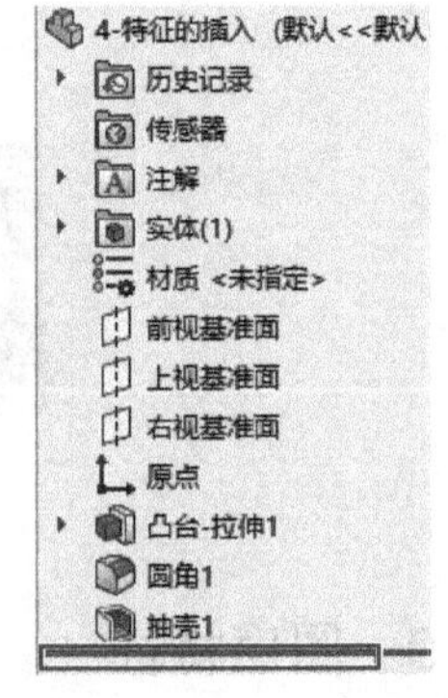

图 4-87　位置控制棒图标

当所有的特征完成以后，假如还要添加一个特征，可移动位置控制棒位置来满足这一要求。设计树上的粗横线（蓝色）所在位置为位置控制棒，如图 4-87 所示最下方的粗横线。每次新添加的特征在位置控制棒所在的位置。

移动位置控制棒位置的操作方法：将光标移动到位置控制棒上，按住左键，有手形图标出现，如图 4-88 所示；再拖动光标向上或向下移动来调整位置控制棒的位置，如图 4-89 所示；到达目标位置处，松开左键，如图 4-90 所示，从而可以在位置控制棒的位置处添加新特征。

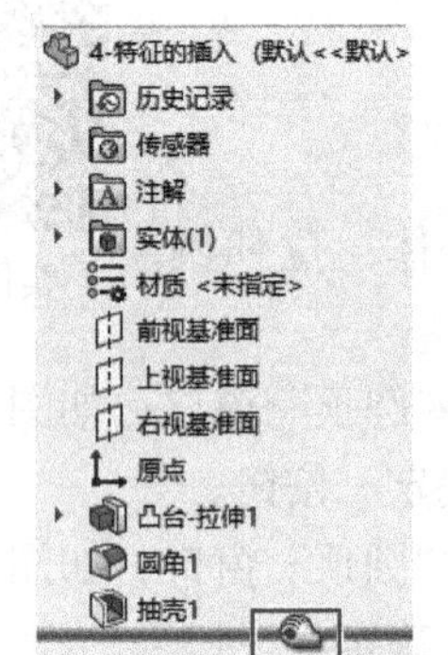

图 4-88　按住位置控制棒图标

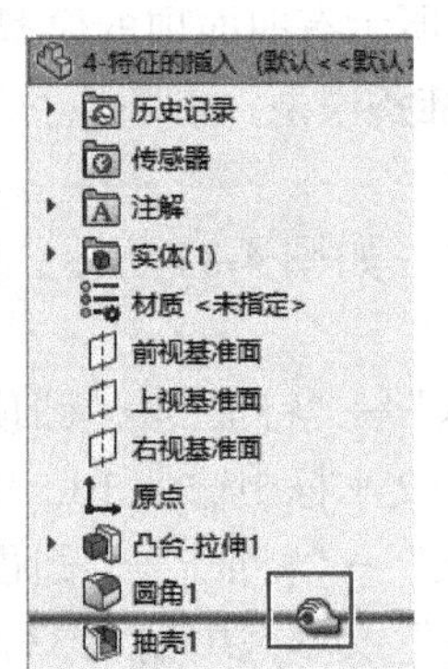

图 4-89　移动位置控制棒

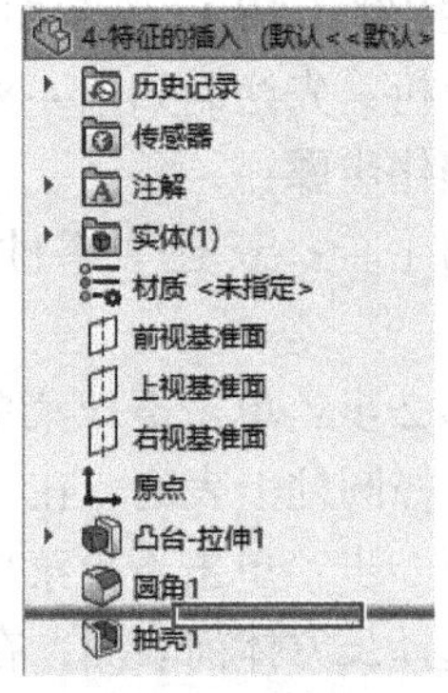

图 4-90　位置控制棒定位

【实例 4-19】 在如图 4-91 所示模型中抽壳特征的上一步，增加一特征。

实例 4-19

说明：在抽壳特征的上一步，增加拉伸切除特征。修改后的模型如图 4-92 所示。

操作步骤：

第 1 步：打开“4- 特征的插入”文件，另存为“4- 特征的插入示例”。

第 2 步：定义添加特征的位置，此例需在设计树中将位置控制棒拖动到抽壳1的前一步。操作方法是将光标放在设计树最下方横线上时，有手形图标出现，按住左键拖动光标向上移动，当位置控制棒显示在抽壳1之上与圆角1之下时松开，如图 4-90 所示。

第 3 步：定义添加的特征。

1）定义横断面草图。单击图 4-91 所示的模型上表面为草图基准面，单击“草图绘制”

按钮，绘制图 4-93 所示的横断面草图，并单击“确定”退出草图界面。

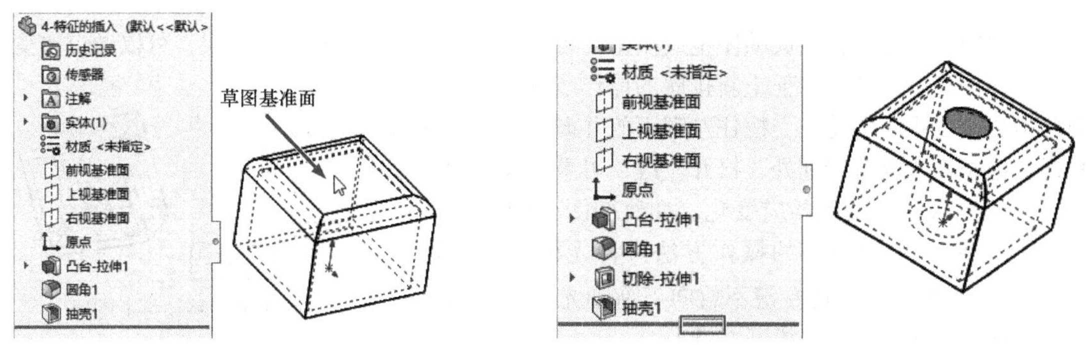

图 4-91 插入拉伸切除前　　　　图 4-92 插入拉伸切除后

2）执行拉伸切除命令。单击草图 2（绘制的圆），单击特征控制面板上的（拉伸切除）按钮，或选择下拉菜单“插入”→“切除”→“拉伸”。

3）定义参数。在终止条件中选择完全贯穿选项，其余采用系统默认，如图 4-94 所示。确定退出，如图 4-95 所示。

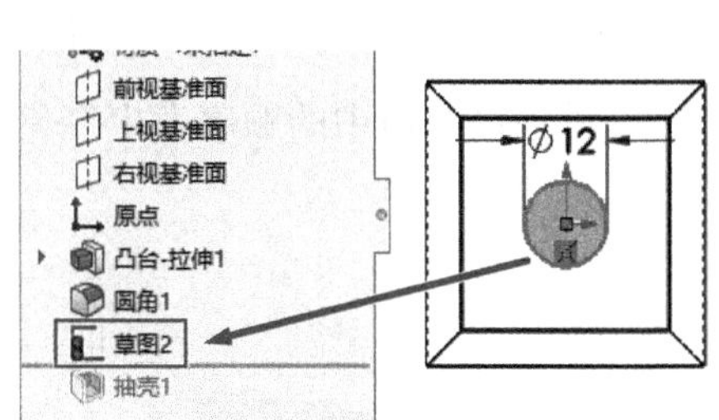

图 4-93 横断面草图

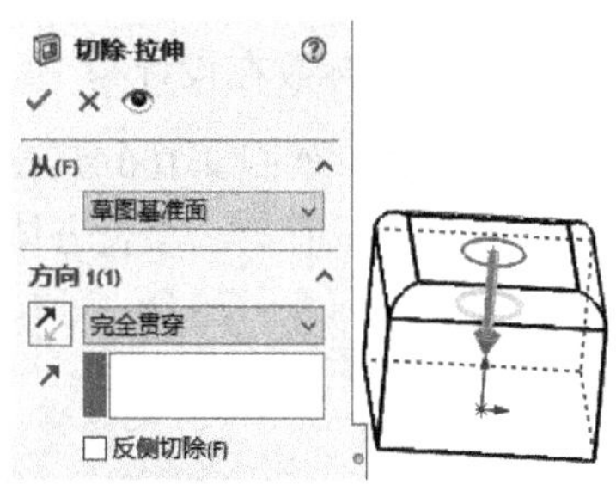

图 4-94 拉伸窗口

第 4 步：将位置控制棒拖动到抽壳1特征之后，显示所有特征。方法是：将光标放在设计树粗横线上时，有手形图标出现；按住左键拖动光标向下移动，当光标显示在抽壳1特征下方时松开，则光标定位在最下方，如图 4-92 所示。

说明：若没有将位置控制棒移到抽壳1之前而直接增加特征，则拉伸切除特征添加到抽壳1之后，则生成的模型如图 4-96 所示。这说明特征生成的顺序不一样，得到的模型也不一样的。

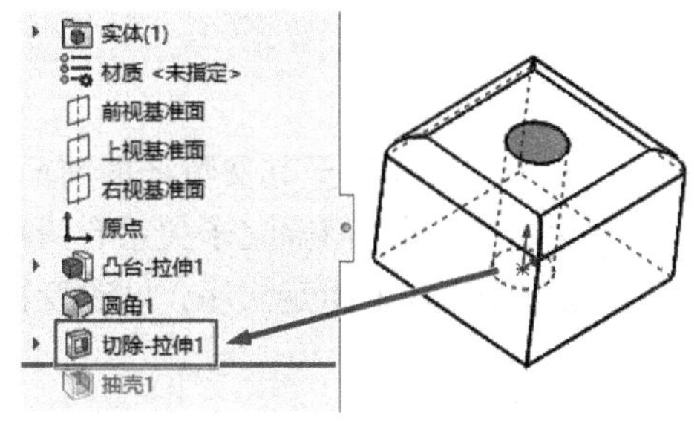

图 4-95 插入拉伸切除结果

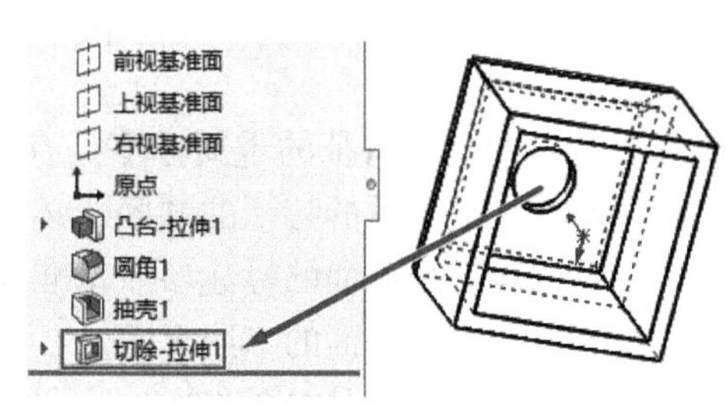

图 4-96 直接增加拉伸切除

4.11 特征的重新排序

建模时，要按特征生成顺序生成模型，若因先后顺序错误导致模型错误，可以通过改变建模顺序来修改特征。特征重新排序的操作步骤：在设计树中单击要改变顺序的特征，按住左键不放并向上或向下拖动光标，拖至需要放置特征处，松开左键，可看到设计树顺序变了，绘图区的模型也相应变化。如改变图 4-92 所示的模型为图 4-96 所示的模型的操作方法：将光标放在设计树 切除-拉伸1 上单击，按住左键不放向下拖动光标，如图 4-97 所示，拖至最下方位置，松开左键。

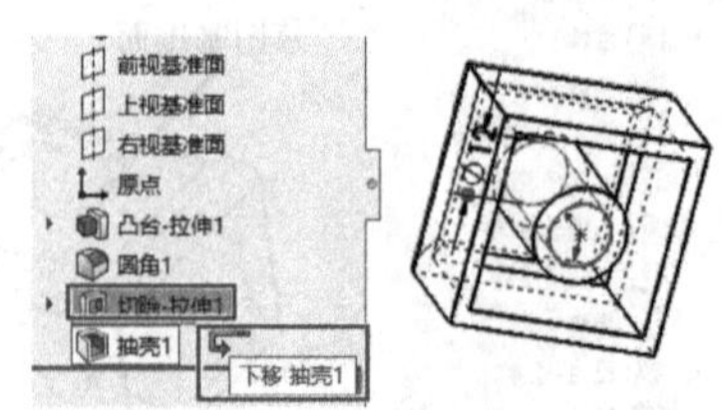

图 4-97　移动特征顺序

【实例 4-20】 改变如图 4-98 所示的模型为如图 4-99 所示的模型。

说明：“切除 - 拉伸 2”的终止条件是 完全贯穿 。

分析：图 4-98 所示模型的建模顺序为：拉伸大长方体→在大长方体上拉伸小长方体→阵列为 5 个小长方体→对小长方体拉伸切除（终止条件是 完全贯穿 ）。可以看到 5 个小长方体都切除了。

实例 4-20

调整思路：将“切除 - 拉伸”特征移动到“阵列”特征之前。

操作方法：将光标放在设计树 切除-拉伸2 上单击选中，按住左键不放并向上拖动光标，拖至 凸台-拉伸2 下方，如图 4-100 所示，松开左键，可看到设计树中的顺序发生变化，绘图区模型也相应变化，只有第一个长方体切除了，如图 4-99 所示。

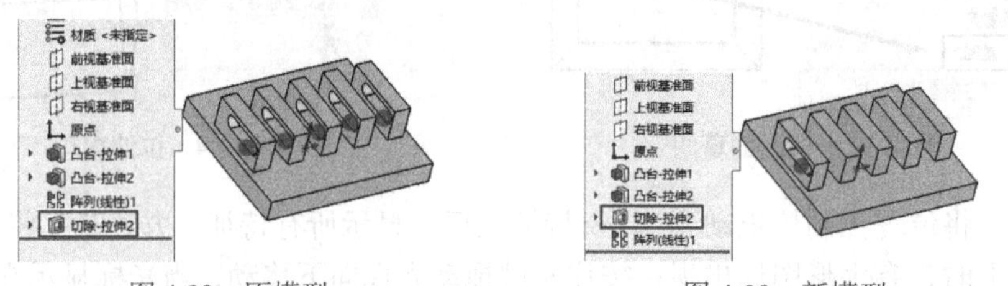

图 4-98　原模型　　　　图 4-99　新模型

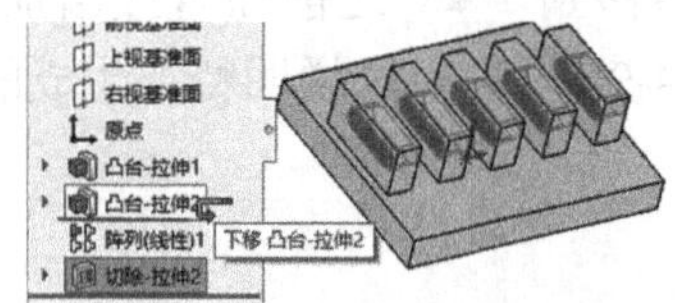

图 4-100　“切除 - 拉伸 2”前移

需要注意的是，特征的重新排序是有条件的，不能将一个子特征拖至其父特征的前面。如果要调整有父子关系的特征的顺序，必须先解除特征间的父子关系。解除父子关系有两种办法：一是改变特征截面的标注参照基准或约束方式；二是改变特征的重定次序，即改变特征的草绘平面和草绘平面的参照平面。

【举一反三 4-3】 对如图 4-101 所示的凸轮推杆机构各零件建模。

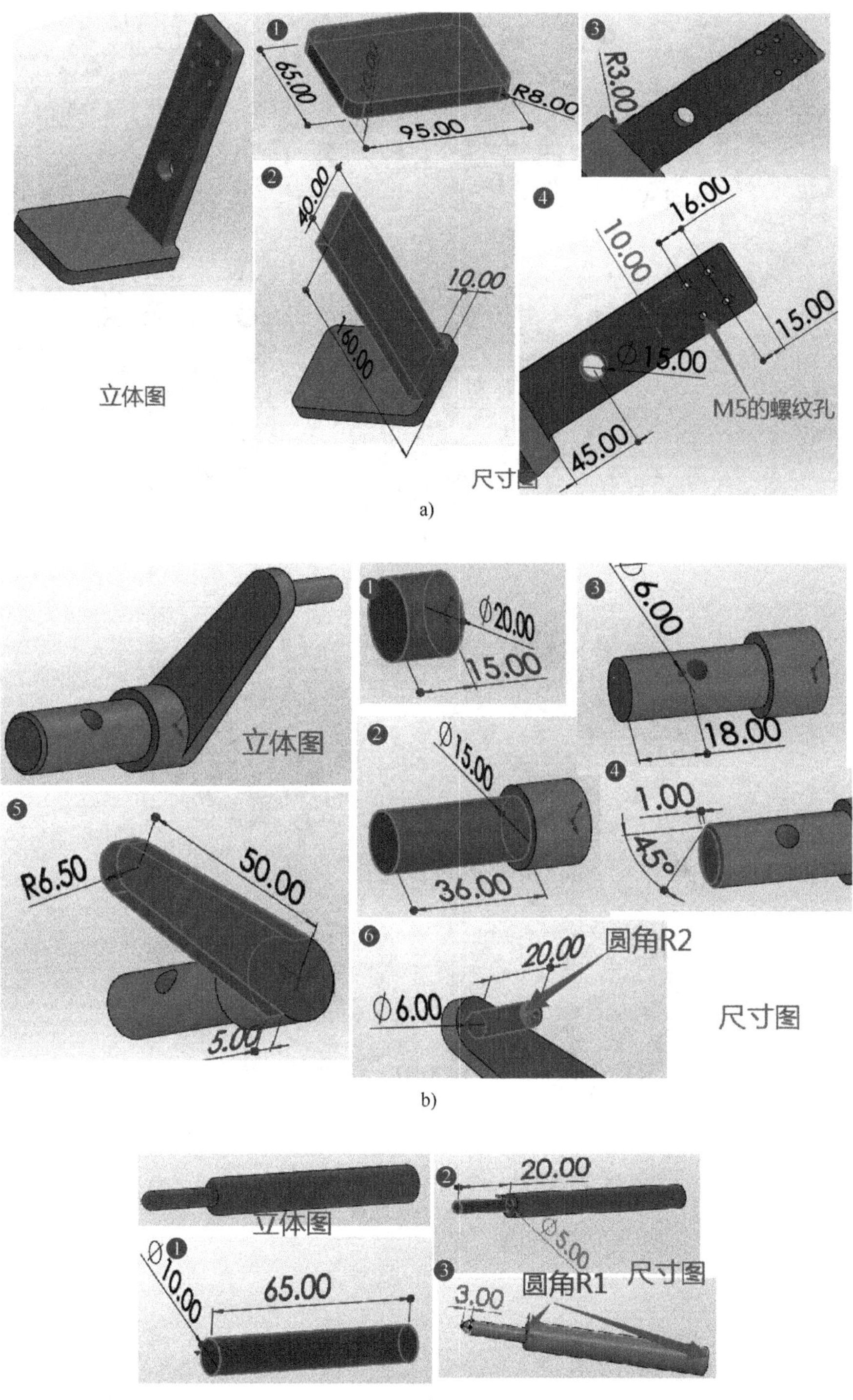

图 4-101 零件模型及草图

a）底座 b）摇柄 c）推杆

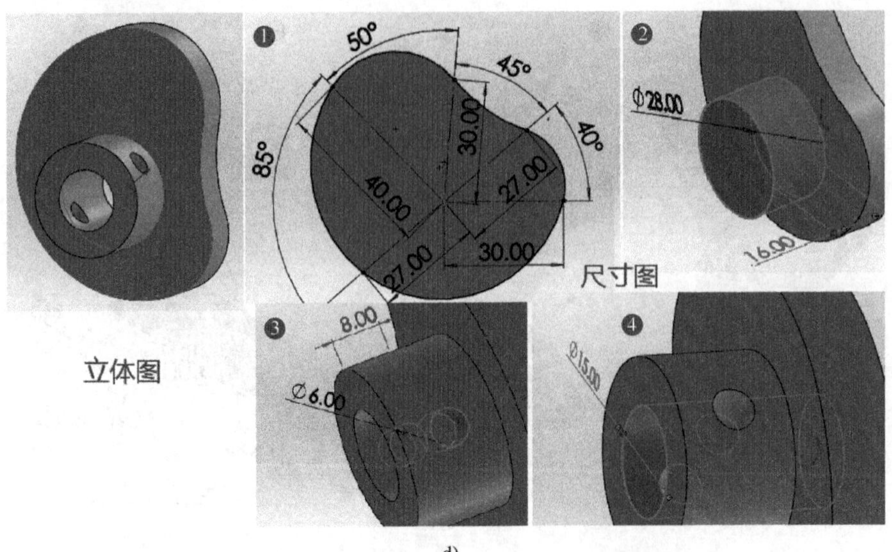

d)

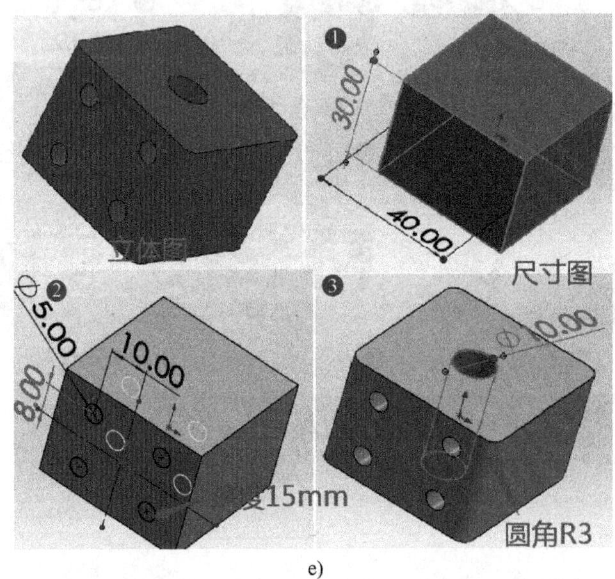

e)

图 4-101　零件模型及草图（续）

d）凸轮　e）轨道

项目 5

创建基准面和设置零件的材质

任务 1　按需求创建基准面

任务目标： 掌握基准面的创建方法。

5.1　创建基准面

5.1.1　参考几何体概述

在建模过程中，经常会用到基准面、基准轴以及基准坐标等参考几何体。使用特征控制面板上 （参考几何体）按钮可以创建基准面，如图 5-1 所示。

5.1.2　创建基准面体验

SolidWorks 系统默认提供了前视基准面、右视基准面和上视基准面三个互相垂直的基准面，但是在很多情况下，仅依赖这三个基准面是不够的，还须根据需要创建新的基准面。

操作方法：单击参考几何体按钮中的 （基准面）按钮，弹出“基准面”窗口，如图 5-2 所示；分别在**第一参考**、**第二参考**、**第三参考**三个参考下的框中单击，分别在绘图区单击选取参考元素或填写相应参数；单击 ✔（确定）按钮即可创建基准面（设计树中增加“基准面 1”）。

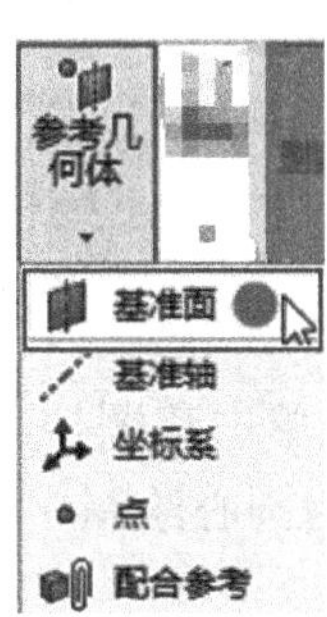

图 5-1　参考几何体 - 基准面按钮

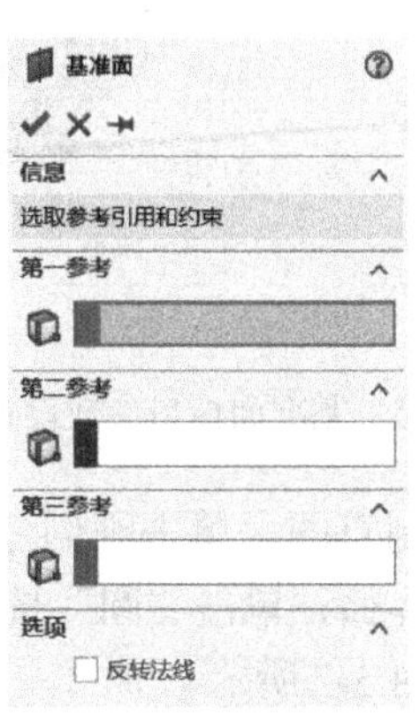

图 5-2　“基准面”窗口

【实例 5-1】 创建如图 5-3 所示组合模型。

分析：先创建一个如图 5-4 所示的模型，再创建一个基准面，然后在新基准面上绘制草图并建模。

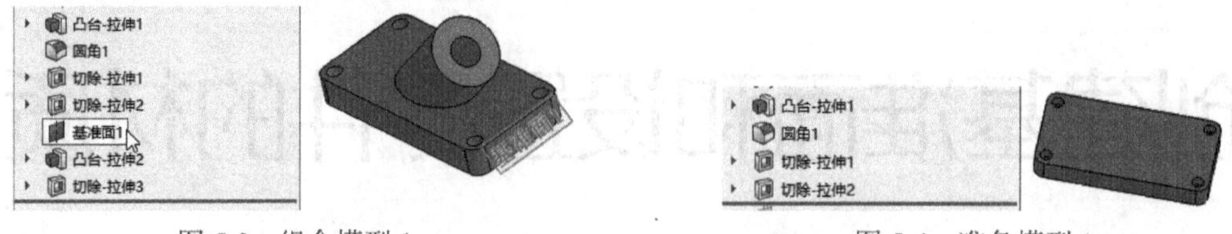

图 5-3 组合模型 1　　　　图 5-4 准备模型 1

操作步骤：

第 1 步：创建一个基准面。

实例 5-1

1）单击参考几何体按钮上的 （基准面）按钮，打开“基准面”窗口。

2）在“基准面”窗口中，单击**第一参考**下的框，再单击长方体右上方边线，如图 5-5 所示。此时在第一参考框下方会出现三个约束条件，选择 （重合）按钮。

3）单击**第二参考**下的边框，再在模型中单击边线 1 下方的面，此时在第二参考框下方会出现约束条件，单击 （两面夹角）按钮，在右边框中输入“45”；勾选 ☑反转等距，如图 5-5 所示。

4）单击 ✔（确定）按钮即可创建基准面（设计树中增加“基准面 1”）。创建的基准面如图 5-6 所示。

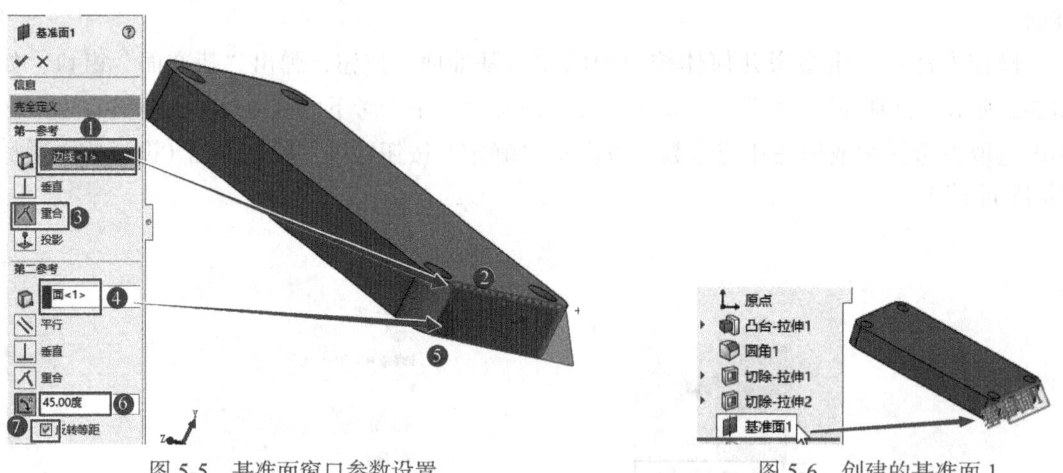

图 5-5 基准面窗口参数设置　　　　图 5-6 创建的基准面 1

第 2 步：绘制草图。单击刚创建的“基准面 1”；单击草图控制面板上的“草图绘制”按钮，进入草绘界面；单击“圆”按钮，以坐标原点为圆心绘制一个半径为 12 的圆，并退出草绘模式，如图 5-7 所示。

第 3 步：拉伸为柱。单击刚绘制的草图（草图 4）；单击 （拉伸凸台 / 基体）特征命令，弹出拉伸窗口；在“方向 1”区域中选择成形到下一面项；观察方向，若方向有误，单击（反向）按钮调整方向，如图 5-8 所示，单击（确定）按钮。

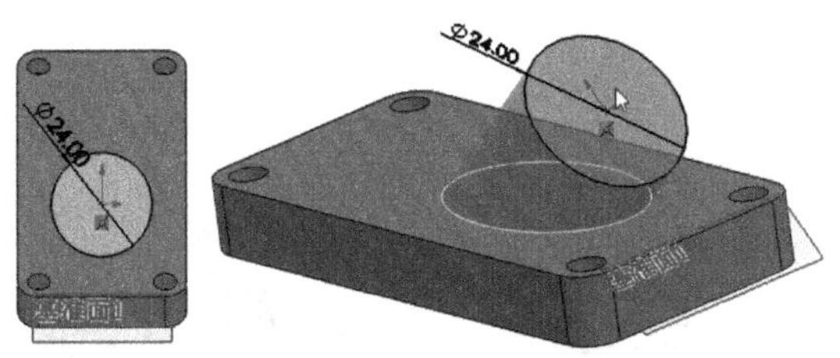

图 5-7 创建草绘图形（草图 4）

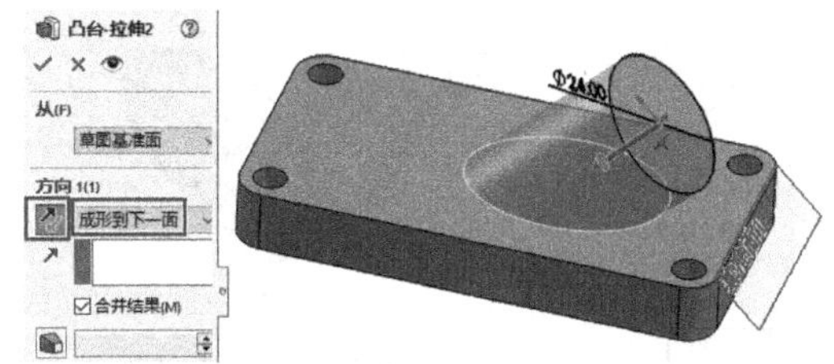

图 5-8 创建拉伸凸台 / 基体特征窗口

第 4 步：切孔。单击“基准面 1”作为草图基准面；单击草图控制面板上的“草图绘制”按钮，进入草绘界面；单击“圆”按钮，以坐标原点为圆心绘制一个半径为 5 的圆，并退出草绘模式，如图 5-9 所示。再单击刚绘制的草图（草图 5）；单击（拉伸切除）特征，在“方向 1”区域中选择成形到下一面项，如图 5-10 所示。单击（确定）按钮，完成组合模型的创建。

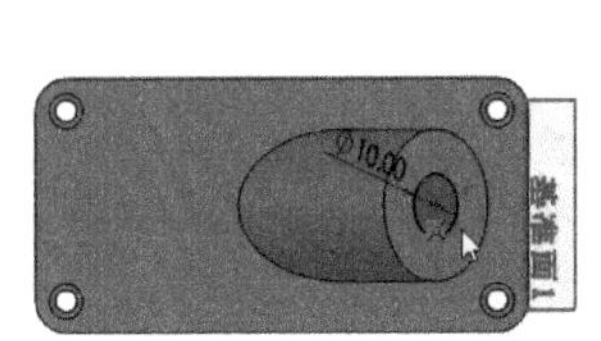

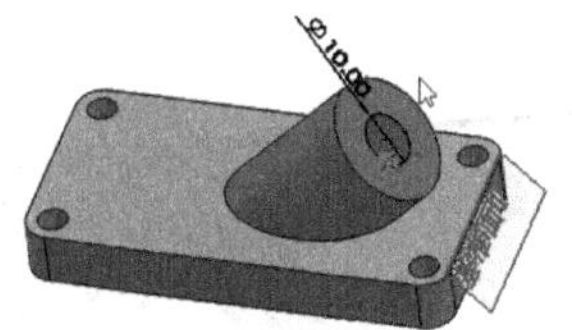

图 5-9 创建草绘图形（草图 5）

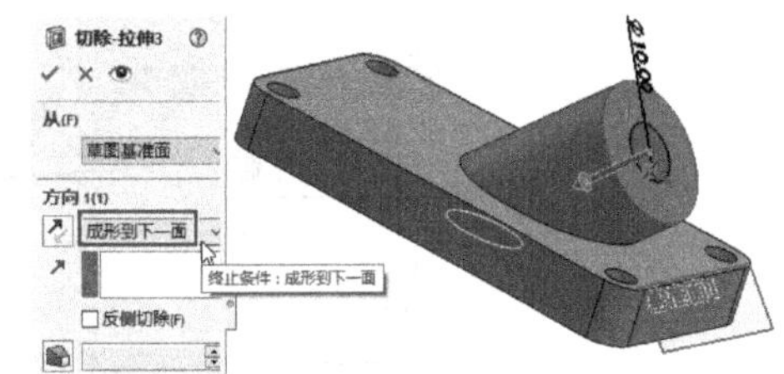

图 5-10 创建拉伸切除特征

5.1.3 创建基准面

实例 5-1 介绍了一种创建基准面的方法，其实创建基准面就是以基准面中的三个参考为基准，通过选择模型中的点、线、面来创建需要的基准面，下面我们将说明六种一般基准面创建方法。

1. 等距距离方式创建基准面

以一个面为参照面，创建与此面平行并相距一定距离的一个或多个基准面，如图 5-11 所示。

分析：先创建一个如图 5-12 所示的模型，再创建基准面。

第 1 步：单击参考几何体按钮上的（基准面）按钮，弹出“基准面”窗口。

第 2 步：在“基准面”窗口中第一参考下的框中单击，再单击底面（圆环图形），第一参考下出现参数项目。

第 3 步：设置第一参考的参数。单击（偏移距离）右边框，输入面与面之间的距离 20；单击（要生成的基准面数）右边框，输入需要生成的基准面数量 4；观察方向，还可单击反转等距来选择基准面的方向，如图 5-13 所示。

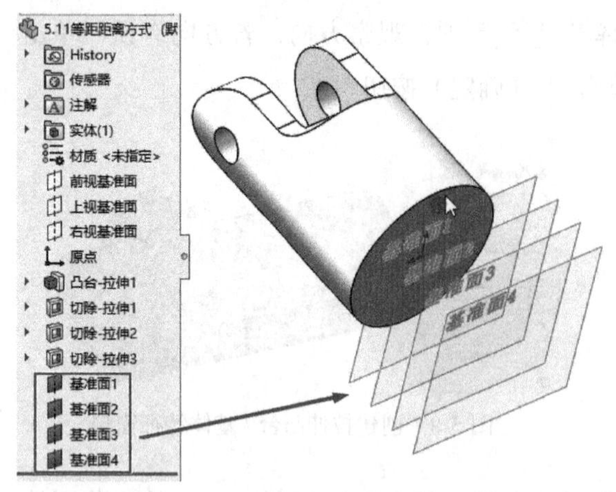

图 5-11 等距距离方式创建基准面

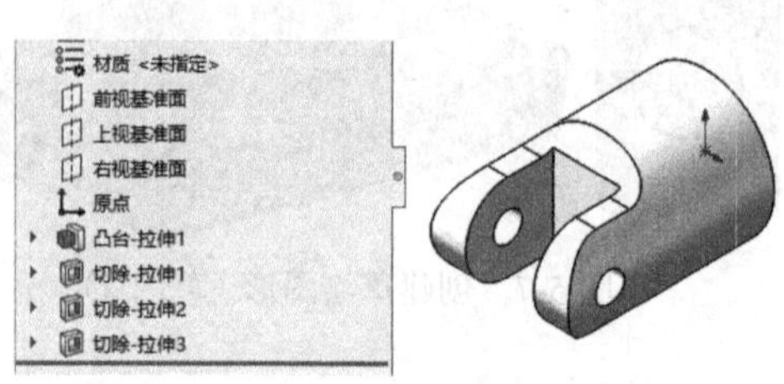

图 5-12 准备模型

第 4 步：单击✔（确定）按钮即可创建基准面。设计树中增加“基准面 1”“基准面 2”“基准面 3”和“基准面 4”。

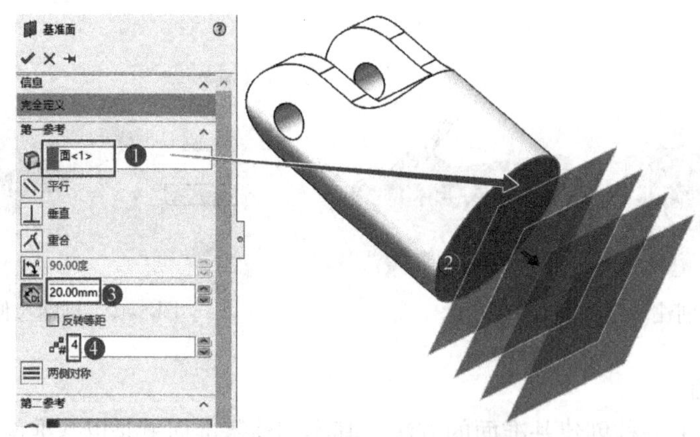

图 5-13 基准面窗口参数设置

2. 两面夹角方式创建基准面

以选中的线为轴（或直线到参考面的投影为轴），创建与某个参考面成一定角度的基准面，实例 5-1 中即是使用此方法创建的基准面。需要两个参考，要指定一条线和一个面。在窗口中单击第一参考下的框，单击一条线，设置第一参考的参数；单击第二参考下的边框，单击一个面，设置第二参考的参数；单击✔（确定）按钮。

3. 直线 / 点方式创建基准面

用于创建通过一条直线和直线外一点的基准面，如图 5-14 所示。

分析：先创建一个如图 5-15 所示的模型，再创建一个基准面。

第 1 步：单击参考几何体按钮上的▮（基准面）按钮，打开“基准面”窗口。

第 2 步：在“基准面”窗口中单击第一参考下的框；再单击下方长方体左上方的边线；单击第二参考下的框；再单击圆柱面左边切口上的顶点，如图 5-16 所示。

第 3 步：单击✔（确定）按钮即可创建基准面（设计树中增加“基准面 1”）。

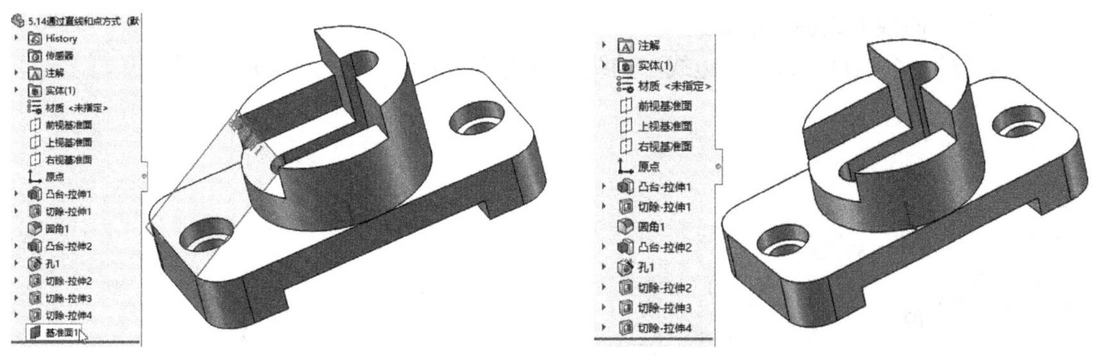

图 5-14　通过直线 / 点方式创建基准面　　　　图 5-15　准备模型

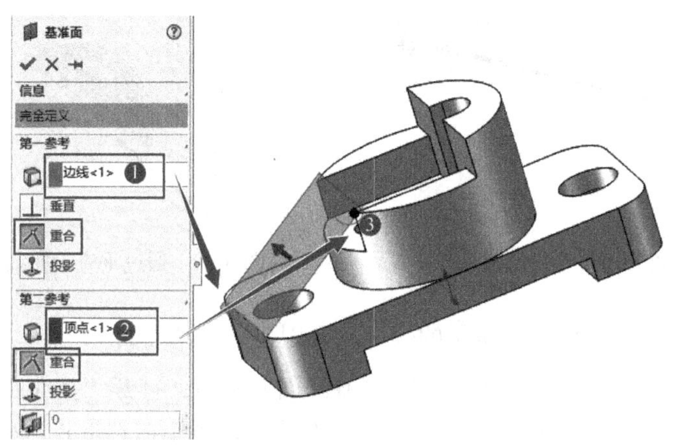

图 5-16　基准面窗口参数设置

4. 点和平行面方式创建基准面

用于创建通过某个点且与某个平面平行的基准面，如图 5-17 所示。

分析：先创建一个如图 5-18 所示的模型，再创建一个基准面。

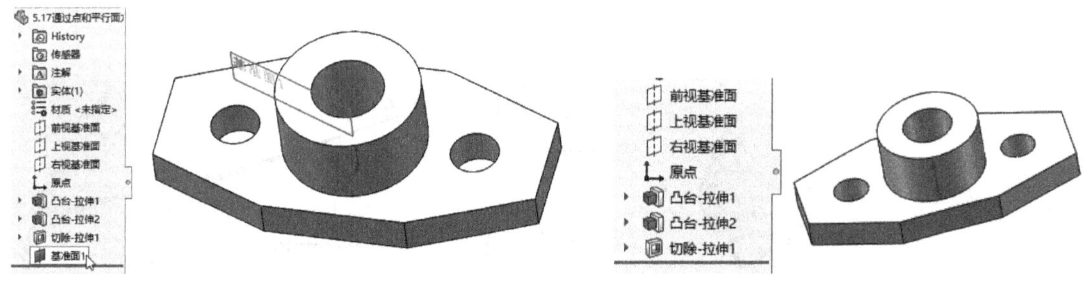

图 5-17　通过点和平行面方式创建基准面　　　　图 5-18　准备模型

第 1 步：单击参考几何体按钮上的 ▮（基准面）按钮，打开“基准面”窗口。

第 2 步：在“基准面”窗口中单击**第一参考**下的框；再单击底部的左侧面；单击**第二参考**下的框；再单击底部右上的顶点，如图 5-19 所示。

第 3 步：单击 ✔（确定）按钮即可创建基准面（设计树中增加“基准面 1”）。

5. 垂直于曲线方式创建基准面

生成通过一个点且垂直于一边线、轴线或曲线的基准面，如图 5-20 所示。

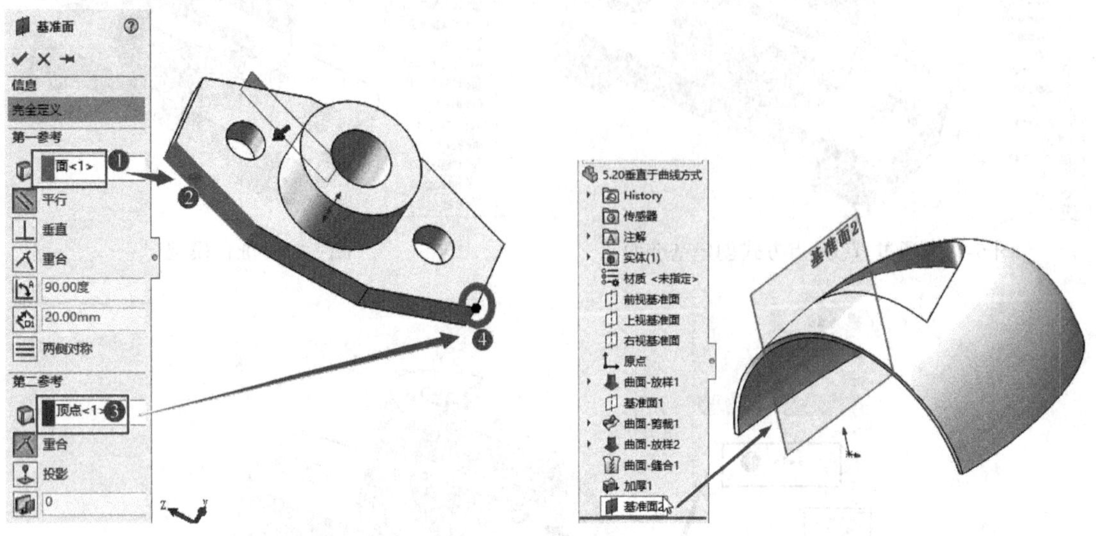

图 5-19　基准面窗口参数设置　　　图 5-20　通过垂直于曲线方式创建基准面

分析：先创建一个如图 5-21 所示的模型，再创建一个基准面。

第 1 步：单击参考几何体按钮上的（基准面）按钮，打开“基准面”窗口。

第 2 步：在“基准面”窗口中单击第一参考下的框；再单击选取点，弹出参数项，单击（重合）；单击第二参考下的框；再单击选取曲线（边线），弹出参数项，并单击（垂直），如图 5-22 所示。

第 3 步：单击（确定）按钮即可创建基准面（设计树中增加一个基准面）。

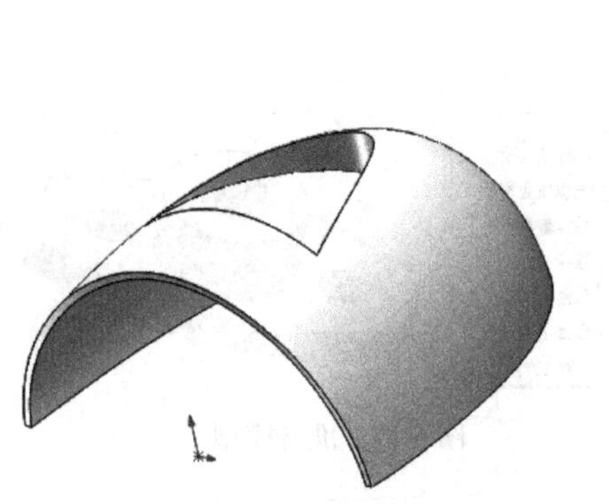

图 5-21　准备模型

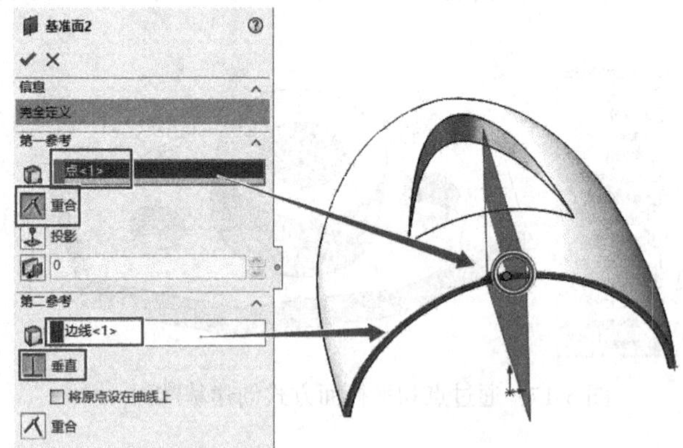

图 5-22　基准面窗口参数设置

6. 曲面切平面方式创建基准面

创建与某个曲面相切且经过某个点（或某个点到曲面的正投影）的基准面，如图 5-23 所示。

分析：先创建一个如图 5-24 所示的模型，再创建一个基准面。

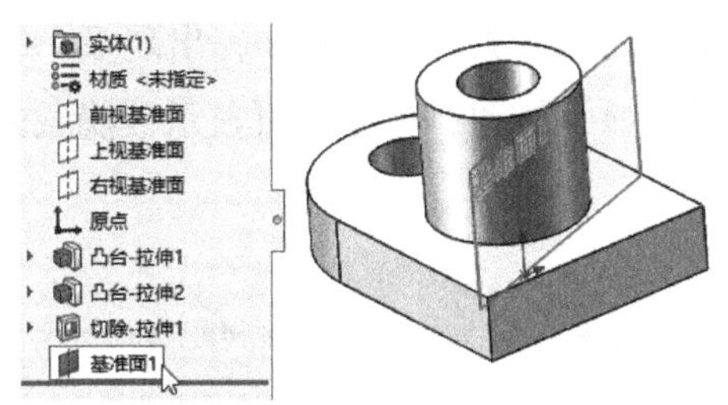

图 5-23 通过曲面切平面方式创建基准面

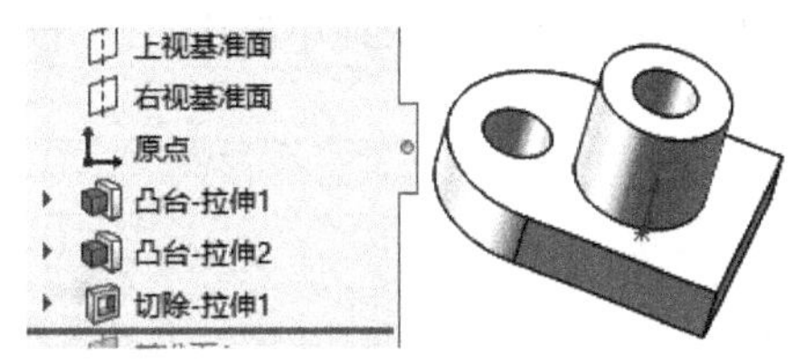

图 5-24 准备模型

第 1 步：单击参考几何体按钮上的 （基准面）按钮，打开“基准面”窗口。

第 2 步：在“基准面”窗口中单击第一参考下的框；再单击选取圆柱面；单击 （相切），即基准面与此面相切，单击第二参考下的框，再单击选取底部一顶点，单击 （重合），即该点经过基准面，如图 5-25 所示。

第 3 步：单击 （确定）按钮即可创建基准面（设计树中增加“基准面 1”）。

5.1.4 基准面的显示

1. 下拉菜单方法

单击菜单“视图”→“隐藏 / 显示”→“基准面”，如图 5-26 所示。单击基准面后可以隐藏和显示模型中所有基准面。

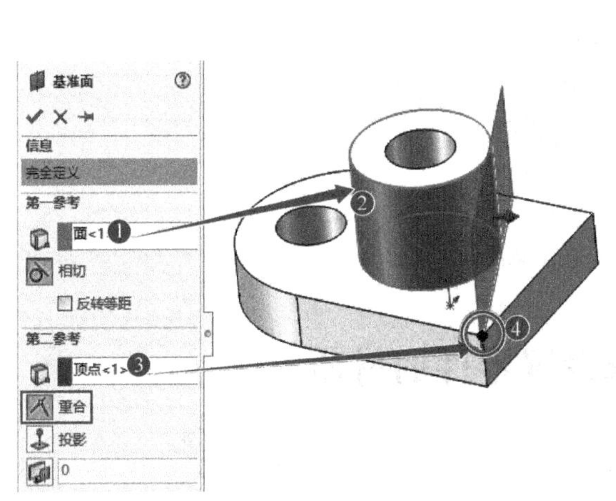

图 5-25 基准面窗口参数设置

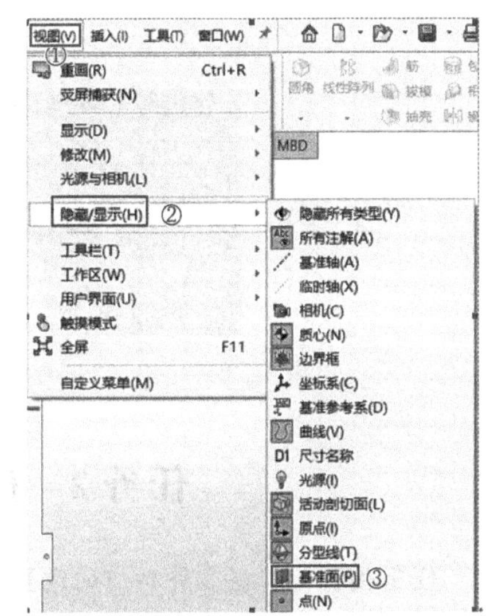

图 5-26 基准面隐藏 / 显示菜单

2. 快捷菜单方法

如果模型中有很多基准面，但只想隐藏某一个基准面时，可以从设计树中单击需要隐藏或显示的基准面，出现快捷菜单，单击 （隐藏）或 （显示）按钮。

例如单击基准面 6，出现下一级菜单，如图 5-27 所示，在菜单栏中有一个 符号，该符号为隐藏按钮，单击后可隐藏选择的基准面；当该基准面隐藏后，在设计树中被隐藏的基准面图标背景变成白色，如图 5-28 所示。若再单击已被隐藏的基准面 6，出现下一级菜单，如图 5-29 所示，在菜单栏中有 符号，该符号为显示按钮，单击后可显示被隐藏的基准面。

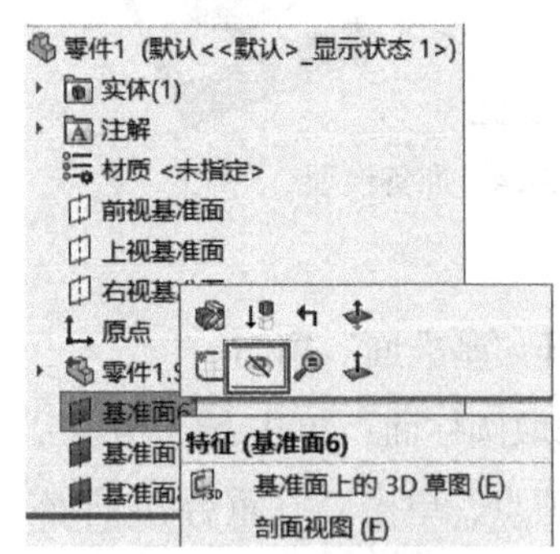

图 5-27　基准面中隐藏按钮

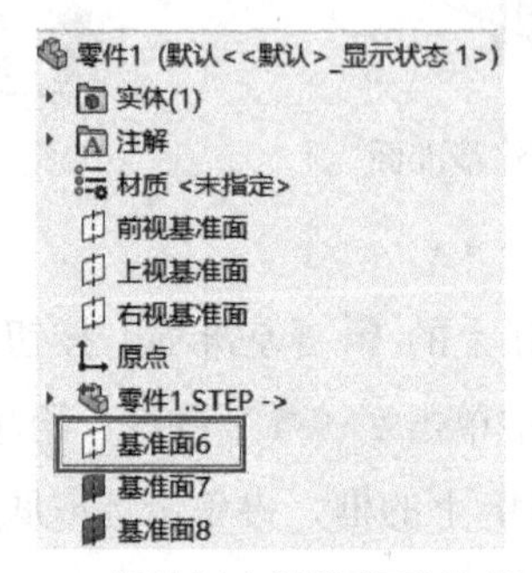

图 5-28　设计树中被隐藏后的基准面

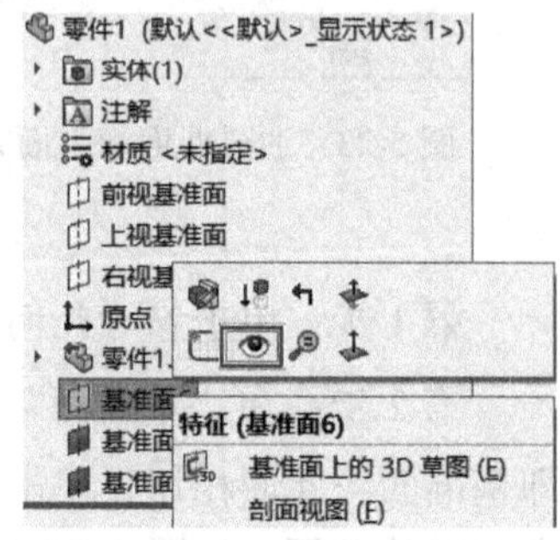

图 5-29　基准面中显示按钮

【再现中国风】 试着绘制长城的三维模型，如图 5-30 所示。可以通过网络搜索，了解长城的更多信息。

长城是中国古代的军事防御工事，也是世界上修建时间最长、工程量最大的一项古代防御工程，自西周时期开始，延续不断修筑了 2000 多年，总计长度达 2 万多千米。

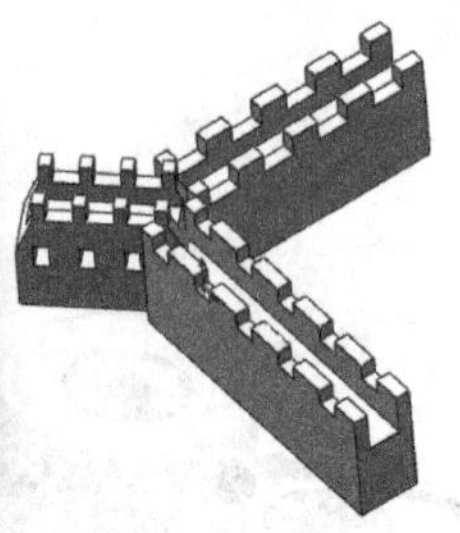

图 5-30　长城示意图

任务 2　按需求设置零件的材质

任务目标：掌握零件材质的设置方法。

5.2　零件颜色设置和材质设置

5.2.1　零件颜色设置

SolidWorks 可以为整个零件、某个特征或某个面设置颜色属性。操作步骤：

第 1 步：执行编辑外观命令。单击如图 5-31 所示前导视图上 （编辑外观）按钮，或选择菜单中“编辑”→“外观”→“外观”，弹出“颜色”窗口。

第 2 步：指定设置颜色的要素（整个零件、某个特征或某个面），默认状态是整个零件，例在文件名为“零件 1”中执行“编辑外观”命令的窗口如图 5-32 所示。单击特征，可以选择单个特征；在模型上单击面，可以选择单个面。

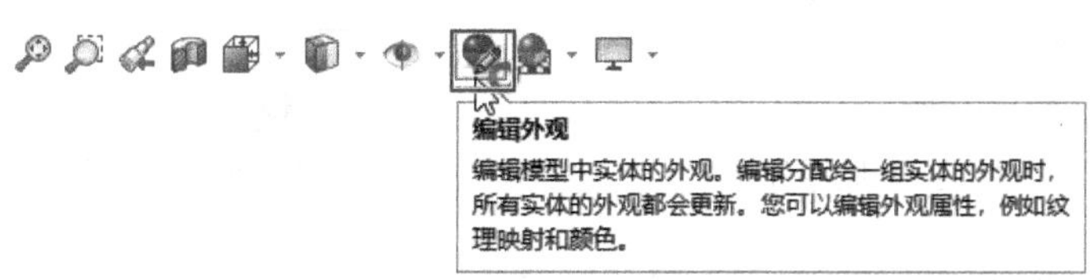

图 5-31 编辑外观命令

第 3 步：设置颜色。在颜色显示图例中单击一个颜色，整个零件全变成指定的颜色。若单击 灰度等级 右边的下弹按钮，选择 标准 项目，颜色显示图例将变成常见颜色，如图 5-33 所示。

第 4 步：单击窗口中的 ✔（确定）按钮。

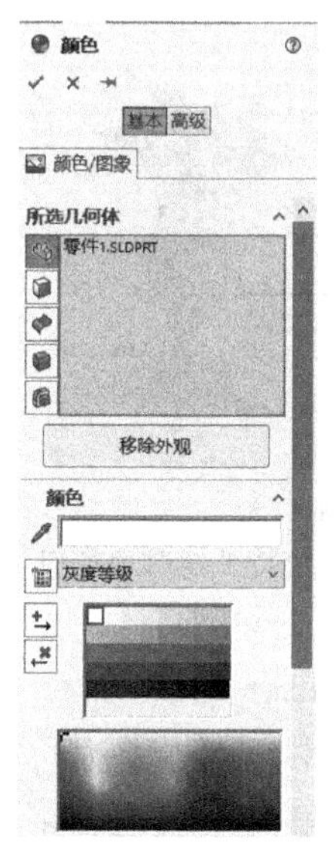

图 5-32 颜色窗口

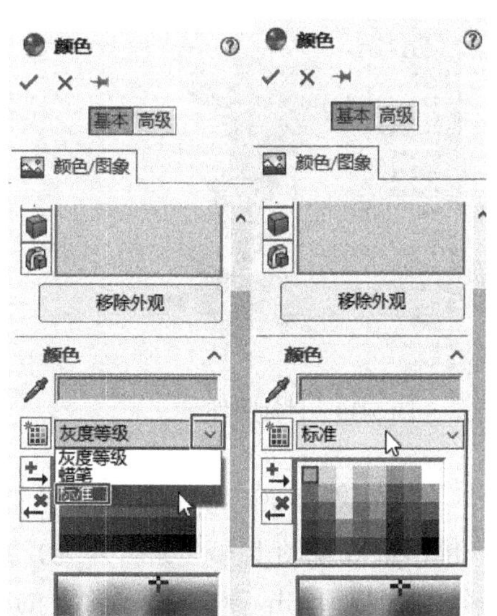

图 5-33 标准颜色窗口

【实例 5-2】 将如图 5-34 所示零件整体改变为红色。

实例 5-2

操作步骤： 单击前导视图上（编辑外观）按钮，弹出“颜色”窗口。设置颜色的要素取默认状态，不重新指定。单击 灰度等级 右边的下弹按钮；单击 标准 项；单击颜色显示图例中的红色，如图 5-35 所示。单击 ✔（确定）按钮，此时整个零件以新的颜色显示。

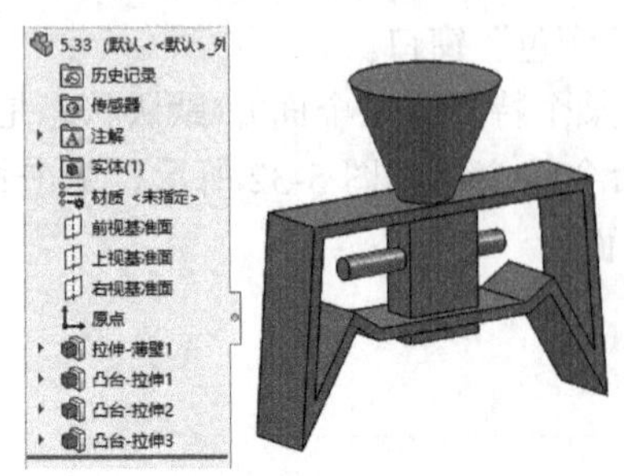

图 5-34　原零件

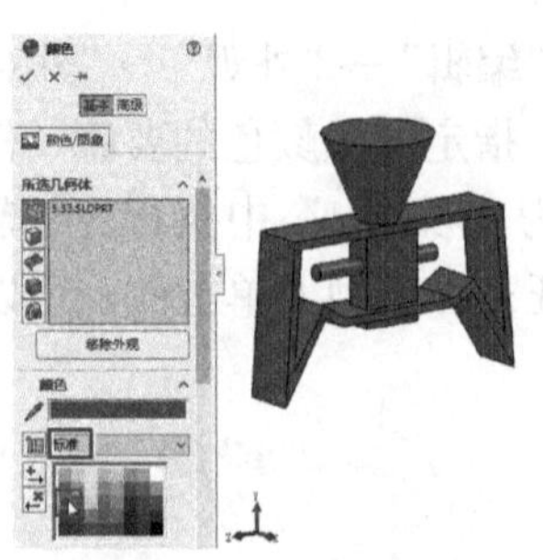

图 5-35　整个零件换颜色窗口

实例 5-3

【实例 5-3】 将如图 5-36 所示零件中的 4 个特征换成不同颜色。

说明：放样 4 为红色。

操作步骤： 单击前导视图上（编辑外观）按钮，弹出“颜色”窗口，所选几何体为整个零件。单击 所选几何体 下的框，右键单击出现快捷菜单，单击“清除选择”；单击（选择实体）项；再单击所需特征“放样 4”。单击 灰度等级 右边的下弹按钮；单击 标准 项；单击颜色显示图例中的红色，如图 5-37 所示。单击（确定）按钮。重复操作改变其他特征的颜色。

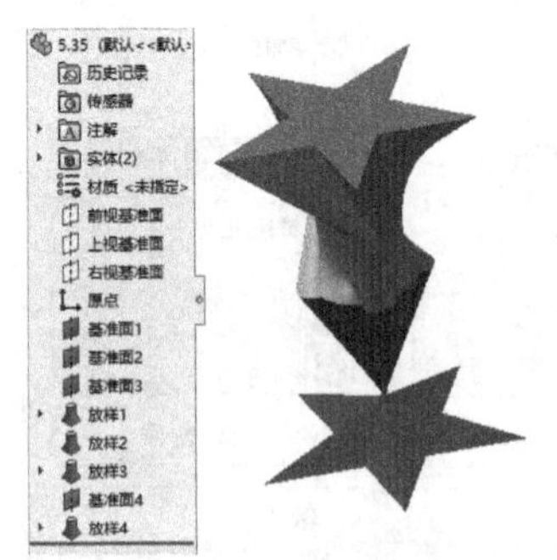

图 5-36　目标零件

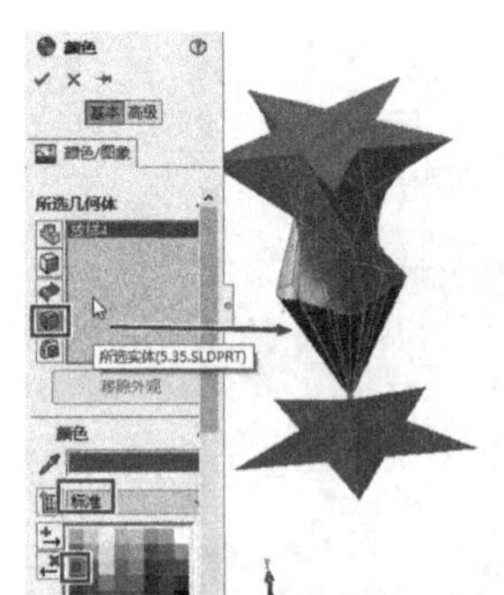

图 5-37　一个特征换颜色窗口

实例 5-4

【实例 5-4】 将如图 5-38 所示零件中的水平面改变为红色。

操作步骤： 单击前导视图上（编辑外观）按钮，弹出“颜色”窗口，所选几何体为整个零件。单击 所选几何体 下的框，右键单击出现快捷菜单，单击“清除选择”；单击（选择面）项；在模型上单击水平面。单击 灰度等级 右边的下弹按钮；单击 标准 项；单击颜色显示图例中的红色，如图 5-39 所示。单击（确定）按钮，此时整个零件以新的颜色显示。

5.2.2　零件材质设置

可以为零件设置材质属性。操作步骤：

第 1 步：执行材质命令。在设计树中右击 材质 <未指定> 按钮；出现快捷菜单，单击 编辑材料 (A) 项目，如图 5-40 所示。弹出“材料”窗口，如图 5-41 所示，单击左边扩展按钮可以展开详细材料名称。

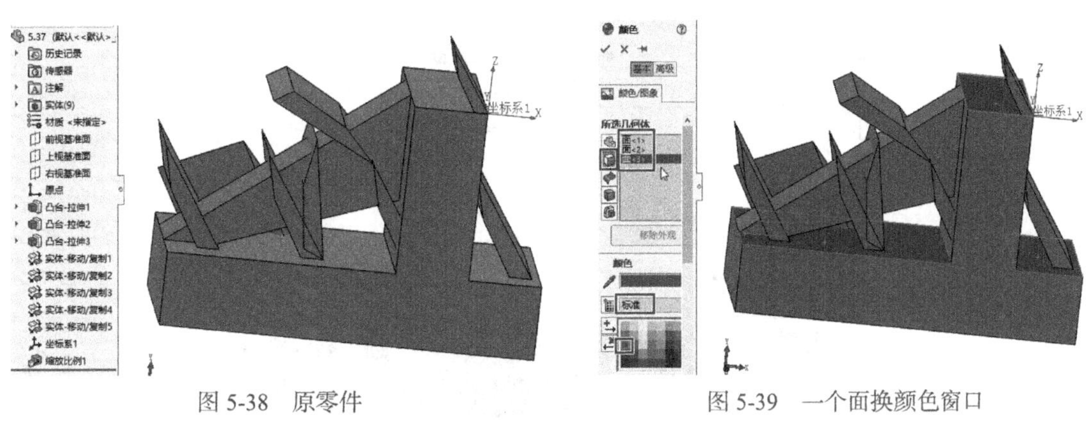

图 5-38 原零件　　　　图 5-39 一个面换颜色窗口

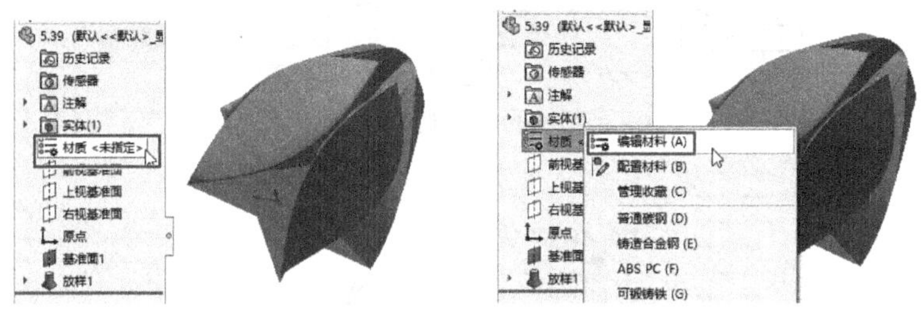

图 5-40 零件材质命令

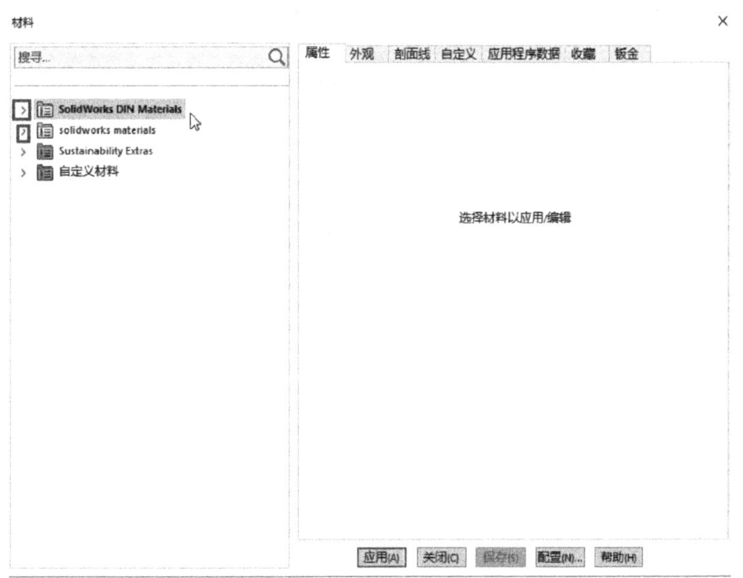

图 5-41 “材料”窗口

第 2 步：展开材料列表，并单击所需材料名称。如选择“红铜合金”→“锰青铜”选项，如图 5-42 所示。

第 3 步：单击窗口中的 应用(A) 按钮。单击窗口中的 关闭(C) 按钮。此时整个零件以“锰青铜”的材料显示，如图 5-43 所示。

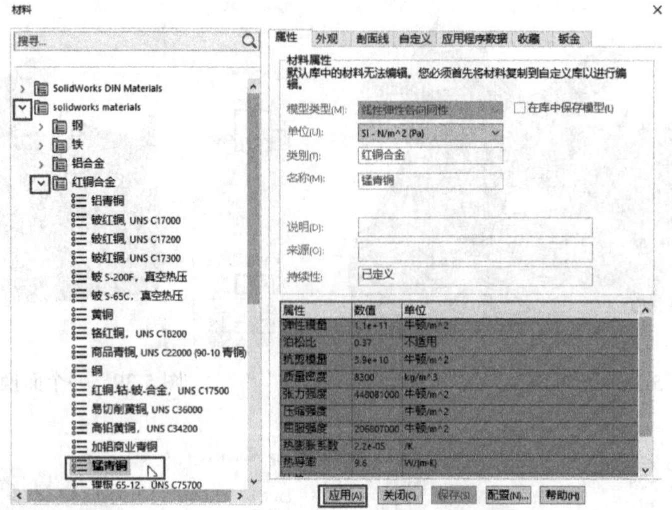

图 5-42　材料列表

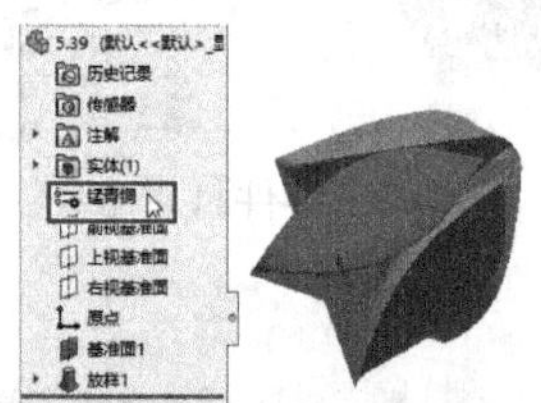

图 5-43　零件材料显示

项目 6

典型零件的建模

任务 1　建立压力盘、套筒、滑动轴承座的模型

任务目标：掌握各建模命令的综合应用。

6.1　压力盘的三维建模

压力盘模型及设计树如图 6-1 所示，下面介绍其建模过程。

实例 6-1

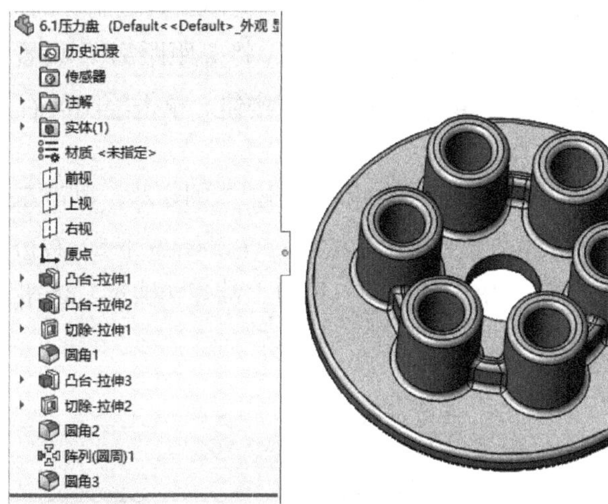

图 6-1　压力盘模型及设计树

第 1 步：新建“零件”文件，以“6.1 压力盘”为文件名保存。

第 2 步：绘制最下方的大圆柱，从“草图 1”（圆）拉伸成“凸台 - 拉伸 1”。

1）单击上视基准面，单击草图，单击（草图绘制）。

2）单击草图工具控制面板上的（圆）按钮，绘制圆心在坐标原点、半径接近 64 的圆；在窗口中单击（确定）按钮，完成圆。

3）标注圆的直径尺寸。单击草图控制面板上的（智能尺寸）按钮，标注圆的直径尺寸为 128，单击（确定）按钮，如图 6-2 所示。单击绘图区右上角的（确定）按钮退

出草图。

4）拉伸 2D 草图生成 3D 柱。单击左边“草图 1”，单击左上方 特征 选项；单击特征控制面板上的 （拉伸凸台 / 基体）按钮；在方向 1(1) 下 右边文本框中单击激活，输入 8，其余取默认值不做修改，单击“拉伸”窗口上的（确定）按钮，完成特征的创建，如图 6-3 所示。

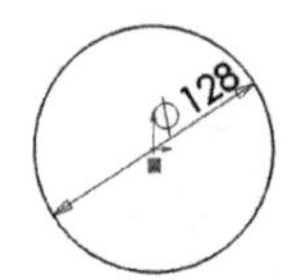

图 6-2　标注圆直径

图 6-3　拉伸圆柱

第 3 步：绘制大圆筒。从“草图 2”（圆环）拉伸成“凸台 - 拉伸 2”。

1）单击大圆柱的顶面，单击 草图，单击 （草图绘制），单击（正视于）按钮。

2）单击草图工具控制面板上的（圆）按钮，绘制圆心在坐标原点、半径接近 37 的圆，如图 6-4 所示。在窗口中单击（确定）按钮，完成圆。

3）标注圆的直径尺寸。单击草图控制面板上的 （智能尺寸）按钮，标注直径尺寸为 75，单击（确定）按钮。

4）绘制的圆代表环的外侧，使用等距实体工具绘制环的内侧。单击已绘制的圆，单击草图控制面板上的 （等距实体）按钮，将等距距离 设置为 5；勾选 反向(R) 将圆向内侧等距，如图 6-5 所示，单击（确定）按钮。单击绘图区右上角的 （确定）按钮退出草图。

5）拉伸 2D 草图生成 3D 柱。单击左边“草图 2”，单击左上方 特征 选项；单击特征控制面板上的 （拉伸凸台 / 基体）按钮；在方向 1(1) 下 右边文本框中单击，输入 11，其余取默认值不做修改，单击“拉伸”窗口上的（确定）按钮，完成特征的创建，如图 6-6 所示。

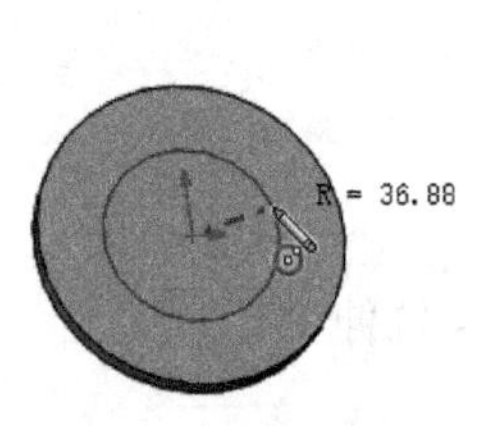

图 6-4　绘制圆

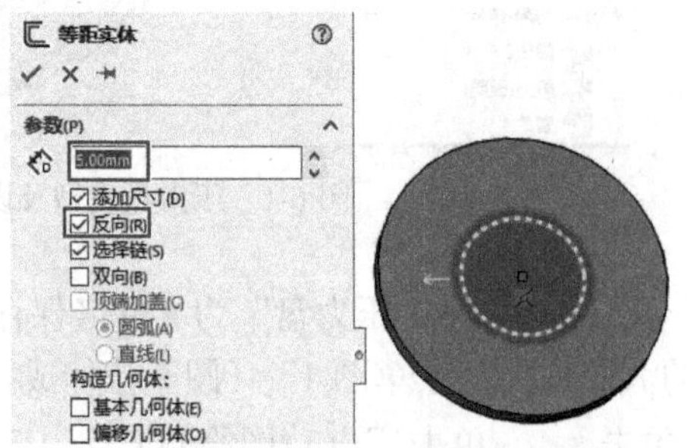

图 6-5　绘制圆环

图 6-6　拉伸环凸台

第 4 步：绘制中间孔，从“草图 3”（圆）拉伸切除成“切除 - 拉伸 1”。

1）单击大圆柱的顶面，单击 草图，单击 （草图绘制），单击（正视于）按钮。

2）单击草图工具控制面板上的⊙（圆）按钮，绘制圆心在坐标原点、半径接近12的圆，如图6-7所示。在窗口中单击✔（确定）按钮，完成圆。

3）标注圆的直径尺寸。单击草图控制面板上的（智能尺寸）按钮，标注直径尺寸为25，单击✔（确定）按钮。单击绘图区右上角的（确定）按钮退出草图。

4）切除中间的孔。单击左边“草图3”，单击左上方 特征 选项；再单击特征控制面板上的（拉伸切除）按钮；**方向1(1)** 的终止条件选择完全贯穿，其余取默认值，单击窗口上的✔（确定）按钮，完成特征的创建，如图6-8所示。

第5步：添加圆角（圆角1）。单击特征控制面板上的（圆角）按钮。在窗口中**要圆角化的项目**下选择圆筒的顶面及大圆柱的柱面，圆角参数下设置半径为2，如图6-9所示。单击✔（确定）按钮，如图6-10所示。

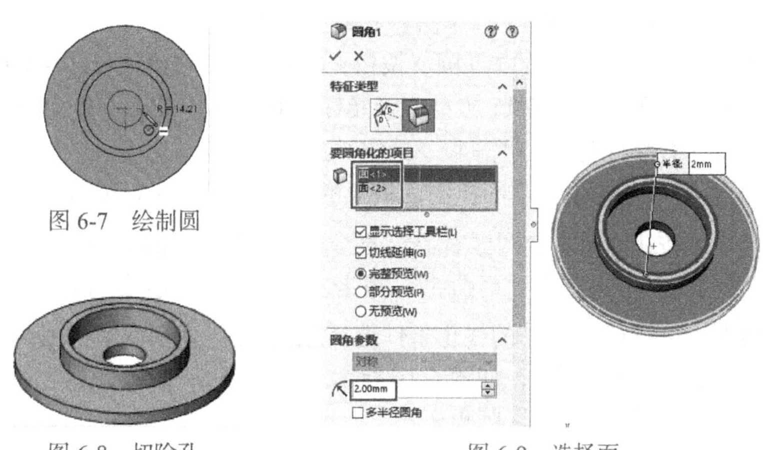

图6-7 绘制圆

图6-8 切除孔

图6-9 选择面

第6步：绘制高圆柱，从“草图4”（圆）拉伸成“凸台-拉伸3”。

1）单击大圆柱的顶面，单击 草图，单击（草图绘制），单击（正视于）按钮。

2）单击草图绘制工具栏上的（中心线）按钮，将光标移到坐标原点上，指针变成单击；向上移动光标，指针变成，表示中心线为竖直方向，线条长度约为45时单击，如图6-11所示。

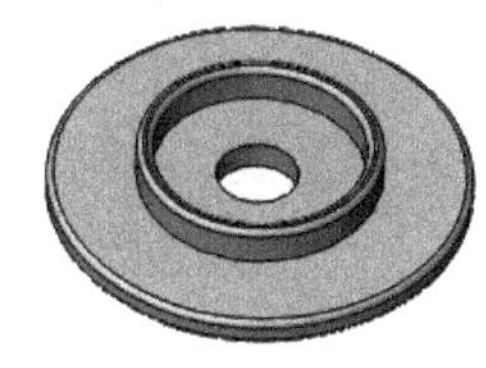

图6-10 添加圆角

3）单击草图工具控制面板上的⊙（圆）按钮，将光标移到中心线上端点（不是坐标原点处的端点）单击，向外移动半径接近13时单击，如图6-12所示；在窗口中单击✔（确定）按钮，完成圆。

4）标注直径尺寸。单击草图控制面板上的（智能尺寸）按钮，标注圆的直径尺寸为27；单击竖直中心线，移动指针并单击来放置尺寸，在修改框中键入35，用来定位圆的位置；单击✔（确定）按钮，如图6-13所示。单击绘图区右上角的（确定）按钮退出草图。

5）拉伸2D草图生成3D柱。单击左边“草图4”，单击左上方 特征 选项；单击特征控制面板上的（拉伸凸台/基体）按钮；在**方向1(1)** 下右边文本框中单击，输入30，其余取默认值不做修改，单击“拉伸”窗口上的✓（确定）按钮，完成特征的创建，如图 6-14 所示。

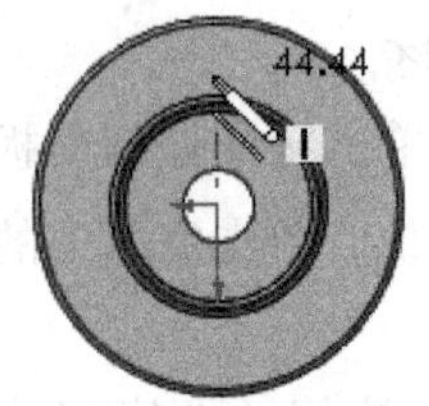

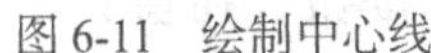
图 6-11　绘制中心线

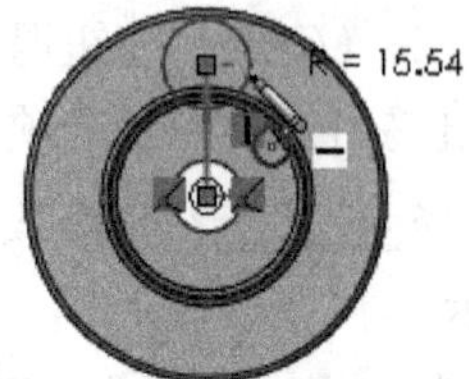

图 6-12　绘制圆

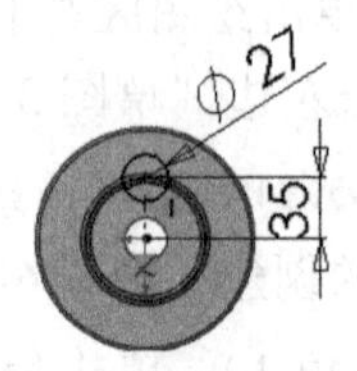

图 6-13　标注尺寸

图 6-14　拉伸高圆柱凸台

第 7 步：绘制高圆柱中的孔，从“草图 5”（圆）拉伸切除成“切除 - 拉伸 2”。

1）单击高圆柱的顶面，单击**草图**，单击（草图绘制）。

2）单击草图工具控制面板上的◎（圆）按钮，将光标移到高圆柱的边线并保留在此处，直到高圆柱的圆心点出现，如图 6-15 所示，将光标移到高圆柱的圆心点上单击；向外移动光标，半径接近 8 时单击完成圆；单击✓（确定）按钮。

3）标注圆的直径尺寸。单击草图控制面板上的（智能尺寸）按钮，标注直径尺寸为 15，单击✓（确定）按钮。单击绘图区右上角的（确定）按钮退出草图。

4）切除中间的孔。单击左边“草图 5”，单击左上方**特征**选项；再单击特征控制面板上的（拉伸切除）按钮；**方向 1(1)** 的终止条件选择**完全贯穿**，其余取默认值，单击窗口上的✓（确定）按钮，完成特征的创建，如图 6-16 所示。

第 8 步：添加圆角到“高圆柱 - 圆角 2”。

1）单击前导视图中的（隐藏线可见）按钮，将显示圆角所需的边线。

2）单击特征控制面板上的（圆角）按钮。

3）在窗口中**要圆角化的项目**下选择高圆柱拉伸的顶面、高圆柱每边侧上与环拉伸相交的一条边线、在第一个拉伸底部切过高圆柱的孔的边线，如图 6-17 所示。

4）圆角参数下设置半径为 2，单击✓（确定）按钮，如图 6-18 所示。

图 6-15　孔草图

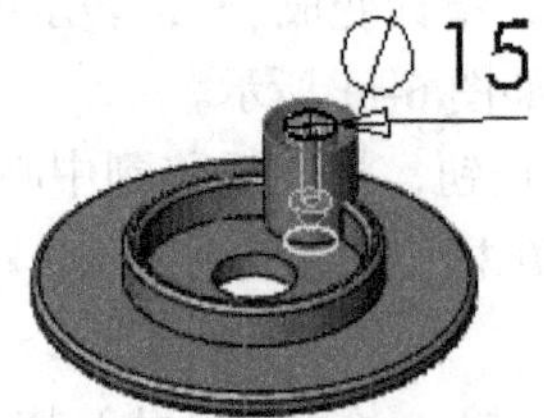

图 6-16　拉伸切除孔

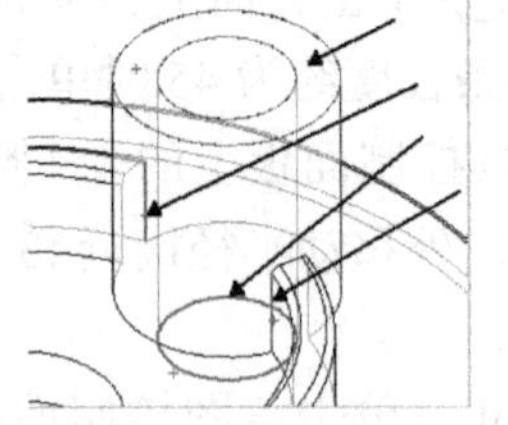
图 6-17　添加圆角边线

图 6-18　添加圆角

第 9 步：生成圆周阵列。

1）单击前导视图中的（带边线上色）按钮。

2）单击菜单“视图”→“隐藏 / 显示”→“临时轴”，则显示系统所生成的轴。

3）在特征控制面板上线性阵列按钮右边单击下弹按钮，再单击（圆周阵列）按钮。

4）在窗口中单击阵列轴框，单击过坐标原点的中心线；选择等间距，在 360° 内绕轴心均匀阵列实例数；在（实例数）右边框中输入 6；单击（要阵列的特征）右边框，在绘图区中展开设计树，选择最下方的三个特征，如图 6-19 所示。单击（确定）按钮。

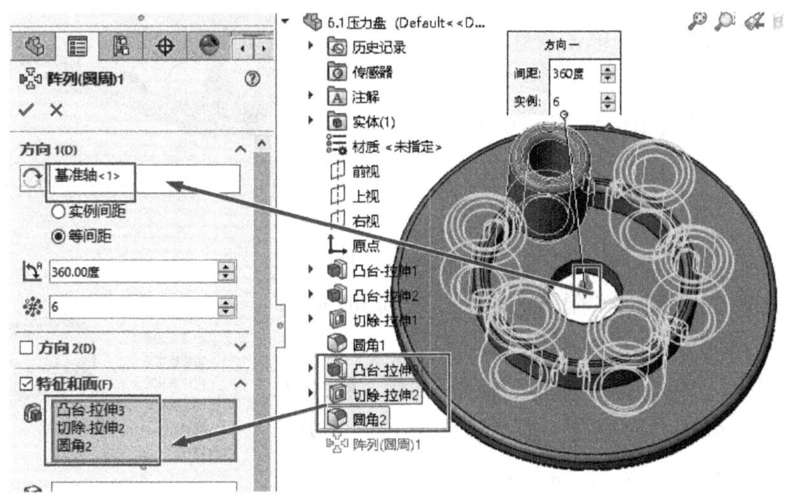

图 6-19　圆周阵列

第 10 步：为阵列项目的内边线和外边线圆角 - 圆角 3。

1）单击菜单“视图”→“隐藏 / 显示”→“临时轴”，关闭轴显示。

2）单击特征控制面板上的（圆角）按钮；在窗口中**要圆角化的项目**下选择如图 6-20 所示两条边线，即需要选择环内的一条边线及环外的一条边线；圆角参数下设置半径为 2。单击（确定）按钮，如图 6-1 所示。

图 6-20　圆角 3 边线

第 11 步：单击保存按钮，压力盘零件三维建模完成。

6.2　套筒的三维建模

套筒零件图如图 6-21 所示，模型图如图 6-22 所示，下面介绍其建模过程。

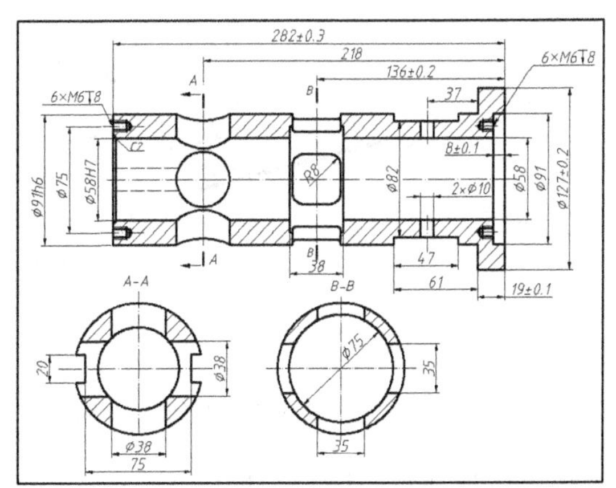

实例 6-2

图 6-21　套筒零件图

第 1 步：新建“零件”文件，以“6.2 套筒”为文件名保存。

第 2 步：创建图 6-23 所示的基础特征（旋转 1）。

1）单击前视基准面，单击草图，单击（草图绘制）。

2）绘制如图 6-24 所示的横断面草图。中心线是过坐标原点的水平线，最右边竖直线通过坐标原点；几何关系符号已隐藏。单击绘图区右上角的（确定）按钮退出草图。

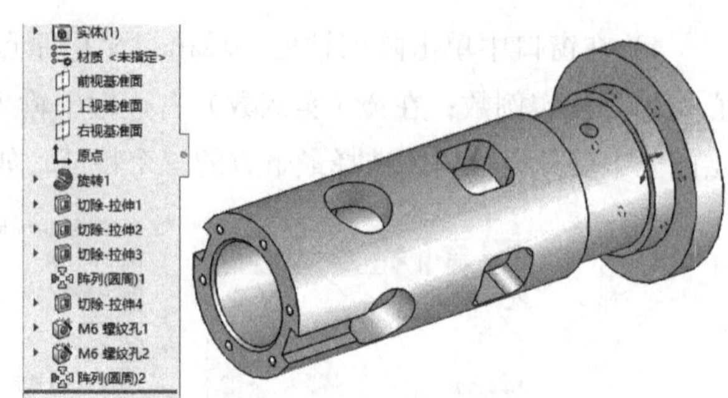

图 6-22　套筒模型图及设计树

3）单击菜单“视图”→“隐藏 / 显示”→“临时轴”，则显示系统所生成的轴。

4）单击草图 1。单击特征控制面板上的（旋转凸台 / 基体）按钮，弹出“旋转 1”窗口；定义旋转参数，如图 6-25 所示。在“旋转 1”窗口中单击（旋转轴）右边框，在绘图区中单击水平中心线作为旋转轴线。此例中只有一条中心线，系统默认为旋转轴，可以不修改。旋转方向、旋转角度等均取系统默认值，可以不修改。

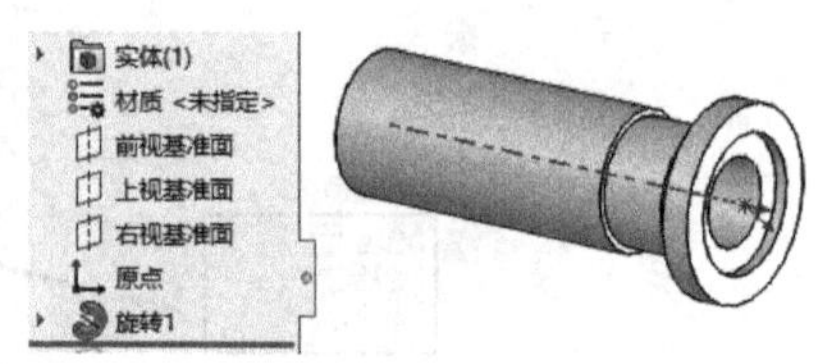

图 6-23　旋转 1

5）单击“旋转 1”窗口上的（确定）按钮完成“旋转 1”的创建。

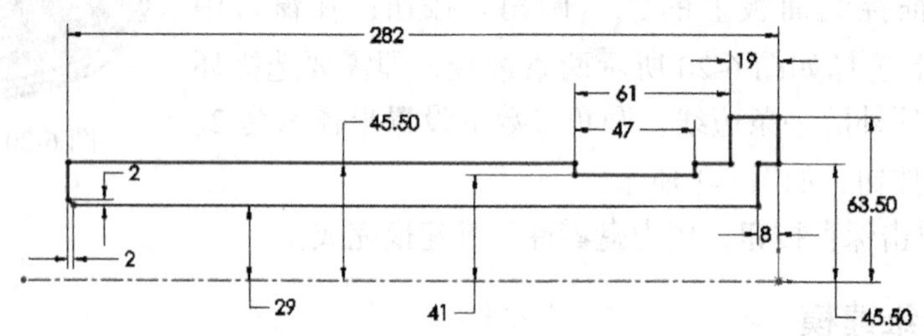

图 6-24　草图 1（旋转 1 横断面草图）

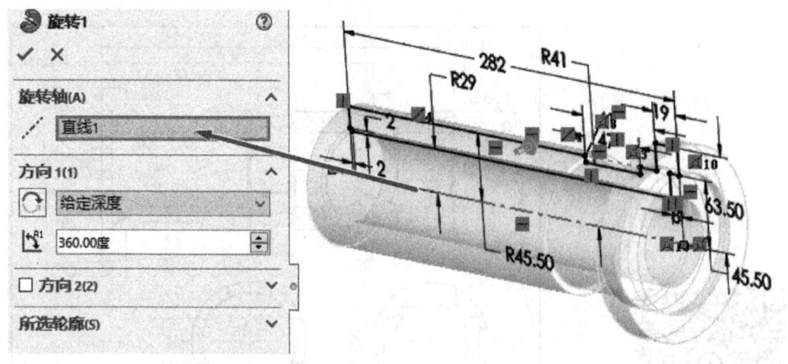

图 6-25　“旋转 1”窗口

第 3 步：创建图 6-26 所示的特征（切除 - 拉伸 1）。

1）单击上视基准面，单击草图，单击（草图绘制），单击（正视于）按钮。

2）绘制如图 6-27 所示的横断面草图。单击草图工具控制面板上的（圆）按钮绘制圆；添加几何关系使所绘圆的圆心点与坐标原点在同一水平线上。单击草图控制面板上的（智能尺寸）按钮，标注直径尺寸为 10 和距离为 37；单击（确定）按钮。单击绘图区右上角的（确定）按钮退出草图。

3）切除孔。单击左边“草图 2”，单击左上方 特征 选项；再单击特征控制面板上的（拉伸切除）按钮；方向 1(1) 的终止条件选择完全贯穿；勾选☑ 方向 2(2)，终止条件选择完全贯穿。其余取默认值，如图 6-28 所示。单击窗口上的（确定）按钮，完成特征的创建。

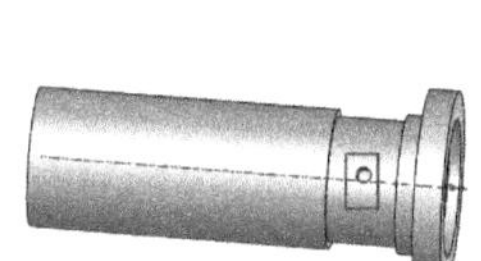

图 6-26 切除 - 拉伸 1

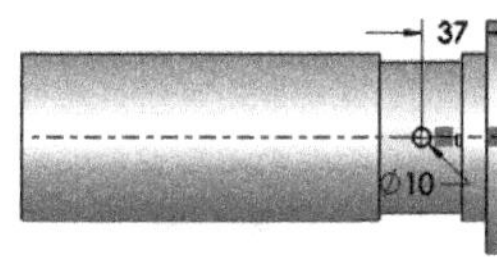

图 6-27 草图 2

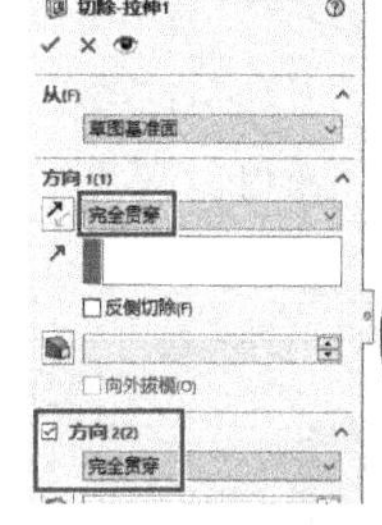

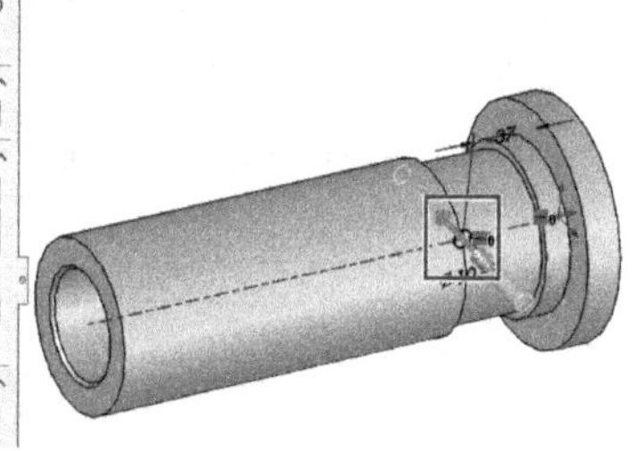

图 6-28 “切除 - 拉伸 1”窗口

第 4 步：创建图 6-29 所示的特征（切除 - 拉伸 2）。

1）单击上视基准面，单击草图，单击（草图绘制），单击（正视于）按钮。

2）绘制如图 6-30 所示的横断面草图。建议用中心矩形命令绘制；添加几何关系使所绘矩形中心点与坐标原点在同一水平线上。单击草图控制面板上的（智能尺寸）按钮，标注尺寸；单击（确定）按钮。单击绘图区右上角的（确定）按钮退出草图。

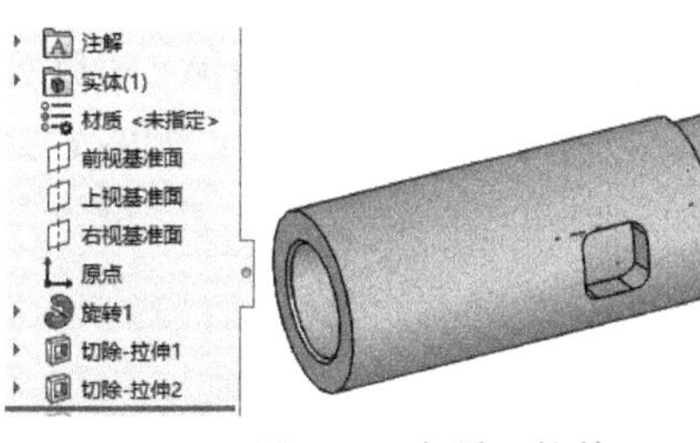

图 6-29 切除 - 拉伸 2

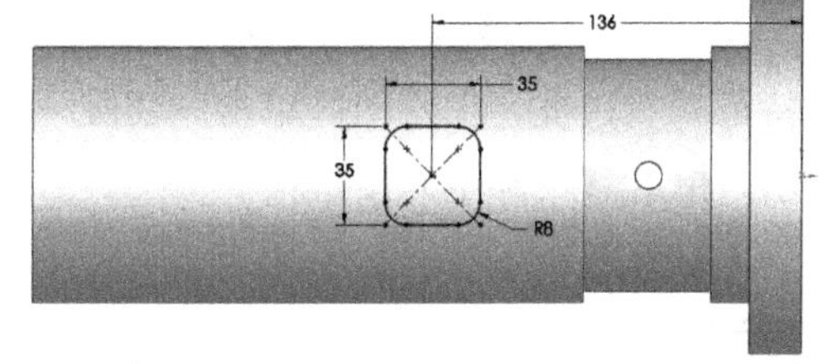

图 6-30 草图 3

3）切除方孔。单击左边“草图 3”，单击左上方 特征 选项；再单击特征控制面板上的（拉伸切除）按钮；方向 1(1) 的终止条件选择完全贯穿；其余取默认值，如图 6-31 所示。单击窗口上的（确定）按钮，完成特征的创建。

第 5 步：创建图 6-32 所示的零件特征（切除 - 拉伸 3）。

1）单击上视基准面，单击草图，单击（草图绘制），单击（正视于）按钮。

2）绘制如图 6-33 所示的横断面草图。单击草图工具控制面板上的（圆）按钮绘制圆；添加几何关系使所绘圆的圆心点与坐标原点在同一水平线上。单击草图控制面板上的（智能尺寸）按钮，标注尺寸；单击（确定）按钮。单击绘图区右上角的（确定）按钮退出草图。

3）切除孔。单击左边“草图 4”，单击左上方 特征 选项；再单击特征控制面板上的（拉伸切除）按钮；方向 1(1) 的终止条件选择完全贯穿；其余取默认值，如图 6-34 所示。单击窗口上的（确定）按钮，完成特征的创建。

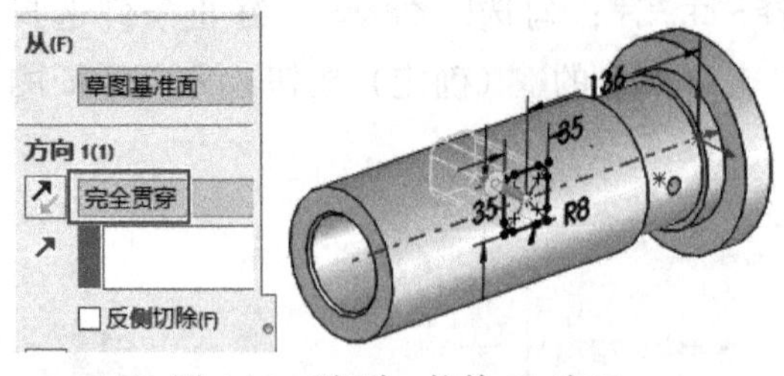

图 6-31 “切除 - 拉伸 2”窗口

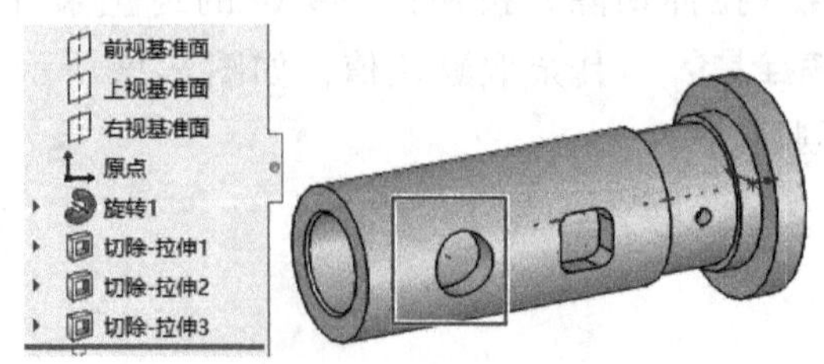

图 6-32 切除 - 拉伸 3

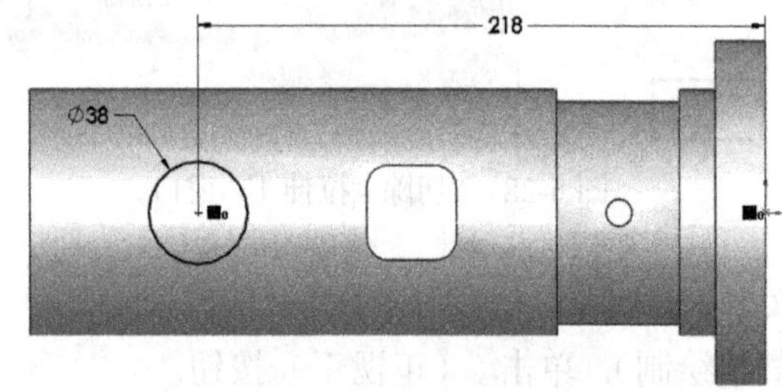

图 6-33 草图 4

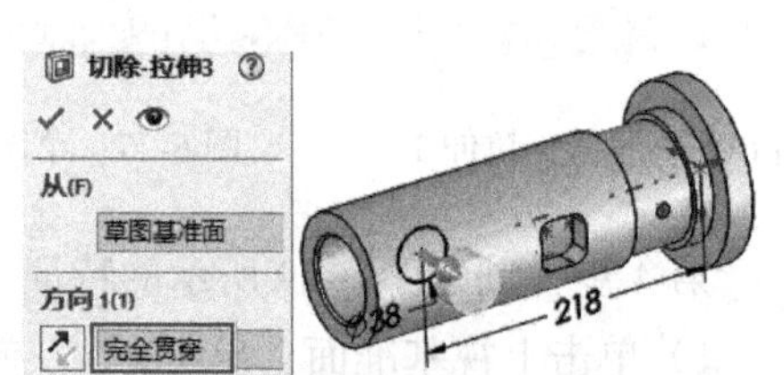

图 6-34 “切除 - 拉伸 3”窗口

第 6 步：创建图 6-35 所示的特征（阵列 1）。

1）在特征控制面板上线性阵列按钮右边单击下弹按钮，再单击（圆周阵列）按钮。

2）在窗口中单击阵列轴框，单击“旋转 1”的基准轴作为圆周阵列的轴线；选择等间距，在 360° 内绕轴心均匀阵列实例数；在（实例数）右边框中输入 4；单击（要阵列的特征）右边框，在绘图区单击“切除 - 拉伸 2”和“切除 - 拉伸 3”两个特征，如图 6-36 所示。单击（确定）按钮。

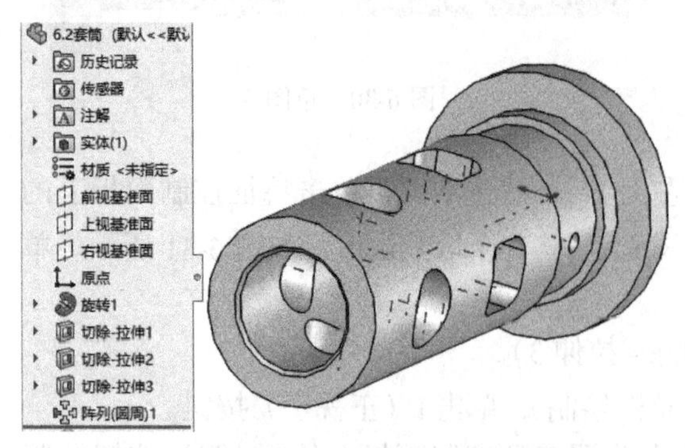

图 6-35 圆周阵列 1 模型

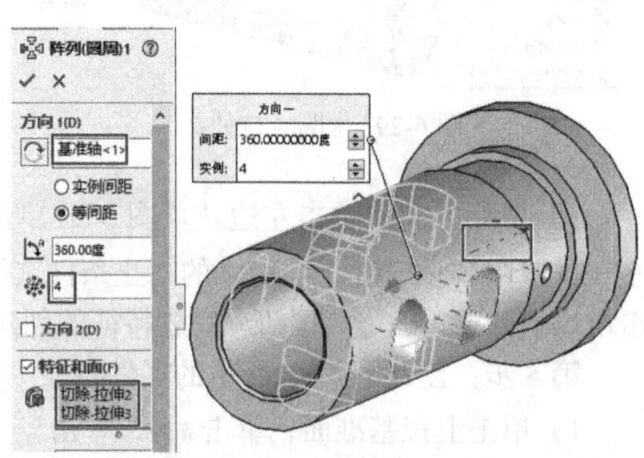

图 6-36 “圆周阵列”窗口

第 7 步：创建图 6-37 所示的“切除 - 拉伸 4”模型。

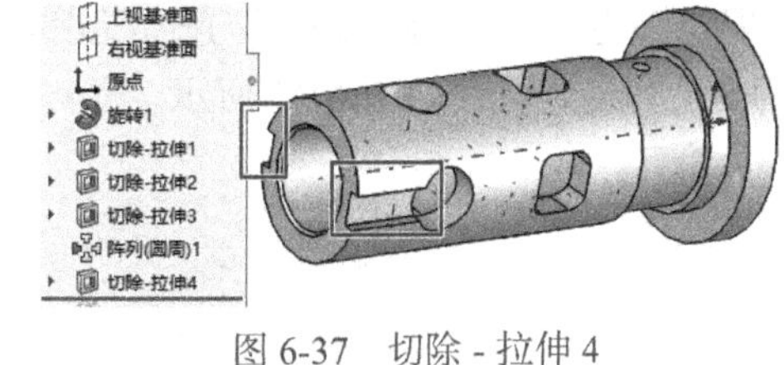

图 6-37 切除 - 拉伸 4

1）单击“旋转 1”的左端面作为草图基准面，单击草图，单击（草图绘制），单击（正视于）按钮。

2）绘制图 6-38 所示的横断面草图。绘制中心线，图形对称，可用镜像命令绘制。单击草图控制面板上的（智能尺寸）按钮，标注尺寸；单击（确定）按钮。单击绘图区右上角的（确定）按钮退出草图。

3）切除槽。单击左边“草图 5”，单击左上方特征选项；再单击特征控制面板上的（拉伸切除）按钮；方向 1(1) 的终止条件选择成形到下一面；其余取默认值，如图 6-39 所示。单击窗口上的（确定）按钮，完成特征的创建。

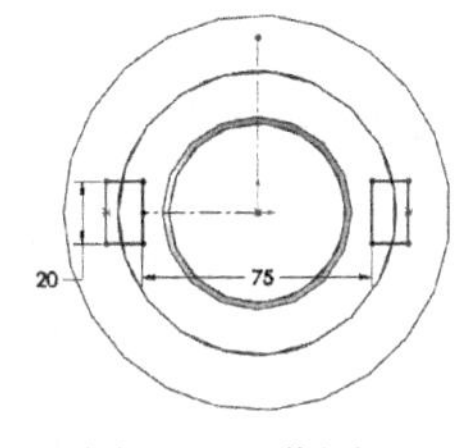

图 6-38 草图 5

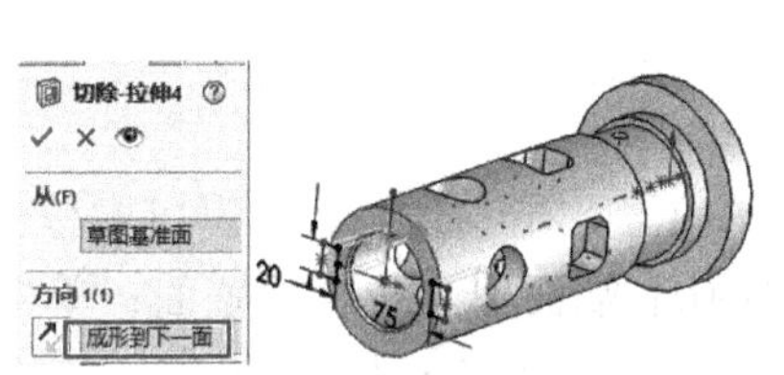

图 6-39 “切除 - 拉伸 4”窗口

第 8 步：创建图 6-40 所示的特征（螺纹孔 1）。

1）选择异形向导孔命令。单击特征控制面板上的（异形向导孔）按钮，弹出“孔规格”窗口。

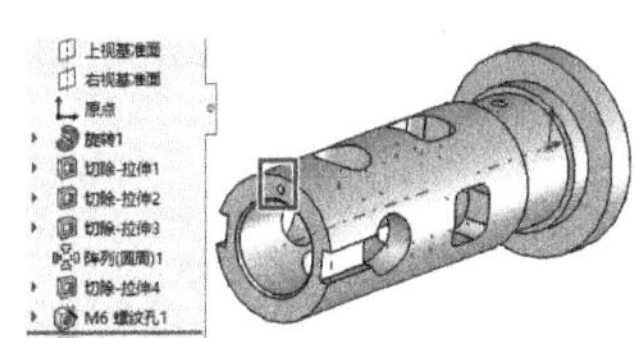

图 6-40 零件特征（螺纹孔 1）

2）定义孔的参数。在“孔规格”窗口类型菜单项中，选择“类型”为（直螺纹孔），拖动右边滚动条向下移动，分别选定“标准”为GB、“类型”为螺纹孔、“大小”为M6、“配合”为正常、“终止条件”选给定深度，输入数值 11；在螺纹线下，螺纹线深度处输入数值为 8；其余默认，如图 6-41 所示。

3）定义孔的位置。在“孔规格”窗口中单击位置菜单项，弹出孔位置窗口。在绘图区单击旋转 1 的左端面作为孔的放置面；单击一下放置孔；单击（正视于），添加几何关系约束，让孔的中心点与坐标原点为竖直(V)，如图 6-42 所示，单击（确定）按钮。单击草图控制面板上的（智能尺寸）按钮，标注孔距离尺寸，单击“尺寸”窗口上的（确定）按钮，如图 6-42 所示。

4）单击“孔规格”窗口上的（确定）按钮，完成异形向导孔的创建。

第 9 步：创建图 6-43 所示的零件特征（螺纹孔 2）。

1）选择异形向导孔命令。单击特征控制面板上的（异形向导孔）按钮，弹出“孔规格”窗口。

2）定义孔的参数。在“孔规格”窗口类型菜单项中，选择“类型”为（直螺纹孔），拖动右边滚动条向下移动，分别选定“标准”为GB、“类型”为螺纹孔、“大小”为M6、

“配合”为正常、“终止条件”选给定深度，输入数值 13；在螺纹线下，螺纹线深度处输入数值为 8；其余默认，如图 6-41 所示。

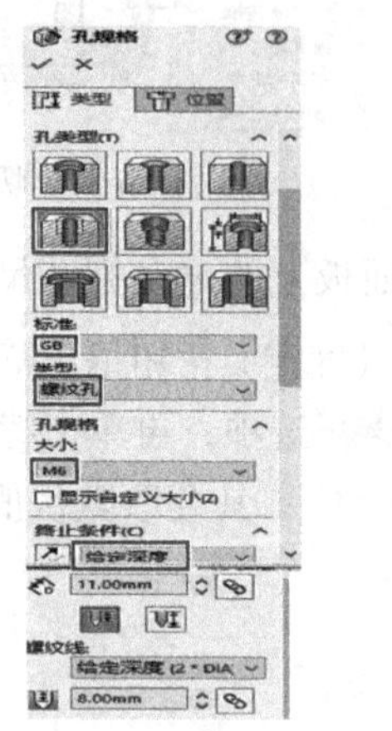

图 6-41 “孔规格”窗口

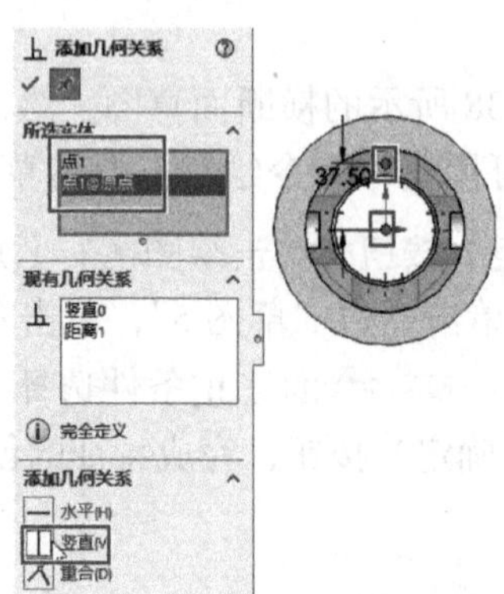

图 6-42 几何关系及尺寸

3）定义孔的位置。在“孔规格”窗口中单击 位置 菜单项，弹出孔位置窗口。在绘图区单击 ϕ58 圆柱孔右端面作为孔的放置面；单击一下放置孔；单击（正视于），添加几何关系约束，让孔的中心点与坐标原点为 竖直(V)，如图 6-44 所示，单击（确定）按钮。单击草图控制面板上的（智能尺寸）按钮，标注尺寸，单击“尺寸”窗口上的（确定）按钮，如图 6-44 所示。

4）单击“孔规格”窗口上的（确定）按钮，完成异形向导孔的创建。

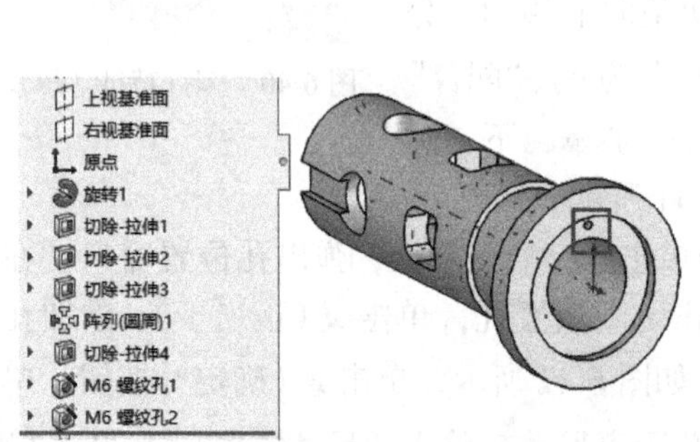

图 6-43 零件特征（螺纹孔 2）

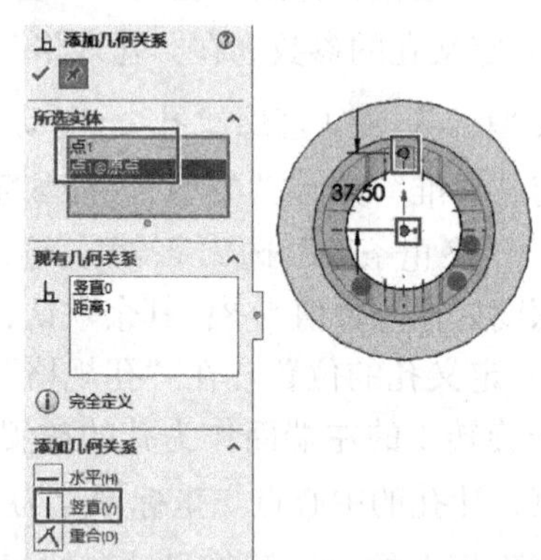

图 6-44 几何关系及尺寸

第 10 步：创建图 6-45 所示的特征（阵列 2）。

1）在特征控制面板上线性阵列按钮右边单击下弹按钮，再单击（圆周阵列）按钮。

2）在窗口中单击阵列轴框，单击“旋转 1”的基准轴作为圆周阵列的轴线；选择等间距，在 360° 内绕轴心均匀阵列实例数；在（实例数）右边框中输入 6；单击（要阵列的特征）右边框，在绘图区单击“M6 螺纹孔 1”和“M6 螺纹孔 2”两个特征，如图 6-46 所示。单击（确定）按钮。

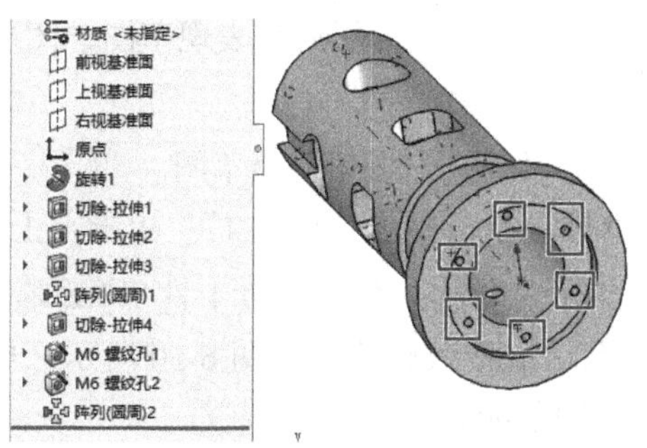

图 6-45　圆周阵列 2

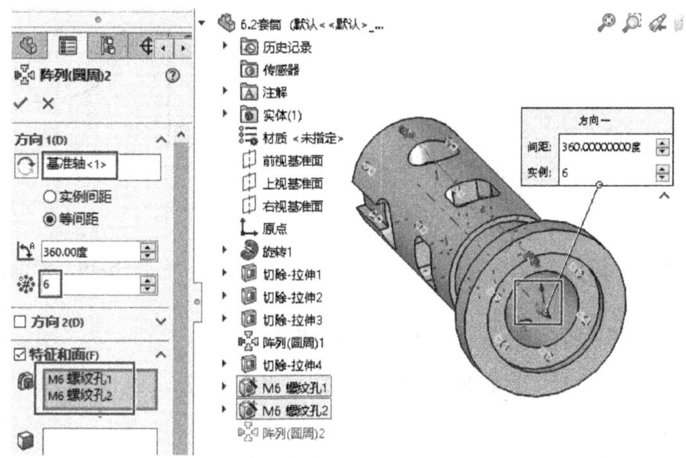

图 6-46　“圆周阵列”窗口

第 11 步：套筒的零件模型创建完毕，保存零件模型。

6.3　滑动轴承座的三维建模

滑动轴承座如图 6-47 所示，下面介绍其建模过程。

实例 6-3

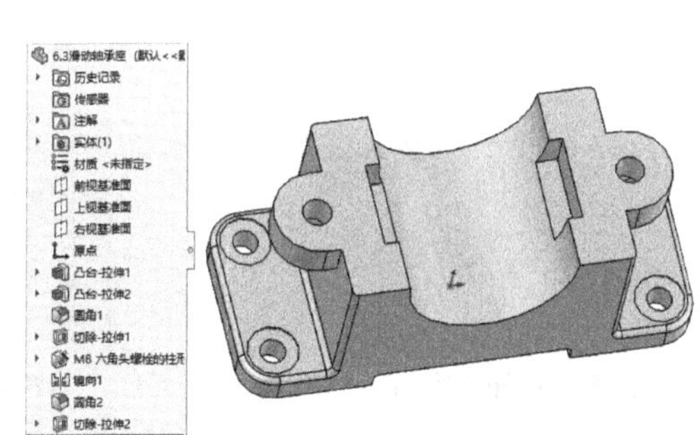

图 6-47　滑动轴承座模型及设计树

第 1 步：新建“零件”文件并以“6.3 滑动轴承座”为文件名保存。

第 2 步：创建图 6-48 所示的基础特征（凸台 - 拉伸 1）。

1）单击前视基准面，单击草图，单击（草图绘制）。单击（正视于）按钮。

2）绘制如图 6-49 所示的横断面草图。图形左右对称，坐标原点在对称中心线上。最下方水平线与坐标原点在同一水平高度上。为了清楚表现草图，图中的几何约束，如对称、水平和垂直等均被隐藏。

3）单击绘图区右上角的 （确定）按钮退出草图。

4）拉伸 2D 草图生成 3D 柱。单击左边“草图 1”，单击左上方 特征 选项；单击特征控制面板上的 （拉伸凸台 / 基体）按钮；在 方向 1(1) 下选择 两侧对称，在 方向 1(1) 下 右边文本框中单击，输入 66，其余取默认值不做修改，如图 6-50 所示；单击“凸台 - 拉伸”窗口上的 （确定）按钮，完成特征 1 的创建。

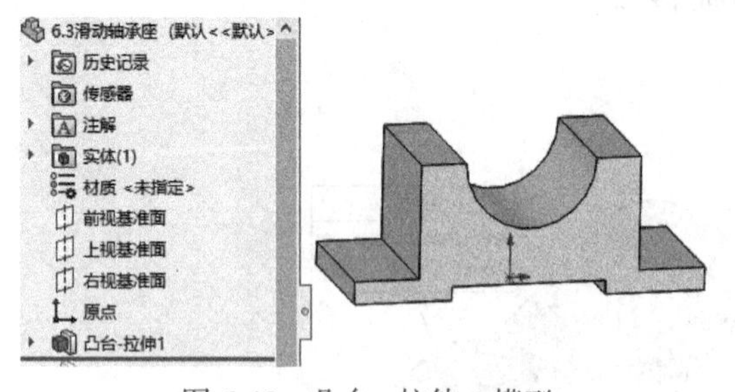

图 6-48　凸台 - 拉伸 1 模型

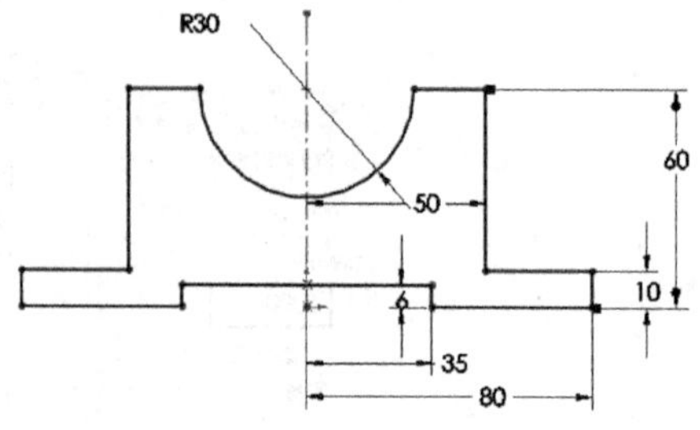

图 6-49　横断面草图 1

第 3 步：创建图 6-51 所示的特征（凸台 - 拉伸 2）。

1）单击“凸台 - 拉伸 1”上表面作为基准面，单击 草图，单击 （草图绘制），单击 （正视于）按钮。

2）绘制如图 6-52 所示横断面草图 2（一个封闭的图形）。可以先用 中心线 绘制一竖直直线，再添加几何关系使线与凸台 - 拉伸 1 的一线重合，使线的中点与坐标原点在同一水平位置，如图 6-53 所示；再用 直线 、 圆心/起/终点画弧(T) 完成草图图形；单击草图控制面板上的 （智能尺寸）按钮，标注尺寸。单击绘图区右上角的 （确定）按钮退出草图。

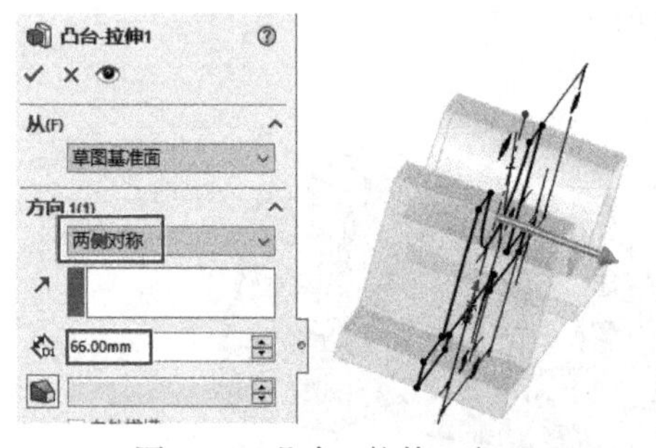

图 6-50　凸台 - 拉伸 1 窗口

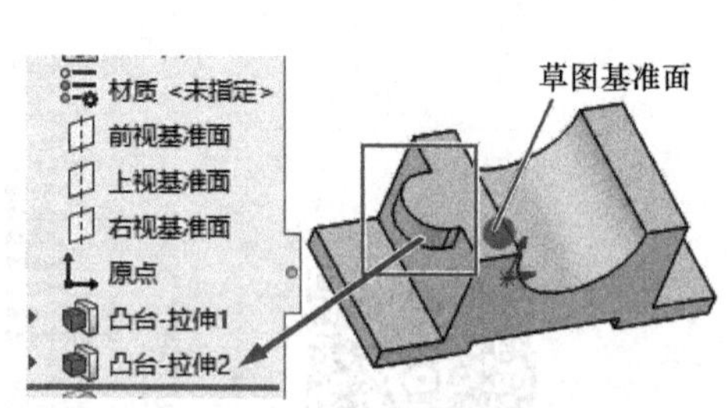

图 6-51　凸台 - 拉伸 2 及草图基准面

3）拉伸 2D 草图生成 3D 柱。单击左边“草图 2”，单击左上方 特征 选项；单击特征控制面板上的 （拉伸凸台 / 基体）按钮；在 方向 1(1) 下选择 给定深度，在 方向 1(1) 下 右边文本框中单击，输入 12，单击 方向 1 区域的 （反向）按钮，其余取默认值不做修改。可单击窗口中的 （预览）按钮，观察拉伸的方向是否与图 6-51 相同，如果相反，只需单击 方向 1 区域的 （反向）按钮即可。单击“凸台 - 拉伸”窗口上的 （确定）按钮，完成特征的创建。

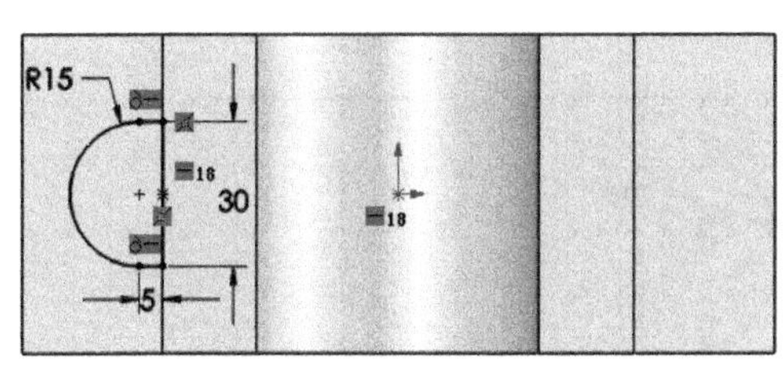

图 6-52 横断面草图 2

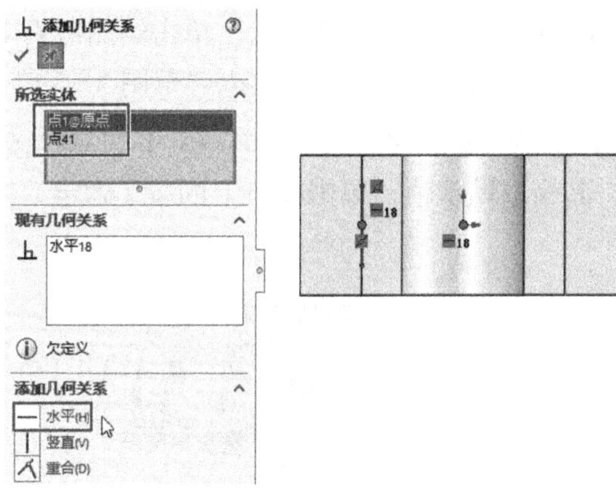

图 6-53 草图 2 的画法

第 4 步：创建图 6-54 所示的特征（圆角 1）。

1）单击特征控制面板上的 （圆角）按钮，弹出“圆角”窗口。

2）定义圆角类型。在“圆角”窗口的手工选项卡的圆角类型(Y)选项组中单击 （恒定大小圆角）选项。

3）选取要圆角化的项目。在“要圆角化的项目”下方 右边框中单击，再单击下方长方体的条高度线，如图 6-55 所示的边线为要圆角的项目。

4）定义圆角参数。在圆角参数区域下的 文本框中输入数值 12。

5）单击窗口中的 （确定）按钮，完成圆角 1 特征的定义。

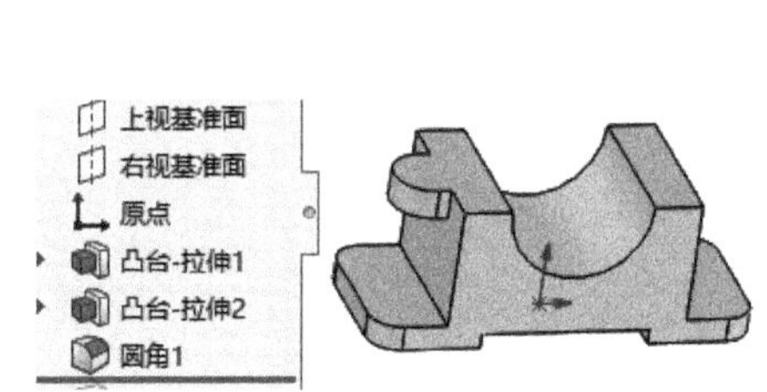

图 6-54 圆角 1

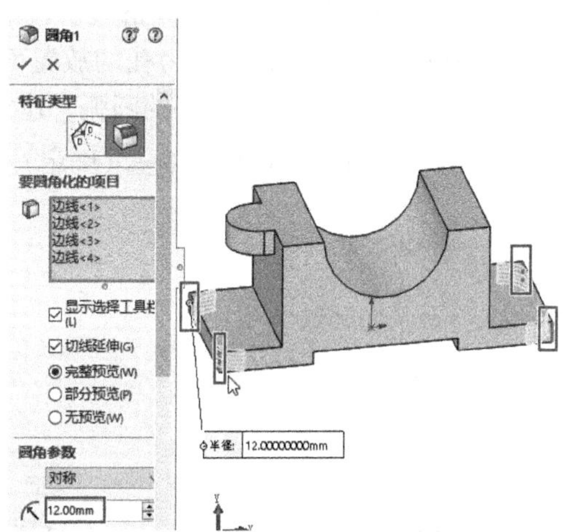

图 6-55 要圆角化的项目

第 5 步：创建图 6-56 所示的特征（切除 - 拉伸 1）。

1）单击“凸台 - 拉伸 1”上表面作为基准面，单击草图，单击 （草图绘制），单击 （正视于）按钮。

2）单击草图工具控制面板上的 （圆）按钮，绘制半径接近 5 的圆；添加与外半圆同心的几何关系；单击草图控制面板上的 （智能尺寸）按钮，标注直径尺寸为 10，单击

（确定）按钮，如图 6-57 所示。单击绘图区右上角的（确定）按钮退出草图。

3）切除圆柱孔。单击左边“草图 3”，单击左上方 特征 选项；再单击特征控制面板上的（拉伸切除）按钮；在 方向 1(1) 下选择 给定深度，在 方向 1(1) 下 右边文本框中单击，输入 12，其余取默认值，单击窗口上的（确定）按钮，完成特征的创建。

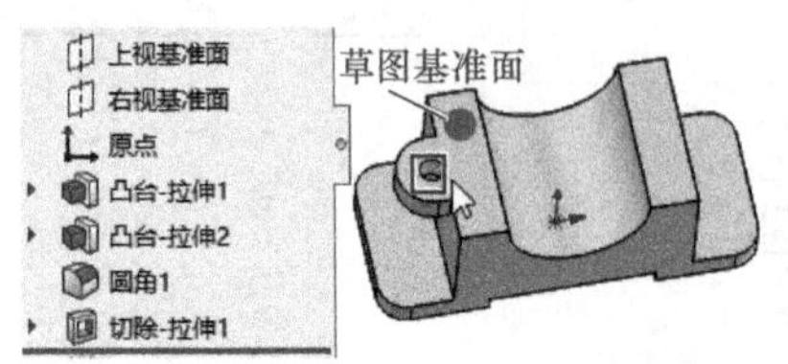

图 6-56　切除 - 拉伸 1 及草图基准面

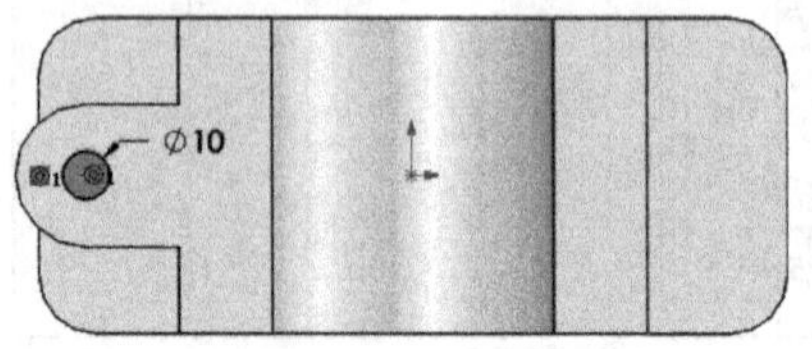

图 6-57　横断面草图 3

第 6 步：创建图 6-58 所示的特征（沉头孔 1）。

1）选择异形向导孔命令。单击特征控制面板上的（异形向导孔）按钮，弹出“孔规格”窗口。

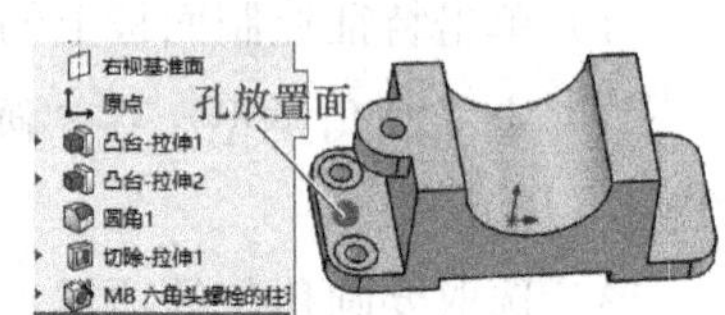

图 6-58　沉头孔 1 及孔的放置面

2）定义孔的参数。在“孔规格”窗口 类型 菜单项中，选择“类型”为（柱形沉头孔），拖动右边滚动条向下移动，分别选定“标准”为 GB、“类型”为 Hex head bolts GB/T5782-2000、“大小”为 M8、“配合”为 正常、“终止条件”选 完全贯穿，其余默认，如图 6-59 所示。

3）定义孔的位置。在“孔规格”窗口中单击 位置 菜单项，弹出孔位置窗口。在绘图区单击下方长方体的上表面作为孔的放置面；单击（正视于）；同样操作再放置两个孔；分别选取沉头孔 1 圆心和其相邻的圆弧，建立同心约束关系，如图 6-60 所示。

4）单击“孔规格”窗口上的（确定）按钮，完成异形向导孔的创建。

图 6-59　“孔规格”窗口

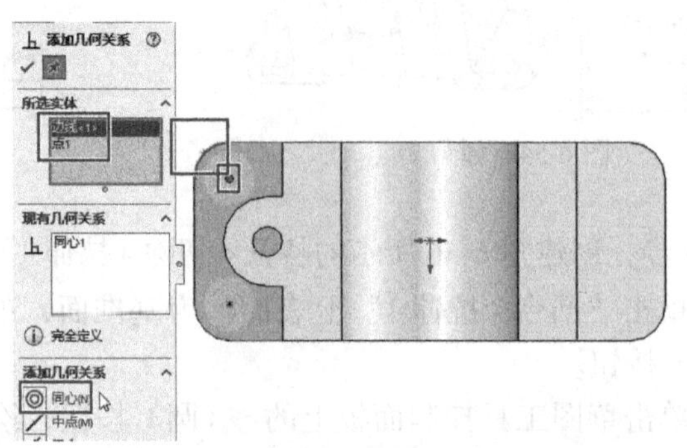

图 6-60　定义孔的位置

第 7 步：创建图 6-61 所示的特征（镜像 1）。

1）单击特征控制面板上的镜向按钮，或单击菜单“插入”→“阵列 / 镜像”→“镜像”，弹出“镜像”窗口。

2）选择镜像基准面。先在“镜像面 / 基准面”下方右边框中单击，选取右视基准面作为镜像基准面。

3）选择要镜像的特征。先在“要镜像的特征”下方右边框中单击，再单击选择“凸台 - 拉伸 2”“切除 - 拉伸 1”“M8 六角头螺栓的柱形沉头孔 1”作为镜像 1 要镜像的项目，如图 6-62 所示。

4）单击✓（确定）按钮，生成镜像特征。

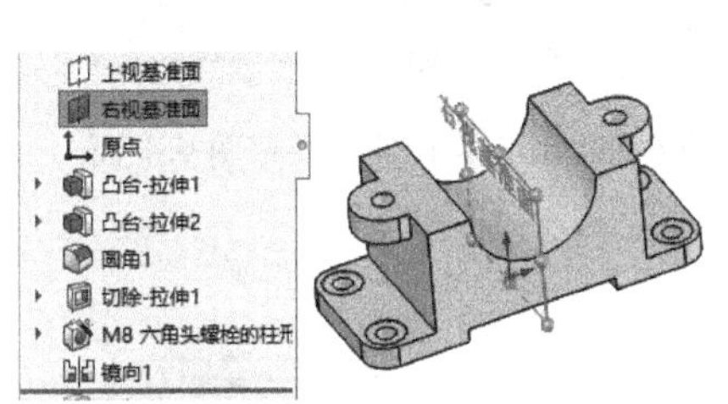

图 6-61　镜像 1 特征

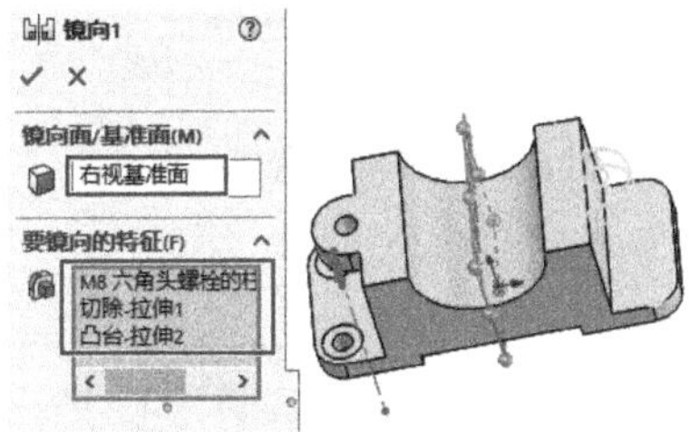

图 6-62　镜像 1 窗口

第 8 步：创建图 6-63 所示特征（圆角 2）。

1）单击特征控制面板上的（圆角）按钮，弹出“圆角”窗口。

2）定义圆角类型。在“圆角”窗口的手工选项卡的圆角类型(Y)选项组中单击（恒定大小圆角）选项。

3）选取要圆角化的项目。在“要圆角化的项目”下方右边框中单击，再单击图 6-64 所示的边线或边链为要圆角的项目。

4）定义圆角参数。在圆角参数区域下的文本框中输入数值 2，如图 6-65 所示。

5）单击窗口中的✓（确定）按钮，完成圆角 2 特征的定义。

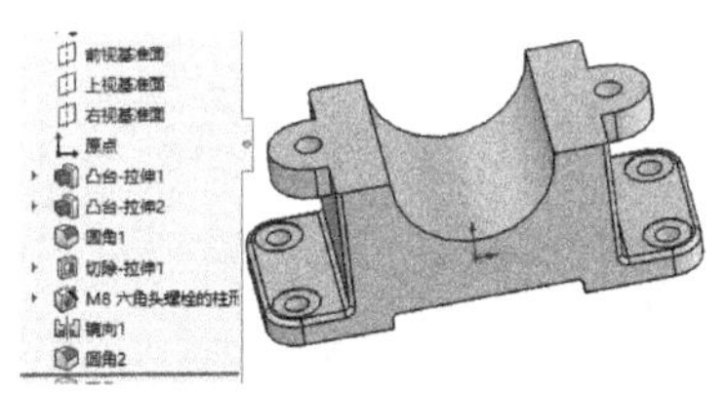

图 6-63　圆角 2 模型

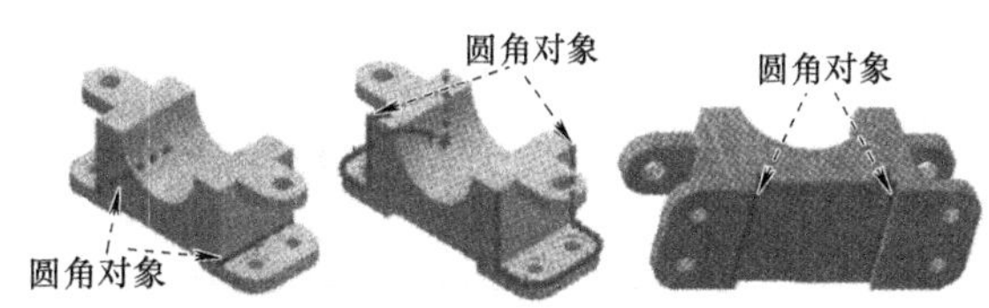

图 6-64　要圆角化的项目

第 9 步：创建图 6-66 所示的特征（切除 - 拉伸 2）。

1）单击凸台 - 拉伸 1 上表面作为基准面，单击草图，单击（草图绘制），单击（正视于）按钮。

2）绘制图 6-67 所示的横断面草图。可以使用“中心矩形”命令，并约束所绘矩形中点与原点重合，再标注尺寸。单击绘图区右上角的（确定）按钮退出草图。

3）切除方槽。单击左边“草图 4”，单击左上方特征选项；再单击特征控制面板上的

（拉伸切除）按钮；在方向 1(1) 下 右边文本框中单击，输入 13，其余取默认值，单击窗口上的（确定）按钮，完成特征的创建，如图 6-68 所示。

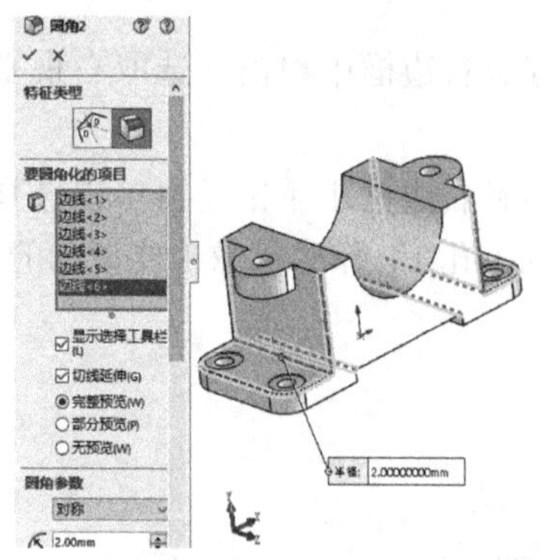

图 6-65　圆角 2 窗口

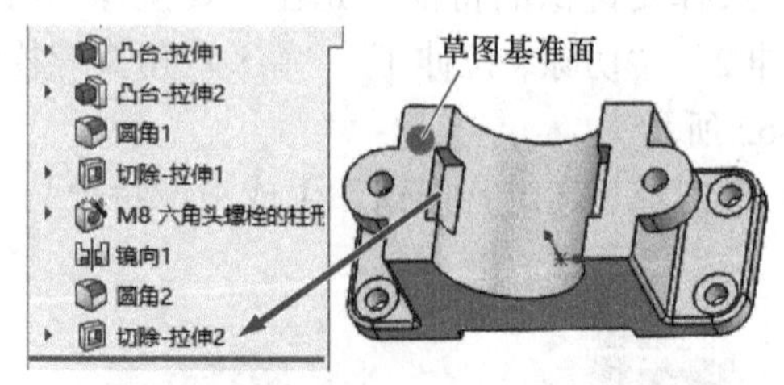

图 6-66　切除 - 拉伸 2 及草图基准面

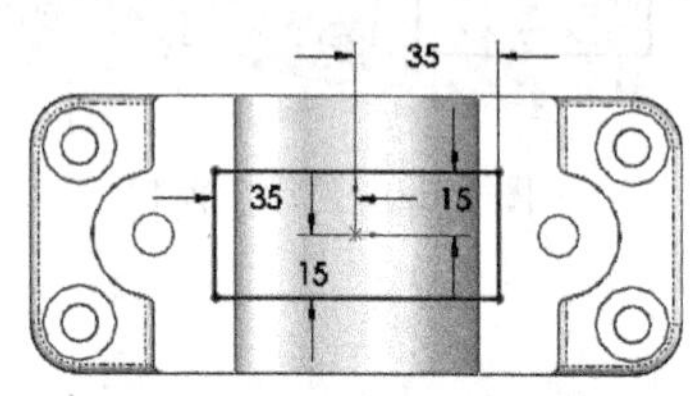

图 6-67　横断面草图 4

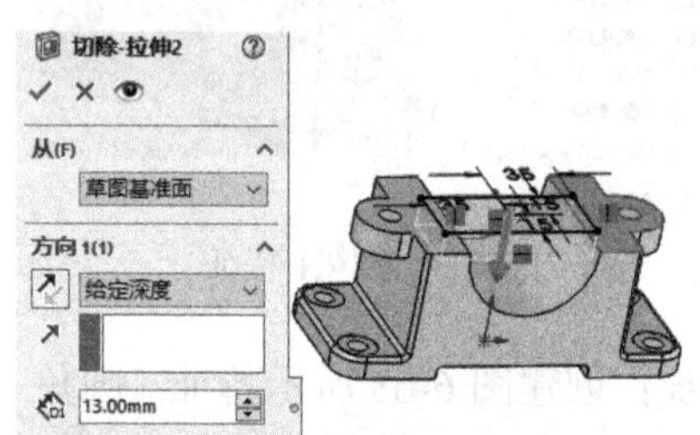

图 6-68　“切除 - 拉伸 2”窗口

第 10 步：滑动轴承座的零件模型创建完毕，保存零件模型。

任务 2　建立活塞头、四通阀、减速器上盖和拨叉的模型

任务目标：掌握各建模命令的综合应用。

6.4　活塞头的三维建模

活塞头的三维建模如图 6-69 所示，下面介绍其建模过程。

实例 6-4

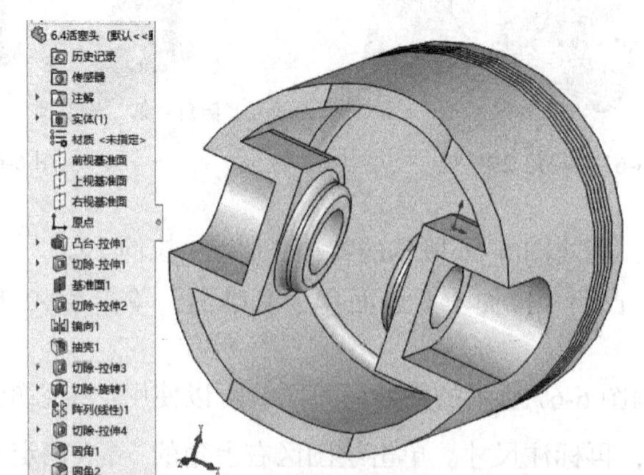

图 6-69　活塞头零件模型及设计树

第 1 步：新建“零件”文件，文件名称为“6.4 活塞头”。

第 2 步：创建图 6-70 所示的基础特征（凸台 - 拉伸 1）。

1）单击前视基准面，单击草图，单击（草图绘制），单击（正视于）按钮。

2）绘制如图 6-71 所示的横断面草图，圆心与坐标原点重合。

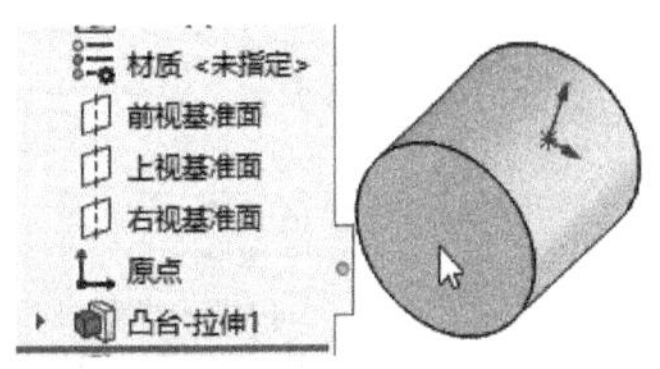

图 6-70 凸台 - 拉伸 1

3）单击绘图区右上角的（确定）按钮退出草图。

4）拉伸 2D 草图生成 3D 柱。单击左边“草图 1”，单击左上方特征选项；单击特征控制面板上的（拉伸凸台 / 基体）按钮；在方向 1(1) 下选择给定深度，在方向 1(1) 下右边文本框中单击，输入 80，其余取默认值不做修改；单击“拉伸”窗口上的（确定）按钮，完成特征 1 的创建。

第 3 步：创建图 6-72 所示的特征（切除 - 拉伸 1）。

1）单击右视基准面作为基准面，单击草图，单击（草图绘制），单击（正视于）按钮。

2）绘制图 6-73 所示的横断面草图，圆心与坐标原点在同一水平线上，再标注尺寸，单击绘图区右上角的（确定）按钮退出草图。

3）切除圆柱孔。单击左边“草图 2”，单击左上方特征选项；再单击特征控制面板上的（拉伸切除）按钮；在方向 1区域和方向 2区域的下拉列表中均选择完全贯穿选项；其余取默认值。单击窗口上的（确定）按钮，完成特征的创建。

图 6-71 草图 1

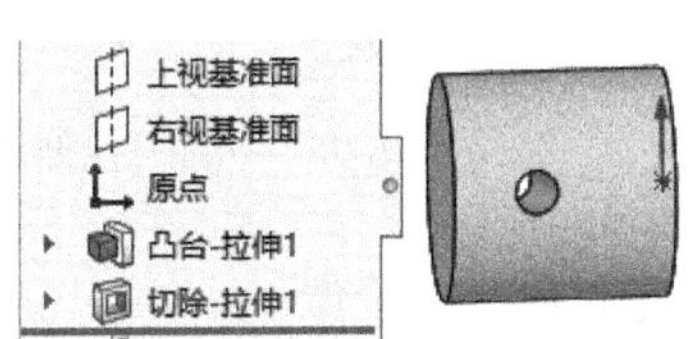

图 6-72 切除 - 拉伸 1

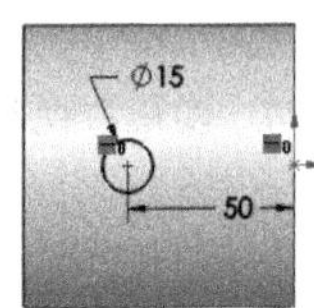

图 6-73 草图 2

第 4 步：创建图 6-74 所示的基准面 1。

1）让右视基准面显示在绘图区。单击右视基准面，单击（显示），如图 6-75 所示。

2）单击参考几何体里的基准面（基准面）按钮，或单击“插入”→“参考几何体”→“基准面”，弹出基准面窗口；在第一参考下框中单击；在绘图区单击右视基准面为参考实体，窗口上增加了项目；在（偏移距离）右边框中单击，输入值 20；如图 6-76 所示。

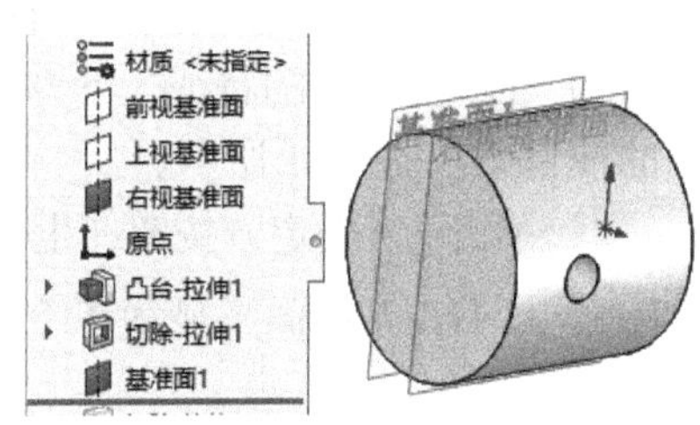

图 6-74 基准面 1

3）单击（确定）按钮，完成基准面 1 的创建。

4）让右视基准面不显示在绘图区。单击右视基准面，单击（隐藏），如图 6-77 所示。

第 5 步：创建图 6-78 所示的特征（切除 - 拉伸 2）。

1）单击基准面 1 作为基准面，单击草图，单击（草图绘制），单击（正视于）按钮。

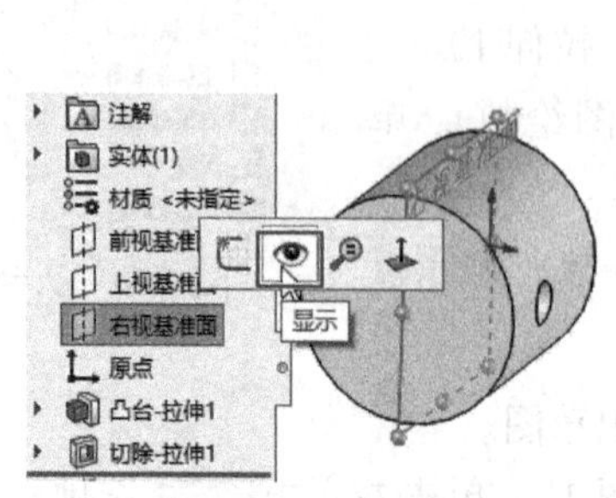

图 6-75　显示右视基准面

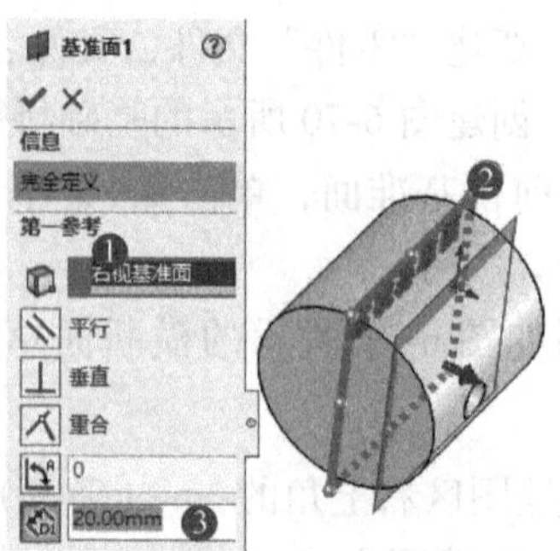

图 6-76　基准面 1 窗口

2）绘制图 6-79 所示的横断面草图。半圆与已有小圆是同心圆，左边竖线与大圆柱左边重合；再标注尺寸。单击绘图区右上角的 (确定) 按钮退出草图。

3）切除槽。单击左边“草图 3”，单击左上方 特征 选项；再单击特征控制面板上的 (拉伸切除) 按钮；在 方向 1(1) 下的下拉列表中选择 完全贯穿 选项，单击 (反向)。其余取默认值，单击窗口上的 (确定) 按钮，完成特征的创建。

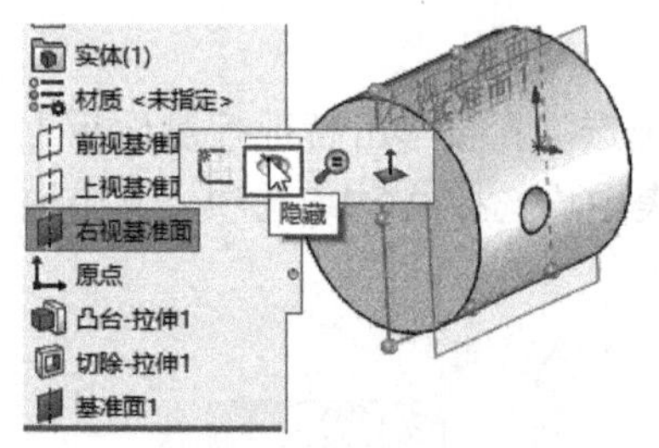

图 6-77　隐藏右视基准面

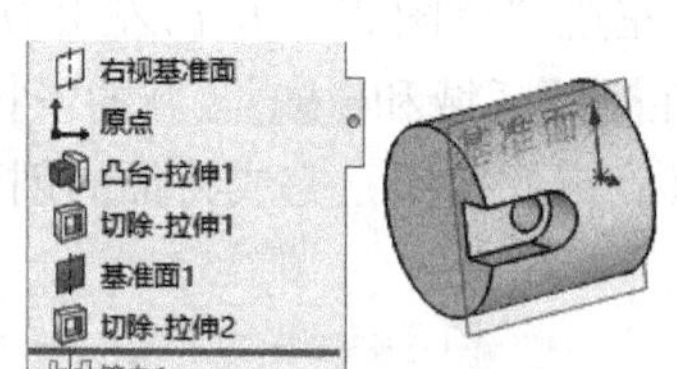

图 6-78　切除 - 拉伸 2

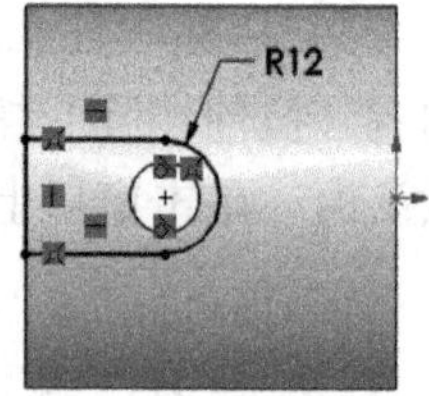

图 6-79　横断面草图 3

第 6 步：创建图 6-80 所示的零件特征（镜像 1）。

1）让右视基准面显示在绘图区。单击右视基准面，单击 (显示)。

2）单击特征控制面板上的 镜向 按钮，弹出“镜像”窗口；在“镜像面 / 基准面”下方 右边框中单击；在绘图区单击右视基准面作为镜像基准面。

3）在“要镜像的特征”下方 右边框中单击，再单击“切除 - 拉伸 2”作为镜像 1 要镜像的项目，如图 6-81 所示。

4）单击 (确定) 按钮，生成镜像特征。

5）让右视基准面不显示在绘图区。单击右视基准面，单击 (隐藏)。

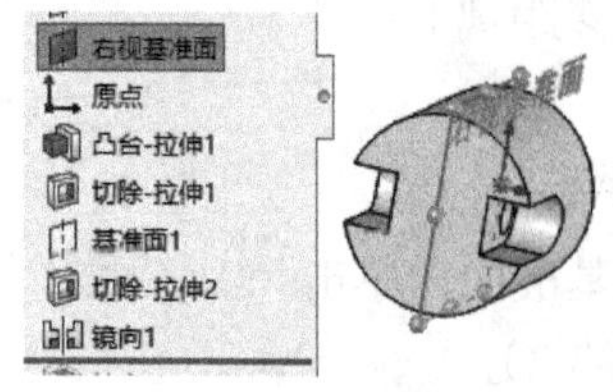

图 6-80　镜像 1

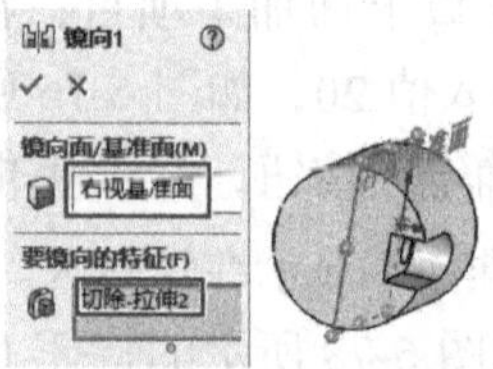

图 6-81　镜像 1 窗口

第 7 步：创建图 6-82 所示的零件特征（抽壳 1）。

1）选择抽壳命令。单击特征控制面板上的（抽壳）按钮，弹出抽壳窗口。

2）定义抽壳厚度。在“抽壳”窗口参数(P)区域的（厚度）右边文本框中输入厚度数值 5。

3）指定要移除的面。选取图 6-83 所示的抽壳 1 的上表面为要移除的面，如图 6-84 所示。

4）单击窗口中的（确定）按钮，完成抽壳特征的创建。

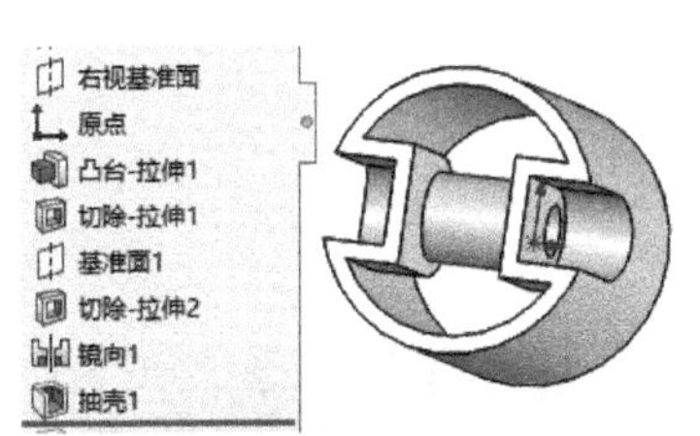

图 6-82　抽壳 1

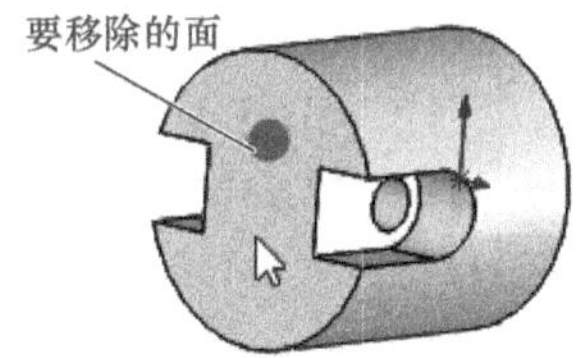

图 6-83　抽壳 1 要移除的面 1

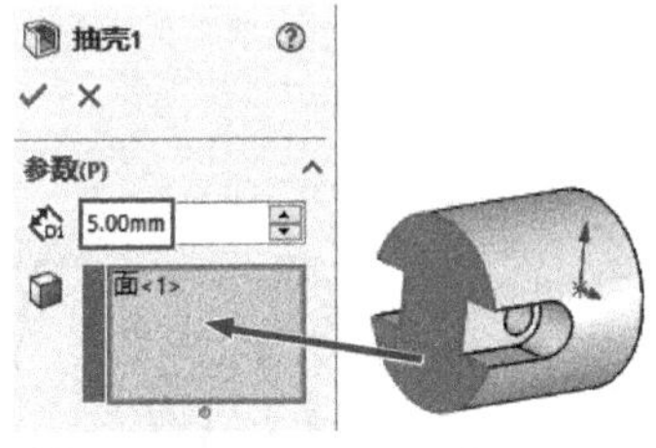

图 6-84　抽壳 1 窗口

第 8 步：创建图 6-85 所示的特征（切除 - 拉伸 3）。

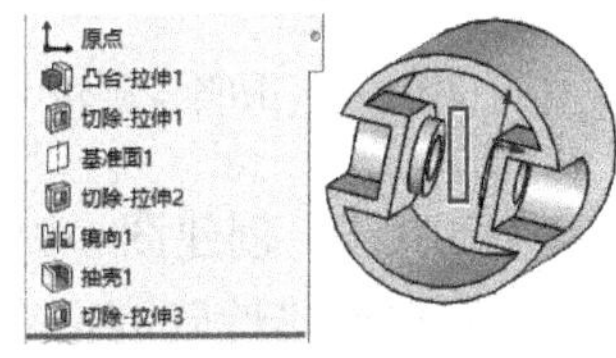

图 6-85　切除 - 拉伸 3

1）单击图 6-86 所示抽壳 1 的上表面作为基准面，单击草图，单击（草图绘制），单击（正视于）按钮。

2）绘制图 6-87 所示的横断面草图。可用中心矩形命令绘制，矩形中心与坐标原点重合，高度大于圆柱轮廓线；再标注长度尺寸。单击绘图区右上角的（确定）按钮退出草图。

3）切除中间部分。单击左边“草图 4”，单击左上方特征选项，再单击特征控制面板上的（拉伸切除）按钮，在方向 1(1) 下的下拉列表中选择成形到一面选项，单击选取图 6-86 所示的内表面为拉伸终止面，其余取默认值，如图 6-88 所示。单击窗口上的（确定）按钮，完成特征的创建。

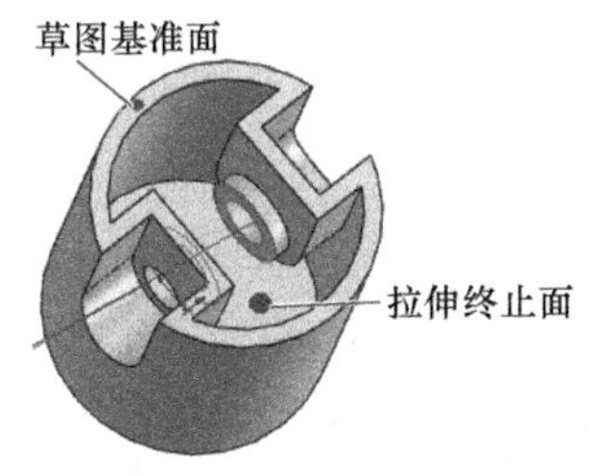

图 6-86　草图基准面及拉伸终止面

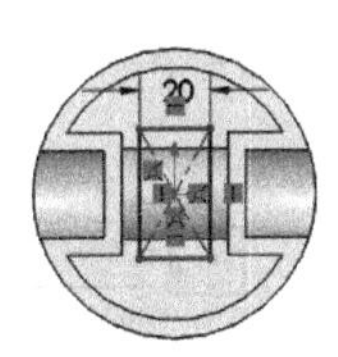

图 6-87　草图 4

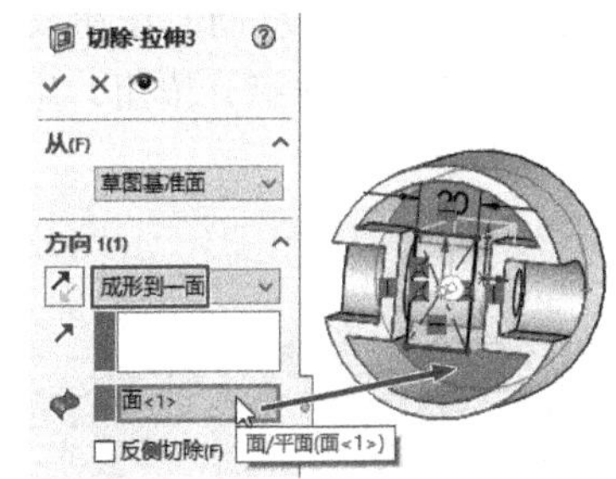

图 6-88　切除 - 拉伸 3 窗口

第 9 步：创建图 6-89 所示的特征（切除 - 旋转 1）。

1）单击右视基准面，单击草图，单击（草图绘制）。

2）绘制如图 6-90 所示的横断面草图。过坐标原点的一条水平中心线和一个矩形。单击绘图区右上角的（确定）按钮退出草图。

3）单击菜单“视图”→“隐藏 / 显示”→“临时轴”，显示系统所生成的轴。

4）单击草图 5。单击特征控制面板上的（旋转切除）按钮，弹出“旋转”窗口；在“旋转”窗口中单击（旋转轴）右边框，在绘图区中单击水平中心线作为旋转轴线。此例中只有一条中心线，系统默认作为旋转轴，可以不修改。旋转方向为给定深度，旋转角度值为 360，均为系统默认项，可以不修改。

5）单击“旋转”窗口上的（确定）按钮完成切除 - 旋转 1 的创建。

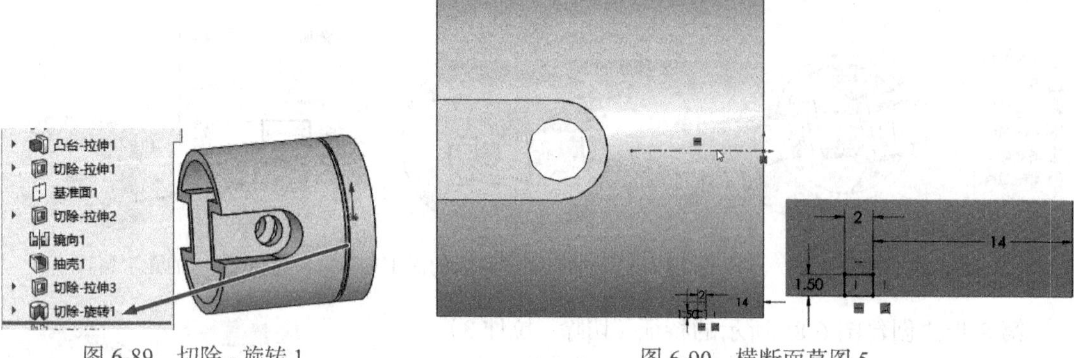

图 6-89　切除 - 旋转 1　　图 6-90　横断面草图 5

第 10 步：创建图 6-91 所示的特征（线性阵列 1）。

1）执行线性阵列命令。单击特征控制面板上的（线性阵列）按钮，弹出“线性阵列”窗口。

2）指定要阵列的特征。单击☑特征和面(F)下方（要阵列的特征）右边的框，单击切除 - 旋转 1。

3）设定阵列方向 1 的相关参数。在“方向 1”下方阵列方向框中单击，在绘图区单击水平临时轴作为方向 1 的方向。在（间距）右边文本框中输入间距 4，在（实例数）文本框中输入个数 3。可看到有一个方向的图例（黄色）显示，若复制方向不正确，则单击“方向 1”下方（反向）按钮改变方向，如图 6-92 所示。

4）单击（确定）按钮，生成线性阵列特征。

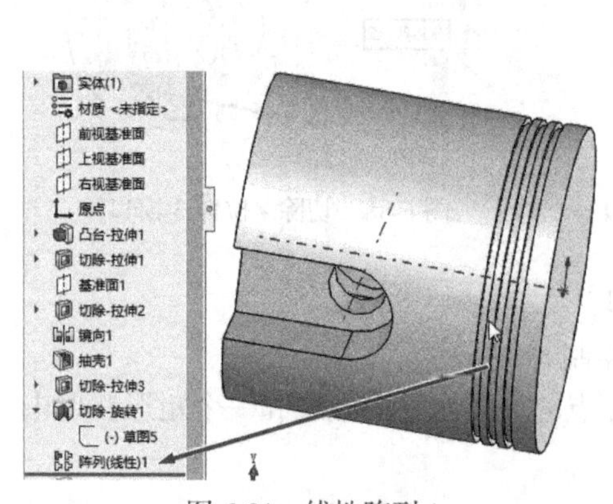

图 6-91　线性阵列 1

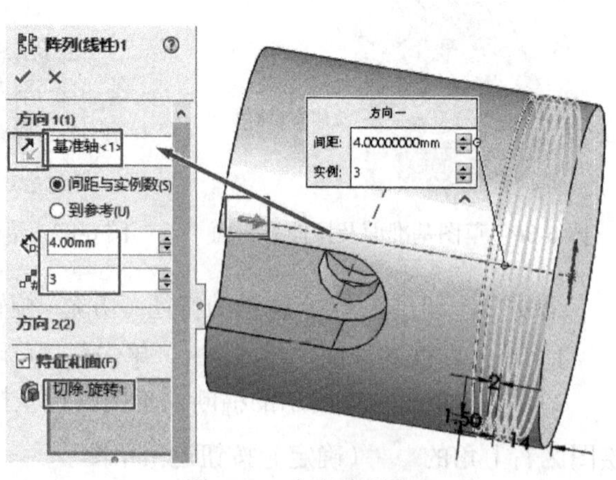

图 6-92　定义阵列窗口

第 11 步：创建图 6-93 所示的特征（切除 - 拉伸 4）。

1）单击上视基准面作为基准面，单击 草图 ，单击 （草图绘制），单击 （正视于）按钮。

2）绘制图 6-94 所示的横断面草图。可以先用直线、圆弧命令绘制图形，再标注尺寸。单击绘图区右上角的 （确定）按钮退出草图。

3）切除部分。单击左边“草图 6”，单击左上方 特征 选项；再单击特征控制面板上的 （拉伸切除）按钮；在 方向 1(1) 下勾选 反侧切除(F) 复选框，方向 1 区域和 方向 2 区域的下拉列表中均选择 完全贯穿 选项，其余取默认值，如图 6-95 所示。单击窗口上的 （确定）按钮，完成特征的创建。

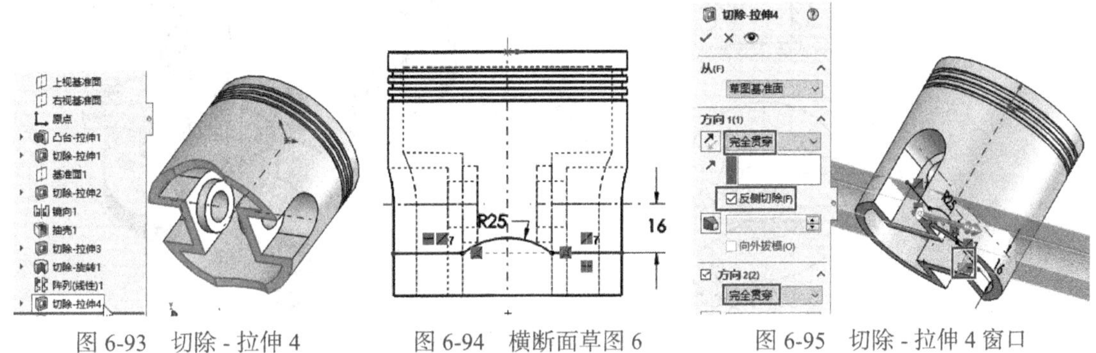

图 6-93 切除 - 拉伸 4　　图 6-94 横断面草图 6　　图 6-95 切除 - 拉伸 4 窗口

第 12 步：创建图 6-96 所示的特征（圆角 1）。执行圆角命令，依次单击圆柱的边线为圆角项目（4 个边线），输入圆角半径值为 2，单击 （确定）按钮，完成圆角 1 的创建。

第 13 步：创建图 6-97 所示的特征（圆角 2）。执行圆角命令，选取模型内边线为要圆角的项目，输入圆角半径值为 3，单击 （确定）按钮，完成圆角 2 的创建。

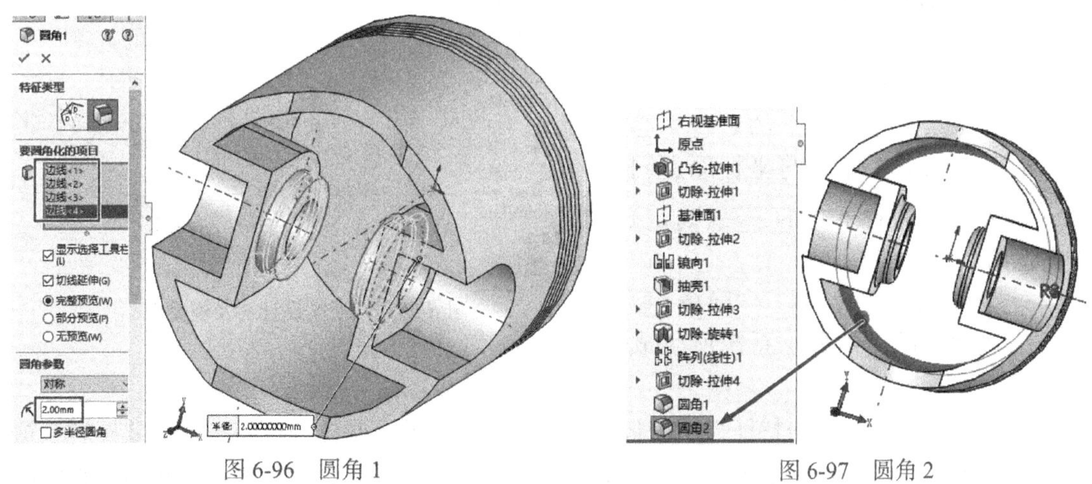

图 6-96 圆角 1　　图 6-97 圆角 2

第 14 步：零件模型创建完毕，保存文件。

6.5　四通阀的三维建模

实例 6-5

四通阀零件图形如图 6-98 所示，模型图如图 6-99 所示，下面介绍其建模过程。

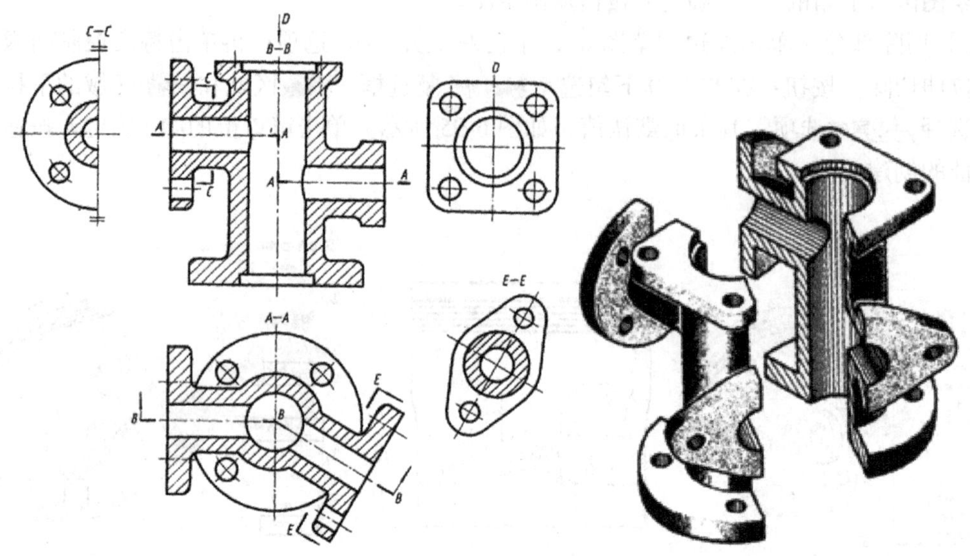

图 6-98　四通阀零件图形

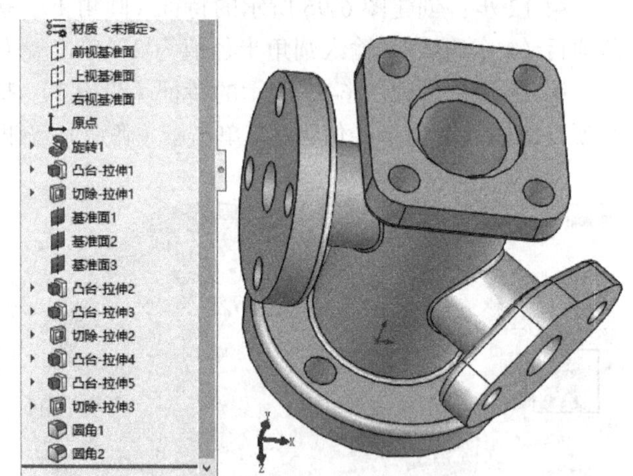

图 6-99　四通阀设计树及模型图

第 1 步：新建“零件”文件，文件名称为“6.5 四通阀”。

第 2 步：创建图 6-100 所示的零件基础特征（旋转 1）。

1）单击前视基准面，单击草图，单击（草图绘制）。

2）绘制如图 6-101 所示的横断面草图。有一条过坐标原点的竖直中心线，最下方那条水平线与坐标原点同高。单击绘图区右上角的（确定）按钮退出草图。

3）单击菜单“视图”→“隐藏 / 显示”→“临时轴”，则显示系统所生成的轴。

4）单击草图 1。单击特征控制面板上的（旋转凸台 / 基体）按钮，弹出“旋转”窗口，定义旋转参数。在“旋转”窗口中单击（旋转轴）右边框，在绘图区中单击竖直中心线作为旋转轴线。此例中只有一条中心线，系统默认作为旋转轴，可以不修改。旋转方向、旋转角度等均取系统默认项，可以不修改，如图 6-102 所示。

5）单击“旋转”窗口上的✔（确定）按钮，完成旋转 1 的创建。

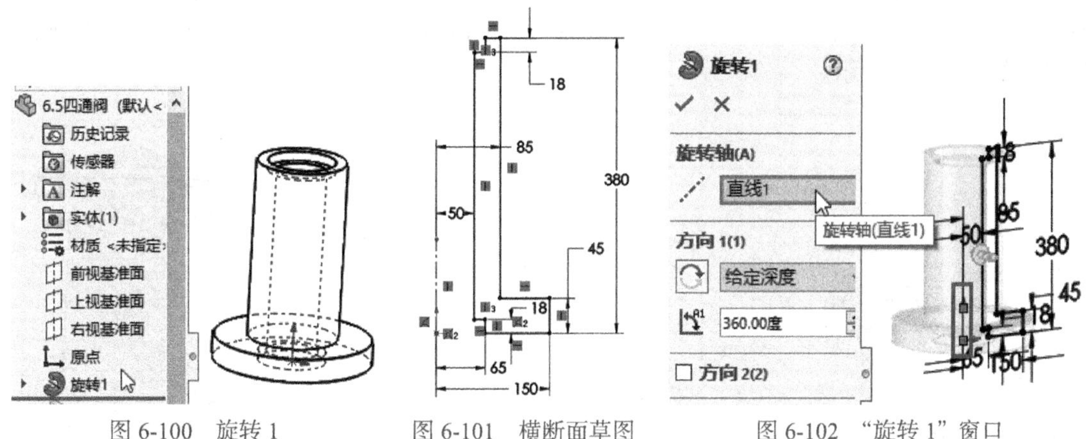

图 6-100　旋转 1　　图 6-101　横断面草图　　图 6-102　“旋转 1”窗口

第 3 步：创建图 6-103 所示的特征（凸台 - 拉伸 1）。

1）单击旋转 1 最上方面，单击草图，单击（草图绘制），单击（正视于）按钮。

2）绘制如图 6-104 所示的横断面草图。图形由带圆弧的矩形和中间的一个圆组成，中间圆可用旋转 1 的第二个圆“转换实体引用”得到，外部带圆弧的矩形可用中心矩形命令绘制，周围 4 个圆可以绘制一个后用圆周阵列命令绘制。注意约束关系：矩形中心点与中间圆的圆心重合于坐标原点，周围 4 个圆与矩形圆弧同心。

3）单击绘图区右上角的（确定）按钮退出草图。

4）拉伸 2D 草图生成 3D 柱。单击左边“草图 2”，单击左上方特征选项；单击特征控制面板上的（拉伸凸台 / 基体）按钮；在**方向 1(1)**下选择给定深度，在**方向 1(1)**下（深度）右边文本框中单击，输入 40；单击（反向）按钮，其余取默认值不做修改，如图 6-105 所示；单击“拉伸”窗口上的✔（确定）按钮，完成特征的创建。

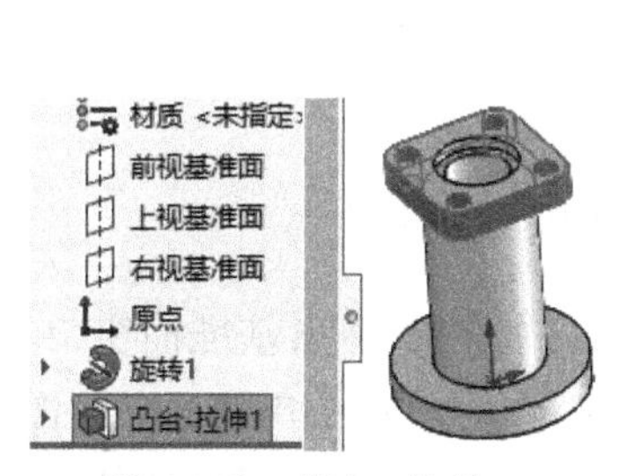

图 6-103　凸台 - 拉伸 1

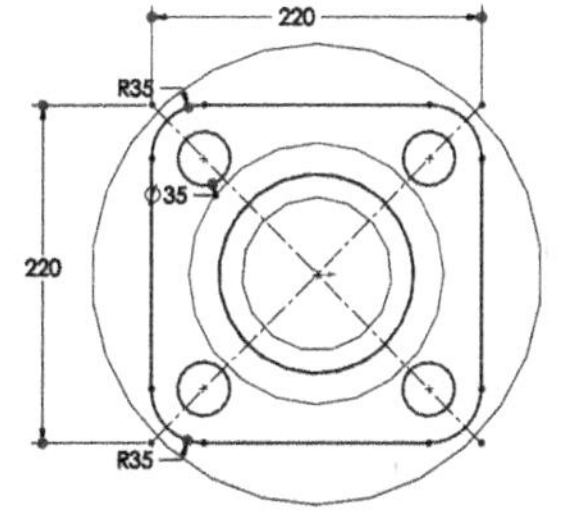

图 6-104　横断面草图 2

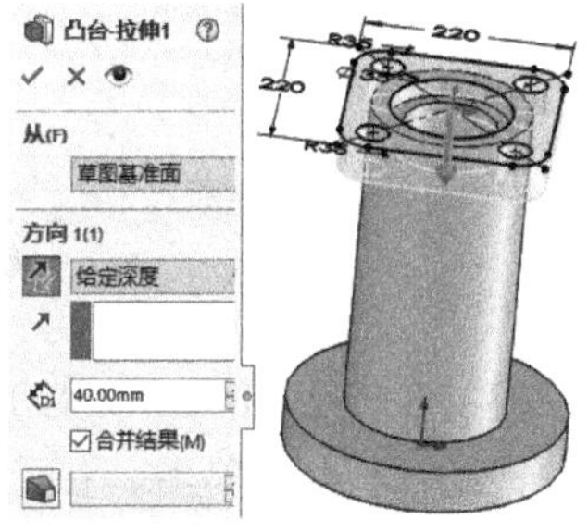

图 6-105　凸台 - 拉伸 1 窗口

第 4 步：创建图 6-106 所示的特征（切除 - 拉伸 1）。

1）单击上视基准面，单击草图，单击（草图绘制），单击（正视于）按钮。

2）绘制如图 6-107 所示的横断面草图。建议绘制中心线，绘制一个圆后用阵列命令绘制完成另外三个。单击绘图区右上角的（确定）按钮退出草图。

3）切除孔。单击左边“草图 3”，单击左上方 特征 选项；再单击特征控制面板上的 (拉伸切除）按钮；在方向 1(1) 下选择 给定深度，在方向 1(1) 下 （深度）右边文本框中单击，输入 45；单击（反向）按钮，其余取默认值，单击窗口上的（确定）按钮，完成特征的创建，如图 6-108 所示。

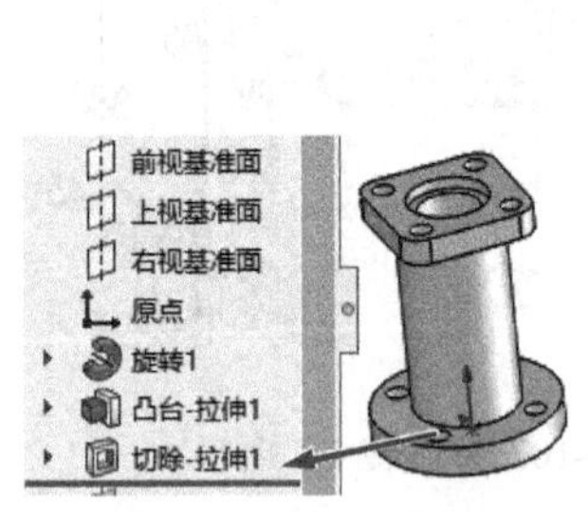

图 6-106　切除 - 拉伸 1

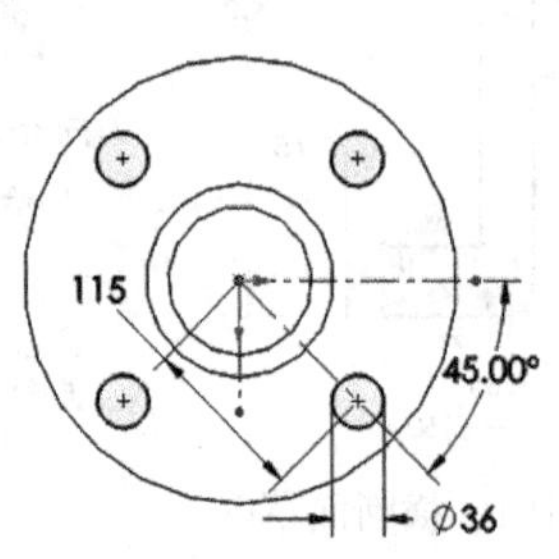

图 6-107　横断面草图 3

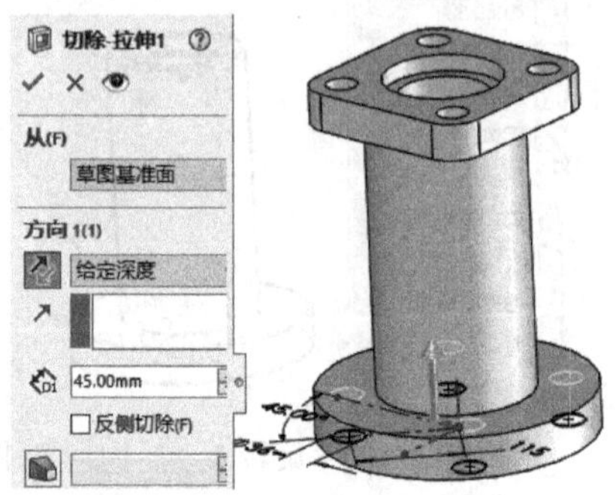

图 6-108　切除 - 拉伸 1 窗口

第 5 步：创建基准面，如图 6-109 所示。

1）让右视基准面显示在绘图区。单击右视基准面，单击（显示）。

2）创建的基准面 1。单击参考几何体里的 基准面 （基准面）按钮，弹出基准面窗口；在 第一参考 下框中单击；在绘图区单击右视基准面为参考实体，窗口上增加了项目；在 （偏移距离）右边框中单击，输入值 180；勾选 ☑反转等距 项改变偏移的方向，如图 6-110 所示。单击（确定）按钮，完成基准面 1 的创建。

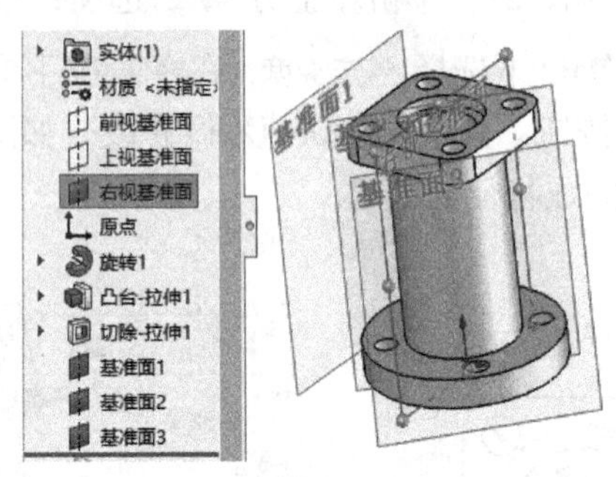

图 6-109　基准面

图 6-110　基准面 1

3）创建基准面 2。单击参考几何体里的 基准面 （基准面）按钮，弹出基准面窗口；在 第一参考 下框中单击，在绘图区单击右视基准面为参考实体；在第二参考下框中单击，在绘图区单击过坐标原点的轴线为参考实体，窗口上增加了项目；在（两面夹角）右边框中单击，输入值 45，如图 6-111 所示。单击（确定）按钮，完成基准面 2 的创建。

4）创建基准面 3。单击参考几何体里的 基准面 （基准面）按钮，弹出基准面窗口；在 第一参考 下框中单击，在绘图区单击基准面 2 为参考实体，窗口上增加了项目；在 （偏移距离）右边框中单击，输入值 180；勾选 ☑反转等距 项改变偏移的方向，如图 6-112 所示。单击（确定）按钮，完成基准面 3 的创建。

5）让右视基准面不显示在绘图区。单击右视基准面，单击 （隐藏）。

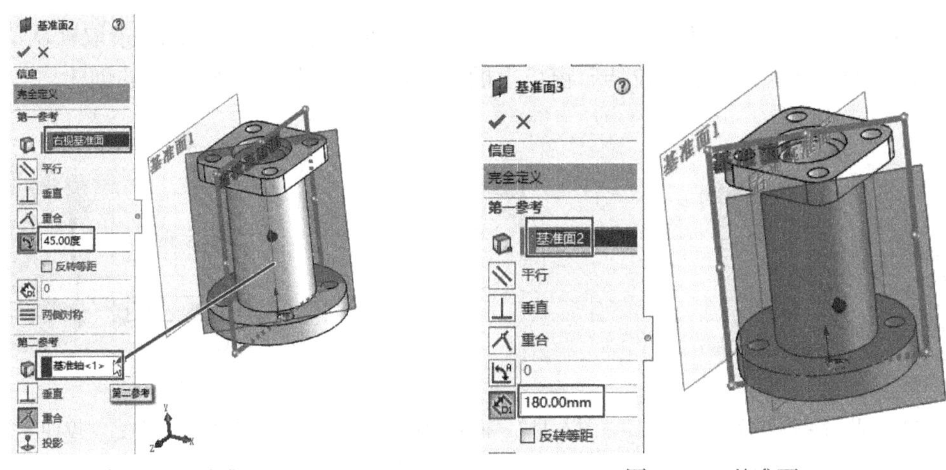

图 6-111 基准面 2　　图 6-112 基准面 3

第 6 步：创建图 6-113 所示的特征（凸台 - 拉伸 2）。

1）单击“基准面 1”，单击草图，单击 （草图绘制），单击 （正视于）按钮。

2）绘制如图 6-114 所示的横断面草图。外部大圆的圆心与坐标原点在同一竖直方向上，水平中心线与坐标原点距离为 245；周围 4 个圆可以绘制一个圆后用阵列命令绘制。

3）单击绘图区右上角的 （确定）按钮退出草图。

4）拉伸 2D 草图生成 3D 柱。单击左边“草图 4”，单击左上方 特征 选项；单击特征控制面板上的 （拉伸凸台 / 基体）按钮；在方向 1(1) 下选择给定深度，在方向 1(1) 下 （深度）右边文本框中单击，输入 40，其余取默认值不做修改，如图 6-115 所示；单击“拉伸”窗口上的 （确定）按钮，完成特征的创建。

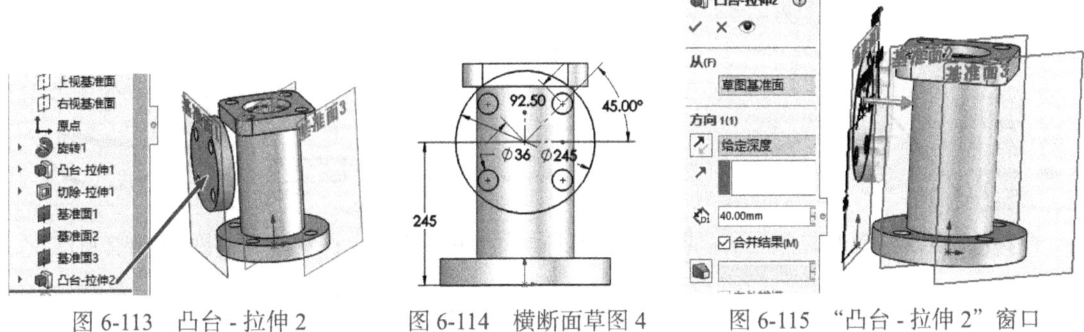

图 6-113 凸台 - 拉伸 2　　图 6-114 横断面草图 4　　图 6-115 “凸台 - 拉伸 2”窗口

第 7 步：创建图 6-116 所示的特征（凸台 - 拉伸 3）。

1）单击“凸台 - 拉伸 2”的右端面作为草图基准面，单击草图，单击 （草图绘制），单击 （正视于）按钮。

2）绘制如图 6-117 所示的横断面草图，与“凸台 - 拉伸 2”的外圆同心。

3）单击绘图区右上角的 （确定）按钮退出草图。

4）拉伸 2D 草图生成 3D 柱。单击左边“草图 5”，单击左上方 特征 选项；单击特征控制面板上的 （拉伸凸台 / 基体）按钮；在方向 1(1) 下选择成形到下一面，其余取默认值不做修改，如图 6-118 所示；单击“拉伸”窗口上的 （确定）按钮，完成特征的创建。

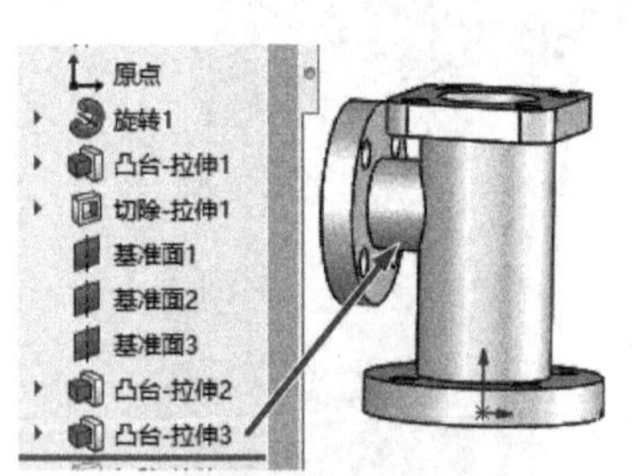

图 6-116　凸台 - 拉伸 3

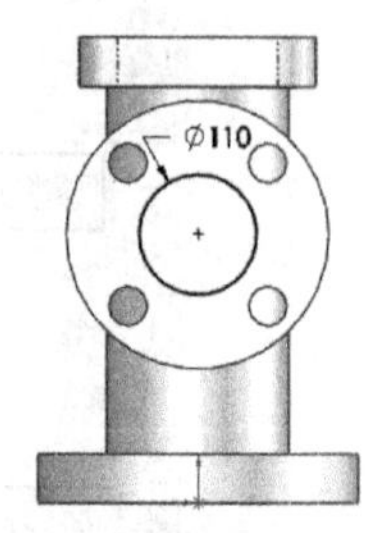

图 6-117　横断面草图 5

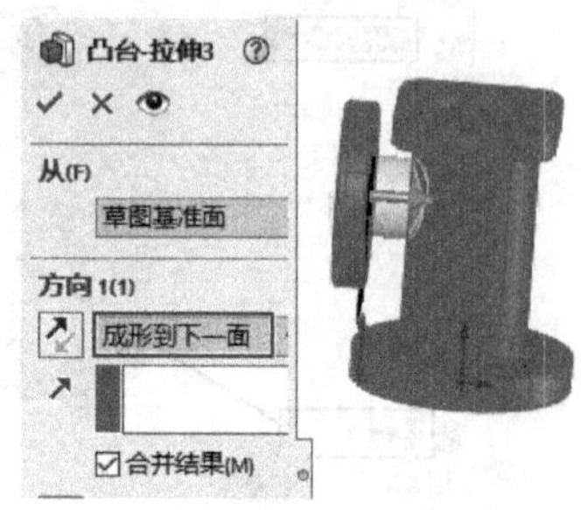

图 6-118　“凸台 - 拉伸 3”窗口

第 8 步：创建图 6-119 所示的零件特征（切除 - 拉伸 2）。

1）单击“基准面 1”作为草图基准面，单击草图，单击 （草图绘制），单击 （正视于）按钮。

2）绘制如图 6-120 所示的横断面草图，与“凸台 - 拉伸 2”的外圆同心。单击绘图区右上角的 （确定）按钮退出草图。

3）切除孔。单击左边“草图 6”，单击左上方 特征 选项；再单击特征控制面板上的 （拉伸切除）按钮；在方向 1(1) 下选择给定深度，在方向 1(1) 下 （深度）右边文本框中单击，输入 180；单击 （反向）按钮，其余取默认值，单击窗口上的 （确定）按钮，完成特征的创建，如图 6-121 所示。

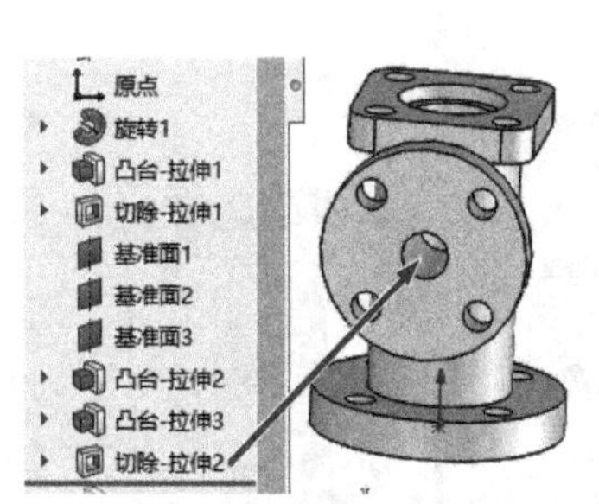

图 6-119　切除 - 拉伸 2

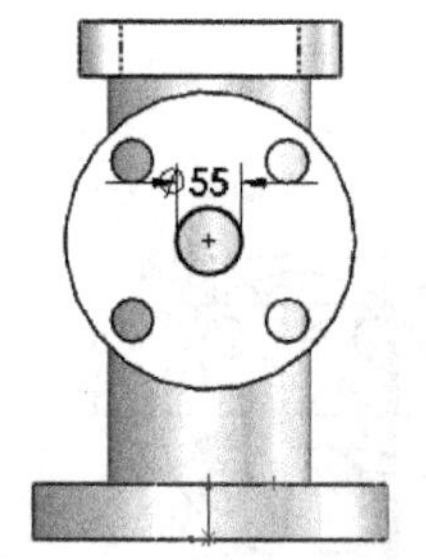

图 6-120　横断面草图 6

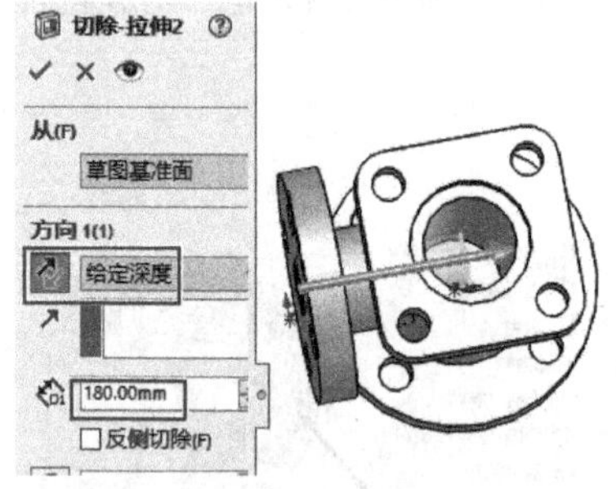

图 6-121　切除 - 拉伸 2 窗口

第 9 步：创建图 6-122 所示的特征（凸台 - 拉伸 4）。

1）单击“基准面 3”作为草图基准面，单击草图，单击 （草图绘制），单击 （正视于）按钮。

2）绘制如图 6-123 所示的横断面草图。注意约束关系，中间大圆的圆心与坐标原点在同一竖直线上，内部 2 个圆的圆心与左右圆弧的圆心在同一水平线上。

3）单击绘图区右上角的 （确定）按钮退出草图。

4）拉伸 2D 草图生成 3D 柱。单击左边“草图 7”，单击左上方 特征 选项；单击特征控制面板上的 （拉伸凸台 / 基体）按钮；在方向 1(1) 下选择给定深度，在方向 1(1) 下 （深度）右边文本框中单击，输入 40；单击 （反向）按钮，其余取默认值不做修改，如图 6-124 所示；单击“拉伸”窗口上的 （确定）按钮，完成特征的创建。

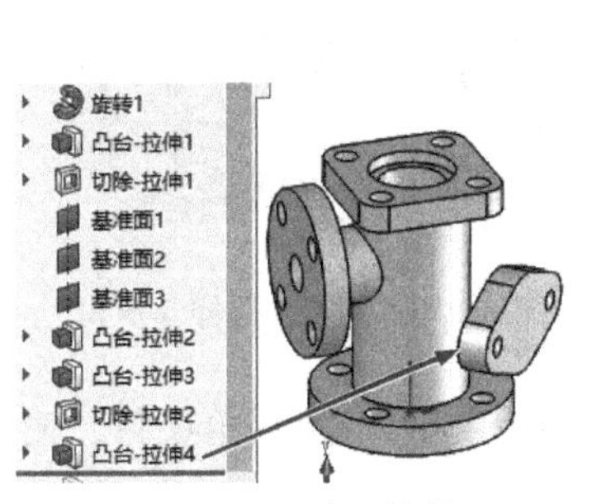

图 6-122　凸台 - 拉伸 4

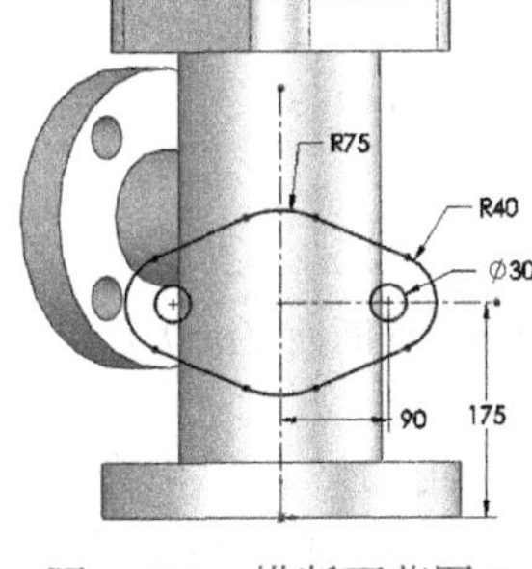

图 6-123　横断面草图 7

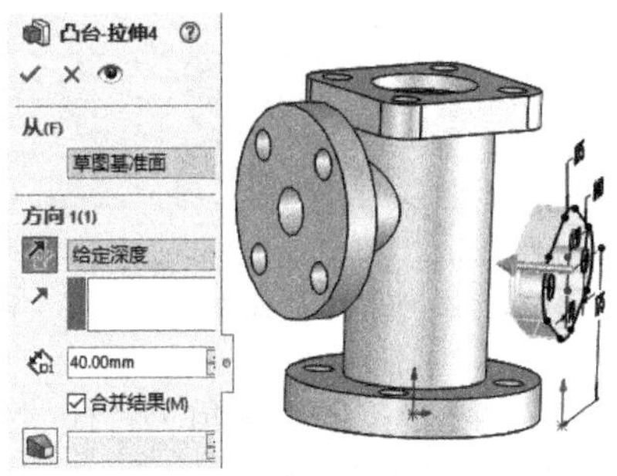

图 6-124　凸台 - 拉伸 4 窗口

第 10 步：创建图 6-125 所示的特征（凸台 - 拉伸 5）。

1）单击“凸台 - 拉伸 4”的内端面作为草图基准面，单击 草图，单击 （草图绘制），单击 （正视于）按钮。

2）绘制如图 6-126 所示的横断面草图，圆与“凸台 - 拉伸 4”的大圆同心。

3）单击绘图区右上角的 （确定）按钮退出草图。

4）拉伸 2D 草图生成 3D 柱。单击左边“草图 8”，单击左上方 特征 选项；单击特征控制面板上的 （拉伸凸台 / 基体）按钮；在方向 1(1) 下选择成形到下一面；其余取默认值不做修改，如图 6-127 所示；单击“拉伸”窗口上的 （确定）按钮，完成特征的创建。

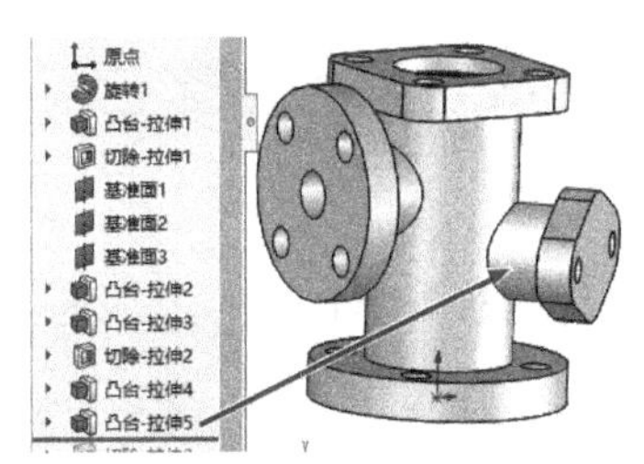

图 6-125　凸台 - 拉伸 5

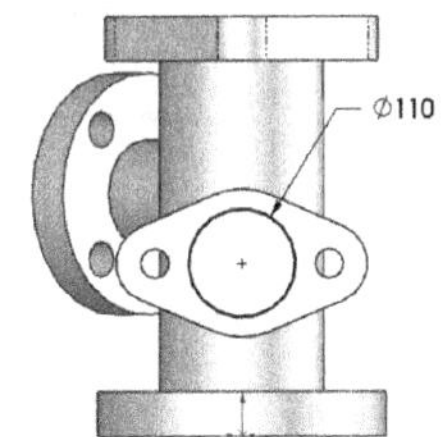

图 6-126　横断面草图 8

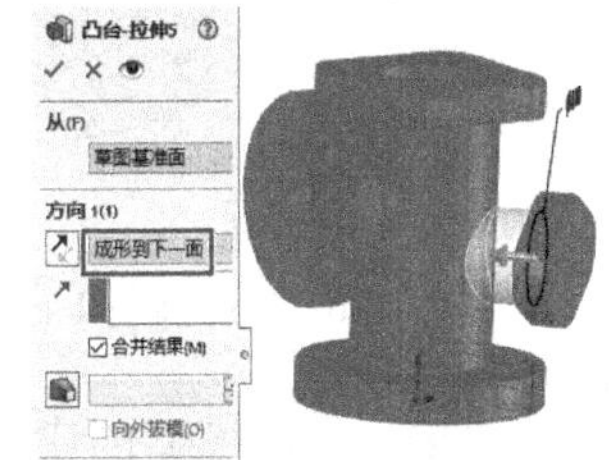

图 6-127　“凸台 - 拉伸 5”窗口

第 11 步：创建图 6-128 所示的零件特征（切除 - 拉伸 3）。

1）单击“基准面 3”作为草图基准面，单击 草图，单击 （草图绘制），单击 （正视于）按钮。

2）绘制如图 6-129 所示的横断面草图，与拉伸 6 的大圆同心。单击绘图区右上角的 （确定）按钮退出草图。

3）切除孔。单击左边“草图 9”，单击左上方 特征 选项；再单击特征控制面板上的 （拉伸切除）按钮；在方向 1(1) 下选择给定深度，在方向 1(1) 下 （深度）右边文本框中单击，输入 180，其余取默认值，单击窗口上的✔（确定）按钮，完成特征的创建，如图 6-130 所示。

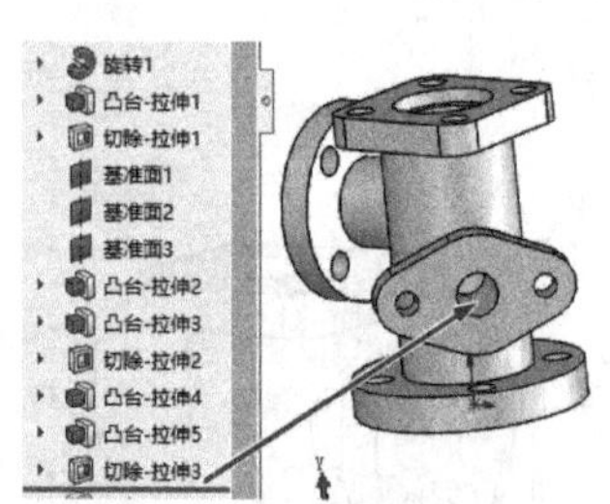

图 6-128　切除 - 拉伸 3

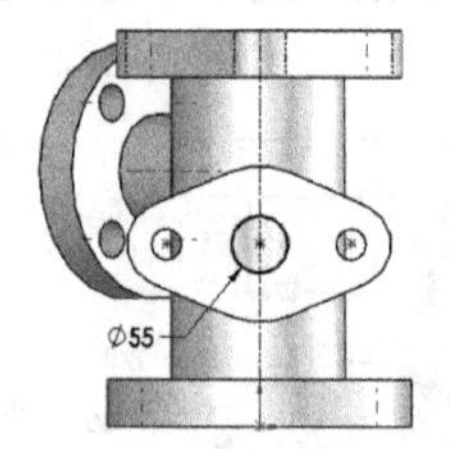
图 6-129　横断面草图 9

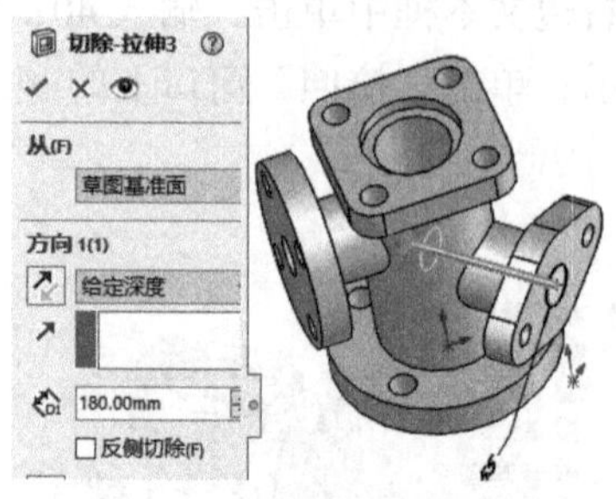
图 6-130　切除 - 拉伸 3 窗口

第 12 步：创建圆角 1 特征。执行圆角命令，单击图 6-131 所示的边线为圆角项目，输入圆角半径值为 10，单击✔（确定）按钮，完成圆角 1 的创建。

第 13 步：创建圆角 2 特征。执行圆角命令，单击图 6-132 所示的边线为圆角项目，输入圆角半径值为 5，单击✔（确定）按钮，完成圆角 2 的创建。

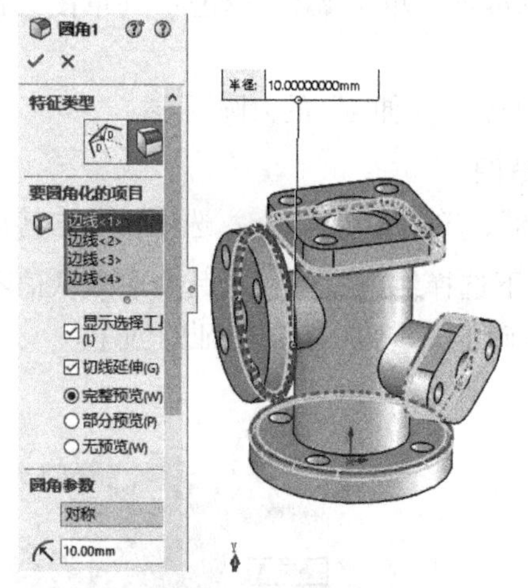
图 6-131　圆角 1 窗口

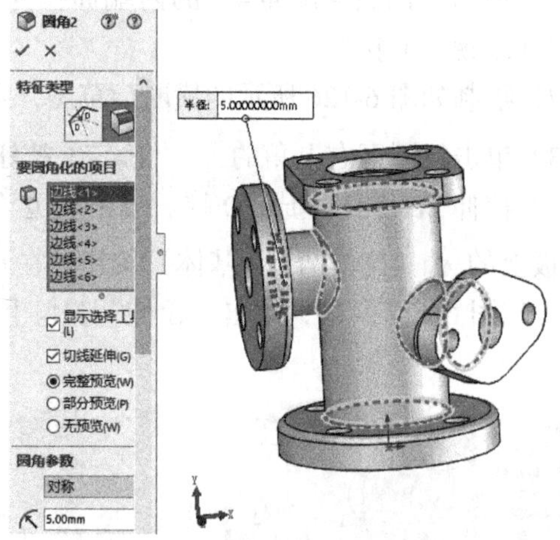
图 6-132　圆角 2 窗口

第 14 步：零件模型创建完毕，保存文件。

6.6　减速器上盖的三维建模

减速器上盖模型如图 6-133 所示，下面介绍其建模过程。

第 1 步：新建“零件”文件，文件名称为“6.6 减速器上盖”。

第 2 步：创建如图 6-134 所示的基础特征（凸台 - 拉伸 1）。

1）单击上视基准面作为基准面，单击 草图，单击 （草图绘制），单击 （正视于）按钮。

2）绘制如图 6-135 所示的横断面草图（可用中心矩形命令，矩形中心与坐标原点重合）。

3）单击绘图区右上角的 （确定）按钮退出草图。

实例 6-6

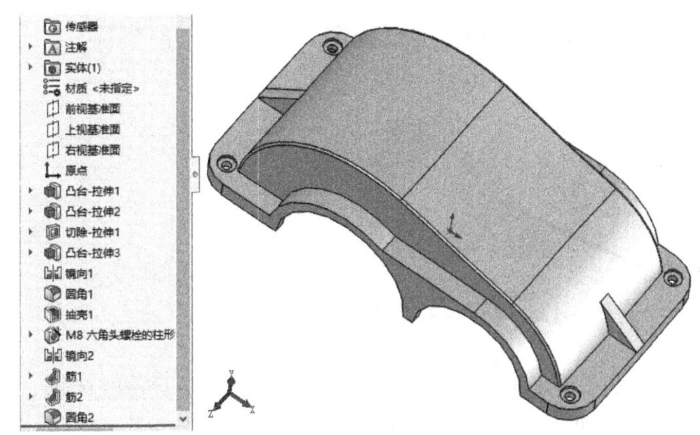

图 6-133 减速器上盖模型及设计树

4）拉伸 2D 草图生成 3D 柱。单击左边“草图 1”，单击左上方 特征 选项；单击特征控制面板上的 （拉伸凸台 / 基体）按钮；在方向 1(1) 下选择给定深度，在方向 1(1) 下 D1 右边文本框中单击，输入 16；其余取默认值不做修改；单击“拉伸”窗口上的（确定）按钮，完成特征的创建。

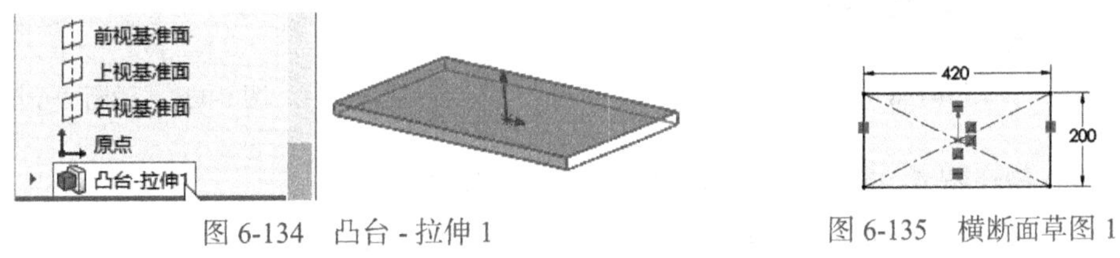

图 6-134 凸台 - 拉伸 1

图 6-135 横断面草图 1

第 3 步：创建图 6-136 所示的基础特征（凸台 - 拉伸 2）。

1）单击前视基准面作为草图基准面，单击 草图，单击（草图绘制），单击（正视于）按钮。

2）绘制如图 6-137 所示的横断面草图。是一个封闭图形，下方有一条水平直线。下方水平直线左右两端点与坐标原点对称；左右两个圆弧的圆心均在下方直线上，且圆心距离为 140；左右两个圆弧可用 圆心/起/终点画弧(T) 命令绘制）。

3）单击绘图区右上角的（确定）按钮退出草图。

4）拉伸 2D 草图生成 3D 柱。单击左边“草图 2”，单击左上方 特征 选项；单击特征控制面板上的 （拉伸凸台 / 基体）按钮；在方向 1(1) 下选择两侧对称，在方向 1(1) 下 D1 右边文本框中单击，输入 160，其余取默认值不做修改；单击“拉伸”窗口上的（确定）按钮，完成特征的创建。

第 4 步：创建图 6-138 所示的特征（切除 - 拉伸 1）。

1）单击前视基准面作为基准面，单击 草图，单击（草图绘制），单击（正视于）按钮。

2）绘制图 6-139 所示的横断面草图（两个圆，分别与凸台 - 拉伸 2 圆弧同心），再标注尺寸，单击绘图区右上角的 （确定）按钮退出草图。

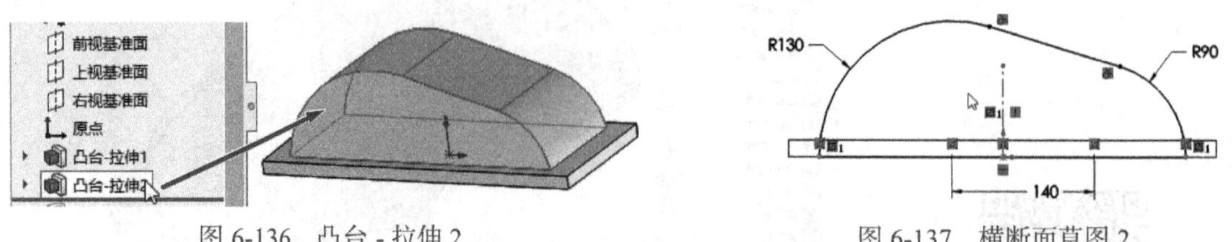

图 6-136　凸台 - 拉伸 2　　　　图 6-137　横断面草图 2

3）切除槽。单击左边“草图 3”，单击左上方 特征 选项；再单击特征控制面板上的 （拉伸切除）按钮；在 方向 1(1) 下的下拉列表中选择 完全贯穿 选项。勾选 ☑ 方向 2(2) 复选框，在 ☑ 方向 2(2) 区域的下拉列表中选择 完全贯穿 项。其余取默认值，单击窗口上的 （确定）按钮，完成特征的创建。

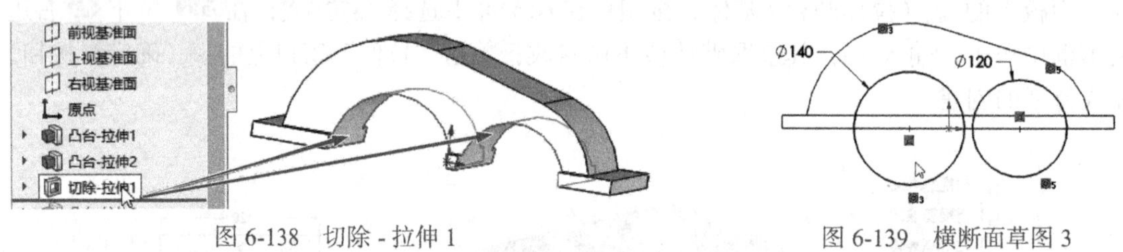

图 6-138　切除 - 拉伸 1　　　　图 6-139　横断面草图 3

第 5 步：创建图 6-140 所示的基础特征（凸台 - 拉伸 3）。

1）单击“凸台 - 拉伸 2”前表面作为草图基准面，单击 草图，单击 （草图绘制），单击 （正视于）按钮。

2）绘制如图 6-141 所示的横断面草图。绘制时，下部分直线和圆弧可使用“转换实体引用”命令选用模型轮廓线转换为草图线，上方圆弧线用“等距实体”命令绘制，再绘制水平直线，用“延伸”命令和“裁剪”命令完成大体轮廓图形，最后添加相切等几何约束关系。

3）单击绘图区右上角的 （确定）按钮退出草图。

4）拉伸 2D 草图生成 3D 柱。单击左边“草图 4”，单击左上方 特征 选项；单击特征控制面板上的 （拉伸凸台 / 基体）按钮；在 方向 1(1) 下选择 给定深度，在 方向 1(1) 下 右边文本框中单击，输入 20，其余取默认值不做修改；单击“拉伸”窗口上的 （确定）按钮，完成特征的创建。

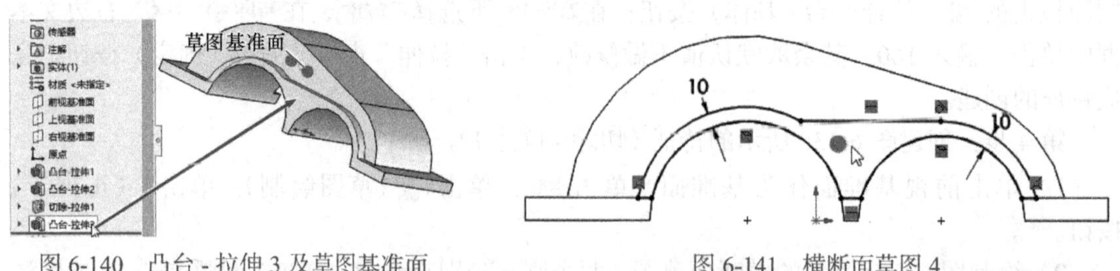

图 6-140　凸台 - 拉伸 3 及草图基准面　　　　图 6-141　横断面草图 4

第 6 步：创建图 6-142 所示的特征（镜像 1）。

1）单击特征控制面板上的镜向按钮，或单击菜单“插入”→“阵列 / 镜像”→“镜像”，弹出“镜像”窗口。

2）选择镜像基准面。先在“镜像面 / 基准面”下方右边框中单击，选取前视基准面作为镜像基准面。

3）选择要镜像的特征。先在“要镜像的特征”下方右边框中单击，再单击选择“凸台 - 拉伸 3”作为镜像 1 要镜像的项目，如图 6-143 所示。

4）单击（确定）按钮，生成镜像特征。

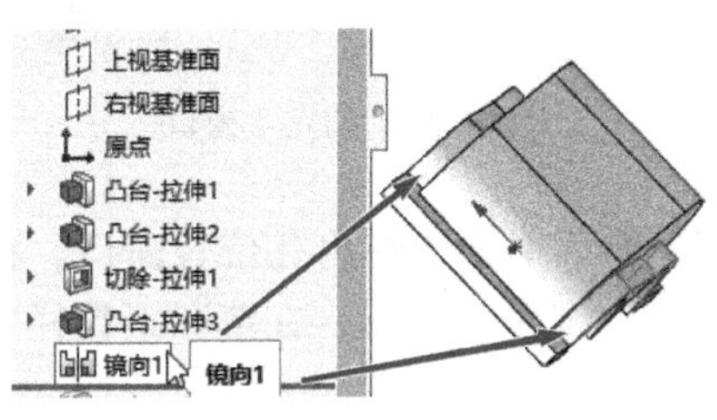

图 6-142 镜像 1 模型

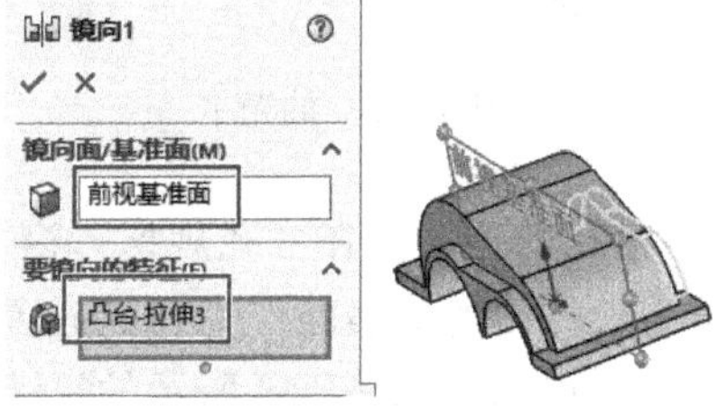

图 6-143 镜像 1 窗口

第 7 步：创建图 6-144 所示的特征（圆角 1）。

1）单击特征控制面板上的（圆角）按钮，弹出“圆角”窗口。

2）定义圆角类型。在“圆角”窗口的手工选项卡的圆角类型(Y)选项组中单击（恒定大小圆角）选项。

3）选取要圆角化的项目。在“要圆角化的项目”下方右边框中单击，选取下方长方体的四条高度边线为要圆角的项目。

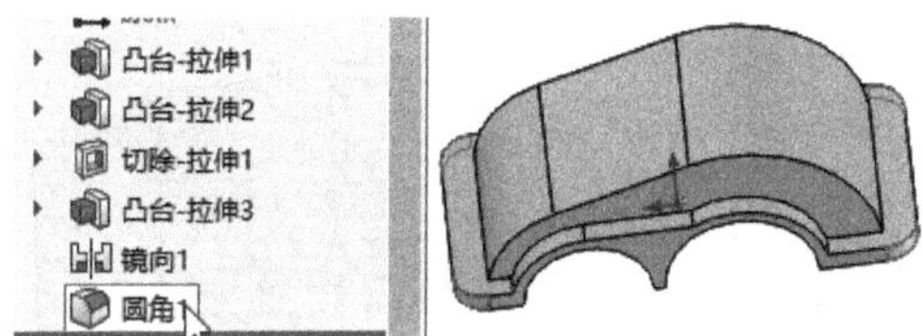

图 6-144 圆角 1 模型

4）定义圆角参数。在圆角参数区域下的文本框中输入数值 30。

5）单击窗口中的（确定）按钮，完成圆角 1 特征的定义。

第 8 步：创建图 6-145 所示的零件特征（抽壳 1）。

1）选择抽壳命令。单击特征控制面板上的（抽壳）按钮，弹出抽壳窗口。

2）定义抽壳厚度。在参数(P)区域的（厚度）右边文本框中输入厚度数值 10。

3）指定要移除的面。选取图 6-146 所示的 5 个模型表面为要移除的面。

4）单击窗口中的（确定）按钮，完成抽壳特征的创建。

第 9 步：创建图 6-147 所示的特征（沉头孔 1）。

1）选择异形向导孔命令。单击特征控制面板上的（异形向导孔）按钮，弹出“孔规格”窗口。

2）定义孔的参数。在“孔规格”窗口类型菜单项中，选择“类型”为（柱形沉头孔），拖动右边滚动条向下移动，分别选定“标准”为GB、“类型”为Hex head bolts GB/T5782-2000、“大小”为M8、“配合”为正常，在（通孔直径）右边的文本框中输入 9，在（柱形沉头孔直径）右边的文本框中输入 18，在（柱形沉头孔深度）右侧的文本框中输入 3，“终止条件”选完全贯穿，其余默认。

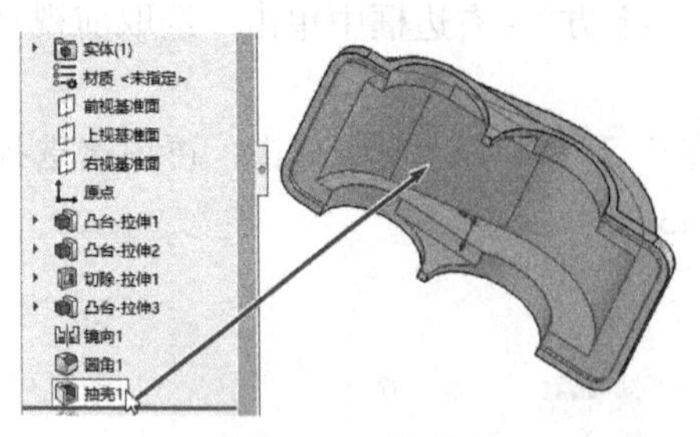

图 6-145　抽壳 1

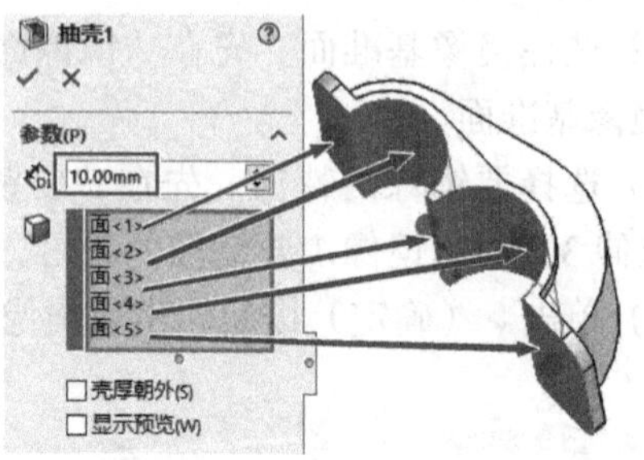

图 6-146　抽壳 1 窗口

3）定义孔的位置。在“孔规格”窗口中单击位置菜单项，弹出孔位置窗口。在绘图区单击下方长方体的上表面作为孔的放置面；单击（正视于）按钮；在草图工具栏中单击（智能尺寸），建立图 6-148 所示的尺寸。

4）单击“孔规格”窗口上的（确定）按钮，完成异形向导孔的创建。

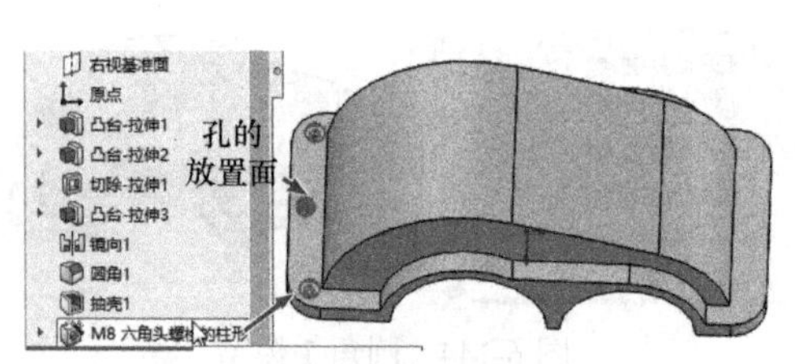

图 6-147　柱形沉头孔 1

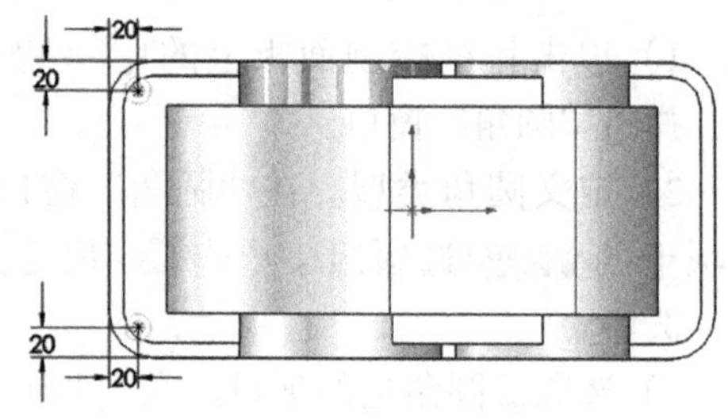

图 6-148　建立尺寸

第 10 步：创建图 6-149 所示的特征（镜像 2）。

1）单击特征控制面板上的镜向按钮，弹出“镜像”窗口。

2）选择镜像基准面。先在“镜像面/基准面”下方右边框中单击，选取右视基准面作为镜像基准面。

3）选择要镜像的特征。先在“要镜像的特征”下方右边框中单击，再单击选择“M8 六角头螺栓的柱形沉头孔 1”作为要镜像的项目。

4）单击（确定）按钮，生成镜像特征。

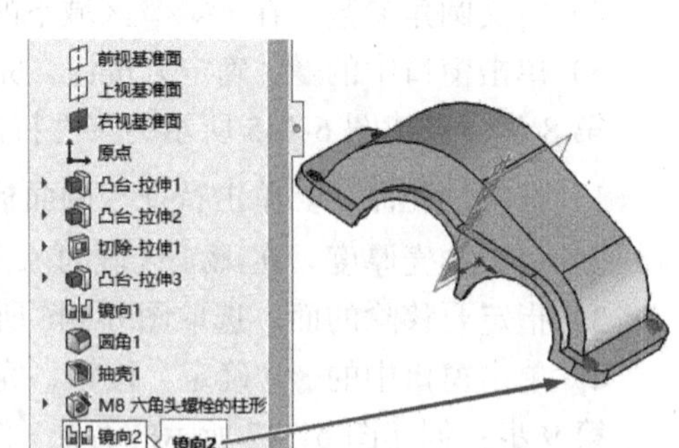

图 6-149　镜像 2 特征

第 11 步：创建图 6-150 所示的零件特征（筋 1）。

1）单击前视基准面作为筋的草图基准面，单击草图，单击（草图绘制），单击（正视于）按钮。

2）绘制图 6-151 所示截面的草图。草图不需要封闭，两端必须与面接触（只需要一条

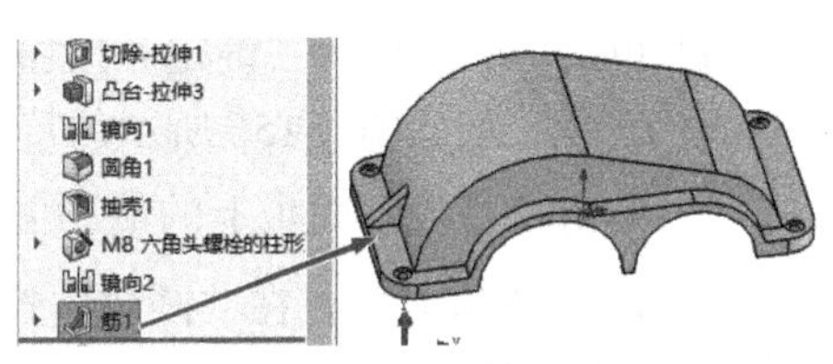

图 6-150 筋 1

斜线)，建立尺寸和几何约束，并修改为目标尺寸。单击 (退出草图) 按钮，退出草图绘制环境。

3) 单击草图 (草图 5)；单击特征控制面板上的 (筋特征) 按钮，弹出“筋”窗口。定义筋特征的参数。在“筋”窗口的**参数(P)**区域中单击 (两侧) 按钮，在 (筋厚度) 文本框输入筋厚度值 12。在**拉伸方向**下单击 (平行于草图) 按钮，采用系统默认的生成方向。勾选**反转材料边(F)**复选框 (若默认状态是选中，则单击取消)，如图 6-152 所示。

4) 单击窗口中的 (确定) 按钮，完成筋 1 特征的创建。

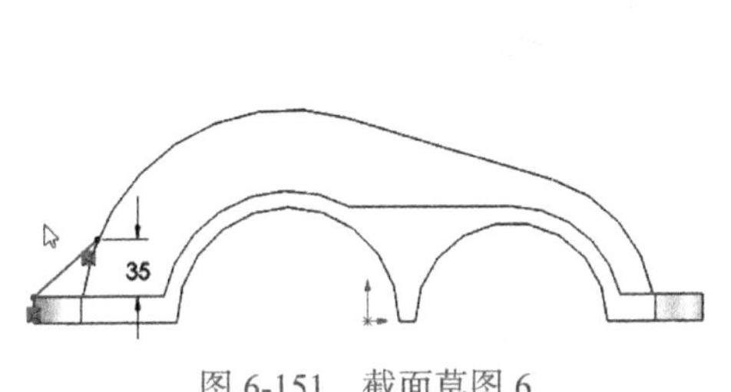

图 6-151 截面草图 6

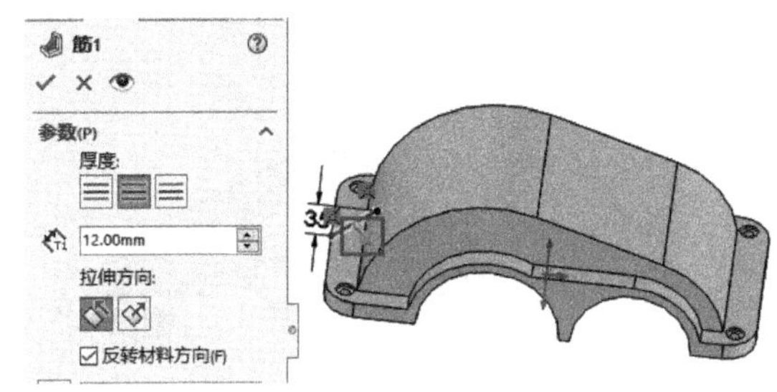

图 6-152 “筋 1”窗口

第 12 步：创建图 6-153 所示的零件特征 (筋 2)。

1) 选择草图基准面，进入草图界面。单击前视基准面作为筋的草图基准面，单击草图，单击 (草图绘制)，换成草图绘制界面，单击 (正视于) 按钮。

2) 绘制图 6-154 所示截面的草图。草图不需要封闭，两端必须与面接触 (只需要一条斜线)，建立尺寸和几何约束，并修改为目标尺寸。单击 (退出草图) 按钮，退出草图绘制环境。

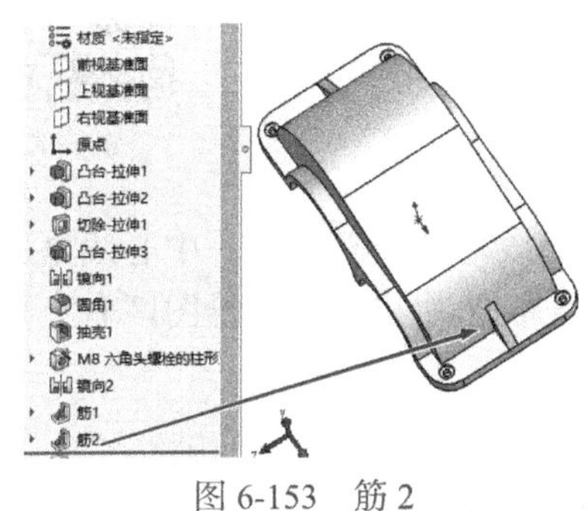

图 6-153 筋 2

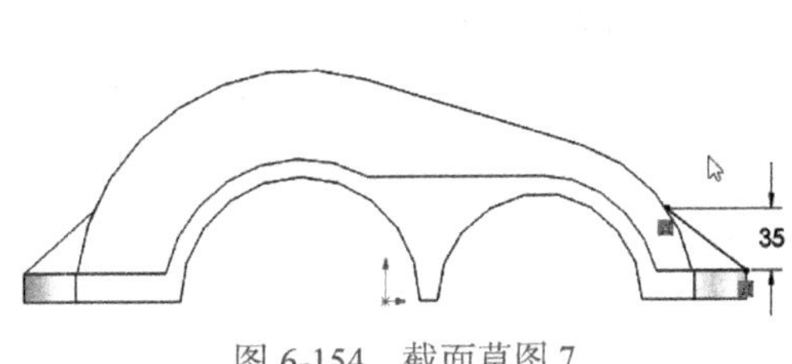

图 6-154 截面草图 7

3) 单击草图 (草图 3)；单击特征控制面板上的 (筋特征) 按钮，弹出“筋”窗口。定义筋特征的参数。在“筋”窗口的**参数(P)**区域中单击 (两侧) 按钮，在 (筋厚度) 文本框输入筋厚度值 12。在**拉伸方向**下单击 (平行于草图) 按钮，采用系统默认的生成方向。不要选中**反转材料边(F**复选框 (若默认状态是选中，则单击取消)，如图 6-155 所示。

4）单击窗口中的✓（确定）按钮，完成筋 2 特征的创建。

第 13 步：创建图 6-156 所示的特征（圆角 2）。

1）单击特征控制面板上的（圆角）按钮，弹出“圆角”窗口。

2）定义圆角类型。在“圆角”窗口的手工选项卡的圆角类型(Y)选项组中单击（恒定大小圆角）选项。

3）选取要圆角化的项目。在“要圆角化的项目”下方右边框中单击，选取图 6-145 所示的两条边线为要圆角的项目。

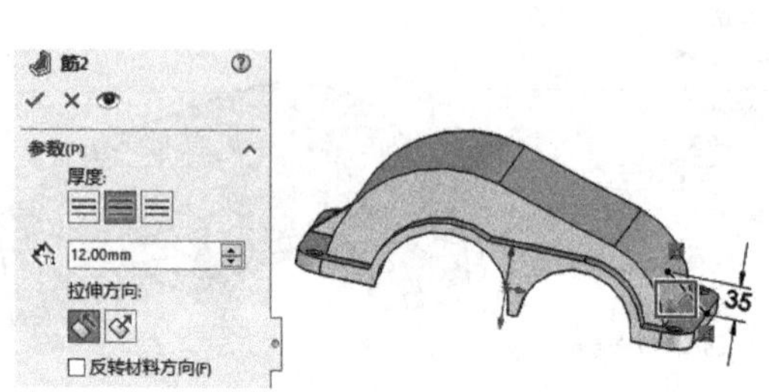

图 6-155 “筋 2”窗口

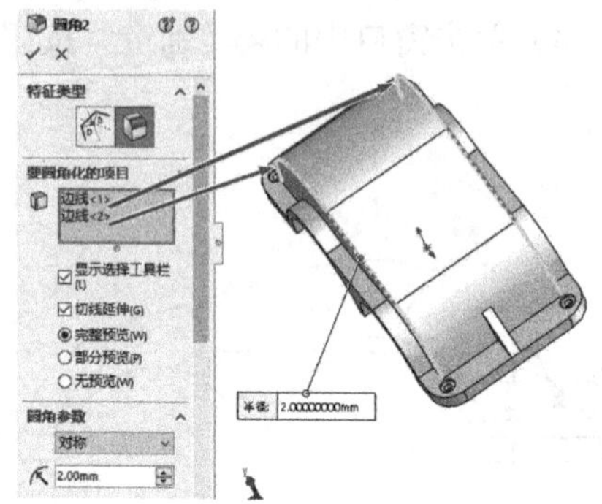

图 6-156 圆角 2

4）定义圆角参数。在圆角参数区域下的文本框中输入数值 2。

5）单击窗口中的✓（确定）按钮，完成圆角 2 特征的定义。

第 14 步：零件模型创建完毕，保存文件。

6.7 拨叉的三维建模

拨叉零件图如图 6-157 所示，模型图如图 6-158 所示，下面介绍其建模过程。

实例 6-7

第 1 步：新建“模型”文件，文件名称为“6.7 拨叉”。

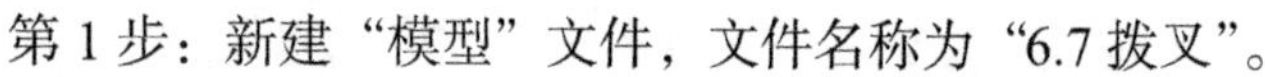

第 2 步：创建图 6-159 所示的零件基础特征（旋转 1）。

1）单击右视基准面，单击草图，单击（草图绘制）。

2）绘制如图 6-160 所示的横断面草图，包含一条中心线与一个长方形，中心线是通过坐标原点的水平线，长方形最右边那条竖直线与坐标原点距离为 15。单击绘图区右上角的（确定）按钮退出草图。

3）单击菜单“视图”→“隐藏 / 显示”→“临时轴”，则显示系统所生成的轴。

4）单击草图 1。单击特征控制面板上的（旋转凸台 / 基体）按钮，弹出“旋转”窗口，定义旋转参数。在“旋转”窗口中单击（旋转轴）右边框，在绘图区中单击水平中心线作为旋转轴线。此例中只有一条中心线，系统默认作为旋转轴，可以不修改。旋转方向、旋转角度等均取系统默认项，可以不修改，如图 6-161 所示。

5）单击“旋转”窗口上的✓（确定）按钮，完成旋转 1 的创建。

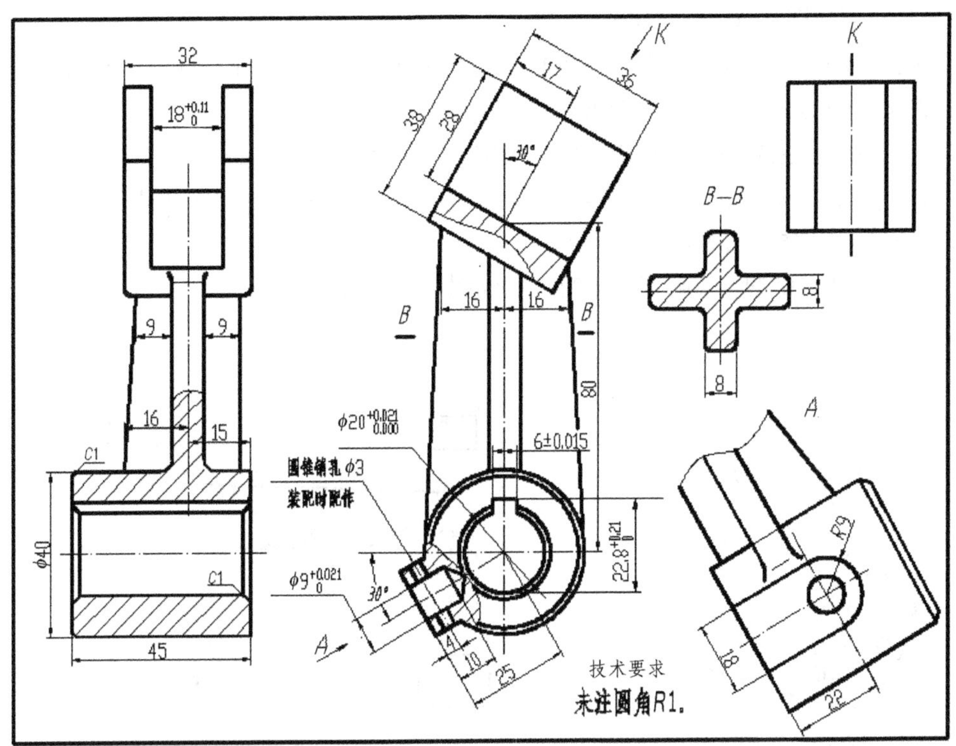

图 6-157 拨叉零件图

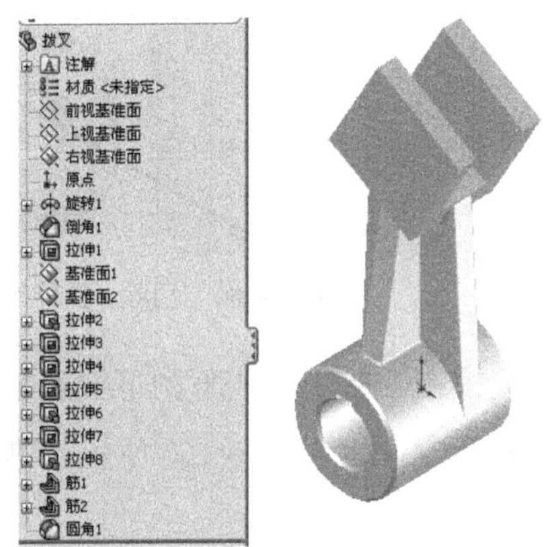

图 6-158 拨叉设计树及模型图

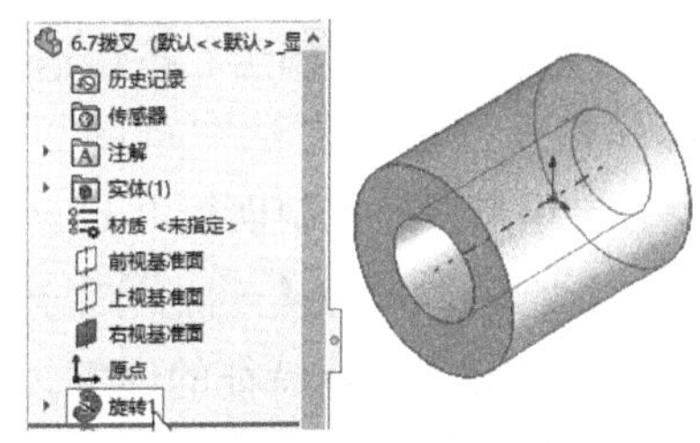

图 6-159 旋转 1

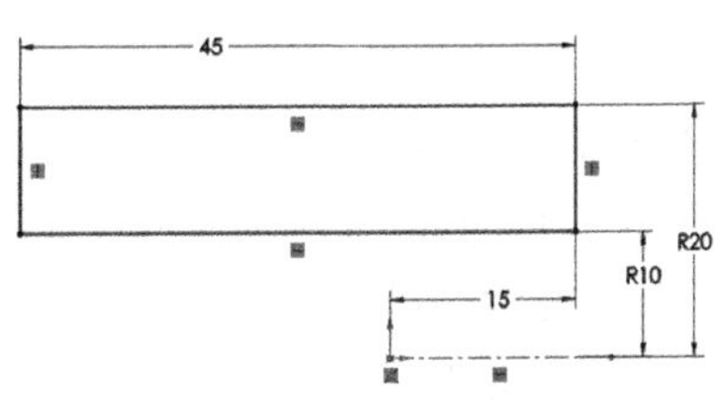

图 6-160 旋转 1 横断面草图 1

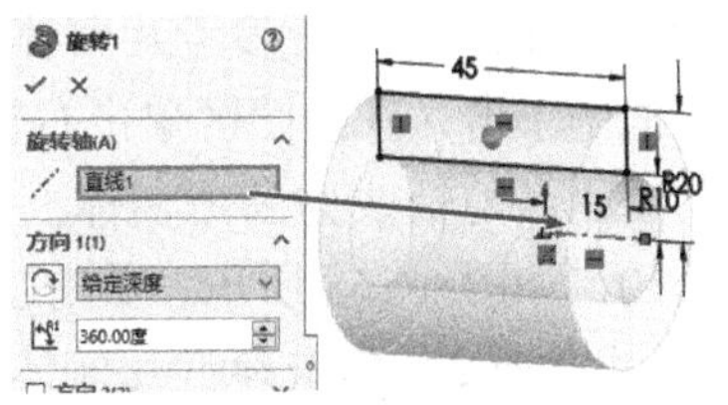

图 6-161 旋转 1 窗口

第 3 步：创建图 6-162 所示模型。

1）选择“倒角”命令，单击特征控制面板上的（倒角）按钮，弹出“倒角”窗口。

2）选定倒角类型。单击（角度距离）选项。

3）选定要倒角化的项目。在绘图区单击图 6-163 所示的面和边线为要倒角的项目。

4）定义倒角参数。在窗口 倒角参数(C) 下（距离）文本框中输入数值 1，在（角度）文本框中输入数值 45，如图 6-163 所示。

5）单击对话框中的（确定）按钮，完成倒角特征的定义。

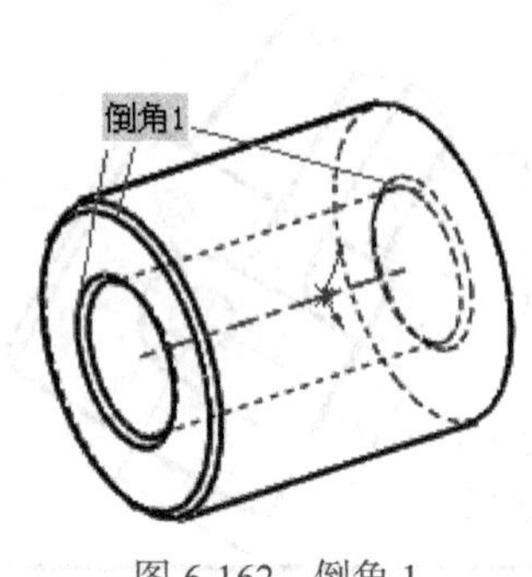

图 6-162　倒角 1

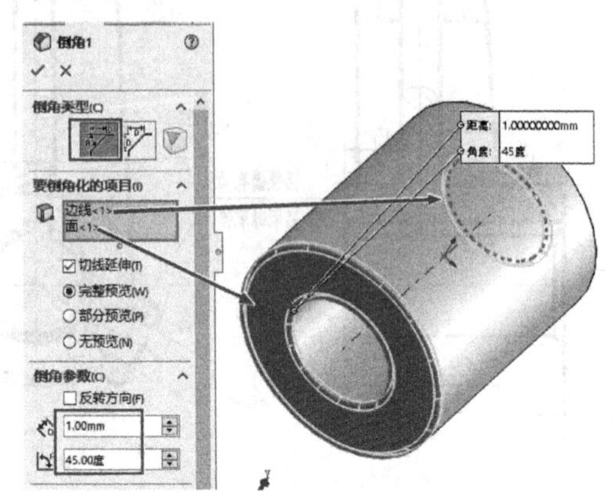

图 6-163　“倒角 1”窗口

第 4 步：创建图 6-164 所示的特征（切除 - 拉伸 1）。

1）单击前视基准面作为基准面，单击 草图，单击（草图绘制），单击（正视于）按钮。

2）绘制如图 6-165 所示的横断面草图。建议绘制中心线，用对称约束关系。最下方那条线没有完全约束。单击绘图区右上角的（确定）按钮退出草图。

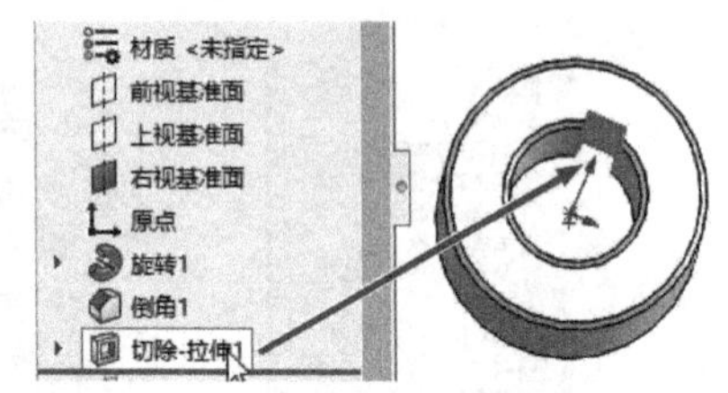

图 6-164　切除 - 拉伸 1

3）切除槽孔。单击左边“草图 2”，单击左上方 特征 选项，再单击特征控制面板上的（拉伸切除）按钮，在 方向 1(1) 下的下拉列表中选择 完全贯穿。勾选 ☑ 方向 2(2)，选取 完全贯穿，其余取默认值，如图 6-166 所示。单击窗口上的（确定）按钮，完成特征的创建。

第 5 步：创建基准面，如图 6-167 所示。

1）让右视基准面显示在绘图区。单击右视基准面，单击（显示）。

2）单击菜单“视图”→“隐藏 / 显示”→“临时轴”，则显示系统所生成的轴。

3）创建基准面 1。单击参考几何体里的 基准面（基准面）按钮，弹出基准面窗口；在 第一参考 下框中单击，在绘图区单击右视基准面为参考实体；在 第二参考 下框中单击；在绘图区单击过坐标原点的轴线为参考实体，窗口上增加了项目；在（两面夹角）右边框中单击，输入值 30，如图 6-168 所示。单击（确定）按钮，完成基准面 1 的创建。

4）创建基准面 2。单击参考几何体里的 基准面（基准面）按钮，弹出基准面窗口；在 第一参考 下框中单击；在绘图区单击基准面 1 为参考实体，窗口上增加了项目；在（偏移距离）右边框中单击，输入值 25；勾选 ☑反转等距 项改变偏移的方向，如图 6-169 所示。单击✔（确定）按钮，完成基准面 2 的创建。

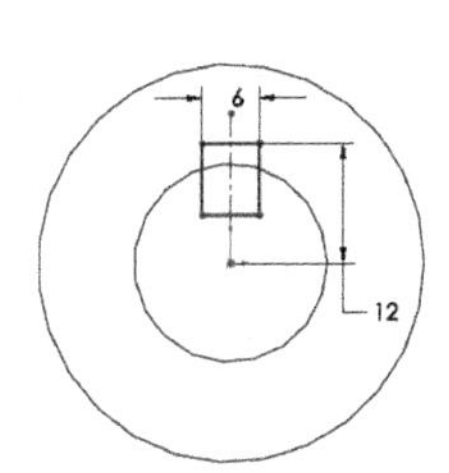

图 6-165 横断面草图 2

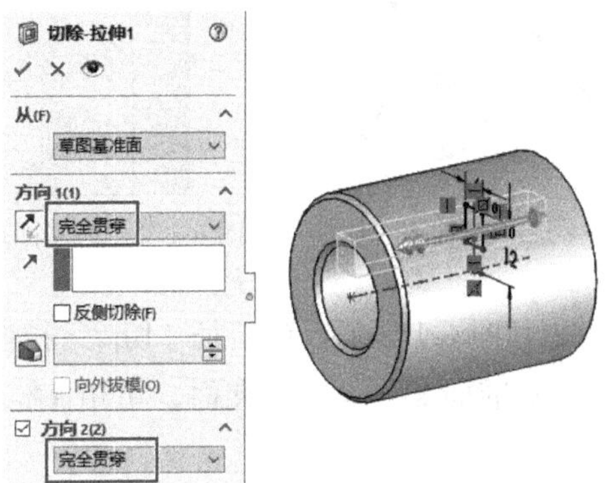

图 6-166 “切除 - 拉伸 1”窗口

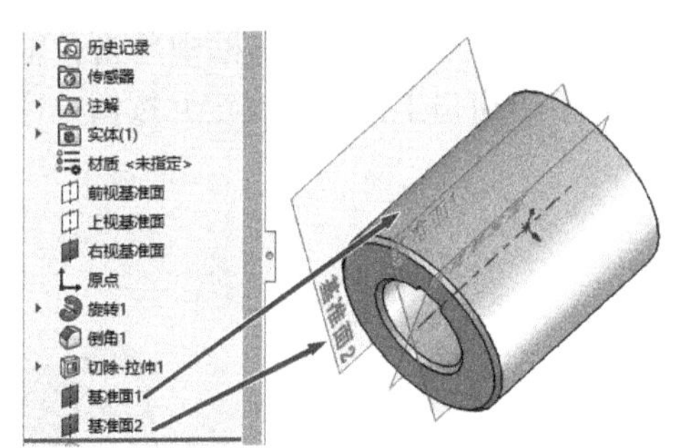

图 6-167 基准面

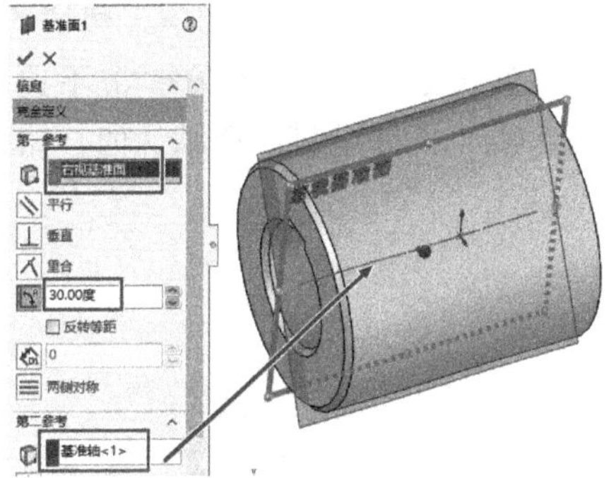

图 6-168 基准面 1

5）让右视基准面不显示在绘图区。单击右视基准面，单击（隐藏）所示。

6）单击菜单“视图”→“隐藏 / 显示”→“临时轴”，则不显示系统所生成的轴。

第 6 步：创建图 6-170 所示的基础特征（凸台 - 拉伸 1）。

1）单击“基准面 2”作为草图基准面，单击 草图，单击（草图绘制），单击（正视于）按钮。

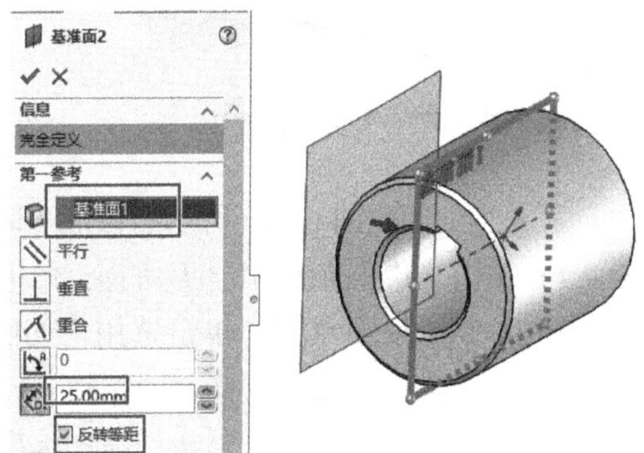

图 6-169 基准面 2

2）绘制如图 6-171 所示的横断面草图。该草图为封闭图形，中心线与坐标原点在一条线上。

3）单击绘图区右上角的（确定）按钮退出草图。

4）拉伸 2D 草图生成 3D 柱。单击左边“草图 3”，单击左上方 特征 选项；单击特征控制面板上的（拉伸凸台 / 基体）按钮；在 方向 1(1) 下选择 成形到下一面，其余取默认值不做修改，如图 6-172 所示。单击“拉伸”窗口上的✔（确定）按钮，完成特征的创建。

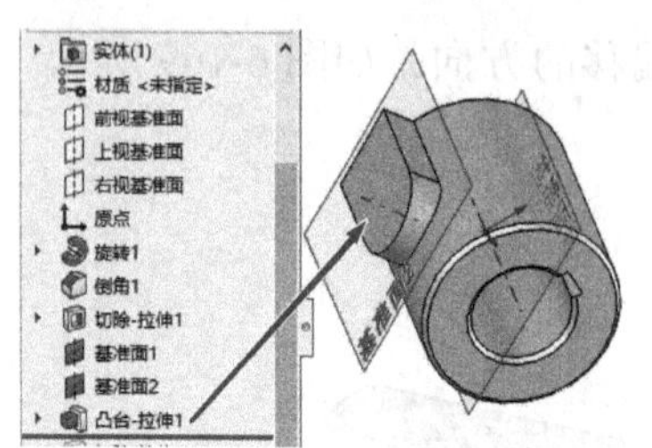

图 6-170　凸台 - 拉伸 1

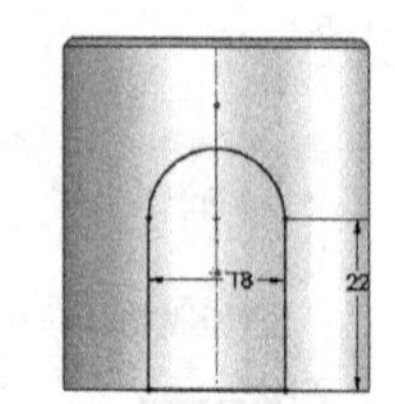

图 6-171　横断面草图 3

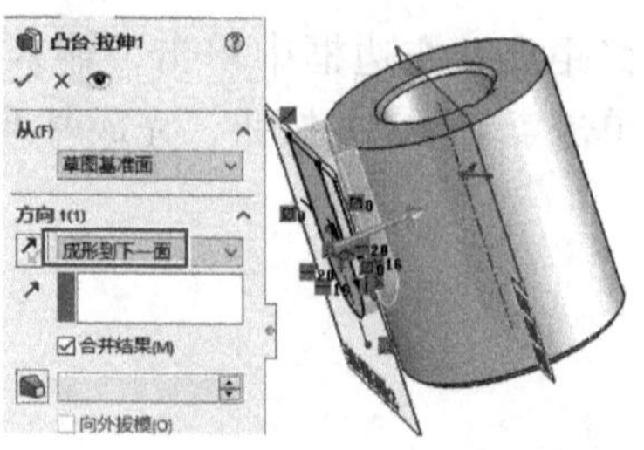

图 6-172　“凸台 - 拉伸 1”窗口

第 7 步：创建图 6-173 所示的特征（切除 - 拉伸 2）。

1）单击“基准面 2”作为基准面，单击草图，单击（草图绘制），单击（正视于）按钮。

2）绘制如图 6-174 所示的横断面草图。圆与“凸台 - 拉伸 1”的半圆同心。单击绘图区右上角的（确定）按钮退出草图。

3）切除圆柱孔。单击左边“草图 4”，单击左上方特征选项；再单击特征控制面板上的（拉伸切除）按钮；在方向 1(1) 下选择给定深度，在方向 1(1) 下右边文本框中单击，输入 10，单击（反向），其余取默认值，如图 6-175 所示。单击窗口上的（确定）按钮，完成特征的创建。

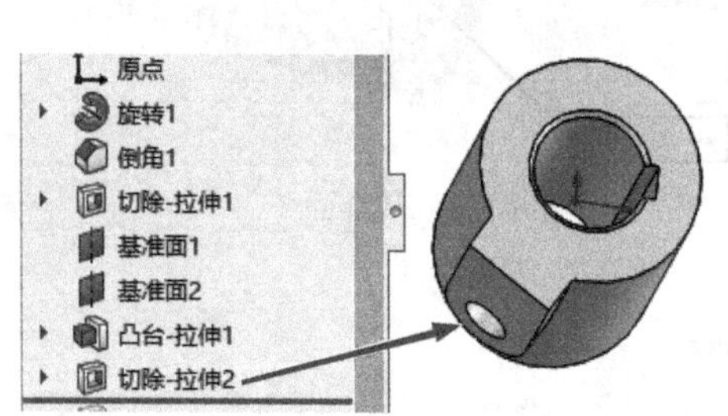

图 6-173　切除 - 拉伸 2

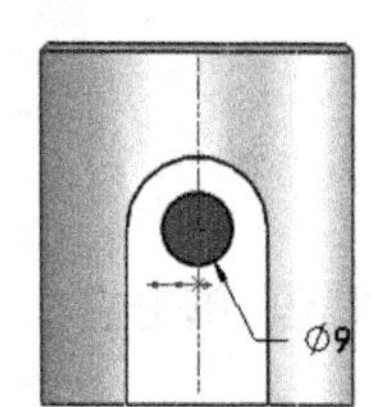

图 6-174　横断面草图 4

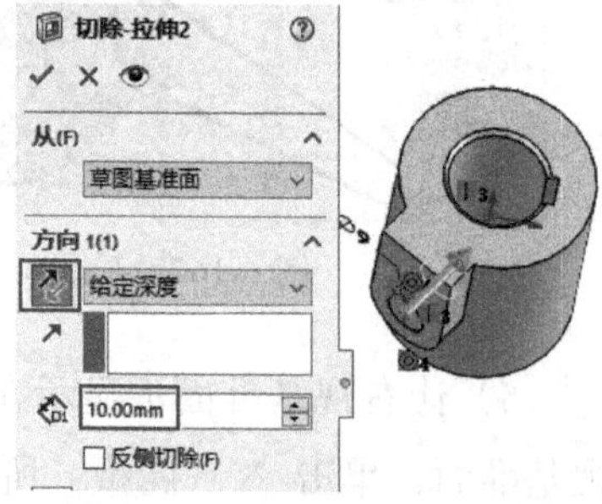

图 6-175　“切除 - 拉伸 2”窗口

第 8 步：创建图 6-176 所示的特征（切除 - 拉伸 3）。

1）单击“基准面 2”作为基准面，单击草图，单击（草图绘制），单击（正视于）按钮。

2）绘制横断面草图。单击选用“切除 - 拉伸 2”的圆，再单击“转换实体引用”工具得到草图（与切除 - 拉伸 2 的草图相同）。单击绘图区右上角的（确定）按钮退出草图。

3）切除圆锥孔。单击左边“草图 5”，单击左上方特征选项；再单击特征控制面板上的（拉伸切除）按钮；在方向 1(1) 下从(F)下方选择等距，在下方右边文本框中输入距离 10；单击（反向）；单击，在右方文本框中输入角度 60；如图 6-177 所示。单击窗口上的（确定）按钮，完成特征的创建。

第 9 步：创建图 6-178 所示的特征（切除 - 拉伸 4）。

1）单击“凸台 - 拉伸 1”的上表面作为基准面，单击草图，单击（草图绘制），单击（正视于）按钮。

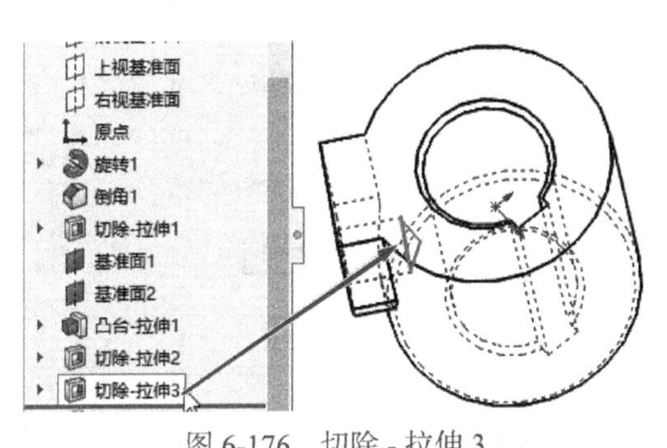

图 6-176　切除 - 拉伸 3

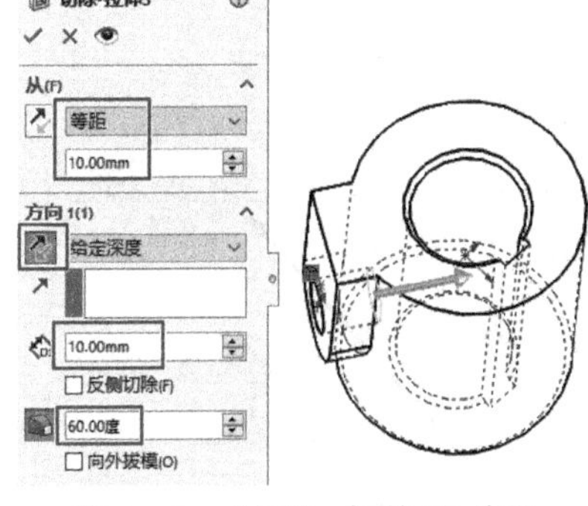

图 6-177　“切除 - 拉伸 3”窗口

2）绘制如图 6-179 所示的横断面草图，圆的圆心在凸台 - 拉伸 1 半圆的轴线上，单击绘图区右上角的（确定）按钮退出草图。

3）切除圆柱孔。单击左边“草图 6”，单击左上方 特征 选项；再单击特征控制面板上的（拉伸切除）按钮；在 方向 1(1) 下选择 完全贯穿，单击（反向），其余取默认值，单击窗口上的（确定）按钮，完成特征的创建。

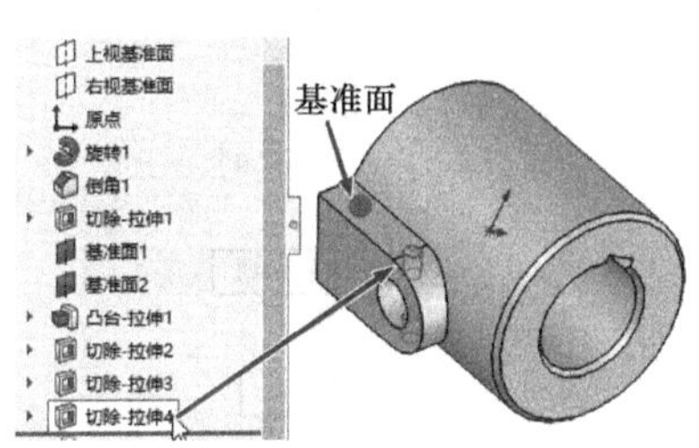

图 6-178　切除 - 拉伸 4

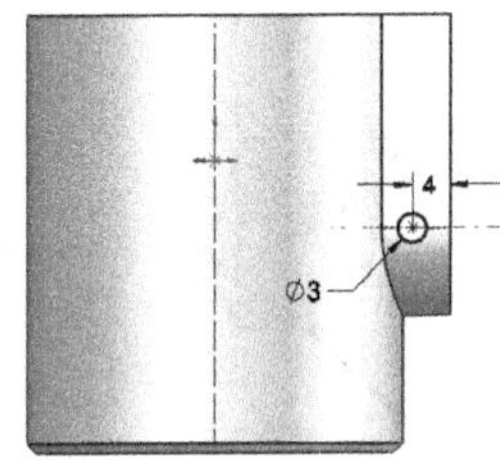

图 6-179　横断面草图 6

第 10 步：创建图 6-180 所示的基础特征（凸台 - 拉伸 2）。

1）单击前视基准面作为草图基准面，单击 草图，单击（草图绘制），单击（正视于）按钮。

2）绘制如图 6-181 所示的横断面草图。绘制竖直中心线；绘制矩形，可用 3 点边角矩形 命令；定义尺寸。

3）单击绘图区右上角的（确定）按钮退出草图。

4）拉伸 2D 草图生成 3D 柱。单击左边“草图 7”，单击左上方 特征 选项；单击特征控制面板上的（拉伸凸台 / 基体）按钮；在 方向 1(1) 下选择 两侧对称；将（深度）设定为 32，其余取默认值不做修改；如图 6-182 所示。单击“拉伸”窗口上的（确定）按钮，完成特征的创建。

第 11 步：创建图 6-183 所示的特征（切除 - 拉伸 5）。

1）单击“凸台 - 拉伸 2”上表面作为基准面，单击 草图，单击（草图绘制），单击（正视于）按钮。

2）绘制如图 6-184 所示的横断面草图。绘制矩形，没有完全定义。单击绘图区右上角的（确定）按钮退出草图。

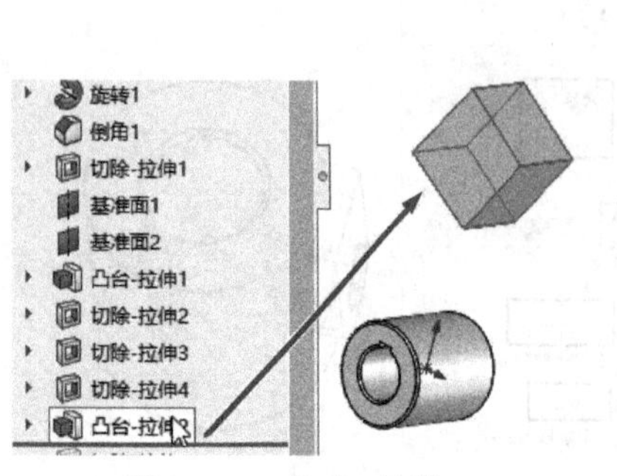

图 6-180　凸台 - 拉伸 2

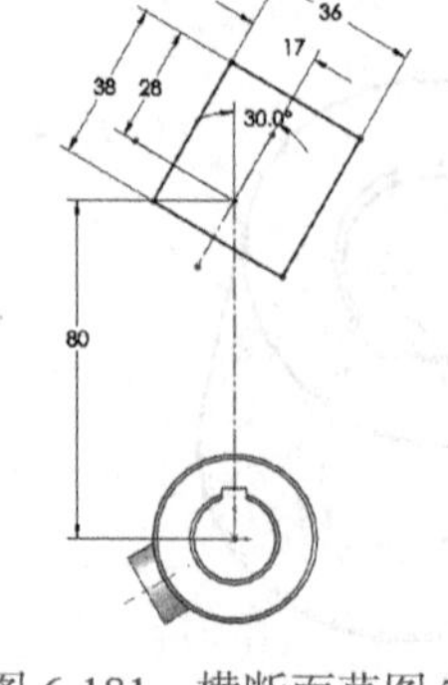

图 6-181　横断面草图 7

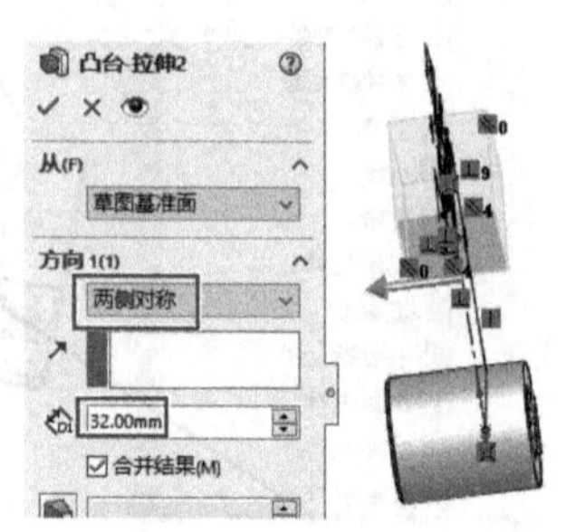

图 6-182　“凸台 - 拉伸 2”窗口

3）切除槽。单击左边“草图 8”，单击左上方 特征 选项；再单击特征控制面板上的 （拉伸切除）按钮；在方向 1(1) 下选择给定深度，在方向 1(1) 下 右边文本框中单击，输入 28，单击 （反向），其余取默认值，如图 6-185 所示。单击窗口上的 （确定）按钮，完成特征的创建。

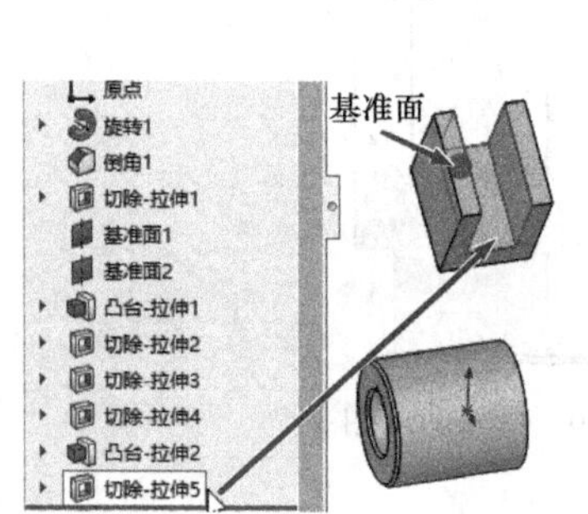

图 6-183　切除 - 拉伸 5

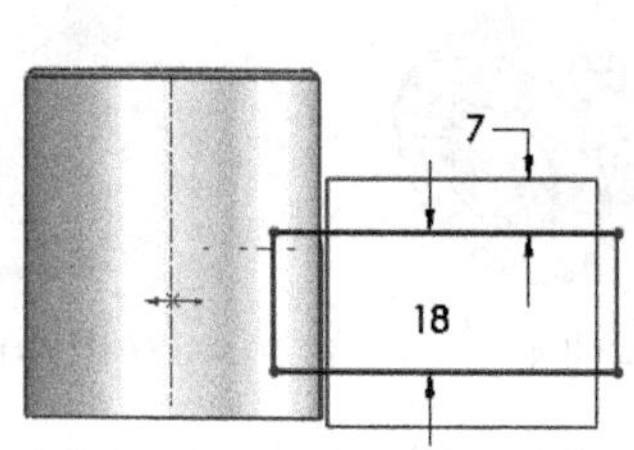

图 6-184　横断面草图 8

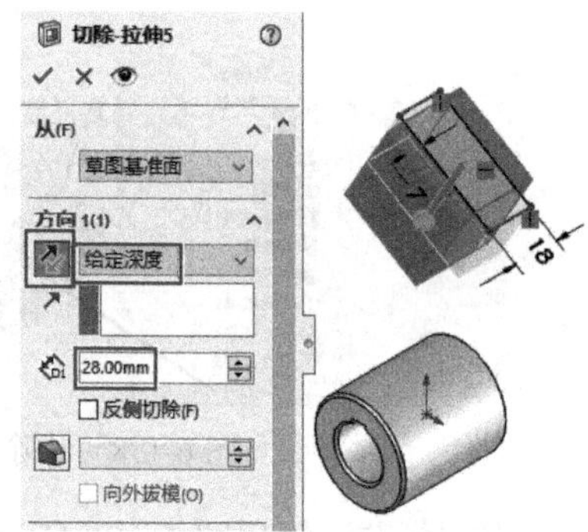

图 6-185　“切除 - 拉伸 5”窗口

第 12 步：创建图 6-186 所示的基础特征（凸台 - 拉伸 3）。

1）单击右视基准面作为草图基准面，单击 草图，单击 （草图绘制），单击 （正视于）按钮。

2）绘制如图 6-187 所示的横断面草图。封闭图形，上下部分可用“实体转换引用”工具绘制。

3）单击绘图区右上角的 （确定）按钮退出草图。

4）拉伸 2D 草图生成 3D 柱。单击左边“草图 9”，单击左上方 特征 选项；单击特征控制面板上的 （拉伸凸台 / 基体）按钮；在方向 1(1) 下选择两侧对称，在方向 1(1) 下 右边文本框中单击，输入 8，其余取默认值不做修改，如图 6-188 所示。单击“拉伸”窗口上的 （确定）按钮，完成特征的创建。

第 13 步：创建图 6-189 所示的零件特征（筋 1）。

1）单击右视基准面作为筋的草图基准面，单击 草图 换成草图按钮，单击 （草图绘制），单击 （正视于）按钮。

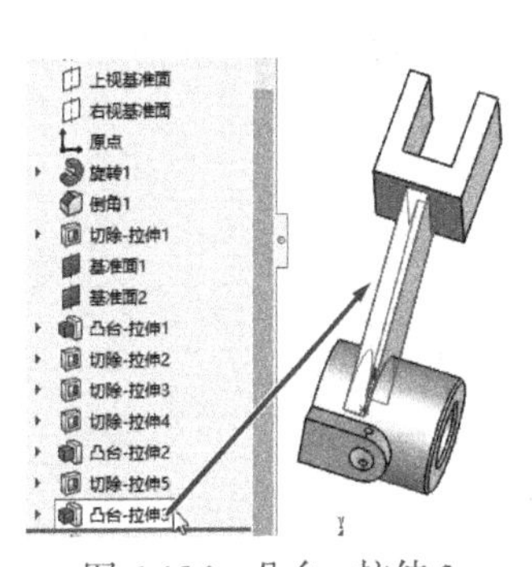

图 6-186 凸台 - 拉伸 3

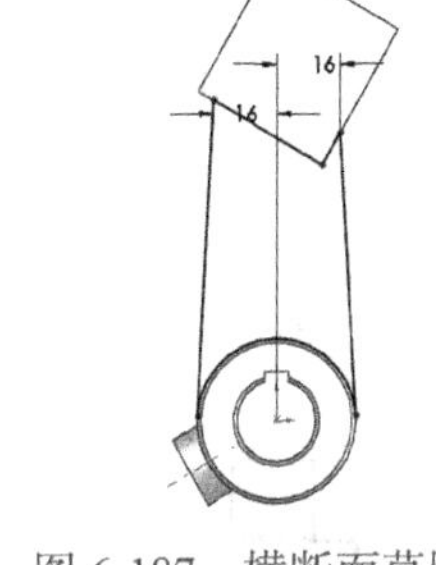

图 6-187 横断面草图 9

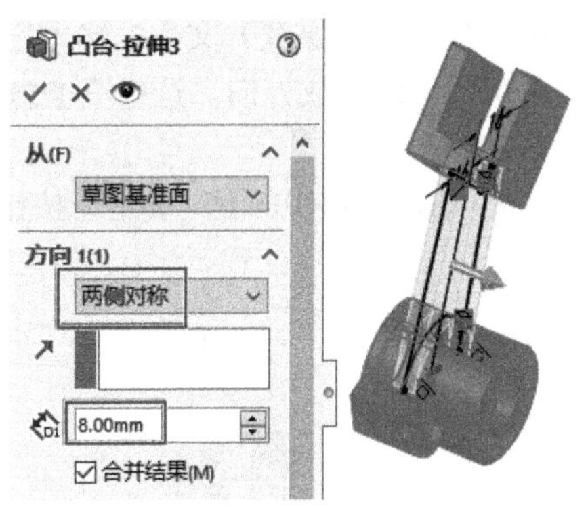

图 6-188 “凸台 - 拉伸 3”窗口

2）绘制图 6-190 所示截面的草图。草图不需要封闭，两端必须与面接触（只需要一条线），建立尺寸和几何约束。单击（退出草图）按钮，退出草图绘制环境。

3）单击草图（草图 10）；单击特征控制面板上的（筋特征）按钮，弹出“筋”窗口。在“筋”窗口的参数(P)区域中单击（两侧）按钮，在（筋厚度）文本框输入筋厚度值 8。在拉伸方向下单击（平行于草图）按钮，采用系统默认的生成方向。不要选中反转材料边(F复选框（若默认状态是选中，则单击取消），如图 6-191 所示。

4）单击窗口中的（确定）按钮，完成筋 1 特征的创建。

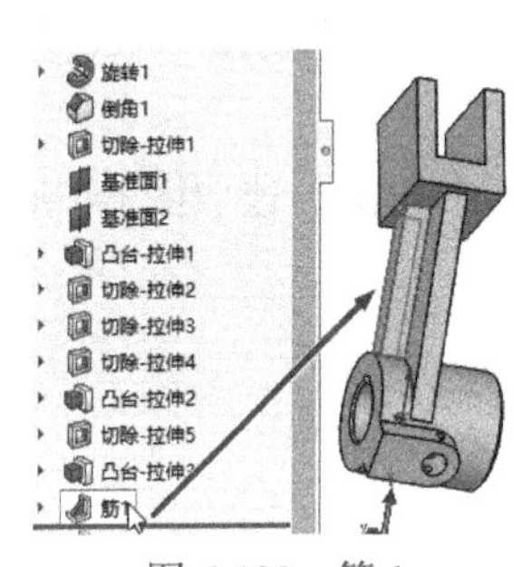

图 6-189 筋 1

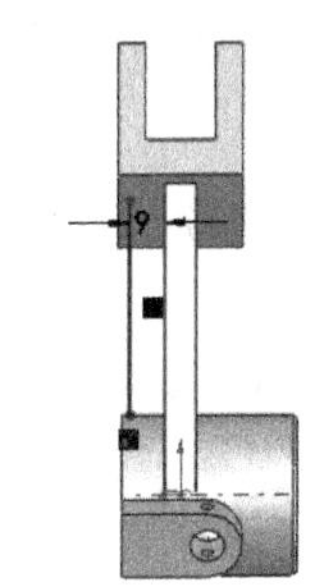

图 6-190 截面草图 10

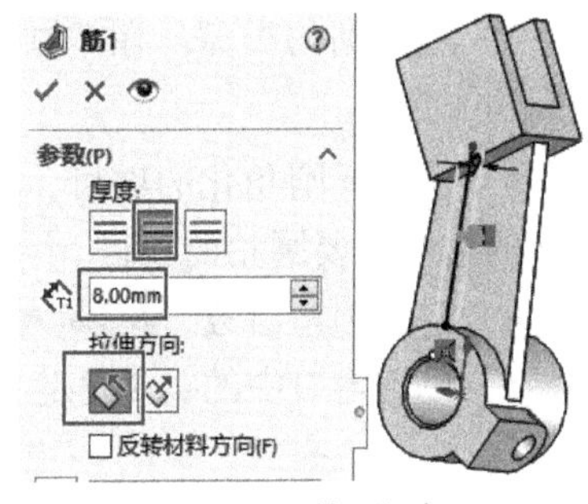

图 6-191 “筋 1”窗口

第 14 步：创建图 6-192 所示的零件特征（筋 2）。

1）单击右视基准面作为筋的草图基准面，单击草图，单击（草图绘制），单击（正视于）按钮。

2）绘制图 6-193 所示截面的草图。草图不需要封闭，两端必须与面接触（只需要一条斜线），建立尺寸和几何约束。单击（退出草图）按钮，退出草图绘制环境。

3）单击草图（草图 11）；单击特征控制面板上的（筋特征）按钮，弹出“筋”窗口。定义筋特征的参数。在“筋”窗口的参数(P)区域中单击（两侧）

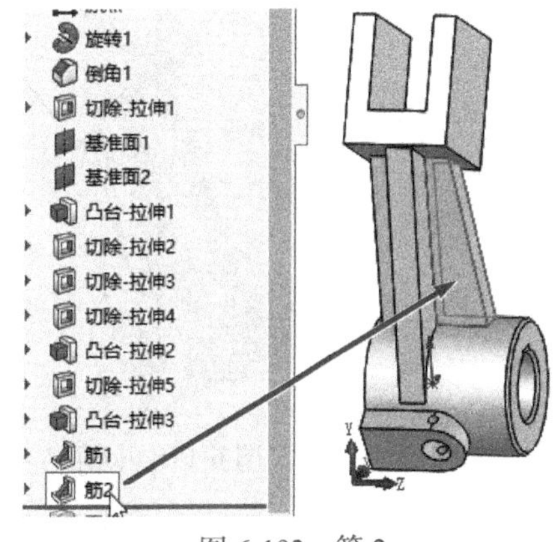

图 6-192 筋 2

按钮，在（筋厚度）文本框输入筋厚度值 8。在拉伸方向下单击（平行于草图）按钮，采用系统默认的生成方向。选中反转材料边(F)复选框（若默认状态是选中，则单击取消），如图 6-194 所示。

4）单击窗口中的（确定）按钮，完成筋 2 特征的创建。

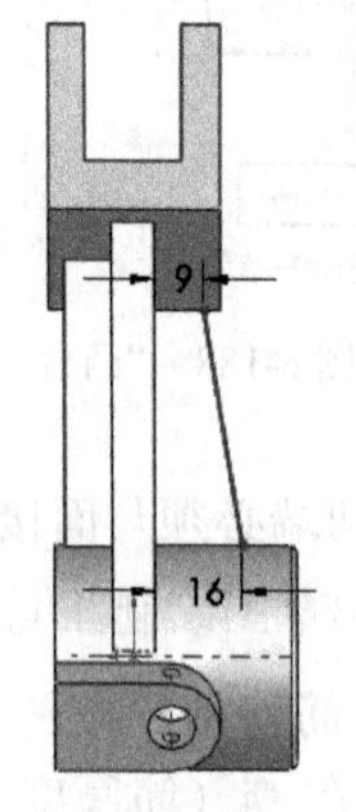

图 6-193　截面草图 11

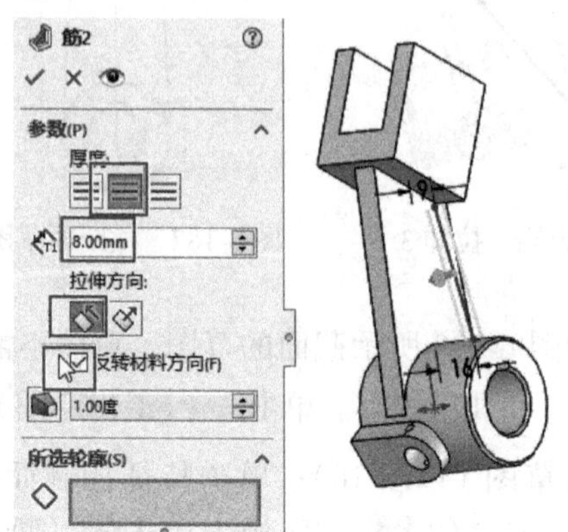

图 6-194　“筋 2”窗口

第 15 步：创建图 6-195 所示的特征（圆角 1）。

1）单击特征控制面板上的（圆角）按钮，弹出“圆角”窗口。

2）定义圆角类型。在“圆角”窗口的手工选项卡的圆角类型(Y)选项组中单击（恒定大小圆角）选项。

3）选取要圆角化的项目。在“要圆角化的项目”下方右边框中单击，选取图 6-196 所示的边线为要圆角的项目。

4）定义圆角参数。在圆角参数区域下的文本框中输入数值 1。

5）单击窗口中的（确定）按钮，完成圆角 1 特征的定义。

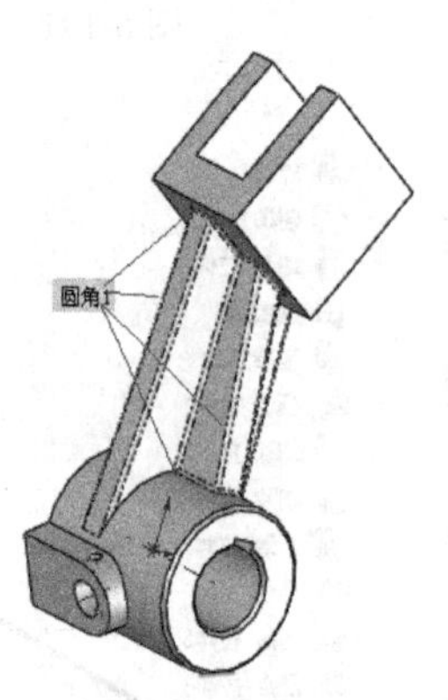

图 6-195　圆角 1

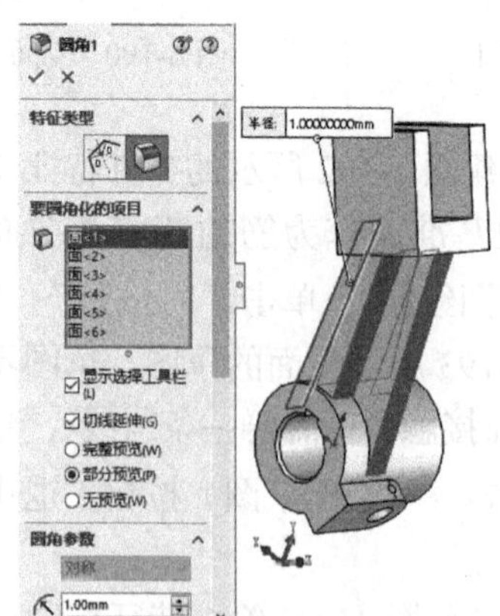

图 6-196　“圆角 1”窗口

第 16 步：零件模型创建完毕，保存文件。

【再现中国风】 试着绘制赵州桥的三维模型，如图 6-197 所示。可以通过网络搜索，了解赵州桥的更多信息。

赵州桥始建于隋代，是世界上现存年代久远、跨度最大、保存最完整的单孔坦弧敞肩石拱桥，其建造工艺独特，桥体饰纹雕刻精细。

图 6-197 赵州桥示意图

项目 7 含有变化截面模型的建模

任务 1　通过用指定路径轨迹的方法建立模型

任务目标：掌握扫描与扫描切除的操作方法。

7.1　扫描特征与扫描建模实例

7.1.1　扫描特征的操作步骤

扫描特征是指草图轮廓沿一条草图路径移动生成一个增加的特征，如图 7-1 所示。在扫描过程中，还可设置一条或多条引导线，最终可生成实体或薄壁特征，如图 7-2 所示。扫描切除是指草图轮廓沿一条草图路径移动生成一个去掉的特征，如图 7-3 所示。下面介绍其创建方法。

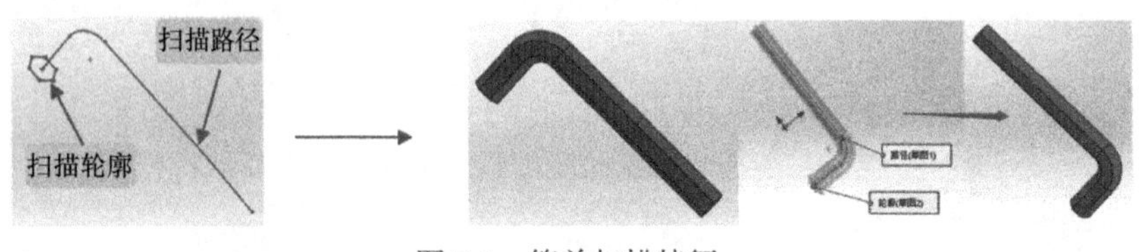

图 7-1　简单扫描特征

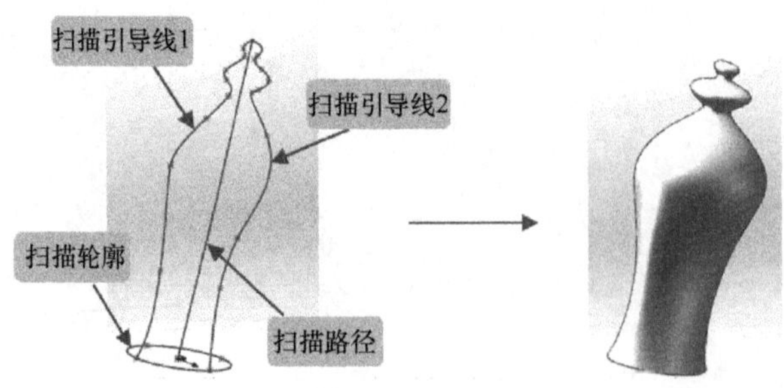

图 7-2　引导线扫描特征

操作步骤：

第 1 步：在不同的基准面上，分别绘制轮廓草图和绘制路径草图。

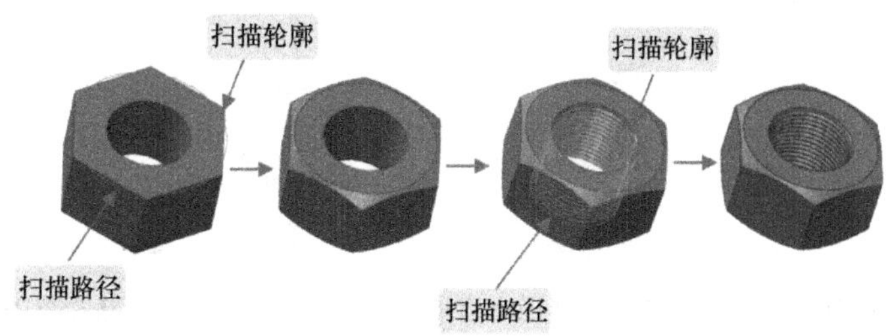

图 7-3 “扫描切除”特征

第 2 步：单击特征控制面板上的（扫描）按钮，或选择菜单“插入”→“凸台 / 基体”→“扫描”，弹出“扫描”窗口，如图 7-4 所示。

第 3 步：选择轮廓草图。先在轮廓和路径(P)下单击◉草图轮廓单选项，在（扫描轮廓）右边文本框中单击，再在设计树（或绘图区）选中轮廓草图。

第 4 步：选择扫描路径草图。在（扫描路径）右边文本框中单击，再在设计树（或绘图区）选中路径草图。

第 5 步：选择引导线。可采用系统默认的引导线。

第 6 步：单击（确定）按钮，完成扫描特征的创建。

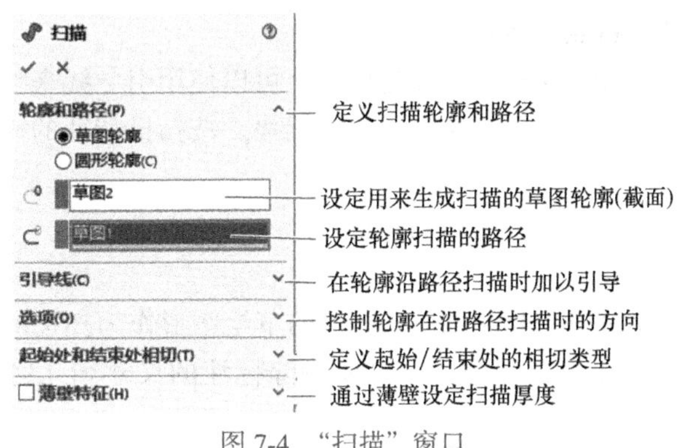

图 7-4 “扫描”窗口

7.1.2 简单扫描特征的特点与实例

如图 7-1 所示，仅仅由扫描轮廓线和扫描路径构成的扫描特征称为简单扫描特征，其特点是每一个与路径垂直的截面尺寸都不发生变化。按扫描特征的操作步骤进行，一般选项取默认值即可。

【实例 7-1】 绘制如图 7-1 所示内六角扳手模型。

实例 7-1

操作步骤：

第 1 步：选中前视基准面作为基准面，进入草绘界面，绘制出如图 7-5 所示的草图，作为扫描的路径曲线，标注相应的尺寸并添加几何约束，竖直线的下端点过坐标原点，退出草图。

第 2 步：选中上视基准面作为基准面，进入草绘界面，绘制一个如图 7-6 所示中心经过坐标原点的正六边形，作为扫描的轮廓，并且设置正六边形内切圆的直径为 8。退出草图，旋转观察，如图 7-7 所示。

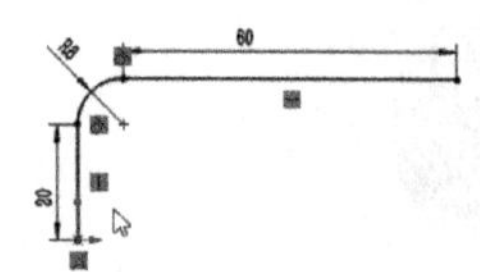

图 7-5 绘制扫描路径草图

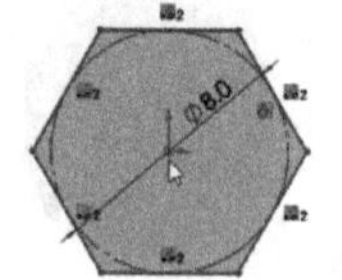
图 7-6 绘制正六边形

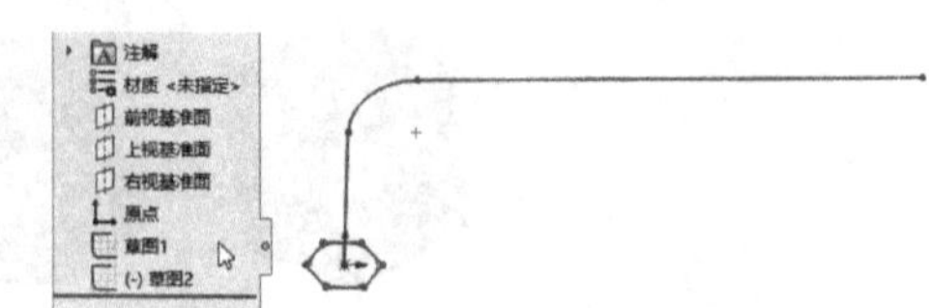

图 7-7 路径草图和轮廓草图

第 3 步：单击特征控制面板上的（扫描）按钮，或选择菜单“插入”→“凸台 / 基体”→“扫描”命令，弹出“扫描”窗口；先在 **轮廓和路径(P)** 下方选择 ◉**草图轮廓**，在（扫描轮廓）右边文本框中单击，再在设计树（或绘图区）选中轮廓草图（正六边形）；在（扫描路径）右边文本框中单击，再在设计树（或绘图区）选中路径曲线（如图 7-5 所示曲线），如图 7-8 所示；单击（确定）按钮，即可完成内六角扳手模型的绘制，如图 7-1 所示。

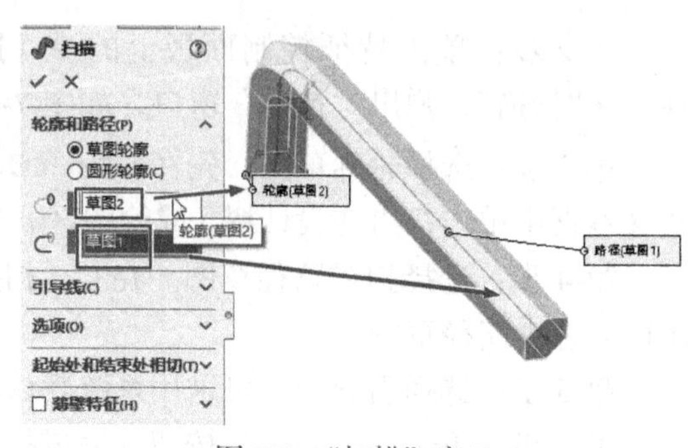

图 7-8 “扫描”窗口

7.1.3 引导线扫描特征的特点与实例

在扫描过程中，当草图的截面形状有变化时，可以使用引导线来控制扫描过程中轮廓的形状，这种扫描称为变截面扫描，又称为引导线扫描。按扫描特征的操作步骤进行，需要设置引导线。

【实例 7-2】 绘制如图 7-2 所示变截面花瓶。

操作步骤：

第 1 步：在上视基准面中绘制如图 7-9 所示的草绘图形作为扫描的轮廓曲线。注意此处先标注尺寸和添加约束确定草图大小后，又要删除标注的尺寸和几何约束关系。退出草图界面。

实例 7-2

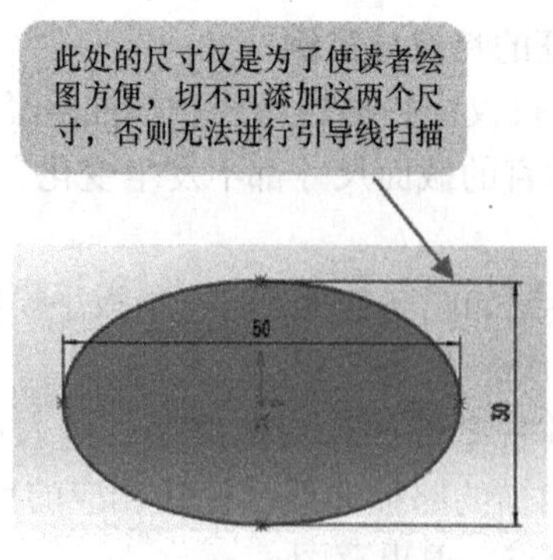

图 7-9 绘制轮廓曲线

第 2 步：在前视基准面中绘制如图 7-10 所示的草图作为扫描路径，图形是过坐标原点的垂直直线，并添加相应的尺寸和约束关系。退出草图界面。

第 3 步：在前视基准面中绘制如图 7-11 所示的草图作为第一条引导线。用样条曲线命令绘制。引导线必须与扫描轮廓线相交于一点。退出草图界面。

第 4 步：在右视基准面中绘制如图 7-12 所示的草绘图形，作为第二条引导线。引导线必须与扫描轮廓线相交于一点。退出草图界面，如图 7-13 所示。

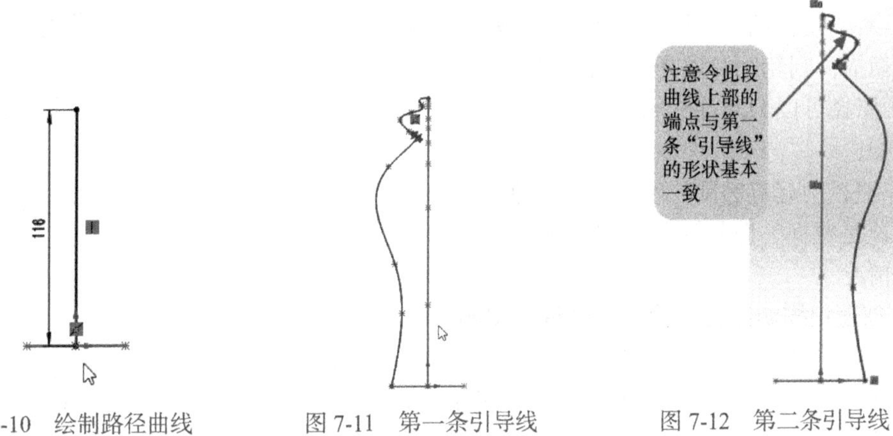

图 7-10　绘制路径曲线　　图 7-11　第一条引导线　　图 7-12　第二条引导线

说明：在进行引导线扫描时要注意，引导线必须与扫描轮廓线相交于一点，并作这引导线的一个顶点，所以最好在引导线和轮廓线间添加相交处的穿透关系。

第 5 步：单击特征控制面板上的（扫描）按钮，或选择菜单“插入”→“凸台 / 基体”→“扫描”，打开“扫描 1”窗口。

第 6 步：先在 **轮廓和路径(P)** 下方选择 ◉**草图轮廓**，在（扫描轮廓）右边文本框中单击，再在设计树（或绘图区）选中草图 1（椭圆）作为扫描轮廓；然后在（扫描路径）右边文本框中单击；选中草图 2（竖线）作为扫描路径，如图 7-14 所示。

第 7 步：单击 **引导线(C)** 打开选项，在“引导线”下方文本框中单击，单击草图 3、草图 4（两条样条曲线）作为扫描引导线，如图 7-14 所示。

第 8 步：单击（确定）按钮，即可完成变截面花瓶实体的绘制。

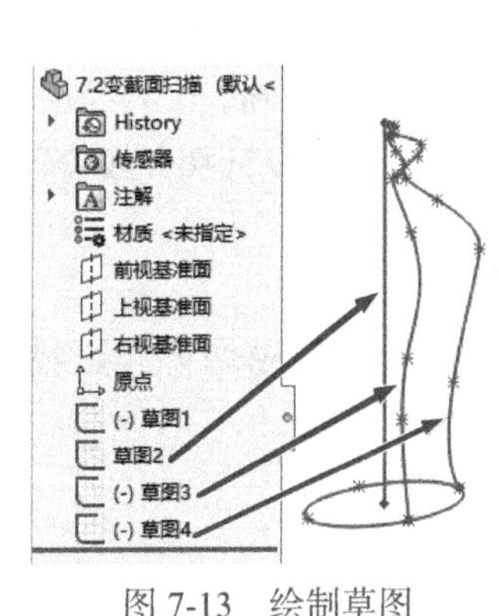

图 7-13　绘制草图

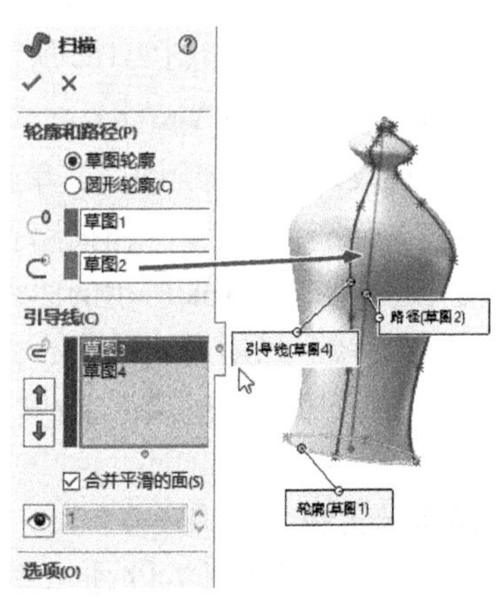

图 7-14　选择扫描窗口

7.1.4 扫描特征参数设置和须遵循的规则

1. 参数设置

通过如图 7-15 所示“扫描”窗口，可设置扫描路径、扫描轮廓和引导线，并可设置扫描轮廓的旋转方向、路径对齐方式以及扫描面与扫描轮廓面的相切方式等。

2. 创建扫描特征须遵循的规则

1）对于扫描凸台 / 基体特征而言，轮廓必须是封闭环，若是曲面扫描，则轮廓可以是开环也可以是闭环。

2）路径可以为开环或闭环。路径可以是一张草图、一条曲线或模型边线。

3）路径的起点必须位于轮廓的基准面上。

不论是截面、路径还是所要形成的实体，都不能出现自相交叉的情况。

图 7-15 “扫描”窗口

7.1.5 创建扫描切除特征的一般过程与实例

扫描切除特征操作步骤与扫描特征的操作步骤一样，只是命令不同，这里是单击特征控制面板上的“扫描切除”按钮，或选择菜单“插入”→“切除”→“扫描”。

【实例 7-3】 绘制如图 7-16b 所示模型。

创建切除 - 扫描特征的一般过程：

第 1 步：准备。进入零件建模界面，绘制如图 7-16a 所示切除前的实体（长方体）。

实例 7-3

第 2 步：绘制扫描切除路径草图。以长方体上表面为基准面，进入草图界面，绘制样条曲线，如图 7-16a 所示，退出草图界面。

第 3 步：绘制切除 - 扫描轮廓草图。以长方体前表面为基准面，进入草图界面，绘制圆，圆心与路径样条曲线草图前端点重合，如图 7-16a 所示，退出草图界面。

第 4 步：执行扫描切除命令。单击特征控制面板上的“扫描切除”按钮，或选择菜单“插入”→“切除”→“扫描”，弹出“切除 - 扫描”窗口。

第 5 步：填写参数，如图 7-16c 所示。

1）指定扫描轮廓。在“轮廓和路径(P)”下方选择“草图轮廓”，在下方（扫描轮廓）右边文本框中单击，再在设计树（或绘图区）单击轮廓草图（如图 7-16a 所示的圆）。

2）指定扫描路径。在（扫描路径）右边文本框中单击，再在设计树（或绘图区）单击路径曲线（选择如图 7-16a 所示的曲线）。

3）选择引导线。采用系统默认的引导线。

第 6 步：在“切除 - 扫描”窗口中单击（确定）按钮，完成切除 - 扫描特征的创建。

7.1.6 扫描建模实例

【实例 7-4】 绘制如图 7-17 所示零件。

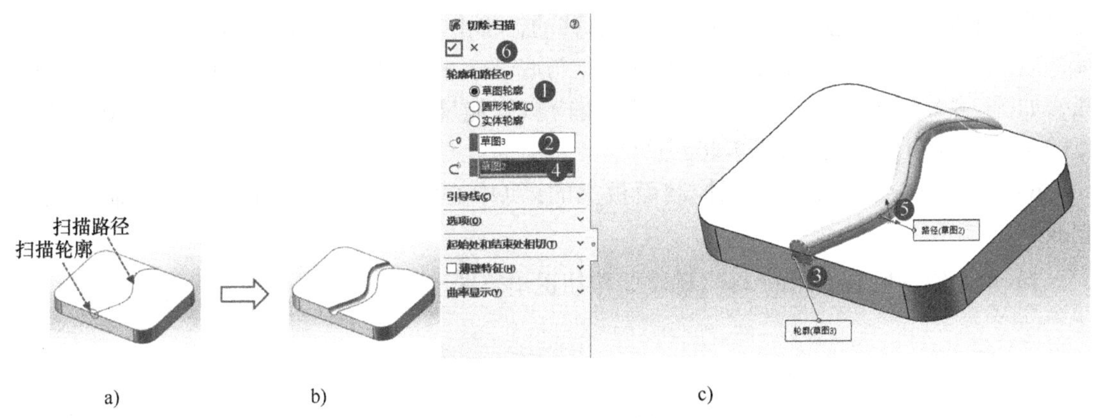

a) b) c)

图 7-16 扫描切除特征

a）切除前 b）切除后 c）切除 - 扫描窗口

操作步骤：

实例 7-4

第 1 步：新建“零件”文件，文件名称为“7.4 烛台”。

第 2 步：绘制如图 7-18 所示旋转实体。

1）单击前视基准面，进入草图绘制界面；绘制如图 7-19 所示旋转轮廓草图（草图 1）。

图 7-17 扫描实例图

图 7-18 旋转实体

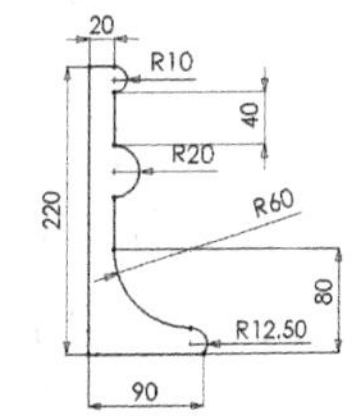

图 7-19 旋转轮廓草图

2）绘制如图 7-20a 所示图。单击草图控制面板上的（直线）按钮，从坐标原点绘制一条竖直线，在竖直线两端绘制水平线；单击草图控制面板上的（智能尺寸）按钮标注尺寸。

3）在草图的顶部绘制如图 7-20b 所示小圆弧。单击草图控制面板上的（切线弧）按钮；单击顶部水平直线右边的端点，然后将光标向右移动，接着向下移动；当竖直推断线（即虚线）可见时，单击左键。单击草图控制面板上的（智能尺寸）按钮将圆弧半径标注为 10。

4）绘制如图 7-20c 所示竖直线和第二个圆弧。单击草图控制面板上的（直线）按钮，以弧下方的端点为起点向下绘制约 150 长的竖直线（此时不要标注这条直线的尺寸）。单击草图绘制（圆）按钮，绘制圆并使圆心与直线重合。单击草图控制面板上的（剪裁实体）按钮，剪裁掉竖直线左半圆；单击草图控制面板上的（智能尺寸）按钮将圆弧的半径标注为 20。单击草图控制面板上的（剪裁实体）按钮，剪裁掉半圆中间的竖直线；单击草图控制面板上的（智能尺寸）按钮标注上部竖直线的尺寸 40，如图 7-20d 所示。

5）绘制如图 7-20e 所示下方切线弧。单击草图控制面板上的（切线弧）按钮；单击竖直线的下端点，将光标向下移动，再向右移动，单击左键以放置圆弧。再继续向右移动光标，然后将光标向下移动，直到圆弧的端点与底部水平线的端点重合，单击左键以放置圆弧，如图 7-20f 所示。单击草图控制面板上的（智能尺寸）按钮，标注高度尺寸 80 和两圆弧的半径 R60 和 R12.5，如图 7-20g 所示。

6）绘制中心线。单击草图控制面板上的（中心线）按钮，从坐标原点绘制一条竖直线。

7）单击绘图区右上角的（确定）按钮退出草图。

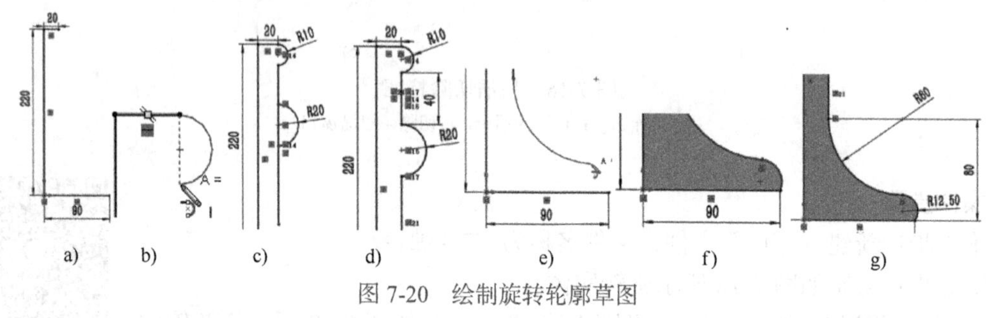

图 7-20　绘制旋转轮廓草图

8）单击草图 1，单击特征控制面板上的（旋转凸台 / 基体）按钮，弹出窗口。

9）在窗口中设置旋转参数。选择草图中的中心线作为旋转轴（会自动捕捉），在“旋转类型”中选择“单向”，设定（角度）为 360，单击（确定）按钮。

第 3 步：建立一个扫描特征。

1）绘制扫描路径（草图 2），如图 7-21c 所示。

①单击设计树中的前视基准面，然后单击草图控制面板上的（草图绘制）按钮进入一张新草图。单击标准视图工具栏上的（正视于）按钮；单击“视图”→“显示”→“消除隐藏线”，旋转实体以线框形式显示，仅显示可见边线；单击菜单“视图”→“隐藏 / 显示”→“临时轴”，旋转实体的临时轴出现。

②单击草图控制面板上的（直线）按钮，将光标移动到临时轴上（即直线起点重合在临时轴上），绘制一条水平线；单击草图控制面板上的（智能尺寸）按钮，标注直线长度尺寸 60。单击草图控制面板上的（切线弧）按钮，从直线的右端点开始向右移动再向上移动单击左键绘制一圆弧；单击草图控制面板上的（智能尺寸）按钮，标注弧的半径 $R150$，竖直尺寸 65。单击草图控制面板上的（切线弧）按钮，从切线弧上端点绘制另一个圆弧；单击草图控制面板上的（智能尺寸）按钮，标注圆弧的半径 $R20$。如图 7-21a 所示。为刚才绘制的上方切线弧的两端点添加水平几何关系，如图 7-21b 所示。

③单击草图控制面板上的（智能尺寸）按钮，标注下方水平线到坐标原点的高度距离 10，图形会向下移动。单击绘图区右上角的（确定）按钮退出草图。

2）绘制如图 7-22a 所示扫描轮廓图（草图 3）。单击设计树中的右视基准面；单击草图控制面板上的（草图绘制）按钮进入草图；单击标准视图工具栏上的（正视于）按钮。单击草图控制面板上的（椭圆）按钮，绘制一椭圆（让椭圆心与扫描路径左边直线端点重合），单击草图控制面板上的（智能尺寸）按钮，标注尺寸（椭圆定位可以先绘制在绘图区任何地方，再添加椭圆心与扫描路径左边直线端点重合几何关系来定位，如图 7-22b 所示）。单击绘图区右上角的 （确定）按钮退出草图。

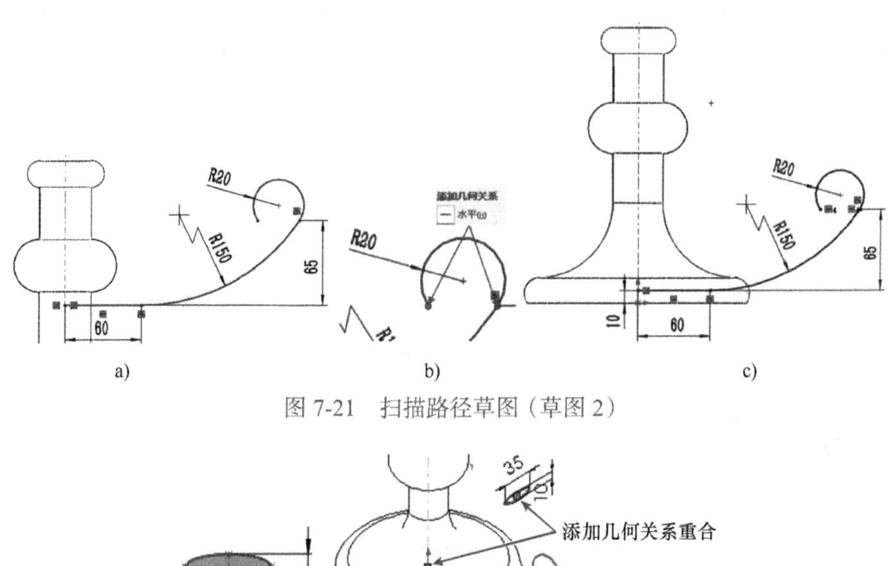

图 7-21 扫描路径草图（草图 2）

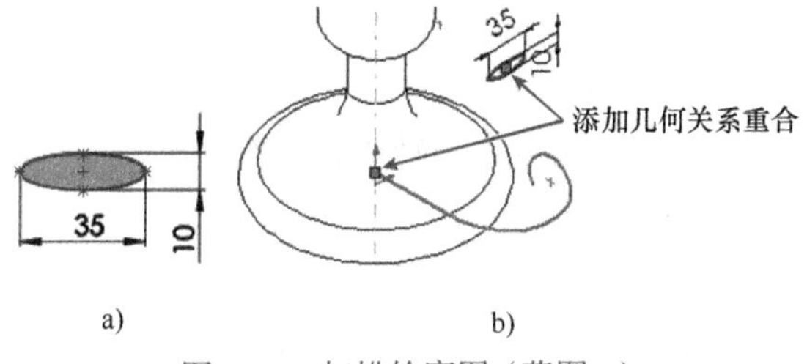

图 7-22 扫描轮廓图（草图 3）

3）生成扫描特征（扫描 1）。单击特征工具栏上的 （扫描凸台 / 基体）按钮，在扫描窗口中为“轮廓”选择草图 3（椭圆），为“路径”选择草图 2（曲线），在“选项”下的“轮廓方位”中选择“随路径变化”。单击 （确定）按钮生成扫描实体，如图 7-23 所示。

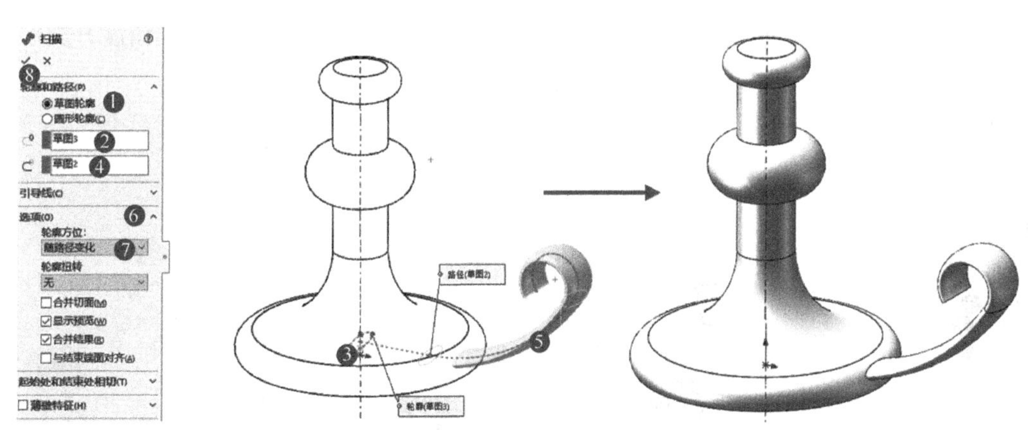

图 7-23 扫描特征

第 4 步：建立一个具有拔模角度的拉伸切除特征。

1）绘制草图 4。单击旋转 1 特征的顶面；单击标准视图工具栏上的 （正视于）按钮；单击草图控制面板上的 （圆）按钮，以坐标原点作为圆心绘制一个圆，单击草图控制面板上的（智能尺寸）按钮，标注直径尺寸 $\phi 30$；单击（退出草图）按钮退出草图界面。

2）单击“草图 4”；单击特征工具栏上的（拉伸切除）按钮；在“切除 - 拉伸”窗口中设置参数。在“方向 1”下面设置：在“终止条件”中选择“给定深度”；将（深度）设定为 25；单击（拔模打开 / 关闭）按钮，设置拔模角度为 15；单击（确定）按钮生成拉伸切除实体，如图 7-24 所示。

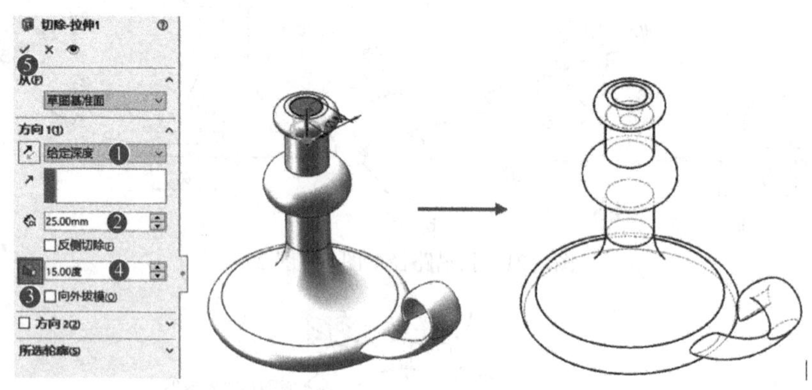

图 7-24　拉伸切除实体

第 5 步：圆周阵列特征。

1）在设计树中单击选中“扫描 1”特征；单击特征工具栏上的（圆周阵列）（在“线性阵列”下边下弹按钮中），或单击菜单“插入”→“阵列 / 镜像”→“圆周阵列”，弹出“圆周阵列”窗口。

2）定义阵列参数。

① 定义阵列轴。在“方向 1”下（阵列轴）文本框中单击，然后在绘图区选择基准轴 1（即旋转实体的轴线）作为圆周阵列的轴线。

② 定义阵列间距和阵列实例数。在 **方向 1(D)** 区域中选择 **◉等间距**，在（角度）文本框中输入 360，在（实例数）文本框中输入 5，如图 7-25 所示。

3）单击（确定）按钮，生成圆周阵列特征。

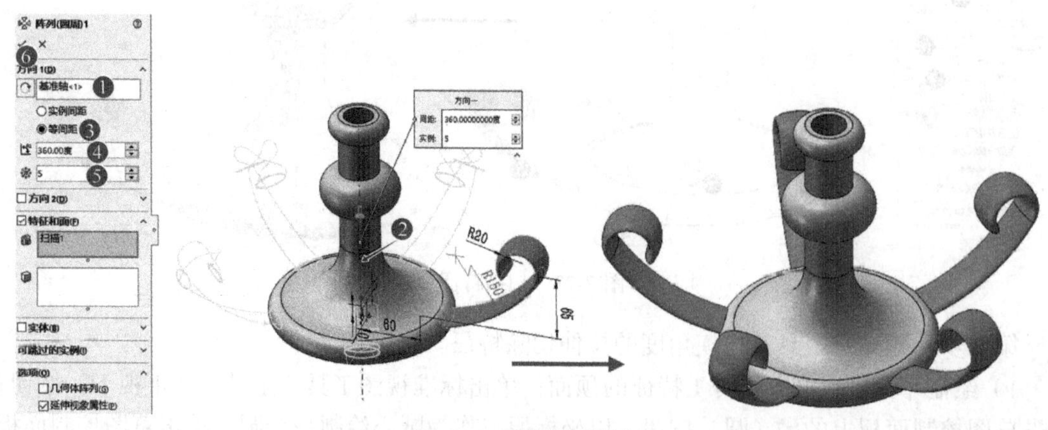

图 7-25　圆周阵列特征

【实例 7-5】 绘制如图 7-26 所示弹簧线零件。

分析：如图 7-26 所示的弹簧线，由一个扫描特征创建而成，创建弹簧线的关键是选择扫描类型为沿路径扭转。

实例 7-5

操作步骤：

第 1 步：新建“零件”文件，文件名称为“7.5 弹簧线”。

第 2 步：绘制如图 7-27 所示“草图 1”。单击设计树中的前视基准面；单击草图控制面板上的（草图绘制）按钮进入草图。单击草图控制面板上的（样条曲线）按钮，绘制出一条曲线，拖动曲线控制点，使曲线形状符合设计要求。单击草图控制面板上的（智能尺寸）按钮，标注出曲线的长度尺寸。单击（确定）退出草图。

第 3 步：绘制“草图 2”。单击设计树中的前视基准面，单击草图控制面板上的（草图绘制）按钮进入草图，单击标准视图工具栏上的（正视于）按钮。单击草图控制面板上的（椭圆）按钮，绘制一椭圆，将椭圆的两个长轴点作“水平”约束，将椭圆的短轴点与坐标原点作“竖直”约束，如图 7-28a 所示。单击草图控制面板上的（智能尺寸）按钮，标注尺寸标注出如图 7-28b 所示的尺寸。单击（退出草图）退出草图界面。

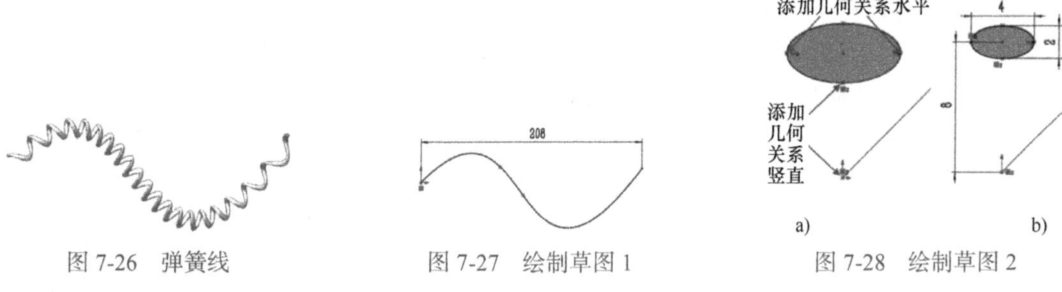

图 7-26 弹簧线　　图 7-27 绘制草图 1　　图 7-28 绘制草图 2

第 4 步：创建“扫描”。单击特征控制面板上的（扫描）按钮，弹出“扫描”窗口，在 **轮廓和路径(P)** 下方选择 **◉草图轮廓**，在下方（扫描轮廓）右边文本框中单击，单击“草图 2”作为扫描轮廓；在（扫描路径）文本框中单击，单击“草图 1”作为扫描路径；在“选项”下“轮廓方位”中选择“随路径变化”，“轮廓扭转”中选择“指定扭转值”，“扭转控制”中选择“圈数”；在“方向 1”下（圈数）文本框中输入 20，其他采用默认设置，如图 7-29 所示。单击（确定）按钮完成扫描操作。

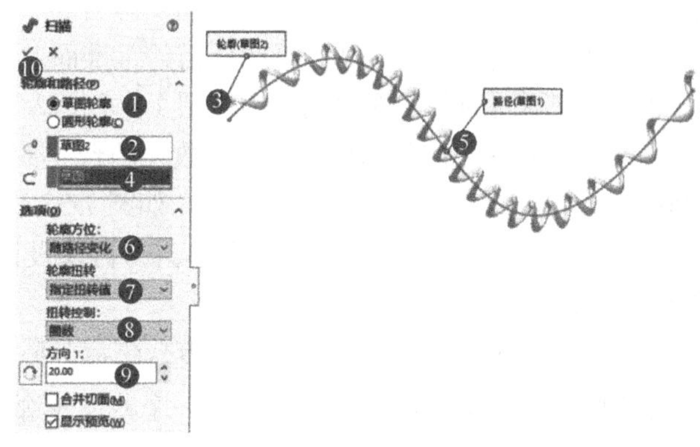

图 7-29 “扫描”窗口

任务2　通过用指定截面轮廓建立含有变化截面的模型

任务目标：掌握放样与放样切除的操作方法。

7.2　放样特征与放样建模实例

7.2.1　放样特征简述

放样特征就是将一组不同的截面沿其边线用过渡曲面连接形成一个连续的特征，放样特征分为放样凸台特征和放样切割特征，分别用于生成实体和切除实体。如图 7-30 所示的放样特征是由三个截面混合而成的放样凸台特征。放样特征至少需要两个截面草图，且不同草图应事先绘制在不同的基准面上。

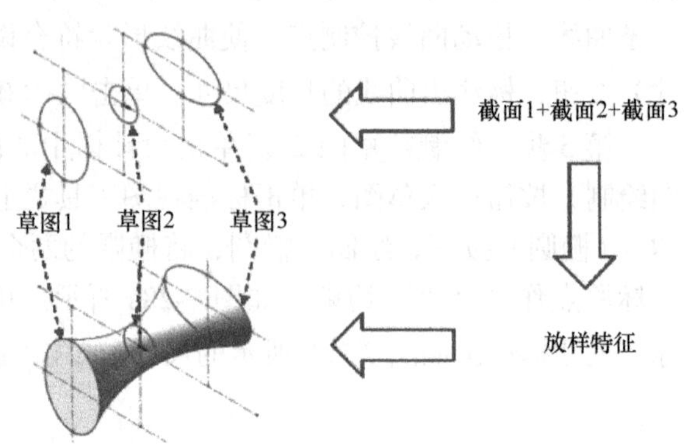

图 7-30　放样特征

放样特征包括简单放样特征和引导线放样特征。

1）简单放样特征是仅使用放样轮廓得到的放样特征，如图 7-31 所示。

2）引导线放样特征是使用放样轮廓和引导线共同控制的放样特征，如图 7-32 所示。

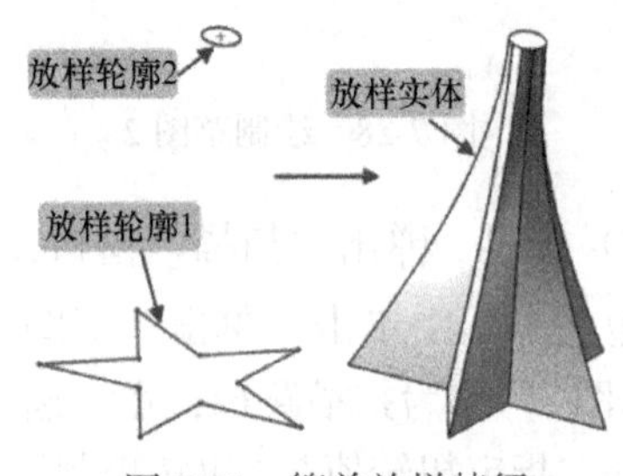

图 7-31　简单放样特征

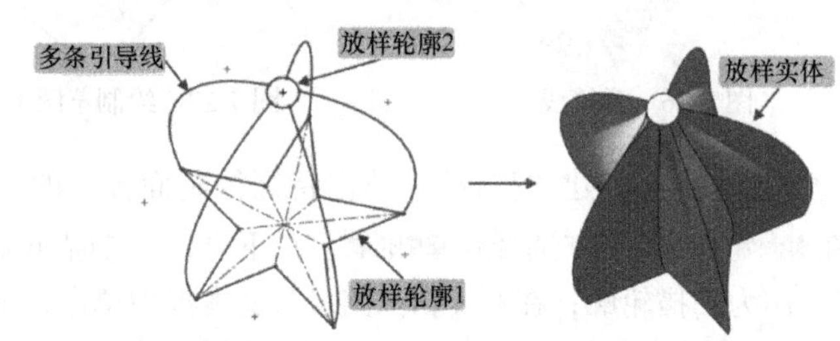

图 7-32　引导线放样特征

7.2.2　创建凸台放样特征

1. 创建凸台放样特征的一般过程

第 1 步：进入零件绘制界面，创建绘制各截面草图所需的基准面。

第 2 步：绘制截面草图。以不同的基准面绘制截面草图 1、草图 2、草图 3 等。

第 3 步：选取放样命令。单击特征控制面板上的（放样凸台 / 基体）按钮，或选择菜单“插入”→“凸台 / 基体”→“放样”，弹出“放样”窗口，如图 7-33 所示。

第 4 步：选择截面轮廓草图。先在 **轮廓(P)** 下方框中单击，再在设计树或绘图区依次单击选择草图 1、草图 2 和草图 3 等。

注意：放样特征实际上是利用截面轮廓草图以渐变的方式生成，所以在选择的时候要注意截面轮廓的先后顺序，否则无法正确生成实体。当选择一个截面轮廓后，单击窗口左边↑（前移）或↓（后移）可以调整草图的顺序。

第 5 步：选择引导线。可以选择默认值。

注意：在一般情况下，系统默认的引导线经过截面轮廓的几何中心。使用引导线放样时，可以使用一条或多条引导线来连接轮廓，引导线可控制放样实体的中间轮廓。需注意的是引导线与轮廓之间应存在几何关系，否则无法生成目标放样实体。

第 6 步：单击“放样”窗口中的✓（确定）按钮，完成凸台放样特征的定义。

注意：在“放样”窗口中单击☐ **薄壁特征(H)** 选项，可以通过设定参数创建薄壁凸台放样特征。

图 7-33 “放样”窗口

第 7 步：保存并关闭文件。

2. 简单放样特征实例

简单放样特征是直接在两个或多个轮廓间进行的放样特征。

实例 7-6

【实例 7-6】 绘制如图 7-31 所示的模型。

操作步骤：

第 1 步：新建文件，文件名称为“7.31 星柱”。

第 2 步：创建基准面 1。单击选中前视基准面；单击参考几何体工具栏上（基准面）按钮，或选择菜单“插入”→“参考几何体”→“基准面”，弹出“基准面”窗口，在“第一参考”下设置（偏移距离）为 90，单击✓（确定）按钮创建一新的基准面。

第 3 步：在前视基准面上绘制一五角星，作为一个轮廓（草图 1）；在基准面 1 中绘制一个小于五角星的圆，作为放样特征的另外一个轮廓（草图 2），如图 7-34 所示。

第 4 步：单击特征控制面板上的（放样凸台 / 基体）按钮，或选择菜单“插入”→“凸台 / 基体”→“放样”，打开“放样”窗口；在 **轮廓(P)** 下方框中单击，在绘图区中依次单击五角星、圆；打开“放样”窗口中的“起始 / 结束约束”项，在“结束约束”下拉列表中选择“垂直于轮廓”选项，让结束位置处的放样面与放样轮廓面垂直相切，如图 7-35 所示；单击✓（确定）按钮即可完成放样操作。

3. 引导线放样特征

引导线放样特征就是通过引导线在放样过程中控制截面草图的变化，从而达到控制放样实体的目的。

【实例 7-7】 创建如图 7-32 所示的放样特征。

实例 7-7

分析：需要设置引导线。

操作步骤：

第 1 步：新建文件，文件名称为“7.32 五星体”。

第 2 步：创建基准面 1。单击前视基准面；单击参考几何体工具栏上（基准面）按钮，弹出“基准面”窗口；在“第一参考”下设置（设置等距距离）为 90，单击✓（确定）

按钮创建一个新的基准面。

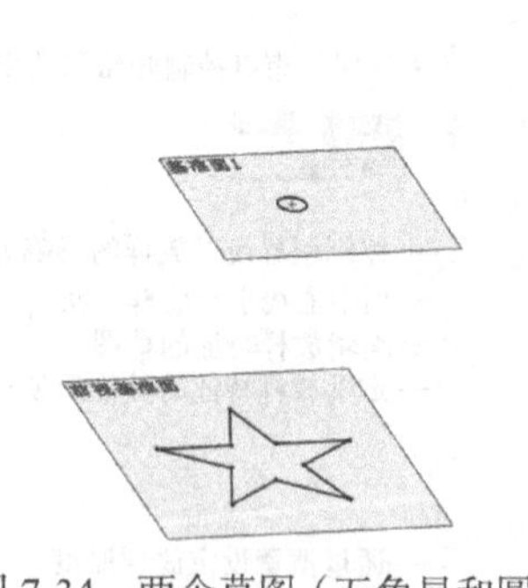

图 7-34　两个草图（五角星和圆）

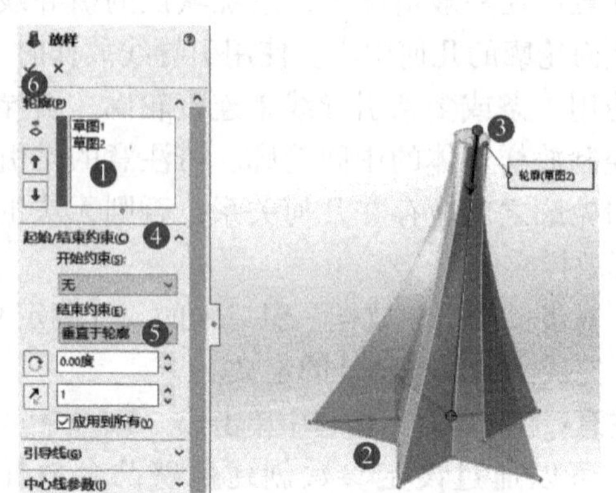

图 7-35　简单放样窗口

第 3 步：在前视基准面上绘制一五角星并绘制中心线（中心点在坐标原点），作为一个轮廓（草图 1），如图 7-36 所示。在基准面 1 中绘制一个小于五角星的圆（圆心在坐标原点），作为放样特征的另外一个轮廓（草图 2）。

第 4 步：创建五个基准面。

1）创建如图 7-37 所示基准面。单击参考几何体工具栏上（基准面）按钮，在第一参考下的文本框中单击，再选中五角星（草图 1）的一条中心线，选择“重合”项；单击第二参考下文本框，单击顶端圆（草图 2）的圆心，选择“重合”项；单击（确定）按钮，一个基准平面创建完成。

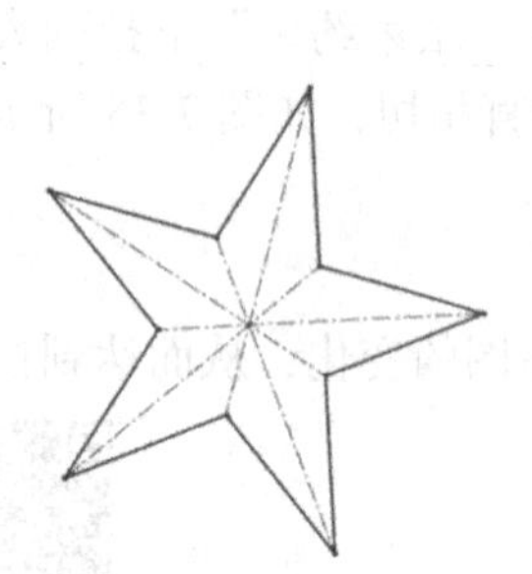

图 7-36　草图 1（含辅助线）

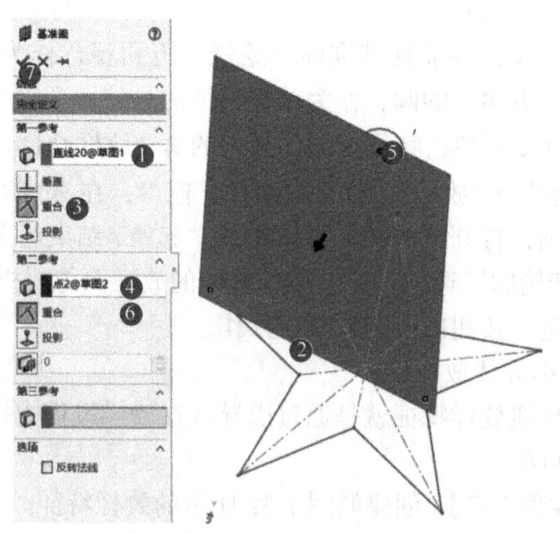

图 7-37　创建一个基准面

2）重复操作，选择五角星（草图 1）不同的中心线，依次创建五个经过五角星（草图 1）中心线和顶端圆（草图 2）圆心的基准面，如图 7-38 所示。

第 5 步：创建五个草图作为引导线。在基准面 2 中创建经过顶端圆圆周和下端五角星顶点的圆弧，并添加相应的约束，如图 7-39 所示。重复操作，分别在新创建的基准面中创建经过顶端圆圆周和下端五角星顶点的圆弧，并添加相应的约束，如图 7-40 所示。

注意：采用引导线放样特征时，引导线草图节点和轮廓节点之间必须建立重合几何关系或穿透几何关系，否则无法进行引导放样。

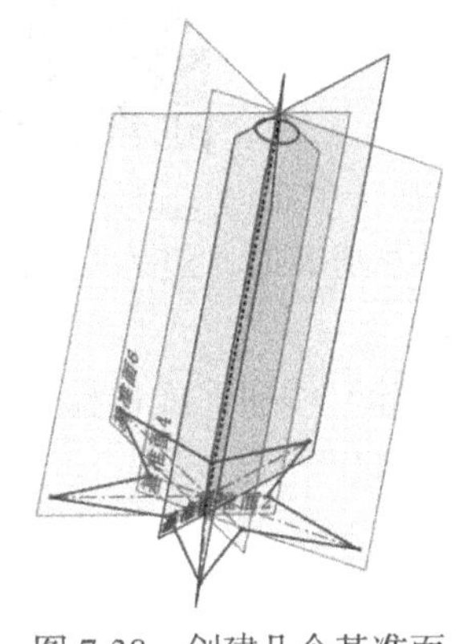

图 7-38 创建几个基准面

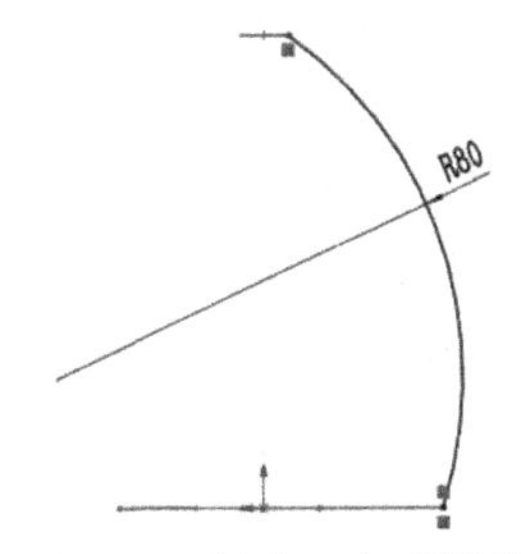

图 7-39 创建一条引导线

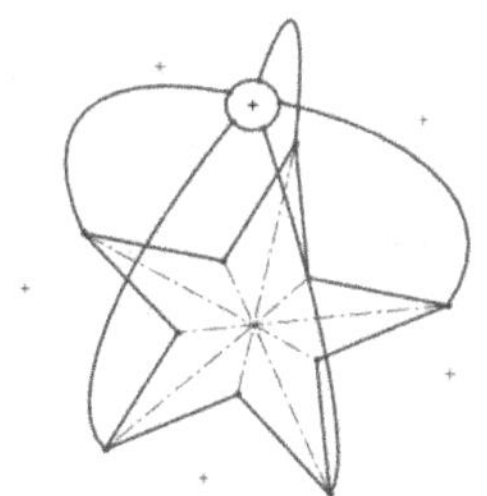

图 7-40 创建五条引导线

第 6 步：单击特征控制面板上的（放样凸台 / 基体）按钮，或选择菜单“插入”→“凸台 / 基体”→“放样”，打开“放样”窗口；在 轮廓(P) 下方框中单击，在绘图区中依次选择五角星和圆；打开“引导线”项，分别选中刚创建的五条圆弧线；打开“放样”窗口中的“起始 / 结束约束”项，在“结束约束”下拉列表中选择“垂直于轮廓”项，让结束位置处的放样面与放样轮廓面垂直相切；单击（确定）按钮即可完成放样操作，如图 7-41 所示。

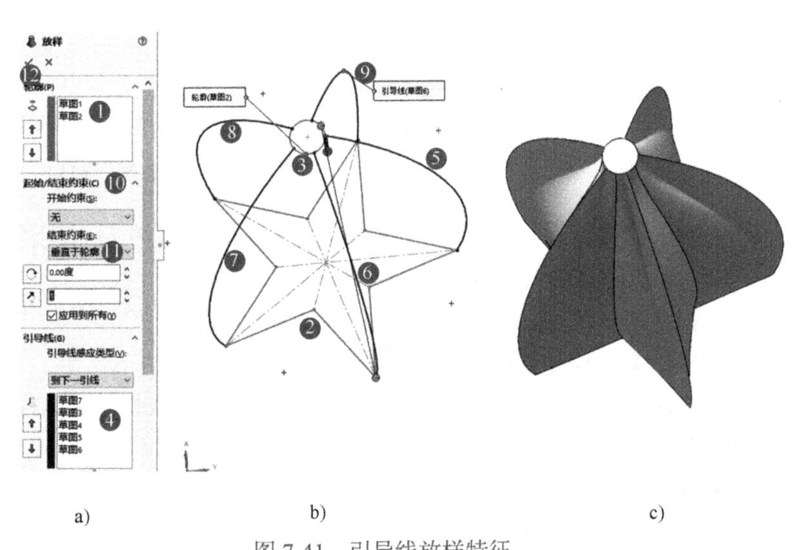

图 7-41 引导线放样特征

a）放样窗口 b）选择引导线 c）放样特征

7.2.3 创建放样切除特征

放样切除特征操作步骤与放样特征的操作步骤一样，只是命令不同，这里是单击特征控制面板上的（放样切除）按钮，或选择菜单“插入”→“切除”→“放样”。

【实例 7-8】 创建图 7-42 所示的特征。

实例 7-8

操作步骤：

第 1 步：新建文件，文件名称为“7.8 板”。

第 2 步：用拉伸命令绘制一个如图 7-43 所示长方体。

第 3 步：选择长方体的左端面作为基准面，进入草图界面，绘制一个正六边形作为一个轮廓（草图 2），退出草图；选择长方体的右端面作为基准面，进入草图界面，绘制一个圆作为一个轮廓（草图 3），退出草图，如图 7-43 所示。

第 4 步：执行放样切除命令。单击特征控制面板上的（放样切除）按钮，或选择下拉菜单“插入”→“切除”→“放样”，弹出“切除 - 放样”窗口，如图 7-44 所示。

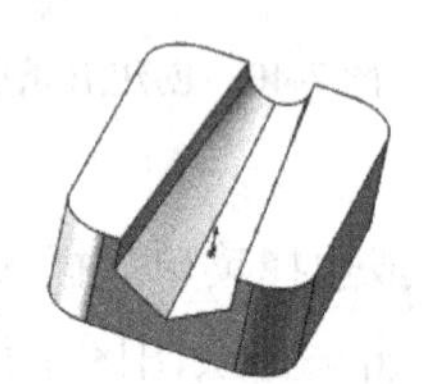

图 7-42 放样切除特征

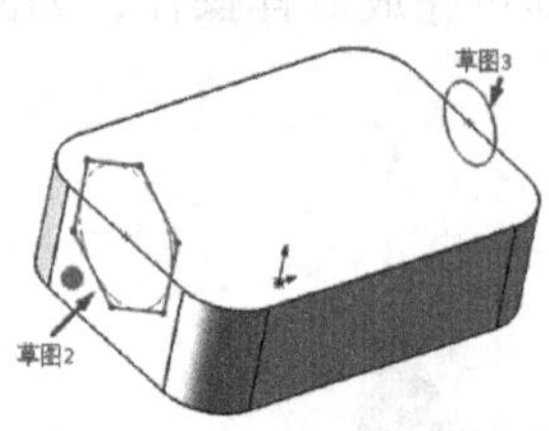

图 7-43 放样切除准备

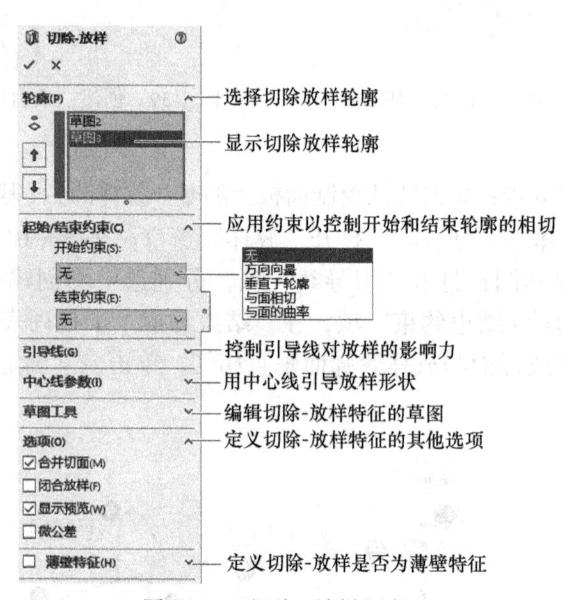

图 7-44 “切除 - 放样”窗口

第 5 步：选择切除放样轮廓。在 **轮廓(P)** 下方文本框中单击，在设计树或绘图区依次选择草图 2、草图 3 作为切除 - 放样特征的截面轮廓。

说明：选择一个截面轮廓后，单击↑或↓可以调整轮廓的顺序。

第 6 步：选择引导线。本例中使用系统默认的引导线。

第 7 步：单击“切除 - 放样”窗口中的（确定）按钮，完成切除 - 放样特征的定义。

第 8 步：保存并关闭文件。

7.2.4 放样建模实例

【实例 7-9】 绘制如图 7-45 所示挂钩的模型。

实例 7-9

分析：可将挂钩模型拆为几个几何体，即挂钩柄、挂钩主体、挂钩尖角。挂钩柄通过拉伸凸台创建，挂钩主体通过放样创建，挂钩尖角通过圆顶特征创建。本实例的难点是绘制挂钩主体的放样引导线和轮廓草图。在操作过程中，应注意辅助中心线的使用。

操作步骤：

第 1 步：新建文件，文件名称为“7.9 挂钩”。

第 2 步：创建挂钩主体的一条引导线（草图 1）。单击前视基准面；单击草图控制面板中的 （草图绘制）按钮开始草图绘制，以草绘坐标原点为圆心绘制三条圆弧组成的线，如图 7-46 所示；添加相应的尺寸，如图 7-47 所示；单击绘图区右上角的 （确定）按钮完成草图 1 的绘制。

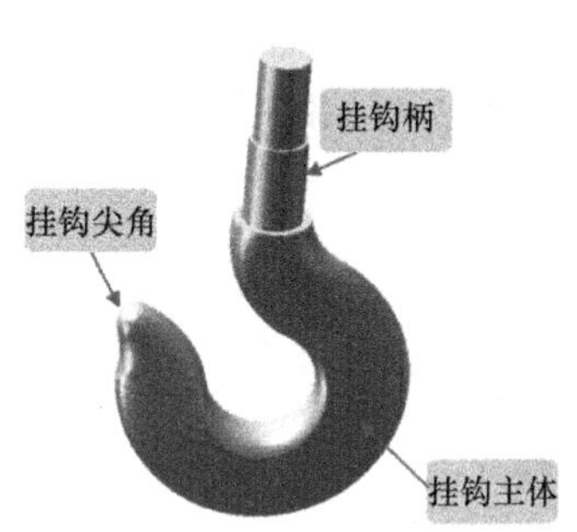

图 7-45　挂钩模型

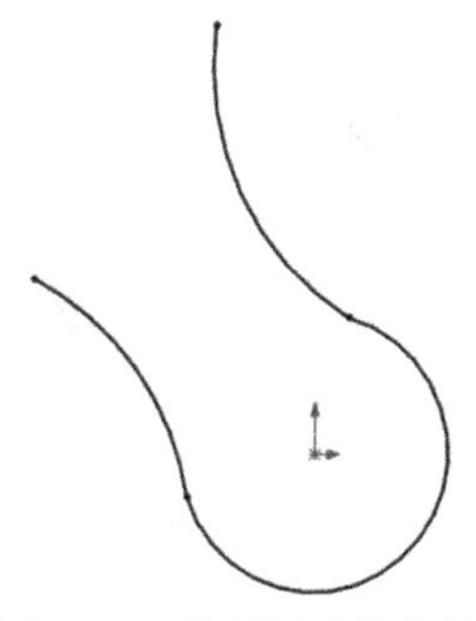

图 7-46　绘制图形轮廓线

第 3 步：创建挂钩主体的另一条引导线（草图 2）。单击前视基准面；单击草图控制面板中的 （草图绘制）按钮开始草图绘制，以坐标原点为圆心绘制三条圆弧组成的线，如图 7-48 所示；添加相应的尺寸和约束，添加最上点与草图 1 最上点为 水平(H) 约束，添加左边圆弧的两个点为 竖直(V) 约束；绘制两条垂直的中心线用作辅助线（用中心线命令连接最左上端点与草图 1 最左点完成中心线 1，过最左上端点作中心线 1 的垂线得到中心线 2），如图 7-49 所示。单击绘图区右上角的 （确定）按钮完成草图 2 的绘制。

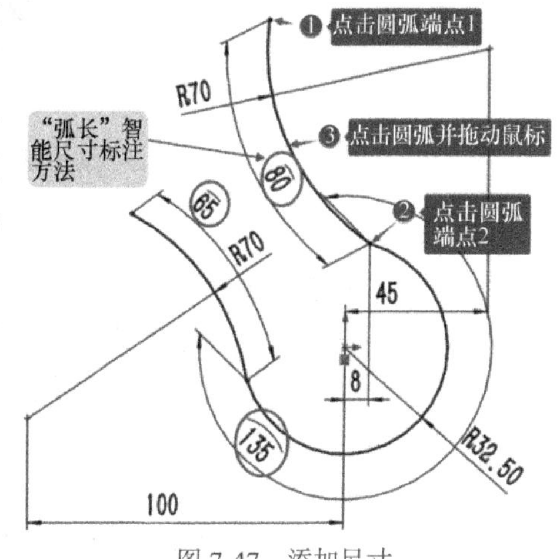

图 7-47　添加尺寸

第 4 步：创建两个基准面（基准面 1 和基准面 2）。

1）以“点和平行面”的方式创建平行于上视基准面且通过最上边点的基准面（基准面 1）。单击参考几何体控制面板上的 （基准面）按钮，弹出窗口；单击“第一参考”，选择“上视基准面”，选择“平行”；单击“第二参考”，选择“引导线最上方的点”，选择“重合”；单击 （确定）按钮，基准面 1 创建完成，如图 7-50a 所示。

2）以“垂直于曲线”的方式，以草图 2 中创建的中心线为参照创建基准面（基准面 2）。单击参考几何体控制面板上的 （基准面）按钮，弹出窗口；单击“第一参考”，选择“草图 2 中的中心线 2”，选择“垂直”；单击“第二参考”，选择“草图 2 中的中心线 1”，选择“重合”；单击 （确定）按钮，基准面 2 创建完成，如图 7-50b 所示。新创建的两个基准面如图 7-50c 所示。

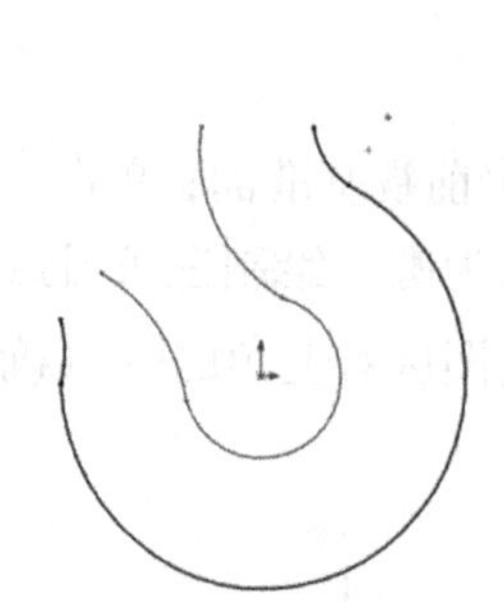

图 7-48　绘制另一条图形轮廓线

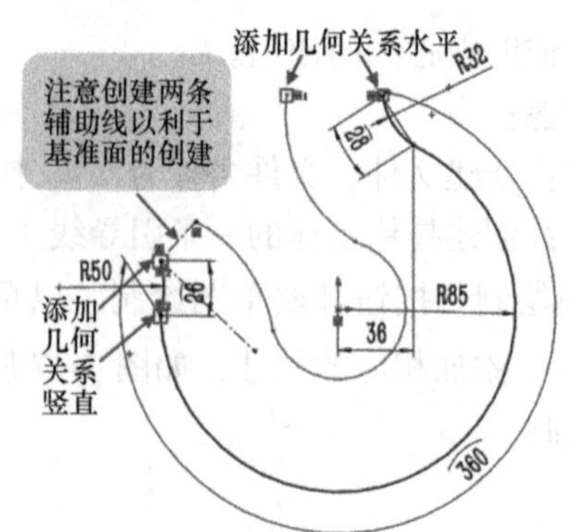

图 7-49　添加相应约束和尺寸

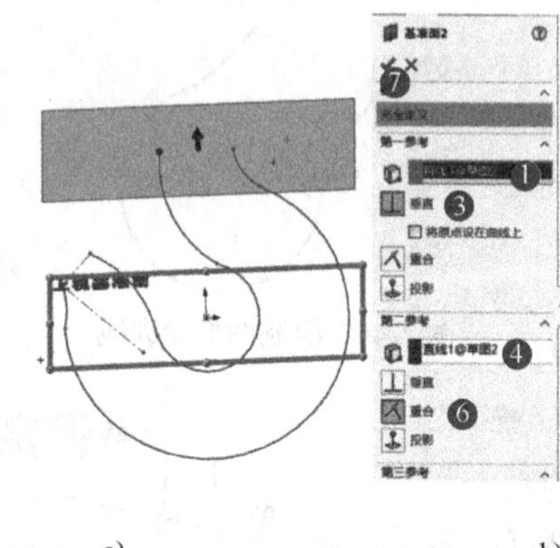

a)

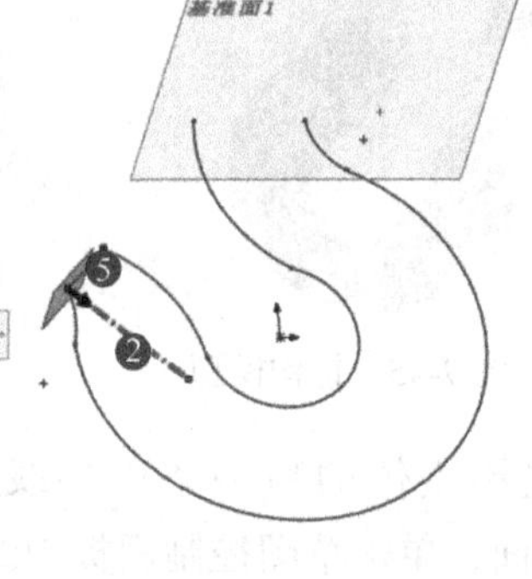

b)

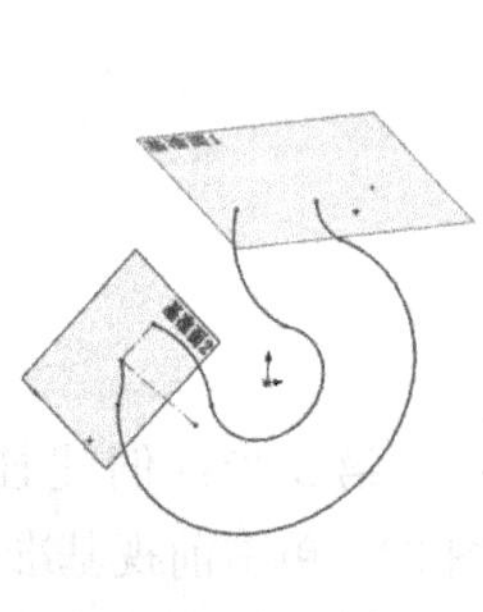

c)

图 7-50　新创建的两个基准面

a）创建基准面 1　b）创建基准面 2　c）基准面创建完成

第 5 步：创建如图 7-51 所示放样轮廓线 1（草图 3）。单击基准面 1；单击草图控制面板中的（草图绘制）按钮开始草图的绘制，在两条引导线的上端点之间绘制一条中心线，并以此线的中点为圆心，创建通过两条引导线端点的圆（草图 3），以该图作为上端的放样轮廓线；单击绘图区域右上角的（确定）图标完成草图 3 的绘制。

第 6 步：创建如图 7-51 所示放样轮廓线 2（草图 4）。单击基准面 2；单击草图控制面板中的（草图绘制）按钮开始草图绘制，在两条引导线的左端点之间绘制一条中心线，并以此线的中点为圆心，创建通过两条引导线端点的圆（草图 4），以该图作为左端的放样轮廓线；单击绘图区域右上角的（确定）图标完成草图 4 的绘制。

第 7 步：创建如图 7-52 所示中间轮廓线（草图 5 和草图 6）。

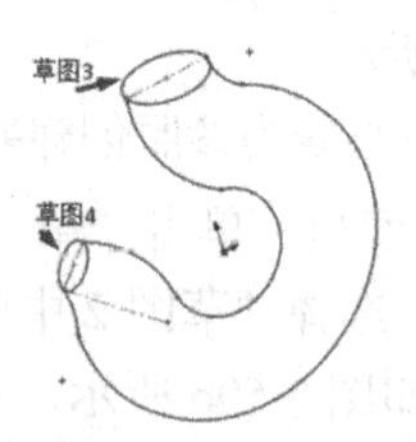

图 7-51　放样轮廓线

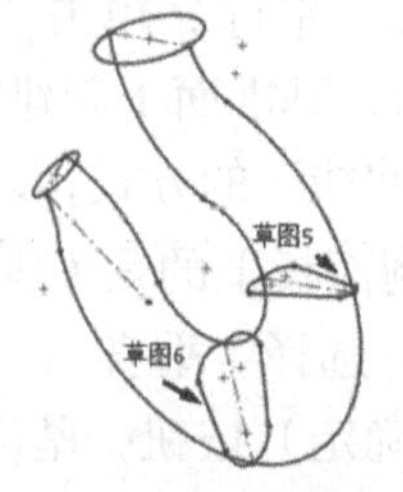

图 7-52　中间的轮廓线

1）单击上视基准面，单击草图控制面板中的（草图绘制）按钮，创建如图 7-53 所示的与两条引导线相交的草绘图形，并添加相应的尺寸和约束，将以此草图（草图 5）作为此处的挂钩体轮廓线；单击（确定）图标完成草图 5 的绘制。

2）单击右视基准面，单击草图控制面板中的（草图绘制）按钮，创建如图 7-54 所示的与两条引导线相交的草图（草图 6），并添加相应的尺寸和约束；单击（确定）图标完成草图 6 的绘制。

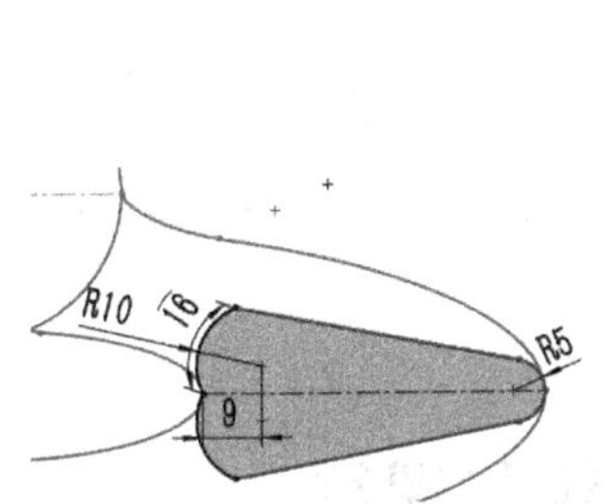

图 7-53 上视基准面中的草图

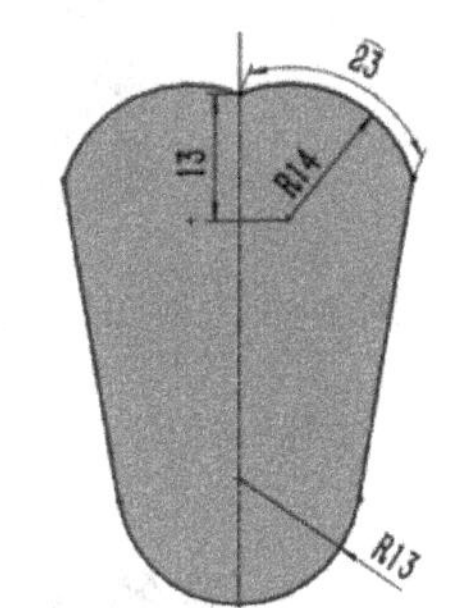

图 7-54 右视基准面中的草图

第 8 步：放样挂钩主体。单击特征控制面板上的（放样凸台 / 基体）按钮，弹出“放样”窗口；在 轮廓(P) 下方文本框中单击，依次单击轮廓曲线（草图 3、草图 5、草图 6 和草图 4）；在 引导线(G) 下方文本框中单击，单击引导线（草图 1 和草图 2）；单击（确定）按钮，如图 7-55 所示。

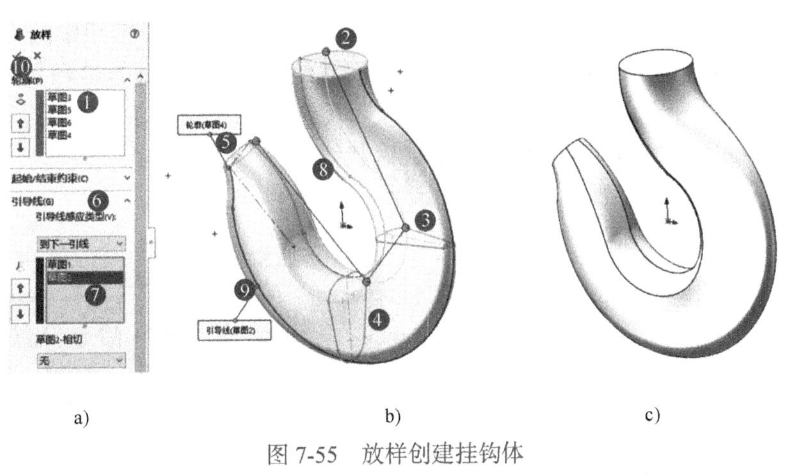

图 7-55 放样创建挂钩体

a）“放样”窗口 b）放样 c）放样后的效果

第 9 步：创建挂钩尖角部分。单击菜单“插入”→“特征”→“圆顶”，弹出“圆顶”窗口，单击挂钩的顶角面，其余保持系统默认，如图 7-56 所示；单击（确定）按钮。

第 10 步：创建挂钩柄部分。在基准面 1 上绘制直径为 35 的圆，拉伸高为 50 的圆柱；再以此圆柱上表面为基准面，绘制直径为 30 的圆，拉伸高为 50 的圆柱，即拉伸出挂钩柄，如图 7-57 所示。

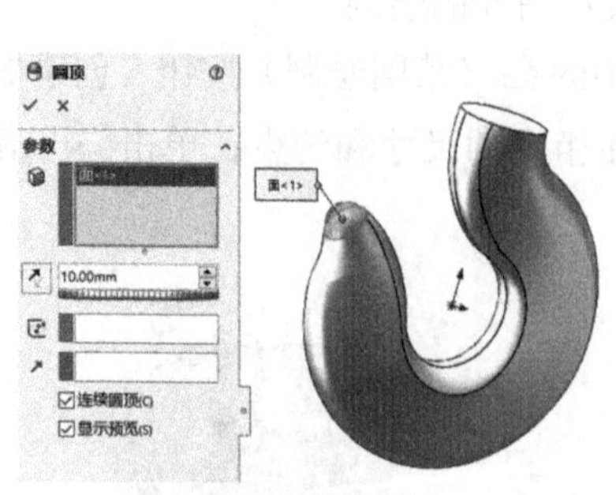

图 7-56 “圆顶”窗口

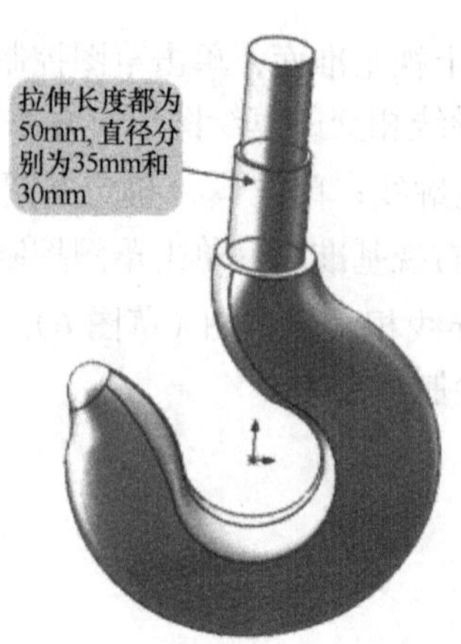

图 7-57 拉伸出挂钩柄

第 11 步：保存并关闭文件。

任务 3 绘制螺旋线与螺纹

任务目标：掌握螺旋线、涡状线、弹簧、螺纹的绘制方法。

7.3 螺旋线与涡状线的绘制

螺旋线如图 7-58 所示，涡状线如图 7-59 所示，绘制螺旋线和涡状线都需要事先绘制一个草图圆作为基圆。

操作步骤：单击绘制的草图基圆；单击特征控制面板上曲线下弹按钮中的螺旋线/涡状线按钮，或选择菜单“插入”→“曲线”→“螺旋线 / 涡状线”，弹出如图 7-60 所示“螺旋线 / 涡状线”窗口；共有 4 种定义方式，不同定义方式，参数项不一样，在窗口中进行设置完成定义后，单击✓（确定）按钮即可生成螺旋线或涡状线。

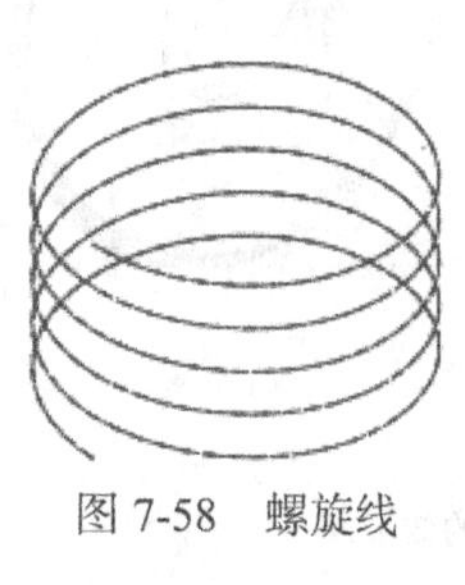

图 7-58 螺旋线

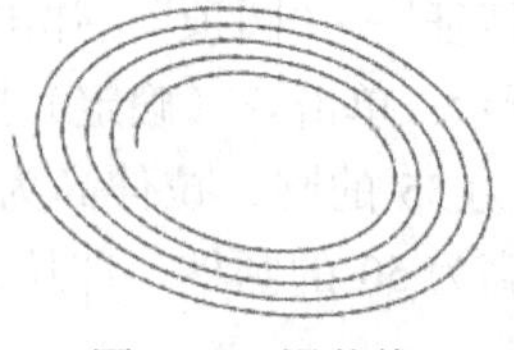

图 7-59 涡状线

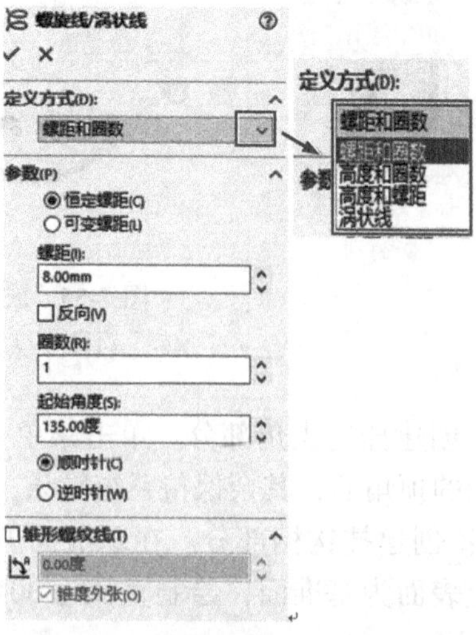

图 7-60 “螺旋线 / 涡状线”窗口

螺旋线有 3 种定义方式，通过不同定义方式可以得到相同的结果，见表 7-1。要得到高度为 50，螺距为 10，圈数为 5 的螺旋线，可以选择定义方式“螺距和圈数”中恒定螺距为 10，圈数为 5；或者选择定义方式“高度和圈数”，设置高度为 50，圈数为 5；也可以选择定义方式“高度和螺距”，设置高度为 50，恒定螺距为 10。

涡状线通过螺距和圈数来设定。

表 7-1 定义方式

螺旋线（螺距和圈数）	螺旋线（高度和圈数）	螺旋线（高度和螺距）	涡状线
螺旋线/涡状线 定义方式(D): 螺距和圈数 参数(P) ◉恒定螺距(C) ○可变螺距(L) 螺距(I): 10.00mm □反向(V) 圈数(R): 5 起始角度(S): 0.00度 ◉顺时针(C) ○逆时针(W)	螺旋线/涡状线 定义方式(D): 高度和圈数 参数(P) ◉恒定螺距(C) ○可变螺距(L) 高度(H): 50.00mm □反向(V) 圈数(R): 5 起始角度(S): 0.00度 ◉顺时针(C) ○逆时针(W)	螺旋线/涡状线 定义方式(D): 高度和螺距 参数(P) ◉恒定螺距(C) ○可变螺距(L) 高度(H): 50.00mm 螺距(I): 10.00mm □反向(V) 起始角度(S): 0.00度 ◉顺时针(C) ○逆时针(W)	螺旋线/涡状线 定义方式(D): 涡状线 参数(P) 螺距(I): 8.00mm □反向(V) 圈数(R): 5 起始角度(S): 0.00度 ◉顺时针(C) ○逆时针(W)
高度: 50mm 螺距: 10mm 圈数: 5 直径: 80mm 高度: 0mm 螺距: 10mm 圈数: 0 直径: 80mm			

【实例 7-10】 绘制图 7-61 所示柱形螺旋线。

实例 7-10

操作步骤：

第 1 步：新建零件界面，选择基准面，绘制圆。单击前视基准面，单击（草图绘制）按钮；绘制圆心在原点直径为 26 的圆；单击（退出草图）按钮退出草图绘制。

第 2 步：单击绘制的圆草图；单击菜单“插入”→“曲线”→“螺旋线 / 涡状线”，弹出螺旋线 / 涡状线窗口。

第 3 步：设置选项。“定义方式”选择“螺距和圈数”，“参数”选择“恒定螺距”，“螺距”设置为 5，“圈数”设置为 10，“起始角度”设置为 0，如图 7-61 所示。

第 4 步：单击（确定）按钮后得到螺旋线。

【实例 7-11】 绘制图 7-62 所示锥形螺旋线。

实例 7-11

操作步骤：

第 1 步：新建零件界面，选择基准面，绘制圆。单击前视基准面，单击

（草图绘制）按钮；绘制圆心在原点，半径为 R40 的圆，单击（退出草图）按钮退出草图绘制。

第 2 步：单击草图圆；单击菜单“插入”→“曲线”→“螺旋线 / 涡状线”，弹出“螺旋线 / 涡状线”窗口。

第 3 步：设置选项。“定义方式”选择“螺距和圈数”，“参数”选择“恒定螺距”，“螺距”设置为 8，“圈数”设置为 9，“起始角度”设置为 0，“锥形螺纹线”设置为 15，如图 7-62 所示。

第 4 步：单击（确定）后得到锥形螺旋线。

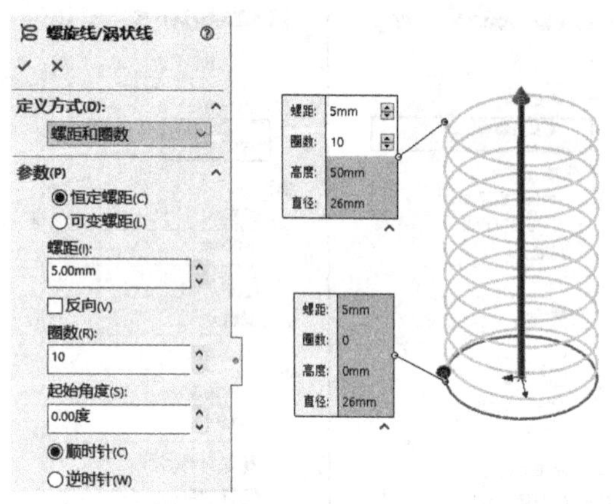

图 7-61　柱形螺旋线窗口和预览图

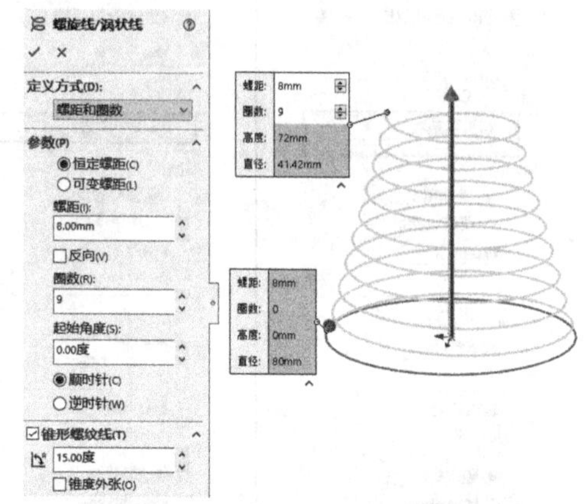

图 7-62　锥形螺旋线窗口和预览图

7.4　弹簧与螺纹的建模

实例 7-12

以实例介绍建模方法。

【实例 7-12】 绘制如图 7-63 的圆柱弹簧。

方法：圆截面沿弹簧曲线扫描生成特征。

操作步骤：

第 1 步：新建零件界面。绘制螺旋线。

1）单击前视基准面，单击（草图绘制）按钮；绘制圆心在原点，直径为 ϕ26 的圆；单击（退出草图）按钮退出草图绘制。

2）单击绘制的圆；单击菜单的“插入”→“曲线”→“螺旋线 / 涡状线”，弹出“螺旋线 / 涡状线”窗口。

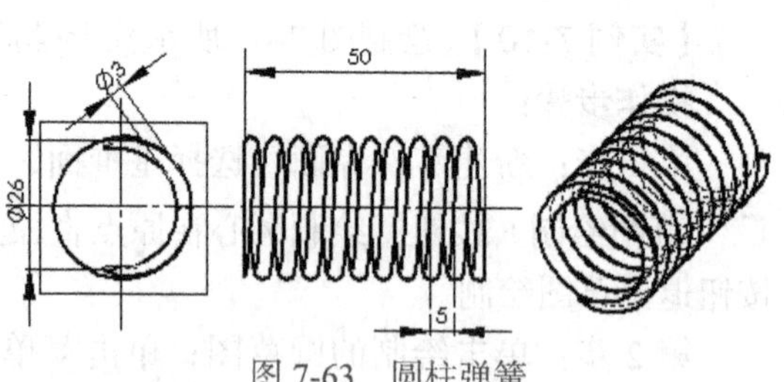

图 7-63　圆柱弹簧

3）设置选项。“定义方式”选择“螺距和圈数”，“螺距”设置为 5，“圈数”设置为 10，“起始角度”设置为 0，如图 7-64 所示；单击（确定）按钮后得到螺旋线。

第 2 步：绘制扫描截面草图。

1）建立基准面 1。单击菜单“插入”→“参考几何体”→“基准面”，以“垂直于曲线”的方式建立垂直于螺旋线且通过螺旋线一端点的基准面 1。单击激活“第一参考”，选择上一步创建的“螺旋线”，选择“垂直”，激活“第二参考”，选择“螺旋线的一端点”，选择

“重合”，单击✓（确定）按钮。基准面1创建完成，如图7-65所示。

2）绘制截面草图（草图2）。单击基准面1，单击（正视于）按钮，单击（草图绘制）按钮，进入草图绘制；绘制直径为3的圆，约束圆心与螺旋线为“穿透”；单击（退出草图）按钮退出草图绘制。扫描截面草图2如图7-66所示。

第3步：扫描特征。单击特征控制面板上（扫描）按钮，弹出窗口；在“轮廓”框中选择草图2（圆），“路径”框选择螺旋线；单击✓（确定）。螺旋圆柱弹簧如图7-67所示。

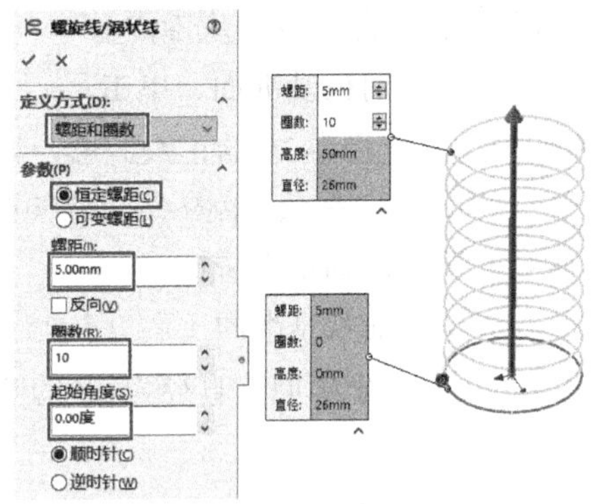

图7-64 螺旋线/涡状线窗口和预览图

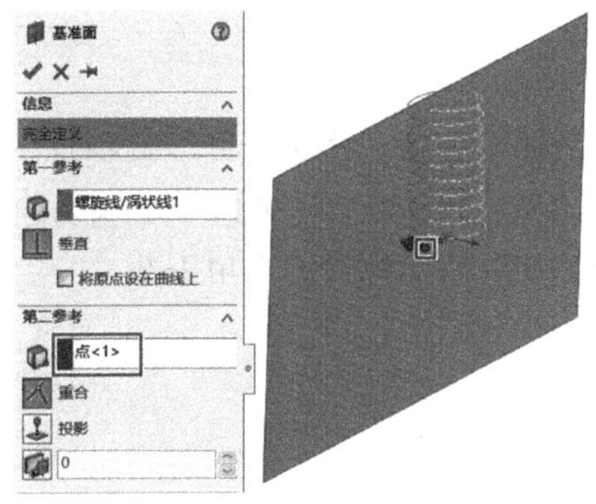

图7-65 创建基准面1

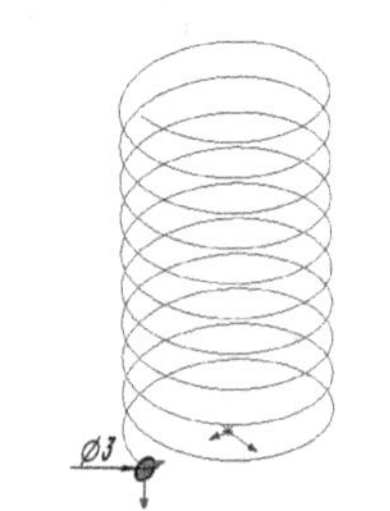

图7-66 扫描截面草图2

第4步：用（拉伸切除）命令将两端磨平，如图7-68所示。

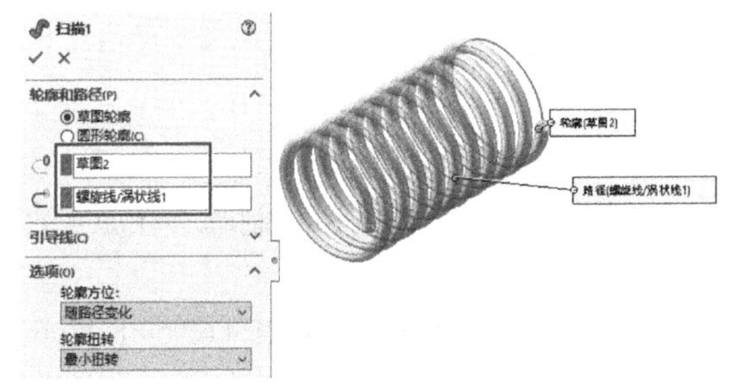

图7-67 圆柱弹簧

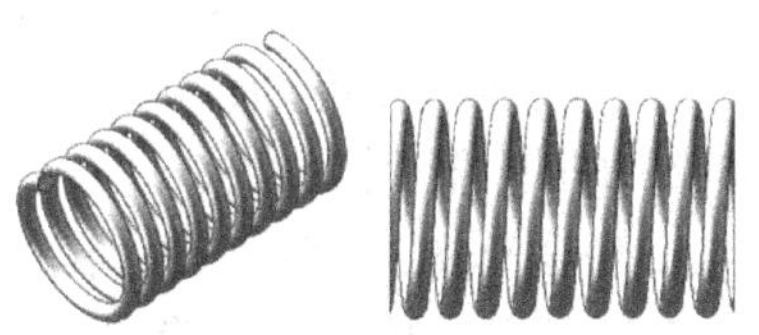

图7-68 两端磨平的弹簧

【实例7-13】 绘制如图7-69所示的M20螺栓。

分析：先通过拉伸、拉伸切除等特征得到没有螺纹的光杆，如图7-70所示；再利用扫描切除得到螺纹。螺栓作为标准零件，其头部尺寸及螺纹的小径尺寸查相关标准获取。

实例7-13

操作步骤：

第1步：新建零件，创建一个M20的六角螺栓的六角头部（利用带拔模斜度的拉伸切除命令生成锥面)。

1）单击前视基准面，单击（草图绘制）按钮，用（多边形）命令绘制中心在坐标原点内切圆直径为 30 的正六边形，如图 7-71 所示草图 1；单击（退出草图）按钮。

2）单击草图 1，单击（拉伸凸台 / 基体）特征按钮，输入拉伸深度为 12.5，单击（确定）按钮得到正六棱柱。

3）单击前视基准面（草图 1 所在平面)，单击（草图绘制）按钮，进入草图绘制，绘制一个圆心在坐标原点直径为 30 的圆，如图 7-72 所示草图 2；单击（退出草图）按钮。

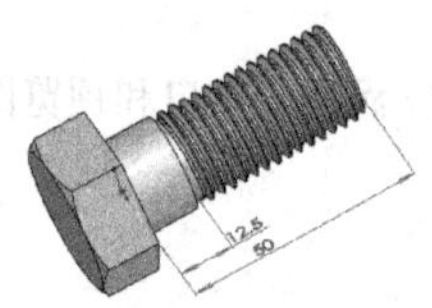

图 7-69　M20 螺栓

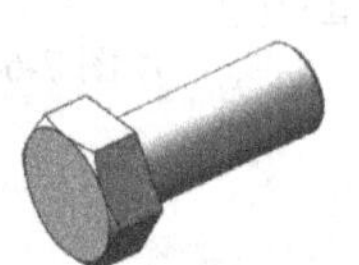

图 7-70　光杆螺栓

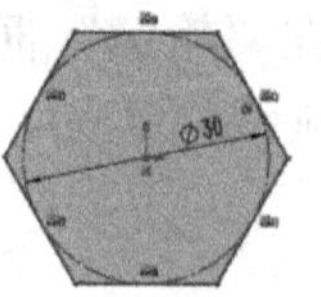

图 7-71　草图 1

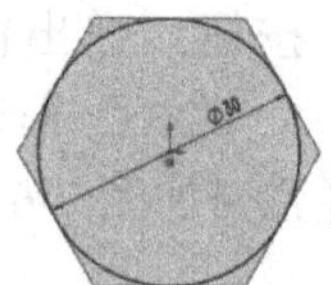

图 7-72　草图 2

4）单击草图 2；单击（拉伸切除）弹出窗口，在“终止条件”选项框中选择“完全贯穿”，单击（反向）按钮，在（拔模角度）填写 60，同时选中反侧切除☑反侧切除(F)，如图 7-73 所示；单击（确定）按钮，得到图 7-74 所示螺栓的六角头部。

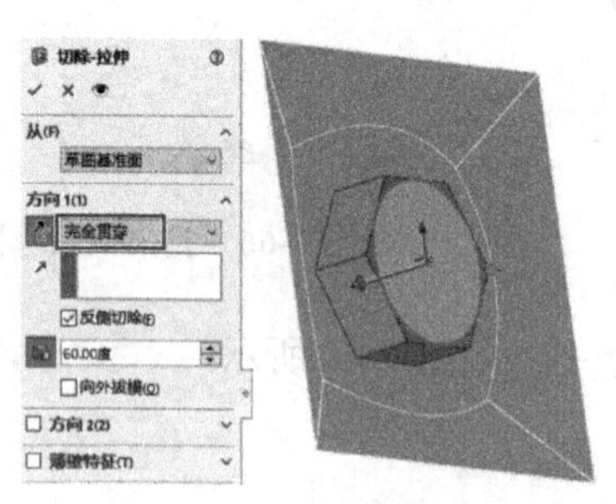

图 7-73　切除 - 拉伸窗口

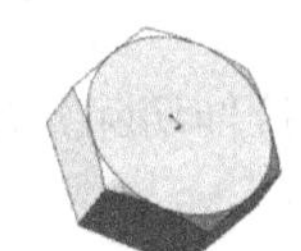

图 7-74　M20 螺栓头

第 2 步：生成 M20 六角螺栓的螺杆部分。利用拉伸命令生成。

1）单击前视基准面，单击（草图绘制）按钮；用（圆）按钮绘制圆心在原点直径为 ϕ20 的圆，得到草图 3。

2）单击草图 3，单击（拉伸凸台 / 基体）按钮，输入拉伸深度为 62.5（62.5=12.5+50)，如图 7-75 所示；单击（确定）按钮得到圆柱。

3）单击特征控制面板上的（倒角）按钮，弹出“倒角”窗口，选择圆柱右端边线，“倒角类型”选择“角度距离”，设置距离为 1，角度为 45，如图 7-76 所示；单击（确定）按钮完成倒角 1 特征的绘制。至此，光杆绘制完成。

第 3 步：绘制螺纹

1）绘制与螺纹规格尺寸有关的扫描螺旋线。查标准知 M20 的螺距为 2.5。单击圆柱右端面作为基准面，单击（草图绘制）按钮，绘制圆心在原点直径为 17.294 圆（小径圆直径)；单击此圆，单击主菜单的“插入”→“曲线”→“螺旋线 / 涡状线”，弹出“螺旋线 / 涡状线”窗口，将“定义方式”选择“螺距和圈数”，“螺距”设置为2.5，“圈数”输入15，“起始角度”设置为0；单击确定✓后得到螺旋线（草图4），如图7-77所示。

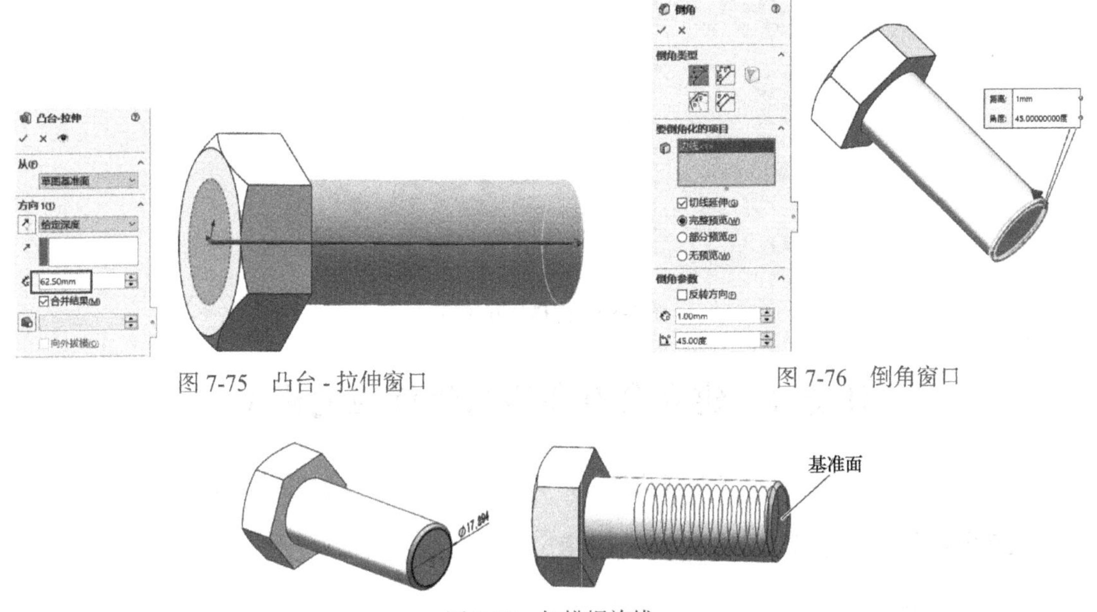

图7-75 凸台-拉伸窗口

图7-76 倒角窗口

图7-77 扫描螺旋线

2）绘制扫描截面草图。

①创建基准面1。单击菜单“插入”→“参考几何体”→“基准面”，以“垂直于曲线”的方式建立垂直于螺旋线且通过螺旋线一端点的基准面1。单击激活“第一参考”，选择上一步创建的“螺旋线”，选择“垂直”，激活“第二参考”，选择“螺旋线的一端点”，选择“重合”，单击✓（确定）按钮。基准面1创建完成如图7-78所示。

②绘制草图。选中基准面1，单击⊥（正视于）按钮，单击⁄（中心线）按钮绘制辅助线；绘制扫描切除的轮廓线（草图5），即等腰梯形，约束辅助中心线的左端点为等腰梯形上底边的中点且与螺旋线“穿透”，下底边与圆柱边线“共线”，具体尺寸如图7-79所示。

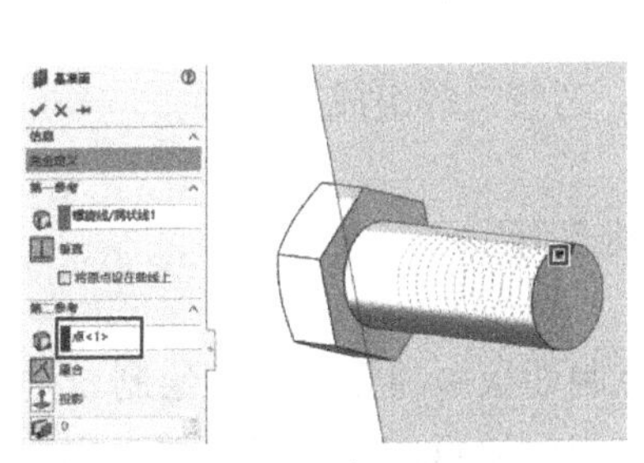

图7-78 创建基准面1

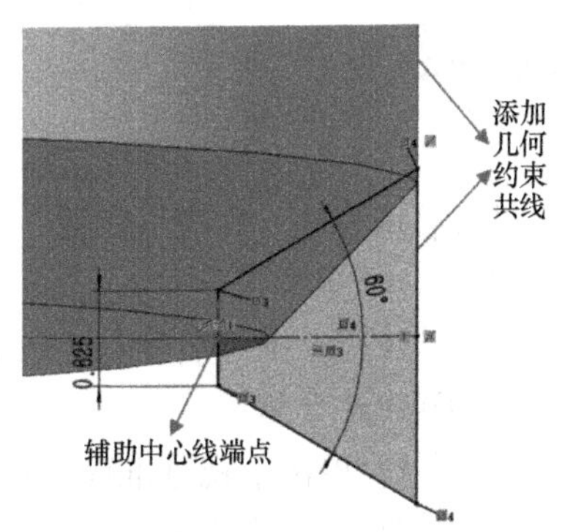

图7-79 扫描切除轮廓草图

3）扫描切除特征。单击（扫描切除）按钮，弹出窗口；在“轮廓”中选中草图5，在“路径”中选中螺旋线 / 涡状线 1（若不好选中，可以打开设计树直接选取），如图 7-80 所示。单击确定 按钮得到螺纹。

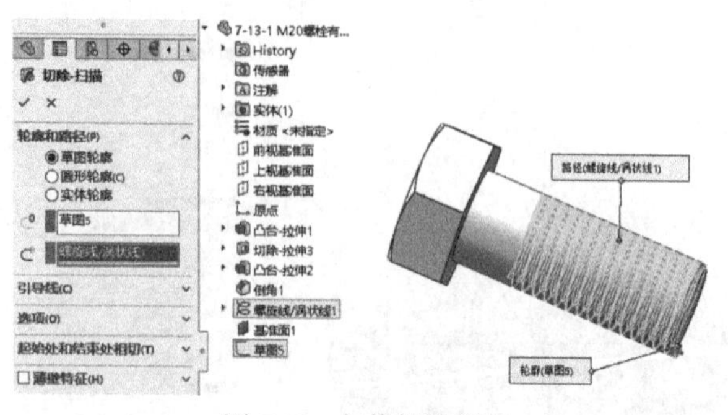

图 7-80　扫描切除预览

任务 4　建立含有曲线与螺旋线的模型

任务目标：掌握扫描、放样和螺旋线、涡状线、弹簧、螺纹绘制方法的综合应用。

7.5　综合实例——发动机进气管的建模

【实例 7-14】 绘制如图 7-81 所示的发动机进气管。

实例 7-14

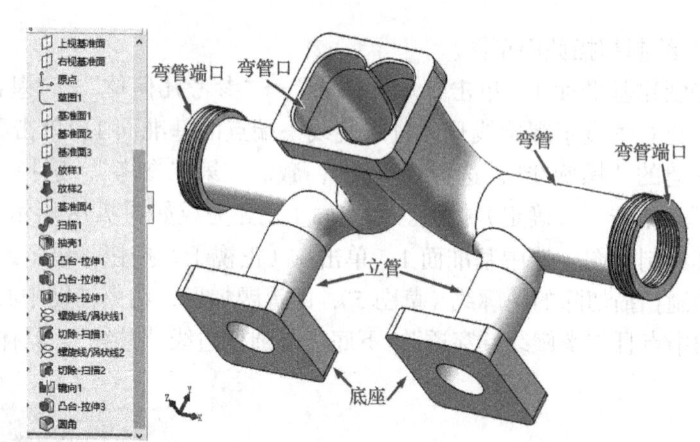

图 7-81　发动机进气管模型

发动机进气管由底座、立管、弯管、弯管端口、弯管口等组成。

操作步骤：

第 1 步：新建文件，文件名称为“7.14 发动机进气管”。

第 2 步：创建左边弯管。

1）绘制草图 1。单击上视基准面，单击草图控制面板中的（草图绘制）按钮；使用（直线）命令绘制一条过坐标原点的水平线和过坐标原点的一条竖直线，用（绘制圆角）命令绘制圆弧，标注尺寸，如图 7-82 所示，单击（确定）。

2）创建基准面 1，以“点和平行面”的方式创建平行于右视基准面且通过草图 1 左端点的基准面。单击参考几何体控制面板上的（基准面）按钮，弹出基准面窗口，单击“第一参考”，单击“右视基准面”，选择（平行）；单击“第二参考”，单击草图 1 的左端点，选择（重合），如图 7-83 所示；单击（确定）按钮。

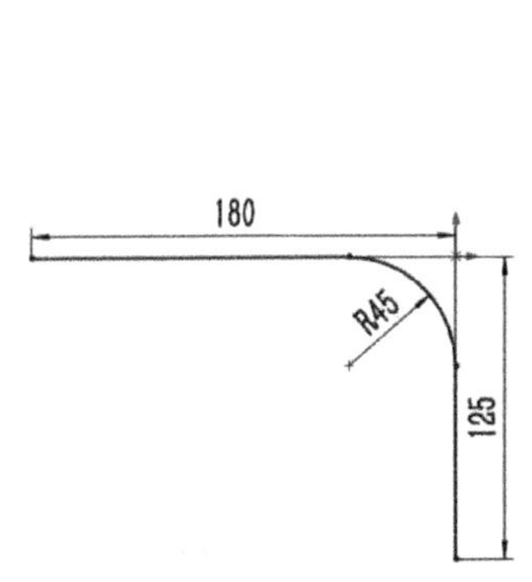

图 7-82　绘制草图 1

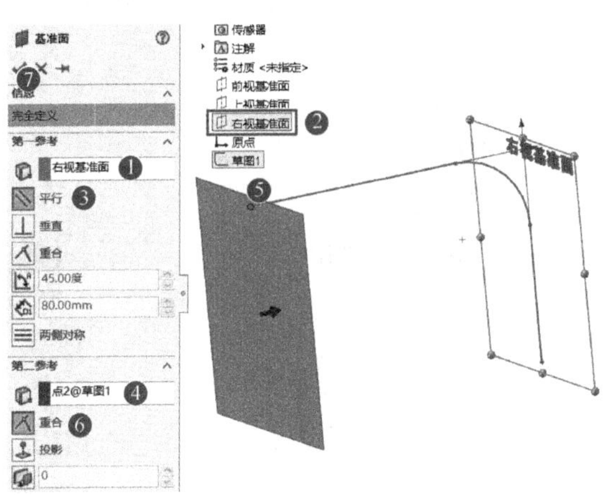

图 7-83　绘制基准面 1

3）创建基准面 2，以“点和平行面”的方式创建平行于基准面 1 且通过草图 1 水平直线右端点的基准面。单击参考几何体控制面板上的（基准面）按钮，弹出基准面窗口；单击“第一参考”，单击“基准面 1”，选择（平行）；单击“第二参考”，选择草图 1 水平直线右端点，选择（重合），如图 7-84 所示，单击（确定）按钮。

4）创建基准面 3，以“点和平行面”的方式创建平行于前视基准面且通过草图 1 前端点的基准面。单击参考几何体控制面板上的（基准面）按钮，弹出基准面窗口，单击“第一参考”，单击“前视基准面”，选择（平行）；单击“第二参考”，选择草图 1 的前端点，选择（重合），如图 7-85 所示，单击（确定）按钮。

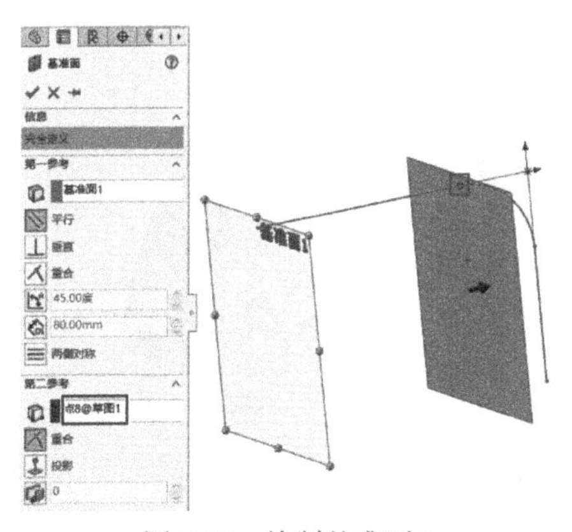

图 7-84　绘制基准面 2

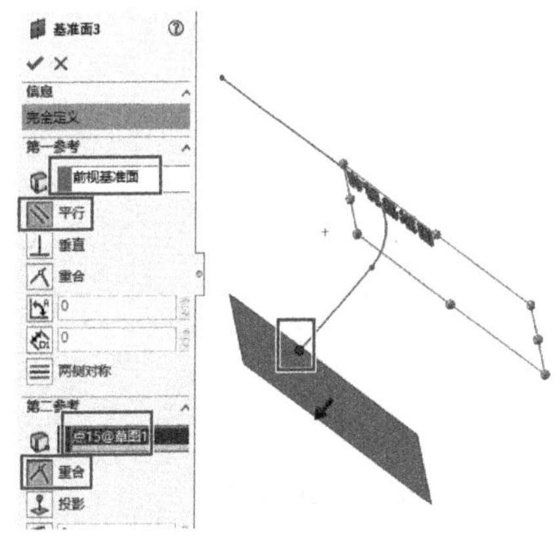

图 7-85　绘制基准面 3

5）绘制草图 2。单击基准面 1，单击（草图绘制），用（圆）命令绘制草图，草图尺寸如图 7-86 所示，单击（确定）。

6）绘制草图 3。单击基准面 2，单击（草图绘制），用（圆）命令绘制草图，草图尺寸如图 7-87 所示，单击（确定）。

7）绘制放样 1 特征。单击特征控制面板上的（放样凸台 / 基体）按钮，弹出放样窗口；选择“草图 2”和“草图 3”作为放样的轮廓，如图 7-88 所示，单击（确定）按钮。

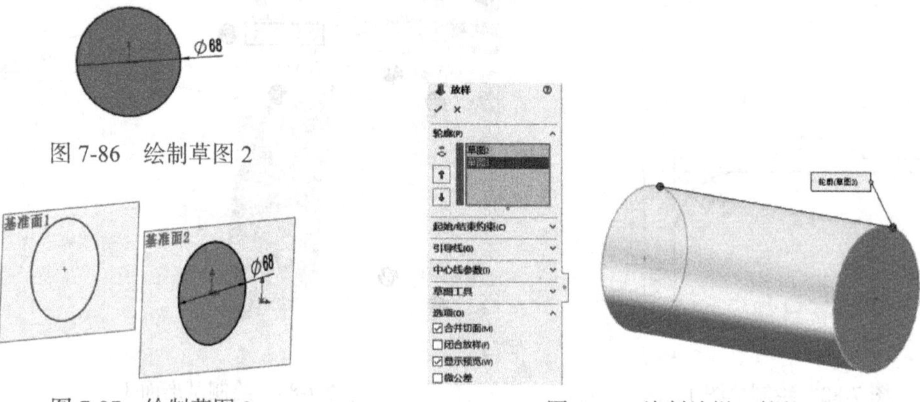

图 7-86　绘制草图 2

图 7-87　绘制草图 3

图 7-88　绘制放样 1 特征

8）绘制草图 4。单击基准面 2，单击草图控制面板中的（草图绘制）按钮，选择圆柱边线，单击（转换实体引用）按钮，生成放样截面草图 4，单击（确定）。

9）绘制草图 5。单击基准面 3，单击草图控制面板中的（草图绘制）按钮，使用（中心矩形）命令和（绘制圆角）命令绘制草图，尺寸如图 7-89 所示，单击（确定）。

10）绘制放样 2 特征。单击特征控制面板上的（放样凸台 / 基体）按钮，弹出“放样”窗口；选择“草图 4”和“草图 5”作为放样的轮廓，在“开始约束”和“结束约束”选项框中均选择“垂直于轮廓”，如图 7-90 所示，单击（确定）按钮。

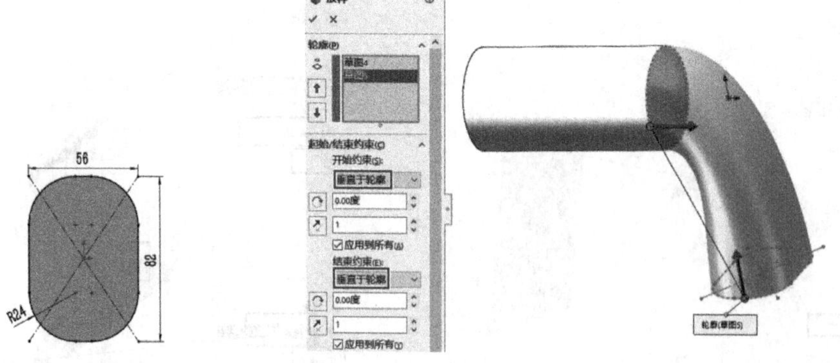

图 7-89　绘制草图 5

图 7-90　绘制放样 2 特征

第 3 步：创建左边立管。

1）绘制草图 6。单击前视基准面，单击草图控制面板中的（草图绘制）按钮；用（直线）、（切线弧）命令绘制立管扫描路径（其中圆弧为 1/4 圆），尺寸如图 7-91 所示，单击（确定）。

2）创建基准面4，以“点和平行面”的方式创建平行于上视基准面且通过扫描路径（草图6）下端点的基准面。单击参考几何体控制面板上的（基准面）按钮，弹出基准面窗口；单击“第一参考”，单击“上视基准面”，选择（平行）；单击“第二参考”，单击“草图6的下端点”，选择（重合），如图7-92所示，单击（确定）按钮。

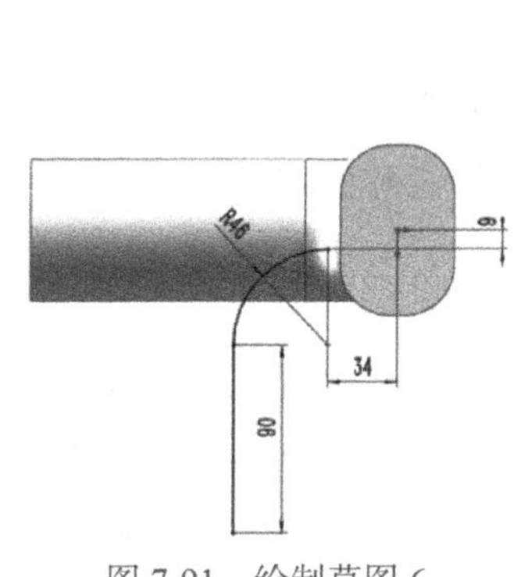

图7-91 绘制草图6

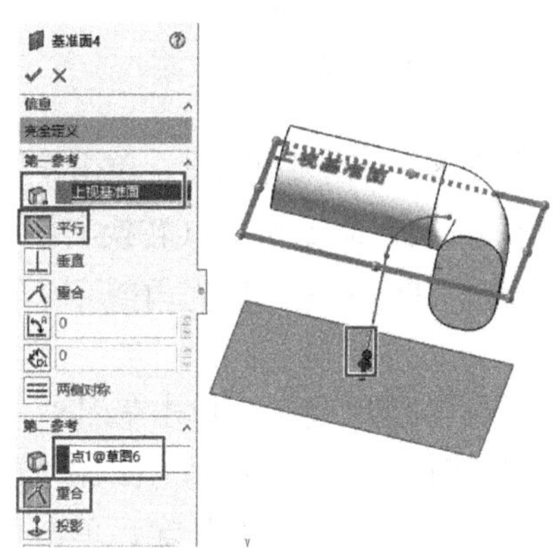

图7-92 创建基准面4

3）绘制草图7。单击基准面4，单击草图控制面板中的（草图绘制）按钮，用（圆）命令绘制扫描截面草图，单击草图绘制控制面板上的（添加几何关系）按钮，为扫描截面圆的圆心与草图6中的直线添加“穿透”约束，如图7-93所示，单击（确定）。

4）绘制扫描1特征。单击特征控制面板上的（扫描）按钮，弹出“扫描”窗口；选择“草图7”作为扫描的轮廓，选择“草图6”作为扫描的路径，如图7-94所示，单击（确定）按钮。

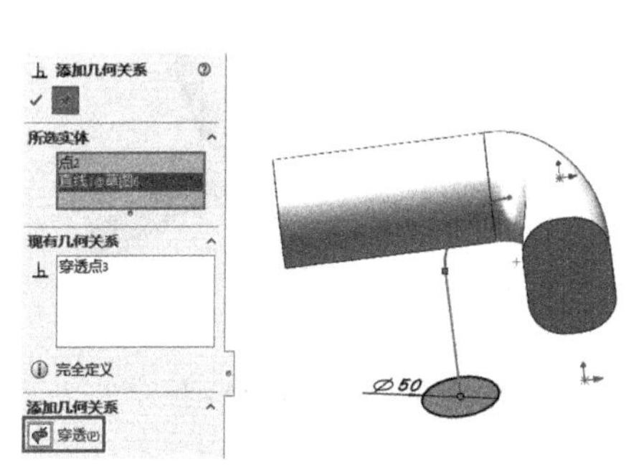

图7-93 绘制草图7（扫描截面图）

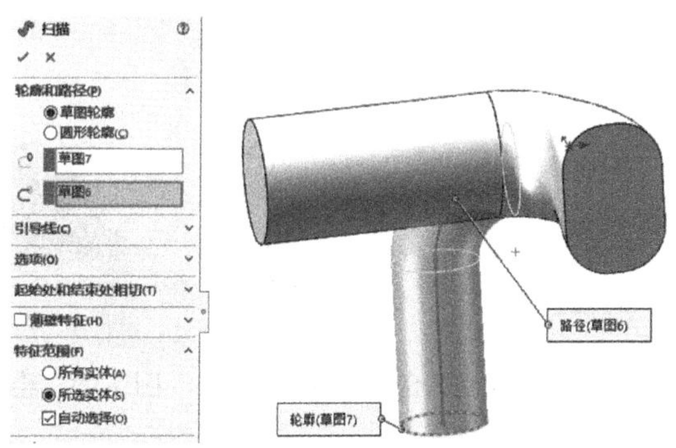

图7-94 绘制扫描1特征

5）绘制抽壳1特征。单击特征控制面板上的（抽壳）按钮，弹出“抽壳1”窗口；选择组成实体的3个端面，设定壳厚为4，如图7-95所示。单击（确定）按钮，如图7-96所示。

第4步：创建左边弯管端口。

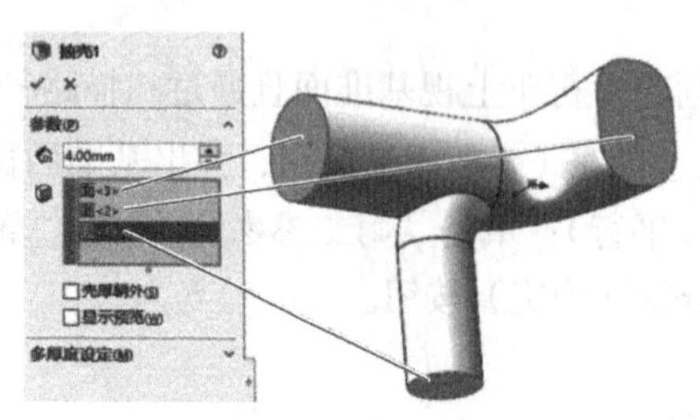

图 7-95　抽壳 1 窗口

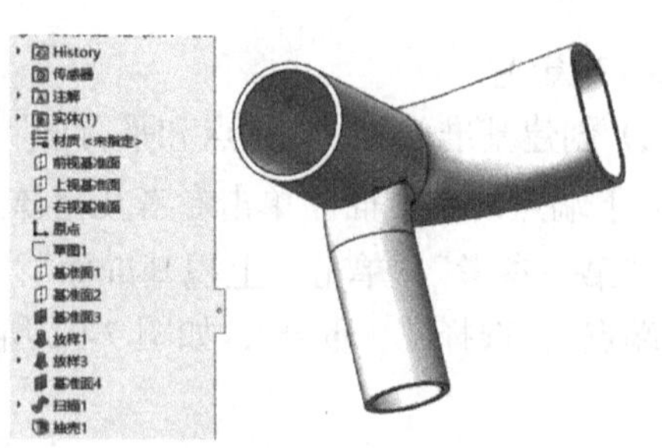

图 7-96　抽壳后特征

1）绘制草图 8。单击基准面 1；单击草图控制面板中的 （草图绘制）按钮，用 （圆）命令和 （转换实体引用）命令绘制弯管端口拉伸草图（两个圆，其中内圆为抽壳内壁），尺寸如图 7-97 所示，单击 （确定）。

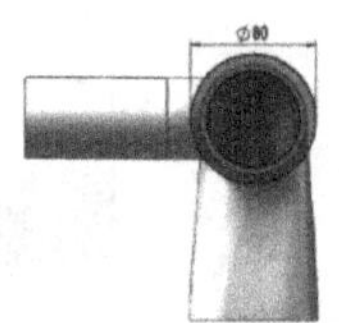

图 7-97　绘制草图 8

2）绘制凸台 - 拉伸 1 特征。单击草图 8；单击特征工具栏上的 （拉伸凸台 / 基体）按钮，弹出“凸台 - 拉伸”窗口；在“终止条件”选项框中选择 给定深度，并设置深度为 20，单击 （反向）按钮，勾选“合并结果”，如图 7-98 所示，单击 （确定）按钮。

第 5 步：创建底座。

1）绘制草图 9。单击基准面 4；单击草图控制面板中的 （草图绘制）按钮；用 （转换实体引用）、 （中心矩形）、 （绘制圆角）命令绘制草图（内圆为抽壳内壁），尺寸如图 7-99 所示，单击 （确定）。

2）绘制凸台 - 拉伸 2 特征。单击“草图 9”；单击特征工具栏上的 （拉伸凸台 / 基体）按钮，弹出窗口；在“终止条件”框中选择 给定深度，设置深度为 25，勾选“合并结果”，如图 7-100 所示，单击 （确定）按钮。

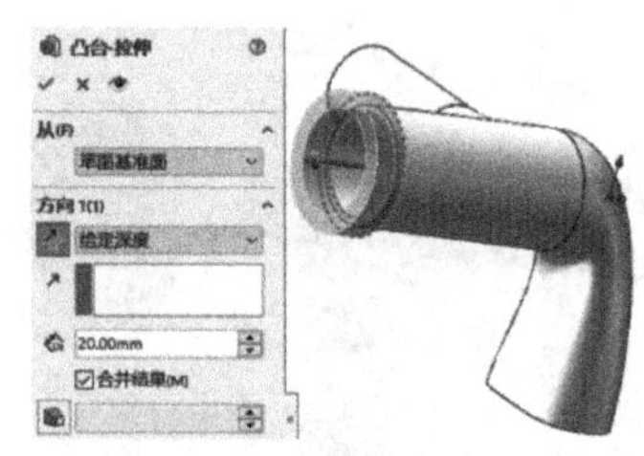

图 7-98　绘制凸台 - 拉伸 1

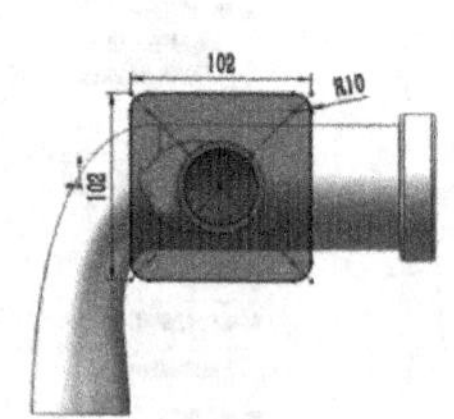

图 7-99　绘制草图 9

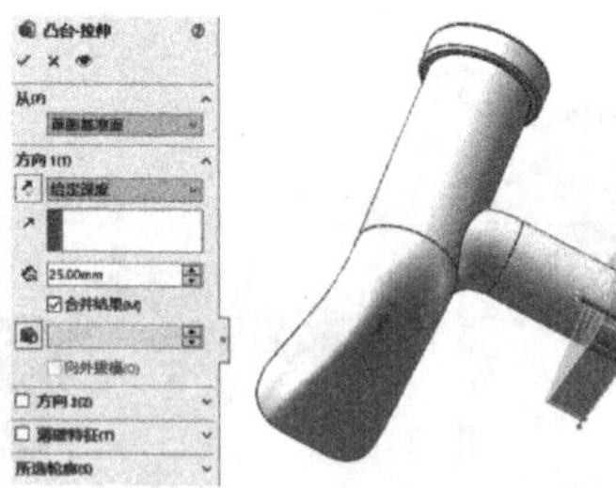

图 7-100　绘制凸台 - 拉伸 2

第 6 步：绘制左边弯管端口外螺纹。

1）绘制扫描螺旋线 1。查标准可知 M80 的螺距为 4。单击弯管端口左端面作为基准面，如图 7-101 所示；单击 （草图绘制）；绘制圆心在坐标原点、直径为 ϕ75.67 的圆，如图 7-102 所示，退出草图；单击此圆（草图 10）；单击主菜单“插入”→“曲线”→“螺旋线 / 涡状线”，弹出“螺旋线 / 涡状线”窗口，将“定义方式”选择“高度和螺距”，“高度”设置为 20，“螺距”设置为 4，“起始角度”设置为 0；单击 （确定），如图 7-103 所示。

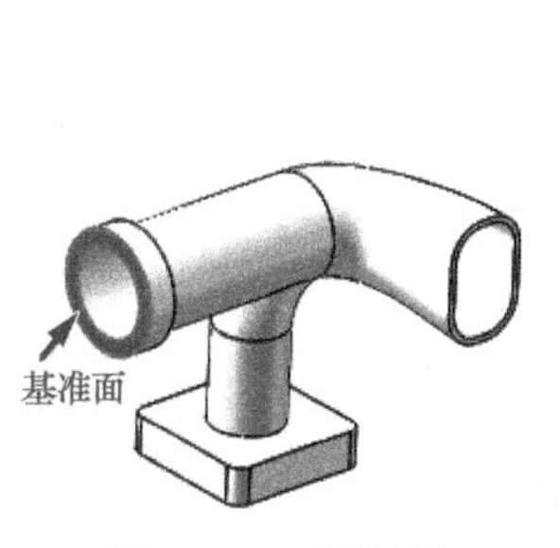

图 7-101　基准面

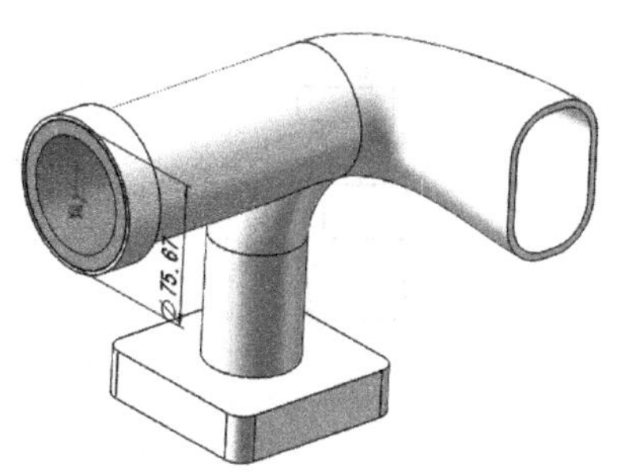

图 7-102　绘制草图 10

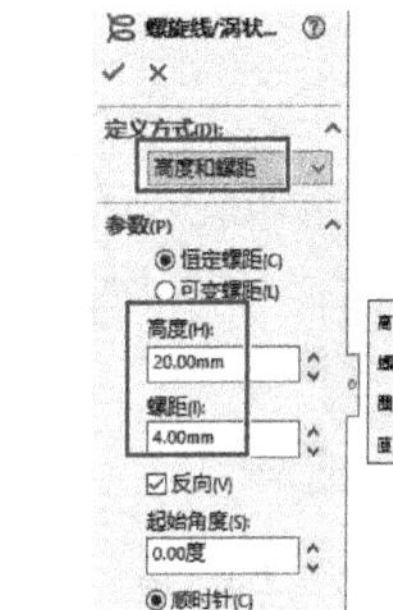
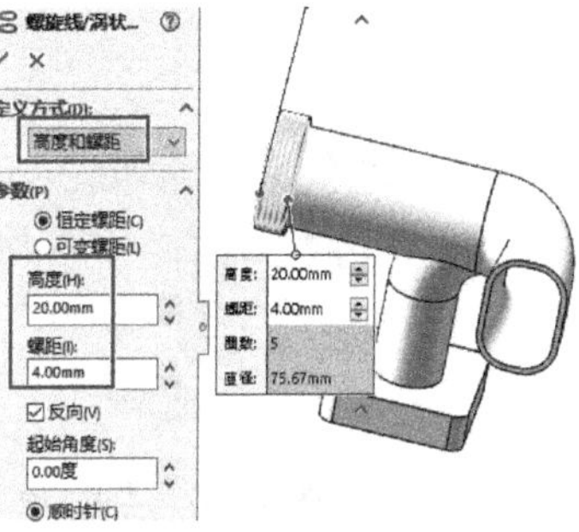

图 7-103　扫描螺旋线 1

2）绘制扫描截面草图。单击上视基准面，单击（正视于）按钮，单击（中心线）按钮绘制辅助线；绘制扫描切除的轮廓线（草图 11），即等腰梯形，约束辅助中心线的上端点为等腰梯形上底边的中点且与螺旋线 1“穿透”，具体尺寸如图 7-104 所示。

3）扫描切除特征。单击（扫描切除）按钮，弹出“切除 - 扫描 1”窗口；在“轮廓”中选中草图 11，在“路径”中选中“螺旋线 / 涡状线 1”，如图 7-105 所示（若不好选中，可以打开设计树直接选取）。单击（确定）按钮得到螺纹。

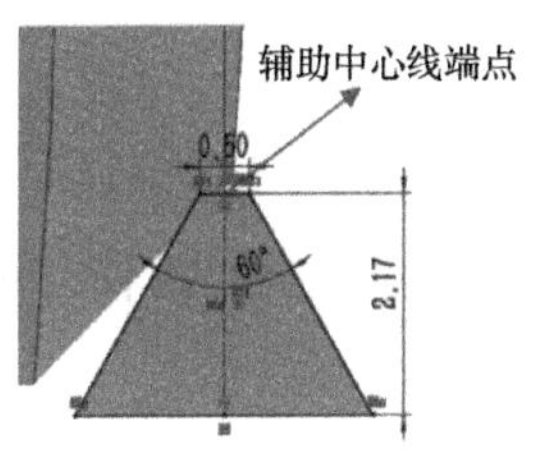

图 7-104　绘制草图 11

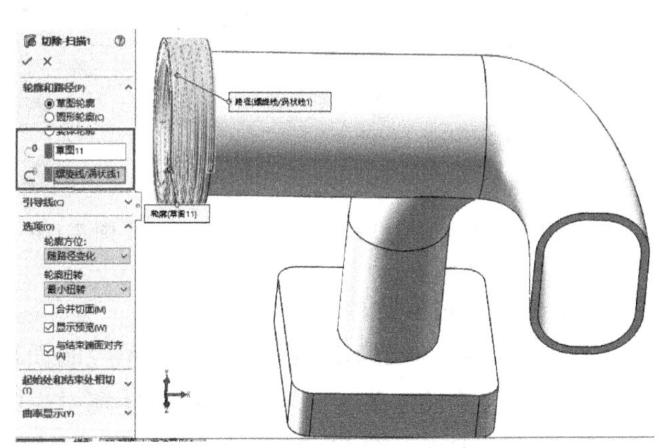

图 7-105　切除 - 扫描 1 预览

第 7 步：绘制左边弯管端口内螺纹。

1）绘制扫描螺旋线 2。查标准可知 M64 的螺距为 4。单击弯管端口左端面作为基准面，如图 7-106 所示；单击（草图绘制）；绘制圆心在坐标原点、直径为 $\phi 64$ 圆，如图 7-107 所示，退出草图；单击此圆（草图 12），单击主菜单的“插入”→“曲线”→“螺旋线 / 涡状线”，弹出“螺旋线 / 涡状线”窗口，“定义方式”选择“螺距和圈数”，“螺距”设置为 4，“圈数”设置为 5，“起始角度”设置为 0；单击（确定），如图 7-108 所示。

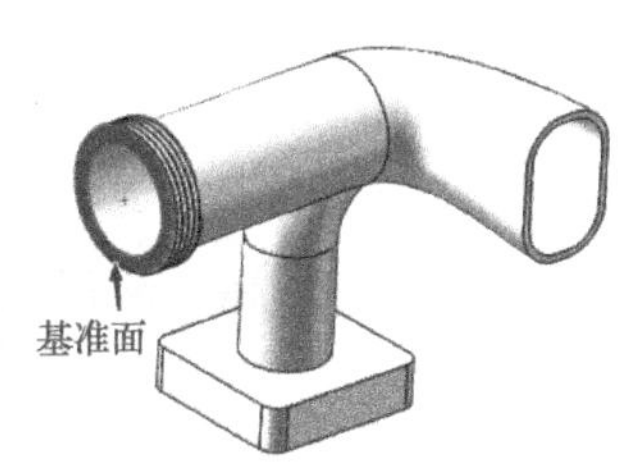

图 7-106　基准面

2）绘制扫描截面草图。单击上视基准面；单击（正视于）按钮，单击（中心线）按钮绘制辅助线；绘制扫描切除的轮廓线（草图 13），即等腰梯形，约束辅助中心线的上端点为等腰梯形上底边的中点且与螺旋线 2“穿透”，具体尺寸如图 7-109 所示。

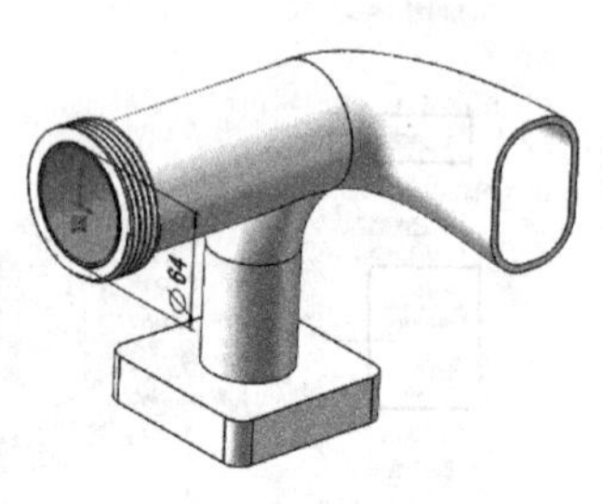
图 7-107　草图 12

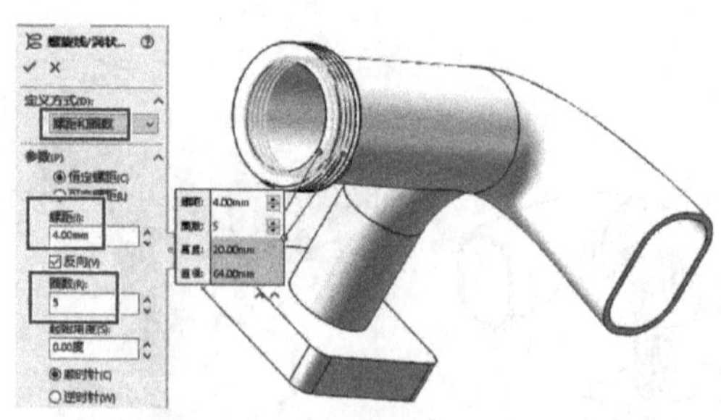
图 7-108　扫描螺旋线 2

3）扫描切除特征。单击（扫描切除）按钮，在“轮廓”中选中草图 13，在“路径”中选中“螺旋线 / 涡状线 2”（若不好选中，可以打开设计树直接选取），如图 7-110 所示。单击（确定）按钮得到螺纹。

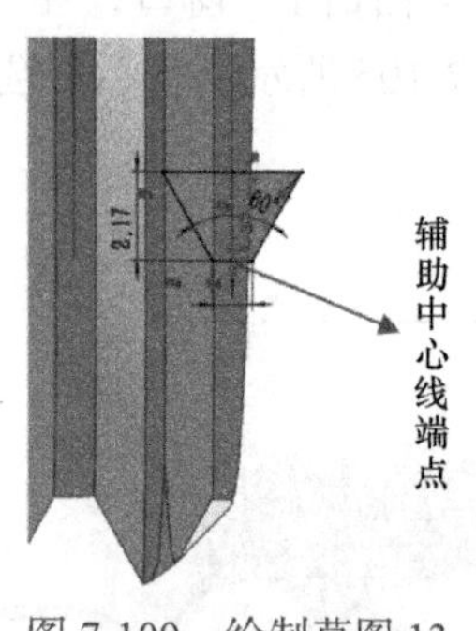

图 7-109　绘制草图 13

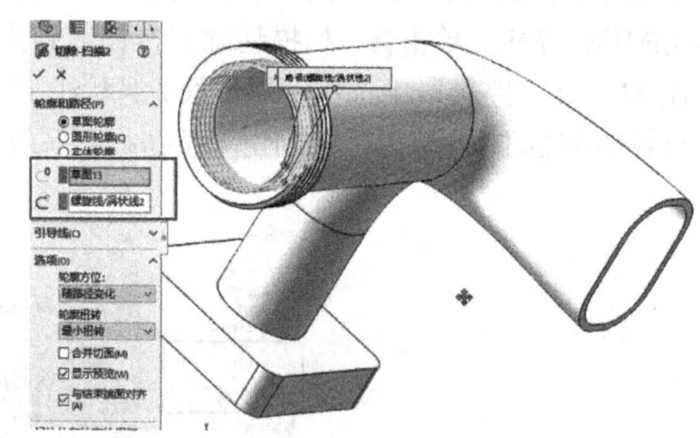
图 7-110　切除 - 扫描 2 预览

第 8 步：创建右边模型。

1）绘制草图 14。单击基准面 3；单击草图控制面板中的（草图绘制）按钮；单击（边角矩形）命令绘制草图，尺寸如图 7-111 所示，单击（确定）。

2）绘制切除 - 拉伸 1 特征。单击特征控制面板上的（拉伸切除）按钮，弹出窗口；在“终止条件”框中选择“完全贯穿”，单击（反向）按钮，如图 7-112 所示，单击（确定）按钮。

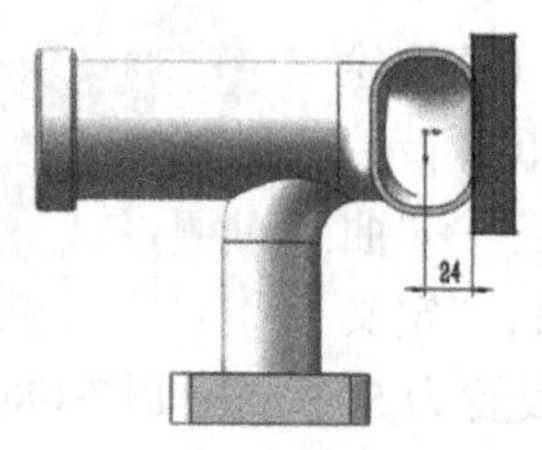
图 7-111　绘制草图 14

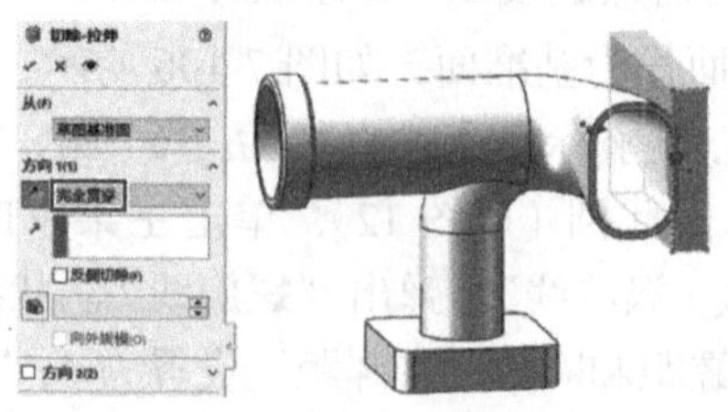
图 7-112　绘制切除 - 拉伸 1 特征

3）绘制镜像特征。单击特征控制面板上的（镜像）按钮，弹出“镜像”窗口；选择前面模型的右端面作为镜像面；选择全部实体作为要镜像的实体，勾选“合并实体”，如

图 7-113 所示。单击✓（确定）按钮完成镜像 1 特征的绘制，如图 7-114 所示。

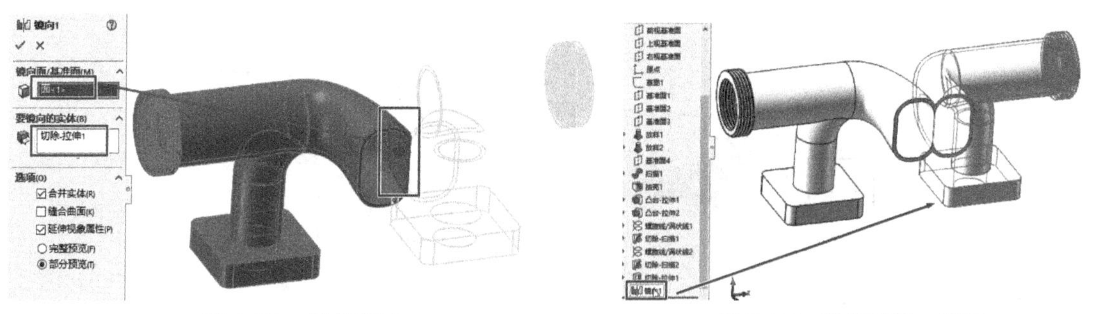

图 7-113 镜像窗口　　图 7-114 绘制镜像 1 特征

4）绘制圆角特征。选择镜像面处内壁边线，设置圆角半径为 2，如图 7-115 所示。

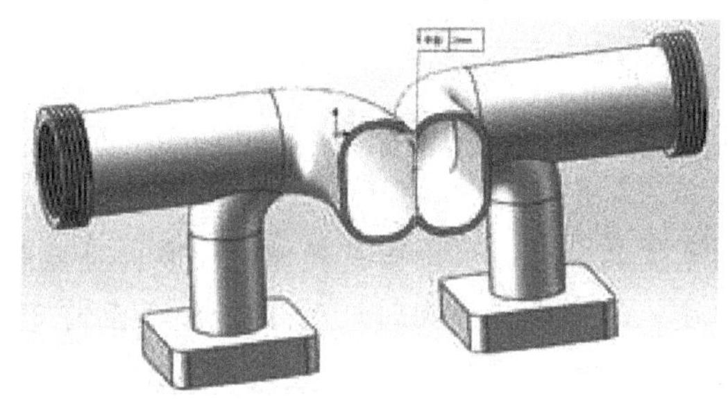

图 7-115 圆角

第 9 步：创建弯管口。

1）绘制草图 15。单击基准面 3，单击草图控制面板中的（草图绘制）按钮；单击（转换实体引用）命令绘制抽壳内壁轮廓，单击（中心线）按钮绘制辅助线，单击（中心矩形）、（绘制圆角）命令绘制剩余草图，尺寸如图 7-116 所示，单击（确定）。

2）绘制凸台 - 拉伸 3 特征。单击“草图 15”，单击特征工具栏上的（拉伸凸台 / 基体）按钮，弹出窗口；在“终止条件”框中选择给定深度，设置深度为 25，勾选“合并结果”，如图 7-117 所示，单击✓（确定）按钮。

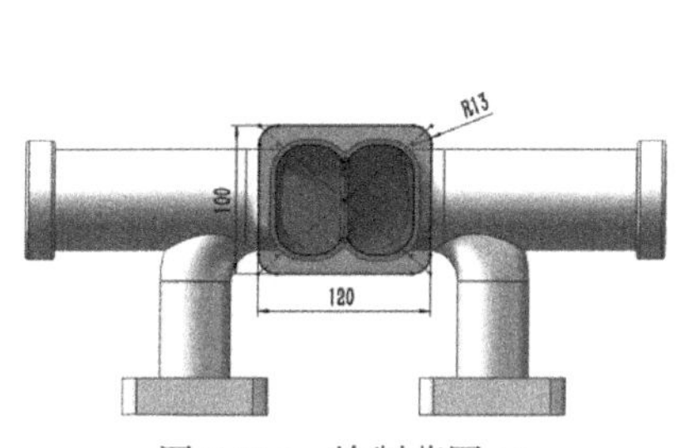

图 7-116 绘制草图 15

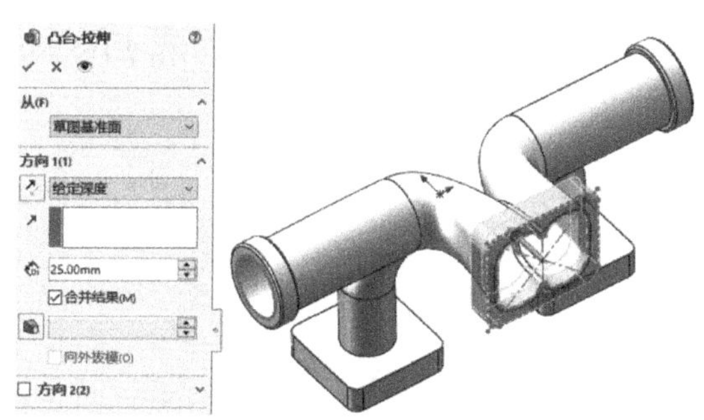

图 7-117 绘制凸台 - 拉伸 3

3）绘制圆角特征。单击特征控制面板上的（圆角）按钮，弹出“圆角”窗口；设置半径为 2，依次单击内外边线，如图 7-118 所示，单击 ✓（确定）按钮。

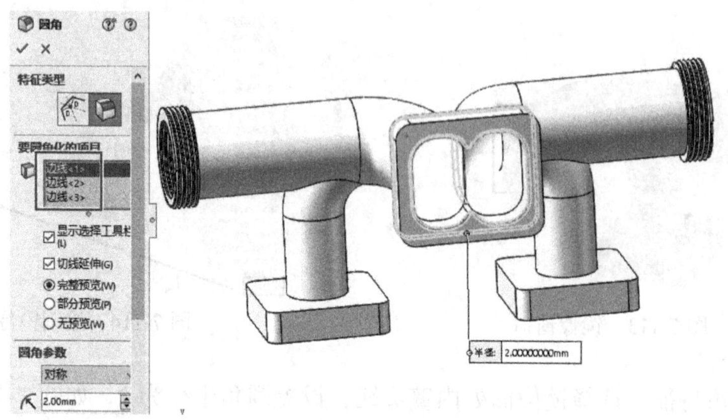

图 7-118　绘制圆角

第 10 步：保存并关闭文件。

【再现中国风】 绘制花瓶的三维模型，如图 7-119 所示。可以通过网络搜索，了解青花瓷的更多信息。

青花瓷是中国瓷器的主流品种之一，中国是瓷器的故乡，瓷器是古代劳动人民的一个重要的创造。在中国，制陶技艺的产生可追溯到纪元前 4500 年至前 2500 年的时代。

图 7-119　花瓶示意图

项目 8

创建工程图

在 SolidWorks 中可以根据三维模型直接创建模型的各个视图，包括剖面视图和局部放大图，并能转换成 AutoCAD 的文件格式。

任务 1　根据零件三维模型创建工程图

任务目标：掌握创建工程图的一般步骤。

8.1　工程图绘制体验

【实例 8-1】 根据图 8-1 所示底板（模型见［实例 2-2］），创建底板三视图。

操作步骤：

第 1 步：新建工程图文件。单击（新建）按钮；在弹出的窗口中单击（工程图）图标，如图 8-2 所示；单击“确定”进入工程图绘制界面，如图 8-3 所示。

实例 8-1

图 8-1　底板

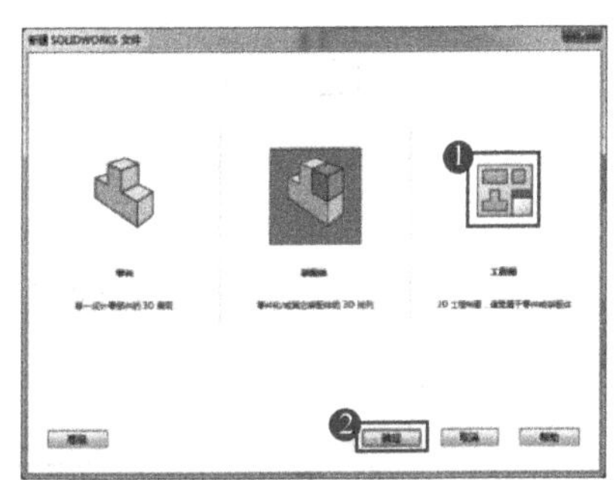

图 8-2　“新建 SolidWorks 文件”对话窗口

第 2 步：以“8- 底板三视图”为名称保存文件。

第 3 步：创建三视图。

1）单击“工程图”选项卡，单击（标准三视图）按钮，弹出“标准三视图”窗口。

2）如图 8-4 所示，在“标准三视图”窗口，单击 浏览(B)... 按钮，在弹出的“打开”窗口中单击“底板”立体模型，然后单击 打开 按钮。

3）底板三视图出现在工程图样上，如图 8-5 所示，标准三视图创建完毕。

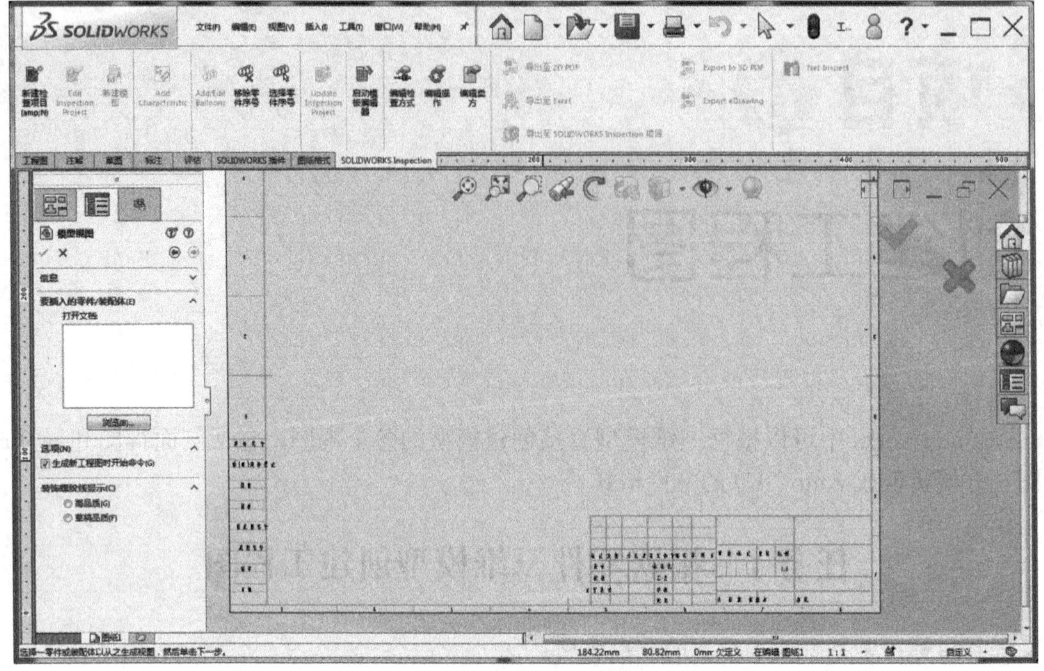

图 8-3 工程图绘制界面

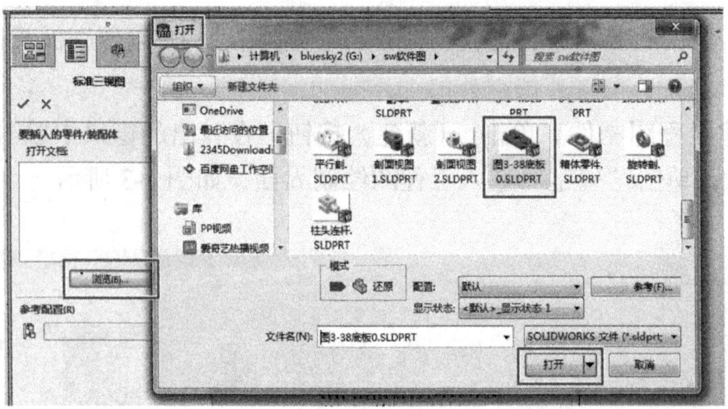

图 8-4 “标准三视图”窗口和“打开”窗口

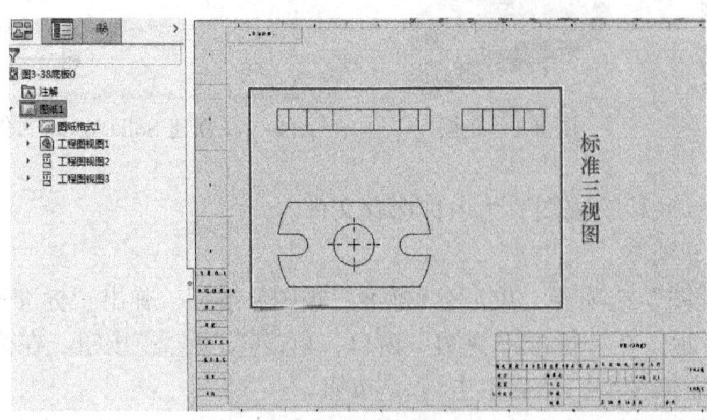

图 8-5 底板三视图

第 4 步：保存文件。

第 5 步：保存为 CAD 格式文件。单击标准工具栏上的 另存为，系统弹出“另存为”窗口。如图 8-6 所示，在“文件名”后输入文件名称“底板三视图”，在“保存类型”选项框中选择“Dwg（*.dwg）”类型，单击保存。CAD 格式的“底板三视图”文件就保存完成了。

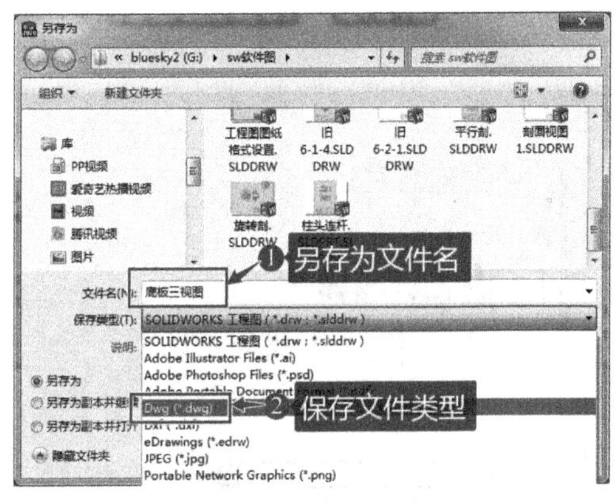

图 8-6 “另存为”窗口

【实例 8-2】 根据图 8-7 所示法兰盘立体图（模型见［举一反三 4-1］），绘制如图 8-8 所示法兰盘工程图。

操作步骤：

第 1 步：新建工程图文件。单击（新建）按钮，在弹出的窗口中单击（工程图）图标，单击“确定”。进入工程图绘制界面。

实例 8-2

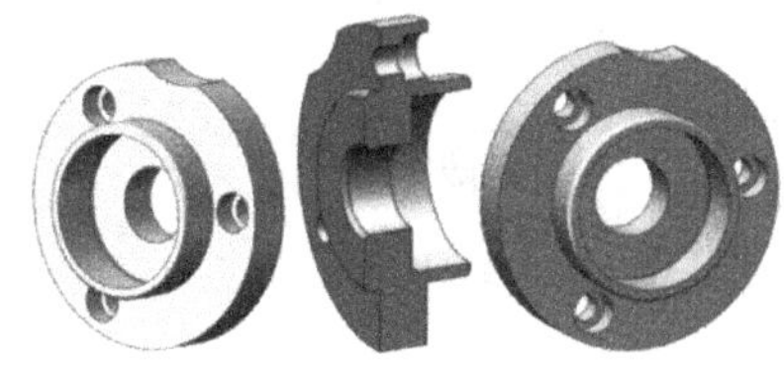

图 8-7 法兰盘

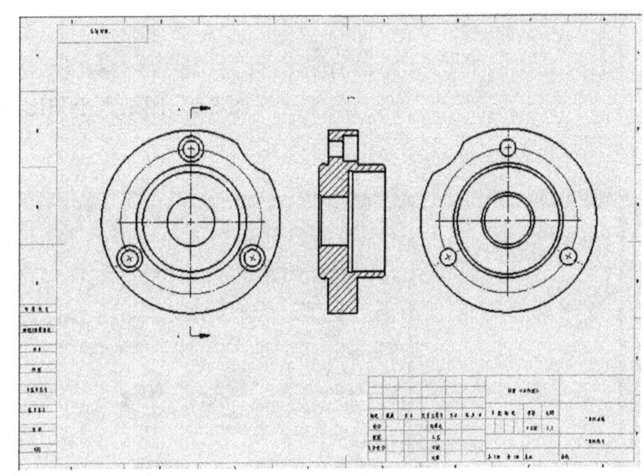

图 8-8 法兰盘工程图

第 2 步：保存文件。单击菜单栏“文件”→“另存为”，在弹出的“另存为”窗口中输入文件名称“8- 法兰盘工程图”，单击 保存(S) 按钮。

第 3 步：设置图纸属性，即图纸大小和比例。如图 8-9 所示，光标放在左边设计树“图纸 1”上，单击右键，选择“属性”。在弹出的“图纸属性”对话窗口中，设置“图纸格式 / 大小”→ A3（GB），“比例”→ 1∶1，“投影类型”→第一视角。单击“应用更改”并关闭。

第 4 步：创建右视图和左视图。

1）如图 8-10 所示，单击右边图形编辑窗口中的（视图调色板）按钮，在“视图调色板”窗口中选择（浏览）按钮，在弹出的“打开”窗口中选择法兰盘立体模型，然后单击“打开”。

2）如图 8-11 所示，右侧“视图调色板”窗口中有各个投影视角的投影图。长按左键拖动“视图调色板”中的“（A）右视”按钮，到绘图区合适的位置松开，单击。如图 8-12 所示，单击右视图，在左边“工程图视图 1”窗口中，单击“显示样式”中的（消除隐藏线）按钮，单击✔。

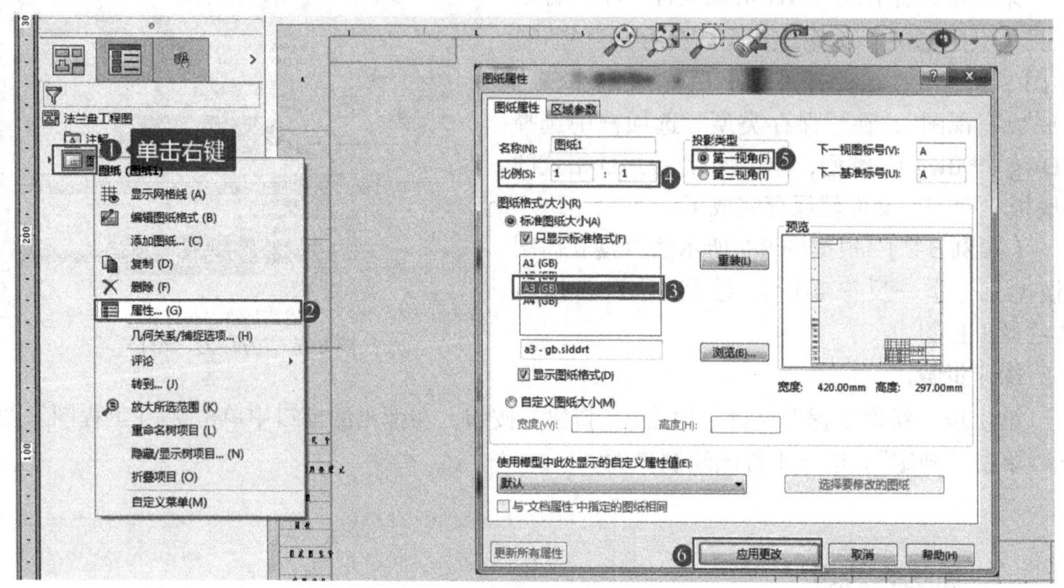

图 8-9　图纸大小和比例设置

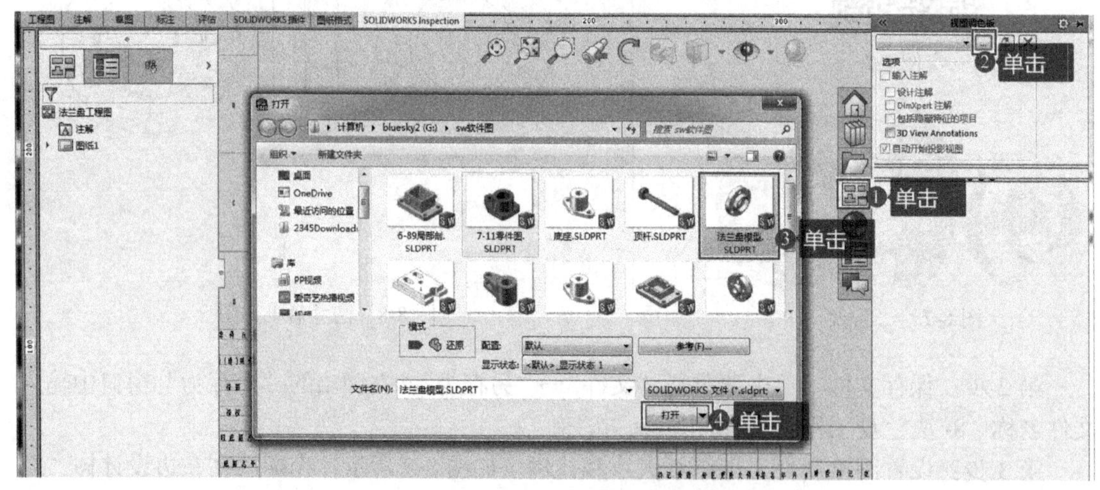

图 8-10　视图调色板导入零件图

3）如图 8-11 所示，长按左键拖动“视图调色板”中的◎（左视）按钮，到图示位置松开，单击✔。修改左视图的显示样式为“消除隐藏线”，单击✔。

4）如图 8-13 所示，法兰盘右视图和左视图创建完毕。

第 5 步：创建全剖主视图。

1）单击“工程图”选项卡中的（剖面视图）按钮。如图 8-14 所示，在“剖面视图辅助”窗口中，单击切割线中的（竖直）按钮，在右视图圆心处单击左键，弹出来图标，单击✔（确定）。

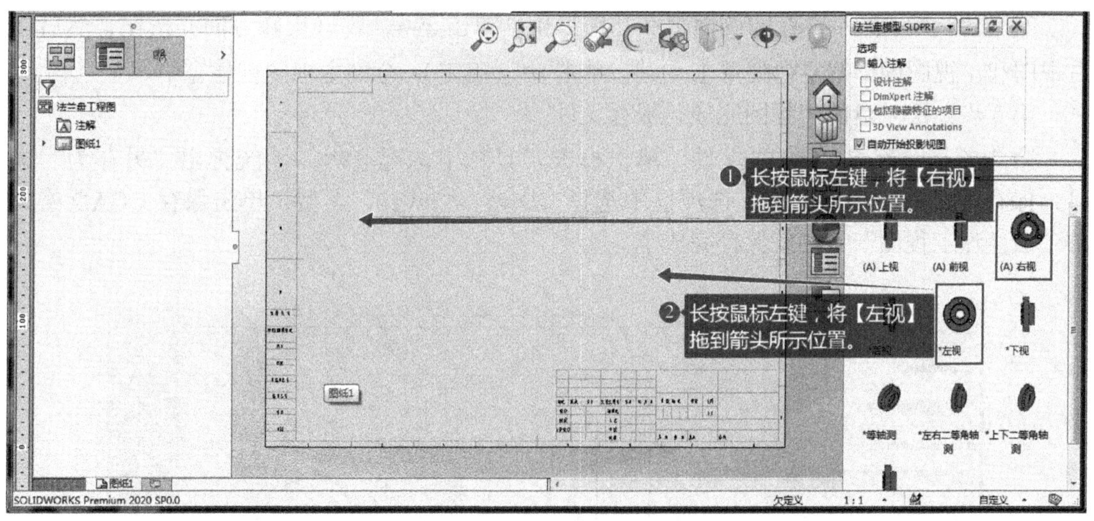

图 8-11　左视图和右视图拖动进绘图区

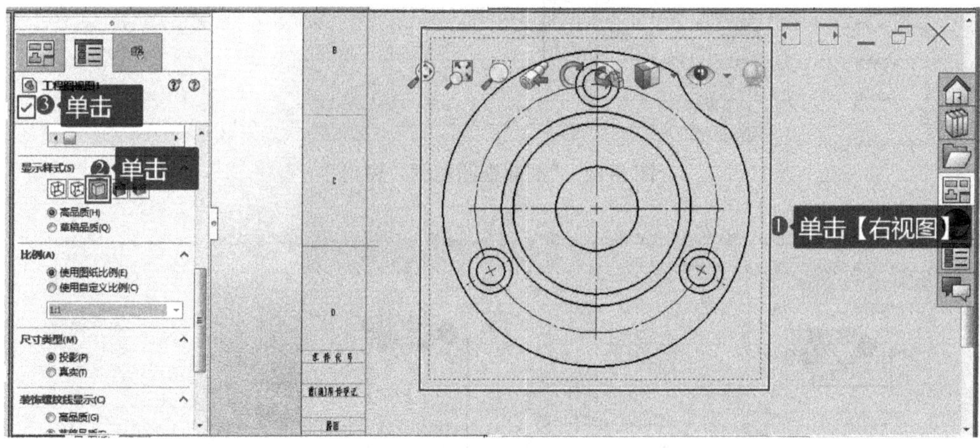

图 8-12　修改右视图显示样式

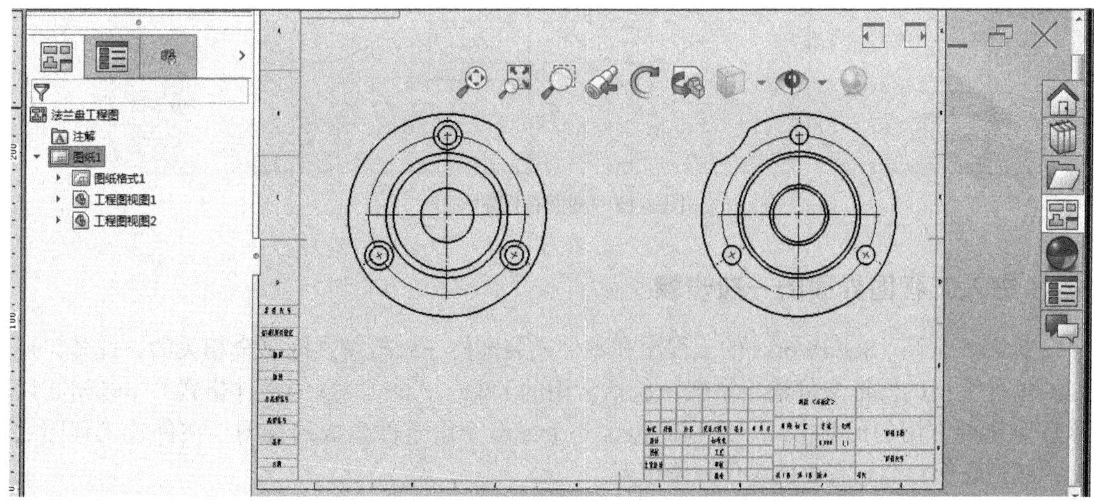

图 8-13　法兰盘右视图和左视图

2）如图 8-15 所示，在“剖面视图”窗口中，单击 反转方向(L) （反转方向）按钮，然后在右视图和左视图的中间空白处单击左键，单击✔（确定），全剖主视图创建完毕。

第 6 步：法兰盘的工程图完成，保存文件。

第 7 步：保存 CAD 格式文件。单击标准工具栏上的 另存为，系统弹出“另存为”窗口，保存时，在“保存类型”选项框中选择“Dwg（*.dwg）”类型，单击保存。CAD 格式的“法兰盘工程图”文件就保存完成了。

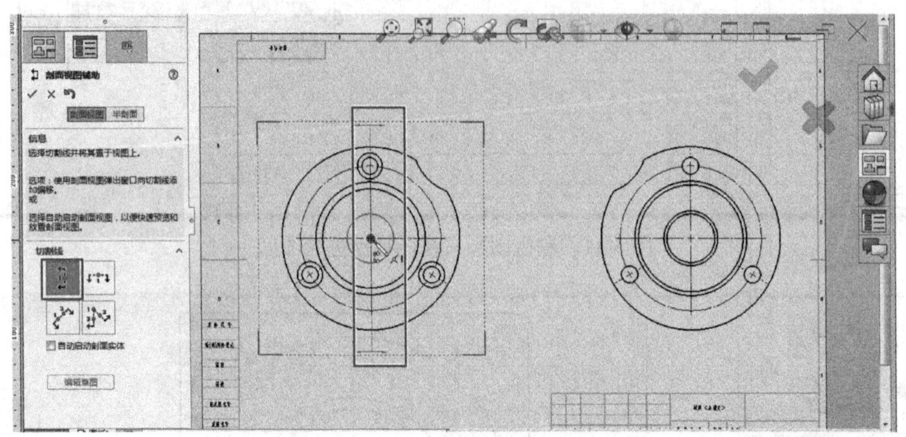

图 8-14 “剖面视图辅助”窗口

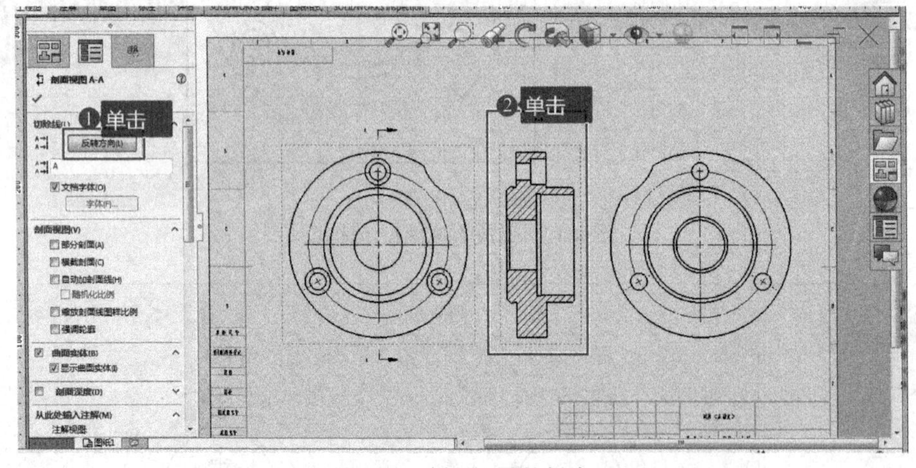

图 8-15 剖面视图的创建

8.2 进入工程图界面的一般步骤

默认情况下，SolidWorks 的工程图和零件或装配体三维模型之间是全相关的。此外，还提供多种类型的图形文件输出格式，包括常用的 Dwg（AutoCAD 的文件格式）、dxf 格式以及其他几种常用的标准格式。工程图包含一个或多个由零件生成的视图。在创建工程图之前，必须先保存与它有关的零件三维模型。

SolidWorks 新建工程图文件的操作步骤：单击（新建）按钮，或选择菜单栏：“文件”→“新建”；在弹出的窗口卡中单击（工程图）图标；单击 确定 按钮，进入工程图绘制界面；保存文件。

任务2 根据零件三维模型创建视图

任务目标：掌握绘制和编辑视图的方法。

8.3 创建视图操作方法与实例

8.3.1 创建标准三视图的操作方法与实例

第一视角投影，标准三视图是从三维模型的主视（前视）、左视、俯视（上视）3个正交角度投影生成3个正交视图，如图8-16所示。在标准三视图中，主视图、俯视图及左视图有固定的对齐关系。俯视图可以竖直移动，左视图可以水平移动。创建标准三视图的方法有多种，这里只介绍两种。

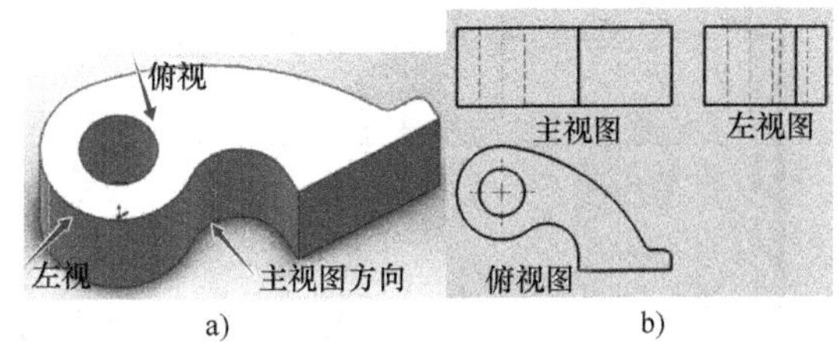

图8-16 标准三视图示例
a）模型 b）标准三视图

1. 三维模型图文件没有打开，直接创建标准三视图

操作步骤：

第1步：新建工程图文件。单击（新建）按钮，在弹出的窗口卡中单击（工程图）图标。

第2步：如图8-17所示，在“工程图”选项卡中单击（标准三视图）按钮，此时光标变成。

第3步：如图8-18所示，在弹出的“标准三视图”窗口中，单击 浏览(B)... 按钮。

第4步：在弹出的“打开”对话窗口中选择要创建为标准三视图的零件模型（如图3-21所示模型文件），单击“打开”按钮。

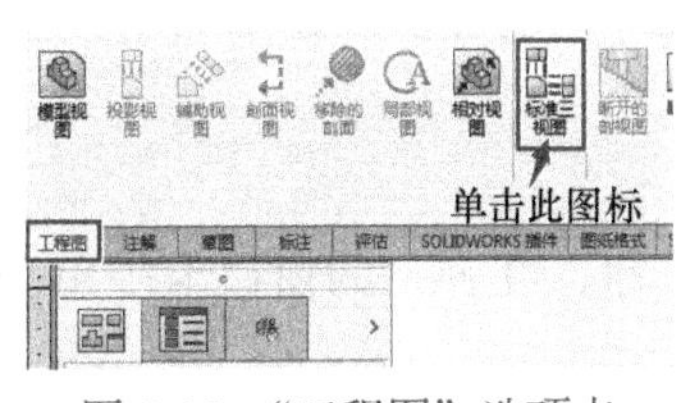

图8-17 “工程图”选项卡

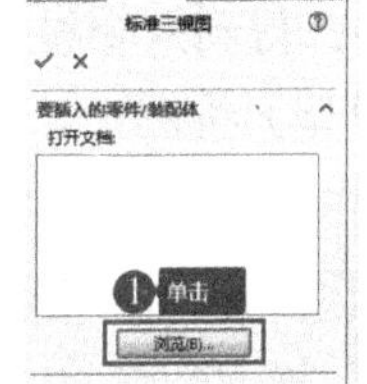

图8-18 “标准三视图”窗口

第5步：如图8-19所示，标准三视图已放置在绘图区的工程图样中。

第6步：保存文件。

第7步：保存为CAD格式文件。单击标准工具栏上的 另存为，系统弹出“另存为”窗口，保存时，在“保存类型”选项框中选择“Dwg（*.dwg）”类型，单击保存。

2. 打开三维模型图文件后，再创建标准三视图

操作步骤：

第1步：打开三维零件模型文件。

第 2 步：再新建一张工程图。单击（新建）按钮，在弹出的窗口卡中单击（工程图）图标。

第 3 步：单击“工程图”选项卡中的（标准三视图）按钮，或单击菜单栏“插入”→“工程图视图”→“标准三视图”。

第 4 步：如图 8-20 所示，在“标准三视图”窗口的信息栏中双击模型文件（如图 3-21 所示模型文件）。

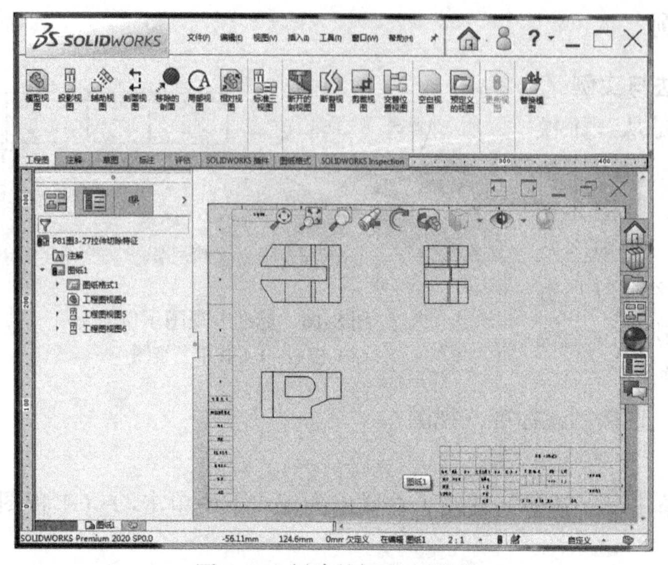

图 8-19　创建的标准三视图

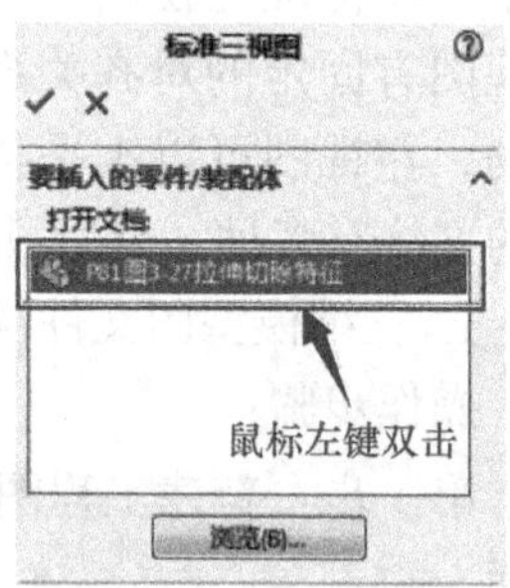

图 8-20　标准三视图窗口

第 5 步：将标准三视图放置在绘图区域。

第 6 步：保存文件，也可以保存为 CAD 格式文件。

8.3.2　创建基本（模型）视图的操作方法与实例

模型视图是指根据现有零件或装配体添加正交或命名视图。通过插入模型视图，可以从不同角度创建工程图，得到六个投影方向的基本视图，也可以创建轴测图。

1. 创建基本（模型）视图

操作步骤：

第 1 步：新建工程图文件。单击（新建）按钮，在弹出的窗口卡中单击（工程图）图标。

第 2 步：单击“工程图”选项卡中的（模型视图）按钮，或选择菜单栏中的“插入”→“工程图视图”→“模型”。

第 3 步：和创建标准三视图中选择模型的方法一样，在左边弹出的“模型视图”窗口中单击 浏览(B)... 按钮，在弹出的“打开”窗口中单击要创建模型视图的模型文件（如图 3-21 所示模型文件），单击“打开”。

第 4 步：当回到工程图界面时，左边弹出“模型视图”窗口，光标变成形状，用光标拖动一个视图方框，表示模型视图的大小。

第 5 步：在“模型视图”窗口的“方向”选项组中选择 生成多视图(C)，然后依次在标准视图下方单击六个投影方向的视图图标（每选择一个方向的视图图标，工程图样中就会出现一个矩形，此矩形是所选基本视图位置的预览），如图 8-21 所示。

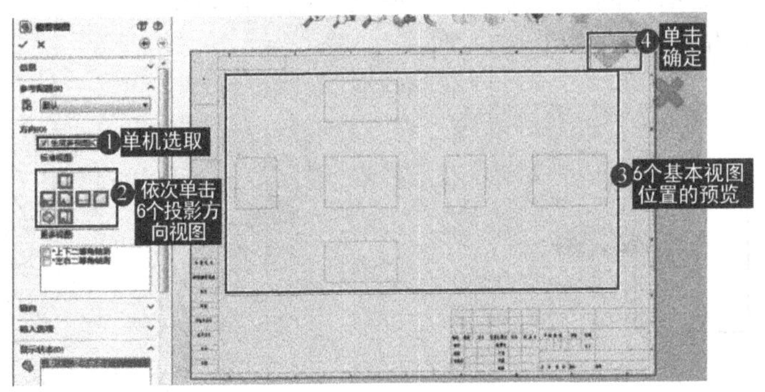

图 8-21 六个基本视图的位置预览

第 6 步：单击✔，六个基本视图创建完成，如图 8-22 所示。

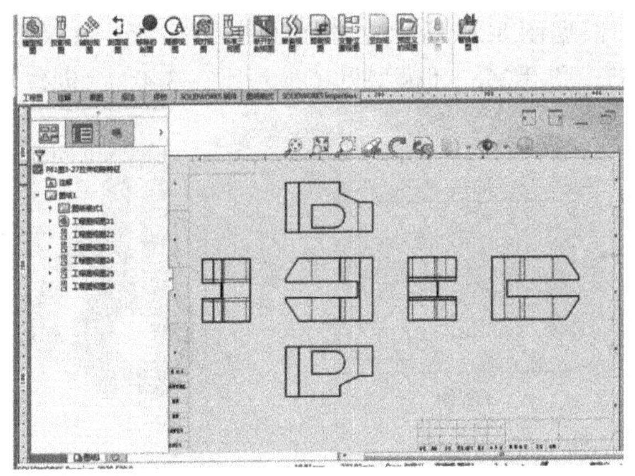

图 8-22 创建完成的六个基本视图

第 7 步：保存文件。

2. 创建轴测图

创建轴测图步骤：

第 1 步：新建工程图文件。单击（新建）按钮，在弹出的窗口卡中单击（工程图）图标。

第 2 步：单击“工程图”选项卡中的（模型视图）按钮，或选择菜单栏中的“插入”→“工程图视图”→“模型”。

第 3 步：和创建标准三视图中选择模型的方法一样，在左边弹出的“模型视图”窗口中单击 浏览(B)... 按钮，在弹出的“打开”窗口中单击要创建模型视图的模型文件，单击“打开”。

第 4 步：如图 8-23 所示，在“模型视图”窗口单击（等轴测）按钮，单击（消除隐藏线）按钮，此时光标变成，并且有一个矩形框，光标在图形区单击左键，然后单击✔。

第 5 步：如图 8-24 所示，等轴测图创建完毕，保存文件。

如果要更改模型视图的显示样式，只需要在“模型视图”窗口中单击所需要的显示样式即可。

如需改变工程图显示比例，只需要在“模型视图”窗口中，“比例”选择“使用自定义比例”复选框，然后输入比例即可。

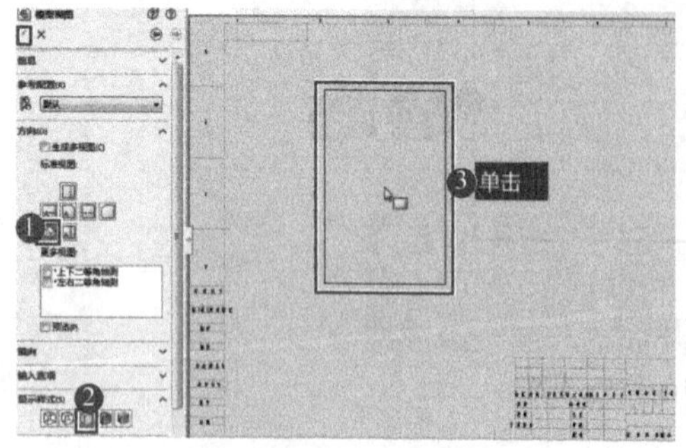

图 8-23 等轴测图创建的“模型视图”窗口

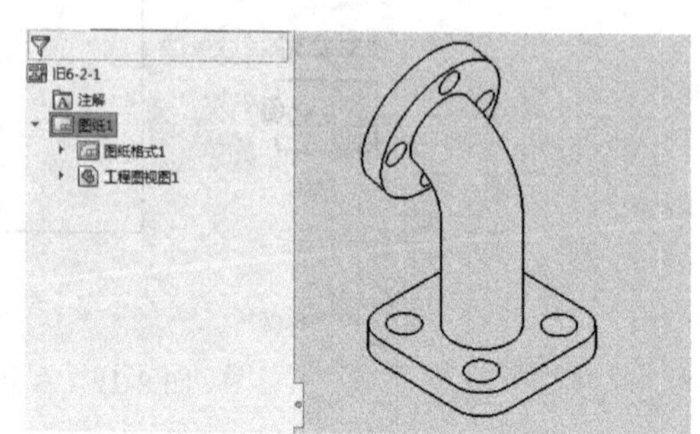

图 8-24 等轴测图

【举一反三 8-1】 根据图 8-25 所示立体图（图 8-25a、c、d 模型见［举一反三 4-1］；图 8-25b 模型见图 2-155；图 8-25e、f 模型见［举一反三 3-4］），创建其工程图。

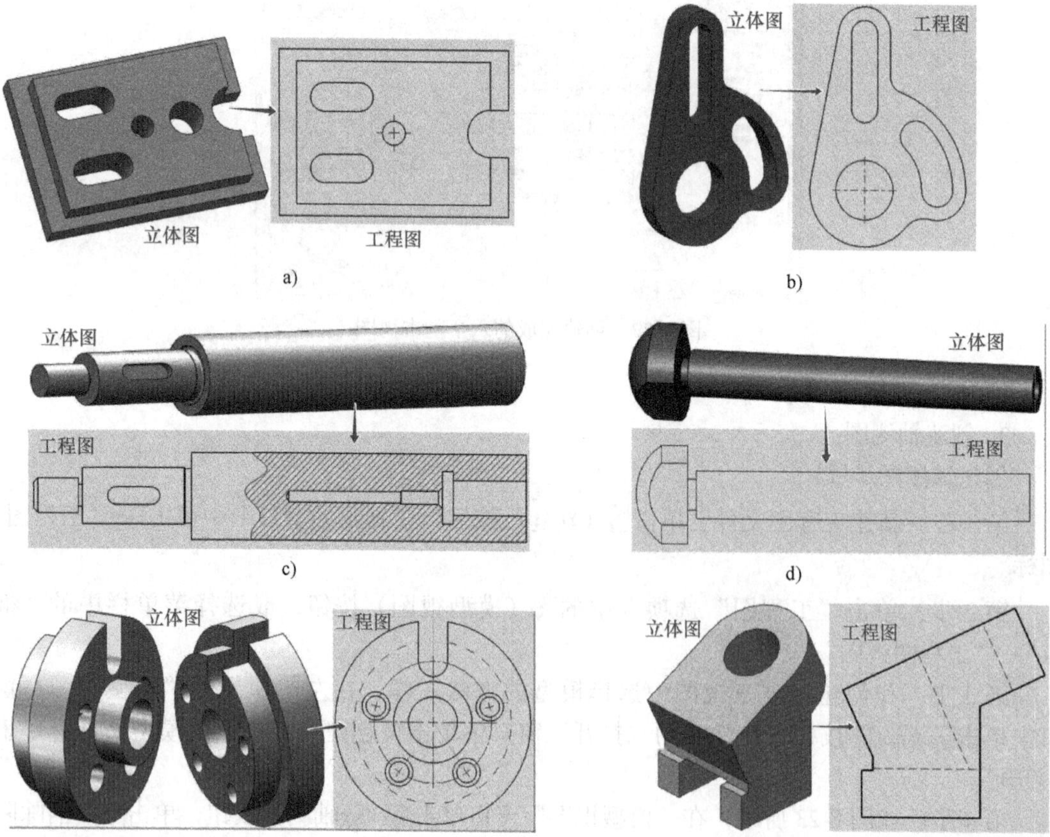

a) b) c) d) e) f)

图 8-25 举一反三 8-1 图

8.3.3 创建投影视图的操作方法与实例

投影视图是通过正交方向向现有视图投影生成的视图。创建投影视图操作步骤：

第 1 步：先创建一个工程图文件，再在工程图中创建一个主视图，如图 8-26 所示（模型见图 2-155）。

第 2 步：如图 8-27 所示，单击“工程图”选项卡中的（投影视图）按钮，或选择菜单栏中的“插入”→“工程图视图”→“投影视图”。

注意：如果打开的工程图文件中只有一个视图，单击“投影视图”命令时，此视图默认为投影所用的参考视图。如果打开的工程图中包含多个视图，单击“投影视图”命令后，需要在工程图中单击选择投影视图所用的参考视图。

第 3 步：系统将根据光标所在位置决定投影方向。可以从所选视图的上、下、左、右四个方向创建投影视图。

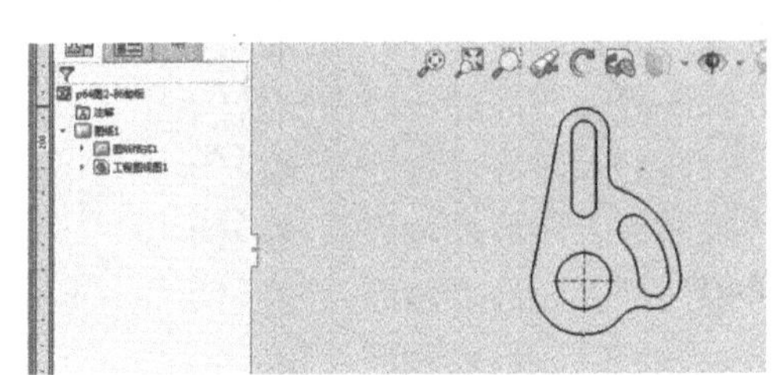

图 8-26　工程图文件

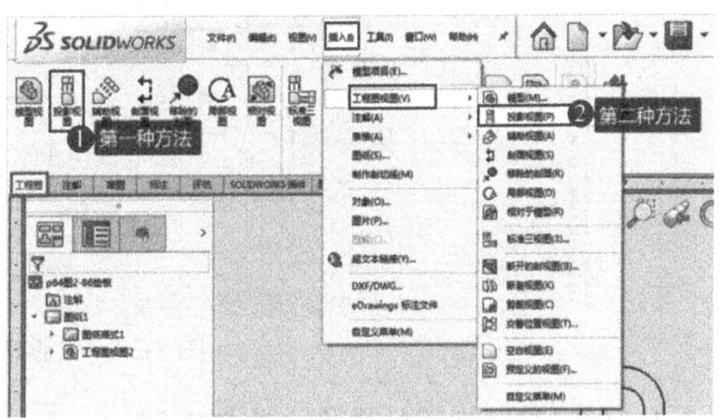

图 8-27　进入投影视图方法

第 4 步：系统会在投影方向出现一个预览图形，表示投影视图的形状和大小，拖动这个预览图形到适当的位置，单击左键，投影视图被放置在工程图中，如图 8-28 所示。

注意：投影视图是从何方向投影得到的，也是根据投影视图与所选视图位置关系决定的。

投影视图在参考视图的左面，其投影方向是参考视图的右向左投影。

投影视图在参考视图的右面，其投影方向是参考视图的左向右投影。

投影视图在参考视图的上面，其投影方向是参考视图的下向上投影。

投影视图在参考视图的下面，其投影方向是参考视图的上向下投影。

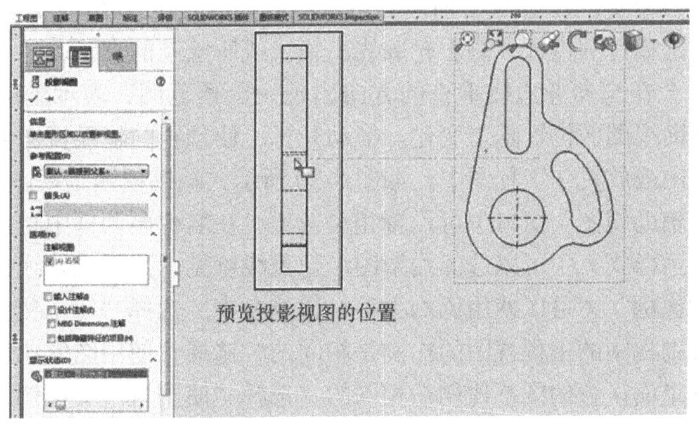

图 8-28　投影视图的生成

第 5 步：完成两个方向的投影视图后，在左边“投影视图”窗口中单击✔，如图 8-29 所示。

注意：投影视图可以创建一个或多个视图，最多创建四个视图。需要哪个视图，就在参考视图的对应方向上单击左键。如图 8-29 所示，完成的两个投影视图就是在参考视图的左边和右边各单击左键一下。

第 6 步：保存文件。

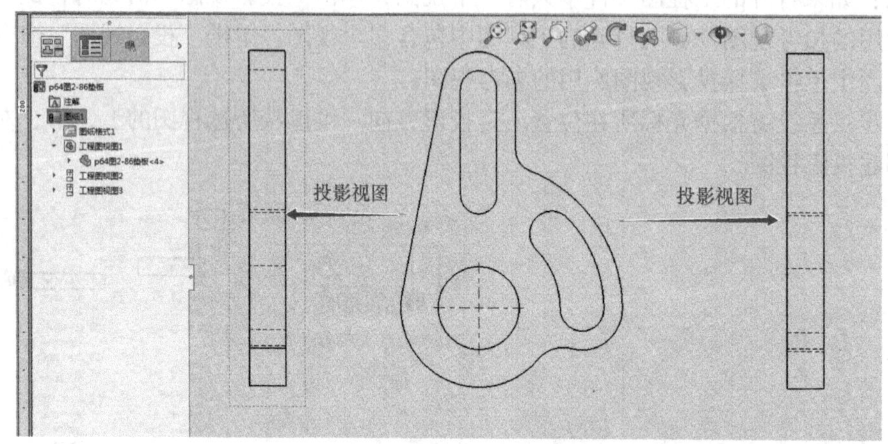

图 8-29　投影视图完成图

8.3.4　创建辅助视图的操作方法与实例

辅助视图类似于投影视图，它的投影方向垂直于所选视图的参考线，如图 8-30 所示。

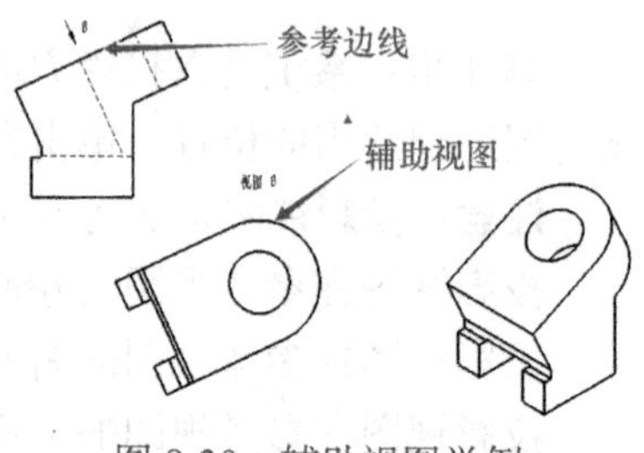

图 8-30　辅助视图举例

创建辅助视图的操作步骤：

第 1 步：打开要创建辅助视图的工程图文件（工程图文件见图 8-25f）。

第 2 步：单击“工程图”选项卡中的（辅助视图）按钮。

第 3 步：选择要创建辅助视图的工程视图（参考视图）上的一条直线作为参考线，如图 8-31 所示，参考线选择的是主视图上的一条斜线。

参考边线可以是零件的边线、侧影轮廓线、轴线或所绘制的直线。

第 4 步：系统会在与参考边线垂直的方向出现一个预览图，表示辅助视图的形状和大小，移动光标，辅助视图的位置随之变化。拖动光标，使预览的辅助视图到适当的位置，单击左键，则辅助视图被放置在工程图中。如图 8-30 所示，辅助视图是视图 *B*。

第 5 步：在“辅助视图”窗口中可设置相关选项。在名称微调框中指定与辅助视图的相关的字母。在“显示样式”中可以选择线架图、隐藏线可见、消除隐藏线、带边线上色和上色中的一种。在“比例”中可以使用比例类型，比例大小。选择“使用父关系比例”是指辅助视图与要生成辅助视图的工程视图的比例是相同的。选择“使用图纸比例”是指辅助视图的比例和图纸属性里面设置的图纸比例是相同的。选择“使用自定义比例”是指辅助视图的比例可以自由定义。

第 6 步：单击确定按钮✔，辅助视图创建完毕，如图 8-32 所示。

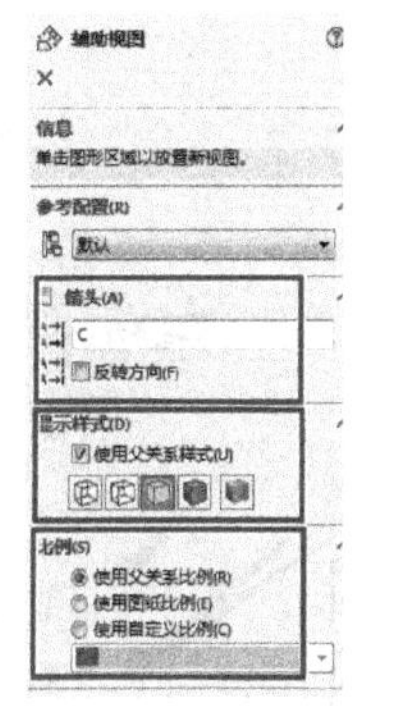

图 8-31 “辅助视图”窗口

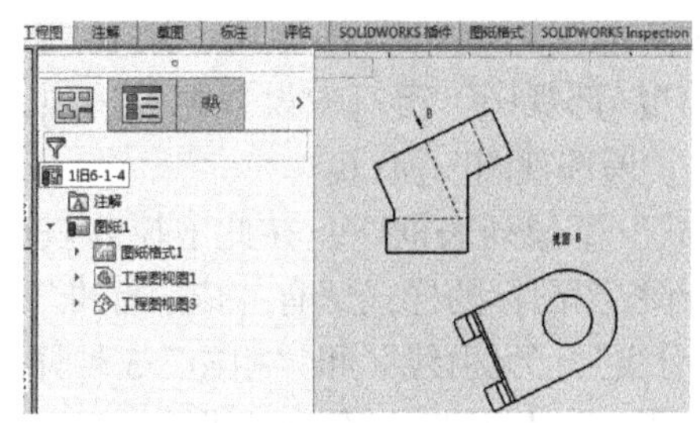

图 8-32 创建完成的辅助视图

第 7 步：保存文件。

【举一反三 8-2】 根据图 8-33 所示立体图（模型见［举一反三 3-4］），创建其工程图。

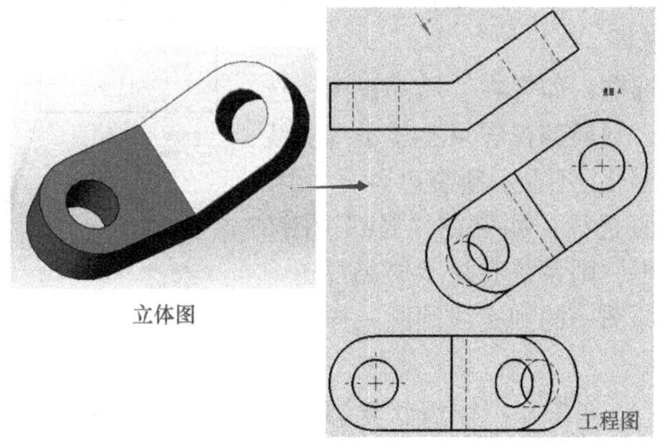

图 8-33 举一反三 8-2 图

8.3.5 创建局部视图的操作方法与实例

可以在工程图中生成一个局部视图，来放大显示视图中的某一个部分，如图 8-34 所示。局部视图可以是正交视图、三维视图或剖面视图。

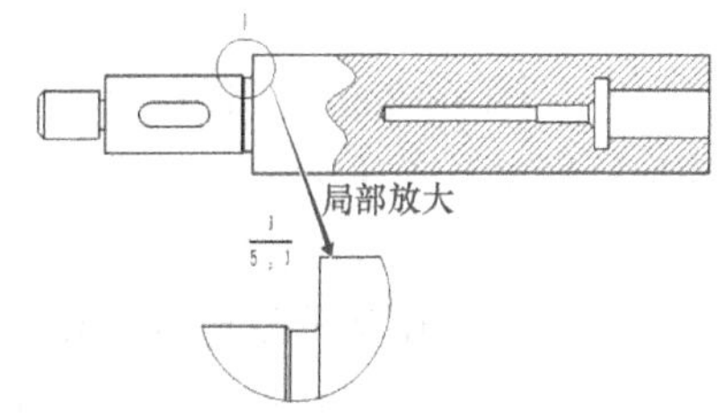

图 8-34 局部视图举例

创建局部视图的操作步骤：

第 1 步：打开要生成局部视图的工程图（工程图文件见图 8-25c）。

第 2 步：单击“工程图”选项卡中的 (局部视图）按钮，或选择菜单栏中的“插入”→“工程图视图”→“局部视图”。

第 3 步：此时“草图”选项卡中的“圆”按钮被激活，光标显示成形式，在要放大的区域绘制一个圆。如图 8-34 所示，在轴主视图上图示位置画一个圆。

第 4 步：系统在光标旁边会弹出一个局部视图预览，表示被圆圈住，被放大区域局部视图的大小，移动光标到合适的位置，单击左键，则局部视图被放置在工程图中。

第 5 步：单击，局部视图创建完成，如图 8-34 所示。

第 6 步：保存文件。

上述创建的局部视图是默认形式的局部视图，如果创建的局部视图不是默认形式，则在第 4 步结束后，在“局部视图”窗口中设置相关选项，如图 8-35 所示“局部视图”窗口。

①“样式”下拉列表框：在此下拉列表框中可以选择局部视图图标的样式，有“依照标准”“断裂圆”“带引线”“无引线”和“相连”5 种样式。

②“名称”文本框：在文本框中输入与局部视图相关的字母或罗马数字。“文件字体”勾选，说明“名称”文本框中的内容字体与工程图中文件字体相一致的。“文件字体”未勾选，可以在“文件字体”下方单击“字体”，弹出“选择字体”对话窗口，进行新字体的选择。

③“无轮廓”复选框：如果在“局部视图”选项组中选中该复选框，则局部视图只会显示细实线圆圈内的部分，局部视图上不显示断裂边界线。

④“完整外形”复选框：如果在“局部视图”选项组中选择该复选框，则系统会显示局部视图中的轮廓外形，包括在原图中的细实线圆圈一样会出现在局部视图中。

⑤“锯齿状轮廓”：如果在“锯齿状轮廓”选项组中选择该复选框，则局部视图断裂边界线会显示为锯齿线形状。

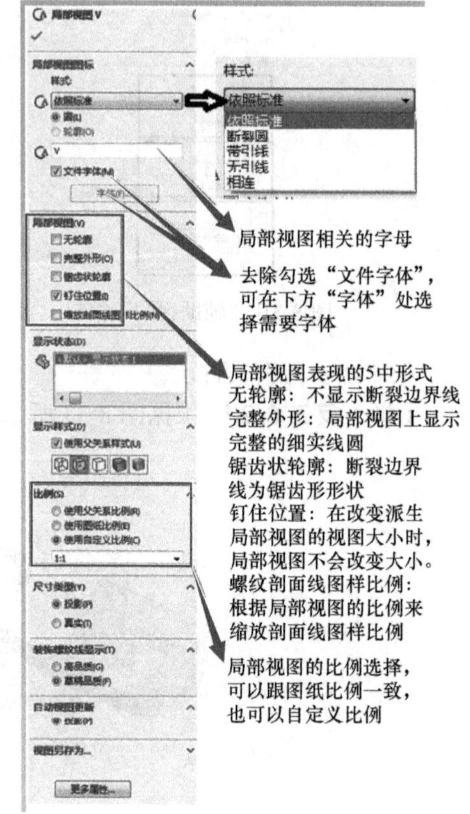

图 8-35 “局部视图”窗口

⑥“钉住位置”复选框：如果在“局部视图”选项组中选中该复选框，在改变派生局部视图的视图大小时，局部视图将不会改变大小。

⑦“缩放剖面线图样比例”复选框：如果在“局部视图”选项中选中该复选框，将根据局部视图的比例来缩放剖面线的图样比例。

⑧“比例”中有“使用父关系比例”“使用图纸比例”和“使用自定义比例”三个复选框，选择“使用父关系比例”和“使用图纸比例”这两个复选框的时候，相当于局部视图的比例已经确定了。选择“使用自定义比例”复选框时，比例栏 2:1 变成可更改状态，可以根据需求来更改比例。

8.3.6 创建断裂视图的操作方法与实例

可以利用断裂视图将零件用较大比例显示在工程图上。

创建断裂视图的操作步骤：

第 1 步：打开要创建断裂视图的工程图文件，如图 8-36 所示（工程图文件见图 8-25d）。

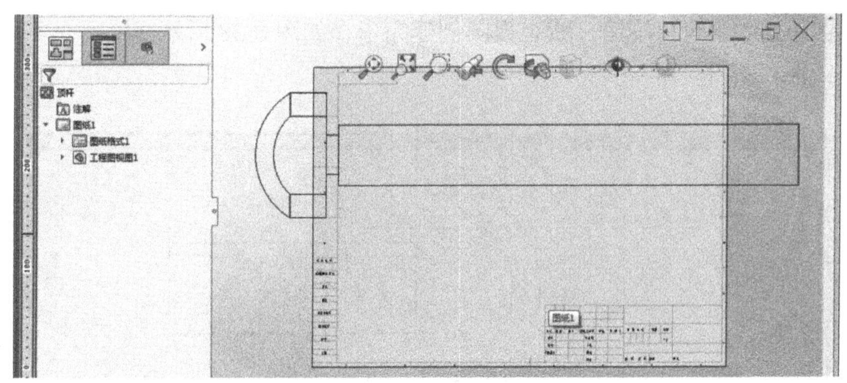

图 8-36 顶杆工程图（原）

第 2 步：单击“工程图”选项卡中的（断裂视图）按钮，或选择菜单栏中的“插入”→“工程图视图”→“断裂视图”。在弹出“断裂视图”窗口，信息提示“选择要断开的工程视图”。单击工程图中主视图。“断裂视图”窗口变化成“断裂视图设置”形式。

如图 8-37 所示“断裂视图”窗口中“断裂视图的设置”包含“切除方向”“缝隙大小”和“折断线样式”三个内容。

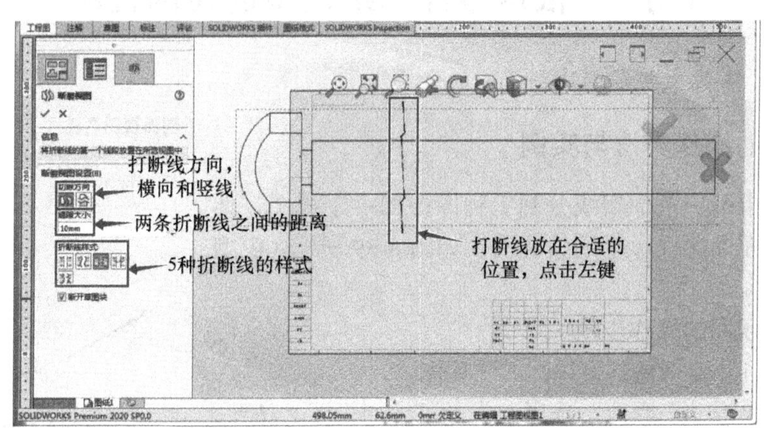

图 8-37 “断裂视图”窗口

1）“切除方向”有两种选择。

①：单击此按钮，切除方向为竖直切除，设计添加的折断线为竖直方向。

②：单击此按钮，切除方向为横向切除，设计添加的折断线为水平方向。

2）“缝隙大小”：设置两条折断线之间的距离，直接在输入框输入具体数值即可。

3）“折断线样式”：“折断线样式”有 5 种，分别是（直线切断）、（曲线切断）、（锯齿形切断）、（小锯齿线切断）和（锯齿状切除）。

第 3 步：将折断线放到希望生成断裂视图第一个需要断裂的位置，单击左键。然后再将折断线放在希望生成断裂视图的第二个需要断裂的位置，单击左键，这样断裂视图就生成了，如需修改断裂视图的设置，继续在“断裂视图”窗口中修改即可。

如图 8-38 所示，在图示折断线第一个位置单击左键，然后再在第二个需要断裂的位置单击左键。第一个断裂位置和第二个断裂位置之间的视图即省略不见。

第 4 步：单击“✔”按钮，断裂视图创建完毕，如图 8-38 所示。

第 5 步：保存文件。

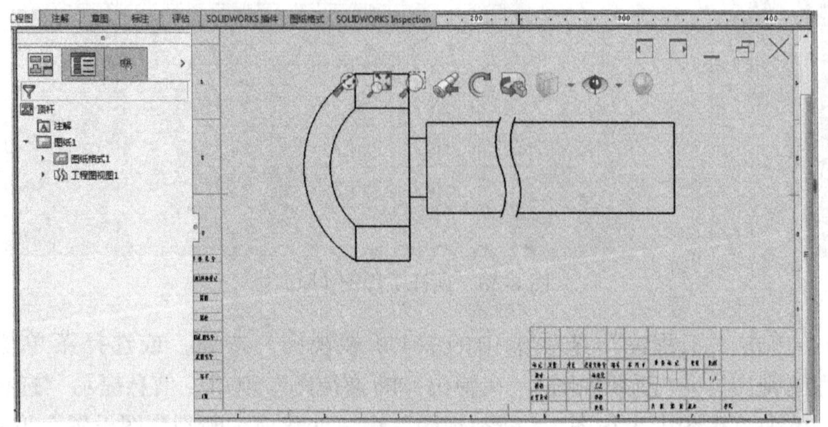

图 8-38　顶杆断裂视图

任务 3　根据零件三维模型创建剖视图

任务目标：掌握主要是创建剖视图的方法。

8.4　剖视图的操作方法与实例

剖视图是指用一条剖切线分割工程图中的一个视图，然后从垂直于剖面方向投影得到的视图，如图 8-39 所示（模型见［实例 2-2］）。

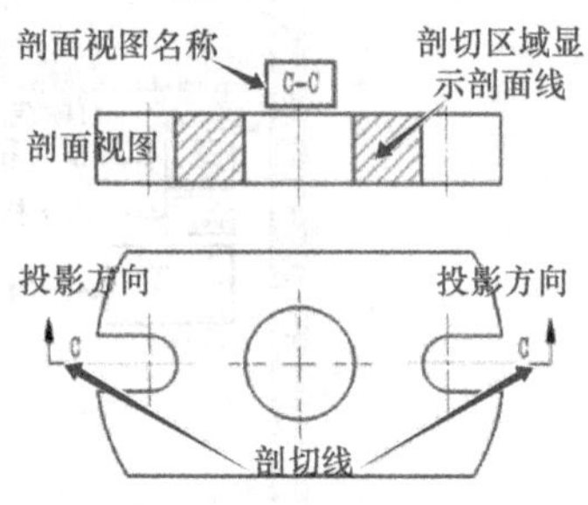

图 8-39　剖视图举例

8.4.1　创建剖视图的操作步骤

第 1 步：打开要创建剖面视图的工程图。

第 2 步：单击“工程图”选项卡中的（剖视图）按钮，弹出如图 8-40 所示“剖面视图辅助”窗口。

第 3 步：如图 8-40 所示，在窗口中选择“切割线”类型。选择类型后，光标显示为指针样式，工程图中有预览“切割线”，移动光标，可以确定“切割线”的位置。

注意：如图 8-40 所示，“切割线”类型有竖直、水平、辅助视图、对齐。

可以根据所需要剖视图的种类进行“切割线”类型的选取。

第 4 步：移动光标，将工程图中预览的“切割线”放置在工程图中要剖切的位置，然后单击左键，弹出工具条，可以根据需要选择要改变切割线的类型，其类型有（圆弧偏移）按钮、（单偏移）按钮和（凹口偏移）按钮。

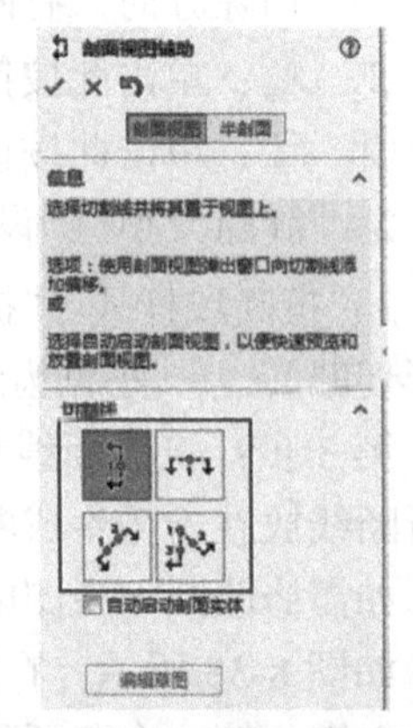

图 8-40　“剖面视图辅助”窗口

第 5 步：切割线绘制完毕后，单击✓，工程图上就出现了预览的剖视图，移动光标，预览的剖视图也会随之移动，拖动到合适的位置单击左键，则剖视图被放置在工程图中。

第 6 步：如果剖视图的投影方向是不对的，如图 8-41 所示，可以在“剖面视图”窗口单击 反转方向(L) （反转方向）按钮进行修改。如果正确，单击“剖面视图”窗口中的✓，完成剖视图的插入。

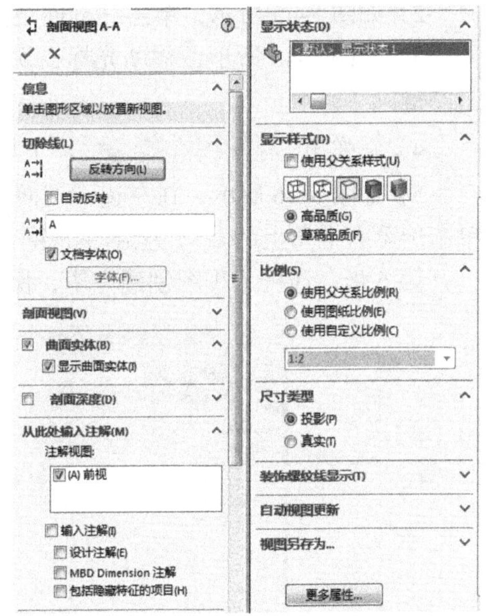

图 8-41 “剖面视图”窗口

第 7 步：保存文件。

8.4.2 创建全剖视图的实例

全剖视图是指用剖切平面完全地剖开机件所得到的视图。

【实例 8-3】 根据图 8-42 提供的连杆立体图，创建全剖主视图和俯视图。

操作步骤：

第 1 步：新建工程图文件。

第 2 步：保存文件，命名为“8- 连杆工程图”

实例 8-3

第 3 步：在“工程图”选项卡中，单击（模型视图）按钮。在左边弹出的“模型视图”窗口，单击 浏览(B)... 按钮。在弹出的“打开”窗口中选择“连杆立体图模型”，单击 打开 按钮。

第 4 步：创建模型视图中的上视图（俯视图）。如图 8-43 所示，在弹出的“模型视图”窗口中，单击标准视图下方中的（上视）按钮，此时光标变成，并且光标外围有一个矩形框，这个矩形框代表“上视图”，也就是“俯视图”的大小。移动光标，使矩形框在图纸的中下方位置，单击左键，然后单击✓（确定）。如图 8-44 所示，连杆的俯视图就创建完成了。

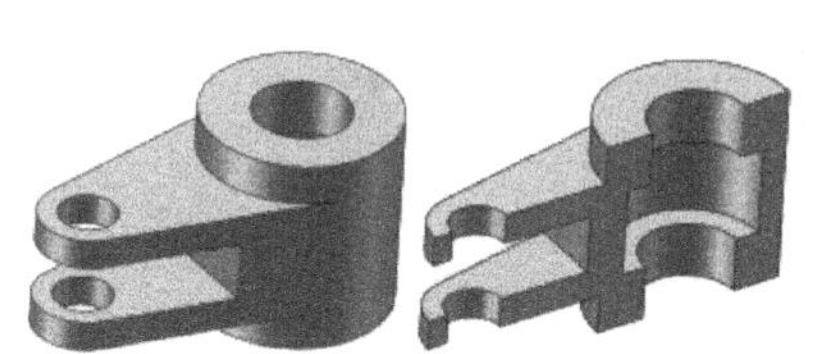
图 8-42 连杆立体图模型

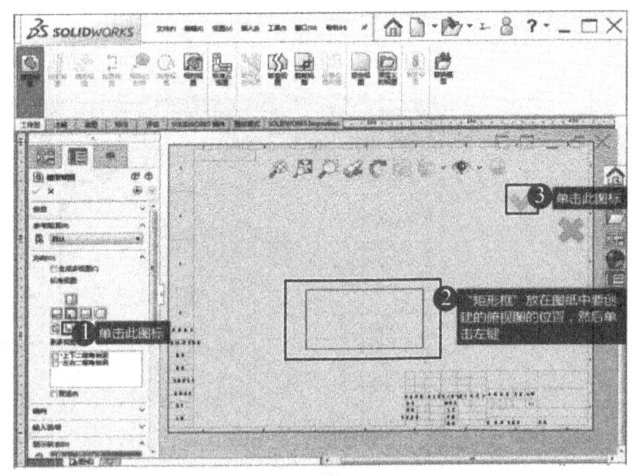

图 8-43 “模型视图”窗口

第 5 步：创建全剖主视图。

1）单击“工程图”选项卡中的（剖视图）按钮。

2）如图 8-45 所示，单击“剖面视图辅助：窗口中（水平）按钮。

3）如图 8-45 所示，移动光标，切割线放在上视图（俯视图）上，并且过圆的圆心，单击左键。

4）在弹出工具条上，单击（确定）。

5）如图 8-46 所示，在左边“剖面视图”窗口中，“显示样式”调整成（消除隐藏线）。单击屏幕右上角上的，全剖主视图创建完成。

第 6 步：连杆工程图创建完毕，保存文件。

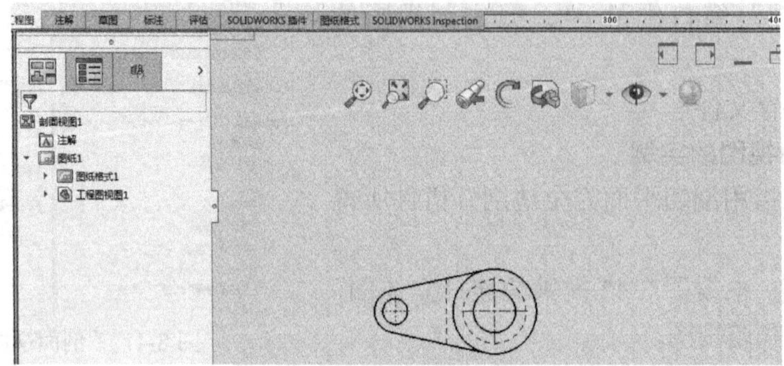

图 8-44　连杆的俯视图

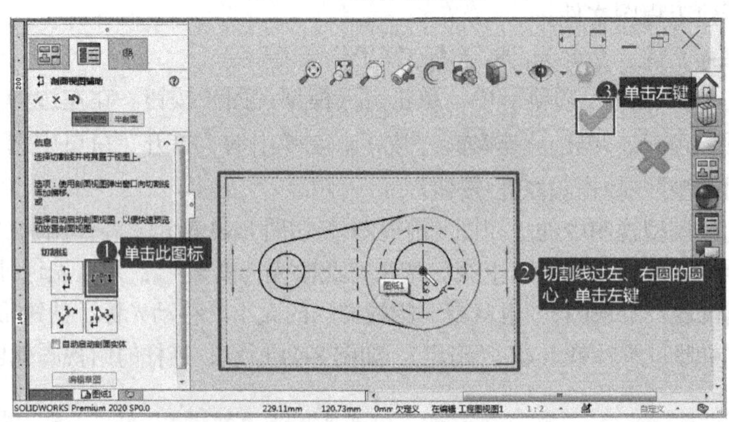

图 8-45　“剖面视图辅助”窗口

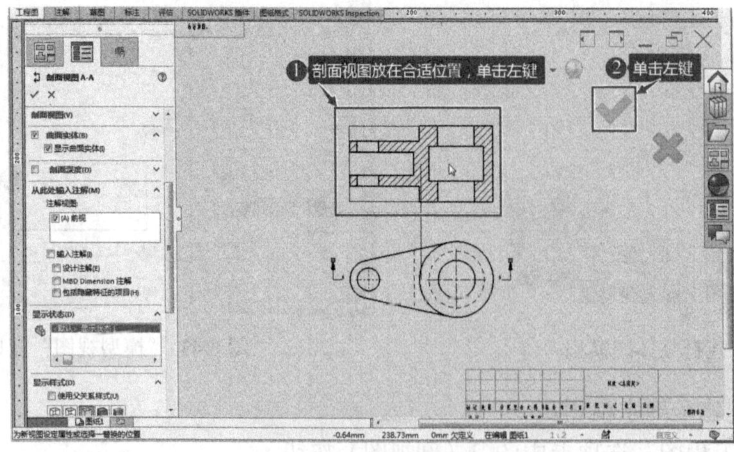

图 8-46　全剖主视图的创建

8.4.3 创建半剖视图的实例

创建半剖视图的方法和创建全剖视图的方法类似。

实例 8-4

【实例 8-4】 根据如图 8-47 所示底座的立体图，创建底座的工程图（半剖主视图和俯视图）。

操作步骤：

第 1 步：打开“底座”立体图零件模型（模型见［举一反三 3-4］）。

第 2 步：新建工程图文件并保存，命名为“8- 底座工程图”。

第 3 步：设置图纸属性。如图 8-48 所示，在“底座工程图”设计树下方“图纸 1”单击右键，选择“属性”，弹出“图纸属性”对话窗口，“图纸格式 / 大小”选择 A4（GB），比例为 1∶1，单击 应用更改 。

图 8-47 底座立体图模型

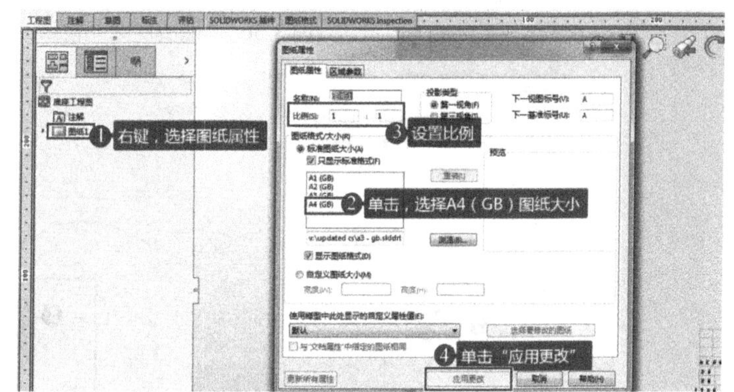

图 8-48 “图纸属性”设置

第 4 步：单击“工程图”选项卡中的（模型视图）按钮。如图 8-49 所示，在“模型视图”窗口中，双击“底座”。

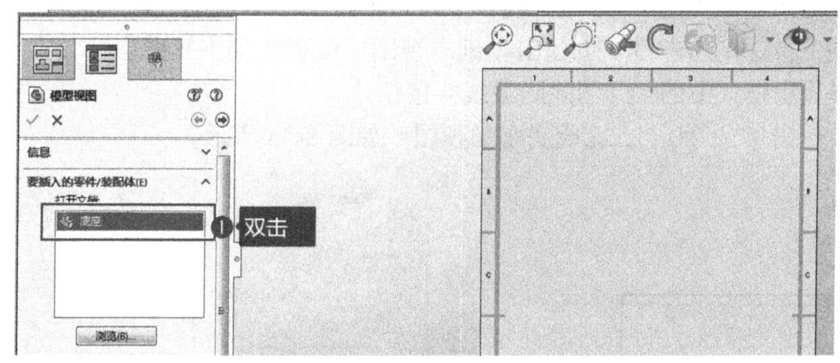

图 8-49 “打开零件”对话窗口

第 5 步：在“模型视图”窗口中设置参数。如图 8-50 所示，在标准视图中单击（上视）按钮，在显示样式中单击（隐藏线可见），光标移动到标题栏上方，单击左键，然后单击 ✔ 。

第 6 步：单击“工程图”选项卡中的（剖视图）按钮。如图 8-51 所示，单击“剖面视图辅助”窗口中的“半剖面”，并选择半剖面下方的（右侧向上）按钮。在工程图样中，光标移动到中间大圆圆心处，单击左键。

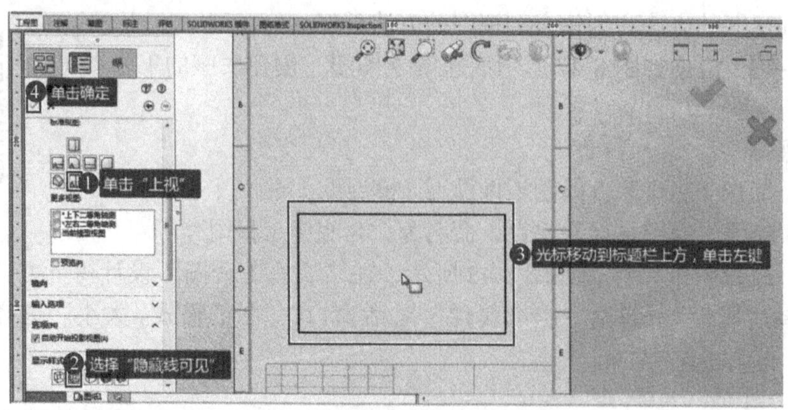

图 8-50 “模型视图”窗口

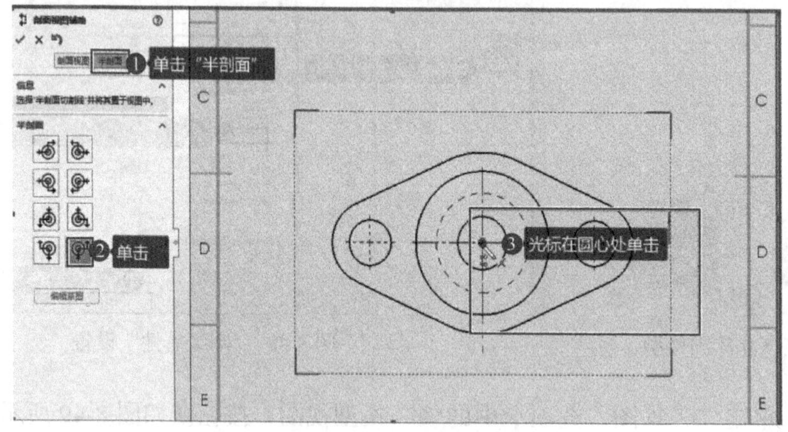

图 8-51 半剖面剖切线选择

第 7 步：如图 8-52 所示，光标变成一个带矩形框的半剖视图，移动光标，将半剖视图移动到俯视图上方，单击左键。创建出半剖主视图。设置半剖主视图参数，在“剖面视图”窗口中，选择显示样式中的 （消除隐藏线）按钮。

第 8 步：单击 （确定），完成底座工程图，如图 8-53 所示。

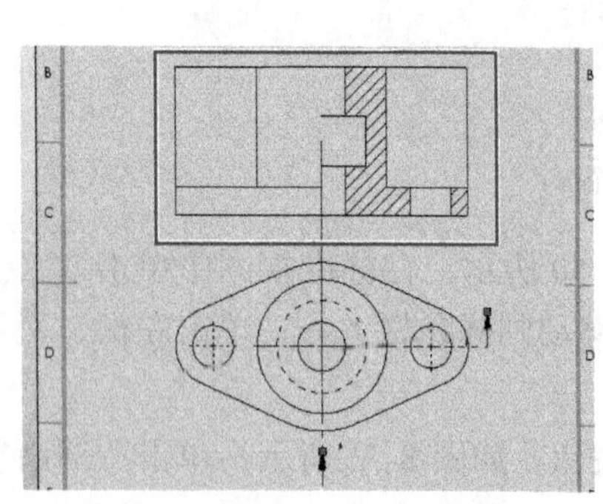

图 8-52 半剖面视图的生成

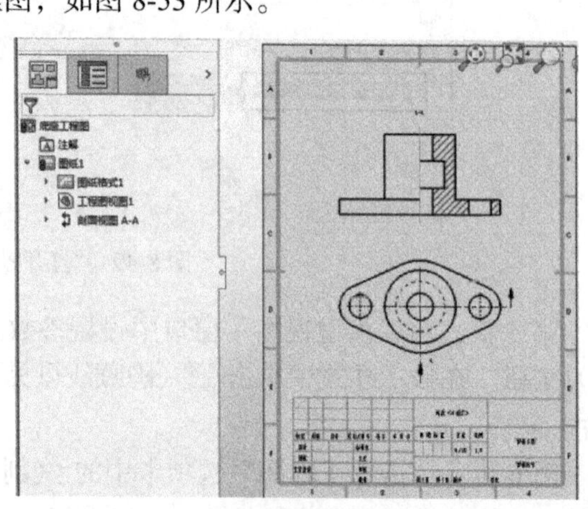

图 8-53 底座工程图

第 9 步：保存文件。

8.4.4 创建相交平面剖切的剖视图

相交平面剖切的剖视图是指其剖切线是由两条具有一定角度的线段组成。系统从垂直于剖切方向投影生成剖视图，如图 8-54 所示。

创建相交平面剖切的剖视图，操作步骤如下：

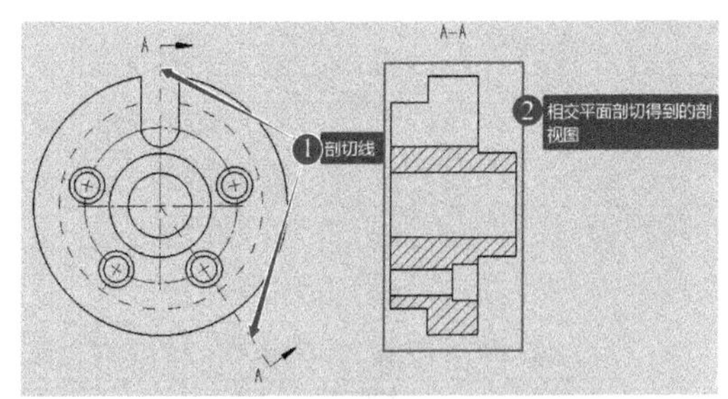

图 8-54 相交平面剖切的剖视图示例

第 1 步：打开要创建剖面视图的工程图（工程图文件见图 8-25e）。

第 2 步：单击“工程图”选项卡中的（剖视图）按钮，弹出“剖面视图辅助”窗口。

第 3 步：在该窗口中切割线选择（对齐）按钮，移动光标，将切割线放到视图上适当的位置，确定切割线相交点，在相交点处单击左键。如图 8-54 所示，主视图大圆圆心处为切割线的相交点，选择切割线（对齐）按钮后，在主视图大圆圆心处单击左键。

第 4 步：移动光标，在合适的剖切线位置单击左键，确定第一条剖切线的位置；移动光标，在第二条剖切线合适的位置单击左键，确定第二条剖切线的位置；在弹出的图标中单击✓。如图 8-54 所示，移动光标，光标在主视图 U 形槽的圆心处单击左键，确定第一条剖切线位置；移动光标，光标在主视图下方同心圆的圆心处单击左键，确定第二条剖切线位置。

第 5 步：系统会沿着剖切线投影方向出现一个方框，方框内是剖视图。移动光标，把方框放到适当的位置，单击左键，则相交平面剖切得到的剖视图就被放置在工程图中。如图 8-55 所示，移动光标到主视图右方，单击左键，全剖左视图 *A—A* 就创建出来了。

第 6 步：如图 8-56 所示“剖面视图”窗口中设置选项。

① 如果左键单击 反转方向(L) 图标中的“反转方向”，则会反转切除方向，剖视图投影也会随之改变。

② 在图标后面的名称微调框中指定与剖切线和剖视图相关的字母。

③ 勾选“文档字体”，那么剖切线与剖视图相关的字体和文档字体一致。如未勾选“文本字体”，那么单击 字体(F)... ，会弹出如图 8-55 所示的“选择字体”窗口。在此对话窗口中可以选择剖切线旁边的字母和剖切视图的名称字母的“字体”“字体样式”“高度”和“效果”等。

④ 在显示样式图标中，可以选择显示样式。在创建相交平面剖切的剖视图中，显示样式，一般选择（消除隐藏线）样式。

⑤ 比例：在剖视图窗口中，比例一项可以选择“使用父关系比例”“使用图纸比例”和“使用自定义比例”

第 7 步：单击剖视图窗口中的✓，完成相交平面剖切的剖视图，如图 8-54 所示。

第 8 步：保存文件。

8.4.5 创建相互平行平面剖切的剖视图

在 SolidWorks 2020 创建工程图时，可以创建用相互平行平面剖切的剖视图来表达。如图 8-57 所示。创建相互平行平面剖切的剖视图，操作步骤如下：

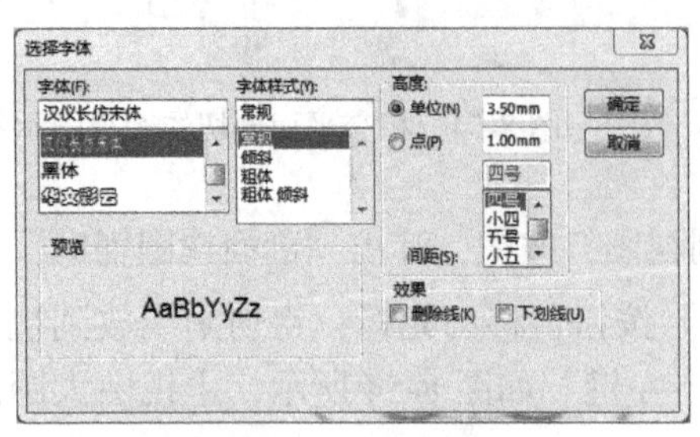
图 8-55 “选择字体”窗口

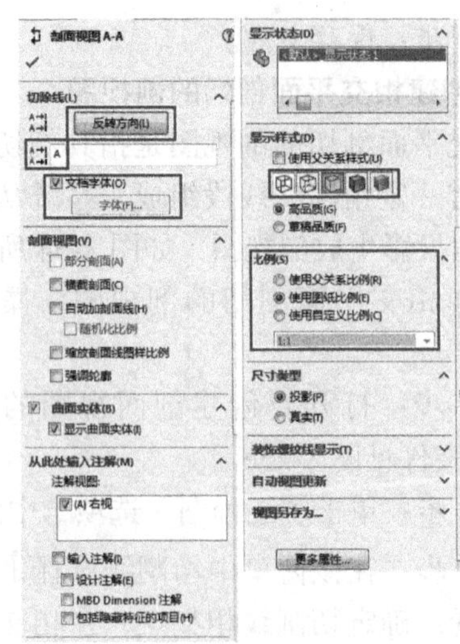
图 8-56 “剖面视图”窗口

第 1 步：打开要创建相互平行平面剖切的剖视图的工程图（工程图文件见图 8-25a）。

第 2 步：单击“工程图”选项卡中的（剖视图）图标，弹出“剖面视图辅助”窗口。

第 3 步：在该窗口中选择“切割线”类型，此时光标变成，在要参考生成的剖视图中图中确定切割线的位置，在弹出的工具栏中，根据需要选择（单偏移）或（凹坑偏移）的方向。

如要得到如图 8-57 所示的剖视图，则应选择切割线（水平）按钮，移动光标，如图 8-58 所示，在上视图（俯视图）圆的圆心处，单击左键；在弹出工具栏中单击（单偏移）按钮，在图 8-58 所示的②点单击左键，在③点单击左键，然后单击工具栏上的（确定）。

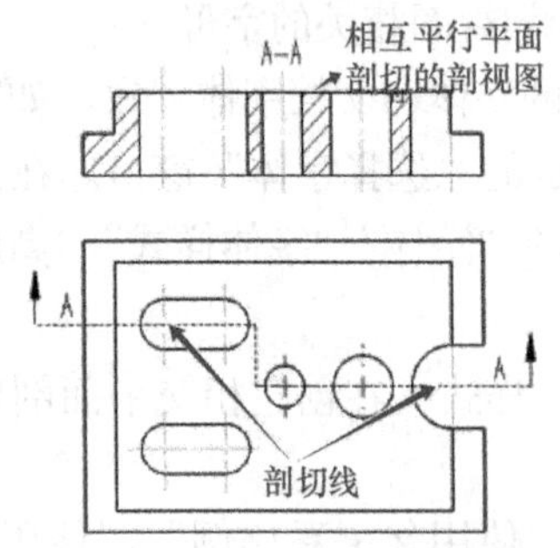

图 8-57 相互平行平面剖切的剖视图示例

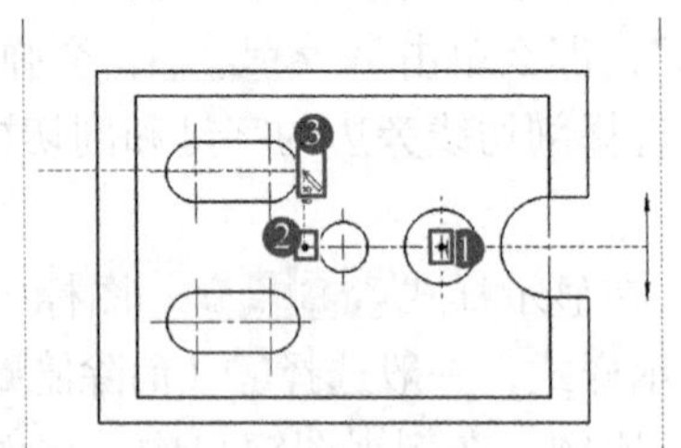

图 8-58 切割线位置的选择

第 4 步：系统会沿着剖切线投影方向出现一个方框，方框内是预览的剖面视图。移动光标，把方框移动到适当的位置，单击左键，则相互平行平面剖切的剖视图被放置在工程图中。如图 8-57 所示，移动光标到主视图上方，单击左键，相互平行平面剖切的剖视图 *A—A* 就创建出来了。

第 5 步：如所得剖视图与所需剖面视图投影方向不一致，可在“剖面视图”窗口中修改；如所得剖视图与所需剖视图一致，在“剖面视图”窗口中单击，完成相互平行平面剖切的剖视图创建。

第 6 步：保存文件。

任务 4　根据零件三维模型创建断开剖视图和剪裁视图

任务目标：掌握创建断开的剖视图和剪裁视图的绘制方法。

8.5　创建断开剖视图的操作方法与实例

局部剖视图表达主要用断开的剖视图进行表达。断开的剖视图是指将断开的剖视图添加到显露模型内部细节的现有视图。

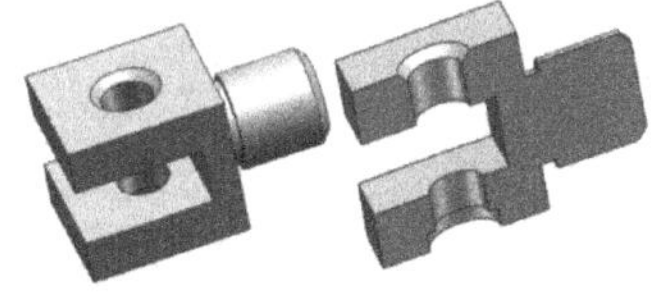

图 8-59　柱头连杆立体图模型

【实例 8-5】 根据如图 8-59 所示的柱头连杆立体图，创建其工程图（局部剖主视图和俯视图表达）。

操作步骤：

第 1 步：打开“柱头连杆”立体图模型。

第 2 步：新建工程图文件并保存，命名为“柱头连杆工程图”。

第 3 步：设置图纸属性。“图纸格式 / 大小”选择 A4（GB），“比例”为 1∶1。

第 4 步：创建模型视图（主视图和俯视图）。

实例 8-5

1）单击“工程图”选项卡中的（模型视图）按钮。在“模型视图”窗口中，双击“柱头连杆”。

2）在“模型视图”窗口中设置参数。在标准视图中选择（前视）按钮和（上视）按钮，在“显示样式中”选择（隐藏线可见），光标移动到图纸上创建主视图和俯视图，然后单击（确定）。如图 8-60 所示柱头连杆模型视图。

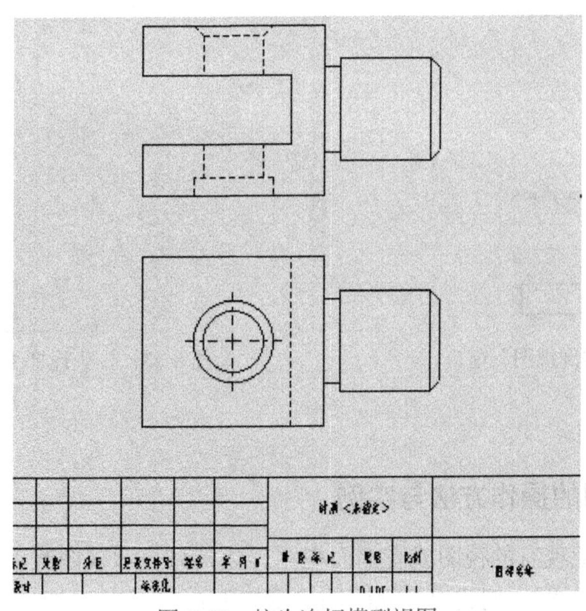

图 8-60　柱头连杆模型视图

第 5 步：如图 8-61 所示，单击“工程图”选项卡中的（断开的剖视图）按钮，此时光标变成，可以画波浪线，把光标放在工程图正视图（主视图）上，绘制孔位置的封闭曲线。

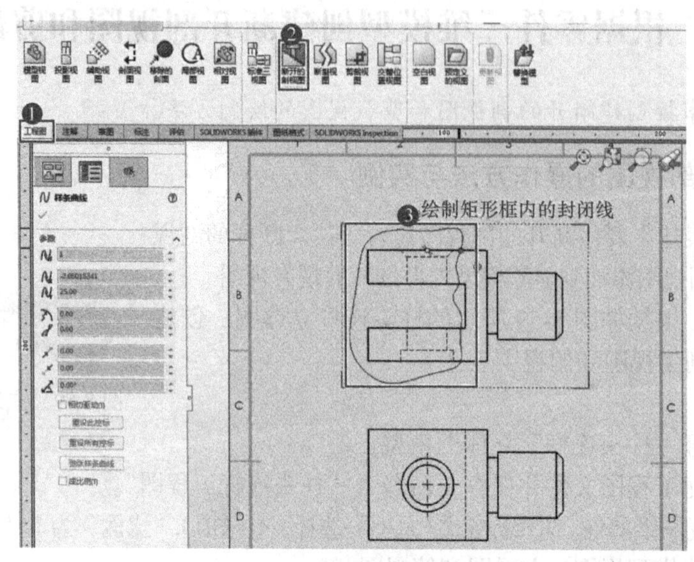

图 8-61　创建断开的剖视图

第 6 步：如图 8-62 所示，在弹出“断开的剖视图”窗口中设置剖开的深度值 25，单击✓。断开的剖视图也就是局部剖主视图生成在图样中。

第 7 步：如图 8-63 所示，柱头连杆工程图完成。

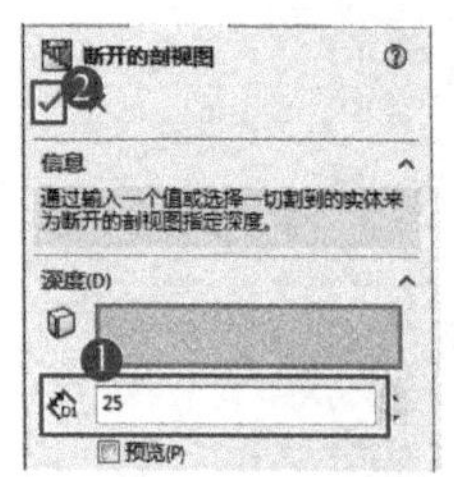

图 8-62　“断开的剖视图”窗口

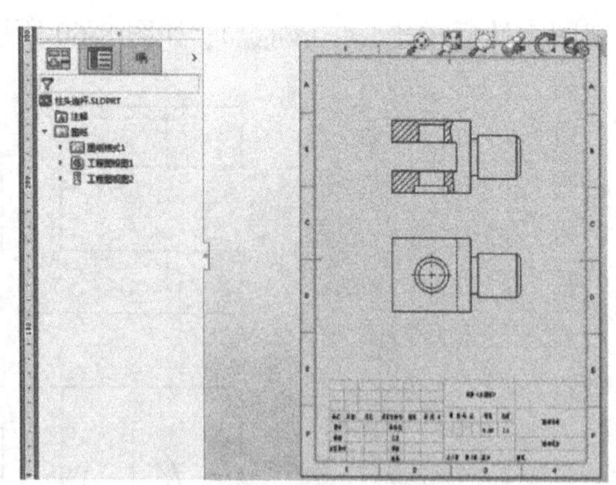

图 8-63　柱头连杆工程图

第 8 步：保存文件。

8.6　创建剪裁视图的操作方法与实例

剪裁视图是指剪裁现有的视图或者剖面视图，让其只显示视图或者剖视图的一部分。如图 8-64 所示剪裁视图示例。创建剪裁视图的步骤如下：

第 1 步：打开要生成剪裁视图的工程图文件，如图 8-65 所示（文件图见［举一反三 8-2］）。

第 2 步：单击“草图”选项卡中的 ∿（样条曲线）按钮，在要生成剪裁视图的工程视图中画封闭图形，画封闭图形的区域，就是要保留的剪裁视图的区域，如图 8-66 所示。

第 3 步：单击“工程图”选项卡中的（剪裁视图）按钮，剪裁视图就出现在工程图中，如图 8-67 所示。

第 4 步：保存文件。

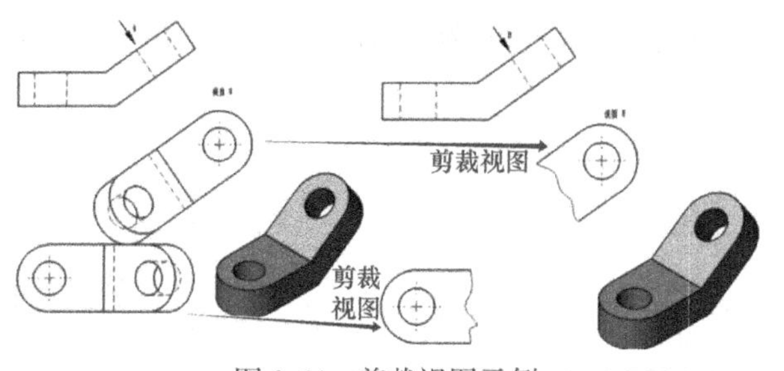

图 8-64 剪裁视图示例

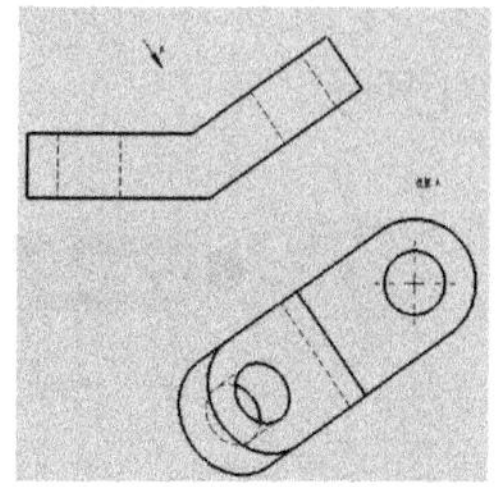

图 8-65 生成剪裁视图原图

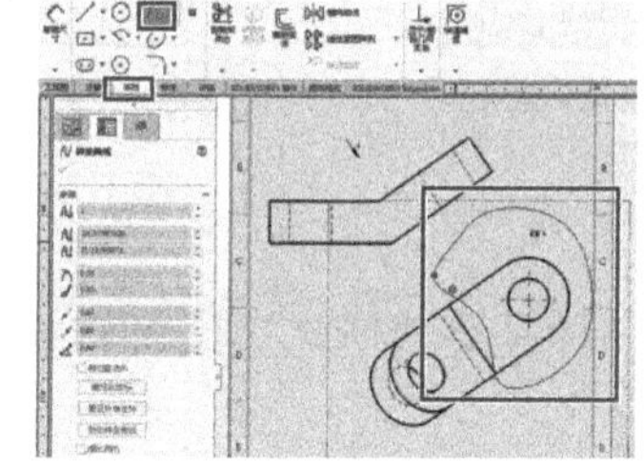

图 8-66 生成剪裁视图的区域选择

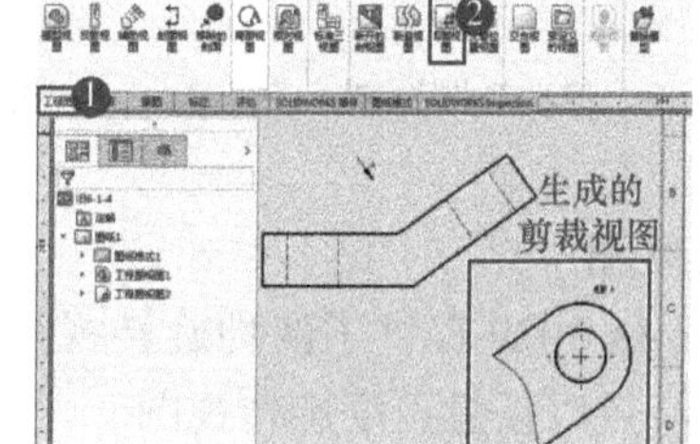

图 8-67 剪裁视图

【举一反三 8-3】 根据下面立体图，创建其如图 8-68 所示工程图。

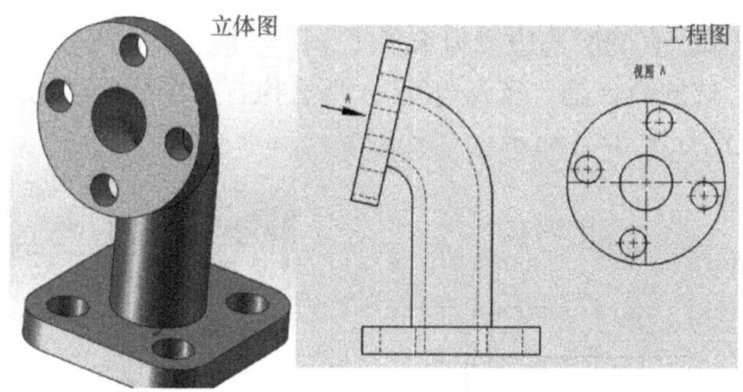

图 8-68 举一反三 8-3 图

8.7 移动视图和旋转视图

在前面学习的工程视图中，许多视图的生成位置和角度都受到其他条件的限制（如辅助视图的位置与参考边线垂直）。有时，自己还需要任意调节视图的位置和角度以及显示和隐藏，SolidWorks 2020 提供了这项功能。

8.7.1 移动视图

光标指针移到视图边界上时，光标指针变为，长按左键可以移动该视图。如果移动的视图与其他视图没有对齐或约束关系，可以将其移动到任意的位置。

如果视图与其他视图之间有对齐或约束关系，若要移动视图，操作如下：

第 1 步：单击要移动的视图，如图 8-69 所示（工程图文件见［举一反三 8-3］）。

第 2 步：选择菜单栏上的“工具”→“对齐工程图视图”→“解除对齐关系”命令。或光标放在选中的视图上单击右键→“视图对齐”→“解除对齐关系”，如图 8-70 所示。

第 3 步：光标移动到视图边界上，长按左键可以拖动视图到任意位置。移动后的视图，如图 8-71 所示。

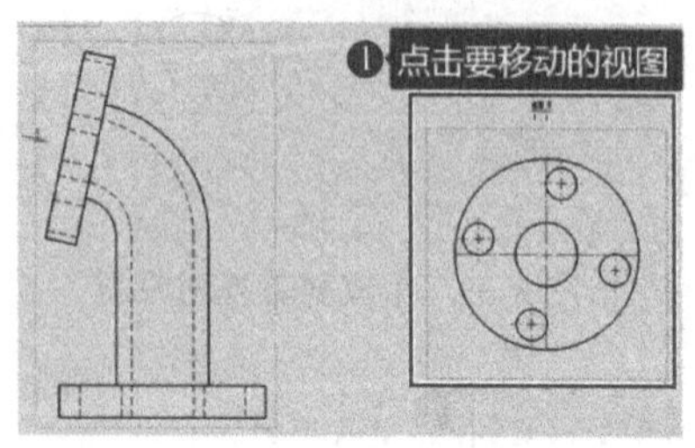

图 8-69　移动视图原图

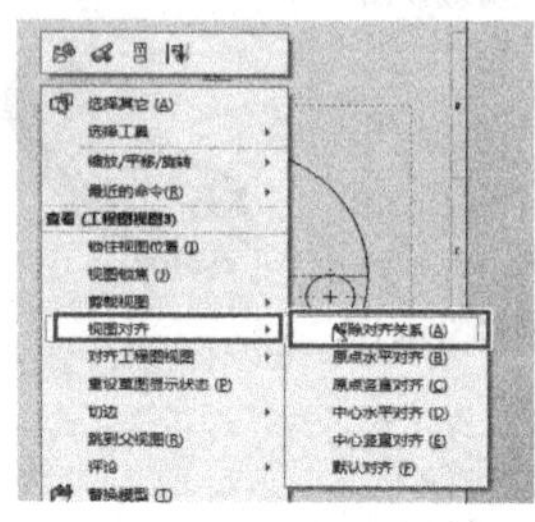

图 8-70　解除对齐关系

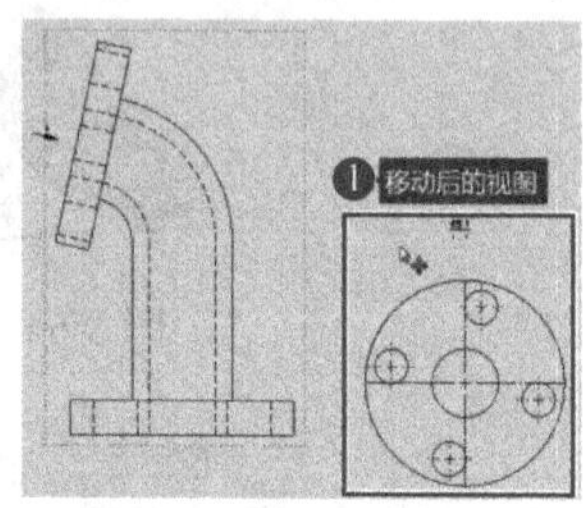

图 8-71　移动后的视图

8.7.2 旋转视图

SolidWorks 2020 提供了两种旋转视图的方法，一种是绕着所选边线旋转视图，另一种是绕视图中心点以任意角度旋转视图。

1. 绕边线旋转视图方法

第 1 步：在工程图中选择一条直线，如图 8-72 所示。

第 2 步：选择菜单栏中的“工具”→“对齐工程图视图”→“水平边线”命令或“工具”→“对齐工程图视图”→“竖直边线”，如图 8-73 所示，选择的是“竖直边线”。

第 3 步：旋转视图，直到所选边线为水平（选择水平边线）或竖直（选择竖直边线）状态。如图 8-72 所示，选的命令是“竖直边线”，那么执行命令后，视图旋转到所选边线为竖直状态。旋转后的视图如图 8-74 所示。

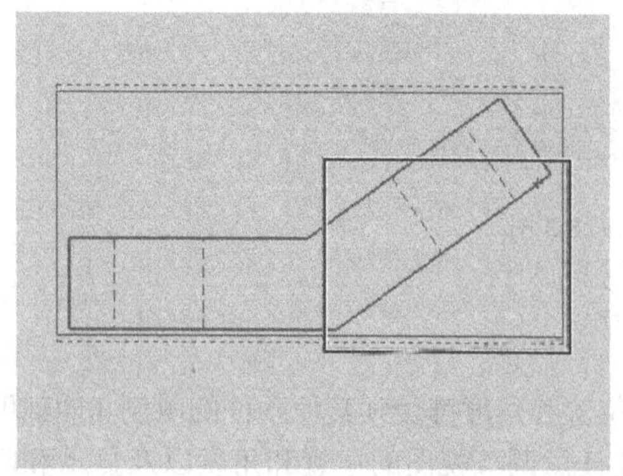

图 8-72　旋转视图边线选择

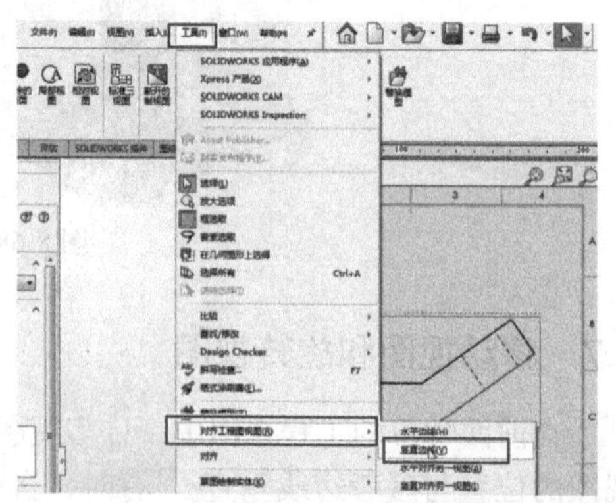

图 8-73　旋转视图命令的选择

2. 绕中心点旋转视图的方法

第 1 步：选择要旋转的工程视图，如图 8-75 所示。

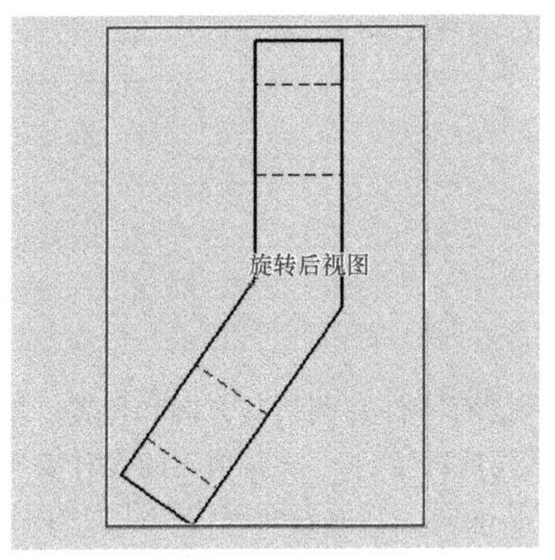

图 8-74 旋转后视图

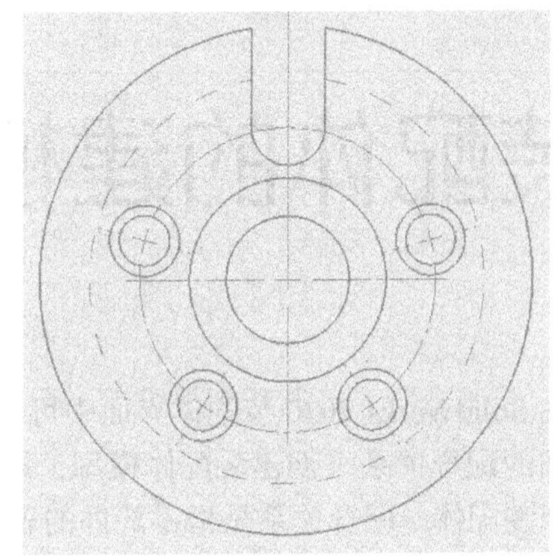

图 8-75 要旋转的工程视图

第 2 步：单击“视图前导”工具栏中的（旋转）按钮，弹出“旋转工程视图”窗口，如图 8-76 所示。

第 3 步：设置“旋转工程图”对话窗口里面的参数。

在“工程图视图角度”文本框中输入旋转的角度，如图 8-76 所示，工程视图角度设置为 45° 。

如勾选 相关视图反映新的方向(D) 此选项，则与该视图相关的视图将随着该视图的旋转做相应的旋转。

如勾选 随视图旋转中心符号线(R)此选项，则中心符号线将随视图一起旋转。

第 4 步：“旋转工程图”对话窗口内容设计完毕后，单击 应用 按钮，然后单击 关闭 按钮。如图 8-77 所示，视图旋转成功。

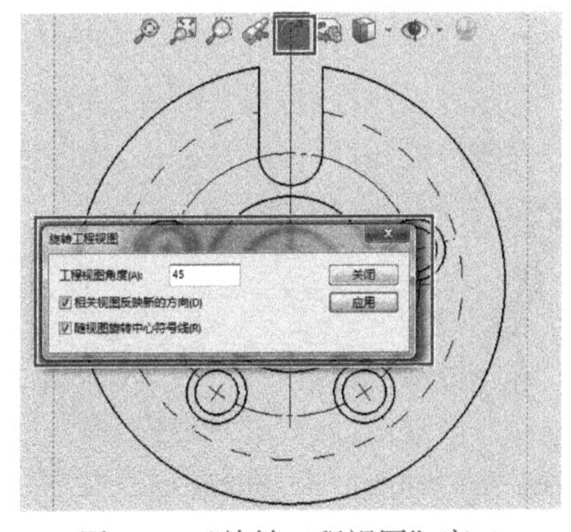

图 8-76 “旋转工程视图”窗口

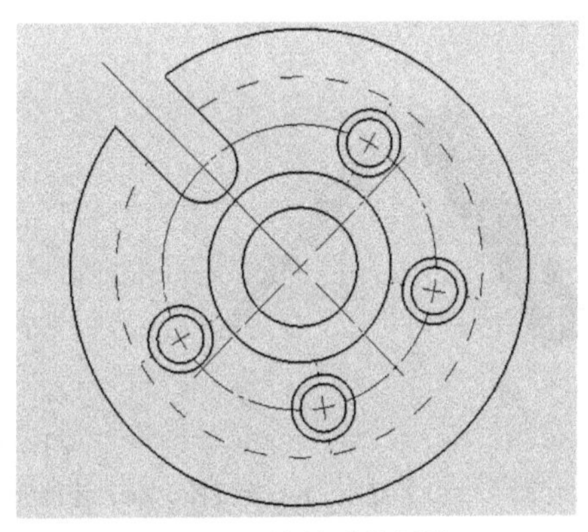

图 8-77 旋转后的视图

项目9

装配体的建模

在 SolidWorks 2020 装配体界面中可以通过加入已有零件并调整其方向和位置、增加零件之间的配合关系来创建装配体模型，即可以将已完成的零件，根据预先的设计要求装配成一个装配体。配合关系是指零部件的表面或边与基准面、其他表面或边的几何约束关系。SolidWorks 2020 不仅提供了丰富的装配工具，还提供了多种统计、计算和检查工具，如质量特性、干涉检查等，可以很方便地生成装配体爆炸图，清晰地表示装配体中各零件之间的位置关系。在此基础上还能对其进行运动测试。

任务1　根据零件模型装配成装配体

任务目标： 掌握装配体的装配方法，掌握插入零部件、移动零部件、添加配合关系的操作方法。

9.1　装配体建模体验

实例 9-1

【实例 9-1】 根据如图 9-1 所示，根据雨刷已有零件模型（见［举一反三 3-1］），建立如图 9-2 所示雨刷装配体。

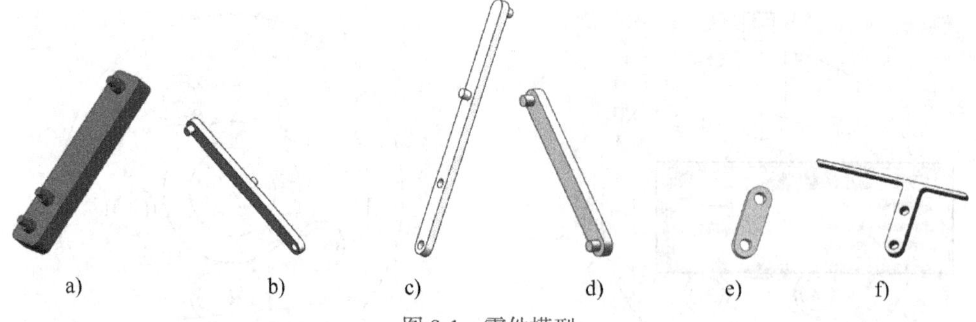

图 9-1　零件模型
a）底座　b）连接杆 1　c）连接杆 2　d）连接杆 3　e）连接件 1　f）连接件 2

操作步骤：

第 1 步：新建一个装配体文件。单击标准工具栏上（新建）按钮，或选择菜单栏“文件”→“新建”，弹出“新建 SolidWorks 文件”窗口，如图 9-3 所示，选择（装配体）按钮，

单击 确定 （确定）。进入装配体绘制界面，如图 9-4 所示。

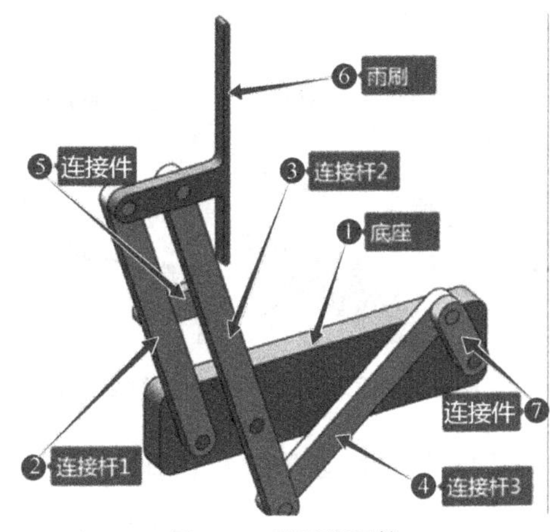

图 9-2 雨刷装配体

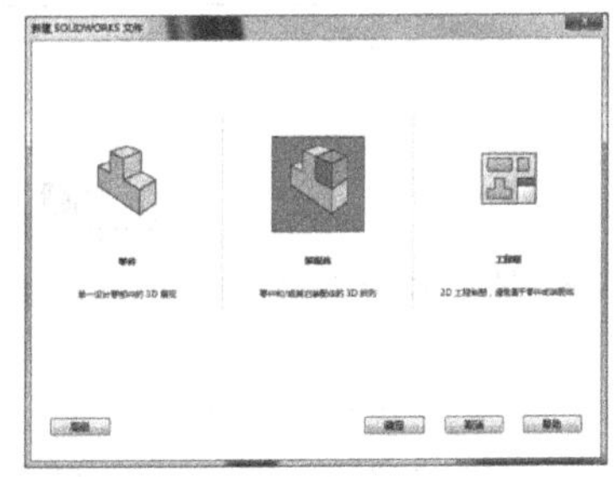

图 9-3 “新建 SolidWorks 文件”窗口

第 2 步：插入底座零件。

1）如图 9-4 所示，在弹出的“打开”窗口中找到“底座”零件的位置，并单击“底座”，然后单击 打开 （按钮）。

2）此时底座零件出现在图形中，可以随着光标移动而移动。在绘图区单击左键，即完成了底座零件的插入，在“视图向导”中单击 （视图定向）→ （等轴测），底座零件，如图 9-5 所示。

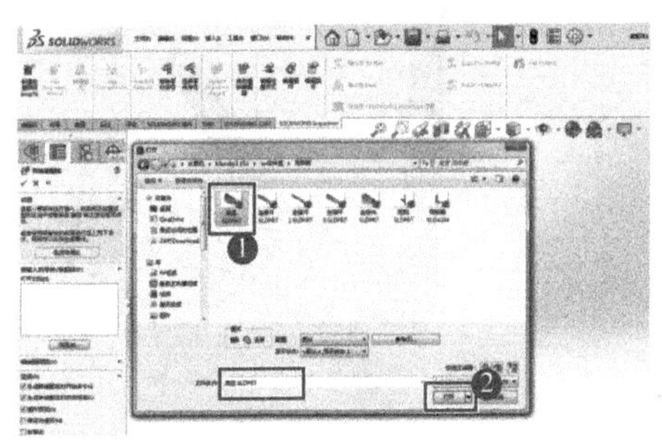

图 9-4 装配体绘制界面

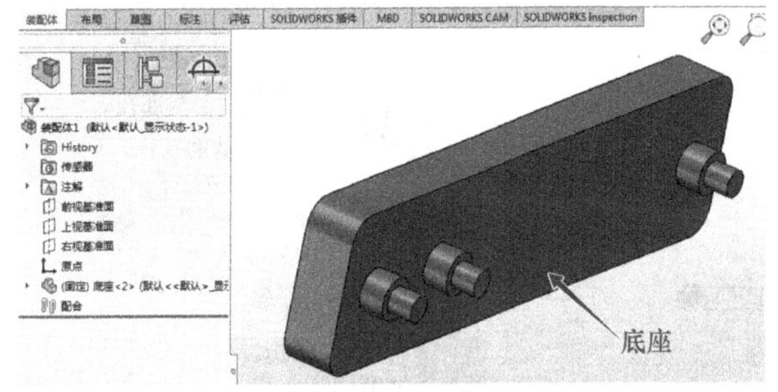

图 9-5 底座零件

第 3 步：插入其他零件。

1）如图 9-6 所示，单击“装配体”选项卡 （插入零部件）按钮，系统弹出“插入零部件”窗口和“打开”窗口。

2）如图 9-6 所示，在“打开”窗口中同时选中雨刷器装配体的其他所有零部件模型（连接杆 1、连接杆 2、连接杆 3、连接件和雨刷），单击 打开 （打开）按钮。

3）在绘图区不同位置处，依次单击左键五次，每单击一次插入一个雨刷器装配体所用到的零件，插入零件完毕后，如图 9-7 所示。

第 4 步：装配连接杆 1 和连接杆 2 到底座上。

1）如图 9-8 所示，单击“装配体”选项卡中的 （配合）按钮，左边弹出“配合”窗口。

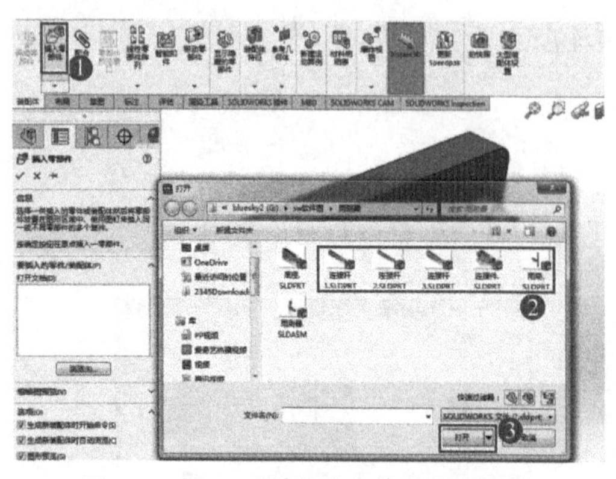

图 9-6　插入雨刷器装配体其他零部件

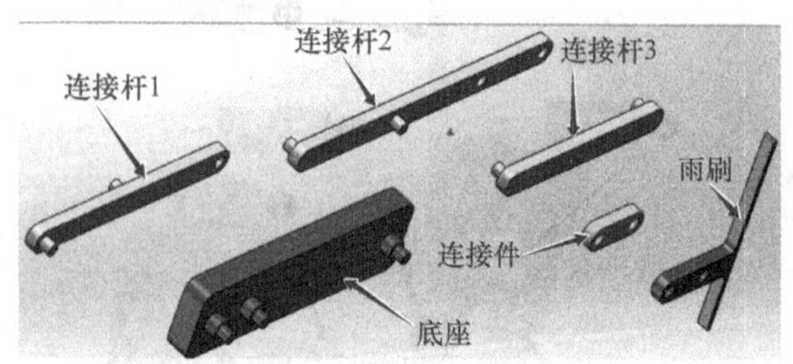

图 9-7　插入零件完成后的绘图区域图

2）如图 9-8 所示，在“配合”窗口中单击“标准配合”中的 同轴心(N)（同轴心）按钮，单击连接杆 1 上的基准孔和底座上的轴销 1，在弹出的工具条上单击（确定）；单击连接杆 2 上的基准孔 1 和底座上的轴销 2，在弹出的工具条上单击（反转配合对齐）按钮，然后单击（确定）。

3）光标放在连接杆 1 或连接杆 2 上，长按左键拖动光标，可以移动连接杆 1 和连接杆 2 的位置。但无论如何移动，连接杆 1 和连接杆 2 的基准孔与底座的轴销都是同轴关系。图 9-9 所示为连接杆 1 和连接杆 2 与底座同轴配合后的装配图。

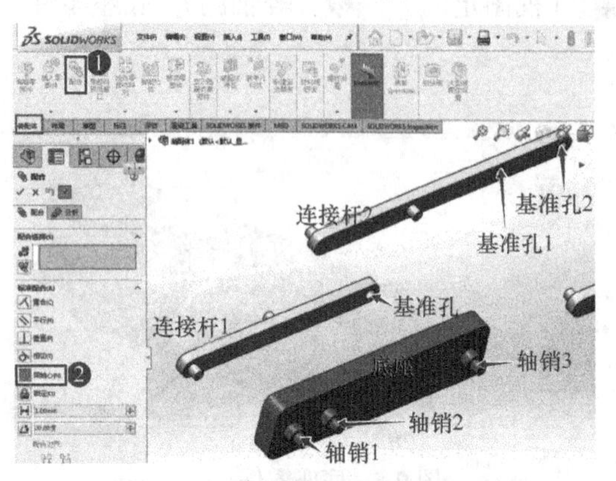

图 9-8　连接杆和底座各部分名称

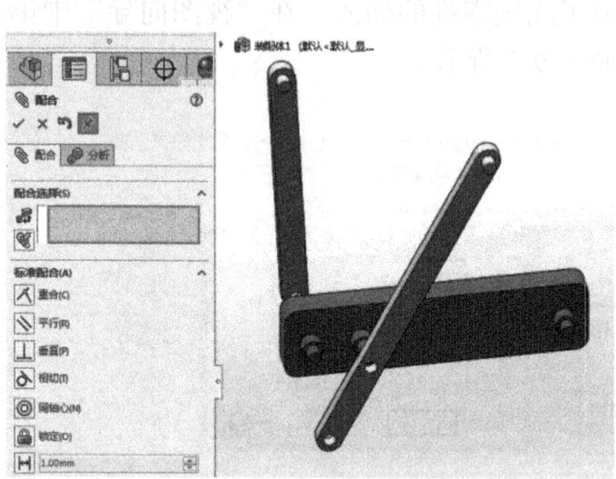

图 9-9　连接杆 1 和连接杆 2 与底座同轴装配

4）在“配合”窗口中，单击“标准配合”中的 重合(C)（重合）按钮。如图 9-10 所示，在绘图区单击底座面 1 和连接杆 1 后面，在弹出的工具条上单击（确定）；然后再单击底座面 2 和连接杆 2 的后面，单击（确定）。

5）如图 9-11 所示，连接杆 1 和 2 被选中的面就和底座的相应面重合了。

第 5 步：装配连接杆 3。

1）在“配合”窗口中，单击“标准配合”中的 同轴心(N)（同轴心）按钮。如图 9-12 所示，在绘图区单击连接杆 3 上的销轴 1，再单击连接杆 2 上的基准孔 2，在弹出的工具条上单击（反转配合对齐）按钮，然后单击（确定），连接杆 3 与连接杆 2 的同轴配合就完成了。

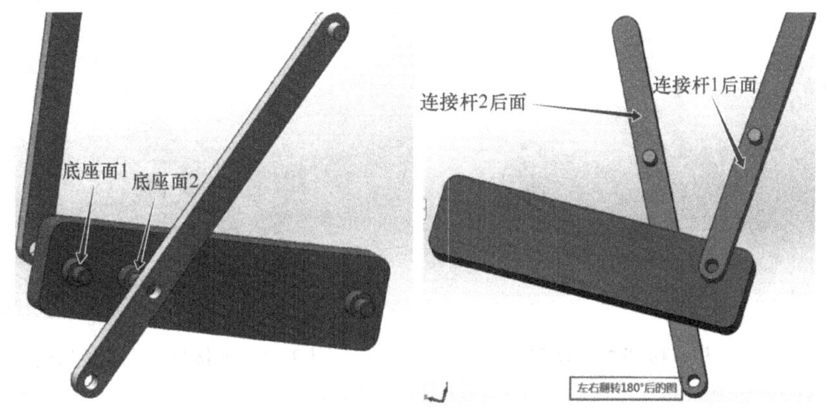

图 9-10 连接杆重合配合面的选取

图 9-11 连接杆 1 和连接杆 2 与底座重合配合

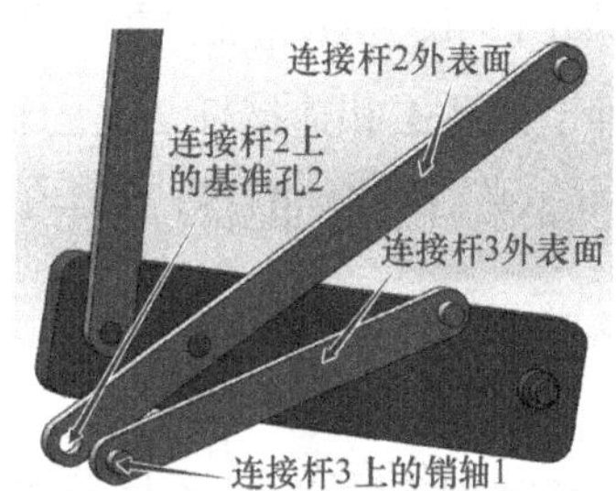

图 9-12 连接杆 3 与连接杆 2 的同轴配合

2）在“配合”窗口中，单击“标准配合”中的重合(C)按钮。如图 9-12 所示，在绘图区单击连接杆 2 内表面，再单击连接杆 3 外表面，然后单击✔（确定）。如图 9-13 所示，选中的两个面就在同一平面上了。

第 6 步：装配连接件。将连接杆利用◎（同轴心）和（重合）将连接杆 1 和连接件 2、底座与连接杆 3 装配。

1）在“配合”窗口中，单击“标准配合”中的◎同轴心(N)按钮；如图 9-14 所示，在绘图区单击连接杆 3 的轴销，单击连接件的孔 1，单击✔（确定）。继续单击底座右边的轴销 3，单击连接件另外一个孔 2，单击✔（确定）。这样连接杆 3、底座和连接件的同轴配合就做好了。

2）在“配合”窗口中，单击“标准配合”中的重合(C)（重合）按钮。如图 9-15 所示，单击连接杆 3 的外表面，单击连接件的内表面，单击✔（确定）。连接杆 3、连接件的重合配合就做好了。

第 7 步：装配第二个连接件，即连接杆 1 和连接杆 2 与连接件的装配。

1）再插入一个连接件。在“装配图”选项卡中单击（插入零部件）按钮，在弹出的“打开”窗口中选择“连接件”，单击 打开 按钮。在图形区域单击左键，连接件就插入到图形区域了。

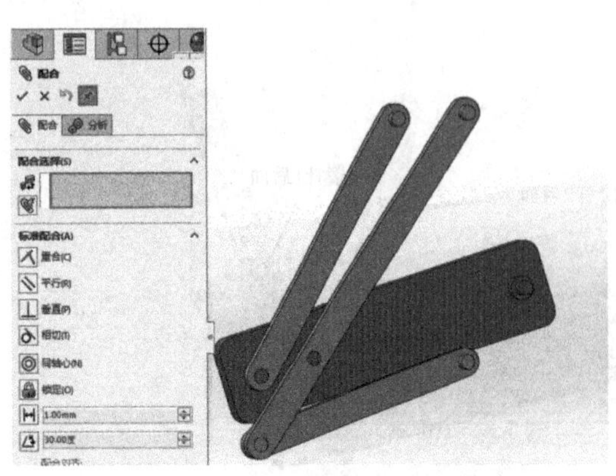

图 9-13 连接杆 3 与连接杆 2 重合配合

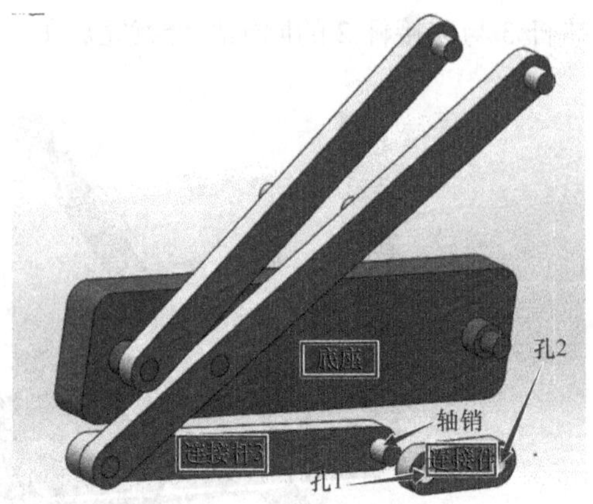

图 9-14 连接杆 3、底座与连接件同心装配

2）如图 9-16 所示，在“装配体”选项卡中单击（配合）按钮。

3）如图 9-16 所示，在“配合”窗口中单击 同轴心(N)（同轴心）按钮，在图形区域，单击连接件上的孔 1 和连接杆 2 上的轴销，单击✓，在图形区域单击连接件上的孔 2 和连接杆 1 上的轴销，做同轴配合，单击✓。连接件与连接杆 2 和 1 的同轴配合就做好了。

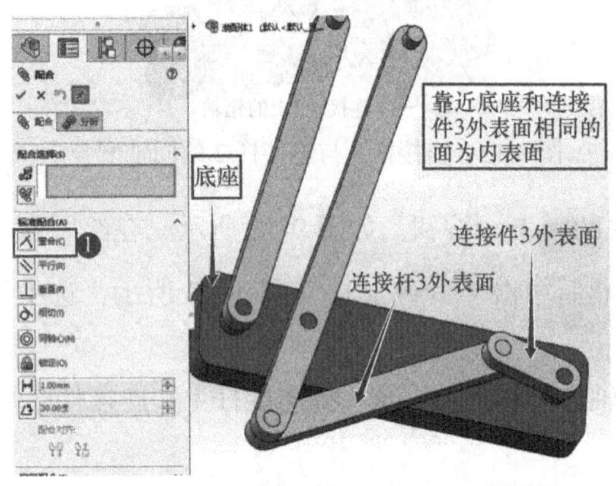

图 9-15 连接杆 3 与连接件 3 重合装配

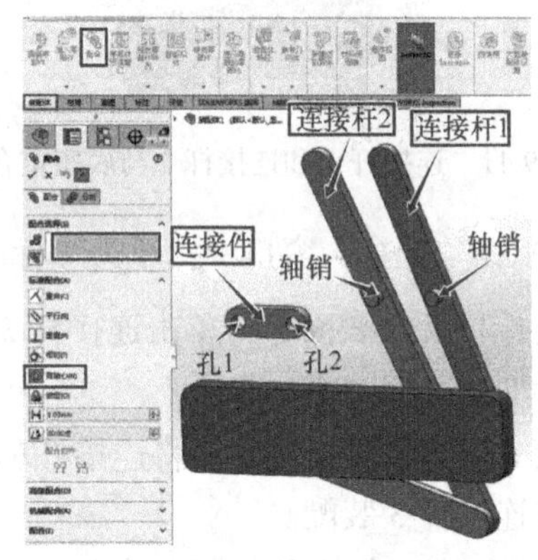

图 9-16 连接件与连接杆 1 和连接杆 2 的同轴配合

4）如图 9-17 所示，在“配合”窗口中单击 重合(C)（重合）按钮，在图形区域单击连接件表面和连接杆 2 上的面 1，单击✓，在图形区域继续单击连接件表面和连接杆 1 上的面 2，做重合配合，单击✓。连接件 2 与连接杆 1 和 2 的重合配合就做好了，如图 9-17 所示。

第 8 步：装配雨刷。

1）如图 9-18 所示，在“配合”窗口中，单击“标准配合”中的 同轴心(N)（同轴心）按钮，在绘图区单击连接杆 1 轴销和雨刷上的孔 1，单击✓（确定）。继续单击连接杆 2 轴销，单击雨刷孔 2，单击✓（确定）。连接杆 1、连接杆 2 和雨刷的同轴配合就做好了，如图 9-18 所示。

2）在“配合”窗口中，单击“标准配合”中的 重合(C)（重合）按钮。如图 9-19 所示，单击连接杆 1 的外表面，单击雨刷表面，单击✓（确定）。继续 重合(C)命令，单击连接杆 2 的外表面，单击雨刷的表面，单击✓（确定）。连接杆 1、连接杆 2 和雨刷的重合配合就做好了。

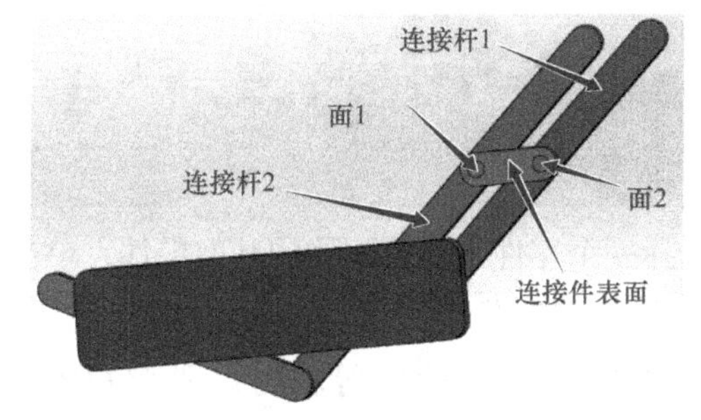

图 9-17　连接件与连接杆 1 和连接杆 2 的重合配合

图 9-18　雨刷与连接杆 1 和连接杆 2 的同轴配合

第 9 步：如图 9-20 所示，雨刷装配体装配完毕，保存文件。

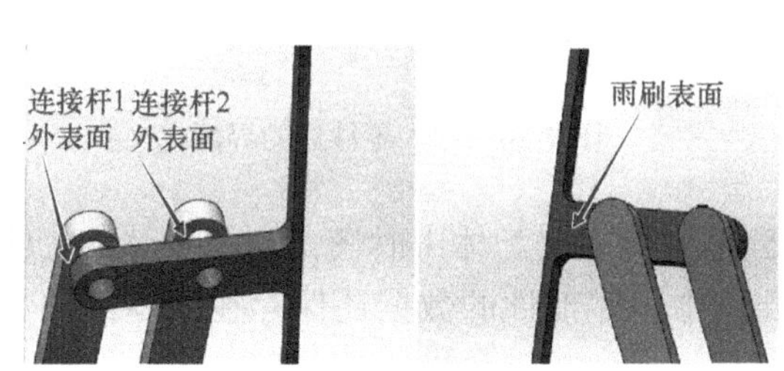

图 9-19　雨刷与连接杆 1 和连接杆 2 的重合配合

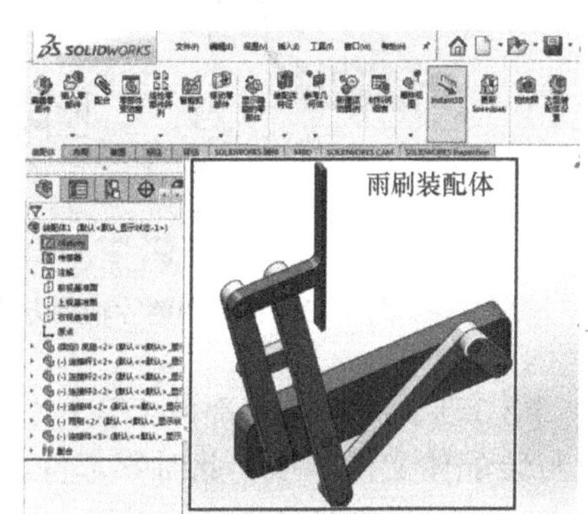

图 9-20　雨刷装配体

9.2　装配体文件的建立

操作步骤：

第 1 步：单击标准工具栏上（新建）按钮，或选择菜单栏“文件”→“新建”，弹出“新建 SolidWorks 文件”对话窗口。选择（装配体）图标项，单击“确定”按钮，进入装配体绘制界面，如图 9-21 所示。

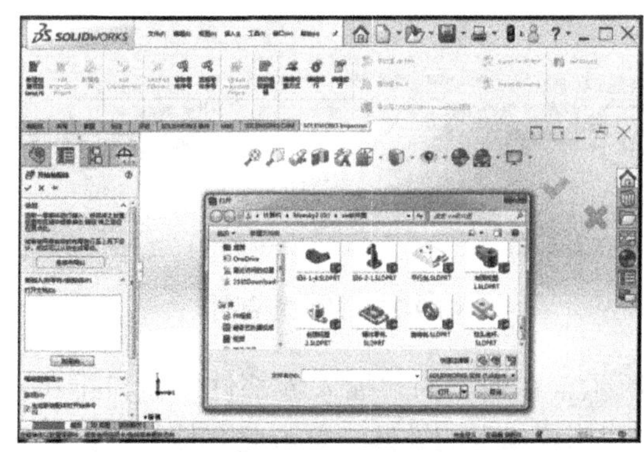

图 9-21　装配体绘制界面

在装配体绘制界面中出现如图 9-22 所示“装配体”选项卡。

图 9-22 “装配体”选项卡

第 2 步：在弹出的“打开”对话窗口中可以选择一个零件作为装配体的基准零件，单击“打开”按钮。然后在绘图区合适位置单击放置零件，这个零件是固定的。

如图 9-23 所示，在“视图向导”中单击“视图定向”→（等轴测），调整视图为“等轴测”，得到了导入零件后的界面，如图 9-24 所示。

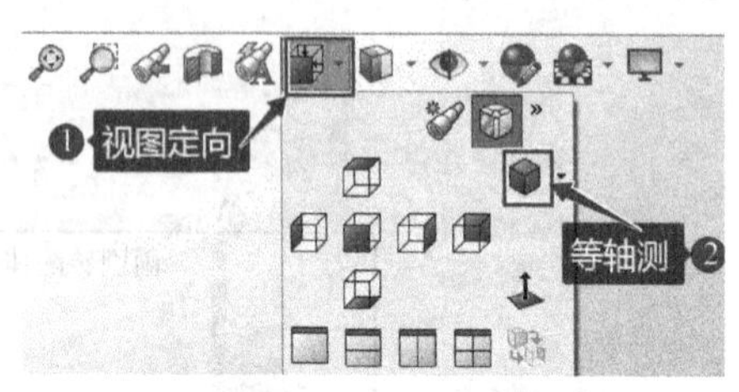

图 9-23 视图调整等轴测方法

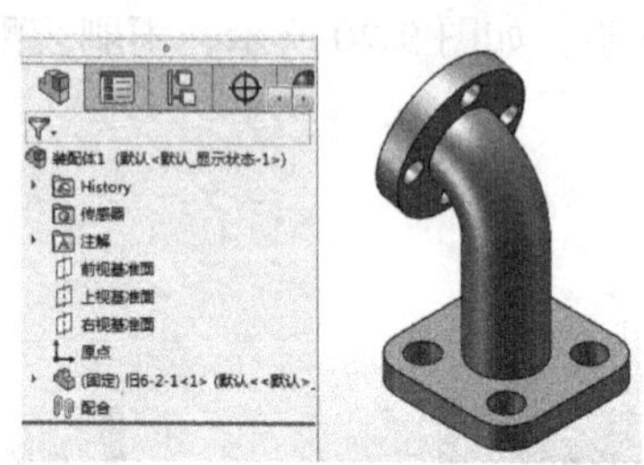

图 9-24 导入零件后的界面

第 3 步：将一个零部件（单个零件或子装配体）放入装配体中时候，这个零部件文件会与装配体文件链接。此时零部件出现在装配体中，零部件的数据还保存在原零部件文件中。

第 4 步：保存文件。

9.3 插入零部件

制作装配体需要按照装配的过程依次插入相关零件。

操作方法：

第 1 步：打开要插入零件部的装配体文件。

第 2 步：如图 9-25 所示，单击装配体选项卡上的（插入零部件）按钮，或者选择菜单栏“插入”→“零部件”→“现有零件 / 装配体”。

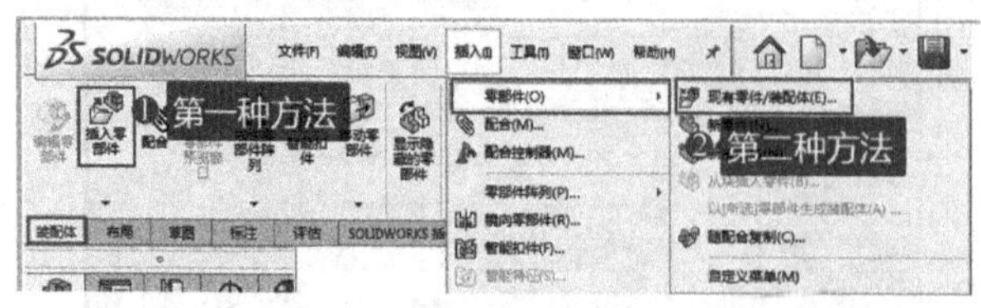

图 9-25 插入零部件

第 3 步：如图 9-26 所示，在弹出的“插入零部件”窗口中单击浏览(B)...，弹出“打开”窗口，在“打开”窗口中找到要插入的零件，单击此零件，单击打开。

第 4 步：在绘图区域单击左键，选中的零件就插入到装配体文件中。在“视图向导”中单击 “视图定向”→（等轴测），调整视图为“等轴测”。图 9-27 所示为插入零部件后的绘制界面。

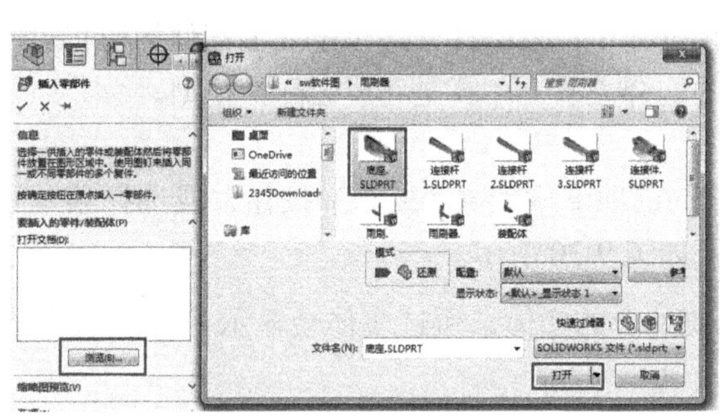

图 9-26　插入零部件步骤

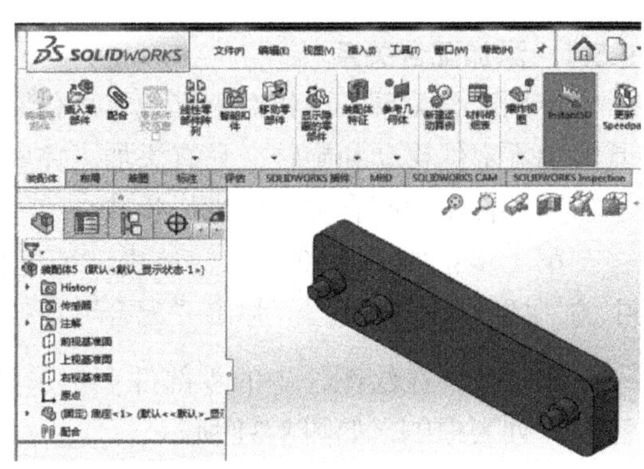

图 9-27　插入零部件后的绘制界面

9.4　移动零部件

在设计树中，“（–）”符号表示该零件是可动的。

移动零部件的操作步骤：

第 1 步：如图 9-28 所示，单击“装配体”选项卡中的（移动零部件）按钮。或选择菜单栏中的“工具”→“零部件”→“移动”。

第 2 步：如图 9-29 所示，系统弹出“移动零部件”窗口。此时光标变成“”，在绘图区，光标放在要移动零件上，长按左键拖动零件到需要的位置，松开左键，单击（确定）按钮，零部件移动完毕。

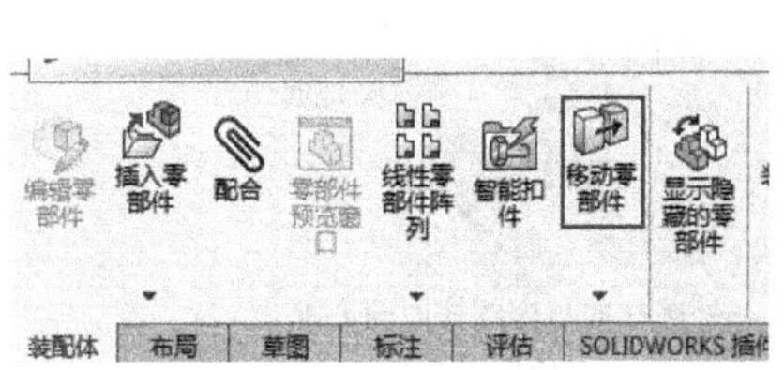

图 9-28　移动零部件

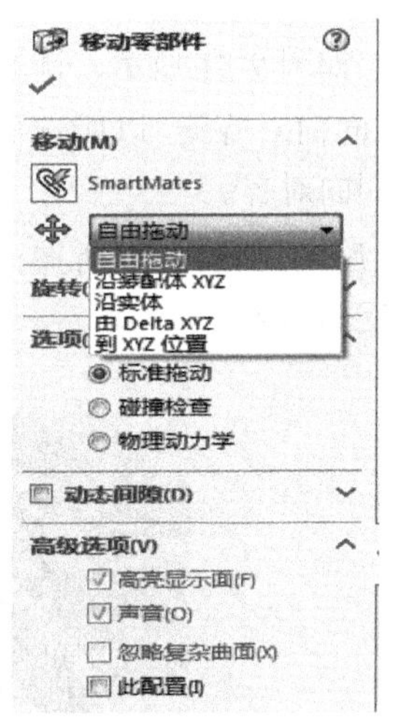

图 9-29　“移动零部件”窗口

9.5 装配体的配合关系

要完成装配体的设计，一个很重要的环节就是设置各零部件之间的配合关系，以使各零部件之间能够正确连接和精确定位。用户可以添加、删除或修改零部件之间的配合关系来完成装配体设计。

9.5.1 添加配合关系

使用配合关系，可相对于其他零部件来精确地定位零部件，还可定义零部件如何相对于其他的零部件移动和旋转。只有添加了完整的配合关系，才算是完成装配体模型。

零部件添加配合关系的操作步骤：

第 1 步：如图 9-30 所示，单击“装配体”选项卡中的（配合）按钮，或选择菜单栏中的“插入”→“配合”。弹出“配合”窗口，如图 9-30 所示。

第 2 步：在绘图区中的零部件上个选择要配合的实体，所选实体会显示在（要配合实体）列表框中，如图 9-31 所示。

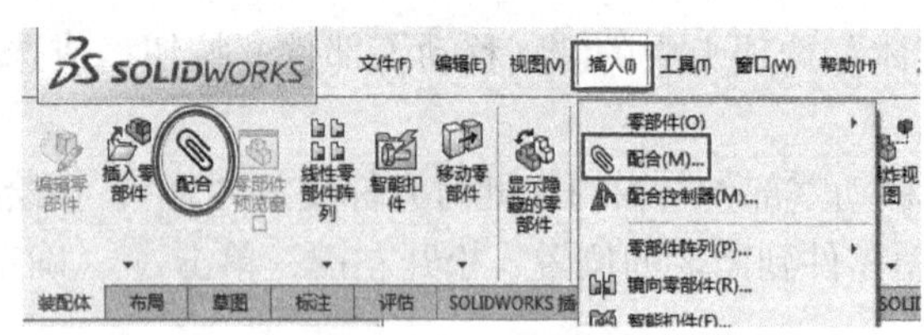

图 9-30 配合命令

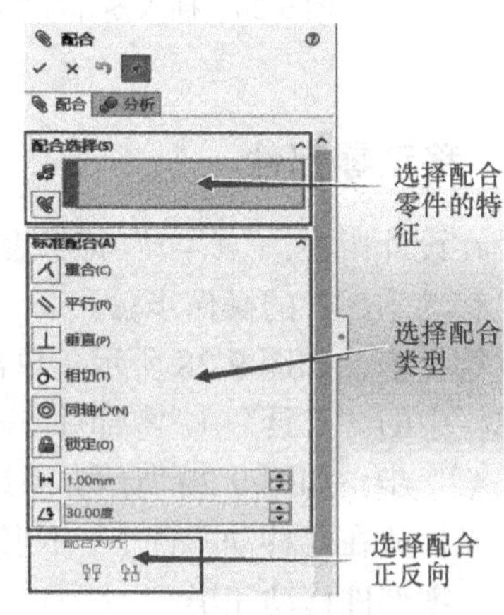

图 9-31 “配合”窗口

第 3 步：如图 9-31 所示，选择所需配合对齐方式，

1）（同向对齐）：以所选面的法向或轴向的相同方向来放置零件。如图 9-32 所示，配合方式为同向对齐。

2）（反向对齐）：以所选面的法向或轴向的相反方向来放置零件。如图 9-32 所示，配合方式为反向对齐。

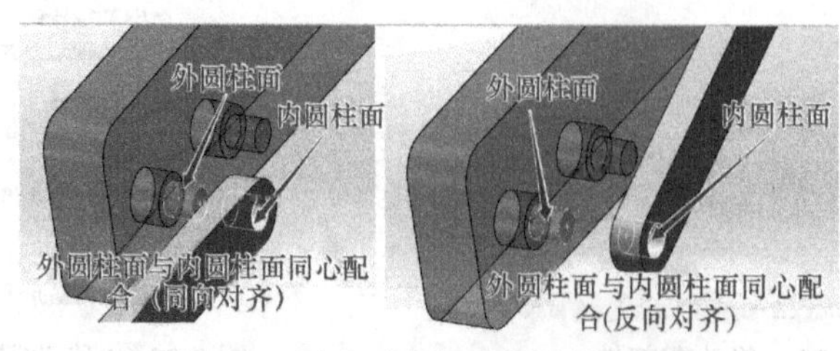

图 9-32 同向对齐与反向对齐比较图

第 4 步：系统会根据所选的实体列出有效的配合类型。单击对应的配合类型按钮，选择配合类型，如图 9-31 所示。

1）（重合）：面与面、面与直线（轴）、直线与直线（轴）、点与面、点与直线之间重合。

2）（平行）：面与面、面与直线（轴）、直线与直线（轴）、曲线与曲线之间平行。

3）（垂直）：面与面、直线（轴）与面之间垂直。

4）（同轴心）：圆柱与圆柱、圆柱与圆锥、圆形与圆弧边线之间具有相同的轴。

第 5 步：图形中零部件将根据指定的配合关系移动，如果配合不正确，单击（撤销）按钮，然后根据需要修改选项。

第 6 步：单击（确定）按钮，应用配合。

当在装配体中建立配合关系后，配合关系会在设计树中以按钮表示。

9.5.2 删除配合关系

如果装配体中的某个关系有错误，可以随时将其从装配体中删除。

操作步骤：如图 9-33 所示，在设计树中，右键单击想要删除的配合关系，在弹出的快捷菜单中选择“删除”，弹出“确认删除”对话窗口，单击“是”按钮，确认删除，如图 9-34 所示。

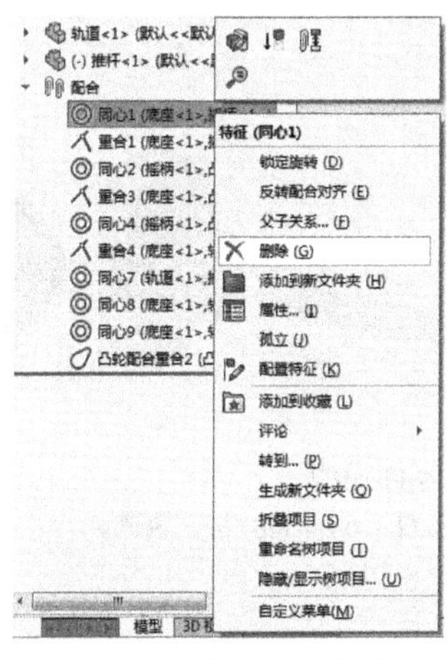

图 9-33 删除配合关系

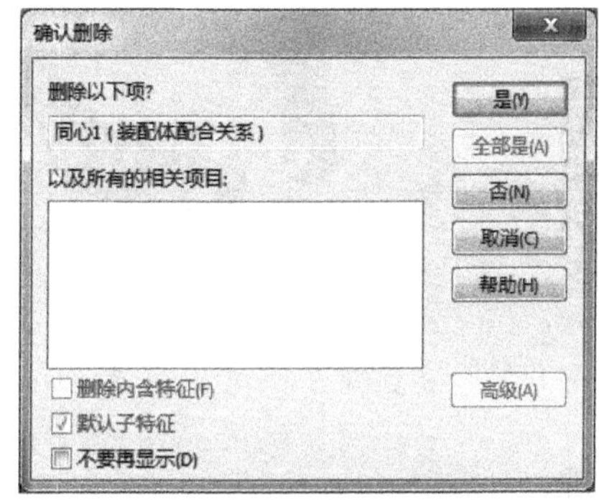

图 9-34 “确认删除”对话窗口

9.5.3 修改配合关系

操作步骤：如图 9-35 所示，在设计树中，右键单击要修改的配合关系，在弹出的快捷菜单中单击（编辑特征）图标。如图 9-36 所示，在弹出的对应配合关系对话窗口中改变所需选项。如果要替换配合实体，在（要配合实体）列表框中删除原来的视图后重新选择实体。单击（确定）按钮，完成配合关系的重新定义。

对已经存在的配合关系可以像重新定义特征一样进行修改。

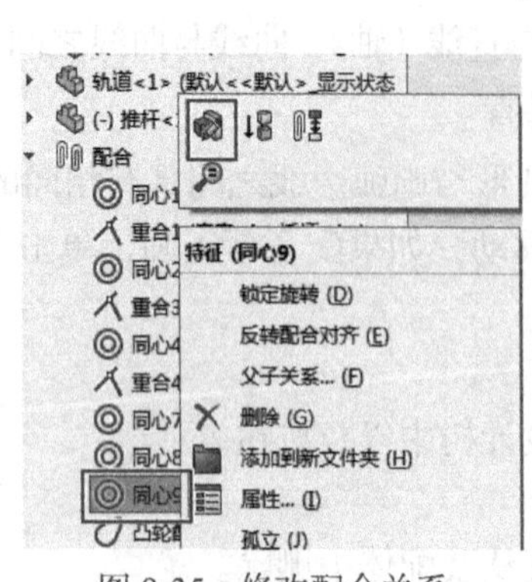

图 9-35　修改配合关系

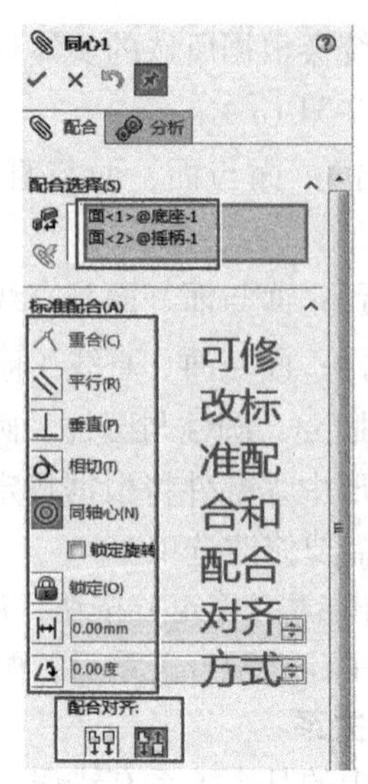

图 9-36“同心 1”窗口修改配合关系

9.6　创建装配模型的实例

【实例 9-2】 根据如图 9-37 所示的零件模型（模型见［举一反三 4-3］），建立如图 9-38 所示凸轮推杆机构装配体。

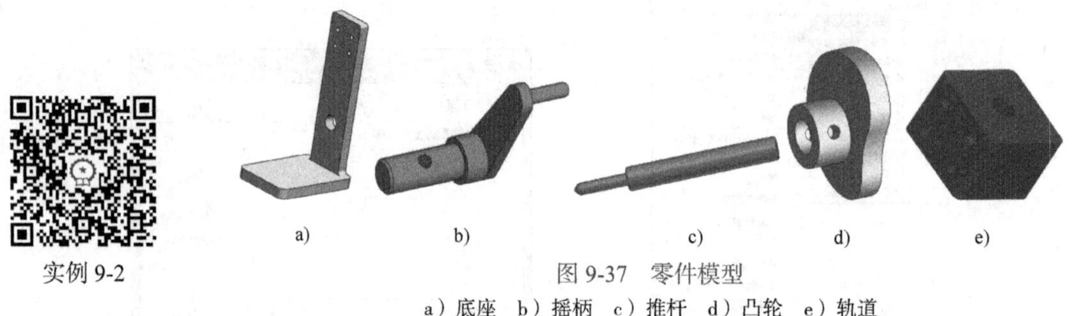

实例 9-2

图 9-37　零件模型

a）底座　b）摇柄　c）推杆　d）凸轮　e）轨道

操作步骤：

第 1 步：新建一个装配体文件。单击标准工具栏上 （新建）按钮，或选择菜单栏“文件”→“新建”，弹出“新建 SolidWorks 文件”窗口，选择 （装配体），单击“确定”按钮。如图 9-39 所示，进入装配体绘制界面，左边自动弹出“开始装配体”窗口，右边自动弹出“打开”窗口。

第 2 步：零件的插入。

1）插入零件底座。如图 9-39 所示，在“打开”窗口中，找到零件底座的位置，单击“底座”，单击“打开”。在绘图区域单击，如图 9-40 所示，底座插入到装配体文件中。如图 9-41 所示，单击“视图向导”中的 （视图定向）按钮，在下拉选项中单击 （等轴测）。插入的零件底座即等轴测显示，此底座零件是固定的。

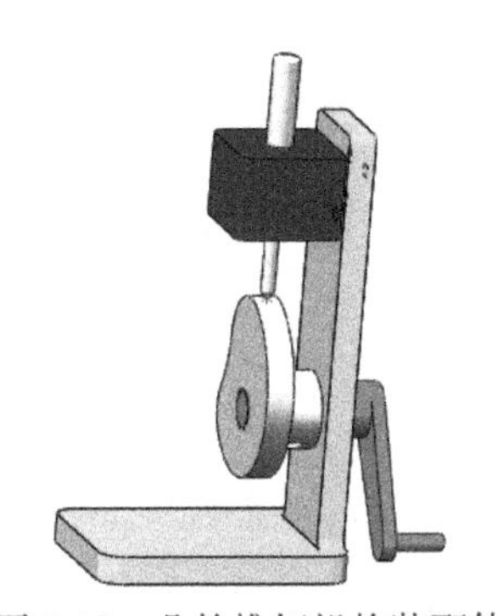

图 9-38 凸轮推杆机构装配体

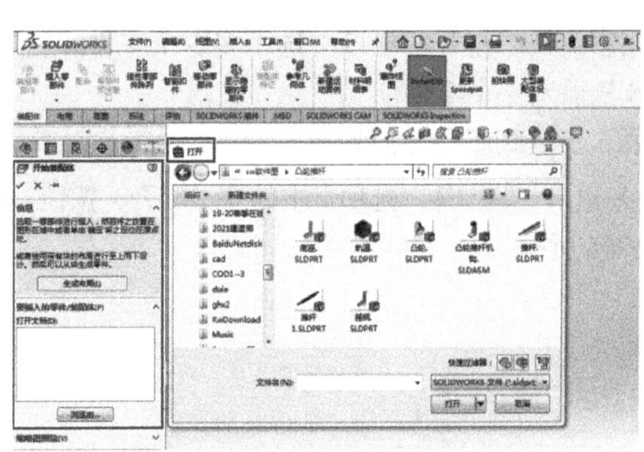

图 9-39 装配体绘制界面

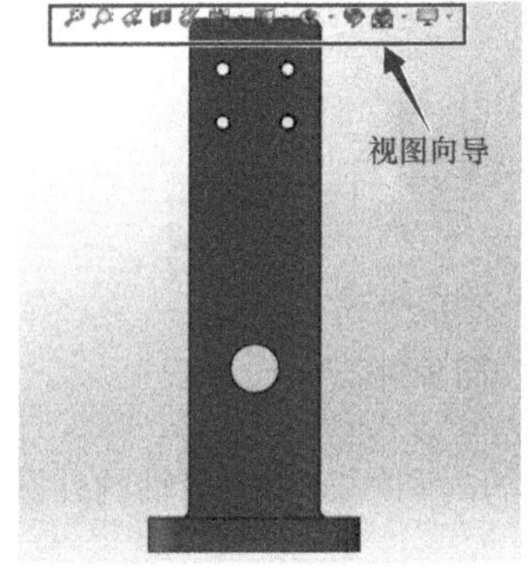

图 9-40 插入零件底座

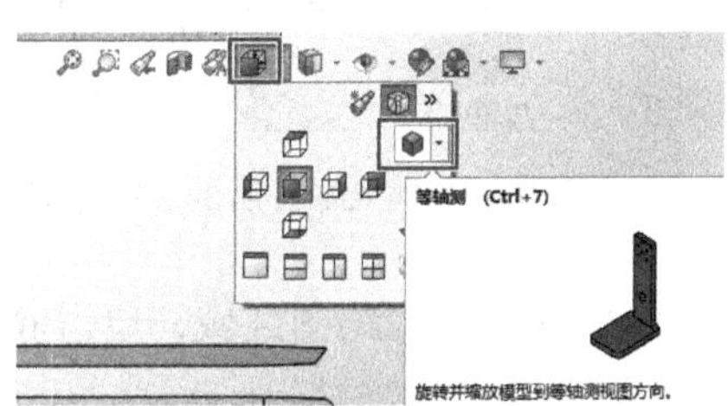

图 9-41 视图向导

2）插入其他零件。如图 9-42 所示，在“装配体”选项卡中单击（插入零部件）按钮，系统弹出“插入零部件”窗口，并且自动弹出“打开”窗口。在“打开”窗口中找到组成凸轮推杆机构装配体零件的位置，选中除座体以外的其他零件（摇柄、凸轮、推杆、和轨道），单击“打开”。

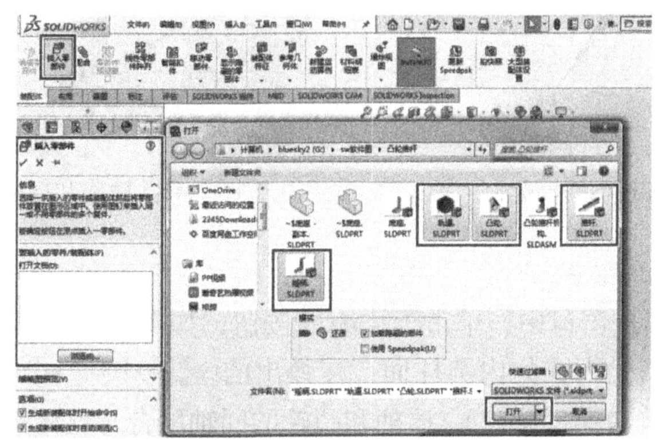

图 9-42 插入其他零件

如图 9-43 所示，在绘图区域单击一次，插入一个零件；换位置单击再插入一个零件。一共单击 4 次，插入 4 种零件。

注意：在“打开”窗口中选中多少个零件，就在绘图区域单击多少次。每单击一次，图形区域就插入一个零件。

第 3 步：底座和摇柄装配。

1）单击“装配体”选项卡中的（配合）按钮，在弹出的“配合”窗口中单击同轴心(N)，如图 9-44 所示。

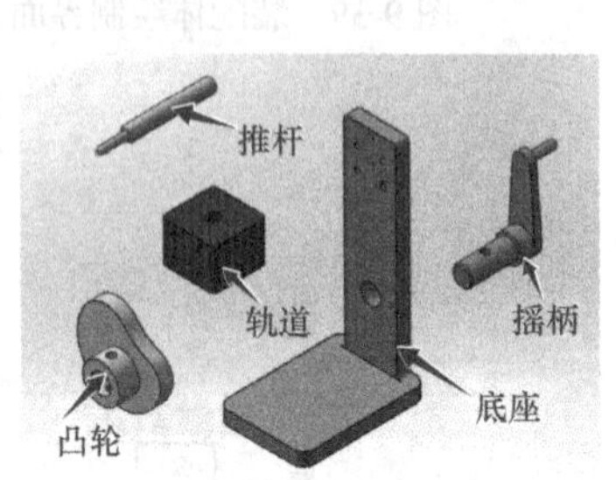

图 9-43 插入零件后的装配体界面

图 9-44 “配合”窗口

2）如图 9-45 所示，在绘图区域，单击底座上大孔的内圆柱面和摇柄轴的外圆柱面。在弹出的工具条上单击。

3）在左边的“配合”窗口中单击（重合）。如图 9-46 所示，在绘图区域，单击底座右侧面和摇柄轴肩左端面，在弹出的具条上单击单击。

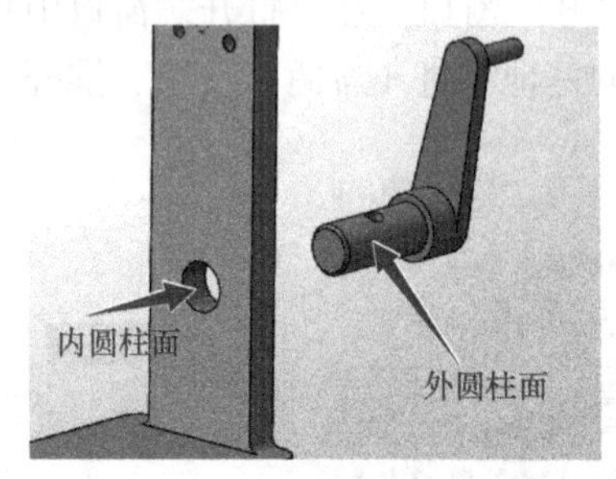

图 9-45 底座和摇柄同轴配合

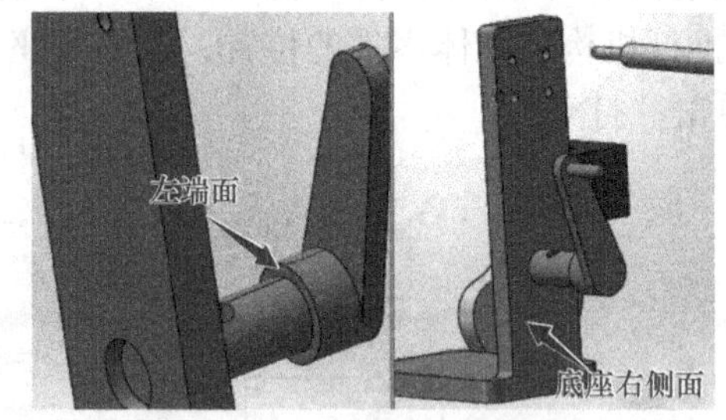

图 9-46 底座和摇柄重合配合

第 4 步：摇柄和凸轮装配。

1）在左边【配合】窗口中，单击同轴心(N)按钮；如图 9-47 所示，在绘图区域，选择摇柄轴的外圆柱面和凸轮大孔的内圆柱面，在弹出的工具条上单击（反转配合对齐），单击（确定），摇柄和凸轮的同轴配合 1 就做好了。

2）在左边【配合】窗口中，单击同轴心(N)按钮；如图 9-48 所示，在绘图区域，选择摇柄上孔的内圆柱面和凸轮上小孔的内圆柱面，在弹出的工具条上单击（确定），摇柄和凸轮的同轴配合 2 就做好了。

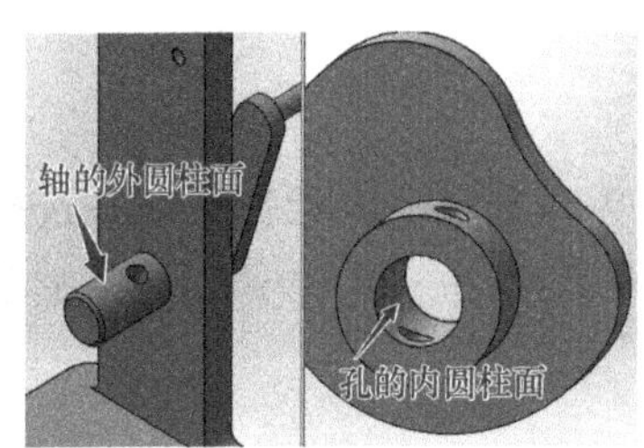

图 9-47 摇柄和凸轮的同轴配合 1

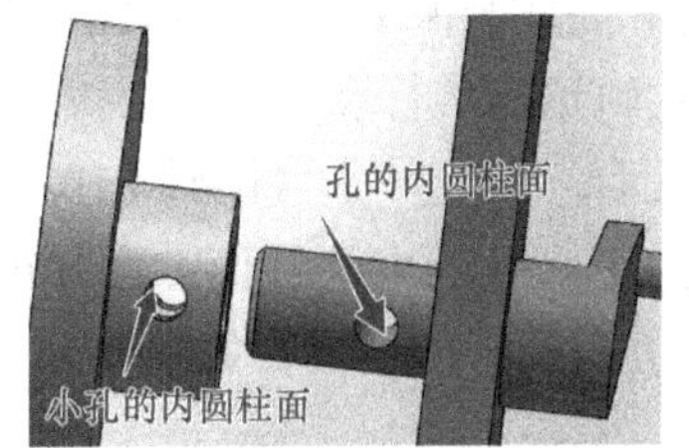

图 9-48 摇柄和凸轮的同轴配合 2

3）摇柄和凸轮装配完成后如图 9-49 所示。

第 5 步：底座和凸轮装配。单击“配合”窗口中◎（同轴心）配合。如图 9-50 所示，在绘图区域，选择凸轮的右端面和底座的左侧面，在弹出的工具条上单击✔（确定），完成底座和凸轮的装配。

图 9-49 摇柄和凸轮装配完成图

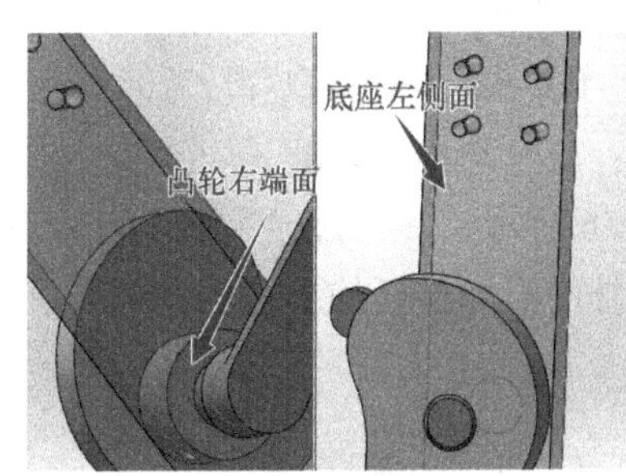

图 9-50 底座和凸轮重合配合

第 6 步：轨道和底座装配。

1）单击“配合”窗口中◎（同轴心）配合。如图 9-51 所示，在绘图区域，选择轨道上孔的内圆柱面和底座上孔的内圆柱面，在弹出的工具条上单击✔（确定），完成轨道和底座的同轴配合 1。

2）继续单击“配合”窗口中◎（同轴心）配合。如图 9-51 所示，在绘图区域，选择轨道下方孔的内圆柱面和底座上下方孔的内圆柱面，在弹出的工具条上单击✔（确定），完成轨道和底座的同轴配合 2。

3）单击“配合”窗口中⋌（重合）配合。如图 9-52 所示，在绘图区域，选择轨道带孔的侧表面和底座左侧面，在弹出的工具条上单击（反转配合对齐），单击✔（确定），完成轨道和底座的重合配合。

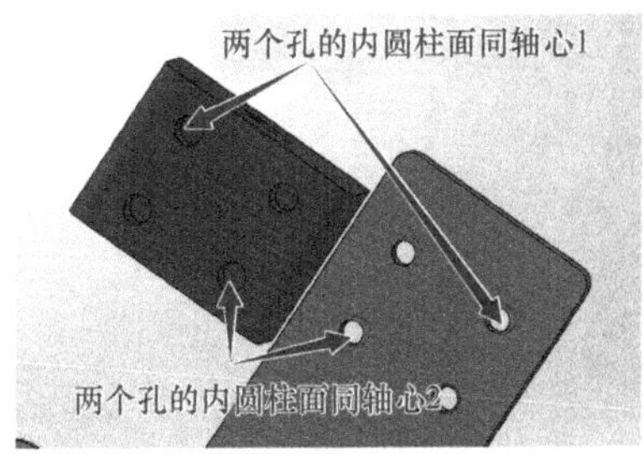

图 9-51 轨道和底座同轴配合

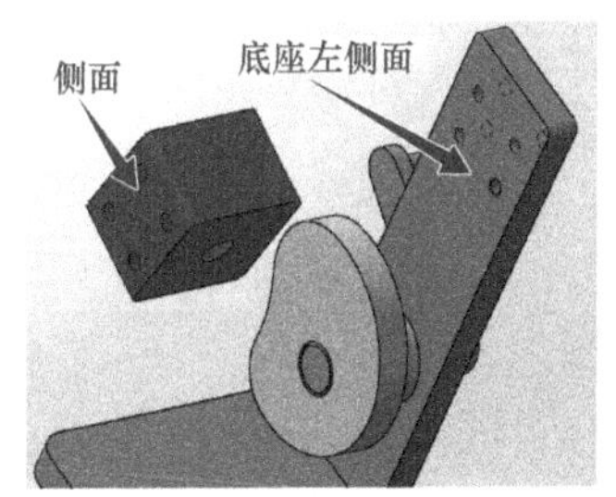

图 9-52 轨道和底座重合配合

4）轨道和底座装配完成后，如图 9-53 所示。

第 7 步：轨道与推杆装配。

单击“配合”窗口中◎（同轴心）配合。如图 9-54 所示，在绘图区域，选择推杆的外圆柱面和轨道上大孔的内圆柱面，在弹出的工具条上单击✔（确定），完成轨道和推杆的装配，如图 9-55 所示。

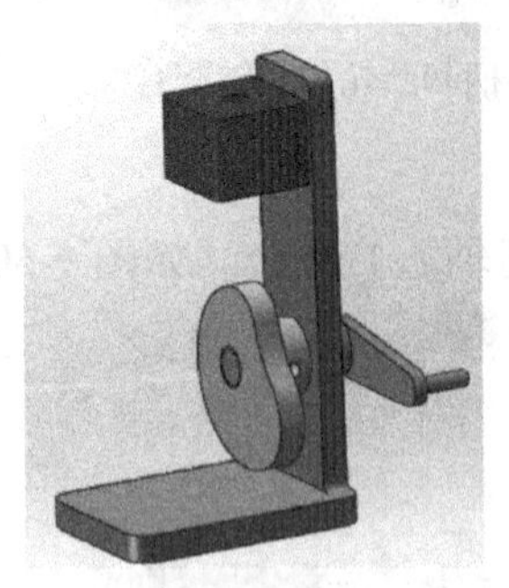

图 9-53　轨道与底座装配完成图

图 9-54　轨道与推杆同轴配合

第 8 步：凸轮与推杆装配。

如图 9-56 所示，在“配合”窗口中，单击“机械配合”中的（凸轮），在绘图区域，选择凸轮的外曲面和推杆的下端点，单击✔（确定），完成凸轮与推杆的装配。

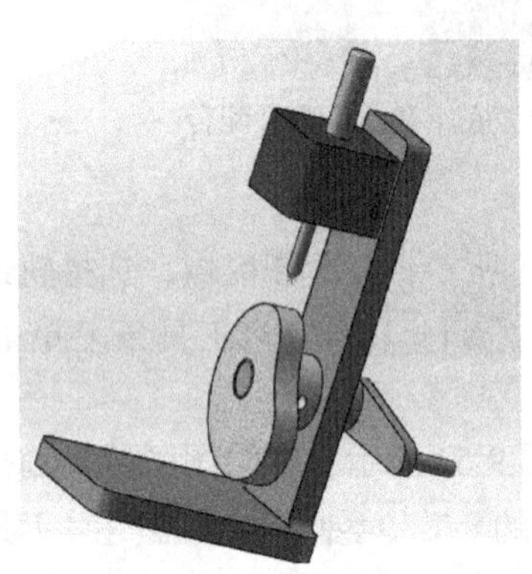

图 9-55　轨道与推杆装配完成图

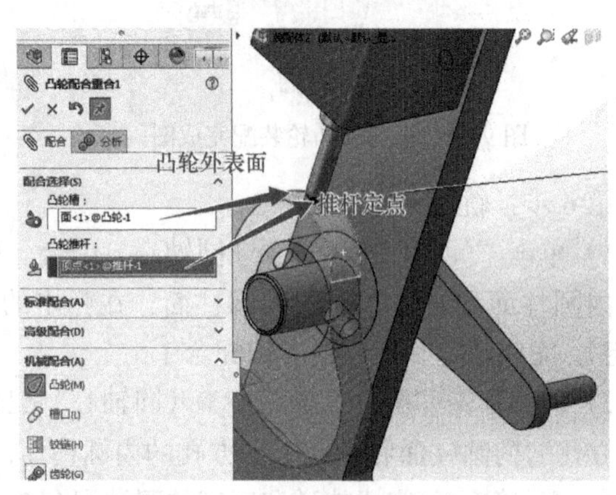

图 9-56　凸轮与推杆重合配合

第 9 步：保存，凸轮推杆机构装配完毕，如图 9-57 所示。

图 9-57　凸轮推杆机构装配体

任务2 编辑装配体中的零件

任务目标： 掌握删除和替换装配体中零件的操作方法。

9.7 删除零部件与替换零部件

9.7.1 删除零部件

操作步骤：

第1步：在绘图区或设计树中单击选中零部件。

第2步：按Delete键；或选择菜单栏中的“编辑”→“删除”；或单击右键，在弹出的菜单中选择“删除”；或在设计树此零件处单击右键，在弹出的菜单中单击“删除”，如图9-58所示。

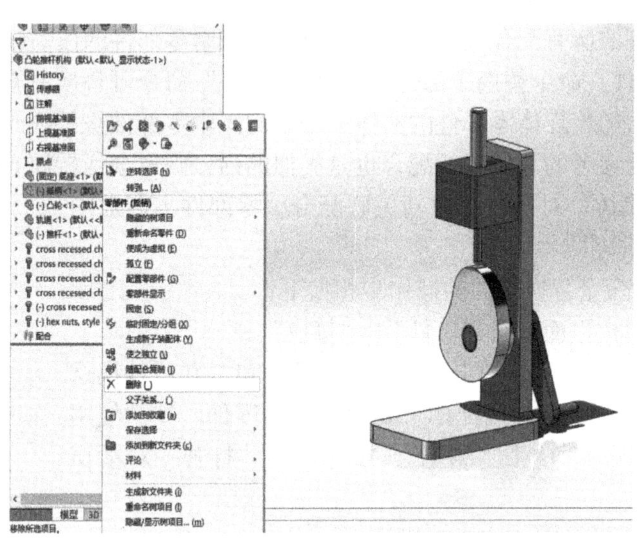

图9-58 删除零部件

第3步：如图9-59所示，弹出“SOLIDWORKS”对话窗口，单击“仅删除选定的零部件”，弹出“确认删除”对话窗口，单击“是”按钮，确认删除。

此零部件及其所有相关的项目（配合、零部件阵列、爆炸步骤等）都会被删除。

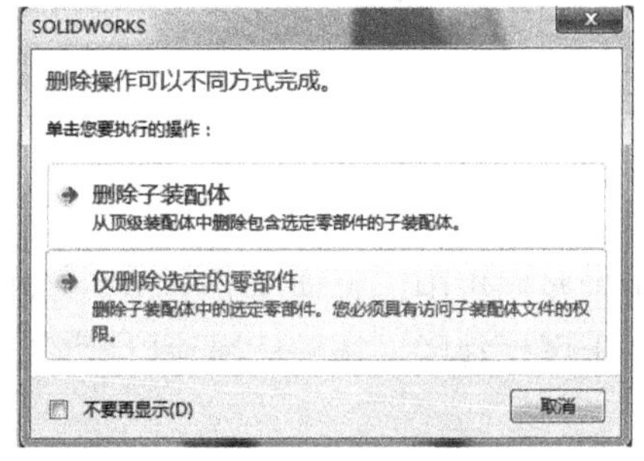

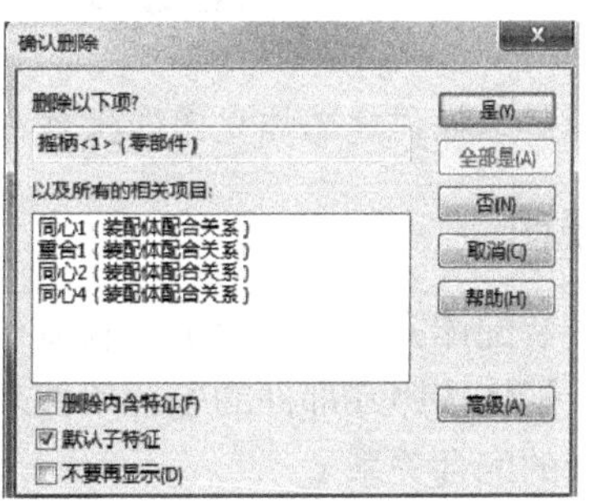

图9-59 “SOLIDWORKS”对话窗口和“确认删除”对话窗口

9.7.2 替换零部件

替换零部件指在装配体中删除一个零部件并用另一个零部件替代。当装配体打开后，其所包含的零部件是最新保存的版本。在装配体打开的情况下，用户对零部件进行修改，且切换到装配体窗口，系统将询问是否重建装配体。这样可以使用户能够及时更新装配体。

用户可以通过三种方法在一个打开的装配体中替换零部件，它们分别是“另存为”“重装”和“替换零部件”。

（1）“另存为”命令替换零部件　如果用户正在装配体关联环境中编辑零件，或者同时打开了一个装配体和其中的零件，使用“另存为”重命名零件将会用新版本替代装配体中的原有零件。如果装配体中有此零件的多个实例。那么所有的实例都将被替换。系统将会弹出信息警告用户要做的修改。如果用户不想替换零部件面仅仅希望把零件另存为一个备份，可在“另存为”对话窗口中选中“另存为备份”选项。

（2）“重装”命令替换零部件　用户可以用“重装”命令替换一个最新保存的零部件版本。重装会保持原有的所有配合关系。该命令也可以控制零部件的读写权限。

（3）“替换零部件”命令替换零部件　“替换零部件”命令可替换所有实体或者另外一个不同的模型中被选中的装配体零部件的实体。当装配体中零部件被替换时，系统会尝试保持原有配合。如果配合参考的几何体的配合也是类似的话，则也会保持原有的配合。否则，需要用相关的“配合实体”对话窗口重新关联配合。零部件不能被同名的文档替换。

“替换零部件”命令替换零件的操作步骤如下：

第 1 步：在菜单栏里面单击“文件”→“替换”。

第 2 步：如图 9-60 所示，弹出“替换”对话窗口，在“替换这些零部件”对话窗口中，单击装配体上要被替换的零件。在“使用此项替换”对话窗口中，单击“浏览”，在弹出的“打开”对话窗口中选择替换的零件。

第 3 步：单击✔（确定）按钮。

为了最好地保持配合关系，用于替换的零部件应该在拓扑和形状上与被替换的零部件保持相似。如果配合参考的实体名称保持相同，零部件被替换后仍能够保持原来的配合关系。

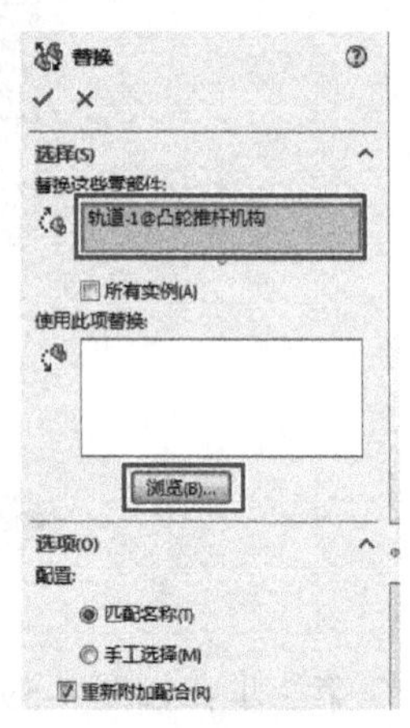

图 9-60 “替换”窗口

任务 3　创建爆炸视图

任务目标：掌握创建爆炸视图的操作方法。

9.8 爆炸视图

在零部件装配体完成后，为了在制造、维护及销售中，直观地分析各个零部件之间的相互关系，将装配体按照零部件的配合条件来产生爆炸视图。装配体爆炸以后，用户不可以对装配体添加新的配合关系。

通过爆炸视图可以很形象地查看装配体中各个零部件的配合关系，常称为系统立体图。

爆炸视图通常用于介绍零件的组装流程、仪器的操作手册及产品使用说明书中。

生成爆炸视频的操作步骤如下：

第 1 步：打开装配体文件，如图 9-61 所示。

第 2 步：单击“装配体”选项卡中的（爆炸视图），系统弹出“爆炸”窗口，如图 9-62 所示。

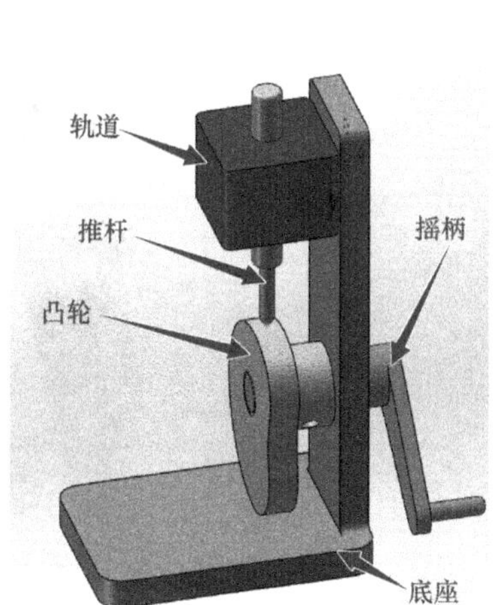

图 9-61 打开的装配体文件

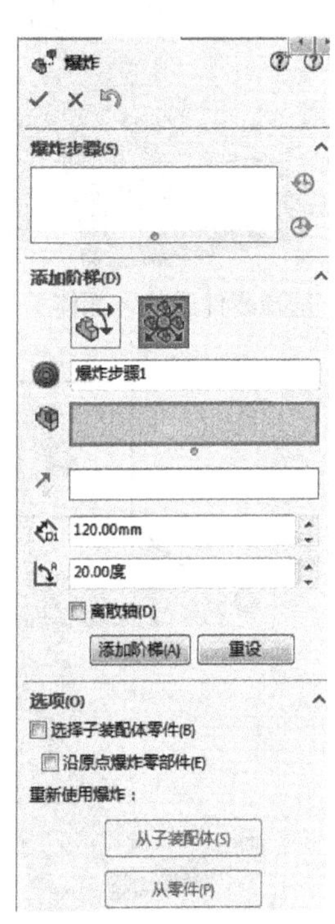

图 9-62 “爆炸”窗口

第 3 步：选择零部件。在“设定”复选框中的“爆炸步骤零部件”一栏中，单击要爆炸的零件。如图 9-61 所示，单击“轨道”零件，此时装配体中被选中的零件被亮显，并且出现一个设置移动方向的坐标，选择零件后的装配体如图 9-63 所示。

第 4 步：单击图 9-63 所示的坐标 Y，确定要爆炸的方向，在“爆炸”窗口的（爆炸距离）文本框中输入要爆炸的距离 50，如图 9-64 所示。

第 5 步：单击添加阶梯(A)，观测视图中预览的爆炸效果。第一个零件爆炸完成，如图 9-65 所示，并且“爆炸”窗口中“爆炸步骤”选项组中生成“爆炸步骤 1”。

第 6 步：重复前面步骤，将其他零部件爆炸，最终生成爆炸视图如图 9-66 所示。

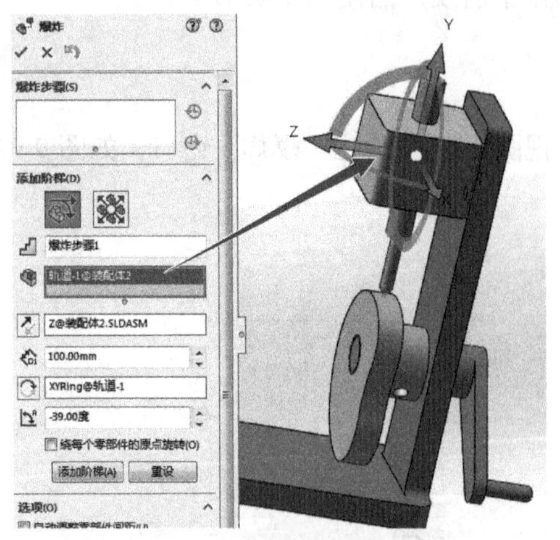
图 9-63　选择零件后的装配体

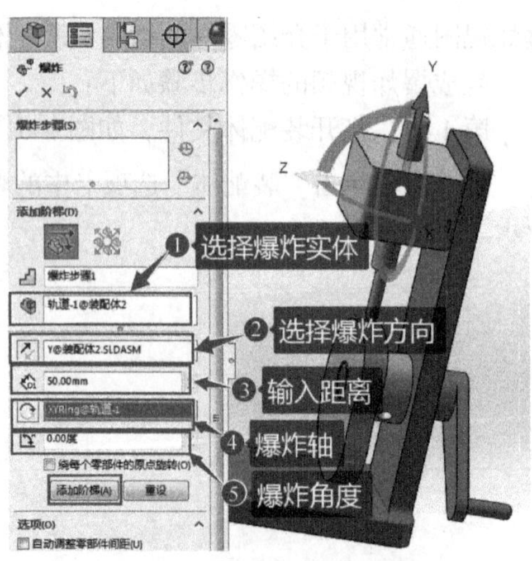

图 9-64　“爆炸”窗口的设置

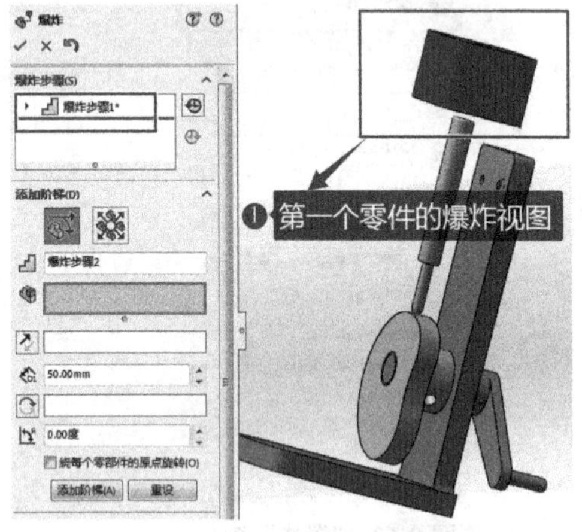

图 9-65　第一个零件的爆炸视图

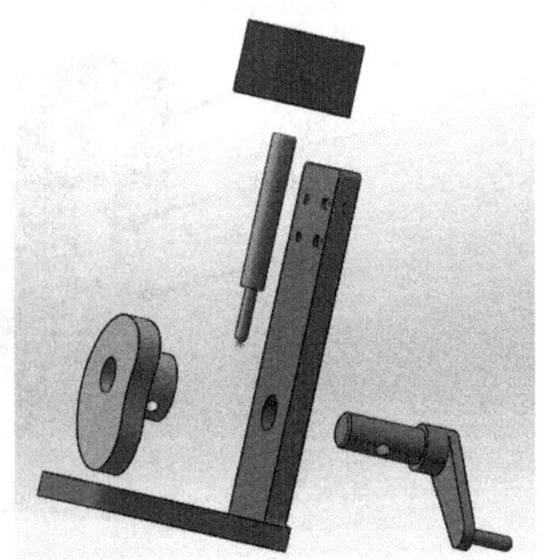
图 9-66　最终爆炸视图

参 考 文 献

[1] 张云杰，郝利剑 . SolidWorks 2020 中文版基础入门一本通［M］. 北京：电子工业出版社，2020.
[2] CAD/CAM/CAE技术联盟 . SolidWorks 2020 中文版基础设计从入门到精通［M］.北京：清华大学出版社，2020.
[3] 赵栗，杨晓晋，赵楠 . SolidWorks 2020 机械设计从入门到精通［M］. 北京：人民邮电出版社，2020.
[4] 云制造技术联盟 . SolidWorks 2020 完全实践一本通［M］. 北京：化学工业出版社，2020.
[5] 周涛 . SolidWorks 2020 从入门到精通［M］. 北京：化学工业出版社，2020.